半导体纳米器件
物理、技术和应用

Semiconductor Nanodevices
Physics, Technology and Applications

（英）大卫·A. 里奇 主编
David A. Ritchie

段瑞飞 译

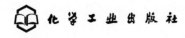
·北京·

Semiconductor Nanodevices: Physics, Technology and Applications
Edited by David A. Ritchie
ISBN: 9780128220832
Copyright © 2021 Elsevier Ltd. All rights reserved.
Authorized Chinese translation published by Chemical Industry Press Co., Ltd.

《半导体纳米器件：物理、技术和应用》（段瑞飞 译）
ISBN: 9787122452795
Copyright © Elsevier Ltd. and Chemical Industry Press Co., Ltd. All rights reserved.

No part of this publication may be reproduced or transmitted in any form or by any means, electronic or mechanical, including photocopying, recording, or any information storage and retrieval system, without permission in writing from Elsevier (Singapore) Pte Ltd. Details on how to seek permission, further information about the Elsevier's permissions policies and arrangements with organizations such as the Copyright Clearance Center and the Copyright Licensing Agency, can be found at our website: www.elsevier.com/permissions.

This book and the individual contributions contained in it are protected under copyright by Elsevier Ltd and Chemical Industry Press Co., Ltd. (other than as may be noted herein).

This edition of Semiconductor Nanodevices: Physics, Technology and Applications is published by Chemical Industry Press Co., Ltd. under arrangement with ELSEVIER LTD.

This edition is authorized for sale in China only, excluding Hong Kong, Macau and Taiwan. Unauthorized export of this edition is a violation of the Copyright Act. Violation of this Law is subject to Civil and Criminal Penalties.

本版由ELSEVIER LTD. 授权化学工业出版社有限公司在中国大陆地区（不包括香港、澳门以及台湾地区）出版发行。
本版仅限在中国大陆地区（不包括香港、澳门以及台湾地区）出版及标价销售。未经许可之出口，视为违反著作权法，将受民事及刑事法律之制裁。
本书封底贴有Elsevier防伪标签，无标签者不得销售。

注　意

本书涉及领域的知识和实践标准在不断变化。新的研究和经验拓展我们的理解，因此须对研究方法、专业实践或医疗方法作出调整。从业者和研究人员必须始终依靠自身经验和知识来评估和使用本书中提到的所有信息、方法、化合物或本书中描述的实验。在使用这些信息或方法时，他们应注意自身和他人的安全，包括注意他们负有专业责任的当事人的安全。在法律允许的最大范围内，爱思唯尔、译文的原文作者、原文编辑及原文内容提供者均不对因产品责任、疏忽或其他人身或财产伤害及/或损失承担责任，亦不对由于使用或操作文中提到的方法、产品、说明或思想而导致的人身或财产伤害及/或损失承担责任。

北京市版权局著作权合同登记号：01-2024-1219

图书在版编目（CIP）数据

半导体纳米器件：物理、技术和应用/（英）大卫·A. 里奇（David A. Ritchie）主编；段瑞飞译. —北京：化学工业出版社，2024.6
书名原文：Semiconductor Nanodevices: Physics, Technology and Applications
ISBN 978-7-122-45279-5

Ⅰ.①半… Ⅱ.①大…②段… Ⅲ.①半导体材料-纳米材料-电子器件-研究 Ⅳ.①TN304②TB383

中国国家版本馆CIP数据核字（2024）第057399号

责任编辑：毛振威　　　　　　装帧设计：史利平
责任校对：李雨晴

出版发行：化学工业出版社
　　　　（北京市东城区青年湖南街13号　邮政编码100011）
印　　装：北京缤索印刷有限公司
787mm×1092mm　1/16　印张19½　字数483千字
2024年8月北京第1版第1次印刷

购书咨询：010-64518888　　　　售后服务：010-64518899
网　　址：http://www.cip.com.cn
凡购买本书，如有缺损质量问题，本社销售中心负责调换。

定　价：158.00元　　　　　　　　版权所有　违者必究

译者序

纳米器件和半导体器件的发展一直相辅相成，毕竟除了半导体技术还有什么更适合开发微小到纳米的器件工艺呢？正如本书原文所述，纳米器件的开发起始于20世纪60年代和70年代，标志是硅晶体管和集成电路的制造，这也正是半导体技术大规模进入人类生活的开始。从这个意义上来讲，我们早已离不开半导体器件，也离不开纳米器件了。

David A. Ritchie教授供职于英国剑桥大学卡文迪什实验室和斯旺西大学辛格尔顿校区物理系，他将30多位国际知名科学家在纳米半导体领域的学术成果和最新进展汇编成这本《半导体纳米器件：物理、技术和应用》，旨在推动学术界与工业界的密切互动，极有可能这里介绍的器件在不久的将来，成为我们每个人的必需。书中有关电子和光电子方面的纳米器件相关前沿，等待着有兴趣的各位读者去探索，书中也有大量的文献索引可以供大家深入追溯学习。

化学工业出版社的编辑此前征询译者建议，为国内半导体领域引进一些有益的图书，其中就有本书。当时我从实用角度提了一些建议，期望能够系列引进和翻译对我们当前半导体"卡脖子"技术有帮助的外版图书。没想到最后"阴差阳错"，让我来担任这本前沿书籍的翻译，刚开始确实也是心里没底，毕竟虽然一直从事半导体器件相关方面的工作，但是更多关注的是相对成熟的技术和方向，而本书看目录就是偏基础、偏更长远发展的方向的。之后经多次沟通以及思考，还是下决心为未来做些工作，虽然只是简单的翻译工作，但是希望能够为国内同行节约些时间，提高点效率，为相关领域提供一本参考书籍，从长远来讲是有意义的。

翻译过程中有几点体会，与大家共享。首先就是翻译专业书籍中最难的专业名词的翻译，这是个基础性工作，限于时间等多方面因素，很多专业术语没能够一一查证国家标准或者请该领域专家指正，如有不妥之处，也恳请相关专家看到后不吝指正。其次就是国家有关的术语标准化工作应该持续推进，毕竟科学家需要保持共同的科学语言才能够更好地交流沟通，共同进步。

鉴于译者水平有限，书中难免疏漏。另外，翻译以专业实用为目的，文字方面只能力求达意，文采是谈不上的，希望能够对专业人士略尽薄力，对有兴趣的学生有所帮助。

译者：段瑞飞
2023年于廊坊

目录

第1章　介绍、背景和内容 1

第2章　准一维电子气 4
- 2.1　介绍 4
- 2.2　实验 5
- 2.3　一维器件的量子传输性质 5
  - 2.3.1　冷却 5
  - 2.3.2　横向电子聚焦 6
  - 2.3.3　通过横向电子聚焦的自旋排斥 7
  - 2.3.4　多体效应和基态维格纳晶体 8
  - 2.3.5　跨双行的源极-漏极偏压 9
  - 2.3.6　面内磁场对双行的影响 10
  - 2.3.7　无磁场分数态 11
  - 2.3.8　载流子密度变化的影响 12
  - 2.3.9　面内磁场的影响 13
  - 2.3.10　具有分数态的非线性传输 13
- 参考文献 15

第3章　半导体纳米器件作为强电子相关的测量 18
- 3.1　费米液体理论的失效 18
  - 3.1.1　朝永-卢廷格液体模型 19
  - 3.1.2　自旋朝永-卢廷格液体 21
  - 3.1.3　谱函数和幂律行为 22
- 3.2　朝永-卢廷格液体行为的早期研究 23
  - 3.2.1　光电子能谱 24
  - 3.2.2　输运测量 25
  - 3.2.3　磁隧穿谱 26
- 3.3　超越线性朝永-卢廷格液体近似 31
  - 3.3.1　非线性朝永-卢廷格液体的移动杂质模型 32
  - 3.3.2　远离费米点的模式层次 33
- 3.4　非线性效应研究进展 34
  - 3.4.1　一维"复制品"模式 34
  - 3.4.2　动量相关的幂律 34
  - 3.4.3　高能量下自旋子和空穴子的寿命 37

3.4.4 非线性碳纳米管 37
3.5 一维相互作用效应其他进展 38
　　3.5.1 库仑阻力 38
　　3.5.2 螺旋电流 38
　　3.5.3 冷原子 39
3.6 小结 39
参考文献 39

第4章　量子点热电特性 42
4.1 热电的 Landauer-Büttiker 唯象理论 42
4.2 量子点模型 43
4.3 量子极限 45
4.4 库仑振荡和热电势 45
4.5 简并的影响 48
4.6 功率因子和品质因数 49
4.7 对维德曼-弗兰兹定律的违背 51
4.8 非线性区域 52
4.9 输出功率和效率 54
4.10 应用 56
4.11 小结 59
参考文献 59

第5章　单电子源 64
5.1 单电子源的类型 64
　　5.1.1 旋转栅量子点单电子转移 64
　　5.1.2 多结单电子泵 66
　　5.1.3 超导体-普通金属混合旋转栅 67
　　5.1.4 表面声波单电子转移 68
　　5.1.5 可调谐势垒量子点泵 71
　　5.1.6 介观电容器 72
　　5.1.7 悬浮子 73
5.2 量子电流标准 75
　　5.2.1 SI 安培的实现 76
　　5.2.2 量子计量三角 76
　　5.2.3 多结泵电容器充电实验 77
　　5.2.4 可调谐势垒泵的电流量化精度 78
5.3 电子量子光学 80
　　5.3.1 汉伯里·布朗和特维斯几何结构中的分区噪声测量 81
　　5.3.2 Hong-Ou-Mandel 效应的不可区分性测试 82
　　5.3.3 量子层析成像 83
　　5.3.4 波包传输中的退相干和弛豫 85
5.4 小结 87
参考文献 87

第 6 章 半导体纳米器件的噪声测量 ········· 91
6.1 介绍 ········· 91
6.2 量子散粒噪声的物理学 ········· 92
6.2.1 量子散粒噪声的二项式统计 ········· 92
6.2.2 散粒噪声的量子散射方法 ········· 96
6.3 噪声测量技术 ········· 101
6.3.1 低频散粒噪声测量技术 ········· 101
6.3.2 高频散粒噪声测量技术 ········· 105
6.4 半导体纳米器件中的散粒噪声 ········· 106
6.4.1 散粒噪声的量子抑制 ········· 106
6.4.2 散粒噪声中的高频效应 ········· 116
6.4.3 分数量子霍尔效应:分数电荷的散粒噪声测量 ········· 121
6.4.4 使用散粒噪声测量研究双粒子相关性和干涉 ········· 130
6.4.5 用于电子量子光学的散粒噪声测量 ········· 134
6.5 结论 ········· 143
参考文献 ········· 144

第 7 章 拓扑绝缘体纳米带中的电学输运和超导输运 ········· 150
7.1 介绍 ········· 150
7.2 TI 中的电学输运概述 ········· 151
7.2.1 电导率的温度依赖性 ········· 151
7.2.2 垂直磁场中的 3D TI ········· 152
7.3 TI 纳米带中的电学输运 ········· 153
7.4 TI 纳米带中的超导输运 ········· 158
7.4.1 TI 纳米带中临界电流的温度依赖性 ········· 160
7.4.2 TI 纳米带约瑟夫森结中的 Aharonov-Bohm 效应 ········· 161
7.5 总结与展望 ········· 162
参考文献 ········· 163

第 8 章 硅量子比特器件 ········· 166
8.1 介绍 ········· 166
8.1.1 摩尔定律 ········· 166
8.1.2 量子计算 ········· 166
8.1.3 量子计算平台 ········· 167
8.1.4 关于本章 ········· 168
8.2 加工制造 ········· 168
8.2.1 硅主体材料 ········· 168
8.2.2 硅-金属氧化物半导体(Si-MOS) ········· 169
8.2.3 Si/SiGe ········· 170
8.2.4 SOI ········· 171
8.3 硅自旋量子比特 ········· 173
8.3.1 单自旋量子比特 ········· 173

		8.3.2 单重态-三重态量子比特	177
		8.3.3 自旋读出	177
	8.4	未来发展	180
	参考文献		180

第9章 半导体量子点单光子源的电学控制 … 185

- 9.1 介绍与动机 … 185
- 9.2 单量子点光子源的二极管设计 … 185
  - 9.2.1 用于量子点电场控制的异质结构 … 185
  - 9.2.2 提高单量子点光子收集效率的异质结构 … 188
- 9.3 量子点内部能级控制 … 189
  - 9.3.1 中性跃迁的电场控制 … 189
  - 9.3.2 带电跃迁的电场控制 … 192
- 9.4 量子点控制的混合方法 … 193
  - 9.4.1 可调谐电致发光量子点光源 … 193
  - 9.4.2 采用可调光源结合相干光控制 … 194
  - 9.4.3 应变和电场可调量子点 … 195
- 9.5 未来发展 … 195
- 参考文献 … 196

第10章 半导体量子点太阳能电池 … 200

- 10.1 介绍 … 200
- 10.2 QD-IBSC 中量子效率的漂移-扩散分析 … 201
  - 10.2.1 介绍 … 201
  - 10.2.2 仿真方法 … 202
  - 10.2.3 结果与讨论 … 204
- 10.3 使用场阻尼层提高 QDSC 中的载流子收集效率 … 206
  - 10.3.1 使用场阻尼层的 QDSC 能带结构工程 … 206
  - 10.3.2 宽禁带材料盖帽对使用 FDL 的 QDSC 的影响 … 211
- 10.4 QDSC 中 TSPA 过程的 FTIR 光谱 … 213
  - 10.4.1 两步光吸收光谱 … 213
  - 10.4.2 In(Ga)As QDSC 的 FTIR 光电流光谱 … 213
  - 10.4.3 In(Ga)As QDSC 的二维光电流激发光谱 … 215
- 10.5 结论 … 217
- 参考文献 … 218

第11章 硅上单片Ⅲ-V族量子点激光器 … 220

- 11.1 介绍 … 220
- 11.2 硅上量子点激光器的优势 … 221
  - 11.2.1 半导体量子点 … 221
  - 11.2.2 硅基激光器中量子点优于量子阱的优势 … 221
- 11.3 硅上Ⅲ-V族材料的异质外延生长 … 223
  - 11.3.1 异质外延生长的挑战 … 223
  - 11.3.2 高质量Ⅲ-V/Si外延的解决方案 … 224

11.4	硅上Ⅲ-Ⅴ族量子点激光器的现状	227
	11.4.1 硅上法布里-珀罗边发射激光器	227
	11.4.2 硅上的单模量子点边发射激光器	230
	11.4.3 硅上的量子点锁模激光器	233
	11.4.4 硅上的量子点微腔激光器	233
	11.4.5 硅上的量子点光子晶体激光器	236
11.5	硅上量子点激光器的未来发展方向	237
11.6	结论	237
	参考文献	238

第12章 半导体纳米线激光器的物理和应用 245
    12.1 介绍 245
    12.2 激光器 246
        12.2.1 激光基础 247
        12.2.2 纳米级激光器腔体设计 251
        12.2.3 激光阈值 251
    12.3 作为激光器元件的纳米线 255
        12.3.1 纳米线生长 255
        12.3.2 纳米线激光器用材料体系 256
    12.4 纳米线激光器技术的当前课题 259
        12.4.1 量子限制 259
        12.4.2 光耦合 261
        12.4.3 等离激元 261
    12.5 现状和前景 262
    参考文献 262

第13章 氮化物单光子源 275
    13.1 介绍 275
        13.1.1 单光子源的概念 275
        13.1.2 单光子源的关键测量 276
        13.1.3 "理想"单光子源的基本特性 277
    13.2 量子点制备基本原理 277
        13.2.1 平面上的自组装 278
        13.2.2 纳米棒的自组装 282
        13.2.3 量子点形成的光刻方法 283
    13.3 用于单光子发射的量子点基本性质 284
        13.3.1 三维限制的物理学 284
        13.3.2 Ⅲ族氮化物量子点的特殊性质和针对单光子发射的思考 286
    13.4 氮化物量子点单光子源的优缺点 287
    13.5 基于氮化物中缺陷的单光子源 289
    13.6 展望 290
    参考文献 291

附录 中英文术语对照 295

贡献者名单

A. J. Bennett
卡迪夫大学皇后大楼工学院，英国卡迪夫

Siming Chen
伦敦大学学院电子与电气工程系，英国伦敦

Yong P. Chen
普渡大学物理与天文学系、电气与计算机工程系，美国印第安纳州西拉斐特

Glattli D. Christian
巴黎萨克雷大学凝聚态物理系（SPEC）纳米电子学研究组，法国原子能委员会（CEA Saclay），法国伊维特河畔吉夫

Christopher Ford
剑桥大学卡文迪什实验室，英国剑桥

M. Fernando Gonzalez-Zalba
Quantum Motion Technologies 公司，英国伦敦

Mark J. Holmes
东京大学纳米量子信息电子研究所，日本东京

Gulzat Jaliel
伦敦大学学院伦敦纳米技术中心，英国伦敦

Masaya Kataoka
英国国家物理实验室，英国特丁顿

Morteza Kayyalha
宾夕法尼亚州立大学帕克分校电气工程系，美国宾夕法尼亚州

S. Kumar
伦敦大学学院电子与电气工程系，英国伦敦

Huiyun Liu
伦敦大学学院电子与电气工程系，英国伦敦

Yoshitaka Okada
东京大学先进科学技术研究中心（RCAST）、东京大学工学研究科高级跨学科研究系，日本东京

Rachel A. Oliver
剑桥大学材料科学与冶金系，英国剑桥

Jae-Seong Park
伦敦大学学院电子与电气工程系，英国伦敦

Patrick Parkinson
曼彻斯特大学物理与天文学系和光子科学研究所，英国曼彻斯特

M. Pepper
伦敦大学学院电子与电气工程系，英国伦敦

David A. Ritchie
剑桥大学卡文迪什实验室、斯旺西大学辛格尔顿校区物理系，英国

Leonid P. Rokhinson
普渡大学物理与天文学系、电气与计算机工程系，美国印第安纳州西拉斐特

Simon Schaal
伦敦大学学院伦敦纳米技术中心，英国伦敦；英特尔公司英特尔组件研究部门，美国俄勒冈州希尔斯伯勒

Yasushi Shoji
东京大学先进科学技术研究中心（RCAST），日本东京；全球零排放研究中心，日本国家先进工业科学技术研究所（AIST），日本筑波

Ryo Tamaki
东京大学先进科学技术研究中心（RCAST），日本东京

Mingchu Tang
伦敦大学学院电子电气工程系，英国伦敦

Oleksandr Tsyplyatyev
法兰克福大学理论物理学院，德国法兰克福

Pedro Vianez
剑桥大学卡文迪什实验室，英国剑桥

Katsuhisa Yoshida
东京大学先进科学技术研究中心（RCAST），日本东京；筑波大学应用物理研究所，日本筑波

第 1 章

介绍、背景和内容

David A. Ritchie[1,2,*]

[1] 剑桥大学卡文迪什实验室，英国剑桥
[2] 斯旺西大学辛格尔顿校区物理系，英国斯旺西
[*] 通讯作者：dar11@cam.ac.uk

纳米器件无处不在。笔记本电脑、平板电脑、电视、手机、相机、汽车和许多其他日常用品包含了数十亿个硅器件，这些器件的有源区尺寸小至 5 纳米（约 20 个原子），这个尺寸在过去十年中减少了一个数量级。这些器件采用尖端的硅制造工艺制成，使用深紫外（DUV）光刻进行图案化。最新的发展，如三维集成电路和器件架构、高 k 电介质和高迁移率材料的使用，使得器件和集成电路性能不断提高。伴随着这些发展，器件设计者正由于每个器件中包含的电子数量少，以及通过势垒的量子隧穿等问题，在与量子效应做着艰苦卓绝的斗争。在本书中，我们描述了包含、解释并试图利用这些量子效应的研究，讨论了使用各种纳米器件进行的工作。

可以想象，在可预期的不久的将来，传统计算机将包含量子处理器，这将能够解决许多当前很难解决的问题。这些计算机将通过光学器件连接在一起，例如基于纳米结构和纳米器件的光源、调制器、中继器和探测器。这些器件可能通过太阳能电池技术提供动力，并使用基于纳米结构的先进材料制造。

纳米器件的开发起始于 20 世纪 60 年代和 70 年代，标志是硅晶体管和集成电路的制造。该技术的可用性使得硅器件能够用于半导体物理的研究，例如，MOSFET（metal-oxide-semiconductor field effect transistor，金属-氧化物-半导体场效应晶体管）中反型层内的二维电子气就被用于研究低温下的电子局域化效应，从而使得人们在 1980 年发现量子霍尔效应以及能够得到极高精度的电阻数值。量子霍尔效应是电子通过强磁场局域化到一维边缘态的一种效应，它对我们目前的工作仍然具有重要意义，包括拓扑保护量子态的器件研究。

与硅器件的使用并行的是 III-V 族半导体的发展，特别是科研人员发明和发展了生长 GaAs/AlGaAs 材料体系晶体的技术；分子束外延（MBE，molecular beam epitaxy）使得人们可以制造出含有极高纯度 GaAs 的器件，从而获得了例如电子平均自由程超过 100 微米的超高迁移率二维电子气。

MBE 技术的发展包括增加进样室和带样品除气的缓冲室，在热源和衬底加热器中使用低放气材料（例如钽、钼和氮化硼），使用液氮冷却的低温板以及很大的氦气冷却低温泵。诸如反射高能电子衍射和带隙光学测量之类的原位诊断，能够测量外延层表面的结构以及生长过程中的温度。此外，人们在源材料的纯度和低缺陷衬底的可用性方面取得了巨大的改

进。除了这些系统改进外，外延层结构设计和生长方案的开发也很重要，特别是调制掺杂的概念对于高迁移率二维电子气的生长至关重要。MBE 技术的发展通常依赖于研究型科学家和设备制造商之间的良好互动，这种沟通扩大了该技术的可用性并总体上推动了相关领域的发展。

MBE 技术的这些进步主要发生在 20 世纪 80 年代和 90 年代，其影响可以通过分数量子霍尔效应中所观察特征的快速进展来看出一二。这种影响范围包括：从 1982 年第一份报告中主要观察到的填充因子 1/3，到 1987 年时则观察到大约 20 个不同填充因子；在此期间，电子迁移率增加了大约 17 倍。而在接下来的十年左右，电子迁移率则进一步增加了 19 倍。

自组装 InAs 量子点的生长对本书其中几章里所描述的工作非常重要，它始于 20 世纪 90 年代中期出于好奇心驱动的研究，科研人员试图了解量子点形成的科学原理。然而，光学测量很快表明这些量子点具有优异的光学特性，具有非常窄的光学发射线宽以及纳秒级的寿命；进而，自组装量子点很快就广泛用于量子光学的实验。

与此同时，人们正在开发器件图案化技术以降低器件维度，比如将二维电子限制到一维量子线上，将一维线限制到零维量子点上。使用电子束光刻与金属栅极沉积和湿法或干法蚀刻对于制造所谓纳米器件进一步的精细特征尺寸非常重要。1985 年，人们开发了金属分裂栅技术，其应用对于纳米器件至关重要，自发明后就在许多纳米器件开发中得到了广泛利用。电子束光刻已经从使用带有自制图案发生器，并能够在半导体晶圆的小芯片上形成良好的 100nm 线宽的单层金属图案化的经过改造的扫描电子显微镜，转变为能够产生相当清晰的 10nm 线宽图像，能够精确地对齐若干个不同的层，并且能够在整个 8 英寸❶晶圆上做到这一切的价值数百万英镑的商用系统。

除此之外，科学发现还需要开发高质量的实验测量技术。例如，在电子传输研究中，开发超低温的低温恒温器，在具有高磁场运行的样品空间中操作至毫开尔文（mK）温度，并且更重要的是快速的样品交换。最近，人们需要进入样品空间进行高频和光学实验。科学家与设备制造商的密切互动再次促成了该领域的一系列进展。除此之外，灵敏的光学测量技术的发展也很重要。这是由脉冲激光系统、基于雪崩光电二极管和超导纳米线的快速灵敏探测器的可用性，以及光通信技术的显著发展推动的，实现了用于量子光学实验的即插即用光学组件。

在本书的第 1 章中，我们讨论了具有广泛范围的器件，这些器件的共同特点是其运作由具有纳米级尺寸的元素来控制。这些器件的范围包括那些旨在研究低温下纳米级半导体的基础物理学的器件，到开发用于工程应用的器件，如激光器和太阳能电池。本书分为两个不同的部分，首先关注电子纳米器件（第 2~8 章），其次关注光学纳米器件（第 9~13 章）。

第 2 章描述了一维电子传输的基本原理，这一研究领域随着量子点接触中电导量子化的发现而迅速发展，该现象于 1988 年首次被观察到，但该研究领域到现在仍在产生意想不到的结果；例如，在该章中，描述了最近在一维和零磁电导下的分数量子化的观察结果。这很好地引出了第 3 章，该章描述了纳米器件中强电子相关效应的测量；其中一个领域就详细描述了平行一维线之间，电子隧穿的磁隧道谱如何通过 Tomonaga-Luttinger（朝永-卢廷格）液体理论中的自旋-电荷分离模型来进行解释。第 4 章描述了对量子点中热传输和其他效应的观察以及纳米级能量收集器的开发。第 5 章讨论了电子泵器件的发展，这些器件具有应用

---

❶ 1 英寸（in）=25.4 毫米（mm）。

于计量学的潜力，例如用作电流标准。第6章从理论和实验的角度，对半导体纳米器件中的噪声测量进行了广泛研究；这个领域变得越来越重要，特别是当考虑对包含少量电子的器件进行高灵敏度测量时尤其如此。第7章描述了一个日益受到关注的领域：使用拓扑绝缘体，特别是拓扑绝缘体纳米带进行输运研究。第8章描述了硅量子点器件领域的最新发展及其在量子计算中的应用，这是目前科学和技术层面非常受关注的一个领域。

本书的第二部分（第9～13章）描述了光电纳米器件。这里的大部分工作依赖于半导体生长过程中自组装纳米结构的形成，通常是由InAs或InGaAs形成的量子点。这些应变量子点可以通过MBE和金属有机气相沉积（MOVPE, metal organic vapour phase deposition）无缺陷地生长；因此，它们可以具有优异的光学特性，在大约1eV的发射能量下线宽低至几μeV，这也使得它们在许多尖端的光学实验中被用作"人造原子"。第9章描述了器件中这种类型的量子点的应用，通常是发射单光子或成对的纠缠光子；这项工作的重点是这些器件的高速电学控制，使用外加的电压来控制发射光的性质以及光发射的时间。第10章描述了高密度自组装量子点在太阳能电池中的应用，其中量子点能级形成了中间带隙，增加了可以吸收的光谱范围。第11章涉及在硅衬底上生长InAs量子点，用于实现Ⅲ-Ⅴ族半导体激光器的应用；在激光器中使用量子点的优势在于，它改变了可用于激射行为的状态密度，硅衬底上高质量生长的可用性使其能比目前更容易地集成到硅光子电路中。第12章描述了自组装纳米线在激光器中的应用，纳米线充当集成波导、腔体和增益材料，具有创新应用的潜力。最后，第13章描述了Ⅲ-N材料体系的使用——用于制造如在蓝色光谱区域工作的单光子源等器件。由于这种材料体系中的带隙相对较宽，这里提及的一个主要优势就是高的工作温度。

大约半个世纪以来，半导体纳米器件的研究一直引起人们极大的兴趣，而这往往是由工业界和学术界之间的密切互动来推动的。随着我们进入一个器件中量子效应越来越重要的时代，新材料和技术必将进一步发展，从而来制造越来越复杂的器件并经常需要在极端条件下测量它们的物理特性，这也意味着该研究领域极有可能会持续到未来。

第 2 章

准一维电子气

S. Kumar* 和 M. Pepper

伦敦大学学院电子与电气工程系,英国伦敦

* 通讯作者:sanjeev.kumar@ucl.ac.uk

2.1 介绍

在半导体纳米结构中,通过实验努力将电子限制在二维以下并操纵它们的波函数,一直是凝聚态物理学的主要研究领域之一[1-5]。1986 年,Thornton 及其同事展示了分裂栅技术,从而限制 GaAs/AlGaAs 异质结构在界面处形成的二维电子气(2DEG,two-dimensional electron gas)到狭窄的一维(1D,one-dimensional)沟道中[6],进一步激发了人们对该领域的兴趣,这是半导体纳米结构制造领域的一项突破。分裂栅技术随后帮人们实现了通过一维量子线[7] 和量子点接触(QPC,quantum point contact)[8] 首次观察到量子化电导。作为栅极电压的函数,GaAs 异质结构中典型的一维限制的电导由以 $N(2e^2/h)$ 为单位的量子化平台组成,其中 N 是允许的一维子带数,因子 2 源于自旋简并。与量子霍尔效应(QHE,quantum Hall effect)[4] 不同,这一令人惊讶的结果提供了新的见解,即可以仅通过电场实现可控能量量子化,而无需使用磁场。从那时起,一维研究领域就引起了人们对基础量子物理学以及其未来技术应用的极大兴趣[9-13]。在那段时间里,许多研究人员对当时新近发现的分数量子霍尔效应(FQHE,fractional quantum Hall effect)[5,14] 很感兴趣,而从 Haldane 开始,一些理论家已经在研究是否可以在没有朗道能级的低维系统中看到分数电导的可能性了[15-19]。尽管理论和实验都取得了进展,但在 1D 系统[20] 中观察到的多体效应非常少,直到约十年后才观察到反常效应:一个新的 $0.7(2e^2/h)$ 的电导平台[21]。0.7 结构或者说 $0.7(2e^2/h)$ 这个结构,一旦外加面内磁场时,就会变成完全自旋极化,电导变为 e^2/h[21-23]。后来使用横向电子聚焦(TEF,transverse electron focusing),表明 0.7 结构是由于沟道中的固有自旋极化[24-27] 通过交换相互作用[28,29] 而产生的。不同文献报道对其起源存在着分歧,因此,它已成为一维系统中广泛研究的量子现象。也有文献报道了其他系统中由于近藤效应(Kondo effect)导致的 0.7 结构[30],以及报道了同时具有固有自旋极化的 0.7 结构和近藤效应诱导的 0.7 结构的系统[31-35]。

尽管典型的一维系统非常简单,只包含一对分裂栅,但人们对它的多体物理学还不是很清楚。许多新的效应等待发现,但由于在系统中引入了额外控制参数的挑战,使得人们无法看到。研究人员在分裂栅上引入了一个额外的栅极来控制一维沟道内的载流子浓度[36],从而允许形成一个非常低密度的一维系统，适用于研究多体效应[36-41]。控制载流子密度和限制电势可以观察到新的效应，$2e^2/h$ 处的第一个平台消失，在 $4e^2/h$ 处产生新的基态，根据 Meyer 和 Matveev[42-44] 的理论工作，这个基态被认为是一维系统中的初始维格纳（Winger）晶格。当降低载流子密度时，电子之间的库仑相互作用克服了限制势能，将一维电子线重新配置为之字形，然后重新配置为两行空间排列。这种新状态被认为富含自旋和电荷相，具体取决于邻近和次邻近的交换相互作用[44]。最近，在之字形相的弱限制的 1D 量子线中，人们观察到以 e^2/h 为单位的分数电导平台：(a) 在 Ge 基空穴气体中，对于自旋简并情况为 1/2，而自旋极化情况下则为 1/4[45]；(b) GaAs 中电子在没有量子化磁场的情况下，出现了 1/2、1/4、1/6、2/5 和许多其他分数态[38,41]。这些最新的结果表明，一维系统包含着丰富的新物理效应，实现复杂栅极几何布局的新方法的出现，以及新的高质量材料体系的可用性，可能会实现许多令人兴奋的结果，包括纠缠态[46]、电子配对[47-49]，等等。在本章中，我们将介绍一些关于一维量子线中电子传输的最新工作，主要研究多体效应，正是该效应导致了基态维格纳晶格、自旋极化电子的 TEF 和电导的零磁场分数量子化。

2.2 实验

此处讨论本章各节中使用的设备。典型的一维器件使用分子束外延生长的 GaAs/AlGaAs 异质结构制成。这里主要使用了两种晶圆，第一种是体调制掺杂，而第二种是 Δ 调制（增量调制）掺杂。对于产生维格纳晶体和分数电导的研究，使用了 Δ 掺杂的 GaAs/AlGaAs 半导体异质结构，其中二维电子气在表面下方 290nm 处形成。在 1.5K 时，二维电子气的低温迁移率为 $1.6 \times 10^6 \mathrm{cm}^2/(\mathrm{V} \cdot \mathrm{s})$，而电子密度为 $9.0 \times 10^{10} \mathrm{cm}^{-2}$。对于横向电子聚焦的测量，器件由调制掺杂 GaAs/AlGaAs 异质结构制成，其 2DEG 在距表面 90nm 处形成，电子密度（迁移率）为 $1.80 \times 10^{11} \mathrm{cm}^{-2}$ [$2.17 \times 10^6 \mathrm{cm}^2/(\mathrm{V} \cdot \mathrm{s})$]。通过标准电子束光刻技术进行图案化形成了一对长度（宽度）为 $0.4\mu\mathrm{m}$（$0.7\mu\mathrm{m}$）的分裂栅和长度为 $1\mu\mathrm{m}$ 的顶部栅极，两个栅极之间由 300nm 厚的交联聚甲基丙烯酸甲酯（PMMA）绝缘层隔开［见图 2.1（a）和（b）］。样品在无冷冻剂稀释制冷机中冷却到 25mK 的晶格温度[38,40]。两端微分电导（G）的测量如下：在 73Hz 的 $10\mu\mathrm{V}$ 激励电压的情况下，扫描分裂栅的电压从而得到微分电导。电子聚焦实验使用四端电导测量技术进行[25,26]。

2.3 一维器件的量子传输性质

2.3.1 冷却

基于 GaAs/AlGaAs 异质结构的一维量子线及其电导特性如图 2.1 所示。器件原理图如图中（a）和（b）所示，并在前面的实验部分进行了解释，其中 S 和 D 分别构成两端电导测量的源极和漏极。将该器件安装在稀释制冷机中，并在扫描分裂栅电压（值为 V_{sg}）的同时进行电导测量。在此测量中，随着低温恒温器的冷却，分裂栅电压进行连续扫描，即作为降低的温度的函数。结果图显示在插图（c）中，其中轨迹线有重叠。为了清晰起见，在连续轨迹线之间设置了水平偏移，结果显示在主图中。电导轨迹显示为从 10K 到 100mK（不按比例，从左向右移动）。在 10K 时，热能 kT（其中 k 是玻尔兹曼常数，T 是工作温度）

大于1D子带的间距，因此，直到1K左右才分辨出平台，此时1D子带在分裂栅开始负向扫描时就开始出现载流子减少。负向扫描分裂栅会相对于费米能级提高导带底，这会由于横向限制的增加而增加1D能级之间的能量间距。在进一步降低温度时，平台变得更加明显并且 $0.7(2e^2/h)$ 结构会得到加强。图 2.1（d）显示了来自 100mK 下，不同实验冷却时的 $0.7(2e^2/h)$ 结构的放大视图。

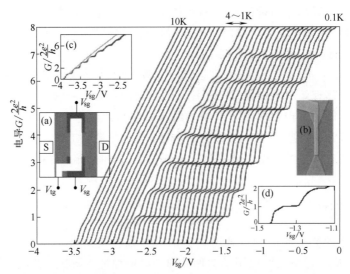

图 2.1 典型一维（1D）量子线的冷却特性和器件布局。(a) 由一对分裂栅极（黑色）组成的器件示意图，在其上方，灰色的交联 PMMA 作为白色顶部栅极的电介质。S 和 D 构成两端电导测量的源极和漏极。(b) 顶部栅极、分裂栅器件的放大扫描电子显微照片。顶部栅极跨度面积 1μm，分裂栅长 400nm，宽 700nm。(c) 当样品在稀释制冷机中冷却时，一维器件的电导图。起始温度为 10K，降温到基础温度为 100mK，期间进行连续的分裂栅电压扫描。主图显示了（c）中的数据，通过设置连续轨迹线之间的水平偏移重新绘制。在顶部，显示的是不按照比例的温度范围。(d) 在不同的冷却条件下，100mK 处观察到的明显的 0.7 电导反常。

2.3.2 横向电子聚焦

在一维系统中，自旋简并可以通过调整相邻电子之间的交换相互作用来部分提升，从而在系统中产生自旋能隙[28,29]。这种自旋能隙会引起自旋极化，可通过 TEF 来测量，其中每个聚焦峰的高度与检测到的一维电子的数量成正比[25-27]。图 2.2 显示了该实验的配置，以及使用基于一维的 TEF 器件获得的典型聚焦光谱[25]。注入器和探测器量子线彼此成直角，形成正交聚焦的几何结构。当存在小的正横向磁场 B（垂直于晶圆表面）时，电子从注入器聚焦到探测器，在 B 中形成周期性峰值，满足关系式：

$$B = \sqrt{2}\hbar k_F/(eL)$$

其中，e 是电子电荷；$\hbar$ 是约化普朗克常数；k_F 是费米波矢；L 是注入器和探测器之间的距离；因子 $\sqrt{2}$ 是由于正交聚焦结构而产生。实验观察到的 60mT 周期性与计算值一致。除了分辨率良好的聚焦峰外，大家可能会注意到第一个和第三个峰（随着 B 的增加）被分成两个子峰，第一个峰的分裂约为 6mT，而第二个和第四个峰保持单峰。对 p 型 GaAs[50,51]、n 型 InSb[52] 和 n 型 $In_xGa_{1-x}As$[53] 也观察到了类似的现象。在这项工作中，研究了注入器量子线的形状依赖，发现当注入器是矩形而不是如同 QPC 中的点栅时，奇数聚焦峰会显示分裂[25]。此外，对于矩形注入器，当注入器电导从 $0.7(2e^2/h)$ 到 $2(2e^2/h)$ 时，奇数聚焦峰的分裂会更显著。奇数峰的分裂表明该效应是由自旋-轨道相互作用（spin-orbit interaction，SOI）引起的。当部分自旋极化的一维电子注入到二维区域时，由于自旋方向不同，SOI 的存在将导致费米面一分为二。因此，对于两种自旋状态，回旋加速半径是不同的，并且会观察到奇数聚焦峰的分裂。偶数聚焦峰中没有分裂，这是由于自旋方向保持守恒时，边界处的反射将动量从 k 变为 $-k$[54]。这将导致内（外）

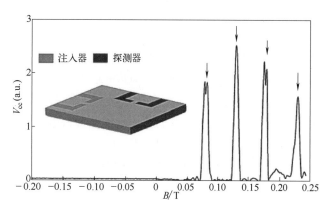

图 2.2 横向电子聚焦作为外加横向磁场的函数的代表性结果。周期性聚焦峰非常，位置与箭头突出显示的计算值非常一致。插图为对角线聚焦几何结构的图示。注入器和探测器之间的光刻定义距离为 $1.5\mu m$（沿对角线方向）。量子线的宽度（限制方向）为 500nm，长度（传输方向）为 400nm。改编自开放获取文献 [25]。

费米面和外（内）费米面之间自旋向下（向上）状态的跳跃，以及两个自旋状态的重新合并，从而在使用探测器测量时得到单个峰值。尽管奇数峰分裂是二维 SOI 的表现，但两个子峰的不对称性反映了所注入一维电子的自旋极化。在增强自旋分裂或奇数峰分裂方面，不能排除动态自旋极化[55,56]的贡献。似乎通过空间控制注入的一维电子的自旋态，从而来调整二维区域中的 SOI，可以为自旋电子学开辟一个新的自旋工程领域，同时也是量子信息的一个方案。

2.3.3 通过横向电子聚焦的自旋排斥

在这些实验中，我们已通过 TEF 研究了交换驱动的自旋排斥。用于注入器和探测器的量子线的宽度为 500nm，长度为 800nm。该器件中的 TEF 测量显示在奇数聚焦峰中出现分裂，而偶数峰则仍保持为单峰。在存在面内磁场（平行于晶圆表面的磁场）的情况下，除了横向磁场外，第一个峰的分裂从 5.5mT 增强到 8.3mT，而第二个峰开始由于塞曼效应而表现出分裂的趋势，从而证实该效应与自旋相关[25-27,54,57]。

图 2.3(a) 显示了当探测器设置为 $G_0=2e^2/h$ 时的第一个聚焦峰，并且注入器电导在 $(0.4\sim3)G_0$ 之间变化[26]。在最低注入器电导 G_i 中（$0.4G_0<G_i<0.6G_0$），在 0.044T 左右出现单个高

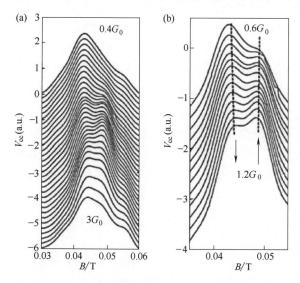

图 2.3 横向电子聚焦作为注入器电导的函数。(a) 注入器电导从 $0.4G_0$（顶部轨迹线条）增加到 $3G_0$（底部轨迹线条）。将注入器加宽至 $0.6G_0$ 时，两个子峰开始可以分辨，然后合并形成 $3G_0$ 处的宽峰。(b) 图 (a) 中 $0.6G_0<G_i<1.2G_0$ 数据的放大视图。虚线是靠肉眼观察画出的线，反映了两种自旋状态的快速变化或翻转。为清晰起见，(a) 和 (b) 中的数据已在垂直方向偏移。改编自开放获取文献 [26]。

度不对称峰；然而，通过注入器进一步加宽，可以观察到明显的峰分裂，导致子峰Ⅰ和Ⅱ的出现，它们直到$2G_0$之前都能够存在。我们注意到，低注入器电导状态下的不对称单峰与峰Ⅰ对齐，而不是子峰中的中心凹陷，这表明子峰Ⅰ代表了一种自旋态。聚焦峰的分裂一直持续到$2G_0$，这与电导测量中$1.7G_0$的实验观察结果一致，人们把该结果归因于1D系统中的自旋极化[58]。两种自旋状态在高注入器电导下简并，导致$3G_0$时出现单个宽峰。该结果的一个显著特征是当注入器加宽，以便注入器电导从$0.6G_0$至$1.2G_0$之间改变时，自旋-分裂峰的高度会交替变化［见图2.3（b）］。由于一维电子之间的交换排斥相互作用，产生了自旋带隙。在第一能级中，当注入器电导低于G_0时，代表自旋向下状态的子峰Ⅰ的幅度，高于代表自旋向上状态的子峰Ⅱ。在进入第二能级时，第一能级填充的自旋态将是自旋向上的，因此与自旋向下状态中的电子数量相比，自旋向上的电子数量将增加，从而导致随着沟道的加宽和能级逐渐充满，子峰高度的大小将发生变化。我们认为自旋能级之间的相互作用取决于费米能级的状态密度。这个结果的一个潜在特征是，电子数最少和费米能级最低的能级在费米能级中也有最高的态密度；因此，正是这种效应导致了自旋能级的交替。由此获得的自旋排斥可能对基础量子物理学和自旋电子器件有深远影响。

2.3.4 多体效应和基态维格纳晶体

在低密度一维系统中，当约束足够弱时，增强的库仑相互作用可以克服动能，使得电子重新排列成之字形，并且随着相互作用的进一步增加，出现双行这种情况，称为基态维格纳晶体[36、37、40]。当$r_s \approx r_0$时会出现锯齿形，其中，$r_s \approx 1/(2n_{1D})$是维格纳-塞茨半径，n_{1D}是一维电子的密度；$r_0 \approx [2e^2/(\varepsilon m^* \omega^2)]^{3/2}$是横向位移的特征长度尺度，此时相邻电子之间的库仑相互作用变得与谐波限制相当，并且$\alpha_B \ll 1/n_{1D}$，其中α_B是玻尔半径，ε是介电常数，ω是谐振子的角频率[44]。如果$\alpha_B d^{-2} \ll n_{1D} \ll \alpha_B^{-1}$，则存在维格纳晶体，假设$d \gg \alpha_B$，其中，$d$是金属栅极与2DEG的距离。在实验器件中，1D限制通过金属栅的静电形成，金属栅可以屏蔽载流子之间的库仑相互作用，因此最好使用具有深2DEG的系统（2DEG距离表面约300nm）。

图2.4显示了具有顶部栅极的分裂栅器件的电导特性［参见图2.1（a）和（b），了解典型的具有顶栅的分裂栅器件］。顶栅的目的是改变一维沟道内的载流子浓度。顶栅以$\Delta V_{tg} = -50\text{mV}$的步长从$-5\text{V}$（左）变化到$-9.5\text{V}$（右）。强（弱）限制在图的左边（右边）。在左侧的强限制中，观察到以$2e^2/h$为单位的通常的量子化电导平台。减弱限制会使得第一个$2e^2/h$处的平台减弱，从而$4e^2/h$成为基态（如箭头所示），最终当限制进一步减弱时，$2e^2/h$重新出现［图2.4（a）］。这可以在$V_{sg} \approx -3.25\text{V}$（$V_{tg} \approx -8.2\text{V}$）下看到。图2.4（b）中跨导（$dI/dV$）图的灰度显示了当限制减弱并且相互作用成为主导时，能级是什么样子的；可以看到初始基态和第一激发态明显反交叉，最终使得系统中形成双行。图2.4（a）插图中的草图显示了双行随载流子浓度降低而变化的情况。测得的电导取决于费米能级以下被占据子带的数量。第一个平台代表基态，即0态，对应于类似半正弦的横波函数。第二个平台在$4e^2/h$处，源自对第二能级的占据，为1态，由类正弦的横波函数表示。随着限制减弱，0态和1态将不再是理想的单电子波函数，而是被电子-电子相互作用所改变。0态的变化率比1态快，后者大致平行于较高能级的移动。在1态中，电子可以在该状态的交替波瓣中描述高度相关的运动。随着沟道宽度的增加，1态和0态的能量都会下降，

这也会降低电子-电子排斥力。0态的电子被限制在沟道的中间附近，电子排斥力的减少不像1态那样大，1态的电子主要位于两个平行行中［见图2.4（b）中插图］。当能级重叠时，原始的单电子波函数将发生高度畸变，形成位于边缘的幅度更大的杂化波函数，对应形成两行，并产生$4e^2/h$的电导。当限制电势进一步减弱时，观察到电导平台$2e^2/h$，表明通过反交叉，基态波函数包含高度扭曲的单行[40]。对于宽方形势阱中的双电子系统，数值模拟已证明其基态电荷密度分布可以分为两部分，这与此处介绍的情况类似[59]。图2.4（a）中右侧电导轨迹线的闭合表明，如果电子分布在整个沟道上变宽，则分裂栅和电子系统之间的耦合将如预期般增加。此外，使用TEF对双行情况下每一行或基态维格纳晶格对应的密度分布进行成像，结果显示，当1D通道进入之字形区域时，第一个聚焦峰分裂成两个子峰，其他区域则保持单峰[60]。通过直流源极-漏极偏压测量，可以进一步确认两个不同行的形成。

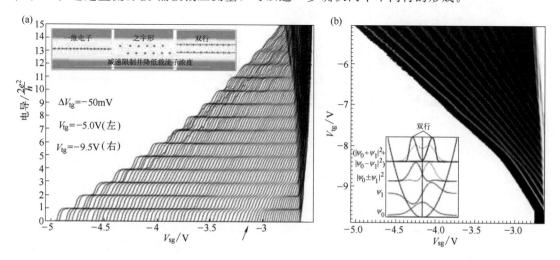

图2.4 （a）准一维沟道的电导特性作为顶栅电压的函数，V_{tg}从-5.0（左）到$-9.5V$（右）。一旦通过使顶栅更负来降低载流子浓度时，限制变弱，对应于$2e^2/h$的平台也会减弱，并且在进一步降低载流子密度时，平台会重新出现。插图是一幅草图，显示了作为减弱限制势和降低载流子密度的函数所发生的机制。（b）对应于（a）中数据的dG/dV_{sg}灰度图；这里的白色区域是电导的上升区，黑色区域是电导的平台。插图的草图显示了双行系统中基态和第一激发态波函数的杂化。这里显示了简单的波函数，而实际上，它们由于电子-电子相互作用而严重扭曲。插图改编自开放获取参考文献[40]。

2.3.5 跨双行的源极-漏极偏压

一维系统中线性传输的特点是$\mu_S - \mu_D$相对于子带间隙的微小差异，即$\mu_S - \mu_D = eV_{SD}$，其中，μ_S、μ_D和V_{SD}分别是源化学势、漏化学势和费米能量附近外加的源极-漏极偏压。如果增加V_{SD}使其与子带间隔相当，则传输将变为非线性，这会使得出现额外的半整数平台[61]。

图2.5显示了在不同的1D样品上进行的电导测量，该样品外加的直流源极-漏极偏压使其在基态和第一激发态处呈现反交叉。直流偏压施加在1D器件的源极和漏极之间，从$0\sim-3mV$变化，增量为$0.05mV$，分裂栅极扫描特定的直流偏压，得到一系列电导图，如图2.5（a）所示。根据观察，由于强直流偏压提升了动量和自旋简并性，因此存在通常的$0.25(2e^2/h)$[62,63]，这表明双行最初在相同状态下一起移动，否则就是源极-漏极电压会帮助其中一个先于另一个形成[40]。另外也被观察到了$0.5(2e^2/h)$的结构，这表明来自两个

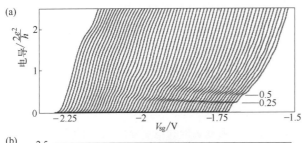

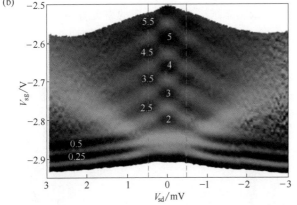

单独行的电导相加[37,40]。图 2.5（b）是（a）中数据 dG/dV_{sg} 的灰度图，这里是作为源极-漏极偏压（横轴）和 V_{sg}（纵轴）的函数。随着源极-漏极偏压增加，暗区几乎彼此平行延伸，我们可以观察暗区从而跟踪 $0.25(2e^2/h)$ 和 $0.5(2e^2/h)$ 结构。此外，还有半整数平台，由虚线表示，其关于源极-漏极电压为零时对称。该图显示出杂质效应的缺失以及介观波动，因为系统在源极-漏极偏压为零时是对称的。

2.3.6 面内磁场对双行的影响

高达 12T 的面内磁场（沿传输方向）对电导特性的影响如图 2.6（a）所示。因为面内磁场，自旋简并由于塞曼分裂而升高，平台出现在 Ne^2/h 的整数倍处，其中 $N = 1, 2, 3\cdots$，强约束如左侧所示。6 和 8 处平台的缺失是由于不同子带的向下旋转和向上旋转能级的重叠。假设自旋向下的 ↓ 态是最低的自旋能量，并采用状态指数为 1↓

图 2.5 准一维沟道中，直流源极-漏极偏压对双行情况的影响。(a) 0～−3mV 的源极-漏极偏压的电导图，从左到右增量为 −0.05mV。(b) 图 (a) 中数据的 dG/dV_{sg} 灰度图，白色区域是电导上升区，黑色区域是电导平台。平台指数以 $2e^2/h$ 为单位。

(0.5)，1↑(1)，2↓(1.5)，2↑(2)，3↓(2.5)，3↑(3)……2↑ 和 3↓ 的合并会导致 $4e^2/h$ 平台的缺失。通过使顶部栅极更负，从而减弱约束并降低载流子密度，1↑ 和 2↓ 的第二个合并将出现在 $V_{sg} \approx -3.1V$ 左右，这在图 2.6（b）及其插图的灰度图中更加清晰可见。随着沟道进一步加宽，这种合并状态保持不变并且一直稳定。进一步减弱约束将导致能级的复杂重叠。有趣的是，随着 $2e^2/h$ 的出现，1↓ 消失了，在没有面内磁场的情况下，它将是

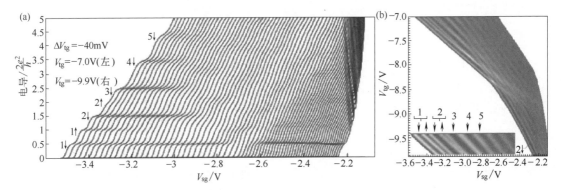

图 2.6 (a) 准一维沟道在不同冷却时的电导特性，其作为顶栅电压的函数，V_{tg} 从 −7.0（左）到 −9.9V（右），存在 12T 平面磁场，增量为 −40mV。电导特性显示，由于塞曼分裂引起的能级重叠，以及因为约束减弱导致的 1↓ 状态与更高子带的交叉。(b) 图 (a) 中数据的 dG/dV_{sg} 灰度图，其中白色区域表示电导上升，而黑色区域表示电导平台。插图显示了主图中 $V_{tg}=-7.0V$ 处自旋状态的放大视图。

$4e^2/h$，这是一种自旋简并的双行状态。该结果表明这种双行并不是自旋中性的。图 2.6 (b) 进一步揭示了 1↓ 变化的速度比更高的能级慢得多，因此会与它们交叉并引起交叉事件的模式。将其与没有磁场时的结果［图 2.4（b）］进行比较，表明由于塞曼分裂[40] 施加的能级交叉，这两个过程是不同的。随着能级移动而增加的混合也解释了为什么一个新的平台从一个平台出现，然后在稳定到下一个量子化值之前会产生数值下降。一个重要的特征是 $2e^2/h$ 平台的消失和重新引入 e^2/h 作为基态；这源于 2↓ 通过许多状态下降成为新的基态，如图 2.6（b）所示。这是电子相互作用改变能级的一个令人惊讶的表现。1↓ 能级在其变轨期间通过几个更高的能级，产生一系列具有更高能级的交叉/反交叉[40]。

2.3.7 无磁场分数态

Haldane 首先建议在蜂窝晶格上使用紧束缚模型，朗道能级对于观察量子化的霍尔电导[15] 不是必需的。他表明，量子霍尔态的存在不一定取决于外部磁场的存在，而是取决于系统的对称性及其拓扑相。于是从那时起，人们就有了各种发现，包括反常霍尔效应[64]、自旋霍尔效应[65,66] 等，这些发现出现包括拓扑绝缘体[67] 在内的各种材料体系中。最近的研究表明，在没有磁场的情况下，当准一维系统被允许重新配置为弛豫状态时，一维电子可以进入第二维，随着限制中不对称性的增加，会出现各种分数电导状态作为限制势能中不对称性增加的函数[38,41]。现在众所周知，IQHE（整数量子霍尔效应）/FQHE 是由于拓扑上受到杂质散射保护的状态[15,18]，这与对杂质效应非常敏感的 1D 系统不同[68,69]。因此，如果要在一维量子线中看到分数态，则需要最高质量的材料。在本节中，展示了最近发现的 1D GaAs 沟道中的分数电导量子化的实验结果。

如前所述，之字形相发生在弱约束状态，并且对约束势和弛豫电子动能的变化非常敏感，如果任何参数有扰动，都可能导致非平凡的特性。扰动约束的一种可能方法是通过对其中一个分裂栅施加偏移，从而来改变约束势能的对称性[41]。图 2.7（a）显示了作为随着约束势能不对称性增加的函数而获得的结果，这是通过增加分裂栅之间偏移电压 ΔV_{sg} 来实现的。顶栅电压 V_{tg} 保持恒定，为 $-0.53V$，初始 2D 载流子浓度为 $2 \times 10^{10} cm^{-2}$。为了比较，也进行了存在面内磁场情况的实验，$B_{\parallel}$ 为 10T，施加在二维电子气的平面上并垂直于电流方向。在图 2.7（a）中，约束势能的不对称性逐渐增加，直到整个器件上的总偏移量达到 $-245 mV$；右侧的第一条轨迹线是对称约束势能，其中除 2/3 外没有其他结构，即 $0.7(2e^2/h)$。随着一维沟道的不对称性和宽度增加，系统变得自旋极化，并形成在接近 1 处的平台（轨迹线以粗黑色显示）。当进一步增加不对称性时，1 处的平台变得不稳定并下降，然后稳定在 2/3 处。当约束势能几乎达到不对称性为 $-245 mV$ 时，先前稳定的 2/3 平台现在减弱，并变成向 2D 电导的无特征转换。当存在 10T 的面内磁场时，系统已经自旋极化，这是显而易见的，因为在图（b）中右侧 1 的位置存在平台。向左移动时，1 处的特征分为两部分，一个特征保持在 1 处，另一个特征下降，在 2/3 处形成平坦的平台，这是在图（a）中没有 $B_{\parallel}$ 的情况下可见的现象，表示 2/3 是自旋极化的分数态。当通过增加偏移电压进一步增加不对称性时，2/3 处的特征像以前一样经历不稳定，然后稳定在 2/5。随着不对称性进一步增加时，特征的强度减弱，并且在非常弱的约束区域中，在 2/7 附近出现肩部，之后结果变得无特征，表明转换到了 2D 电导。

之字形是一维系统中分数态开始的前兆，它可以允许"环形交换"，这在之前曾被提议用于解释 FQHE[49,70,71]。基本上是双行情况的之字形排列中，电子的横向局域化对系统的

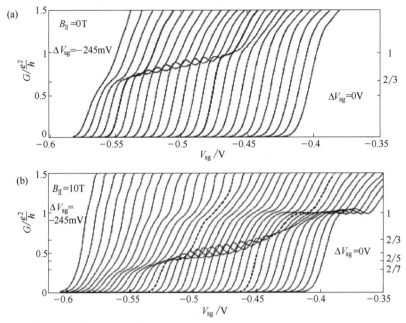

图 2.7 约束势能的不对称性对电导特性的影响。(a) 在 $B_{\parallel}=0\mathrm{T}$ 处,观察到 1 和 2/3 处的平台,这是不对称性增加 ΔV_{sg} 的函数,(0V,右,对称势能)到 $-245\mathrm{mV}$(左),步长为 $-10\mathrm{mV}$;$V_{\mathrm{tg}}=-0.53\mathrm{V}$。(b) 当 $B_{\parallel}=10\mathrm{T}$ 时,系统完全自旋极化,之前的 1 现在变成 2/3,之前的 2/3 [在(a)中观察到的] 现在是 2/5,当沟道完全加宽时,则进一步显示为 2/7。改编自参考文献 [41],经 AIP 许可转载。

能量有贡献。系统的能量可以通过环形旋转导致空间自由度的增加而减少,这似乎会产生电导分数化[38]。系统地增加约束势能的不对称性可能导致形成不同的环形,每个环形又会形成不同的分数态。我们认为环形的形成也可能允许不同相之间的隧穿,这或许是 2/3 分数态不稳定的可能原因,因为约束改变了。最近有人提出,2/5 分数态的出现是由于强相互作用一维沟道中的相干后向散射引起的[72]。

2.3.8 载流子密度变化的影响

图 2.8 说明了在垂直于电流方向的 10T 固定面内磁场中,改变 1D 沟道内载流子密度的影响。分裂栅极电压的固定偏移会产生观察分数态所需的不对称、宽约束。顶栅电压以

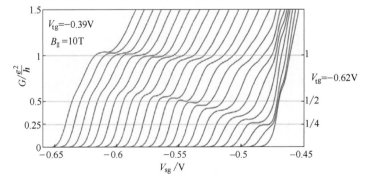

图 2.8 在 $B_{\parallel}=10\mathrm{T}$ 存在下,载流子浓度变化对分数电导的影响,V_{tg} 从 $-0.45\mathrm{V}$(左)到 $-0.62\mathrm{V}$(右)以步长为 $-10\mathrm{mV}$ 变化;$\Delta V_{\mathrm{sg}}=-180\mathrm{mV}$。随着载流子密度进一步降低,观察到 1/2 和 1/4 的分数态。改编自开放获取文献 [38]。

−10mV 的步长从−0.39V（左）变为−0.62V（右）。左侧 3/5 左右的微弱结构的数值会下降，直到它在电导值为 1/2 的两侧变得平坦。索引的 1/2 两侧的轨迹线在 6/11～5/11 范围内呈现平台状态，表明系统正试图稳定下来。当载流子浓度进一步降低时，该结构的值下降并在 1/4 左右变平，然后消失，表明转换到了 2D 行为。出现在 3/10 和 6/25 之间的 1/4 两侧的平坦平台表明在 1/4 附近有一个稳定状态能带，其方式与 1/2 两侧形成的状态类似。在 FQHE 中，5/2 态因其非阿贝尔统计的潜力而受到特别关注，与之相关的有效电子电荷估计为 1/4[73,74]。此处发现的 1/2 和 1/4 值附近的结构行为的相似性，表明它们可能与所提出的 1/4 的非阿贝尔性质有关，因为交换路径的不同细节提供不同的简并状态。由于约束的微小变化而产生的差异提供不同的交换路径，约束能量的变化改变能级能量以提供 1/4 附近的能带。类似的考虑适用于 1/2 周围能带的形成，特别是如果这来自成对的 1/4 状态[38,73]。

2.3.9　面内磁场的影响

1/6 处的分数平台的性质随着平面内磁场的变化而变化。如图 2.9 所示，其中 2D 密度和约束不对称性都保持不变。随着磁场逐渐增加，零磁场下左侧 1/6 处结构的数值下降。在它向下的轨迹中，原来的 1/6 分数态通过不同的分数电导区域，在某些情况下，它将得到平坦的平台，在其他地方，它则具有梯度结构。平坦且梯度最小的分数态出现在 1/6、1/8、1/12、1/16 和 1/25 附近。值得注意的是，当外加的 B 大于 8T 时，观察到值小得多但更宽的电导平台，似乎包括了分数态的平方（即 1/25、1/40、1/50 和 1/78）[47,72,75]。具有面内磁场的结构的连续运动，意味着它可能与自旋无关，而是取决于类似复合费米子的流动量子[38,76]。

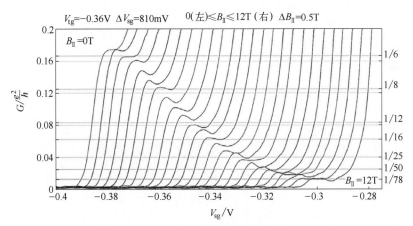

图 2.9　分数区域中，面内磁场变化对电导特性的影响。$B_{\parallel}$ 从 0T（左）到 12T（右）以 0.5T 为步长变化；$V_{tg} = -0.36\text{V}$；$\Delta V_{sg} = -800\text{mV}$。

2.3.10　具有分数态的非线性传输

如 2.3.5 节所述，当外加的源极-漏极偏压与子带间隙相当时，非线性传输会在典型的非交互一维系统中产生半整数平台[61]。在准一维系统中观察到的分数态情况预计会有所不同，因为这是一个基于一维沟道内多体效应的新系统。图 2.10 显示了在分数态 2/5 和 1/4 上进行的直流源极-漏极偏压测量[38]。图 2.10（a）显示了 $V_{sd} = 0\text{mV}$ 时，在 2/5 处的电导平台（右）；当增加源极-漏极偏压时，结构最终平坦并稳定在 1/5。这个平台值减半的结果似乎与正常的整数情况相似[61]，并表明正在发生分数的能带传导，而不是分数传输系数。

此外，随着源极-漏极偏压的增加，微分电导向 1/5 方向减小，并在 1/4 处出现平台，这可能表明随着导电子带被进一步拉低到源化学势以下，并且载流子浓度增加，另一个状态正试图由此形成。可以注意到，除了 1/5 状态之外，在大的源极-漏极偏压下也形成了 3/5 处的结构。对于 2/5，在外加大的源极-漏极偏压时，可以看出在 3/5 和 1/5 处形成了两个新的分数态。作为一个定义的高度不对称 1D 系统，电压可能不会像绝热传输的一般情况那样，在鞍点上对称下降，因此不会发生预期的源极-漏极偏压下的 1/2 下降。当源极-漏极偏压增加时，1/5 的电压降可能导致导带分裂为 3/5 (2/5+1/5) 和 1/5 (2/5−1/5)。图 2.10（b）显示出对称约束沟道中 1/2 处的分数平台的微分电导。正如预期的那样，微分电导随着源极-漏极偏压的增加而下降，但试图变平并在 1/3 处形成平台，然后在 3/10 处带有中间结构并变平。该结构始终保持略高于由于动量简并提升而产生的 1/4 值[38]。当外加大的源极-漏极偏压时，可以看到伴随 1/2 的接近 1/4 的平台。这可能是由于 1/2 状态被认为是两个 1/4 状态的配对，其中一个在外加的源极-漏极偏压时形成为单独的导带，因此导致大的源极-漏极偏压时同时出现 1/2 和 1/4 状态。可能有人认为，由于自旋和动量简并的提升，大的源极-漏极偏压下的 1/2 状态可能是典型一维系统中常见的 $0.25(2e^2/h)$ 状态，但是，图 2.10（a）中缺少此类特征或许能够排除这个可选项。

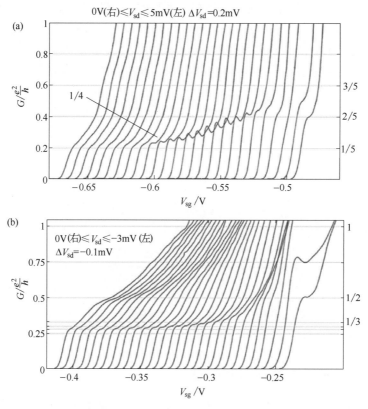

图 2.10 （a）直流源极-漏极偏压对 2/5 处分数电导的影响，V_{sd} 从 0V（右）增加到 5mV（左），步长为 0.2mV；$\Delta V_{sg}=955$mV，$V_{tg}=-0.36$V。（b）1/2 结构的直流偏压的影响研究；V_{sd} 以 −0.1mV 步长从 0V（右）增加到 −3mV（左），$\Delta V_{sg}=0$mV，$V_{tg}=-0.62$V。改编自开放获取文献 [38]。

总之，这里描述的一维系统中的分数量子态，对进一步发展低维电子系统的基础物理学和新兴的量子技术具有重要意义。结果表明，在弱约束、更宽的一维沟道中出现了多种无磁场分数态，这将有助于进一步开发新的实验平台以及研究系统的拓扑特性。这里介绍的该领域最新发展，必将引起多学科研究团体，以及那些参与开发未来量子计算和自旋电子学方案的人们的兴趣。

致谢

感谢工程和物理科学研究委员会（EPSRC，Engineering and Physical Sciences Research Council）和英国研究与创新（UKRI，United Kingdom Research and Innovation）未来领袖奖学金（资助号：MR/S015728/1）提供的资金支持。感谢合作者 David A. Ritchie 教授、S Bose 教授、G Gumbs 教授、已故的 K Berggren 教授，以及 I Farrer 博士、P See 博士、C Yan 博士、K J Thomas 教授、H Montagu 博士和 T-M Chen 博士，我们进行了许多卓有成效的讨论。

参 考 文 献

[1] Berggren K, Pepper M. New directions with fewer dimensions. Phys World 2002;15(10):37.
[2] Thouless D. Maximum metallic resistance in thin wires. Phys Rev Lett 1977;39(18):1167.
[3] Dean C, Pepper M. The transition from two-to one-dimensional electronic transport in narrow silicon accumulation layers. J Phys C Solid State Phys 1982;15(36):L1287.
[4] Klitzing Kv, Dorda G, Pepper M. New method for high-accuracy determination of the fine-structure constant based on quantized Hall resistance. Phys Rev Lett 1980;45(6):494.
[5] Tsui DC, Stormer HL, Gossard AC. Two-dimensional magnetotransport in the extreme quantum limit. Phys Rev Lett 1982;48(22):1559-62.
[6] Thornton TJ, Pepper M, Ahmed H, Andrews D, Davies GJ. One-dimensional conduction in the 2D electron gas of a GaAs-AlGaAs heterojunction. Phys Rev Lett 1986;56(11):1198.
[7] Wharam D, Thornton T, Newbury R, Pepper M, Ahmed H, Frost J, Hasko D, Peacock D, Ritchie D, Jones G. One-dimensional transport and the quantisation of the ballistic resistance. J Phys C Solid State Phys 1988;21(8):L209.
[8] Van Wees B, Van Houten H, Beenakker C, Williamson JG, Kouwenhoven L, Van der Marel D, Foxon C. Quantized conductance of point contacts in a two-dimensional electron gas. Phys Rev Lett 1988;60(9):848.
[9] Smith C, Pepper M, Ahmed H, Frost J, Hasko D, Peacock D, Ritchie D, Jones G. The transition from one-to zero-dimensional ballistic transport. J Phys C Solid State Phys 1988;21(24):L893.
[10] de-Picciotto R, Reznikov M, Heiblum M, Umansky V, Bunin G, Mahalu D. Direct observation of a fractional charge. Nature 1997;389(6647):162-4.
[11] Field M, Smith CG, Pepper M, Ritchie DA, Frost JEF, Jones GAC, Hasko DG. Measurements of Coulomb blockade with a noninvasive voltage probe. Phys Rev Lett 1993;70(9):1311-4.
[12] Wharam DA, Pepper M, Newbury R, Ahmed H, Hasko DG, Peacock DC, Frost JEF, Ritchie DA, Jones GAC. Observation of Aharonov-Bohm oscillations in a narrow two-dimensional electron gas. J Phys Condens Matter 1989;1(21):3369-73.
[13] Meirav U, Kastner MA, Wind SJ. Single-electron charging and periodic conductance resonances in GaAs nanostructures. Phys Rev Lett 1990;65(6):771-4.
[14] Laughlin RB. Anomalous quantum Hall effect: an incompressible quantum fluid with fractionally charged excitations. Phys Rev Lett 1983;50(18):1395.
[15] Haldane FDM. Model for a quantum Hall effect without Landau levels: condensedmatter realization of the "parity anomaly". Phys Rev Lett 1988;61(18):2015-8.
[16] Roy R, Sondhi SL. Fractional quantum Hall effect without Landau levels. Physics 2011;4:46.
[17] Trugman S. Localization, percolation, and the quantum Hall effect. Phys Rev B 1983;27(12):7539.
[18] Neupert T, Santos L, Chamon C, Mudry C. Fractional quantum Hall states at zero magnetic field. Phys Rev Lett 2011;106(23):236804.
[19] Girvin SM, MacDonald AH, Platzman PM. Collective-excitation gap in the fractional quantum Hall effect. Phys Rev Lett 1985;54(6):581-3.
[20] Tarucha S, Honda T, Saku T. Reduction of quantized conductance at low temperatures observed in 2 to 10 μm-long quantum wires. Solid State Commun 1995;94(5):413-8.
[21] Thomas K, Nicholls J, Simmons M, Pepper M, Mace D, Ritchie D. Possible spin polarization in a one-dimensional electron gas. Phys Rev Lett 1996;77(1):135.
[22] Thomas KJ, Nicholls JT, Appleyard NJ, Simmons MY, Pepper M, Mace DR, Tribe WR, Ritchie DA. Interaction effects

[23] in a one-dimensional constriction. Phys Rev B 1998;58(8):4846-52.

[23] Thomas KJ,Nicholls JT,Pepper M,Tribe WR,Simmons MY,Ritchie DA. Spin properties of low-density one-dimensional wires. Phys Rev B 2000;61(20):R13365-8.

[24] Yan C,Kumar S,Pepper M,See P,Farrer I,Ritchie D,Griffiths J,Jones G. Temperature dependence of spin-split peaks in transverse electron focusing. Nanoscale Res Lett 2017;12(1):553.

[25] Yan C,Kumar S,Thomas K,See P,Farrer I,Ritchie D,Griffiths J,Jones G,Pepper M. Engineering the spin polarization of one-dimensional electrons. J Phys Condens Matter 2018;30(8):08LT01.

[26] Yan C,Kumar S,Thomas KJ,Pepper M,See P,Farrer I,Ritchie D,Griffiths J,Jones G. Direct observation of exchange-driven spin interactions in one-dimensional system. Appl Phys Lett 2017;111:042107.

[27] Yan C,Kumar S,Thomas K,See P,Farrer I,Ritchie D,Griffiths J,Jones G,Pepper M. Coherent spin amplification using a beam splitter. Phys Rev Lett 2018;120(13):137701.

[28] Jaksch P,Yakimenko I,Berggren K-F. From quantum point contacts to quantum wires: density-functional calculations with exchange and correlation effects. Phys Rev B 2006;74(23):235320.

[29] Berggren K-F,Yakimenko I. Effects of exchange and electron correlation on conductance and nanomagnetism in ballistic semiconductor quantum point contacts. Phys Rev B 2002;66(8):085323.

[30] Meir Y,Hirose K,Wingreen NS. Kondo model for the "0.7 anomaly" in transport through a quantum point contact. Phys Rev Lett 2002;89(19):196802.

[31] Chen T-M,Graham A,Pepper M,Farrer I,Ritchie D. Non-Kondo zero-bias anomaly in quantum wires. Phys Rev B 2009;79(15):153303.

[32] Sfigakis F,Ford CJB,Pepper M,Kataoka M,Ritchie DA,Simmons MY. Kondo effect from a tunable bound state within a quantum wire. Phys Rev Lett 2008;100(2):026807.

[33] Sarkozy S,Sfigakis F,Das Gupta K,Farrer I,Ritchie DA,Jones GAC,Pepper M. Zero-bias anomaly in quantum wires. Phys Rev B 2009;79(16):161307.

[34] Aryanpour K,Han JE. Ferromagnetic spin coupling as the origin of 0.7 anomaly in quantum point contacts. Phys Rev Lett 2009;102(5):056805.

[35] Bauer F,Heyder J,Schubert E,Borowsky D,Taubert D,Bruognolo B,Schuh D,Wegscheider W,von Delft J,Ludwig S. Microscopic origin of the '0.7-anomaly' in quantum point contacts. Nature 2013;501(7465):73-8.

[36] Hew W,Thomas K,Pepper M,Farrer I,Anderson D,Jones G,Ritchie D. Incipient formation of an electron lattice in a weakly confined quantum wire. Phys Rev Lett 2009;102(5):056804.

[37] Smith L,Hew W,Thomas K,Pepper M,Farrer I,Anderson D,Jones G,Ritchie D. Row coupling in an interacting quasi-one-dimensional quantum wire investigated using transport measurements. Phys Rev B 2009;80(4):041306.

[38] Kumar S,Pepper M,Holmes S,Montagu H,Gul Y,Ritchie D,Farrer I. Zero-magnetic field fractional quantum states. Phys Rev Lett 2019;122(8):086803.

[39] Kumar S,Thomas K,Smith L,Pepper M,Farrer I,Ritchie D,Jones G,Griffiths J. Effect of low transverse magnetic field on the confinement strength in a quasi-1D wire. AIP Conf Proc 2013;1566:245.

[40] Kumar S,Thomas KJ,Smith LW,Pepper M,Creeth GL,Farrer I,Ritchie D,Jones G,Griffiths J. Many-body effects in a quasi-one-dimensional electron gas. Phys Rev B 2014;90(20):201304.

[41] Kumar S,Pepper M,Ritchie D,Farrer I,Montagu H. Formation of a non-magnetic,odd-denominator fractional quantized conductance in a quasi-one-dimensional electron system. Appl Phys Lett 2019;115(12):123104.

[42] Klironomos A,Meyer JS,Hikihara T,Matveev K. Spin coupling in zigzag Wigner crystals. Phys Rev B 2007;76(7):075302.

[43] Mehta AC,Umrigar CJ,Meyer JS,Baranger HU. Zigzag phase transition in quantum wires. Phys Rev Lett 2013;110(24):246802.

[44] Meyer JS,Matveev K. Wigner crystal physics in quantum wires. J Phys Condens Matter 2009;21(2):023203.

[45] Gul Y,Holmes SN,Myronov M,Kumar S,Pepper M. Self-organised fractional quantisation in a hole quantum wire. J Phys Condens Matter 2018;30(9):09LT01.

[46] Gumbs G,Huang D,Hon J,Pepper M,Kumar S. Tunneling of hybridized pairs of electrons through a one-dimensional channel. Adv Phys X 2017;2(3):545-68.

[47] Shavit G,Oreg Y. Electron pairing induced by repulsive interactions in tunable one-dimensional platforms. Phys Rev Res 2020;2:043283.

[48] Greiter M,Wen X-G,Wilczek F. Paired hall states. Nucl Phys B 1992;374(3):567-614.

[49] Kane CL,Stern A,Halperin BI. Pairing in luttinger liquids and quantum Hall states. Phys Rev X 2017;7(3):031009.

[50] Rokhinson LP,Larkina V,Lyanda-Geller YB,Pfeiffer LN,West KW. Phys Rev Lett 2004;93:146601.

[51] Rokhinson LP,Pfeiffer LN,West KW. Phys Rev Lett 2006;96:156602.

[52] Dedigama AR,Deen D,Murphy SQ,Goel N,Keay JC,Santos MB,Suzuki K,Miyashita S,Hirayama Y. Current focusing in InSb heterostructures. Phys E Lowdimens Syst Nanostruct 2006;34(1):647-50.

[53] Lo S-T,Chen C-H,Fan J-C,Smith LW,Creeth GL,Chang C-W,Pepper M,Griffiths JP,Farrer I,Beere HE,Jones GAC,Ritchie DA,Chen T-M. Controlled spatial separation of spins and coherent dynamics in spin-orbit-coupled nanostructures. Nat Commun 2017;8(1):15997.

[54] Reynoso A, Usaj G, Sánchez MJ, Balseiro CA. Phys Rev B 2004;70:235344.
[55] Kawamura M, Ono K, Stano P, Kono K, Aono T. Electronic magnetization of a quantum point contact measured by nuclear magnetic resonance. Phys Rev Lett 2015;115(3):036601.
[56] Córcoles A, Ford CJB, Pepper M, Jones GAC, Beere HE, Ritchie DA. Nuclear spin coherence in a quantum wire. Phys Rev B 2009;80(11):115326.
[57] Reynoso A, Usajand G, Balseiro CA. Phys Rev B 2007;75:085321.
[58] Graham A, Thomas K, Pepper M, Cooper N, Simmons M, Ritchie D. Interaction effects at crossings of spin-polarized one-dimensional subbands. Phys Rev Lett 2003;91(13):136404.
[59] Bryant GW. Electronic structure of ultrasmall quantum-well boxes. Phys Rev Lett 1987;59(10):1140-3.
[60] Ho S-C, Chang H-J, Chang C-H, Lo S-T, Creeth G, Kumar S, Farrer I, Ritchie D, Griffiths J, Jones G, Pepper M, Chen T-M. Imaging the zigzag wigner crystal in confinement-tunable quantum wires. Phys Rev Lett 2018;121(10):106801.
[61] Patel NK, Martin-Moreno L, Pepper M, Newbury R, Frost JEF, Ritchie DA, Jones GAC, Janssen JTMB, Singleton J, Perenboom JAAJ. Ballistic transport in one dimension: additional quantisation produced by an electric field. J Phys Condens Matter 1990;2(34):7247-54.
[62] Chen T-M, Graham A, Pepper M, Farrer I, Anderson D, Jones G, Ritchie D. Direct observation of nonequilibrium spin population in quasi-one-dimensional nanostructures. Nano Lett 2010;10(7):2330-4.
[63] Chen T-M, Graham A, Pepper M, Farrer I, Ritchie D. Bias-controlled spin polarization in quantum wires. Appl Phys Lett 2008;93(3):032102.
[64] Chang C-Z, Zhang J, Feng X, Shen J, Zhang Z, Guo M, Li K, Ou Y, Wei P, Wang L-L, Ji Z-Q, Feng Y, Ji S, Chen X, Jia J, Dai X, Fang Z, Zhang S-C, He K, Wang Y, Lu L, Ma X-C, Xue Q-K. Experimental observation of the quantum anomalous Hall effect in a magnetic topological insulator. Science 2013;340(6129):167-70.
[65] Bernevig BA, Zhang S-C. Quantum spin Hall effect. Phys Rev Lett 2006;96(10):106802.
[66] Kato Y, Myers R, Gossard A, Awschalom D. Science 2004;306:1910.
[67] Fu L, Kane CL. Topological insulators with inversion symmetry. Phys Rev B 2007;76(4):045302.
[68] Smith LW, Thomas KJ, Pepper M, Ritchie DA, Farrer I, Griffiths JP, Jones GAC. Disorder and interaction effects in quantum wires. J Phys Conf Ser 2012;376:012018.
[69] Williamson JG, Timmering CE, Harmans CJPM, Harris JJ, Foxon CT. Quantum point contact as a local probe of the electrostatic potential contours. Phys Rev B 1990;42(12):7675-8.
[70] Kivelson S, Kallin C, Arovas DP, Schrieffer JR. Cooperative ring exchange and the fractional quantum Hall effect. Phys Rev B 1987;36(3):1620-46.
[71] Thouless DJ, Li Q. Ring exchange and the fractional quantum Hall effect. Phys Rev B 1987;36(8):4581-3.
[72] Shavit G, Oreg Y. Fractional conductance in strongly interacting 1D systems. Phys Rev Lett 2019;123(3):036803.
[73] Willett RL. The quantum Hall effect at 5/2 filling factor. Rep Prog Phys 2013;76(7):076501.
[74] Radu IP, Miller JB, Marcus CM, Kastner MA, Pfeiffer LN, West KW. Quasi-particle properties from tunneling in the 5/2 fractional quantum Hall state. Science 2008;320(5878):899-902.
[75] Oreg Y, Sela E, Stern A. Fractional helical liquids in quantum wires. Phys Rev B 2014;89(11):115402.
[76] Jain JK. Microscopic theory of the fractional quantum Hall effect. Adv Phys 1992;41(2):105-46.

第 3 章

半导体纳米器件作为强电子相关的测量

Pedro Vianez[1]、Oleksandr Tsyplyatyev[2] 和 Christopher Ford[1,*]

[1] 剑桥大学卡文迪什实验室，英国剑桥
[2] 法兰克福大学理论物理学院，德国法兰克福
* 通讯作者：cjbf@cam.ac.uk

3.1 费米液体理论的失效

一般而言，可以使用列夫·朗道于 1956 年提出的费米液体理论来处理三维或二维电子的多体相互作用[1,2]。朗道表明，尽管电子-电子相互作用具有巨大的强度，但这些系统都可以描述为集体激发，其行为几乎在所有方面都与自由电子非常相似，只是具有不同的有效质量。因此，在费米液体理论中，电子可以被建模为非相互作用系统的一部分。

让我们考虑所谓的"正常"费米液体。在这里，当所有相互作用都断开时，系统处于基态，根据费米-狄拉克统计，这些状态都是填充的。这形成了在低温下明确定义的费米面。在非相互作用状态下，激发态可以用填充的费米圆或球体表示，对应于动量为零的平衡态，以及一个额外的动量为 p 的粒子。随着相互作用的开启，总动量守恒强制这个相同的激发态动量 p 守恒，即使额外的粒子穿过系统移动引起扰动时也是如此。朗道证明了这个独立的实体——他称之为准粒子，由许多相互作用的粒子的贡献组成——可以四处移动，并且与周围环境的相互作用非常微弱，基本上就好像相互作用不存在一样。

非费米液体标志着这种观点的背离。有关该领域的深度综述文章，请参阅参考资料[3]。然而，一般来说，费米液体理论通常会在两种情况下失效：

① 在更高维度中，例如二维（2D）或三维（3D）系统中，如果电子液体高度相关，例如，当库仑相互作用的能量大大超过动能时；

② 在更低的维度中，如一维（1D）线中，空间限制本身就决定了强相关性，而不管所讨论的相互作用的强度如何。

在本章中，我们重点关注后者，以及如何使用隧穿谱学来通过实验探索这种相关性。当局限于一维几何结构时（见图 3.1），电子不能再建模为费米准粒子，因为每个电子现在都受到其两个相邻电子的强烈影响。换句话说，空间限制本身就决定了它们不能从上方、下方或周围绕过彼此，唯一的选择就是尝试穿过，如果这种行为没有受到短距离的发散库仑斥力阻止的话。因此，这里出现了很强的相关性。

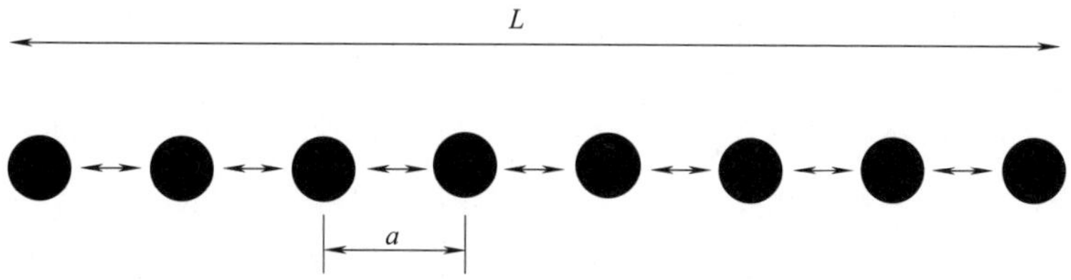

图 3.1 单位长度密度 $N/L=1/a$ 的一维电子系统的示意图，其中 L 是系统的长度，a 是粒子间距。

一维线标志着与高维对应系统的巨大差异，因为与后者不同，不再存在相互作用的局域化这样的东西。相反，一个电子的运动会引起整个系统的集体响应。这就是为什么费米液体理论所依据的单粒子特性完全失效的原因。相反，出现的是朝永-卢廷格液体（Tomonaga-Luttinger liquid，TLL）的流体动力学模式，具有玻色子而不是费米子统计分布。本章我们从介绍 TLL 模型背后的主要思想开始，该模型取代了一维电子液体的费米液体理论，之后是其主要的预测结果。

3.1.1 朝永-卢廷格液体模型

人们已经进行了许多尝试来描述强相关系统，尤其是在一维和二维的系统。乍一看，微扰理论似乎是显而易见的方法，但重要的是要注意，任何此类理论都只能在弱相互作用的条件下起作用。TLL 模型由朝永振一郎（Sinitiro Tomonaga，1906 年 3 月 31 日—1979 年 7 月 8 日）于 1950 年提出[4]，后来由卢廷格于 1963 年完善[5]，它的引入是为了尝试描述相互作用的一维电子系统，该系统具有任意强度的相互作用。该模型的正确解首先由 Mattis 和 Lieb 于 1965 年获得[6]，后来由 Luther 和 Peschel 于 1974 年改进[7]，然后由 Haldane 于 1981 年最终完成[8]。这个想法是，通过使用布洛赫的声波理论，电子激发可以使用玻色场来描述，这种方法有效地为今天称为玻色化的方法奠定了基础。

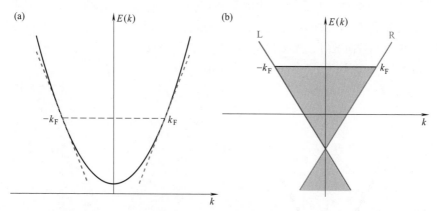

图 3.2 朝永-卢廷格液体（TLL）模型。(a) 原始能量色散关系以黑色实线显示。对于自由空间中的电子，这是抛物线形的。根据 TLL 图像，这可以通过接近费米点的线性色散来近似（红色和蓝色虚线）。(b) TLL 模型中使用的线性色散，红色和蓝色曲线分别对应于向左（L）和向右（R）移动的电子，而阴影区域表示费米能量下方充满的狄拉克海。来自参考文献 [10]，经许可转载。

朝永-卢廷格液体模型用于描述高度相关的相互作用一维系统。它最初是作为一个简单的无自旋理论发展起来的，但后来被扩展到包括自旋[9]。尽管可以精确求解，但它是从两个关键假设开始的，即费米点附近的色散是线性的，并且一维系统是无限长的，见图 3.2。

但是，我们知道自由电子的色散，由 $E_k=h^2k^2/(2m^*)$ 给出，是抛物线型的。然而，当发生低能激发时，电子只能从费米能量下方移动到费米能量上方，因此，在这些条件下，即使真正的色散实际上是略微弯曲的（即非线性），我们也可以认为它近似线性。类似地，只要预计末端效应不会发挥重要作用，就可以认可无限长 1D 线的假设。最后的假设是线无限窄，即子带间距无限大，因此不会与更高的 1D 子带混合。这使得很难确定理论是否适用于任何特定的实验观察（实际中，子带间距与相互作用能量相比，永远不会很大）。

在 3D 或 2D 中，可以发生具有任意低动量的低能激发[9]。这是因为在 3D 和 2D 中，k 空间中的费米面可以分别建模为半径为 k_F 的球体或圆，并且电子能够占据其中的任何状态。然而，在 1D 系统中，情况不再如此，因为费米面现在不仅不连续，而且仅由两个特定点组成，分别为 k_F 和 $-k_F$。在 TLL 假设中，可以将 1D 相互作用电子系统的哈密顿量写为

$$\hat{H}=\hat{H}_0+\hat{H}_{\text{int}} \tag{3.1}$$

其中，$\hat{H}_0$ 表示动能；而 $\hat{H}_{\text{int}}$ 表示系统的相互作用能。它们可以分别写成：

$$\hat{H}_0=\sum_{k,\alpha=\pm 1}v_F(\alpha k-k_F)\hat{a}_{k,\alpha}^\dagger\hat{a}_{k,\alpha} \tag{3.2}$$

其中，$v_F=hk_F/m$ 是费米速度；$\hat{a}_{k,\alpha}^\dagger$ 和 $\hat{a}_{k,\alpha}$ 是右侧 $\alpha=1$ 或左侧 $\alpha=-1$ 色散分支的产生和湮灭算符。

$$\hat{H}_{\text{int}}=\frac{1}{2L}\sum_{q\neq 0}v_q\hat{\rho}_{-q}\hat{\rho}_q \tag{3.3}$$

其中，$\hat{\rho}_q$ 是电子密度微扰算符；v_q 是相互作用势能的傅里叶变换。合在一起，$\hat{H}$ 代表粒子在右（R）和左（L）分支中的移动，以及分支间和分支内的交互[11]。

一般来说，$\hat{H}_{\text{int}}$ 表征了交互的类型。对于间距为 a 的一维电子系统，它们本质上是库仑并且有两种类型 [见图 3.3（a）]：如果电子在同一分支（左或右）内从刚好低于费米能量的状态被激发，那么动量只需要很小的变化，$q\approx 0$，运动方向保持不变；这称为前向散射。另一方面，如果存在涉及两个分支的交换，则需要更大的动量变化，$q\approx 2k_F$，运动方向现在将反转；这构成了后向散射。当图 3.3（a）中的粒子分成沿着 k_F 点左右移动的子带时，所

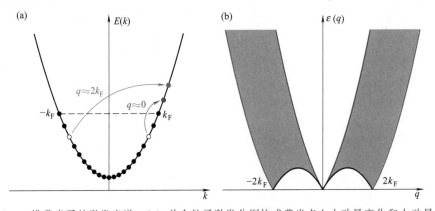

图 3.3 一维费米子的激发光谱。(a) 单个粒子激发分别构成费米点上小动量变化和大动量变化的前向（红色）和后向（蓝色）散射。占据状态由实心圆表示，空穴由空心圆表示。(b) 电子-空穴对谱，只有阴影区域才是能量上允许的。由间隙指示的禁区对于 1D 几何形状是唯一的，并且在更高维度上不存在。谱边缘的位置将允许区域和禁止区域分开，用黑色曲线标记。它可被直接观察到，例如，通过一些磁性材料中的中子散射[12-14]。摘自参考文献 [10]，经许可转载。

有这些过程都将从密度波动算符中自然地出现：

$$\hat{\rho}_q \approx \begin{cases} \sum_k (\hat{a}^\dagger_{k-q,\text{R}} \hat{a}_{k,\text{R}} - \hat{a}^\dagger_{k-q,\text{L}} \hat{a}_{k,\text{L}}) & \text{当 } |q| \approx 0 \\ \sum_k \hat{a}^\dagger_{k-q,\text{L}} \hat{a}_{k,\text{R}} & \text{当 } q \approx 2k_\text{F} \\ \sum_k \hat{a}^\dagger_{k-q,\text{R}} \hat{a}_{k,\text{L}} & \text{当 } q \approx -2k_\text{F} \end{cases} \quad (3.4)$$

通过将式（3.4）代入到式（3.3）中，哈密顿量中的相互作用项可以根据相互作用电子的运动方向分为两项。然后我们采用长波极限，即通过考虑无限长度的系统，或者换句话说，通过假设任意高的激发能量，发现总 TLL 哈密顿量由下式给出

$$\hat{H}_{\text{TLL}} = \hat{H}_0 + \frac{1}{2L} \sum_{q \neq 0} V_1(q)(\hat{\rho}_{-q,\text{R}} \hat{\rho}_{q,\text{R}} + \hat{\rho}_{-q,\text{L}} \hat{\rho}_{q,\text{L}}) + \frac{1}{2L} \sum_{q \neq 0} V_2(q)(\hat{\rho}_{-q,\text{R}} \hat{\rho}_{q,\text{L}} + \hat{\rho}_{-q,\text{L}} \hat{\rho}_{q,\text{R}}) \quad (3.5)$$

其中，$V_1(q) = v_q$；$V_2(q) = v_q - v_{2k_\text{F}}$。请注意，$V_1$ 和 V_2 的选择通常完全是任意的，并且高度依赖于所讨论的相互作用过程。Dash 等[15] 通过假设高斯相关性，Creffield 等人[16,17] 使用蒙特卡洛模拟，以及 Hausler 等人[18] 和 Matveev 等人[19] 解析性地都已经开始尝试验证其理论。

此外还显示出，如果基于玻色子写出方程，则 TLL 哈密顿量是可对角化的。这意味着每个算符，包括费米子产生和湮灭算符，都可以用玻色子算符和增加或减少粒子总数的算符来表示。这与目前使用的表示法形成鲜明对比，该表示法假设作用只针对于单个电子而不是整个系统。然而，这并不奇怪。如前所述，在一维系统中，集体反应取代了个体行为。

我们可以在 Apostol[20] 或 von Delft 和 Schoelle[21] 的文献以及一些教科书[2,9] 中找到对玻色化方法的全面综述。主要结果是遵循 TLL 假设的一维系统等价于独立的无质量玻色子系统，其中色散由 $\omega_q = v|q|$ 给出，见图 3.3（b），其中速度为

$$v = \lim_{q \to 0} \sqrt{\left|v_\text{F} + \frac{V_1(q)}{2\pi\hbar}\right|^2 - \left|\frac{V_2(q)}{2\pi\hbar}\right|^2} \quad (3.6)$$

用 $v = v_\text{F}/K$ 重写式（3.6），提取得 TLL 参数 K 为

$$K = \lim_{q \to 0} \frac{1}{\sqrt{\left|1 + \frac{V_1(q)}{2\pi\hbar v_\text{F}}\right|^2 - \left|\frac{V_2(q)}{2\pi\hbar v_\text{F}}\right|^2}} \quad (3.7)$$

这里，K 包含了相互作用势能 $V_1(q)$ 和 $V_2(q)$ 以及费米速度 v_F。请注意，所有这些参数都与温度无关。

3.1.2 自旋朝永-卢廷格液体

任何试图描述电子行为的模型都必须考虑自旋。这在考虑前向和后向散射给出的相互作用过程时起着重要作用，如 Luther 等人所示[7,22]，因为现在可以进行平行和反平行配置。我们可以概括动力学项 $\hat{H}_0$ 和相互作用项 $\hat{H}_\text{int}$ 以包括自旋，参见文献 [11] 的 9.12 节。自旋朝永-卢廷格液体的哈密顿量则变为

$$\hat{H}_{\text{sTLL}} = \hat{H}_0 + \frac{1}{2L} \sum_{q \neq 0} V_1(q)(\hat{\rho}_{-q,\text{R}} \hat{\rho}_{q,\text{R}} + \hat{\rho}_{-q,\text{L}} \hat{\rho}_{q,\text{L}}) + \\ \frac{1}{2L} \sum_{q \neq 0, \sigma} [V_2(q) - V_1(q)](\hat{\rho}_{-q\sigma,\text{R}} \hat{\rho}_{q\sigma,\text{L}} + \hat{\rho}_{-q\sigma,\text{L}} \hat{\rho}_{q,\text{R}}) \quad (3.8)$$

其中，$\hat{\rho}_{q,\alpha} \equiv \hat{\rho}_{q\uparrow,\alpha} + \hat{\rho}_{q\downarrow,\alpha}$，是电子密度算符；$\sigma = \uparrow, \downarrow$ 是自旋指数。

请注意无自旋［式（3.5）］和有自旋［式（3.8）］哈密顿量之间的相似性，唯一的区别是最后一项的势能前因子。因此，只要玻色子算符和（自旋）密度涨落算符也修改为包括自旋，玻色化方法就仍然适用。

自旋 TLL 最显著的特征之一就是所谓的自旋-电荷分离。一旦根据自旋玻色子算符重写 $\hat{H}_{sTLL}$，就会发现它解耦为两个独立的哈密顿量：

$$\hat{H}_{sTLL} = \hat{H}_C + \hat{H}_S \tag{3.9}$$

这可以分别与电荷和自旋模式相关联。这一结果类似于无自旋情况下讨论的结果。然而，现在我们就有了两个独立的集体激发，由特征频率 $\omega_q^C = |q|v^C$ 和 $\omega_q^S = |q|v^S$ 给出，其中

$$v^C = \lim_{q \to 0} \sqrt{\left(v_F + \frac{V_1(q)}{\pi\hbar}\right)^2 - \left(\frac{V_1(q) + V_2(q)}{2\pi\hbar}\right)^2} \tag{3.10}$$

是电荷-密度波（charge-density wave，CDW）的速度，而

$$v^S = \lim_{q \to 0} \sqrt{v_F^2 - \left(\frac{V_1(q) - V_2(q)}{2\pi\hbar}\right)^2} \tag{3.11}$$

是自旋-密度波（spin-density wave，SDW）的速度。一般来说，它们是不同的。

与无自旋情形类似，我们也可以为自旋 TLL 定义交互参数 $K_{\rho,\sigma}$，由 $v_\rho \equiv v^C = v_F/K_\rho$ 和 $v_\sigma \equiv v^S = v_F/K_\sigma$ 给出，分别对应于电荷和自旋模式。自旋 TLL 因此完全由四个参数 v_ρ、v_σ、K_ρ 和 K_σ 决定，相比之下，无自旋情况下只需要两个参数 v 和 K。

3.1.3 谱函数和幂律行为

描述多体系统中单粒子特性的严格方法可以通过谱函数 $A(k,\omega)$ 给出。形式上，它表示通过在 N 粒子系统中，以动量 k 和能量 ω 为特征的状态中添加或移除单个粒子，从而来增加或减少能量的概率密度，参见图 3.4（a）中自旋 TLL 的示例。为了比较，在没有相互作用的情况下，$A(k,\omega)$ 可以展示为在频率中采用 δ 函数的形式[11]，$A(k,\omega) \propto \delta(\omega - E_k)$，即向/从平面波状态添加或减少粒子总是能够获得系统的精确本征态。这里对于 2D 系统，

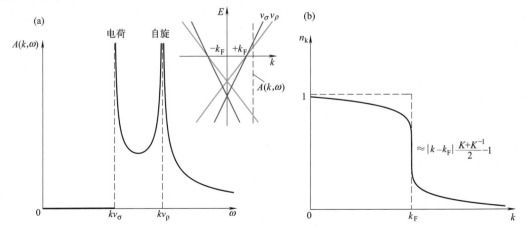

图 3.4 自旋 TLL 和占有数的谱函数。(a) 自旋 TLL 的谱函数 $A(k,\omega)$；在固定 k 处进行评估，显示不同能量下的电荷和自旋幂律奇点[23,24]。插图：具有 $v_\rho \neq v_\sigma$ 的自旋 TLL 的基本激发。绿色和红色线条分别表示电荷和自旋模式。(b) 无自旋 TLL 理论中的占据数 n_k。(a) 来自参考文献 [3]，经许可转载。(a) 的插图和 (b) 来自参考文献 [10]，经许可转载。

$E_k = \hbar^2(k_x^2 + k_y^2)/(2m^*)$。

为了解释由于无序引起的展宽，可以将谱函数与洛伦兹函数（Lorentzian function）进行卷积。遵循 Kardynał 等人使用的符号[25]，我们得到

$$A_{1(2)}(k_x, k_y, k'_x, n; \mu) = \frac{\Gamma/\pi}{[\Gamma^2 + (\mu - \xi_{1(2)})^2]} \tag{3.12}$$

其中，Γ 是与单粒子无序展宽相关的谱线宽度；μ 是化学势；$\xi_{1(2)}$ 是系统的能谱，由下式给出

$$\xi_1 = E_n + \frac{\hbar^2 k_x'^2}{2m^*} + E_{0,1} \tag{3.13}$$

$$\xi_2 = \frac{\hbar^2(k_x^2 + k_y^2)}{2m^*} + E_{0,2} \tag{3.14}$$

其中，$E_n = (n+1/2)\hbar\omega_0$，是第 n 个子带的能量；$E_{0,1(2)}$ 表示 2D 子带的底部，因为电子气限制在 1D（1）或 2D（2）的几何结构中。

然而，在实验中，大多数一维系统都不是完美的无限窄一维系统，而是具有有限的横向展宽。这可以通过将限制势视为抛物线来解释，电子波函数在横向方向上由量子谐振子的本征态给出，就像半导体量子线的情况一样。因此，$A_1(k, n; \mu)$ 必须修改，从而来说明沿 y 方向的谐波相关性，从而产生称为 1D 子带的能级，并由下式给出

$$A_{1,\text{non-int}}(k'_x, k_y, E, \Gamma) = \sum_n \frac{\Gamma}{\pi} \times \frac{H_n(k_y a)\mathrm{e}^{-(k_y a)^2}}{\Gamma^2 + (\mu - \xi_1)^2} \tag{3.15}$$

其中，$a = m_{1D}\omega/\hbar$ 是线的有限宽度；$H_n(x)$ 是厄米（Hermite）多项式。

我们也可以用类似的方式得到系统的动量分布函数 n_k，因为它通过实空间格林函数与谱函数相关，见图 3.4（b）。对格林函数形式的全面分析不在本章范围之内，但可以在参考文献 [11，26] 中找到。然而，最重要的是，在 $T = 0$ K 并使用式（3.15），$n(k)$ 采用以下形式：

$$n(k) \propto |k - k_F|^{\frac{K + K^{-1}}{2} - 1} \tag{3.16}$$

请注意，在 $k = k_F$ 处，$n(k)$ 表现出指数为 $\alpha = \frac{K + K^{-1}}{2} - 1$ 的幂律行为。在先前文无自旋 TLL 中导出的相互作用参数 K，与相关函数 [如 $n(k)$] 之间存在自然联系[27]。正如我们将在下一节中看到的那样，TLL 型行为的早期实验研究只是集中在这一性质上，试图通过寻找费米点周围态密度中的幂律行为来确定相互作用参数 K 的存在。

3.2 朝永-卢廷格液体行为的早期研究

任何波谱技术背后的基本原理都是波谱函数 $A(k, \omega)$ 的测量，对于一维系统，它结合了有关基本激发的能量和动量的所有相关信息。这探测了一个粒子移除的空穴部分和一个粒子添加到其中的粒子部分，除了观察非相互作用电子的单粒子色散之外，还揭示了多体系统中出现的各种相关效应。从自旋 TLL 模型的解中，我们知道相互作用的一维电子系统的谱函数是双峰的，从而得出自旋-电荷分离，并且这些峰的高度在温度 T 下和源极-漏极偏压 V_{dc} 中都遵循幂律。

早期验证 TLL 模型的实验工作集中在建立这种幂律性质以及观察自旋和电荷模式之间的分离。根据使用的实验技术,可以分为三类,包括光电子(发射)能谱、动量分辨隧穿谱学和输运测量。所使用的系统范围很大,并且人们声称一维系统的情况也大不相同。然而,通过使用 GaAs 量子线[28,29]、碳纳米管[30-32]、高 T_c 超导体 SrCuO$_2$[33]、一维金属 Li$_{0.9}$Mo$_6$O$_{17}$[34]、一维有机导体[35,36] 和量子霍尔边缘态[37,38] 等,已取得重要进展。

3.2.1 光电子能谱

测量系统光谱功能的最直接方法是光电子能谱。这是一个很难用高分辨率进行的实验,因此在测量一维系统是否真正按照 TLL 模型给出的行为时适用性有限。

当然,其操作原理相对简单,见图 3.5(a)。已知能量的入射光子,$E_\gamma = \hbar\omega$,引起从能量为 E_i 的初始能带态,跃迁到高于真空能量的能量为 E_f 的最终平面波态,$E_f = \dfrac{\hbar^2 k_f^2}{2m} = E_i + \hbar\omega - \phi$,$\phi$ 是材料的功函数。该光发射的电子离开晶体并可用探测器收集。这给出了发

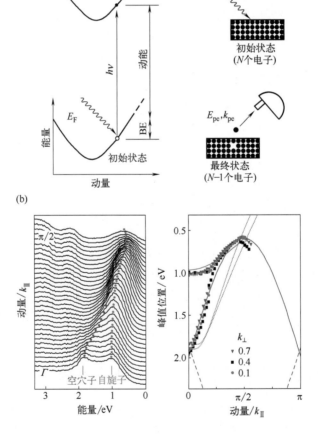

图 3.5 (a) 直接光电子能谱的示意图,用于绘制系统的能带结构。(b) 左图:角分辨光电子能谱(ARPES,angle-resolved photoemission spectroscopy)数据显示 SrCuO$_2$ 的多体光谱,其中可以看到双峰自旋子结构,正如自旋朝永-卢廷格模型所预测的那样;右图:实验(符号)和理论(实线和虚线)色散之间的比较。(a) 来自参考文献 [40],经许可转载;(b) 来自参考文献 [41],经许可转载。

射强度 $I(k,\omega)$，而这则与谱函数 $A(k,\omega)$ 有关：
$$I(k,\omega)=M(k)A(k,\omega) \qquad (3.17)$$
其中，$M(k)$ 是涉及发射光电子的初始和最终状态的光发射矩阵元素。通过将系统的光发射电子能量响应映射为分析器角度的函数，可以获得有关能带结构的信息。有关角分辨光电子能谱实验的综述，请参阅参考文献 [39]。

然而，该技术在两个方面受到限制。首先，它假设一维系统相对靠近光入射的表面。各向异性层状材料就是一个特别好的例子，其中垂直于表面的电子带几乎没有色散，使数据也更容易解释。然而，只有某些类别的材料，例如特定的高温超导体，属于这一类。其次，就其本质而言，只能探测被占据的状态。原则上可以通过将已知能量的电子插入空带状态并测量出射光子（这称为逆光电子能谱，inverse photoemission spectroscopy），但在一维场中使用这种技术进行的工作很少。

Kim 等人[33,40,41] 和 Fujisawa 等人[42,43] 首先应用光电子能谱研究了高温超导体 $SrCuO_2$。在这里，通过使用哈伯德模型求解能带结构，获得了与实验数据的良好一致性，观察到峰的展宽解释为自旋子和空穴子模式分离的结果，见图 3.5 (b)。这项工作提供了一维莫特绝缘体中自旋-电荷分离的早期证据，尽管不是金属的，该材料仍然表现为 TLL 模型所描述的一维系统。

Gweon 等人[34] 使用光电子能谱进行了另一项实验，使用的是准一维金属 $Li_{0.9}Mo_6O_{17}$，也获得了类似于上面所示的结果，即在观察到色散中自旋子和空穴子模式之间的光谱分离。根据谱函数，他们还估计了每种模式的速度，给出 $v_\rho/v_\sigma=2$。他们的实验也获得了很好的理论一致性，幂律指数约为 $\alpha=0.9$，具有强后向散射的系统特征。

3.2.2 输运测量

Bockrath 等人[30] 和 Yao 等人[44] 还使用碳纳米管对 TLL 幂律行为进行了实验研究。他们的实验包括测量沿单壁碳纳米管（SWNT）的电学输运，采用不同的接触形状，或者体（bulk）接触或者末端（end）接触。该方法依赖于将卢廷格液体参数近似为
$$K_\rho = \left(1+\frac{2U}{\Delta}\right)^{-1/2} \qquad (3.18)$$
其中，U 是纳米管的电荷能量；Δ 是单粒子能级间距。Bockrath 等人表明，在一维系统中，沿系统的电导在零偏压下受到抑制，对于小偏压 $|eV| \ll k_B T$，电导随温度 T 的幂律依赖关系而消失，
$$G(T) \propto T^\alpha \qquad (3.19)$$
而当源极-漏极偏压 V_{dc} 在更大的偏压 $|eV| \gg k_B T$ 下时，
$$dI/dT \propto T^\alpha \qquad (3.20)$$
这正如 TLL 模型预测的那样。在这里，α 取决于一维隧道的数量，以及隧穿是否发生在系统的主体中，或者它是否受到末端的影响。一旦有了谱函数，就可以通过计算动量分布函数从 TLL 理论中得到这个。在单壁碳纳米管中，根据不同接触形状，幂律指数 α 可以与 K_ρ 关联为
$$\alpha_{end}=(K_\rho^{-1}-1)/4 \qquad (3.21)$$
或者
$$\alpha_{bulk}=(K_\rho^{-1}+K_\rho-2)/8 \qquad (3.22)$$
因为不同的接触形状会略微改变长程库仑相互作用的影响。

在实验中，他们有时将单独的纳米管放置在两个金属触点的顶部，仅微弱地扰动纳米管，因此产生长的一维系统，从而产生"体"隧穿效应。或者，在纳米管的顶部沉积接触金属，产生一个短的一维系统，其中任何隧穿激发都会传播到末端，并受到那里的边界条件的影响，从而产生"末端"隧穿。这是通过将隧穿电子的能量与 $\Delta E = 2\hbar v_{F1D}/(K_\rho L)$ 进行比较来确定的，这与 TLL 准粒子行进到长度为 L 的线末端的逆时间尺度有关[45,46]。对于 $k_B T$，$eV_{dc} \gg \Delta E$，末端并不重要。

在零磁场下进行了电导测量，这是作为温度 T 和源极-漏极偏压 V_{dc} 的函数，结果为 $\alpha_{end} = 0.6$ 和 $\alpha_{bulk} = 0.3$，与 SWNT 的理论预测非常一致：α_{end}（理论）$= 0.65$ 和 α_{bulk}（理论）$= 0.24$[47,48]，参见图 3.6 中的插图。

虽然不同的接触形状转化为不同的输运机制，但一旦使用如下通用关系重新缩放数据，可以观察到这两个系统仍然遵循相对于温度的幂律：

$$\frac{dI}{dV} = AT^\alpha \cosh\left(\gamma \frac{eV}{2k_B T}\right) \left| \Gamma\left(\frac{1+\alpha}{2} + \gamma \frac{ieV}{2\pi k_B T}\right) \right|^2 \qquad (3.23)$$

其中，$\Gamma(x)$ 是伽马函数；γ 考虑了两个隧道结处的电压降；A 是任意常数（见图 3.6）。请注意，该结果假设导线处于 $T=0$K。从这里，观察到体接触纳米管遵循 $\gamma_{bulk} \approx 0.46$，而末端接触纳米管有 $\gamma_{end} \approx 0.63$，与 Fisher 和 Kane[49] 的理论预测非常一致，其中 γ_{bulk}（理论）$= 0.50 \pm 0.1$ 和 γ_{end}（理论）$= 0.60 \pm 0.1$。这是金属纳米管中电子表现为 TLL 的第一个实验证据。

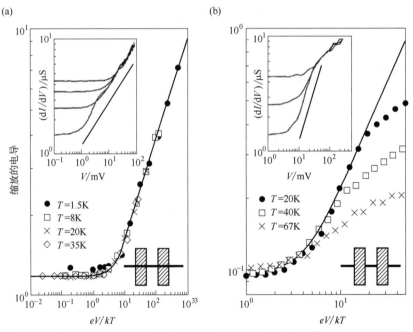

图 3.6 不同温度下获取的微分电导 dI/dV：(a) 体接触和 (b) 末端接触的碳纳米管。插图显示 dI/dV 对数-对数图，其中幂律行为为 $dI/dV \propto T^\alpha$ 可以在两种接触形状中同时看到（见直线）。主图显示相同的数据在使用式（3.23）中描述的比例关系后，折叠到一条曲线上。γ 的提取值分别是 (a) $\gamma = 0.46$ 和 (b) $\gamma = 0.63$。来自参考文献 [30]，经许可转载。

3.2.3 磁隧穿谱

根据 Haldane 在 1981 年的建议以及 Kardynal 等人[50] 对 1D 光谱函数进行的初步测量，

Barnes 在 1999 年提出了一种探测 TLL 行为的新方法[51]。

这个想法是测量量子线和平行二维电子系统（2DES，2D electron system）之间的隧穿电导，作为它们之间的电位差 V 和面内磁场 B 的函数，见图 3.7（a）。然后，谱函数 $A(k,\omega)$ 对波矢 k 和频率 ω 的依赖性可以通过分析微分隧穿电导 dI/dV 来确定。特别是，作者认为自旋-电荷分离的存在，应该表现为 I-V 特性中新出现的奇点，与非相互作用系统中预期的方式明显不同。这个想法后来被 Grigera 等人[52] 进一步完善，将它扩展到相互作用参数 K_ρ 的任意值，同时还考虑到了 TLL 和 2DES 中塞曼分裂的影响。

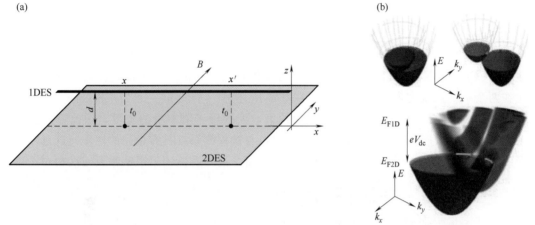

图 3.7 （a）通过测量电子从一维系统到附近的 2DES 的隧穿，从而映射一维系统色散的器件配置。（b）磁隧穿光谱。顶部图形显示两个 2D 系统的光谱函数的重叠。磁场 B 将蓝色抛物面向右移动，使费米圆从内部（左上）或外部（右上）接触。这允许在费米能量 E_F 处探测 $-k_F$ 和 k_F 附近的红色抛物面的状态。底部图形显示了 2D（蓝色）和 1D（红色）系统之间在有限偏置 V_{dc} 下的隧穿效应。可以通过同时改变 B 和 V_{dc} 来探测多个 1D 子带。(a) 来自参考文献 [51]，经许可转载。(b) 来自参考文献 [53]，经许可转载。

当电子以量子力学方式隧穿通过两个区域之间的势垒时，其横向势垒的能量和动量必须守恒（在晶体中以倒易晶格矢量为模）。它还必须遵守泡利不相容原理，因此它不能隧穿进入一个占据态。在低温下的固体中，几乎所有低于费米能量 E_F 的状态都是占据的，因此这就提供了一个参考能量，低于该参考能量时隧穿效应是禁止的。我们将专注于半导体异质结构，其中平面势垒将两个包含电子的平行量子阱分开，电子可以在两个（或更少）维度上自由移动，因此在这些方向上，它们的波函数通过具有波矢量 k 的平面波布洛赫来描述。

随后，隧穿概率就取决于波函数在势垒两侧的重叠，以费米黄金法则[54-56] 给出的速率，垂直于势垒积分。这会挑选出具有匹配 k 的初始和最终状态对，体现动量守恒，每次 2D 能带和第 n 个子波段色散对齐时，在 I 中都会观察到共振。然而，这不太可能在平衡条件下发生。

通过外加平行于各层的磁场 B，当电子隧穿时会产生洛伦兹（Lorentz）力，将动量增加 $\Delta k = eBd/\hbar$，其中，d 是隧穿距离（波函数中心之间的距离）。这允许我们使用磁场 $\boldsymbol{B}$ 和跨势垒施加的电压 V_{dc}，绘制出势垒两侧的电子色散关系，该势垒提供了额外的能量 eV_{dc}。把它们放在一起，就得到

$$I \propto \int d\boldsymbol{k}\, dE [f_T(E - E_{F1D} - eV_{dc}) - f_T(E - E_{F2D})] \times \\ A_1(\boldsymbol{k}, E) A_2(\boldsymbol{k} + ed(\boldsymbol{n} \times \boldsymbol{B})/\hbar, E - eV_{dc}) \quad (3.24)$$

其中，e 是电子电荷；$f_T(E)$ 是费米-狄拉克分布；d 是阱之间的间隔；n 是垂直于平面的单位矢量；$\boldsymbol{B}=-B\hat{\boldsymbol{y}}$ 是（面内）磁场矢量；$A_1(\boldsymbol{k},E)$ 和 $A_2(\boldsymbol{k},E)$ 是一维和二维系统对应的谱函数，它们的费米能量分别为 E_{F1D} 和 E_{F2D} [见图3.7（b）]。

1999 年 Barnes 的提议（Altland 等人[51]）和 2004 年 Grigera 等人[52] 的后续工作，都提出了检测量子线中自旋-电荷分离的想法。然而，两者都没有尝试对零偏压下隧穿电流的反常抑制进行建模，而这正是 TLL 模型所预测的结果。该特征通常称为零偏压反常（ZBA，zero-bias anomaly），预计也将在很大程度上取决于相互作用的强度，并遵循偏置 V 和电子温度 T 的幂律行为。

Auslaender 等人[28,57] 实现了一维线隧穿效应的第一次实验观察，这是在单子带区域中实现的，后来则由 Carpentier 等人[58] 进行了理论分析。在这里，他们使用了通过解理边再生长（CEO，cleaved-edge overgrowth）方式生长的一对耦合量子线，这意味着隧穿过程发生在两个一维系统之间，而不是发生在如前所述的一个线和一个 2DES 之间，见图 3.8（a）和（b）。CEO 技术允许获得非常强的约束，大致等于阱本身的宽度，因此原则上更适合观察相互作用效应。不幸的是，探测层现在也与被探测系统具有相同的性质，这意味着对每个线的响应解释和解纠缠就变得非常复杂。然而，这些实验通过观察激发速度相对于单纯

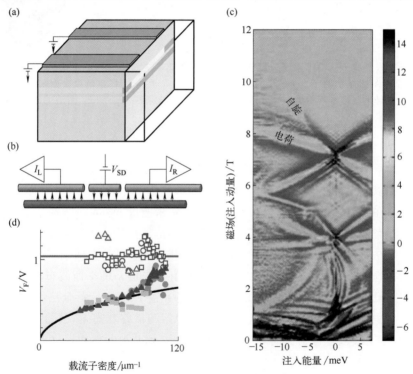

图 3.8 通过动量分辨磁隧光谱，探测两个相互作用的一维线之间的自旋-电荷分离。(a) 通过解理边再生长（CEO）制成的双量子线结构示意图。该系统位于 GaAs/AlGaAs 双阱异质结构的边缘。(b) 1D-1D 隧穿过程中使用的电路示意图；这里，I_L 是左移电流，I_R 是右移电流，V_{SD} 是源极-漏极偏压。(c) 微分电导 $G=dI/dV$ 同时作为 V_{SD}（正比于能量）和 B（正比于动量）的函数，可以看到标记为电荷和自旋的两个特征，在零能和 7T 磁场附近有分支。(d) 测得的自旋速度（空心符号）和电荷速度（实心符号），绘制为载流子密度的函数，并相对于费米速度 v_F 进行了归一化；在较低的密度下，电子之间的排斥力更强，因此电荷激发速度更大，这与基本不受影响的自旋模式不同；实线表示理论拟合。来自参考文献 [60]，经许可转载。

电子速度 v_F 的增强，显示了早期支持 TLL 图像的证据，见图 3.8（c）和（d）。同一作者之前的工作还观察到零偏压抑制区域周围状态的隧穿密度的幂律行为[45,59]。

2009 年，Jompol 等人报告了第一次清楚地观察到自旋-电荷分离，以及零偏压下隧穿电流的幂律抑制。与 CEO 样本不同，他们制造了一个静电门控一维系统，并测量了它与附近的 2DES 之间的隧穿效应。因此，现在使用的探测层是一个易于理解的系统，使解释更加简单直接。

图 3.9 显示了在晶格温度为 1K 和约 40mK 时，隧穿电导 G 同时作为层间偏置 V_dc 和面内磁场 B 的函数，此时只有一个 1D 子带被占据。黑色虚线和黑色实线分别标记了预期的一维和二维抛物线色散，这是在没有相互作用的情况下，由单粒子隧穿引起的。图中还显示了源自非门控注入区域的寄生 2D-2D 隧穿信号，如绿色点画线所示。从 V_dc 为 0、B^- 和 B^+

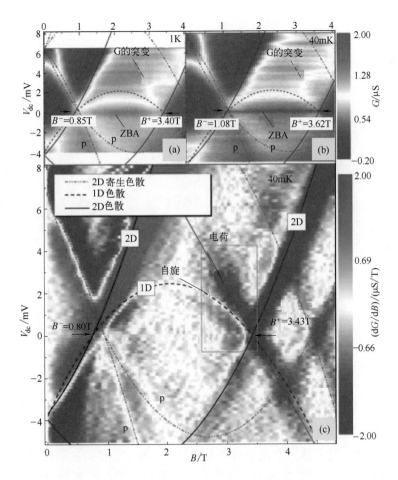

图 3.9 隧穿电导 G 与直流偏置 V_dc 和磁场 B 的关系，晶格温度 T 为（a）1K 和（b）40mK。非相互作用模型预测的 1D 线系统和 2DES 之间的隧穿共振由黑色实线和虚线标记，而绿色点画线表示不可避免的寄生 2D-2D 隧穿"p"的位置。此外，相互作用的迹象，可以在围绕零偏差（ZBA 处）G 的抑制，及其在 B^+ 附近正偏压处的突然下降中看出。（c）图（b）中所示数据的 $\text{d}G/\text{d}B$ 微分。图（a）和（b）中所示的非相互作用抛物线标记为 1D、2D 或 p，具体取决于正在探测哪个系统的色散。红色直线标记 G 中突然下降的位置，在该图上比 $V_\text{dc}=0$ 处的一维抛物线陡峭约 1.4 倍。根据 TLL 模型，可确定第一个是电荷型模式（空穴子），而第二个是自旋型激发（自旋子）。来自参考文献 [29]，经许可转载。

的交叉点处，可以提取一维费米波矢量 $k_{F1D}=ed(B^+-B^-)/(2\hbar)$ 以及一维电子密度 $n_{1D}=2k_{F1D}/\pi$。对于显示的数据，线中的电子密度近似为 $n_{1D}\approx 40\mu m^{-1}$。

在图 3.9（a）和（b）中，可以观察到正偏压 B^+ 附近的额外高电导区域。通过微分 dG/dB，可以在图 3.9（c）中更清楚地看到这一点。在这两种情况下，都可以看到沿对角线向上移动到 B^+ 左侧的特征。图 3.10（b）显示了针对不同器件在同一区域周围进行的详细测量，同样也是在单子带范围内的测量。为了比较，图 3.10（a）和（d）显示了非相互作用系统的理论预测。在这里，可以看到 dG/dB 的强的深蓝色特征；然而，它遵循一维抛物线，这与实验观察到的不同，实验中有明显的偏离（红色虚线）。因此，一维抛物线和红色虚线分别跟随色散两个独立的特征，根据 TLL 像，可以分别与自旋和电荷型激发相关联。电荷模式的速度估计为 $v_\rho=1.4v_{F1D}$，在线性近似下，可以得到相互作用参数 $K_\rho\approx 0.71$。为了完整起见，图 3.10（c）和（e）显示了根据 TLL 模型的一维相互作用电子隧穿进/出二维系统的理论预期结果，其中也可以看到与观察到的特征相似的特征。

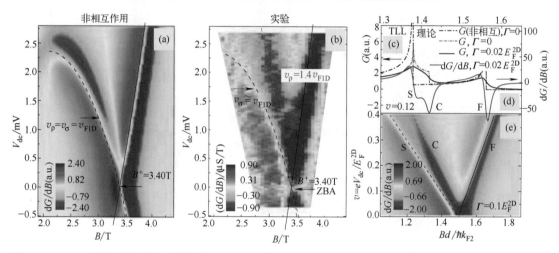

图 3.10 $+k_F$ 点附近的自旋-电荷分离：实验与理论的比较。(a) 对于具有无序展宽 $\Gamma=0.6$ meV 的非相互作用电子系统的 dG/dB。(b) dG/dB 的高分辨率映射。红色虚线标记不遵循非相互作用抛物线（黑色虚线），且在图（a）中不存在的特征。自旋子速度由 $v_\sigma=v_{F1D}$ 给出。提取的空穴子速度为 $v_\rho=1.4v_{F1D}$。(c) 和（d）分别显示了计算的非相互作用电子系统和 TLL 电子系统的 G 和 dG/dB。自旋和电荷激发分别用 S 和 C 来标记，而 F 标记出非相互作用的 2D 色散曲线。切面是在 $v=eV_{dc}/E_F^{2D}=0.12$ 的偏压下获得（此处以无量纲单位给出）。(e) 根据 TLL 模型，dG/dB 作为 B 和 v 的函数。请注意，与图（a）不同，该模型预测如图（b）所示电荷特征 C 的方式。来自参考文献 [29]，经许可转载。

非相互作用模型无法解释的另一个特征是 ZBA，如图 3.9（a）和（b）中显示为深蓝色的水平线。如前所述，这种隧穿电流中的反常抑制是由相互作用效应引起的，并且可能与在零偏压下电子隧穿进/出导线的额外能量消耗有关，因为它不可避免地会干扰其余已经存在的电子。在图 3.11（a）中可以看到不同温度 T 下隧穿电导 G 作为 V_{dc} 的函数，磁场 B 大约介于 B^- 和 B^+ 之间。类似地，图 3.11（b）和（c）分别显示对数-对数图的 $G(V_{dc}=0, T)$ 和 $G(|V_{dc}|, T<70$ mK)。在这里，观察到 V_{dc} 和 T 在一个数量级范围内的幂律的明显变化。如图 3.11（d）所示，V_{dc} 和 T 在拖尾能量方面起着相似的作用。

相互作用参数 K_ρ 是从提取的幂律指数中获得的，$\alpha_T\approx 0.45\pm 0.04$ 和 $\alpha_V\approx 0.52\pm 0.04$，这取决于电子的激发是否隧穿进入或离开量子线，一般传播到末端（"末端隧穿"）还

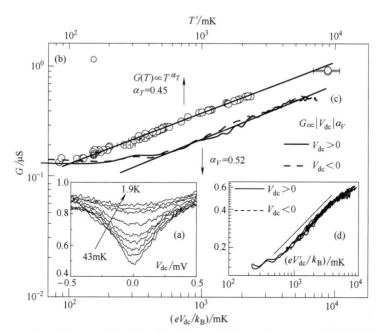

图 3.11 零偏压反常。(a) 隧道电导 G 作为偏压 V_{dc} 的函数,在 $B = 2.33T$ 处获得,温度 T 的范围从 43mK 到 1.9K。(b) $G(V_{dc} = 0)$ 与 T 的对数-对数图,显示幂律行为 $\propto T^\alpha$,其中 $\alpha_T \approx 0.45$。(c) 与图 (b) 中相同,但显示 $G(|V_{dc}|)$ 与 V_{dc} 的关系,其中 $\alpha_V \approx 0.52$。(d) $G(|V_{dc}|)$ 与 $V'_{dc} = \sqrt{|V_{dc}|^2 + (3k_B T/e)^2 + V_{ac}^2}$ 的关系,通过增加不同的能量拖尾作为正交噪声来获得。选择 $3k_B T$ 的值使得图 (b) 和图 (c) 与图 (d) 中的所有曲线都将叠加。为了比较,使用式 (3.23) 中的比例关系,得出一条 $\alpha \approx 0.51$ 的通用曲线。来自参考文献 [29],经许可转载。

是不传播到末端("体隧穿"),请参见 3.2.2 节。对于后者,测得的指数分别为 $K_\rho \approx 0.28$ 和 0.26,远小于从图 3.10 (b) 中的空穴子分支中提取的值。相反,当考虑"末端"隧穿时,获得的值针对 α_T 是 $K_\rho \approx 0.53$,而对于 α_V 则是 $K_\rho \approx 0.49$,与图 3.10 中获得的结果非常接近。然而,这意味着在所有测量温度(100mK~10K)下,线长度都短于热长度 $L_T = 2\hbar v_{\text{FID}}/(K_\rho k_B T)$,否则幂律指数会在某些温度下发生变化,正如 Tserkovnyak 等人[45] 在 1D-1D 隧穿中观察到的那样。

总体而言,Jompol 等人开展的工作显示了明确支持 TLL 模型的证据。不过,很明显,观察到的"电荷"线条持续存在的能量范围,远远超出了色散可以近似为线性的能量范围,这使得自旋-电荷分离现象成为比预期的 TLL 模型有效范围内更稳健的一种现象。因此,这带来了一个问题,即在非线性区域,远离费米点时,线性近似失效的地方,自旋和电荷模式都会发生什么现象。最近人们才开始理解,在任意能量和动量下一维线中相互作用的功能。这种"非线性朝永-卢廷格液体"将是下一节的主题。

3.3 超越线性朝永-卢廷格液体近似

TLL 理论在描述一维系统的低能量行为方面非常有效。正如我们所展示的,表现出许多不寻常的特性,包括长寿命等离子体激发、自旋和电荷自由度的分离,以及相互作用驱动的幂律行为[8]。然而,一般而言,一维波谱是弯曲的,即非线性的,这意味着在远离费米点的地方，预计必将发生与线性的偏差。现在，我们将集中关注两个特殊的非线性理论。

3.3.1 非线性朝永-卢廷格液体的移动杂质模型

一维系统中，远离费米能量的激发通过非线性流体动力学来描述，这在后来称为移动杂质模型中，见图 3.12[61,62]。这个名字本身让人联想到另一个问题，即金属中的 X 射线散射，其在吸收高能 X 射线光子后，会在远低于费米能级的地方产生空穴。与在 TLL 模型中一样，人们也发现该系统在 E_F 附近具有幂律奇点。然而，与 TLL 模型相反，通过扰动分析深空穴与低能准粒子，由此产生的两者之间的相互作用，却是有分歧的。

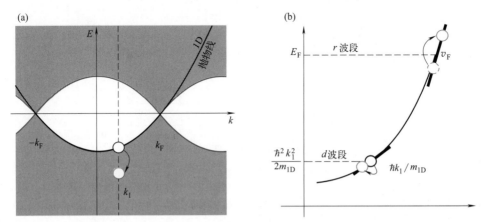

图 3.12 (a) 相互作用的一维系统的色散。运动学禁区以白色显示，而灰色阴影区域代表激发的多体连续体。谱线边缘标记了这两个区域之间的边界，并以红色显示。通过改变费米能量下方深处的重空穴（黑色圆圈）的状态，并同时在费米能量周围产生一些线性 TLL 激发，可以获得更高能量的激发（绿色圆圈）。正如移动杂质模型所描述的那样，这会将多体状态的总能量从谱线边缘移开——见正文。(b) 费米子色散分成两个子带，一个是费米海深处的重空穴，其特征速度为 $\hbar k_1/m_{1D}$，另一个是接近费米点 k_F 的激发，速度为 v_F。来自参考文献 [53]，经许可转载。

Nozières 和 De Dominicis[63] 通过引入所谓的重杂质模型解决了这个问题。这种结构通过费米液体准粒子与费米能级以下深处的空穴态相互作用而产生，可以在类似于 TLL 系统的框架中精确对角化。它还以阈值指数的形式，预测远离费米能量的幂律行为。最有趣的是，从移动杂质模型导出的一维波谱函数是

$$A_1(k_x,E) \propto \frac{1}{|E+\mu-\xi_1|^{\alpha(k_x)}} \tag{3.25}$$

这意味着相互作用的一维波谱函数的指数 $\alpha(k_x)$ 现在存在动量依赖关系[62]。人们发现适用于电子系统的自旋费米子的显式表达式是[64]：

$$\alpha(k_x) = 1 - \frac{(1-C(k_x))^2}{4K_\rho} - \frac{K_\rho(1-D(k_x))^2}{4} \tag{3.26}$$

其中，$C(k) = (k^2-k_F^2)/(k^2/K_\sigma - k_F^2 K_\sigma/K_\rho^2)$，而 $D(k) = (k-k_F)(k_F/K_\rho^2 + k/K_\sigma^2)(k^2/K_\sigma^2 - k_F^2/K_\rho^2)$。

现在将 TLL 的普适性从低能范围扩展到有限能量范围，人们发现由于能量和动量空间中波谱边缘的有限曲率，出现了动量相关的幂律。这是一维非线性流体动力学的独特特征，也是非线性朝永-卢廷格液体（NLL）行为的标志。该理论的另一个含义是主要色散的"复制品"的出现，即预测图 3.12(a) 中的所有红色线预计在波谱函数中都很明显，而不仅仅

是与主要 1D 抛物线重合的那条线。

NLL 模型的另一个预测，是等离激元寿命的急剧减少。这可以类比线性情况来理解。如果波谱是线性的，则每个电子-空穴对都可以通过与其动量成线性关系的能量来识别。相反，如果波谱是弯曲的，则可能存在具有不同能量但具有相同动量的不同电子-空穴对。一旦有了相互作用，它们可以变形为波数为 q 的等离激元，具有有限的波谱宽度，近似等于能量的展宽，$\delta\omega(q) = \omega_+(q) - \omega_-(q)$，并因此具有缩短的寿命 $\tau \propto 1/\delta\omega$。

3.3.2 远离费米点的模式层次

上一小节中描述的移动杂质模型使 TLL 理论摆脱了线性近似的限制。尽管如此，它仍然没有提供对任意非线性激励的描述，因为它仅适用于波谱阈值附近。这是因为，非线性流体动力学理论是通过类比 X 射线散射问题中边缘奇点来构建的，在将禁带与一维多体激发的连续体分开的远离波谱边缘时，并没有被很好地定义，此时这种唯象方法就会变得与实际不一致。

通过贝特拟设（Bethe ansatz）进行微观分析，人们对非线性激发的一般情况有了更系统的理解。据报道[65,66]，根据波谱强度，指数级数量的激发被分成模式层次的能级，其波谱强度则与小参数 R^2/L^2 的整数幂成正比，其中，R 是两体相互作用势的半径，L 是系统的长度。对这些尺度的详细分析揭示了抛物线状色散的形成，见图 3.13（a），类似于原始非相互作用费米子的色散，但由于相互作用，由具有 R^2/L^2 的零次方的最强激发，引起一些重新归一化。所有其他多体模式的 R^2/L^2 的幂均大于零，总体趋势是在距离主抛物线 $2k_F$ 的每个离散步长将整数增加 1。

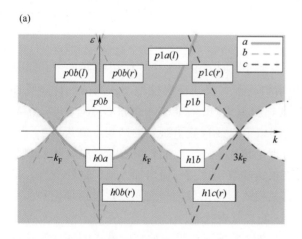
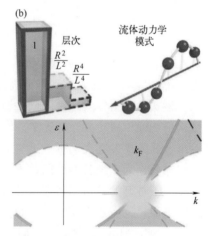

图 3.13 （a）根据模式层次图的无自旋费米子的波谱函数。第一（第二）能级模式显示在区域 $-k_F < k < k_F (k_F < k < 3k_F)$ 中，并标记为 0(1)，其中 k_F 是费米波矢量。允许和禁止的区域分别用灰色和白色标记。粒子（空穴）区域用 $p(h)$ 标记为正（负）能量，a、b 和 c 分别对应于模式层次结构中 R^2/L^2 的 0、1 和 2 次方，而（r,l）对应范围内右边或者左边的原点。（b）下图：能量-动量平面上不同理论的有效区域；右上：TLL 流体动力学模式，其中对红色线的微分标志着密度的变化，并在低能量下占主导地位（见底部图片中的青色区域）；左上：高达三阶的模式层次结构，其中条形定性地表示不同多体模式的振幅，并且与平面的其余部分相关。（a）来自参考文献 [65]，经许可转载。（b）来自参考文献 [66]，经许可转载。

举个例子，主抛物线的空穴部分，在 $\pm k_F$ 点之间，具有最大的振幅，但它在粒子区域中的镜像——图 3.13（a）中标记为 $p0b$ 的圆顶形状的"复制品"，具有与 R^2/L^2 的一次幂

成正比的参数较小的振幅。在波谱函数中，这个复制品的强度预测为

$$A_1(k_x,E) \propto \frac{R^2}{L^2} \times \frac{k_F^2 k_x^2}{(k^2-k_F^2)^2}\delta(E-\mu+\xi_1) \tag{3.27}$$

因此，对于几乎所有的动量，这种模式在热力学极限下是不可观察的。唯一的例外是 $\pm k_F$ 点周围的区域，其中分母中的奇异性开始与参数化的大小可比，使得整体振幅很大。另一方面，全模式的测量需要使用较小的系统，其中 R^2/L^2 参数仍然使全模式的振幅高于其他过程的背景。

接近波谱阈值时，模式层次再现了移动杂质模型的预测。小参数 R^2/L^2 提供了一条路径来解释多体激发的指数连续体的主振幅，这使得实现了波谱函数的微观计算。由此产生的阈值指数，与唯象地引入的非线性流体动力学模型预测的指数相匹配。

当模式层次远离费米点时，靠近它们（波谱几乎是线性的），模式过渡到通常的线性 TLL，见图 3.13（b）。后者的流体动力学模式由大量多体模式组成，所有这些模式都具有相似的波谱强度，使得这两种模式在微观层面上已经截然不同。使用宏观量，即状态密度，可以很容易地追踪从一种状态到另一种状态的变化。它可以使用贝特拟设通过数值方法精确计算，表现出 TLL 模型预测的费米能量 E_F 周围的幂律抑制，以及远离线性区域的模式层次预测的有限密度 $\propto 1/\sqrt{E}$ 的交叉，在线性区域，单粒子色散的非线性已经破坏了 TLL 的流体动力学模式。

3.4 非线性效应研究进展

3.4.1 一维"复制品"模式

2015 年，Tsyplyatyev 等人[65] 报告了在类似于 Jompol 等人[29] 使用的器件中，增加了空气桥[67]，第一次观察到类似高阶激发的结构，正如模式层次模型所预测的那样，见图 3.14。该实验包括针对各种不同的量子线长度，测量进/出一维线阵列和 GaAs/AlGaAs 异质结构中 2DES 的动量分辨隧穿。作者观察到类似于二级自旋子激发的结构，靠近 $+k_F$ 点，从一维模式分支并在高动量下迅速消失，这与理论预测一致。然而，最有趣的是，他们观察到该特征是作为系统长度的函数出现，其波谱权重随着沟道变短而增加。他们还注意到，即使更多的子带开始被占据，它也是可见的。有关模式层次图像的全面回顾，包括理论和实验方面的进展，读者可以在 Tsyplyatyev 等人[66] 的文献中找到。

2016 年，Moreno 等人[69] 同样使用隧穿光谱，发现存在另一种高阶模式的证据，这次是第一能级反转自旋带（见图 3.15）。使用的隧穿器件由 6000 根 GaAs 线阵列组成，长度为 $1\mu m$，比 Tsyplyatyev 等人[65,66] 之前使用的要短得多，后者使用的分别为 $10\mu m$ 和 $18\mu m$ 长。Moreno 等人报告的模式无法在较长的量子线中观察到，这进一步将模式层次图像确立为主要的非线性 TLL 理论之一。最近，Vianez 等人[68] 对复制品的长度依赖性进行了全面的实验研究，确认模式层次结构图像中的预测，即复制品随着长度的减少而变得更强[65,66]。

3.4.2 动量相关的幂律

正如 3.3.1 节中所讨论的，在任意能量和动量的一维量子流体的背景下开发的移动杂质

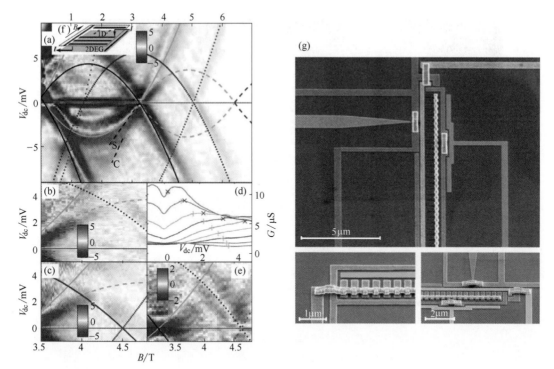

图 3.14 两个样品的隧穿微分电导 $G=\mathrm{d}I/\mathrm{d}V$，由一组长度为 $L=10\mu\mathrm{m}$ [图 (a) ~ 图 (d)] 和 $L=18\mu\mathrm{m}$ [图 (e)] 的相同量子线组成。在插图 (f) 中可以看到所测量器件的示意图。(a) $\mathrm{d}G/\mathrm{d}V_{\mathrm{dc}}$ 映射图，在晶格温度为 $T=3000\mathrm{mK}$ 时获得。对于 a 模式，一维信号用绿色实线标记；对于 b 模式，为绿色虚线；c 模式式为蓝色虚线，详见图 3.13；品红色和蓝色曲线表示寄生 2D-2D 信号，而黑色曲线则是沿着 1D 线探测到的 2D 系统的色散。自旋和电荷模式分别用 S 和 C 线标记。(b)、(c) 显示了如图 (a) 所示的 $+k_\mathrm{F}$ 右侧的复制品区域的放大图，分别为 $v_\mathrm{PG}>0$ 和 $v_\mathrm{PG}>0$，其中 PG 是指运行在大多数寄生"p"区域的栅极，请参见蓝色曲线。(d) 复制品区域周围不同磁场 B 处的 G 与 V_{dc} 的关系。每条曲线上的符号"+"和"×"分别表示图 (a) 和图 (b) 中的绿色虚线和实线曲线。(e) 在 $T<100\mathrm{mK}$ 时获得的第二个器件的 $\mathrm{d}G/\mathrm{d}V_{\mathrm{dc}}$ 映射图，显示出与图 (a) ~ 图 (c) 中观察到的相似特征。(g) 带有空气桥的隧穿器件的扫描电子显微照片，展示了空气桥如何不仅用于跨过栅极将栅极连接在一起，而且还用于将定义 1D 线的所有指状栅极连接在一起，这样就避免了沿着这些非常短的量子线中的每个栅极电势的变化，就像当栅极末端连接在一起时所发生的现象[67,68]。来自参考文献 [65]，经许可转载。

模型，对波谱边缘附近观察到的态密度的幂律行为做出了非常好的预测。这里，由于一维色散的有限曲率，指数变得与动量有关，与线性模型形成明显对比，线性模型预计不会存在这种相关性。对于电子，即自旋 1/2 的费米子，对远离费米点的阈值指数的动量相关性的观察，将构成一维非线性流体动力学的标志。

2019 年，Jin 等人[53] 报道了使用量子线中相互作用电子的系统，首次观察到这种新型的幂律，他们通过隧穿谱进行了探测。在这里，存在由粒子的波长给定的有限的长度尺度，这和通常的长度尺度是无限的相变物理图像不一样，使得该结果成为在没有尺度不变性的情况下观察到的首个幂律。

研究发现，一维色散底部下方隧穿电导的增强（见图 3.16），不能仅通过考虑非相互作用或线性卢廷格框架（即与动量无关的幂律）来解释。相反，数据的最佳拟合是通过考虑动量相关的移动杂质模型所预测的幂律。除了相互作用之外，还考虑了由无序引起的展宽效应。该结果在多个器件中，采用不同的量子线长度并在不同的温度下测量，都被观察到。

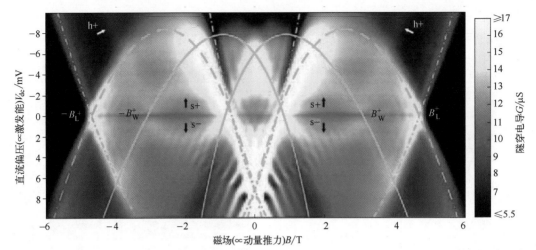

图 3.15 隧穿电导 G 作为直流偏压 V_{dc} 和面内磁场 B 的函数,这里针对的是单个 1D 子带占据的区域。量子线中的电子密度为 $n_{1D} \approx 35 \mu m^{-1}$。绿色实线曲线标记了由一维线映射的二维系统的色散,而绿色虚线和点画线表示由 2D-2D 寄生隧穿产生的共振。在空穴(s−)和粒子(s+)区域中可以看到自旋子能带,而粒子区域(h+)中存在空穴子能带。$\pm B_{W,L}^+$ 表示每个共振穿过 $V_{dc}=0$ 的轴时的特定磁场。来自参考文献 [69],经许可转载。

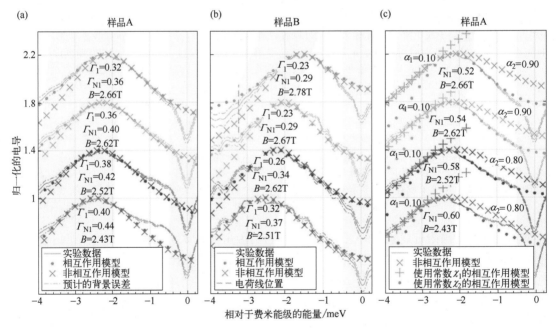

图 3.16 动量相关的幂律。(a)、(b) 拟合了两个不同样品的隧穿电导,在一维子带的底部附近,针对各种不同的磁场,归一化到它们的峰值,并垂向移动以便清晰起见。拟合数据时使用了两种不同的模型,即非相互作用(×)和与动量相关指数相互作用(•)。此外还考虑了无序引起的展宽效应。样品 A 由 $18\mu m$ 长的线组成,在 He^3/He^4 稀释制冷机中,温度为 50mK 下测量;而样品 B 的长度为 $10\mu m$,在 He^3 低温恒温器中,温度为 330mK 下测量。(c) 使用动量无关幂律(• 和 +)和非相互作用模型(×)获得的拟合结果,与数据的特定部分相匹配。来自参考文献 [53],经许可转载。

从非线性区域中提取的卢廷格参数为 $K_\rho = 0.70 \pm 0.03$,这与从其他一维相互作用效应所获得的值非常一致,最值得一提的是 ZBA($K_\rho = 0.59 \pm 0.13$,假设末端隧穿效应)和自旋-电荷分离（$K_\rho=0.76\pm0.07$），两者也都在这个实验中给出。请注意，在整个分析过程中，研究者考虑 $K_\sigma=1$，以此来重归一化组参数[9]。

3.4.3 高能量下自旋子和空穴子的寿命

Barack 等人[70] 完成了非线性 TLL 动力学的早期研究之一。其中，他们有选择地将空穴和粒子注入量子线，以便通过动量分辨隧穿谱研究它们的弛豫特性。他们测量得出的结论是，虽然高能粒子经历了快速的热弛豫，但空穴基本保持不变，这与线性 TLL 理论形成鲜明对比，后者在很大程度上禁止能量弛豫。实验结果将弛豫时间的限制设置为 $\tau<10^{-11}$ s（对于粒子）和 $\tau\gg10^{-11}$ s（对于空穴）。

重要的是，需要强调这些结果是基于相互作用较弱的假设。相同学者之前对类似样品所做的工作获得电子的卢廷格参数为 $K_\rho\approx0.55$，很明显处于强相互作用区域。然而，这种明显的矛盾可以通过暗示弛豫动力学在很大程度上独立于相互作用的强度来解释。他们得出的模型与数据显示出良好的一致性。然而，这里的唯象学性质说明了在强相互作用极限下，对动力学和能量弛豫进行微观描述的明确需求。

3.4.4 非线性碳纳米管

Wang 等人[71] 最近的工作为非线性 TLL 动力学提供了进一步的实验证据，超越了 Barak 等人观察到的极限。通过生长更长且干净的半导体碳纳米管（CNT，carbon nanotube），即使在低密度极限中，仍然能够利用低噪声近场扫描光学测量，来映射出纳米管中的等离激元激发。半导体 CNT 具有带隙，因此当接近导带底部时，线性近似预计会失灵。通过将纳米管耦合到栅电极，能够调整费米能级的位置，并用其来探测非线性色散对等离激元的影响。在金属性碳纳米管上也进行了类似的测量，其中能带结构是无带隙的，因此可以很好地通过线性模型捕获。

NLL 理论的关键预测之一是等离激元寿命的急剧减少。通过将等离激元波注入纳米管，Wang 和合作者观察到纳米管一个末端的入射和反射激发之间的干涉，并从那里提取系统中模式的品质因数和波长。这使他们能够测量作为电子密度的函数的品质因数（由此可以测量等离激元的寿命）的增加，见图 3.17（a）。相比之下，线性模型预测无限寿命的激发，没有本征的弛豫机制，因此与栅极无关。类似样品的光学和输运测量，也证实衰减确实与非线性动力学有关，而不是杂质的散射。

他们的结果可根据 NLL 的动态结构因子（DSF，dynamic structure factor）来理解，见图 3.17（b）。对于线性 TLL，例如在金属性纳米管中，DSF 的形式为 $S(q,\omega)=2K|q|\delta(\omega-v_p q)$。这使得出现了等离激元模式的线性色散，由 $\omega(q)=v_p q$ 给出。这里，K 是卢廷格参数，v_p 是等离激元速度（电荷模式），q 是它的波矢量。

相反，对于非线性 TLL，如在半导体性 CNT 中，DSF 由下式给出：

$$S(q,\omega)=2\frac{\widetilde{m}K}{|q|}\theta\left(\frac{q^2}{2\widetilde{m}}-|\omega-v_p q|\right) \tag{3.28}$$

其中，$\widetilde{m}$ 是相互作用相关的有效质量；θ 是赫维赛德函数（单位阶梯函数）。

这意味着等离激元模式不再是系统的精确本征态，而是有了展宽，上限和下限由 $\omega_\pm(q)=v_p q\pm q^2/(2m)$ 给出。因此，对于给定的频率，即能量，现在将有多个具有不同动量的可用等离激元。一个高能量等离激元很容易衰变成多个低能量等离激元。与此过程相关

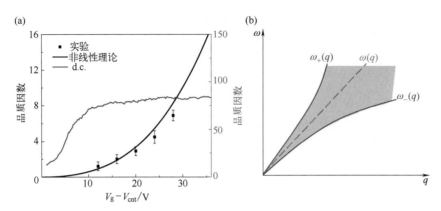

图 3.17 碳纳米管中的非线性卢廷格等离激元。(a) 等离激元品质因数作为栅极电压的函数。实验结果与 NLL 很好地匹配（黑色），并且不能被杂质散射（红色）等替代机制捕获。(b) NLL 模型特征的 DSF 图。在非线性 TLL 中，等离激元模式不是 $\omega(q)=v_p q$（虚线）的精确本征态，而是分别根据 $\omega_{\pm}(q)$ 给出的上限和下限的展宽状态。因此，波谱宽度 $\delta\omega(q)=\omega_+(q)-\omega_-(q)$ 随 q 增加而增加，表明正如所观察到的，等离激元寿命缩短。来自参考文献 [71]，经许可转载。

的阻尼和寿命由展宽 $\delta\omega(q)=q^2/\widetilde{m}$ 的宽度决定。

3.5 一维相互作用效应其他进展

3.5.1 库仑阻力

半导体器件中自由载流子彼此之间的屏蔽很弱，因此电荷之间的库仑相互作用在有限的距离内将被屏蔽，但该距离通常相当长。这意味着，当两条平行的导电量子线靠在一起时，仅由一层薄薄的绝缘势垒隔开，流过其中一根的电流会在另一根中引起净电荷位移。这称为库仑阻力。阻力电阻率 $R_D=-V_{drag}/I_{drive}$，即由感应线中的驱动电流 I_{drive} 和感应线中测得的阻力电压 V_{drag} 确定。

最初，人们认为这种现象是由于驱动量子线中的电子通过库仑相互作用，将其动量传递给另一根量子线中的对应电子，从而保持原始运动方向不变。然而，Laroche 等人[72,73] 最近的工作强烈质疑这种猜想。他们发现阻力电阻可以是正的，也可以是负的，而动量传递模型只能说明前者即正值的情况。然而，人们已预测，负库仑阻力存在于由于电荷波动引起的阻力模型中，因此除了动量传递图像以外，还引入了新的输运范式。

同一小组之后的工作[74] 还观察到在单个子带区域中，在温度 $T^\star$ 下阻力电阻的上升。这证实了 TLL 模型中长期以来的一种预测，其中交叉应该发生在由前向散射（对于 $T>T^\star$）或后向散射（对于 $T<T^\star$）主导的阻力之间，从而建立 1D-1D 阻力对温度的依赖。相比之下，弹道区域下沿一维沟道的电导对 T 的依赖性非常弱。

3.5.2 螺旋电流

沿弹道、一维、量子线的电导以 $2e^2/h$ 为单位进行量化，其中，因子 2 源自电子的自旋简并。这不受干净系统中相互作用的影响，因为它仅由与费米引线的接触电阻决定。然而，在存在无序的情况下，它会遵循 TLL 幂律而减少。

最近，人们在 CEO 线中超低温区域（$T\approx 10\text{mK}$）下进行的工作，揭示了 TLL 区域中螺旋核磁性的有希望的新证据。根据第一个模式的电导作为温度的函数，Scheller 等人[75] 观察到，在约 $T>10\text{K}$ 时，预期的 $2e^2/h$ 值随着温度降低而下降到 e^2/h，当约 $T<0.1\text{K}$ 时，变得与 T 无关。这种行为被认为与密度和至少到 3T 的磁场无关。

在排除了其他几种可能的解释后，他们得出结论，认为最可能的解释是核自旋螺旋的出现——一种由同一晶体的原子承载的有序核自旋状态——从而解释了在较低的温度下电导下降 1/2 的原因，因为这样量子线只传输右旋向下和左旋向上的运动子。这与 Braunecker 等人[76-78] 提出的理论一致。

3.5.3 冷原子

为了全面起见，我们最后介绍一个固态之外的不同平台，同样也是用于研究强相关多体系统的物理学。近年来，有实验报道了通过在光学晶格中捕获超冷原子来形成干净、非无序的 1D 链[79-81]。此处，限制电势由激光场本身给出，因此可以模拟材料体系无法访问的非常受控的费米-哈伯德模型。最近使用量子气体显微镜的工作，即以单原子/单晶格位点分辨率探测原子链，揭示了自旋-电荷分离的特征[82,83]，另外还报道了对每个分离等离子体的去约束和演化的真实空间跟踪[84]。这些系统特别有吸引力，因为改变它们内部相互作用的强度相对容易，而且还因为它们提供了跟踪从 1D 到 2D 物理交叉的前景。

3.6 小结

在过去的几年中，隧穿谱学已被证明是一种强大的技术，能够在整个动量和能量范围内映射多体系统的动力学。这已证明是极其重要的，因为它不仅允许确认原始线性 TLL 模型所做的许多预测，而且最近还提供了急需的证据来支持其非线性部分。最近在晶圆质量、纳米制造和隧穿分辨率方面的改进，也允许在高能量下进行完整的映射，早期结果表明超出了朝永-卢廷格范式的物理学迹象。我们预计，如果两个导体靠近并在其间有一个控制良好的隧道势垒，则该技术可以用于研究不同类别的材料，例如拓扑绝缘体，因此可以作为探测引人关注的新系统中的单粒子和多体物理的强大工具。

参考文献

[1] Landau LD. J Exp Theor Phys 1957;3:920.
[2] Altland A, Simons BD. Condensed matter field theory. Cambridge University Press;2010.
[3] Schofield AJ. Contemp Phys 1999;40:95.
[4] Tomonaga S-i. Prog Theor Phys 1950;5:544.
[5] Luttinger JM. J Math Phys 1963;4:1154.
[6] Mattis DC, Lieb EH. J Math Phys 1965;6:304.
[7] Luther A, Peschel I. Phys Rev B 1974;9:2911.
[8] Haldane FDM. J Phys C Solid State Phys 1981;14:2585.
[9] Giamarchi T. Quantum physics in one dimension, international series of monographs on physics. Oxford, New York: Oxford University Press;2003.
[10] Jin Y. Measurement of electron-electron interactions in one dimension with tunnelling spectroscopy. University of Cambridge;2020 [Ph. D. thesis].
[11] Giuliani G, Vignale G. Quantum theory of the electron liquid. Cambridge:Cambridge University Press;2005.
[12] Lake B, Tennant DA, Frost CD, Nagler SE. Nat Mater 2005;4:329.

[13]　Mourigal M, et al. Nat Phys 2013;9:435.
[14]　Lake B, et al. Phys Rev Lett 2013;111:137205.
[15]　Dash LK, Fisher AJ. J Phys Condens Matter 2001;13:5035.
[16]　Creffield CE, Klepfish EG, Pike ER, Sarkar S. Phys Rev Lett 1995;75:517.
[17]　Creffield CE, Häusler W, MacDonald AH. EPL 2001;53:221.
[18]　Häusler W, Kecke L, MacDonald AH. Phys Rev B 2002;65:085104.
[19]　Matveev KA. Phys Rev B 2004;70:245319.
[20]　Apostol M. J Phys C Solid State Phys 1983;16:5937.
[21]　Von Delft J, Schoeller H. Ann Phys 1998;7:225.
[22]　Luther A, Emery VJ. Phys Rev Lett 1974;33:589.
[23]　Voit J. Phys Rev B 1993;47:6740.
[24]　Meden V, Schönhammer K. Phys Rev B 1992;46:15753.
[25]　Kardynał B, et al. Phys Rev B 1997;55:R1966.
[26]　Abrikosov AA, Gorkov LP, Dzyaloshinski IE. Methods of quantum field theory in statistical physics. New York: Dover Publications Inc.; 1976.
[27]　Voit J. J Phys Condens Matter 1993;5:8305.
[28]　Auslaender OM, et al. Science 2005;308:88.
[29]　Jompol Y, et al. Science 2009;325:597.
[30]　Bockrath M, et al. Nature 1999;397:598.
[31]　Ishii H, et al. Nature 2003;426:540.
[32]　Kim NY, et al. Phys Rev Lett 2007;99:036802.
[33]　Kim C, et al. Phys Rev Lett 1996;77:4054.
[34]　Gweon G-H, Allen JW, Denlinger JD. Phys Rev B 2003;68:195117.
[35]　Zwick F, et al. Phys Rev Lett 1998;81:2974.
[36]　Pouget JP, et al. Phys Rev Lett 1976;37:437.
[37]　Chang AM. Rev Mod Phys 2003;75:1449.
[38]　Grayson M, Tsui DC, Pfeiffer LN, West KW, Chang AM. Phys Rev Lett 1998;80:1062.
[39]　Shen ZX, Dessau DS. Phys Rep 1995;253:1.
[40]　Kim C. J Electron Spectrosc Relat Phenom 2001;117-118:503.
[41]　Kim BJ, et al. Nat Phys 2006;2:397.
[42]　Fujisawa H, et al. J Electron Spectrosc Relat Phenom 1998;88-91:461.
[43]　Fujisawa H, et al. Solid State Commun 1998;106:543.
[44]　Yao Z, Postma HWC, Balents L, Dekker C. Nature 1999;402:273.
[45]　Tserkovnyak Y, Halperin BI, Auslaender OM, Yacoby A. Phys Rev B 2003;68:125312.
[46]　Kane CL, Fisher MPA. Phys Rev B 1992;46:15233.
[47]　Kane C, Balents L, Fisher MPA. Phys Rev Lett 1997;79:5086.
[48]　Egger R, Gogolin AO. Phys Rev Lett 1997;79:5082.
[49]　Kane CL, Fisher MPA. Phys Rev Lett 1992;68:1220.
[50]　Kardynał B, et al. Phys Rev Lett 1996;76:3802.
[51]　Altland A, Barnes CHW, Hekking FWJ, Schofield AJ. Phys Rev Lett 1999;83:1203.
[52]　Grigera SA, Schofield AJ, Rabello S, Si Q. Phys Rev B 2004;69:245109.
[53]　Jin Y, et al. Nat Commun 2019;10:2821.
[54]　Bardeen J. Phys Rev Lett 1961;6:57.
[55]　Schrieffer JR, Scalapino DJ, Wilkins JW. Phys Rev Lett 1963;10:336.
[56]　Smoliner J. Semicond Sci Technol 1996;11:1.
[57]　Auslaender OM, et al. Science 2002;295:825.
[58]　Carpentier D, Peça C, Balents L. Phys Rev B 2002;66:153304.
[59]　Tserkovnyak Y, Halperin BI, Auslaender OM, Yacoby A. Phys Rev Lett 2002;89:136805.
[60]　Deshpande VV, Bockrath M, Glazman LI, Yacoby A. Nature 2010;464:209.
[61]　Imambekov A, Glazman LI. Science 2009;323:228.
[62]　Imambekov A, Schmidt TL, Glazman LI. Rev Mod Phys 2012;84:1253.
[63]　Noziéres P, De Dominicis CT. Phys Rev 1969;178:1097.
[64]　Tsyplyatyev O, Schofield AJ. Phys Rev B 2014;90:014309.
[65]　Tsyplyatyev O, et al. Phys Rev Lett 2015;114:196401.
[66]　Tsyplyatyev O, et al. Phys Rev B 2016;93:075147.
[67]　Jin Y, et al. Appl Phys Lett 2021;118:162108.
[68]　Vianez PMT, et al. arXiv 2021. 2102.05584.
[69]　Moreno M, et al. Nat Commun 2016;7:12784.
[70]　Barak G, et al. Nat Phys 2010;6:489.

[71] Wang S, et al. Nat Mater 2020;19:986.
[72] Laroche D, Bielejec ES, Reno JL, Gervais G, Lilly MP. Phys E Low-dimens Syst Nanostruct 2008;40:1569.
[73] Laroche D, Gervais G, Lilly MP, Reno JL. Nat Nanotechnol 2011;6:793.
[74] Laroche D, Gervais G, Lilly MP, Reno JL. Science 2014;343:631.
[75] Scheller CP, et al. Phys Rev Lett 2014;112:066801.
[76] Braunecker B, Simon P, Loss D. Phys Rev B 2009;80:165119.
[77] Braunecker B, Simon P, Loss D. Phys Rev Lett 2009;102:116403.
[78] Braunecker B, Japaridze GI, Klinovaja J, Loss D. Phys Rev B 2010;82:045127.
[79] Pagano G, et al. Nat Phys 2014;10:198.
[80] Boll M, et al. Science 2016;353:1257.
[81] Yang T, et al. Phys Rev Lett 2018;121:103001.
[82] Hilker TA, et al. Science 2017;357:484.
[83] Salomon G, et al. Nature 2019;565:56.
[84] Vijayan J, et al. Science 2020;367:186.

第 4 章

量子点热电特性

Gulzat Jaliel[*]

伦敦大学学院伦敦纳米技术中心，英国伦敦

[*] 通讯作者：*g. jaliel@ucl. ac. uk*

量子点（QD，quantum dot）是研究量子热电行为的模型系统，因为它们能够控制和测量电子-能量过滤以及量子限制对热电特性的影响。在本章中，将讨论 QD 的热电特性。首先讨论线性区域中，量子极限的热电系数；然后讨论维德曼-弗兰兹定律（Wiedemann-Franz law）、品质因数和非线性响应；最后，将简要介绍针对 QD 热电特性的应用。

4.1 热电的 Landauer-Büttiker 唯象理论

Landauer-Büttiker 唯象理论[1,2] 将导体的输运特性与处于局部平衡的能量库之间的传输概率联系起来。假设只有两个这样的能量库存在。在平衡状态下，能量库的费米能量为 E_F，温度为 T。在线性响应区域下，电流 I 和热流 J 通过本构方程[3] 与化学势 $\Delta \mu$ 和温度差 ΔT 相关联：

$$\begin{pmatrix} I \\ J \end{pmatrix} = \begin{pmatrix} G & L \\ M & K \end{pmatrix} \begin{pmatrix} \Delta \mu / e \\ \Delta T \end{pmatrix} \tag{4.1}$$

热电系数 L 和 M 通过昂萨格（Onsager）关系关联，在没有磁场的情况下：

$$M = -LT \tag{4.2}$$

L 也称为洛伦兹比（Lorenz ratio），将在 4.7 节中详细讨论。式（4.1）通常用电流 I 而不是电化学势 $\Delta \mu$ 作为自变量[3]，可以重新表示为：

$$\begin{pmatrix} \Delta \mu / e \\ J \end{pmatrix} = \begin{pmatrix} R & S \\ \Pi & -\kappa \end{pmatrix} \begin{pmatrix} I \\ \Delta T \end{pmatrix} \tag{4.3}$$

电阻 R 是等温电导 G 的倒数。热电势 S 定义为

$$S \equiv \left(\frac{\Delta \mu / e}{\Delta T} \right)_{I=0} = -L/G \tag{4.4}$$

佩尔捷（Peltier，又译珀耳帖）系数 Π 定义为

$$\Pi \equiv \left(\frac{J}{T} \right)_{\Delta T=0} = \frac{M}{G} = ST \tag{4.5}$$

鉴于昂萨格关系式（4.2），与热电势 S 成正比。最后，热导 κ 定义为

$$\kappa \equiv -\left(\frac{J}{\Delta T} \right)_{I=0} = -K\left(1 + \frac{S^2 GT}{K} \right) \tag{4.6}$$

Landauer-Büttiker 唯象理论中热电系数由下面各式给出[4,5]

$$G = -\frac{2e^2}{h}\int_0^\infty dE\,\frac{\partial f}{\partial E}t(E) \tag{4.7}$$

$$L = -\frac{2e^2}{h}\times\frac{k_B}{e}\int_0^\infty dE\,\frac{\partial f}{\partial E}t(E)(E-E_F)/(k_BT) \tag{4.8}$$

$$\frac{K}{T} = \frac{2e^2}{h}\left(\frac{k_B}{e}\right)^2\int_0^\infty dE\,\frac{\partial f}{\partial E}t(E)[(E-E_F)/(k_BT)]^2 \tag{4.9}$$

这些积分是表征导体的传输概率 $t(E)$ 以及形式为 $\varepsilon^m d f/d\varepsilon$ 核心的卷积。后者中，$m=0,1,2$；$\varepsilon\equiv(E-E_F)/(k_BT)$；而 f 则是费米函数[3] $f(\varepsilon)=[\exp(\varepsilon)+1]^{-1}$。

Landauer-Büttiker 唯象理论对于解释与普遍涨落[6,7]、Aharonov-Bohm 振荡[8]、弹道输运[9,10]、整数量子霍尔效应[11,12] 及其在低磁场下的淬灭[13] 等相关的低维系统实验非常有用。

4.2 量子点模型

在 X. Zianni[14] 的讨论之后，我们接下来将重点关注在线性响应内的顺序隧穿机制中，弱耦合到两个电极引线的 QD 的电子热导率的计算。在这个模型中应用了两个主要的简化。首先，忽略了虚拟隧穿过程；其次，静电能采用经典电荷能量来描述：$(Ne)^2/(2C)$，其中，N 是点中的电子数，C 是周围环境的电容[15]。

我们考虑由双势垒隧道结组成的 QD，并通过隧道势垒弱耦合到两个电子库。图 4.1 (a) 显示了 QD 的等效电路，图 4.1 (b) 显示了其能量的示意图。假设每个仓库都处于热平衡状态，并且两个仓库之间存在电压差 V 和温度差 ΔT。根据费米-狄拉克分布，假定仓库中的电子连续态占据如下：

$$f(E-E_F) = [1+\exp[(E-E_F)/(k_BT)]]^{-1} \tag{4.10}$$

其中，仓库中的费米能量 E_F 是相对于局域的导带底部测量的。

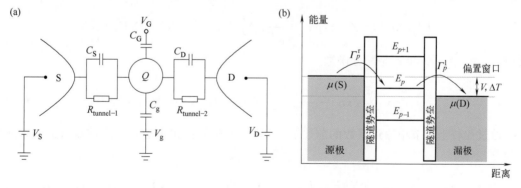

图 4.1 (a) 典型量子点的等效电路。该点带有电荷 Q，它通过两个隧道势垒连接到源极和漏极库，它们的电压分别为 V_S 和 V_D。点的电化学势可以通过电容耦合栅电极的电压（V_g）来控制。电荷能量由总电容决定：$C_\Sigma=C_S+C_D+C_g+C_G$。(b) 量子点系统的能量作为距离函数的示意图。位于隧道势垒之间的是量子点，表示为状态阶梯。源极和漏极化学势以下的所有状态都已填充。由单粒子能量 E_{0D} 分隔的每个状态，可以容纳一个向上和向下的自旋电子。源极和漏极电压之间的差异产生了所谓的偏置窗口：如果状态落在该窗口内，则电流可以流动。

QD 的特征在于从势阱底部测量的离散能级 $E_p(p=1, 2, \cdots)$。我们可以通过多次计算能级来包括简并。每个能级被 N 个电子占据。这里假设能谱不会因点中电子的数量而改变。具有电荷$-Ne$ 的量子点的静电能 $U(N)$ 为

$$U(N)=(Ne)^2/(2C)-N\phi_{\text{ext}} \tag{4.11}$$

其中，ϕ_{ext} 是外部电荷的贡献。从能级 p 穿过左/右势垒到左/右仓库的隧穿速率分别用 Γ_p^l 和 Γ_p^r 表示。假设电子的能量弛豫速率相对于隧穿速率足够快，我们可以通过一组占据数来表征点的状态，每个占据数对应一个能级。通过点的传输可以用速率方程来描述。我们还假设非弹性散射仅发生在仓库中而不是点中。

由于两个仓库之间的电压差 V 和温差 ΔT，电流和热流将通过该量子点。通过左侧势垒的稳态电流 I 和热通量 J 由以下方程给出[14]：

$$I=\frac{e}{k_BT}\sum_{p=1}^{\infty}\sum_{N=1}^{\infty}\frac{\Gamma_p^l\Gamma_p^r}{\Gamma_p^l+\Gamma_p^r}P_{\text{eq}}(N)F_{\text{eq}}(E_p/N)[1-f(\varepsilon_p-E_F)]\left[eV-\frac{\Delta T}{T}(\varepsilon_p-E_F)\right] \tag{4.12}$$

$$J=-\frac{1}{k_BT}\sum_{p=1}^{\infty}\sum_{N=1}^{\infty}\frac{\Gamma_p^l\Gamma_p^r}{\Gamma_p^l+\Gamma_p^r}P_{\text{eq}}(N)F_{\text{eq}}(E_p/N)[1-f(\varepsilon_p-E_F)](\varepsilon_p-E_F)\left[eV-\frac{\Delta T}{T}(\varepsilon_p-E_F)\right] \tag{4.13}$$

其中，$\varepsilon_p\equiv E_p+U(N)-U(N-1)$；$P_{\text{eq}}(N)$ 是 QD 在平衡状态下包含 N 个电子的概率；$F_{\text{eq}}(E_p/N)$ 是在 QD 包含 N 个电子的情况下，能级 p 被占据的平衡条件概率。上述平衡概率定义如下：

$$P_{\text{eq}}(N)=\sum_{\{n_i\}}P_{\text{eq}}(\{n_i\})\delta_{N,\sum_i n_i} \tag{4.14}$$

$$F_{\text{eq}}(E_p/N)=\frac{1}{P_{\text{eq}}(N)}\sum_{n_i}P_{\text{eq}}(n_i)\delta_{n_p,1}\delta_{N,\sum_i n_i} \tag{4.15}$$

$P_{\text{eq}}(\{n_i\})$ 是大正则系综中的吉布斯分布

$$P_{\text{eq}}(\{n_i\})=Z^{-1}\exp\left[-\frac{1}{k_BT}\left(\sum_{i=1}^{\infty}E_in_i+U(N)-NE_F\right)\right] \tag{4.16}$$

其中，$N\equiv\sum_i n_i s$ 和 Z 是配分函数

$$Z=\sum_{\{n_i\}}\exp\left[-\frac{1}{k_BT}\left(\sum_{i=1}^{\infty}E_in_i+U(N)-NE_F\right)\right] \tag{4.17}$$

通过比较上一节中输运系数的前述定义和 I、J 的线性化表达式，之前系数的表达式提取如下[14-16]：

$$G=\frac{e^2}{k_BT}\sum_{p=1}^{\infty}\sum_{N=1}^{\infty}\gamma_p P_{\text{eq}}(N)F_{\text{eq}}(E_p/N)\{1-f[E_p+U(N)-U(N-1)-E_F]\} \tag{4.18}$$

$$S=-\frac{e}{k_BT^2G}\sum_{p=1}^{\infty}\sum_{N=1}^{\infty}\gamma_p[E_p+U(N)-U(N-1)-E_F]\times \tag{4.19}$$
$$P_{\text{eq}}(N)F_{\text{eq}}(E_p/N)\{1-f[E_p+U(N)-U(N-1)-E_F]\}$$

$$K = -\frac{1}{k_B T^2} \sum_{p=1}^{\infty} \sum_{N=1}^{\infty} \gamma_p [E_p + U(N) - U(N-1) - E_F] \times \qquad (4.20)$$
$$P_{eq}(N) F_{eq}(E_p/N) \{1 - f[E_p + U(N) - U(N-1) - E_F]\}$$

其中，$\gamma_p \equiv \dfrac{\Gamma_p^l \Gamma_p^r}{\Gamma_p^l + \Gamma_p^r}$。

4.3 量子极限

在 $\Delta E = E_p - E_{p-1} \gg k_B T$ 的量子极限中，QD 能谱的离散性起着主导作用。在此极限下，具有 $N = N_{\min}$ 的项对式（4.12）和式（4.13）中 N 的总和做出了主要贡献，其中，$N_{\min}$ 是下面数值绝对值的最小化整数部分：

$$\Delta N = E_N + U(N) - U(N-1) - E_F \qquad (4.21)$$

然后，定义 $\Delta \equiv \Delta(N_{\min})$ 和 $\Delta_p \equiv E_p - E_{N_{\min}}$。

在量子极限下，非简并能级的分布函数可以用以下表达式来近似：

$$P_{eq}(N_{\min}) = \frac{1}{1 + e^{\Delta/(k_B T)}} \qquad (4.22)$$

$$F_{eq}(E_p/N_{\min}) = \begin{cases} 1, & \text{对于 } p \leq N_{\min} \\ e^{-\Delta_p/(k_B T)}, & \text{对于 } p > N_{\min} \end{cases} \qquad (4.23)$$

和 $1 - f(\Delta_p + \Delta) = \begin{cases} 1, & \text{对于 } p > N_{\min} \\ e^{(\Delta_p + \Delta)/(k_B T)}, & \text{对于 } p < N_{\min} \\ \dfrac{e^{\Delta/(k_B T)}}{1 + e^{\Delta/(k_B T)}}, & \text{对于 } p = N_{\min} \end{cases} \qquad (4.24)$

在式（4.18）和式（4.20）中使用上述近似值，加上式（4.6）中的定义，得到等距能谱的 G 和 κ（$E_p = p\Delta E$）和能级无关的隧穿速率，即 $\Gamma_p^{l,r} = \Gamma^{l,r}$：

$$G^{QL} = \frac{e^2}{k_B T} \gamma \frac{1}{4\cosh^2[\Delta/(2k_B T)]} \qquad (4.25)$$

$$S^{QL} = -\frac{1}{eT}\left[-\frac{\Delta E}{2}(N_C - N_{\min}) + \Delta\right] = -\frac{1}{eT}\left[-\frac{\Delta E}{2}\text{int}\left(\frac{\Delta}{\Delta E}\right) + \Delta\right] \qquad (4.26)$$

$$K^{QL} = k_B \gamma \left(\frac{\Delta E}{k_B T}\right)^2 \frac{1}{1 + 4\cosh^2[\Delta/(2k_B T)] e^{-\Delta E/(k_B T)}} \qquad (4.27)$$

其中，$\gamma \equiv \dfrac{\Gamma^l \Gamma^r}{\Gamma^l + \Gamma^r}$。在这里，$N_C = \max(|N - N_{\min}|)$；$\text{int}(x)$ 对于 $x > 0$ 是 x 的整数部分，而对于 $x < 0$ 则是负的 $|x|$ 的整数部分[14]。

4.4 库仑振荡和热电势

X. Zianni[14] 绘制了上述计算的电导和热导，如图 4.2 所示。图 4.2（a）显示了根据式（4.18）和式（4.25）计算的曲线，它们是不可区分的，因此仅显示为一条曲线。计算出的热导绘制在图 4.2 (b) 和 (c) 中,针对量子极限中比率 $\Delta E/(k_B T)$ 的两个值。根据式 (4.27) 计算的热导率 κ^{QL},与根据式 (4.6) 提取出的热导 κ 绘制到了一起,后者使用式 (4.18)~式 (4.20) 作为更一般的情况进行了比较。在图 4.2 (b) 中,$\Delta E/(k_B T)=10$,κ^{QL} 和 κ 完全一致。在图 4.2 (c) 中,$\Delta E/(k_B T)=5$,κ^{QL} 开始偏离 κ。这是因为当能级间距接近热能时,量子极限假设变得不太准确。因此,当能级间距至少比热能高一个数量级时,量子极限解析公式就可以令人满意地成立[14]。

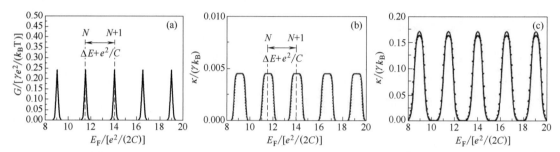

图 4.2 (a) 计算的电导 G,对于一系列等距、非简并能级,间隔 $\Delta E=0.5e^2/(2C)$,而 $k_B T=0.05e^2/(2C)$,此处假设与能级无关的隧穿速率。(b) 计算的电子热导 κ (实线),对于一系列等距的非简并能级,间隔 $\Delta E=0.5e^2/(2C)$,而 $k_B T=0.05e^2/(2C)$,即比值 $\Delta E/(k_B T)=10$。此处假定了与能级无关的隧穿速率。为了比较,还显示了 κ^{QL} (点状图)。(c) 如图 (b) 中所示,$\Delta E/(k_B T)=5$;其中 $\Delta E=0.5e^2/(2C)$ 和 $k_B T=0.1e^2/(2C)$。本图选自参考文献 [14]。

图 4.2 中展示出,在量子极限内,电导和热导呈现周期性的库仑阻塞振荡。每当一个额外的电子进入点时就会出现峰值,并且它们分隔的间隔为:$\Delta E_F=\Delta E+e^2/C$。相同的周期性源于这样一个事实,即 $|\Delta|$ 是 E_F 从零开始变化的周期函数,以 ΔE_F 的间隔达到最大值。G 和 κ 通过双曲余弦的相同函数取决于 Δ,如式 (4.25) 和式 (4.27) 所示。κ 和 G 的峰值出现在 $\Delta=0$ 成立的 E_F 值处。G 和 κ 的最大值对特征参数的依赖性,可以从式 (4.25) 和式 (4.27) 推导出来,我们可以看出这两种传输特性表现出不同的行为:G_{max} 随着热能的增加而线性下降,并且几乎与能级间距无关;κ_{max} 取决于热能和能级间距 $[\Delta E/(k_B T)]$,并且它随着温度降低和能级间距增加而迅速减小[14]。

热导行为由量子极限主导,这是由于其依赖于能级间距与热能之比,$\Delta E/(k_B T)$。这通过式 (4.27) 解析描述,并通过比较图 4.2 中绘制的数据以图形方式显示。随着温度的降低,QD 的电子热导几乎呈指数下降。式 (4.27) 中,对能级分离 ΔE 的依赖性显示出,其随着点的大小减小同样快速减小。因此,明确表明量子极限是造成电子热导快速下降的原因[14]。

热电势中也可以发现振荡[15]。由于 Δ 线性依赖于 E_F,式 (4.26) 告诉我们,量子极限中的热电势是费米能量的分段线性函数,导数 $dS/dE_F=1/(eT)$ 是经典斜率 $1/(2eT)$ 的两倍[15]。在热电势中观察到两种振荡:长周期振荡是由于基态时量子点上电子数量的变化,它们的周期 $\Delta E_F=\Delta E+e^2/C$ 由基态能量的差异决定;而短周期振荡具有周期 $\delta E_F=\Delta E$,由 QD 的基态和具有恒定数量电子的量子点的激发态之间的能量差异决定。由于 $\left|\Delta\leq\frac{1}{2}(\Delta E+e^2/C)\right|$,如果 $e^2/C\ll\Delta E$,则式 (4.26) 简化为 $S=-\Delta/(eT)$。如果电荷能量小于能级间距,热电势因此只有长周期性振荡(由周期性为 $\Delta E+e^2/C$ 且振幅为 $(\Delta E+e^2/C)/(eT)$ 的锯齿波组成)。只要当 $e^2/C>\Delta E$ 时,短周期振荡就出现。对于 $e^2/C\gg\Delta E$,

短周期振荡是包络$S_{envelope} = -\Delta_{min}/(2eT)$上的精细结构，这是根据式（4.26）通过用$x$替换$\text{int}(x)$来获得的。

C. Beenakker 和 A. Staring[15] 研究了 QD 的热电势，并在图 4.3 中图示了根据式（4.19）和式（4.26）计算的热电势。图 4.3（a）显示了根据式（4.19）计算的针对经典和量子体系之间的参数的结果。量子极限如图 4.3（b）所示。通过式（4.25）计算的电导也绘制在同一图中，以供比较（虚线）。热电势的长周期振荡与电导的振荡很好地对应，但对于短周期振荡，相应的电导中的精细结构是不可见的。这是因为，即使理论上它可以按照周期为δE从式（4.25）中提取出来，但是，其振幅在电导峰值本身的尺度上呈现出指数级的小[15]。

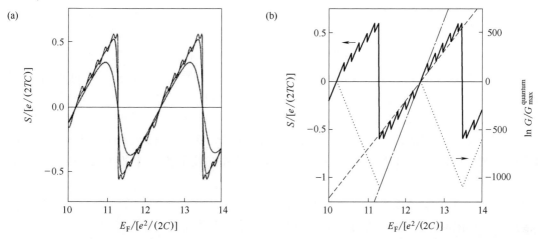

图 4.3 （a）当温度从$k_B T = (0.2 - 0.05 - 0.01)e^2/(2C)$降低时，热电势振荡的精细结构的发展。曲线根据式（4.19）计算，针对一系列具有$\Delta E = 0.2 e^2/(2C)$的等距非简并能级，采用与能级无关的隧穿速率。（b）图（a）中的热电势振荡（实线）的低温极限，其中电导振荡用来进行比较（虚线）。曲线是根据式（4.18）和式（4.19）计算的，针对一系列具有等间距$\Delta E = 0.2 e^2/(2C)$和$k_B T = 0.0001 \times e^2/(2C)$的非简并能级，并采用与能级无关的隧穿速率。点画线的斜率为$dS/dE_F = 1/(eT)$，虚线的斜率要小 1/2[15]。

A. Staring 等[17]使用电流加热技术，清楚地展示了 QD 热电势振荡的关键特性，量子点在 $GaAs_x/AlGa_{1-x}As$ 异质结构的二维电子气中被定义。如图 4.4（a）所示，他们比较

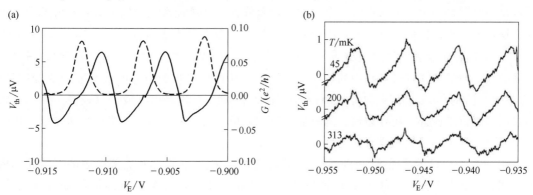

图 4.4 （a）在 58nA 的加热电流和$T = 45\text{mK}$的晶格温度下，热电压V_{th}（实线）和电导（虚线）作为V_E的函数。（b）在晶格温度为$T = 45$、200 和 313mK 时，热电压V_{th}作为V_E的函数，使用 18nA 的加热电流获得。该图摘自参考文献 [17]。

了在 $T=45\text{mK}$ 的晶格温度下,量子点的热电压(实线)和电导(虚线)中作为栅极电压 V_E 函数的库仑阻塞振荡的测量值。显然,热电压 V_{th}(以及 S)呈现周期性振荡。该周期等于电导振荡的周期,对应于量子点中单个电子的减少。与由一系列对称峰组成的电导振荡相反,其由抑制电导的栅极电压区域分隔,热电压振荡具有明显的锯齿状线形。此外,振荡大致集中在热电压振荡的正斜率上,两个电导峰之间出现更陡的负斜率。当交替测量热电压和热电势时,未发现栅极电压发生偏移[17]。当电荷和热量都完全由电子携带时,扩散和弹道输运均表明热电势 S 与电导 G 的能量导数有关[18]:

$$S=\frac{\Delta V}{T_C-T_L}\bigg|_{I=0}=-\frac{\pi^2 k_B^2}{3e}(T_C+T_L)\frac{\partial \ln G}{\partial \mu} \tag{4.28}$$

其中,μ 是接触点相对于感兴趣的二维电子气(2DEG)区域的化学势。这里假设热电势中的特征不受热展宽影响,并且电子无相互作用[18]。上式也被称为莫特关系。

A. Staring 等[17] 还测量了热电压振荡的晶格温度依赖性,如图 4.4(b)所示,其中给出了三个不同温度的 V_{th} 与 V_E 的轨迹(使用 $I=18\text{nA}$ 的加热电流获得)。热电势振荡的锯齿线形在 $T=45\text{mK}$ 的最低晶格温度下最为明显,并且随着 T 增加到 313mK,逐渐被更对称的线形所取代。如果温度进一步升高到 750mK,则使用 $I=18\text{nA}$ 不能够再观察到振荡,这是由于大的噪声能级。然而,当使用更大的加热电流(图中未显示)时,仍然在高达 $T\leqslant 1.5\text{K}$ 时观察到振荡。因此,热电势测量给出了一种有效的方法来推断 2DEG 中的电子温度[17]。

热电势已在具有离散能级谱的小点[19]、混沌点[20]、碳纳米管和分子[21] 以及接近金属(准连续)极限的点[17] 中开展了测量,并针对各种介观系统进行了计算[15]。

4.5 简并的影响

X. Zianni[14] 和 Beenakker 等人[15] 研究了能级的双重简并(例如,自旋简并)。库仑相互作用提升了这种简并性。这种情况下的分布函数取决于量子点上的电子数是偶数还是奇数。

X. Zianni 计算了参考文献 [14] 中的电导和热导,结果分别如图 4.5(a)和(b)所示。电导[15] 和热导的库仑阻塞峰是非对称的,它们出现在镜像对称的双峰中[14]。当 $\Delta=0$ 时,每当有额外的电子进入点时,电导就会出现峰值。当添加奇数个电子时,双峰的第一个峰出现,而当添加偶数个电子时,出现第二个峰。奇数个电子进入该点时,峰由 $\Delta E_F=\Delta E+e^2/C$ 分隔;当偶数电子进入该点时;峰由 $\Delta E_F=e^2/C$ 分割。在图 4.5(b)中,通过双简并能级的热导与式(4.27)中的热导一起绘制,从而使得自旋简并的影响变得更加明显。(应该注意的是,ΔE 和限制量在这两种情况下是相同的。)这是由于较低(较高)相邻能级的双简并提供了额外的传导通道;当添加奇(偶)电子时,左(右)一半的峰被增强。由于自旋简并,更多的传导通道有助于热导,并将增强热导[14]。

图 4.5(c)显示了能级的自旋简并对热电势的影响[15]。顶部和底部图中的平均状态密度相同,但在顶部图中,能级是非简并的,而在底部图中,每个能级都是双重简并化的。QD 能级谱的这种变化对长周期振荡的频率基本上没有影响,而短周期振荡的频率变化了 2 倍。还要注意的是,在自旋简并能级的情况下,一种振荡到另一种振荡的精细结构是不同的,反映出如果量子点上有偶数或奇数个电子,则激发波谱不同这一事实[15]。

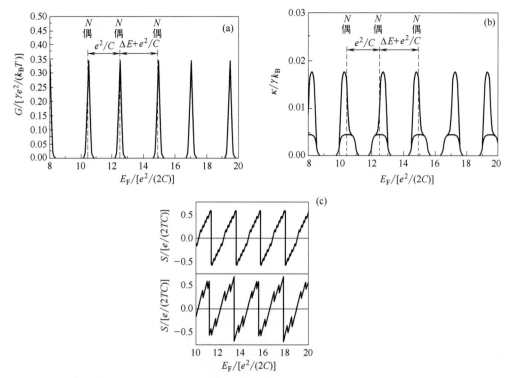

图 4.5 (a) 计算的电导 G,对于一系列等距的双简并能级,间隔 $\Delta E=0.5e^2/C$ 和 $k_BT=0.05e^2/C$[14]。(b) 计算的电子热导率 κ(实线),对于一系列等距的双简并能级,间隔 $\Delta E=0.5e^2/C$ 和 $k_BT=0.05e^2/C$。虚线曲线用于非简并能级,显示出来用于比较[14]。(c) 自旋简并对精细结构的影响。曲线是根据式(4.19)计算的,在温度 $k_BT=0.001e^2/C$ 时,对于一系列具有与能级无关的隧穿速率的等距能级。在顶部图中,能级是非简并的,间隔为 $\Delta E=0.2e^2/C$(如图 4.3 所示)。在底部图中,能级是双重简并的,间隔为 $\Delta E=0.4e^2/C$(因此平均态密度是相同的)[15]。

4.6 功率因子和品质因数

电导和热电势的知识使我们能够计算另一个重要的热电特性——热电品质因数:

$$ZT = \frac{S^2GT}{\kappa} \tag{4.29}$$

这里针对 QD 和相应的功率因子 Q,功率因子根据 ΔT 产生的电功率 P 定义为

$$P = \frac{V^2}{R} = Q(\Delta T)^2, \quad Q = S^2G \tag{4.30}$$

其中,$R=1/G$,是 QD 的电阻。在上面讨论的线性响应范围内,Q 和 ZT 是表征热电器件性能的关键指标。根据式(4.25)~式(4.27)中输运系数的表达式,特别针对两端的情况,Erdman 等人[22] 在量子极限内解析地计算了 Q 和 ZT。

在量子极限内,他们发现 Q 为[22]

$$Q = \frac{\gamma}{4k_BT^3 \cosh^2[\Delta/(2k_BT)]} \left(\Delta + \frac{N_C - N_{\min}}{2}\Delta E\right)^2 \tag{4.31}$$

其中,$\gamma = \left(\frac{\Gamma^l \Gamma^r}{\Gamma^l + \Gamma^r}\right)$,$N_C$ 是 $|N-N_{\min}|$ 为最大值时的 N。至于 G,功率因子 Q 以快速下

降为主，由 $\cosh^{-2}[\Delta/(2k_BT)]$ 项给出，因此在 $\mu=\mu_N$ 附近的几 k_BT 内变得非常小（其中，μ 是点的电化学势）[见图 4.6 (a)]。事实上，由 N_J 项给出的精细结构在图 4.6 (a) 中不可见，这是由于式 (4.31) 中 $\cosh^{-2}[\Delta/(2k_BT)]$ 项给出的快速抑制。不同于 G，功率因子在 $\mu=\mu_N$ 处消失，因为此时热电势 $S=0$。因此，当 μ 远离 μ_N 时，由于热电势随 μ 线性增长，Q 呈二次方增长，然后由于 $\cosh^{-2}[\Delta/(2k_BT)]$ 项，在几 k_BT 内迅速下降。因此，在几 k_BT 范围内，围绕 $\mu=\mu_N$ 有两个对称峰。这些双峰是图 4.6 (a) 的主要特征，并确定 Δ 的最佳值（以及随之的 μ）以获得绝对最大功率 P_{peak}，即当功率因子 Q 最大时，$Q=Q^*$。根据式 (4.31)，我们得到 Q 是针对 Δ 的 Δ^* 值的最大值，从而使得[22]

$$\frac{\Delta^*}{2k_BT}=\coth\left(\frac{\Delta^*}{2k_BT}\right) \tag{4.32}$$

数值解为 $\Delta^*\simeq\pm k_BT$，对应于 $\mu=\mu_N\pm 2.40k_BT$。这个结果不依赖于系统的任何能量标度，除了 k_BT。在这些点中，Q 的 Q^* 值为[22]

$$Q^*\simeq 0.44\frac{\gamma k_B}{T} \tag{4.33}$$

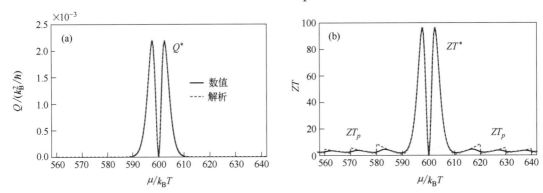

图 4.6 (a) 功率因子 Q 和 (b) 品质因数 ZT 绘制为电化学势 μ 的函数。对于这两个量，分析量子极限 [由式 (4.31) 和式 (4.35) 给出] 绘制为红色虚线曲线，而数值计算结果绘制为黑色实线。所有曲线均在 $E_C=50k_BT$、$\Delta E=10k_BT$ 和 $\hbar\Gamma_1(\rho)=\hbar\Gamma_2(\rho)=(1/100)k_BT$ 下计算。该图来自参考文献 [22]。

因此功率因子的峰值仅取决于 γ 和参考温度。总之，如果想从该系统中提取最大功率，则必须选择 $\mu=\mu_N\pm 2.40k_BT$[22]。这可以通过 ZT 的计算得到证实，ZT 在这些相同的电化学势值下达到最大值。

Erdman 等[22]还计算了量子极限中的品质因数 ZT。通过将 K 扩展到 $\cosh^2\left(\frac{\Delta}{2k_BT}\right)/e^{\Delta E/(k_BT)}$ 的一阶函数，获得了更易于管理的分析表达式，如下所示[22]

$$ZT=\frac{1}{4}\left(\frac{\Delta}{\Delta E}\right)^2\frac{e^{\Delta E/(k_BT)}}{\cosh^2\left(\frac{\Delta}{2k_BT}\right)} \tag{4.34}$$

该式连同式 (4.31)，都表明 ZT 直接与 Q 成正比，因此它在 $\mu=\mu_N\pm 2.40k_BT$ 处具有相同的双峰结构。这清楚地显示在图 4.6 (b) 中，其中 ZT 绘制为 μ 的函数。ZT 在这些点中的值为[22,23]

$$ZT^*\approx 0.44\frac{e^{\Delta E/(k_BT)}}{[\Delta E/(k_BT)]^2} \tag{4.35}$$

这表明在极限处，$\Delta E/(k_B T) \to \infty$，$ZT \to \infty$。这与 Mahan 和 Sofo 的观察结果[24] 一致，即窄传输函数产生 $ZT \to \infty$。此外，ZT 中的这些峰值对应于 Q 中的峰值，因此在这些点中，P_{max} 和 $\eta(P_{max})$ 同时最大化。相反，当 $N_C \neq N_{min}$ 时，ZT 每次当 $p \neq N$ 时 $\mu = e(N, p)$ 处有不连续，这意味着具有 ΔE 的间隙。

精细结构是图 4.6（b）中锯齿波振荡的起源。每个 $\mu = e(N, p)$ 中 ZT 的值由下式给出

$$ZT = \begin{cases} 3\dfrac{|N-P|+1}{|N-P|-1}, & |N-P| \geqslant 2 \\ 1, & |N-P| = 1 \end{cases} \tag{4.36}$$

与 ZT^* 相反，这些峰的高度与系统参数无关。$|N-P| = 2$ 时得到最高峰，其中 $ZT_{p=N\pm2} = 9$。对于远离 N 的 p 值，峰高减小到 $ZT_\infty = 3$ 的渐近值[22]。

无量纲品质因数 ZT 是衡量器件将热能转化为电能，以及反过来时的效率的量度。那些在室温下 $ZT > 3$ 的材料被认为是良好的热电材料[23]。早期的理论工作指出，由于费米能级附近的状态密度增加，降维结构中存在增强 ZT 的可能性[25]。Mahan 和 Sofo[24] 预测了在具有类似 delta 态密度的材料中，热电效应具有最大化的效率。这表明 QD 和分子结是良好热电材料有前途的候选。

4.7 对维德曼-弗兰兹定律的违背

对于普通金属的宏观样品，维德曼-弗兰兹定律通过给出洛伦兹比，提供了两种电导之间的普遍关系：

$$L \equiv \frac{\kappa}{GT}, \tag{4.37}$$

这是由洛伦兹数 $L_0 = (\pi^2/3)(k_B/e)^2$ 给出的常数。L 也是式（4.1）中的热电系数。它是费米液体理论的结果，在屏蔽使得库仑相互作用足够弱时是适用的。维德曼-弗兰兹定律表明，电荷流和热流均由相同的基础散射机制支持，仅具有较弱的能量依赖性[26]。在介观系统中，情况会根本不同，在该系统中，能级量子化，而库仑相互作用会极大地影响传输。人们对于弱耦合[14,23]、近藤领域[14,27] 和开放量子点[28] 中通过 QD 的隧穿传输，已经预测到了与维德曼-弗兰兹定律的偏差。

Erdman 等[22] 使用式（4.18）～式（4.20）计算了基于相互作用量子点的热机的洛伦兹比，他们发现

$$L = \frac{L_0}{\pi^2}\left(\frac{\Delta E}{k_B T}\right)^2 \times 12 \times \exp[-\Delta/(k_B T)]\cosh^2\left(\frac{\Delta}{k_B T}\right) \tag{4.38}$$

显然，这严重背离了维德曼-弗兰兹定律。洛伦兹比随 Δ 呈指数增长。在 $\Delta = 0$ 处，由于因子 $\left(\dfrac{\Delta E}{k_B T}\right)^2/\exp[\Delta E/(k_B T)]$，它相比 L_0 呈指数级减小。这种违背行为也在各种报道中进行了研究[23,26,29]。

Kubala 等讨论了在单电子晶体管中对维德曼-弗兰兹定律的违背[26]，并表明具有弱隧穿耦合的库仑相互作用以两种方式影响维德曼-弗兰兹定律。首先，将电子添加到岛或从岛移除电子时的有限电荷能量，抑制了一些传输过程。这会显著影响电荷和热导，但不会影响维德曼-弗兰兹定律，因为相同的传输过程对于电导和热导都产生了抑制。然而，第二点，库仑相互作

用导致散射过程具有很强的能量依赖性。一般来说，这会违背维德曼-弗兰兹定律[26]。

图 4.7 显示了无量纲热电系数 g_V、$g_T = M$、K [其中，g_V 和 g_T 是式（4.1）中的 G 和 L]，洛伦兹比 L 通过 L_0 归一化（L_0 作为各种温度下栅极电压的函数），以及对于各种栅极电压下 L/L_0 的温度依赖性的解析结果。我们可以通过推导各种极限的解析表达式，来阐明洛伦兹比对温度和栅极电压的依赖性。

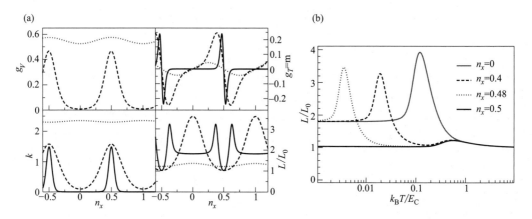

图 4.7 （a）热电系数和洛伦兹比的库仑阻塞振荡。对于高温（$k_B T = E_C/2$，虚线），振荡消除。在顺序隧穿区域（$k_B T = E_C/10$，虚线）中，每个共振附近的洛伦兹比由式（4.40）给出。对于低温（$k_B T = E_C/40$，实线），在共隧穿区域中达到新的通用洛伦兹比 $9/5 L_0$。（b）洛伦兹比对不同栅极电压的温度依赖性。两个最大值分开不同的隧穿区域，它们分别从 $k_B T \approx E_C$ 和 $k_B T = \Delta_0$ 开始上升到最大值。对于 $n_x = 0 \Leftrightarrow \Delta_0 = E_C$，两个最大值重合，而在共振（$n_x = 5 \Leftrightarrow \Delta_0 = 0$）时，较低的最大值向左移动。该图改编自参考文献 [26]。

① 在高温状态下，$E_C/(k_B T) \ll 1$，库仑振荡消失，即不存在栅极-电压依赖性。计算在这种情况下对维德曼-弗兰兹定律的修正，他们将所有热电系数的栅极-电压平均值扩展到 $[E_C/(k_B T)]^2$ 来获得

$$\frac{L}{L_0} = 1 + \frac{2}{\pi^2} \times \frac{E_C}{k_B T} - \frac{1+24\alpha}{3\pi^2} \left(\frac{E_C}{k_B T}\right)^2 \tag{4.39}$$

在库仑振荡开始之前，可以看到与维德曼-弗兰兹定律的偏离，见图 4.7（b），其中对于 $k_B T \geqslant E_C$，所有栅极电压的曲线都一致，同时 $L > L_0$。

② 在共振低温区域，$E_C/(k_B T) \gg 1$ 但 $\Delta N \ll 1$ [对于某个 N（比如 $N = 0$）]，传输由顺序隧穿主导，只发生电荷状态 0 和 1。顺序隧穿贡献然后产生

$$\frac{L}{L_0} = 1 + \left(\frac{\Delta}{k_B T}\right)^2 / (2\pi)^2 \tag{4.40}$$

维德曼-弗兰兹定律仅适用于消失的电荷能隙 $\Delta = 0$，在远离共振时采用 $\Delta/(k_B T)$ 二次方的修正。这些修正表明，每个传输粒子对热流的贡献与电荷能隙 Δ 成比例，而不是像体传输中那样与温度 $k_B T$ 成比例。在非共振低温区域中，传输以共隧穿为主。由于共隧穿散射率的能量依赖性较弱，电荷和热导之间的比例恢复了，但是，需要使用不同的前置因子，如 $L/L_0 = 9/5$。

4.8 非线性区域

到目前为止，我们已经讨论了线性区域中 QD 的热电特性。然而，正如参考文献 [30]

中所讨论的那样，非线性效应在纳米级设置中很重要，因为温差应用到了数十或数百纳米量级的非常小的元素上。就热-功转换而言，就有一个实际的理由来考虑非线性响应，即 QD 作为热机的效率和功率输出可能会随着温差的增加而增加。此外，对于具有时间反演对称性的系统，最大功率下的效率只能在线性响应之外才能克服 $\eta_C/2$ 的限制[22]。

基于 Erdman 等人[22] 的研究，本节将给出两端 QD 系统在非线性区域中的热电性质的讨论。首先，由于电荷电流守恒，从左到右的电荷电流等于从右到左的电荷电流，$I \equiv J_1 = -J_r$。然后，平均的能量库温度定义为 $\overline{T} = (T_1 + T_2)/2$，它决定了系统超出线性响应的典型热能大小（所有能量将以 $k_B \overline{T}$ 为单位）。此外，$\Delta \mu \equiv \Delta \mu_2 = eV$，$V$ 为外加电压，$\Delta T \equiv \Delta T_2$，并假设等距能级具有给定的间距 ΔE。为了描述 QD 和两个能量库之间的势能下降，假定能级组的移动为 $E_p(V) = E_p + (1 - \theta_0) eV$，其中 $0 \leqslant \theta_0 \leqslant 1$，是势能 V 下降与隧道势垒之比的分数，隧道势垒将能量库 2 与 QD 耦合。

在非线性区域中，热电势（泽贝克系数）可以定义如下

$$S = -\left.\frac{V}{\Delta T}\right|_{I=0} \tag{4.41}$$

即，在开路（$I = 0$）时，由于外加有限的 ΔT 与随之产生的热电压 V 之间的比值。在图 4.8（a）中，对于 $\Delta T / \overline{T}$ 的不同值，S 绘制为 μ 的函数。黑色实曲线（根据 $\Delta T / \overline{T} = 10^{-4}$ 计算）是线性响应参考，它与通过式（4.25）~式（4.27）[22] 给出的表达式非常接近。如 4.4 节所述，黑色实曲线呈现周期为 $\Delta E + 2E_C$ 的主振荡，以及具有 ΔE 间距的精细结构[15]。由于选择了等距能谱，所有曲线与线性响应参考共享许多特征。即：（i）S 在主跃迁能量 μ_N 处以正斜率与零相交，并且是周期为 $\Delta E + 2E_C$ 的周期曲线；（ii）在所考虑的 μ 范围内，S 相对于 $\mu = 290 k_B \overline{T}$ 是反对称的；（iii）在两个显性跃迁 μ_N 和 μ_{N+1} 之间的中间点的 μ 值处，S 消失［见图 4.8（a），这些点位于 $\mu = 230 k_B \overline{T}$ 和 $\mu = 350 k_B \overline{T}$］。此外，由于我们设置 $\theta_0 = 1/2$，对于 $\mu \approx \mu_N$，S 的线性增加不依赖于比率 $\Delta T / \overline{T}$，即它可以通过线性响应比例系数 $1/(|e| \overline{T})$ 很好地描述。有趣的是，这样的特征（精细结构振荡除外），可以根据非相互作用模型来理解，这也解释了随着比率 $\Delta T / \overline{T}$ 增加，S 在中间点的负斜率的减小[22]。

下面讨论 S 在偏离线性响应区域时的行为。图 4.8（a）显示，对于所有 ΔT 值，热电

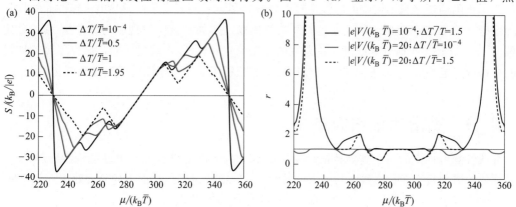

图 4.8 （a）对于不同的 $\Delta T / \overline{T}$ 值，非线性热电势 S 绘制为 μ 的函数，且 $\Delta E = 20 k_B \overline{T}$，$E_C = 50 k_B \overline{T}$，$\hbar \Gamma^l(\rho) = \hbar \Gamma^r(\rho) = 0.01 k_B \overline{T}$，$\theta_0 = 1/2$。（b）对于与图（a）中相同参数值的比率 $r = (\Pi + V/2)/(\overline{T} S)$（对于佩尔捷系数）和 $\Delta T / \overline{T}$（对于热电势）。蓝色细线是 $r = 1$ 参考线。该图引自参考文献 [22]。

势仅在 μ 高于 $310k_B\overline{T}$（或低于 $270k_B\overline{T}$）时偏离线性响应曲线。在 $\Delta T/\overline{T}=0.5$（红色曲线）处，已经出现了明显的偏离。这可以根据以下事实来理解：对于 $\mu > 310k_B\overline{T}$，S 的数量级为 $15k_B/|e|$，对应于热电压的值（$V=-7.5k_B\overline{T}/|e|$），使得 $|eV|\gg k_BT^{[22]}$。请注意，$\mu=310k_B\overline{T}$ 大致对应于线性响应中精细结构的第一个台阶。特别的是，虽然第一个台阶在线性响应中几乎没有通过其位置增加 ΔT 来移动，但在线性响应中发生在 $\mu=330k_B\overline{T}$ 处的第二个台阶，随着 $\Delta T/\overline{T}$ 的增加而移动到较小的值，最终消失或与第一个台阶合并。此行为可能归因于以下两种效应的结合。一方面，决定传输能量窗口的热电压 V，取决于 μ，并根据定义式（4.41）而随 ΔT 增加。另一方面，$\Delta T/\overline{T}$ 的增加使最低温度（T_1）朝向绝对零度，从而锐化费米分布函数 $f_1(E)$。随着 $\Delta T/\overline{T}$ 的增加，这最后一个效应也是导致 $S(\mu)$ 锐化的原因。此外请注意，随着 $\Delta T/\overline{T}$ 的增加，S 的极值会减小[22]。

考虑给定电压 V 下非线性佩尔捷系数，其定义如下所示

$$\Pi = \frac{J}{I}\bigg|_{\Delta T=0} \tag{4.42}$$

这里的目的是评估昂萨格倒易关系 $\Pi=TS$ 的不可用，该关系在线性响应区域中成立。当超出线性响应区域后，对于单能级非相互作用 QD，我们发现了一个"修正的"倒易关系，即在 $\theta_0=1/2$ 的情况下，$\Pi+V/2=TS$。为了找出多能级 QD 中相互作用的影响，在图 4.8（b）中，比率 $r=(\Pi+V/2)/(TS)$ 绘制为 μ 的函数，针对不同的 $\Delta T/\overline{T}$ 和 $|e|V/(k_BT)$ 值（$\Delta T/\overline{T}$ 用于计算 S，而 $|e|V/(k_BT)$ 用于计算 Π）。图 4.8（b）显示比率 r 显著偏离 1，即线性响应结果（蓝色细线），仅与主要跃迁能量 $\mu_{N=3}=290k_B\overline{T}$ 相距足够远。特别地，当 Π 处于线性响应区域而 S 不是时（黑色实线），在主要跃迁能量（即 $\mu=230k_B\overline{T}$ 和 $\mu=350k_B\overline{T}$）之间的中点附近，所发生的 μ 的强烈偏离可以通过双能级非相互作用模型来解释。然而，在 $250k_B\overline{T}$ 和 $330k_B\overline{T}$ 之间的 μ 值范围内，所发生的偏离可归因于相互作用效应。在相反的情况下，其中 S 处于线性响应中，而 Π 不是时（红色曲线），r 与 1 的偏离完全是由于交互作用，并且在 μ 的整个值范围内，r 都取 0 到 1 之间的值。当 S 和 Π 超出线性响应区域时，上述两种行为共存，从而产生黑色虚线曲线。

为了正确描述介观结构中的非线性热电效应，最近人们开发了一种热电传输的非线性散射矩阵理论[31-33]。它已应用于研究通过 QD 的热传输，例如，其中发现了与维德曼-弗兰兹定律的偏离[34]。它还用于研究非线性传输系数的磁场不对称性[35]。通过实验，研究了弹道四端结构的非局域热电响应[34]。进一步的研究从理论上分析了通过分子结的非线性热电传输[36,37]。

4.9 输出功率和效率

非线性热电性质的一个重要特征是品质因数 ZT 不再足以表征热电性能[30,38]。相反，人们必须依赖诸如最大功率、最大功率下的效率[38-40] 或给定输出功率下的最大效率[41] 等量。

在稳态条件下，多端 QD 系统的输出功率 P 由所有热电流的总和给出

$$P = \sum_{\alpha=1}^{N} J_\alpha \tag{4.43}$$

如果 $P>0$，则系统表现为热机，即将热量转化为功。在这种情况下，效率 η 定义为输出功

率与系统吸收的总热流之比

$$\eta = \frac{P}{\sum_{\alpha^+} J_{\alpha^+}} \quad (4.44)$$

其中，对 α^+ 所求总和涵盖所有正热流。对于双端系统，效率不能超过卡诺效率，其定义为 $\eta_C = 1 - T_1/T_2$，其中 $T_2 > T_1$。此外，对于多端系统，η 不能超过 T_1、T_2、$\cdots$、T_N 中使用最热和最冷温度计算的两端卡诺效率[42]。

对于线性响应范围内的两端系统，即当电荷和热电流线性取决于温度和电化学电势差时，输出功率和效率都可以用式（4.18）～式（4.20）中的传输系数来表示。定义 $\Delta T \equiv \Delta T_2 > 0$，有以下关系[22]：

$$P_{\max} = \frac{1}{4} Q \Delta T^2 \quad (4.45)$$

$$\eta(P_{\max}) = \frac{\eta_C}{2} \times \frac{ZT}{ZT+2} \quad (4.46)$$

$$\eta_{\max} = \eta_C \frac{\sqrt{1+ZT}-1}{\sqrt{1+ZT}+1} \quad (4.47)$$

正如在上面的方程中看到的，$\eta(P_{\max})$ 和 $\eta_{\max}$ 都是 ZT 的单调增长函数；热力学要求的唯一限制是 $ZT \geq 0$。当 $ZT = 0$ 时，$\eta(P_{\max})$ 和 $\eta_{\max}$ 都消失，而对于 $ZT \to \infty$，$\eta_{\max} \to \eta_C$ 且 $\eta(P_{\max}) \to \eta_{CA}$，其中，$\eta_{CA} = \eta_C/2$ 是所谓的线性响应中的 Curzon-Ahlborn 效率[22]。Erdman 等[22] 研究了在线性和非线性区域中，式（4.45）～式（4.47）中的上述功率和效率关系，并将其结果绘制在图 4.9 中。

图 4.9（a）显示了最大效率 $\eta_{\max}$，通过在给定的 ΔT 下，相对于外加电压 V，最大化效率 η 而获得[22]。$\eta_{\max}$ 按照 η_C 归一化，绘制作为针对于 $\Delta T/\overline{T}$ 不同值下 μ 的函数。所有图都显示了接近 μ_N 的成峰，其最大值非常接近 η_C，以及较小高度的次级峰。相对于线性响应区域（$\Delta T/\overline{T} = 10^{-4}$）的黑色实线，通过式（4.47）与 4.6 节中讨论 ZT 图 [图 4.6（b）] 相关。对于黑色曲线，一对接近 η_C 的最大值出现在 $\mu = \mu_N \pm 2.40 k_B \overline{T}$ 处，而 $\eta_{\max}$ 在主要跃迁能量处（以及在两个主要跃迁能量之间的中间点处）消失。此外，对于 μ 的中间值，出现间距为 ΔE 的第二峰的精细结构。远离线性响应，主要观察结果是 $\Delta T/\overline{T} > 0.1$ 的增加，只会对曲线产生数量上的变化。如图 4.9（a）所示，$\eta_{\max}$ 的主峰仍然大致位于 $\mu = \mu_N \pm 2.40 k_B \overline{T}$ 处并接近卡诺效率，而峰宽随着 ΔT 的增加略有减小，并且第二峰的精细结构简单地变形[22]。

图 4.9（b）显示了热-功转换中的另一个重要数量，即产生的最大输出功率 $P_{\max}$，它是通过相对于外加的电压 V，使输出功率最大化而获得的。事实证明，$P_{\max}$ 呈现为大约位于 $\mu = \mu_N \pm 2.40 k_B \overline{T}$ 处的双峰，只要 $\Delta T/\overline{T}$ 不太接近 2，其高度大约随 ΔT 呈二次方增加。有趣的是，图 4.9（b）显示最大输出功率 $P_{\max}$，当归一化到其峰值 P_{peak} 时，仅非常微弱地取决于比率 $\Delta T/\overline{T}$。特别地，$P_{\max}/P_{peak}$ 很好地近似于线性响应结果，其解析表达式通过将式（4.31）代入式（4.45）而获得。

图 4.9（c）显示了最大功率 $\eta(P_{\max})$ 处的效率，这是通过针对每个 μ 值，取使功率最大化的 V 值来计算而得到的。$\eta(P_{\max})$ 绘制为 μ 的函数，这里相对于比率 $\Delta T/\overline{T}$ 的各种值。通过从线性响应开始增加这样的比率 [实心黑色曲线，通过式（4.47）与图 4.6（b）中的 ZT 曲线相关]，人们发现峰值再次大约出现在 $\mu = \mu_N \pm 2.40 k_B \overline{T}$ 处，增加到远高于

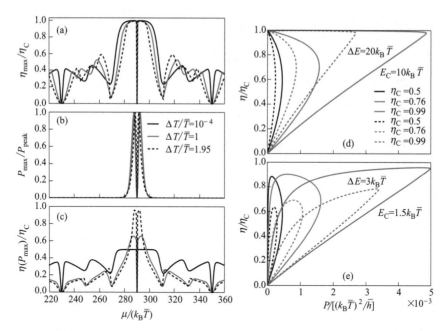

图 4.9 （a）最大效率，归一化为卡诺效率；（b）最大输出功率 P_{max}，归一化为其峰值 P_{peak}；（c）最大功率下的效率 $\eta(P_{max})$，归一化为 η_C，绘制为 μ 的函数，这里针对不同的 $\Delta T/\overline{T}$ 值，对于与图 4.8（d）和（e）中相同的参数值，显示了由 Erdman 等人[22]计算的效率和输出功率之间的相关性，既有双重简并相互作用的情况（实线），也有非简并的非相互作用情况（虚线）。对于各种 η_C 值，通过将 V 的值从零增加到对应于开路情况的热电压值，从而获得该曲线。图（d）指的是 $\Delta E=20k_B\overline{T}(E_C=0$，虚线曲线）以及 $E_C=10k_B\overline{T}$（$\Delta E=0$，实线）的情况，而图（e）指的是 $\Delta E=3k_B\overline{T}$（$E_C=0$，虚线）以及 $E_C=10k_B\overline{T}$（$\Delta E=0$，实曲线）的情况。该图引自参考文献 [22]。

$\eta_C/2$（线性响应的上限）。相反，针对远离 μ_N 的 μ 值，相对于精细结构，最大功率处的效率随着 $\Delta T/\overline{T}$ 增加超出线性响应而减小，但从 $\Delta T/\overline{T}=1$（红色曲线）到 $\Delta T/\overline{T}=1.95$（黑色虚线）仅出现轻微不同的移动。

图 4.9（d）和（e）显示通过将施加的电压 V 从零（P 和 η 都消失）增加到热电压（P 由于电荷电流消失而消失的事实），功率 P 和效率 η 值的演化过程[22]。特别的是，图（d）指的是 $\Delta E=2k_B\overline{T}$（虚线）和 $E_C=10k_B\overline{T}$（实线）的情况，而图（e）指的是 $\Delta E=3k_B\overline{T}$（虚线）和 $E_C=1.5k_B\overline{T}$（实线）的情况。在线性响应中（当 $\eta_C \ll 1$ 时），当效率几乎等于 $\eta_C/2$ 时，功率达到最大值。通过增加 η_C，对于图中的所有曲线，最大功率和最大功率下的效率都会增加。对于大的 η_C 值（绿色曲线），当 V 增加超过最大功率点时，效率仍然接近卡诺效率。一般的特点是，在相互作用的情况下（实线），功率比相关的非相互作用情况（虚线）大得多。当 ΔE 和 E_C 与 $k_B\overline{T}$ 的量级相同时[图 4.9（e）]，与非相互作用情况相比，相互作用情况下的最大功率和最大功率下的效率都会增加。图（d）和（e）中讨论的两种区域的一个显著特性是，在强的非线性区域中，最大功率在效率高且接近最大效率的值处获得[22]。

4.10 应用

介观固态物理学可以通过提供在纳米尺度上运行的强大且高效的热机，从而来帮助克服当前热电材料的局限性。在对基本介观结构（如量子点接触[43]和量子点[15,17,44]）的热电势进行初步研究后不久，人们就有了第一个提议，指出与由相同材料制成的体结构相比，尺寸减小的结构会导致热电势的品质因数 ZT 增加[25,45]。Mahan 和 Sofo[24] 提出了类似的想法，他们表明尖锐的波谱特征会产生高热电性能，其特征是高 ZT 值。量子点等纳米级导体自然地提供了这些尖锐的波谱特征。因此，它们是热电热机很有前途的候选材料[39,46-52]。最近，Josefsson 等人[53] 的实验展示了一种基于嵌入半导体纳米线的量子点的粒子交换热机，其器件如图 4.10（a）所示。他们直接测量发动机的稳态电功率输出，并将其与计算出的电子热流相结合来确定电子效率 η。在最大功率条件下，器件的 η 与 Curzon-Ahlborn 效率一致，并且保持有限的功率输出的情况下，总体最大 η 超过卡诺效率的 70%。他们的结果表明，热电功率转换原则上可以在接近热力学极限的情况下实现[53]。他们对该热机器件 [图 4.10（a）] 进行了更多的实验和分析研究，以优化其功率和效率，并研究其非线性和二阶效应[54]。

在不同的纳米级器件中，具有离散能级的 QD，因其用作可调谐能量过滤器而脱颖而出[55]。基于这种效应，提出了基于两端 QD 的制冷机[56,57]、热泵[58-61]、热二极管[62]、热阀[63,64] 和热转换器[44,65]，预期将达到高效率。Prance 等[57] 的实验证明了使用能量选择性隧穿通过 QD，演示了 2DEG 电子冷却的可行性。在 280mK 的环境电子温度下，他们的 QD 制冷器件如图 4.10（b）所示，由两个 QD 和一个中央腔组成，可以将 $6\mu m$ 的孤立 2DEG 冷却到 190mK 以下。它有可能用作超低温测量的通用平台，其中运行的器件通过非侵入式电荷传感器探测[57]。Dutta 等人演示了热偏置单 QD 结中，电子热流的栅极控制，如图 4.10（c）所示。在结附近获取电子温度映射图，这里作为施加到其器件的栅极电压和偏置电压的函数，清晰显示出特定的库仑金刚石图案，这表明电荷简并点处具有最大热传递。该热阀的非平凡偏置和栅极依赖性，源于器件中心量子点的量子性质及其与引线的强耦合[63]。

QD 的离散电子态作为能量过滤器的另一种流行用途是能量收集。为此目的，量子器件要求能量源与电路分离，因此不会从中提取电荷[50]。这可以在三端器件中实现，其中热端向装置注入热量但不注入电荷，从而在两个冷能量库之间驱动电荷电流。已经有许多针对此类能量收集器的提议[42,67-85]。基于库仑耦合量子点的三端热机[68,69] 最近已通过实验实现[86-88]。然而，由于它们的设计，仅限用于低功率。基于两个具有不同能级的谐振隧穿量子点的三端能量收集器克服了这个问题。它原则上可以达到卡诺效率，并且可以优化，以实现大功率与最大功率下的高效率相结合[75]。Jaliel 等人[66] 最近通过实验证明了这一点。如图 4.10（d）所示，他们的器件由两个高电子迁移率晶体管组成，晶体管位于热电子库的任意一侧，顶部有一个加热通道。量子点的离散能级被调整为与热库一侧的低能电子和另一侧的高能电子对齐。因此，量子点充当能量过滤器，并允许将来自空腔的热量转换为电能。空腔温度可以通过在顶部通道上施加不同的加热电流来改变。在估计的 75mK 基础温度下，该能量收集器可以产生 0.13fW 的热功率，每个量子点的温差约为 67mK[66]。

QD 的一项重要应用是低温温度计。无论是对于量子点热电的研究还是其应用，电子系统的温度都起着重要的作用。使用现代微光刻和纳米光刻[89]，人们已经实现了几种低温温度计，例如使用隧穿结的"散粒噪声温度计"[90]，以及使用隧穿结阵列的"库仑阻塞温度计"[91]。在双势垒（一个 QD）的情况下，当通过点的传输被库仑阻塞时，可以通过测量通过点的电流或电导来提取电子温度，并拟合得到的温度相关线形[15,92]。这是确定工作器件的电子温度的有用工具[93-95]。Mavalankar 等人[96] 展示了一种用于确定 GaAs/AlGaAs 异质结构中 2DEG 温度的非侵入式方案，该方案可以与另一个工作器件同时运行或独立运行。

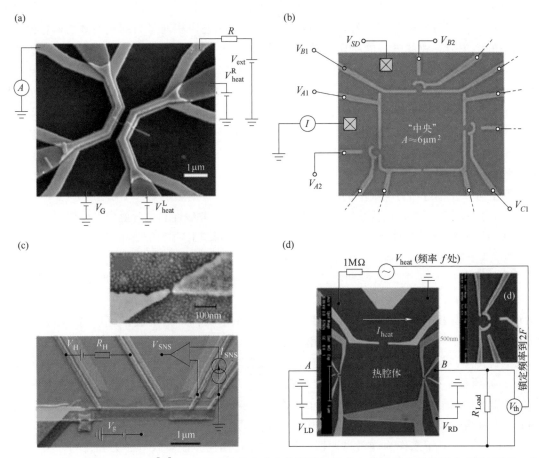

图4.10 (a) 与 Josefsson 等人[53] 在量子点热机实验中使用器件名义上相同器件的伪彩色 SEM 图像。它由一个 InAs/InP 纳米线量子点（绿色，位于中心的窄线）与金属引线（黄色，底层带有 Y 形末端的栅极）接触。热机（蓝色，顶层左侧 U 形栅极；红色，顶层右侧 U 形栅极）在接触引线上方运行，并通过一层高 k 氧化物与它们绝缘。其中一个热机（红色）用于热偏置实验，另一个（蓝色）未使用。(b) 典型量子点制冷器件的 SEM 图像，由 Prance 等人[57] 通过实验证明。他们使用电子束光刻在 GaAs/AlGaAs 异质结构的表面上图案化 NiCr/Au 栅极。2DEG 在表面下方 90nm，载流子密度为 $n=1.37\times10^{11} cm^{-2}$，采用退火的 AuGeNi 触点接触。表面栅极可以定义一个封闭的中心 2DEG 区域，左侧（A 点）和上方（B 点）有量子点。右边的点在该实验中没有使用。(c) Dutta 等人[63] 报道的典型器件的伪彩色 SEM 图像。源极是红色的（底部图形中心的顶部水平线，顶部图形的直角三角形），漏极是绿色的（底部图形左下角的顶部三角形区域，顶部图形的左侧三角形），而超导引线是蓝色的。电路图显示了热传输设置。较长（2.5μm）的超导体-普通金属-超导体（SNS）结，用作由恒定直流电池驱动的热机；而较短（700nm）的 SNS 结用作温度计。(d) 由 Jaliel 等人[66] 展示的量子点能量收集器器件的伪彩色 SEM 图像。Ti/Au 栅极在 GaAs/AlGaAs 异质结构的表面上使用电子束光刻图案化。2DEG 位于表面以下 110nm，载流子浓度为 $n=1.35\times10^{11} cm^{-2}$，并通过退火的 AuGeNi 触点接触。表面栅极定义了一个 90μm² 的空腔面积，在中央 2DEG 区域，左右两侧分别有两个量子点，顶部有一个加热通道。如(d)中右上角插图所示，直径为 310nm 的量子点由三个势垒栅极（红色，三个栅极在(d)中插图的左侧大致形成一个圆圈）、一个探测器栅极（绿色，中间右侧的栅极，在(d)中插图上有一个角度）和一个柱塞栅极（蓝色，底部中心的栅极，在(d)中插图上略微倾斜）构成。在此图中，(a) 改编自参考文献 [53]、[57]，(c) 改编自文献 [63]，(d) 改编自文献 [66]。

它包括监测弱隧穿耦合到 2DEG 的 QD 的电荷占用，使用量子的点接触［一种类似于图 4.10（b）中的器件，但在中央空腔上方有一个顶栅］。通过这个 QD 温度计测得的电子温度在 120~951mK 之间，与他们实验环境的电阻温度计检测到的温度一致。它可用于测量比使用库仑阻塞传输可测量的温度更低的温度,并且在存在磁场的情况下非常可靠[96]。

4.11 小结

在本章中,我们详细讨论了 QD 的热电特性。它始于 Landauer-Büttiker 唯象理论,将导体的传输特性与局域平衡的能量库之间的传输概率联系起来。然后研究了 QD 模型,并研究了 Landauer-Büttiker 唯象理论在量子极限中的热电系数。电导和热导都表现出周期性的库仑阻塞振荡,间隔周期为:$\Delta E_F = \Delta E + e^2/C$。由于基态量子点上电子数量的变化,热电势显示长周期振荡,而当电荷能量小于能级间距时,热电势显示短周期振荡。量子点能级的自旋简并在电导和热导的振荡中引入了镜像对称的双峰,并使热电势的短周期振荡频率加倍,而不影响其长周期振荡频率。基于热电系数的知识,接着讨论了热电特性——量子极限下的功率因子和品质因数,展示了量子点是一种很有前途的候选热电材料,并提出了最大限度地提高系统功率和效率的途径。通过研究洛伦兹比对温度和栅极电压的依赖性,介绍了 QD 系统中的维德曼-弗兰兹定律。它仅对消失的电荷能隙 $\Delta = 0$ 充满,在远离这种介观系统的共振中采用 $\Delta/(k_B T)$ 二次修正。然后切换到 QD 的非线性区域,并讨论它如何影响热电系数,以及诸如 QD 热机的最大功率、最大功率下的效率和给定输出功率下的最大效率等量,以便充分表征其热电性能。在强非线性区域中,QD 热机的最大功率是在其效率高且接近最大效率时获得的。最后,讨论了关于如何利用量子点的这些热电特性的各种理论建议,例如,作为制冷机、能量收集器和温度计,以及最近关于它们的实验研究。

量子点的热电特性仍然是一个热门的研究领域。人们还进行了许多理论和实验工作,来研究其他纳米结构的热电性能,例如超晶格[97,98]、石墨烯纳米结构[99] 以及具有各种尺寸和掺杂水平的硅纳米线[100,101]。随着化石燃料资源逐渐枯竭和全球变暖,这些纳米结构作为替代能源的潜力,特别是用于在介观尺度上将废热转化为电能,继续吸引着人们巨大的研究兴趣。然而,该领域仍然面临着许多悬而未决的问题。例如,必须更好地理解声子的影响,因为它们不仅会降低效率,还会使整个器件上维持给定的温度偏差非常困难。特别是,人们真正需要的是研究可以对其影响进行分析处理的系统,并构建可以系统地控制它们的设置[50]。另一个有趣的问题涉及时间反演对称性破缺的多端热机的热电性能。从理论上讲,这些器件允许在有限的输出功率下任意接近卡诺效率。但是任何物理实现实际上又能有多接近呢[50]?最后,该领域将大大受益于已提出的理论思想的更多实验证明,例如关于 QD 热电特性的应用以及可能的工业应用。

参 考 文 献

[1] Landauer R. Spatial variation of currents and fields due to localized scatterers in metallic conduction. IBM J Res Dev 1957;1(3):223-31.
[2] Büttiker M. Four-terminal phase-coherent conductance. Phys Rev Lett 1986;57(14):1761.
[3] Van Houten H, Molenkamp LW, Beenakker CWJ, Foxon CT. Thermoelectric properties of quantum point contacts. Semicond Sci Technol 1992;7(3B):B215.
[4] Sivan U, Imry Y. Multichannel landauer formula for thermoelectric transport with application to thermopower near the mobility edge. Phys Rev B 1986;33(1):551.
[5] Butcher PN. Thermal and electrical transport formalism for electronic microstructures with many terminals. J Phys Condens Matter 1990;2(22):4869.
[6] Stone AD. Magnetoresistance fluctuations in mesoscopic wires and rings. Phys Rev Lett 1985;54(25):2692.

[7]   Washburn S. Fluctuations in the extrinsic conductivity of disordered metal. IBM J Res Dev 1988;32(3):335-46.
[8]   Washburn S,Webb RA. Aharonov-bohm effect in normal metal quantum coherence and transport. Adv Phys 1986;35(4):375-422.
[9]   Van Wees BJ,Van Houten H,Beenakker CWJ,Williamson JG,Kouwenhoven LP,Van der Marel D,Foxon CT. Quantized conductance of point contacts in a two-dimensional electron gas. Phys Rev Lett 1988;60(9):848.
[10] Szafer A,Stone AD. Theory of quantum conduction through a constriction. Phys Rev Lett 1989;62(3):300.
[11] Büttiker M. Absence of backscattering in the quantum hall effect in multiprobe conductors. Phys Rev B 1988;38(14):9375.
[12] Beenakker CWJ,Van Houten H. Quenching of the hall effect. Phys Rev Lett 1988;60(23):2406.
[13] Büttiker M. Transmission probabilities and the quantum hall effect. Phys Rev Lett 1989;62(2):229.
[14] Zianni X. Coulomb oscillations in the electron thermal conductance of a dot in the linear regime. Phys Rev B 2007;75(4):045344.
[15] Beenakker CWJ,Staring AAM. Theory of the thermopower of a quantum dot. Phys Rev B 1992;46(15):9667-76. https://doi.org/10.1103/PhysRevB.46.9667.
[16] Beenakker CWJ. Theory of coulomb-blockade oscillations in the conductance of a quantum dot. Phys Rev B 1991;44(4):1646.
[17] M Staring AA,W Molenkamp L,Alphenaar BW,van Houten H,A Buyk OJ,Mabesoone MAA,J Beenakker CW,T Foxon C. Coulomb-blockade oscillations in the thermopower of a quantum dot. Europhys Lett 1993;22(1):57-62. https://doi.org/10.1209/0295-5075/22/1/011. ISSN 0295-5075,1286-4854, http://iopscience.iop.org/0295-5075/22/1/011.
[18] Appleyard NJ,Nicholls JT,Simmons MY,Tribe WR,Pepper M. Thermometer for the 2d electron gas using 1d thermopower. Phys Rev Lett 1998;81(16):3491.
[19] Dzurak AS,Smith CG,Barnes CHW,Pepper M,Martin-Moreno L,Liang CT,Ritchie DA,Jones GAC. Thermoelectric signature of the excitation spectrum of a quantum dot. Phys Rev B 1997;55(16):R10197.
[20] Godijn SF,Möller S,Buhmann H,Molenkamp LW,Van Langen SA. Thermopower of a chaotic quantum dot. Phys Rev Lett 1999;82(14):2927.
[21] Small JP,Perez KM,Kim P. Modulation of thermoelectric power of individual carbon nanotubes. Phys Rev Lett 2003;91(25):256801. https://doi.org/10.1103/PhysRevLett.91.256801. http://link.aps.org/doi/10.1103/PhysRevLett.91.256801.
[22] Andrea Erdman P,Mazza F,Bosisio R,Benenti G,Fazio R,Taddei F. Thermoelectric properties of an interacting quantum dot based heat engine. Phys Rev B 2017;95(24):245432.
[23] Tsaousidou M,Triberis GP. Thermoelectric properties of a weakly coupled quantum dot:enhanced thermoelectric efficiency. J Phys Condens Matter 2010;22(35):355304.
[24] Mahan GD,Sofo JO. The best thermoelectric. Proc Natl Acad Sci USA 1996;93(15):7436-9. ISSN 0027-8424,1091-6490,http://www.pnas.org/content/93/15/7436.
[25] Hicks LD,Dresselhaus MS. Effect of quantum-well structures on the thermoelectric figure of merit. Phys Rev B 1993;47(19):12727-31. https://doi.org/10.1103/PhysRevB.47.12727. http://link.aps.org/doi/10.1103/PhysRevB.47.12727.
[26] Kubala B,König J,Pekola J. Violation of the Wiedemann-Franz law in a single-electron transistor. Phys Rev Lett 2008;100(6):066801.
[27] Krawiec M,Wysokiński KI. Thermoelectric effects in strongly interacting quantum dot coupled to ferromagnetic leads. Phys Rev B 2006;73(7):075307.
[28] Vavilov MG,Stone AD. Failure of the Wiedemann-Franz law in mesoscopic conductors. Phys Rev B 2005;72(20):205107.
[29] Dutta B,Joonas TP,Antonenko DS,Meschke M,Skvortsov MA,Kubala B,König J,Winkelmann CB,Courtois H,P Pekola J. Thermal conductance of a single-electron transistor. Phys Rev Lett 2017;119(7):077701.
[30] Whitney RS. Nonlinear thermoelectricity in point contacts at pinch off:a catastrophe aids cooling. Phys Rev B 2013;88(6):064302.
[31] Sánchez D,López R. Scattering theory of nonlinear thermoelectric transport. Phys Rev Lett 2013;110(2):026804.
[32] Meair J,Jacquod P. Scattering theory of nonlinear thermoelectricity in quantum coherent conductors. J Phys Condens Matter 2013;25(8):082201.
[33] Whitney RS. Thermodynamic and quantum bounds on nonlinear dc thermoelectric transport. Phys Rev B 2013;87(11):115404.
[34] Matthews J,Sánchez D,Larsson M,Linke H. Thermally driven ballistic rectifier. Phys Rev B 2012;85(20):205309.
[35] Hwang S-Y,Sánchez D,Lee M,López R. Magnetic-field asymmetry of nonlinear thermoelectric and heat transport. New J Phys 2013;15(10):105012.
[36] Leijnse M,Wegewijs MR,Flensberg K. Nonlinear thermoelectric properties of molecular junctions with vibrational coupling. Phys Rev B 2010;82(4):045412.
[37] Hershfield S,Muttalib KA,Nartowt BJ. Nonlinear thermoelectric transport:a class of nanodevices for high efficiency

[38] Van den Broeck C. Thermodynamic efficiency at maximum power. Phys Rev Lett 2005;95(19):190602.
[39] Esposito M, Lindenberg K, Van den Broeck C. Thermoelectric efficiency at maximum power in a quantum dot. Europhys Lett 2009;85(6):60010. https://doi.org/10.1209/0295-5075/85/60010. ISSN 0295-5075, 1286-4854, http://iopscience.iop.org/0295-5075/85/6/60010.
[40] Kay B, Saito K, Seifert U. Strong bounds on onsager coefficients and efficiency for three-terminal thermoelectric transport in a magnetic field. Phys Rev Lett 2013;110(7):070603.
[41] Whitney RS. Most efficient quantum thermoelectric at finite power output. Phys Rev Lett 2014;112(13):130601.
[42] Mazza F, Bosisio R, Benenti G, Giovannetti V, Fazio R, Taddei F. Thermoelectric efficiency of three-terminal quantum thermal machines. New J Phys 2014;16(8):085001. https://doi.org/10.1088/1367-2630/16/8/085001. ISSN 1367-2630, http://iopscience.iop.org/1367-2630/16/8/085001.
[43] Molenkamp LW, Van Houten H, Beenakker CWJ, Eppenga R, Foxon CT. Quantum oscillations in the transverse voltage of a channel in the nonlinear transport regime. Phys Rev Lett 1990;65(8):1052.
[44] Humphrey TE, Newbury R, Taylor RP, Linke H. Reversible quantum brownian heat engines for electrons. Phys Rev Lett 2002;89(11):116801. https://doi.org/10.1103/PhysRevLett.89.116801. http://link.aps.org/doi/10.1103/Phys RevLett.89.116801.
[45] Hicks LD, Dresselhaus MS. Thermoelectric figure of merit of a one-dimensional conductor. Phys Rev B 1993;47(24):16631-4. https://doi.org/10.1103/PhysRevB.47.16631. http://link.aps.org/doi/10.1103/PhysRevB.47.16631.
[46] Humphrey TE, Linke H. Reversible thermoelectric nanomaterials. Phys Rev Lett 2005;94:096601. https://doi.org/10.1103/PhysRevLett.94.096601. https://link.aps.org/doi/10.1103/Phys RevLett.94.096601.
[47] Murphy P, Mukerjee S, Moore J. Optimal thermoelectric figure of merit of a molecular junction. Phys Rev B 2008;78:161406. https://doi.org/10.1103/PhysRevB.78.161406. https://link.aps.org/doi/10.1103/PhysRevB.78.161406.
[48] Nakpathomkun N, Xu HQ, Linke H. Thermoelectric efficiency at maximum power in low-dimensional systems. Phys Rev B 2010;82(23):235428. https://doi.org/10.1103/PhysRevB.82.235428. http://link.aps.org/doi/10.1103/Phys RevB.82.235428.
[49] Kennes DM, Schuricht D, Meden V. Efficiency and power of a thermoelectric quantum dot device. EPL 2013;102(5):57003. https://doi.org/10.1209/0295-5075/102/57003.
[50] Sothmann B, Sánchez R, Jordan AN. Thermoelectric energy harvesting with quantum dots. Nanotechnology 2015;26(3):032001. https://doi.org/10.1088/0957-4484/26/3/032001. ISSN 0957-4484, http://iopscience.iop.org/0957-4484/26/3/032001.
[51] Marchegiani G, Braggio A, Giazotto F. Superconducting nonlinear thermoelectric heat engine. Phys Rev B 2020;101:214509. https://doi.org/10.1103/PhysRev B.101.214509. https://link.aps.org/doi/10.1103/PhysRevB.101.214509.
[52] David Mayrhofer R, Elouard C, Splettstoesser J, Jordan AN. Stochastic thermodynamic cycles of a mesoscopic thermoelectric engine. Phys Rev B 2021;103:075404. https://doi.org/10.1103/PhysRevB.103.075404. https://link.aps.org/doi/10.1103/PhysRevB.103.075404.
[53] Josefsson M, Svilans A, Burke AM, Hoffmann EA. Sofia Fahlvik, Claes Thelander, Martin Leijnse, and Heiner Linke. A quantum-dot heat engine operating close to the thermodynamic efficiency limits. Nat Nanotechnol 2018;13(10):920-4. https://doi.org/10.1038/s41565-018-0200-5. ISSN 1748-3395.
[54] Josefsson M, Svilans A, Linke H, Martin L. Optimal power and efficiency of single quantum dot heat engines: theory and experiment. Phys Rev B 2019;99:235432 https://doi.org/10.1103/PhysRevB.99.235432. https://link.aps.org/doi/10.1103/PhysRevB.99.235432.
[55] Haupt F, Martin L, Calvo HL, Classen L, Splettstoesser J, Wegewijs MR. Heat, molecular vibrations, and adiabatic driving in non-equilibrium transport through interacting quantum dots. Physica Status Solidi (B) 2013;250(11):2315-29.
[56] Edwards HL, Niu Q, Georgakis GA, de Lozanne AL. Cryogenic cooling using tunneling structures with sharp energy features. Phys Rev B 1995;52(8):5714-36. https://doi.org/10.1103/PhysRevB.52.5714. http://link.aps.org/doi/10.1103/PhysRevB.52.5714.
[57] Prance JR, Smith CG, Griffiths JP, Chorley SJ, Anderson D, Jones GAC, Farrer I, Ritchie DA. Electronic refrigeration of a two-dimensional electron gas. Phys Rev Lett 2009;102(14):146602. https://doi.org/10.1103/PhysRevLett.102.146602. http://link.aps.org/doi/10.1103/PhysRevLett.102.146602.
[58] Moskalets M, Büttiker M. Dissipation and noise in adiabatic quantum pumps. Phys Rev B 2002;66(3):035306.
[59] Arrachea L, Moskalets M, Martin-Moreno L. Heat production and energy balance in nanoscale engines driven by time-dependent fields. Phys Rev B 2007;75(24):245420.
[60] Rey M, Michael Strass, Kohler S, Peter H, Sols F. Nonadiabatic electron heat pump. Phys Rev B 2007;76(8):085337.
[61] Juergens S, Haupt F, Moskalets M, Splettstoesser J. Thermoelectric performance of a driven double quantum dot. Phys Rev B 2013;87(24):245423.
[62] Ruokola T, Ojanen T. Single-electron heat diode: asymmetric heat transport between electronic reservoirs through coulomb islands. Phys Rev B 2011;83(24):241404.
[63] Dutta B, Majidi D, Talarico NW, Lo Gullo N, Courtois H, Winkelmann CB. Single-quantum-dot heat valve. Phys Rev

[64] Jussiau É, Manikandan SK, Bhandari B, Jordan AN. Thermal control across a chain of electronic nanocavities. 2021.

[65] Muralidharan B, Grifoni M. Performance analysis of an interacting quantum dot thermoelectric setup. Phys Rev B 2012;85(15):155423.

[66] Jaliel G, RK Puddy, Sánchez R, Jordan AN, Sothmann B, Farrer I, Griffiths JP, Ritchie DA, Smith CG. Experimental realization of a quantum dot energy harvester. Phys Rev Lett 2019;123(11):117701.

[67] Entin-Wohlman O, Imry Y, Aharony A. Three-terminal thermoelectric transport through a molecular junction. Phys Rev B 2010;82(11):115314. https://doi.org/10.1103/PhysRevB.82.115314. http://link.aps.org/doi/10.1103/PhysRevB.82.115314.

[68] Sánchez R, Büttiker M. Optimal energy quanta to current conversion. Phys Rev B 2011;83(8):085428. https://doi.org/10.1103/PhysRevB.83.085428. http://link.aps.org/doi/10.1103/PhysRevB.83.085428.

[69] Sothmann B, Sánchez R, Jordan AN, Büttiker M. Rectification of thermal fluctuations in a chaotic cavity heat engine. Phys Rev B 2012;85(20):205301. https://doi.org/10.1103/PhysRevB.85.205301. http://link.aps.org/doi/10.1103/PhysRevB.85.205301.

[70] Sothmann B, Büttiker M. Magnon-driven quantum-dot heat engine. Europhys Lett 2012;99(2):27001. https://doi.org/10.1209/0295-5075/99/27001. ISSN 0295-5075, 1286-4854, http://iopscience.iop.org/0295-5075/99/2/27001.

[71] Ruokola T, Ojanen T. Theory of single-electron heat engines coupled to electromagnetic environments. Phys Rev B 2012;86(3):035454. https://doi.org/10.1103/PhysRevB.86.035454. http://link.aps.org/doi/10.1103/PhysRevB.86.035454.

[72] Jiang J-H, Entin-Wohlman O, Imry Y. Thermoelectric three-terminal hopping transport through one-dimensional nanosystems. Phys Rev B 2012;85(7):075412. https://doi.org/10.1103/PhysRevB.85.075412. http://link.aps.org/doi/10.1103/PhysRevB.85.075412.

[73] Jiang J-H, Entin-Wohlman O, Imry Y. Three-terminal semiconductor junction thermoelectric devices: improving performance. New J Phys 2013;15(7):075021. https://doi.org/10.1088/1367-2630/15/7/075021. ISSN 1367-2630, http://iopscience.iop.org/1367-2630/15/7/075021.

[74] Machon P, Eschrig M, Belzig W. Nonlocal thermoelectric effects and nonlocal onsager relations in a three-terminal proximity-coupled superconductor-ferromagnet device. Phys Rev Lett 2013;110(4):047002. https://doi.org/10.1103/PhysRevLett.110.047002. http://link.aps.org/doi/10.1103/PhysRevLett.110.047002.

[75] Jordan AN, Sothmann B, Sánchez R, Büttiker M. Powerful and efficient energy harvester with resonant-tunneling quantum dots. Phys Rev B 2013;87(7):075312. https://doi.org/10.1103/PhysRevB.87.075312. http://link.aps.org/doi/10.1103/PhysRevB.87.075312.

[76] Sothmann B, Sánchez R, Jordan AN, Büttiker M. Powerful energy harvester based on resonant-tunneling quantum wells. New J Phys 2013;15(9):095021. https://doi.org/10.1088/1367-2630/15/9/095021. ISSN 1367-2630, http://iopscience.iop.org/1367-2630/15/9/095021.

[77] Bergenfeldt C, Peter Samuelsson, Sothmann B, Flindt C, Büttiker M. Hybrid microwave-cavity heat engine. Phys Rev Lett 2014;112(7):076803. https://doi.org/10.1103/PhysRevLett.112.076803. http://link.aps.org/doi/10.1103/PhysRevLett.112.076803.

[78] Donsa S, Andergassen S, Held K. Double quantum dot as a minimal thermoelectric generator. Phys Rev B 2014;89(12):125103. https://doi.org/10.1103/PhysRevB.89.125103. http://link.aps.org/doi/10.1103/PhysRevB.89.125103.

[79] Mazza F, Valentini S, Bosisio R, Benenti G, Giovannetti V, Fazio R, Taddei F. Separation of heat and charge currents for boosted thermoelectric conversion. Phys Rev B 2015;91(24):245435. https://doi.org/10.1103/PhysRevB.91.245435. http://link.aps.org/doi/10.1103/PhysRevB.91.245435.

[80] Sánchez R, Sothmann B, Jordan AN. Chiral thermo-electrics with quantum Hall edge states. Phys Rev Lett 2015;114(14):146801. https://doi.org/10.1103/PhysRev-Lett.114.146801. http://link.aps.org/doi/10.1103/PhysRev-Lett.114.146801.

[81] Sánchez R, Sothmann B, Jordan AN. Heat diode and engine based on quantum Hall edge states. New J Phys 2015;17(7):075006. https://doi.org/10.1088/1367-2630/17/7/075006. ISSN 1367-2630, http://iopscience.iop.org/1367-2630/17/7/075006.

[82] Hofer PP, Sothmann B. Quantum heat engines based on electronic Mach-Zehnder interferometers. Phys Rev B 2015;91(19):195406. https://doi.org/10.1103/PhysRevB.91.195406. http://link.aps.org/doi/10.1103/PhysRevB.91.195406.

[83] Bosisio R, Fleury G, Jean-Louis Pichard, Gorini C. Nanowire-based thermoelectric ratchet in the hopping regime. Phys Rev B 2016;93(16):165404. https://doi.org/10.1103/PhysRevB.93.165404. http://link.aps.org/doi/10.1103/PhysRevB.93.165404.

[84] Szukiewicz B, Ulrich E, Karol I, Wysokiński. Optimisation of a three-terminal nonlinear heat nano-engine. New J Phys 2016;18(2):023050. https://doi.org/10.1088/1367-2630/18/2/023050. ISSN 1367-2630, http://stacks.iop.org/1367-2630/18/i=2/a=023050.

[85] Jiang J-H, Imry Y. Near-field three-terminal thermoelectric heat engine. Phys Rev B 2018;97(12):125422. https://doi.org/10.1103/PhysRevB.97.125422. https://link.aps.org/doi/10.1103/PhysRevB.97.125422.

[86] Thierschmann H, Sánchez R, Sothmann B, Arnold F, Heyn C, Hansen W, Buhmann H, Laurens W. Molenkamp. Three-terminal energy harvester with coupled quantum dots. Nat Nanotechnol 2015;10(10):854-8. https://doi.org/10.1038/nnano.2015.176. ISSN 1748-3387, http://www.nature.com/nnano/journal/v10/n10/full/nnano.2015.176.html.

[87] Roche B, Roulleau P, Jullien T, Jompol Y, Farrer I, Ritchie DA, Glattli DC. Harvesting dissipated energy with a mesoscopic ratchet. Nat Commun 2015;6. https://doi.org/10.1038/ncomms7738. http://www.nature.com/ncomms/2015/150401/ncomms7738/full/ncomms7738.html.

[88] Hartmann F, Pfeffer P, Höfling S, Kamp M, Worschech L. Voltage fluctuation to current converter with coulomb-coupled quantum dots. Phys Rev Lett 2015;114(14):146805. https://doi.org/10.1103/PhysRevLett.114.146805. http://link.aps.org/doi/10.1103/PhysRevLett.114.146805.

[89] Giazotto F, Heikkilä TT, Luukanen A, Savin AM, Pekola JP. Opportunities for mesoscopics in thermometry and refrigeration:physics and applications. Rev Mod Phys 2006;78:217-74. https://doi.org/10.1103/RevModPhys.78.217. https://link.aps.org/doi/10.1103/RevModPhys.78.217.

[90] Spietz L, Lehnert KW, Siddiqi I, Schoelkopf RJ. Primary electronic thermometry using the shot noise of a tunnel junction. Science 2003;300(5627):1929-32. https://doi.org/10.1126/science.1084647. ISSN 0036-8075, https://science.sciencemag.org/content/300/5627/1929.

[91] Pekola JP, Hirvi KP, Kauppinen JP, Paalanen MA. Thermometry by arrays of tunnel junctions. Phys Rev Lett 1994;73:2903-6. https://doi.org/10.1103/PhysRev-Lett.73.2903. https://link.aps.org/doi/10.1103/PhysRevLett.73.2903.

[92] Foxman EB, Meirav U, McEuen PL, Kastner MA, Klein O, Belk PA, Abusch DM, Wind SJ. Crossover from single-level to multilevel transport in artificial atoms. Phys Rev B 1994;50(19):14193.

[93] Rossi A, Ferrus T, Williams DA. Electron temperature in electrically isolated si double quantum dots. Appl Phys Lett 2012;100(13):133503. https://doi.org/10.1063/1.3697832.

[94] Gasparinetti S, Deon F, Biasiol G, Sorba L, Beltram F, Giazotto F. Probing the local temperature of a two-dimensional electron gas microdomain with a quantum dot: measurement of electron-phonon interaction. Phys Rev B 2011;83:201306. https://doi.org/10.1103/PhysRevB.83.201306. https://link.aps.org/doi/10.1103/PhysRevB.83.201306.

[95] Venkatachalam V, Hart S, Pfeiffer L, West K, Yacoby A. Local thermometry of neutral modes on the quantum hall edge. Nat Phys 2012;8(9):676-81. https://doi.org/10.1038/nphys2384. ISSN 1745-2481.

[96] Mavalankar A, Chorley SJ, Griffiths J, Jones GAC, Farrer I, Ritchie DA, Smith CG. A non-invasive electron thermometer based on charge sensing of a quantum dot. Appl Phys Lett 2013;103(13):133116.

[97] Colpitts T, Venkatasubramanian R, Siivola E, Brooks O'Q. Thin-film thermoelectric devices with high room-temperature figures of merit. Nature 2001;413.

[98] Zide JMO, Vashaee D, Bian ZX, Zeng G, Bowers JE, Shakouri A, Gossard AC. Demonstration of electron filtering to increase the Seebeck coefficient in $In_{0.53}Ga_{0.47}As/In_{0.53}Ga_{0.28}Al_{0.19}As$ superlattices. Phys Rev B 2006;74:205335. https://doi.org/10.1103/PhysRevB.74.205335. https://link.aps.org/doi/10.1103/PhysRev B.74.205335.

[99] Dollfus P, Nguyen VH, Jérôme Saint-Martin. Thermoelectric effects in graphene nanostructures. J Phys Condens Matter 2015;27(13):133204. https://doi.org/10.1088/0953-8984/27/13/133204.

[100] Tahir-Kheli J, Yu J-K, Goddard III WA, Boukai AI, Bunimovich Y, Heath JR. Silicon nanowires as efficient thermoelectric materials. Nature 2008;451.

[101] Narducci D. A special issue on silicon and silicon-related materials for thermoelectricity. Eur Phys J B 2015;88.

第5章 单电子源

Masaya Kataoka[*]

英国国家物理实验室，英国特丁顿

[*] 通讯作者：*masaya.kataoka@npl.co.uk*

在过去的几十年里，人们付出了巨大的努力，开发旨在控制少量电子的纳米级固态器件。这使得产生了一类新的器件技术——一个一个地传输电子，即所谓的"单电子源"。这些类型的"动态"器件与传统"静态"单电子器件的目标略有不同，传统的单电子器件的主要功能是将一定数量的电子保持在一个固定的空间。单电子源的一个潜在应用是安培的主要计量标准，安培是国际单位制（SI）中的电流单位。2019年，根据元电荷的固定值 $e = 1.602176634 \times 10^{-19}$ C，重新定义了SI安培（符号"A"），其中 $C = A \cdot s$[1]。一个接一个准确地传输电子，将产生遵循如下式的量子化电流。

$$I = ef \tag{5.1}$$

其中，f 是电子传输的频率。重新定义后，此方法可用于安培的实现，尽管尚未达到计量应用所需的电子传输精度（约 $1/10^8$）。单电子源的另一个应用是"电子量子光学"实验。电子量子光学使用电子而不是光子或原子，进行类似于光子或原子量子光学领域的实验。最初的电子量子光学实验是使用连续源（例如量子点接触或量子霍尔边缘态）进行的，但近年来这些已被单电子源取代，从而能够以时钟控制的方式生成电子波包。在本章中，将首先了解各种类型的单电子源，然后讨论计量应用的发展和现状，最后介绍几个电子量子光学实验的例子。

5.1 单电子源的类型

本节将介绍七种不同类型的单电子源。这些单电子源可以执行两种主要类型的操作模式。第一种是在源极和漏极接触（或费米海）之间转移一个电子（或其他一些固定数量的电子）。第二种是一次发射一个电子（或者在某些情况下，一个电子后面跟着一个空穴），进入电子波导（准一维沟道，例如量子霍尔边缘态）。在第二种类型的操作模式中，重要的是单电子激发在穿过波导时，保持一段时间的相干，以便可以对电子进行操作。下面介绍的一些单电子源可以在两种模式下工作，而其他的则专门用于一种模式。虽然工作温度可能不在以下各特定部分中单独介绍，本章介绍的所有单电子源都需要在约20K到约10mK的低温范围。

5.1.1 旋转栅量子点单电子转移

在两个电子库之间一个接一个地传输电子的一种方法，是使用在电子库和量子点之间形成的隧道势垒的旋转栅运动。Kouwenhoven 等人在 1991 年[2] 证明了这种通过半导体量子点的单电子转移。图 5.1 显示了旋转栅操作的示意图。在图（a）中，一个量子点设置有 N 个电子。第 $N+1$ 态的电化学势被设置为，在外加源极-漏极偏压下，左边（源）和右边（漏）电子库的电化学势（费米能量）μ_L、μ_R 之间。最初，两个隧道势垒都设置为不透明，这样电子就无法隧穿进入或离开量子点。为了开始旋转栅操作，首先降低左侧（入口）势垒，以便电子隧穿进入点［图（b）］。同时，右侧（退出）势垒提升。一旦第 $N+1$ 态被占据，没有其他电子可以隧穿进入量子点，因为 $N+2$ 态的电化学势高于两个电子库的费米能量。被困在点中的电子无法隧穿，因为隧穿到左侧电子库被该电子库中的占据状态阻挡，而隧穿到右侧电子库被高的右侧势垒阻挡。然后，升高左侧势垒以将量子点与电子库隔离［图（c）］。最后，如图（d）所示，随着左侧势垒进一步升高，右侧势垒降低。在此阶段，量子点中的一个电子隧穿到右侧的电子库中，完成一个电子从左到右的转移。请注意，在循环的所有阶段，至少有一个势垒是足够高的，防止源极-漏极偏压 V_{SD} 以不受控制的方式将电子从左向右驱动。为了重复操作，右边的势垒将再次升高回到图（a）所示。

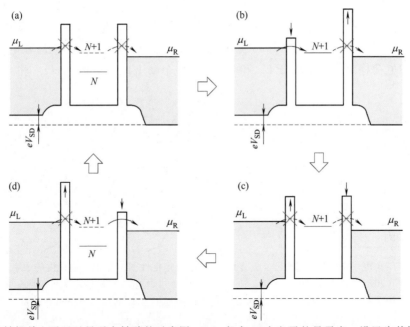

图 5.1　旋转栅单电子通过量子点转移的示意图。(a) 包含 N 个电子的量子点，设置为其第 $N+1$ 态的电化学势介于两个电子库之间，隧穿受到高的势垒阻挡。(b) 左侧势垒降低以允许电子进入点。(c) 左侧势垒升高以阻挡隧穿。(d) 右侧势垒降低，让便让电子隧穿进入右侧电子库。这样就完成了一个电子从左到右的转移。改编自参考文献［2］中的图 1。

在图 5.2 中，作为说明，绘制了通过旋转栅运动驱动的量子点的电流 I_{SD} 与施加在源极和漏极触点之间的偏置电压 V_{SD} 的关系（请注意，该曲线并非来自实际实验数据）。偏压可以改变每个循环转移的电子数量，因为较大的偏压允许多个电子隧穿进/出量子点。图 5.2 中的 I-V 曲线显示了对应于 $I_{SD}=nef$ 的电流平台（用红色箭头标记），其中 n 是每个周期传输的平均电子数，而 f 是操作的频率。这里，$f=10\mathrm{MHz}$，则 $ef\approx1.6\mathrm{pA}$。一些电流的平台似乎丢失了，因为点的能级没有正确对齐以产生图 5.1 所示的旋转栅机制。可用于旋转栅电子传输的最大频率受隧道势垒的 RC 时间常数限制。对于典型的旋转栅操作，势垒的最小隧穿电阻 R 的数量级为 $1\mathrm{M\Omega}$。势垒的电容 C 的数量级为 $10^{-16}\mathrm{F}$。这给出了数量级为

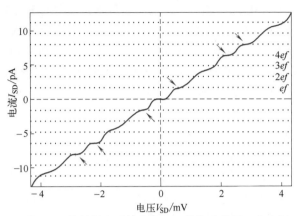

图 5.2 旋转栅电子转移的 I-V 特性示意图（非实际实验数据）。红色箭头表示 nef 处的量化电流，f 为 10MHz。改编自参考文献 [2] 中的图 2。

10^{-10} s 或 100ps 的 RC 时间常数。参考文献 [2] 讨论了这个 RC 常数如何限制电子转移的准确性。不需要的隧穿事件的概率可以写成 $P = \exp[-(1/f)/(RC)]$。对于 $f = 100\text{MHz}$，$P = \exp[-1000] \approx 0$ 并且可以忽略不计。但对于 $f = 1\text{GHz}$，$P = \exp[-10] \approx 5 \times 10^{-5}$，而这对于计量应用来说就变得不可忽略，计量应用一般要求精度在 $1/10^8$ 的水平。

5.1.2 多结单电子泵

在上面提到的旋转栅泵中，电子束流的方向由外加在源极和漏极触点之间的偏压决定。1992 年，Pothier 等人[3] 展示了一种不同类型的单电子转移，其中交流栅极信号的相对相位决定了电子束流的方向。他们的器件由两个金属电荷岛组成，而两个金属电荷岛位于三个串联的隧穿结之间，如图 5.3（a）所示。图 5.3（b）显示了双岛在电压 U_1 和 U_2 的相空间内的电荷稳定性图，电压 U_1 和 U_2 控制每个岛上的电子数量（n_1 和 n_2）。每个六

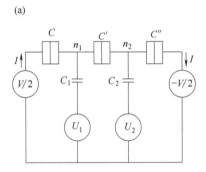
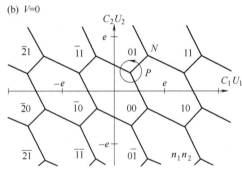

图 5.3 （a）三结单电子泵实验电路图。（b）两个岛的电荷稳定性图。每个六边形内的数字表示每个岛中相对于六边形（00）的电子数（n_1，n_2），数字上方的横条代表负数。为了执行单电子转移，柱塞栅极电压 U_1 和 U_2 被驱动，以便操作点围绕三重点旋转，例如标记为 P 的点。经许可转载自参考文献 [3]。

边形代表一个有着 n_1 和 n_2 的特定组合区域，正如它们与六边形（00）[4] 相比时的相对数目所示。为了传输电子，这里驱动柱塞栅极电压 U_1 和 U_2，使得操作点在如图 5.3（b）中带箭头的圆圈所示的方向上，围绕三重点 P 旋转。从 $(n_1, n_2) = (0, 0)$ 开始，一个电子从左边的电子库隧穿到左边的岛 $[(1, 0)]$，然后一个电子从左边的岛转移到右边的岛 $[(0, 1)]$。最后，右岛中的一个电子隧道出到右边的电子库 $[(0, 0)]$，从而完成了一个电子的转移。

图 5.4 显示了驱动信号和没有 RF（射

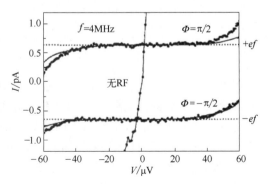

图 5.4 三结泵的 I-V 特性。曲线显示为针对相移 Φ 和没有 RF 驱动信号的两个值。经许可转载自参考文献 [3]。

频)驱动信号之间,具有两个不同值相移 Φ 的 I-V 特性。它表明存在源极-漏极偏压 V 的一个范围,在该范围内每个周期传输的电子数会量化为1。它还表明可以通过简单地将 Φ 改变 π 来切换电流的方向。类似的单电子转移已在其他材料体系中实现,例如石墨烯[5] 和嵌入硅纳米线中的双掺杂原子[6]。虽然精确的泵操作速度受到隧穿结 RC 时间常数的限制,就像旋转栅单电子转移一样,其一个优点是可以增加结的数量,用来抑制由于共隧穿引起的电子转移错误。我们将在后面的"量子电流标准"部分,专门讨论具有七结的单电子转移的实现。

5.1.3 超导体-普通金属混合旋转栅

2008 年,Pekola 等人[7] 引入了一种基于超导体-金属混合结构的新型单电子旋转栅。如图 5.5 所示,他们的器件由夹在超导电极之间的普通金属电荷岛组成,在超导体和金属之间通过绝缘氧化物层形成隧穿结(SiNiS 结构)。请注意,采用普通金属电极夹住超导电荷岛的倒置结构也是可能的(NiSiN),但这种结构会受到焦耳热的影响。

为了理解这种混合旋转栅器件的操作,我们查看了相空间中的归一化栅极电压(n_g)和源极-漏极偏压(V)之间的电荷稳定性图。在图 5.6(a)中,显示了采用普通金属电极的普通金属电荷岛的稳定性图。在这种情况下,稳定的 $n=0$ 和 $n=1$ 区域由 $V=0$ 处的一个点连接。标注为"0,LF"和"1,LB"("1,RF"和"0,RB")❶ 的线,标记出 $n=1$ 态的电化学势与左(右)电子库的电化学势对齐的位置。沿着水平粗线驱动 n_g 在 $n=0$ 和 $n=1$ 之间经过

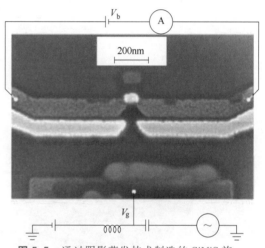

图 5.5 通过阴影蒸发技术制造的 SiNiS 旋转栅器件的扫描电子显微照片。普通金属(AuPd,较亮部分)和超导体(Al,较暗部分)通过同一光刻胶掩模以不同角度蒸发,从而形成精确对准的结构。经许可转载自 [8]。

一个区域(无阴影),其中有不受控制的正向电流流动,因此电流未被量化。对于引线中具有超导间隙 Δ 的 SiNiS 器件,稳定性图中开口为 4Δ,并且在 $n=0$ 和 $n=1$ 区域之间形成重叠区域[图 5.6(b)]。在这个重叠区域,电荷状态锁定。从 $n=0$ 开始沿着水平粗线开始,当 n_g 越过"1,RF"线进入重叠区域时,岛的电荷状态保持在 $n=0$。当 n_g 越过"0,LF"线进入 $n=1$ 未重叠区域时,电子从左侧电子库进入电荷岛。当 n_g 的方向发生变化,并且越过"0,LF"线进入重叠区域时,电荷状态保持 $n=1$。当 n_g 越过"1,RF"线进入 $n=0$ 未重叠区域时,电荷岛中的一个电子隧穿到右侧的电子库中,完成单电子转移。电子转移的方向可以通过切换源极-漏极偏压的符号来反转。如果增加交流栅极信号的幅度,从而扩展稳定性图中的区域,则每个周期可以传输更多数量的电子。图 5.7 显示了由混合旋转栅器件产生的电流平台。

由于该器件架构也是基于隧穿结作为旋转栅量子点和多结泵,因此人们可能认为 RC 时间常数是限制因素。但是,需要考虑其他误差机制。人们发现源极-漏极偏压的最佳选择大

---

❶ "F"表示前向(forward)隧穿,而"B"表示后向(backward)隧穿。

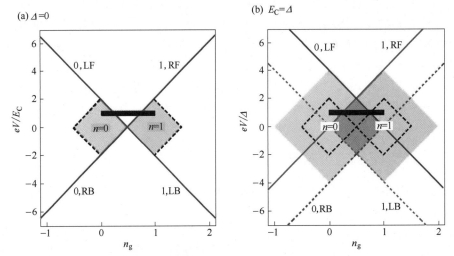

图 5.6 （a）带有普通金属电极的普通金属电荷岛和（b）带有超导电极的普通金属电荷岛的电荷稳定性图。V 是源极-漏极偏压，E_C 是岛的电荷能量单位，Δ 是超导间隙。n_g 是改变岛上电子数量的归一化栅极电压。经许可转载自参考文献 [9]。

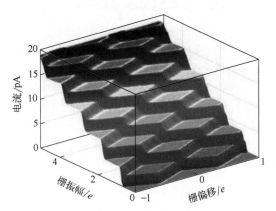

图 5.7 由混合旋转栅器件产生的电流平台，这里作为栅振幅和栅偏移的函数。工作频率为 12.5MHz。经许可转载自参考文献 [7]。

致为 $V=\Delta/e$，以最大限度地减少热误差[7]。通过选择电荷能量 E_C 大于超导间隙（即 $E_C > \Delta$）的样品，可以避免由于安德烈夫隧穿（通过结的库珀对的隧穿效应）引起的泵误差[10]。在这种情况下，人们发现限制过程是库珀对和单个电子的共隧穿[10]。为了抑制这种情况，隧穿结需要是不透明的，并且泵频率必须限制在 f 约 6MHz（ef 约 1pA）。

5.1.4 表面声波单电子转移

目前为止，所描述的单电子转移机制依赖于光刻定义的电荷岛或量子点的静电限制。这里的岛通过隧道势垒连接到导线。势垒的 RC 时间常数将最大工作频率限制在 10MHz 左右，限制了其作为量子电流标准计量应用的范围。1996 年，Shilton 等人[11] 展示了一种使用表面声波（SAW）进行单电子转移的新方法。在例如铌酸锂和砷化镓等压电材料中，可以通过将微波施加到谐振频率为 $f=v_{SAW}/\lambda$ 的叉指换能器（IDT，见图 5.8）来产生表面声波；其中，v_{SAW} 是表面声波的速度（GaAs 中约 2800m/s），λ 是叉指换能器指状物的周期。对于 $\lambda=1\mu m$，$f \approx 2.8GHz$。由于存在压电性，表面声波伴随着静电势波。这种快速振荡的电势可用于传输电子。

Shilton 等人通过在 GaAs/AlGaAs 异质结构中制造的耗尽一维沟道，从而发送表面声波。当表面声波穿过一维沟道时，伴随的势波从源二维电子气中拾取电子，如图 5.9 所示。最初，多个电子可能在表面声波和一维约束的组合电势形成的移动量子点中被捕获。当量子点电势随着沟道电势上升时，电子被从点挤出，并隧穿回到源电子库。在优化条件下，移动

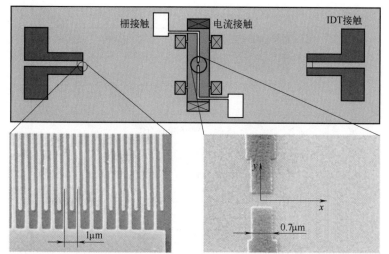

图 5.8　在 GaAs/AlGaAs 异质结构上制作的表面声波单电子泵器件示意图。叉指换能器（标记为"IDT"）放置在侧面（其中只有一个用于泵送电子）。在芯片的中心，准一维沟道由二维电子气中的表面分裂栅形成。经许可转载自参考文献 [12]。

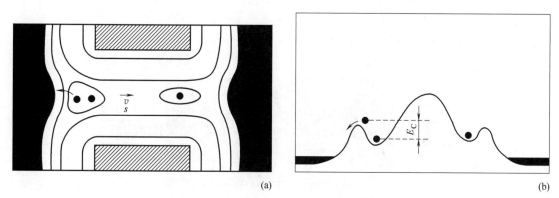

图 5.9　(a) 表面声波和准一维限制势形成的静电势的等值线图。黑色圆圈代表了限制在移动量子点中的电子。(b) 沿沟道中心的静电势分布图，显示出电子从移动的量子点中挤出。经许可转载自参考文献 [11]。

的量子点中只剩下一个电子，而移动量子点会被带到漏电子库中。图 5.10 显示了当传输的电子数量随分裂栅电压的变化而变化时，声电流的量子化[13]。这里，$f=2.71625\text{GHz}$，因此 $ef\approx 435\text{pA}$。虽然工作频率限于换能器谐振的窄带宽，由于没有光刻形成的隧道势垒，可以实现千兆赫频率的量化电荷泵浦。

上述方法周期性地转移由表面声波产生的每个势阱所捕获的电子。有一种相关的方法，使用表面声波脉冲，在两个位置之间可控地传输单个电子。2011 年，Hermelin 等人[14] 和 McNeil 等人[15] 展示了在由一维通道连接的两个量子点之间一个电子的转移。图 5.11 显示了 McNeil 等人使用的方法。如图 (a) 所示，GaAs/AlGaAs 二维电子气系统被长的水平分割栅分成两部分。在上部，两个量子点（LQD 和 RQD）通过一维通道连接，该通道由外加的栅极电压耗尽。在下部，一个量子点接触探测器，监测每个量子点的电荷状态。叉指换能器放置在器件的两侧。量子点通过一系列势垒和柱塞栅的操作初始化 [图 5.11 (b)]。在这个例子中，一个电子限制在 LQD 中，并使其接近通道电位，而 RQD 准备为空的状态。然后，将短微波脉冲（持续时间从 10ns 到几百 ns）施加到左侧换能器上。这会产生一个表面

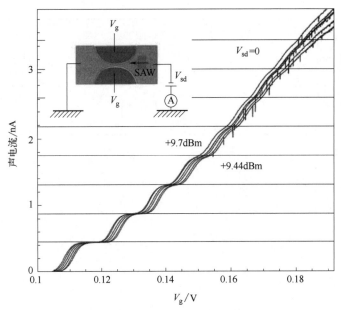

图 5.10 表面声波通过准一维沟道时产生的声电流量化（如插图所示）。工作频率为 2.71625GHz，从而 $ef \approx 435\text{pA}$。这里显示了施加到换能器上不同微波功率时的多条曲线。经许可转载自文献 [13]。

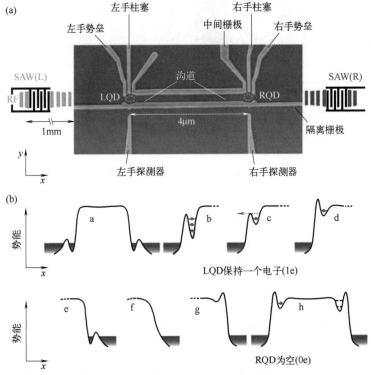

图 5.11 （a）GaAs/AlGaAs 器件的扫描电子显微照片，用于通过表面声波脉冲在两个量子点之间进行单电子转移。左右量子点分别标记为 LQD 和 RQD。换能器放置在器件的每一侧。（b）a~d：在 LQD 中捕获一个电子的初始化栅程序。a. 从费米海填充量子点开始。b. 提高势垒以捕获高于费米能量的多个电子。c. 柱塞推动点能量，以减少量子点中电子的数量到只留下一个。d. 进一步升高势垒，使填充的量子点状态的电化学势接近通道势。e~h：准备空 RQD 的初始栅程序。e. 从费米海填充量子点开始。f. 柱塞升起以完全耗尽量子点（此时限制势能丧失）。g. 提高势垒以形成接近通道势的量子点限制势。h. 降下柱塞以形成准备好接收电子的深量子点势能。经许可转载自参考文献 [15]。

声波脉冲，从 LQD 中取出电子，将其通过通道带入 RQD。当电子成功转移时，LQD 上的电荷探测器会记录电子的损失（电导步进增加），而 RQD 电荷探测器记录电子的获得（电导步进减少），如图 5.12（a）所示。为了确认量子点的填充和减少不是随机发生的，他们还进行了一个控制实验，从两个量子点中都没有电子开始［图 5.12（b）］。在这种情况下，即使在发送表面声波脉冲后，电荷探测器也没有显示任何变化。初始状态与结果配置之间相关性的研究，确保了成功的电子转移。此外还证明了，通过从左右换能器交替发送表面声波脉冲，同一电子可以在两个量子点之间反复来回地移动。

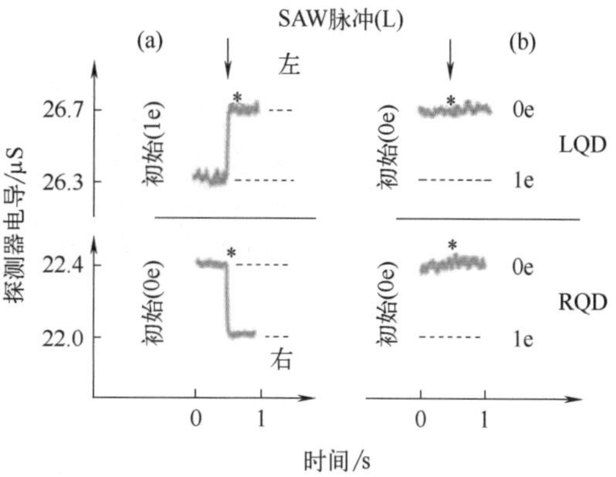

图 5.12 左侧传感器发出表面声波脉冲前后，量子点接触电荷探测器电导的时间轨迹（在标有 * 的时间发送）。（a）从 LQD 到 RQD 成功的电子转移。（b）从两个量子点中都没有电子开始的对照实验。在表面声波脉冲之后，它们的电荷状态没有变化。经许可转载自参考文献 ［15］。

5.1.5 可调谐势垒量子点泵

另一种已实现千兆赫运行的单电子泵是可调谐势垒量子点泵。该泵通过调节其入口势垒在完全打开（$R \ll h/e^2$）和完全关闭（$R \gg h/e^2$）之间，从而克服了 RC 时间常数限制。2007 年，Blumenthal 等人[16]通过同时调整入口和出口势垒，首先演示了可调谐势垒单电子泵。后来在 2008 年，该方法简化为单参数的操作（仅调制入口势垒）[17,18]。

可调谐势垒泵的工作原理如图 5.13 所示。该器件由两个栅（入口和出口势垒）组成，它们穿过二维电子气的狭窄通道。在栅之间，形成了一个捕获电子的量子点。虽然有多种设计，但图 5.13（a）中显示的是形成量子点的栅中圆形切口，而其他设计可能会在两个直势垒栅之间的间隙中形成量子点[17]。出口势垒栅极上的电压设置为产生高势垒，禁止源极和漏极电子库之间形成隧穿。为了开始泵浦，入口势垒栅上的 RF 信号将入口势垒降低到费米能量以下。此时，势能限制消失，电子涌入要形成量子点的区域［图 5.13（b）-1］。随着入口势垒上升［图 5.13（b）-2］，新形成的量子点将俘获多个电子。上升的入口势垒提升了捕获电子的能量，将它们从量子点中挤出，并回到源极电子库。这个过程可以用衰减级联模型[20]来近似。当电子离开量子点时，最高占据态的电化学势以阶梯状下降，导致隧穿耦合相应减少。当与衰变级联过程的持续时间相比，隧穿速率变得足够小时，量子点中的电子数是固定的［图 5.13（b）-3］。入口势垒进一步升高，最终被俘获在量子点中的电子越过出口势垒，排空到漏极电子库［图 5.13（b）-4］。然后就是重复该循环。

正如稍后将在"量子电流标准"部分中讨论的那样，可调谐势垒量子点泵已经实现了单电子转移的精度记录。为了提高电流的量化精度，人们进行了两个重要的实验来观察。首先，垂直于量子点平面施加的磁场提高了电流平台的量化精度，如图 5.14[21-23] 所示。针对计量应用，必须选择器件工作点，从而使所产生的电流幅度足够强大，能够抵抗外部波动。这要求电流在扫描器件参数时，能够显示平坦的平台（在 ef 值处）。图 5.14 显示了随着磁场的增加，电流平台的"平坦度"有所改善。其次，通过使用定制波形，在衰减级联过程中有意减慢入口势垒的移动［图 5.13（d）］，平坦的电流量化平台保持在高的泵浦频率，如果使用纯正弦波，精度会降低。如图 5.13 和图 5.14 所示的实验是在 GaAs/AlGaAs 异质结构上进行的。

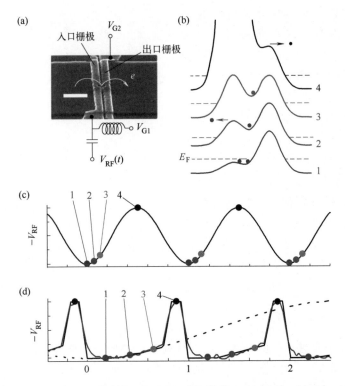

图 5.13 (a) GaAs/AlGaAs 可调谐势垒量子点泵的扫描电子显微照片。白色比例尺为 500nm。(b) 泵浦程序 1~4。这里绘制了沿通道中心的静电势曲线。实心圆圈代表被捕获在量子点中的电子。(c) 正弦泵激励波形 V_{RF} 在 x 轴上绘制为归一化时间 t/T 的函数,其中 T 是波形的周期。编号的点对应于 (b) 中绘制的泵浦程序。(d) 定制的泵波形以减慢衰减级联部分 (1~3)。黑色实心曲线对应于编程波形,而红色曲线是任意波形发生器输出的示波器迹线。虚线为周期较大的正弦波,用于对比。经许可转载自参考文献 [19]。

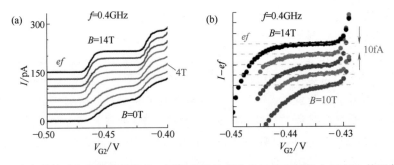

图 5.14 (a) 垂直磁场对电流平台的影响。泵浦电流绘制为出口势垒栅极电压 V_{G2} 的函数,该电压在外加磁场 B 范围为 0~14T 时测得。曲线进行了垂直偏移。(b) 在 $B=10T$、14T 之间放大的 ef 周围区域,显示更大的磁场如何"平坦化"当前的量化平台。经许可转载自参考文献 [21]。

可调谐势垒量子点泵也已在硅纳米线系统中实现[18,24],如图 5.15 所示。在硅器件中,电子泵浦通过陷阱能级而不是在光刻定义的量子点,工作频率高达 7GHz[25]。

5.1.6 介观电容器

介观电容器是一个微小的电荷岛(量子点),电容耦合到栅极,并隧穿耦合到电子库。通

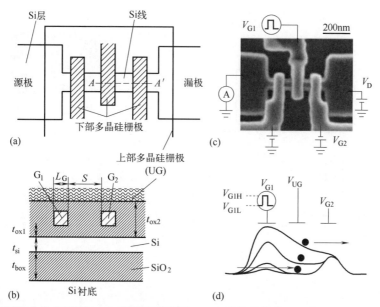

图 5.15 硅可调谐势垒单电子泵。(a) 器件的俯视图。(b) 器件的横截面示意图。(c) 器件的扫描电子显微照片。(d) 沿通道中心的电势分布,显示出泵浦行为(实心圆代表电子)。经许可转载自参考文献 [18]。

过振荡栅极上的电压,它可以交替地将电子发射到电子库中或从电子库中吸收电子(即将导带空穴发射到电子库中)。2007 年,Fève 等人[26] 展示了来自介观电容器的单个电子(和单个空穴)的相干发射。他们的实验是在磁场中进行的,因此量子点耦合到量子霍尔边缘状态,如图 5.16(a)所示。施加到柱塞栅的方波,其振幅与量子点能级间距 Δ 相匹配,在电子库的费米能级附近将量子点能级上下振荡 [图 5.16(a)①~③]。当填充态上升到高于费米能量时,电子发射到电子库中的边缘态(②)。当空态再回到费米能量以下时,处于边缘态中的电子隧穿到点中,将导带空穴发射到边缘态中(③)。

图 5.16(b)显示了针对通过势垒的透射率 D 的不同值在时域中测得的平均电流。较大的 D 导致较小的衰减时间 τ。此处重复频率为 $f=31.25\mathrm{MHz}$。请注意,图 5.16(b)显示了电流的快速时间分辨测量,与迄今为止回顾的相对准确但缓慢的直流电流测量形成对比。对于这个系统,重要的是要找到 D 和 f 之间的平衡。对于某些类型的测量(例如散粒噪声测量),使 f 尽可能大是很有好处的,因为它增强了信号的大小。为了在半个周期内完成电子(和空穴)发射,透射率 D 需要相应地增加。另一方面,使 D 太大会削弱量子点中的电荷量化(能级变宽,并最终无法分辨)。在参考文献 [26] 中,人们发现 $D \approx 0.2$ 可为 $f=180\mathrm{MHz}$ 提供最佳工作条件。介观电容器可用于各种"电子量子光学"实验,见后述"电子量子光学"一节。

5.1.7 悬浮子

到目前为止,我们已经讨论了单个电子的来源,其中电子最初限制在量子点中的明确定义的能级中。我们现在讨论一种更奇特的电荷激发类型,它不涉及电子限制。当时间相关的偏置电压 $V(t)$ 施加于导体时,使得 $n = \dfrac{e}{h}\displaystyle\int_{-\infty}^{\infty} V(t)\mathrm{d}t$ 是一个整数,整数(n)个电荷 $Q=ne$ 被注入。通常,这也会激发费米能量以上的电子和费米能量以下的导带空穴的中性混合物。然而,Levitov 等人[28-30] 展示了使用洛伦兹形脉冲可以抑制这些中性激发,并且仅产生电子激发。

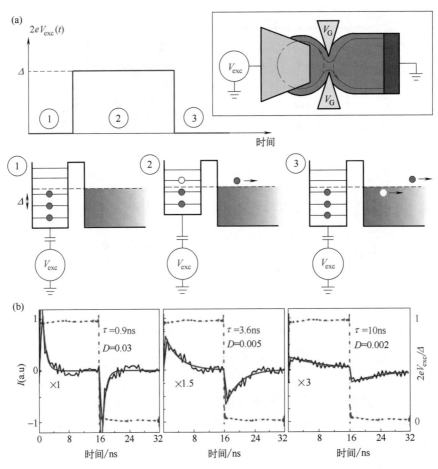

图 5.16 (a) 介观电容器的电子空穴发射机制。右上:器件示意图,带箭头的红色线表示量子霍尔边缘通道。左上:施加到以电容方式耦合到量子点的栅极的方波。底部:器件操作的阶段。①量子点中的能级填充直到电子库的费米能级。②当最高占据能级推到费米能级以上时,一个电子被发射到电子库中的边缘态。③当空态回到费米能量以下时,电子从电子库隧穿道进入量子点,发射导带空穴进入边缘状态。(b) 不同透射率 D 值的平均电流的时域测量。红色虚线轨迹是外加的激励信号,对应于(a)中所示的红色方波。经许可转载自参考文献 [26]。

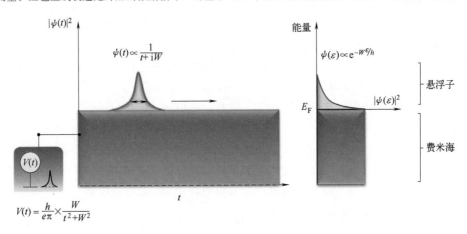

图 5.17 悬浮子激发。左图(时域):洛伦兹脉冲 $V(t)$ 施加到费米海(由蓝色区域表示),激发悬浮子 $\psi(t)$。请注意,电压脉冲施加到导体的源极,而不是像前面示例中那样施加到栅极。右图(能量域):悬浮子激发 $\psi(t)$ 仅存在于费米能量 E_F 以上的域中。经许可转载自参考文献 [27]。

2013 年，Dubois 等人[27] 对预测的"最小"激发［命名为"leviton（悬浮子）"］进行了实验演示。图 5.17 显示了悬浮子的激发。电压脉冲 $V(t) = \dfrac{h}{e\pi} \times \dfrac{W}{t^2 + w^2}$（其中 $2W$ 是洛伦兹脉冲的宽度）施加到了费米海上。这会在时域中产生一个激励 $\psi(t) \propto \dfrac{1}{t + iW}$，在能量（$\varepsilon$）域中为 $\psi(\varepsilon) \propto e^{-W\varepsilon/h}$。

通过表征激发的能量分布 $f(\varepsilon)$，证实了在悬浮子激发期间没有空穴激发。此类信息可以从具有直流偏置的分隔势垒上的散粒噪声测量中推导出来（图 5.18）。如图 5.18（a）所示，当在左侧电子库中产生电子和空穴激发时，它们会通过透射率为 $0 < D < 1$ 的势垒产生分隔噪声。如果施加直流偏置 $V_{d.c.}$，从而使得左侧电子库的费米能量提高 $h\nu$（ν 是所施加交流激励的频率），然后左侧电子库中在费米能量的 $h\nu$ 内的空穴激发能量，变得高于右侧电子库的费米能量。在温度为零时，右侧电子库中没有该能量范围内的电子激发；因此，左侧储层中空穴的传输被禁止，从而它们不会产生散粒噪声。同样，如果 $V_{d.c.}$ 将左侧电子库的费米能量降低 $h\nu$，费米能量的 $h\nu$ 内电子激发的传输禁止，不会导致分隔噪声。图 5.18（c）显示了作为 $V_{d.c.}$ 作为正弦激励的函数所测量的散粒噪声。正如预期的那样，较大 $|V_{d.c.}|$ 下的噪声抑制围绕费米能量对称，这表明电子和空穴都受到了激发。图 5.18（b）和（d）是悬浮子激发的情况。这里，噪声抑制在费米能量周围是不对称的，表明不存在空穴激发。

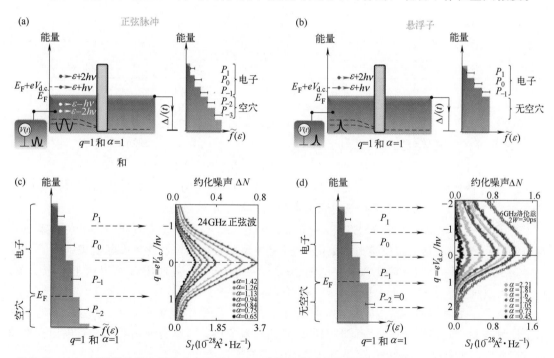

图 5.18 （a）正弦驱动的电子和空穴激发。(b)洛伦兹脉冲的电子激发（无空穴）。(c)、(d) 正弦驱动［(c)］和洛伦兹脉冲［(d)］下散粒噪声的光谱研究。经许可转载自参考文献 [27]。

5.2 量子电流标准

如本章导言所述，单电子源的设想应用之一是电流的基本计量标准。本节将讨论改进和验证使用单电子源进行电流量化准确性的努力。

5.2.1 SI安培的实现

2019年之前，SI安培的定义是基于需要机械力测量的安培力定律。此类实验很难在实验室中准确进行。2018年11月举行的第26届国际计量大会（CGPM，General Conference on Weights and Measures）通过了一项决议，修订SI单位的定义[31]。根据这一决议，从2019年5月20日起，重新定义了七个SI基本单位中的四个（千克、摩尔、开尔文和安培）。事实上，新的SI并没有直接定义这些单位。相反，它固定了七个定义常数（一组基本常数和技术常数）：$\Delta\nu_{Cs}$（^{133}Cs不受干扰的基态超精细跃迁频率）、c（真空中的光速）、h（普朗克常数）、e（元电荷）、k（玻尔兹曼常数）、N_A（阿伏伽德罗常数）和K_{cd}（频率为540×10^{12}Hz的单色辐射的发光效率）（参见表5.1。注意，$\Delta\nu_{Cs}$、c和K_{cd}的值在2019年之前就已经固定了）。所有七个SI基本单位的定义都源自这些定义常数[1]。

表5.1 SI基本单位的定义常数

符号	值	单位
$\Delta\nu_{Cs}$	9192631770	Hz
c	299792458	m·s
h	6.62607015×10^{-34}	J·s
e	$1.602176634\times10^{-19}$	C
k	1.380649×10^{-23}	J/K
N_A	6.02214076×10^{23}	mol^{-1}
K_{cd}	683	lm/W

安培现在通过以下描述来定义[1]：

安培，符号A，是电流的SI单位。它是通过取元电荷e的固定数值为$1.602176634\times10^{-19}$来定义的，其单位为C，它等于A·s，其中秒（s）以$\Delta\nu_{Cs}$为单位来定义。

第九版SI手册[32]的附录2列出了三种实际实现安培的方法：

① 通过使用欧姆定律，单位关系为A=V/Ω，并使用SI派生单位伏特（V）和欧姆（Ω）来实际实现，后两者分别基于约瑟夫森效应和量子霍尔效应；

② 通过使用单电子传输（SET，single electron transport）或类似器件，单位关系A=C/s，后两者对应安培定义中给出的e值和SI基本单位秒（s），以此来实际实现；

③ 通过使用关系$I=CdU/dt$❶，单位关系A=F·V/s，并使用SI派生单位伏特（V）和法拉第（F）以及SI基本单位秒（s）来实际实现。

在撰写本书时，如后所述，单电子源还不够准确，无法用作基本标准。方法①和③最常用于计量实验室。特别是在具备低温测量设备的实验室中，可结合使用约瑟夫森电压标准和量子霍尔电阻标准（方法①），来实现$1/10^8$水平的安培[33]。

5.2.2 量子计量三角

由于普朗克常数和元电荷的值在新的SI系统下是固定的，SI伏特和欧姆也可以通过约瑟夫森效应[34]和量子霍尔效应[35]独立实现。在这些效应中，电压U和电阻（霍尔电阻）

---

❶ C是电容器的电容，U是施加在电容器两端的电压。

R 由以下公式量化：$U=\frac{1}{K_J}n_J f_J$ 和 $R=\frac{1}{n_K}R_K$，其中，$K_J=\frac{2e}{h}$ 是约瑟夫森常数，$R_K=\frac{h}{e^2}$ 是冯·克利钦常数，n_J 和 n_K 是整数，而 f_J 是驱动约瑟夫森阵列的微波频率。如果通过 SET 的量子电流标准按照公式 $I=n_S e f_S$ 实现（其中 n_S 是整数，f_S 是单电子转移的频率），那么这三个量子电学标准就形成所谓的"量子计量三角"（图 5.19）[36,37]。量子计量三角实验是一种一致性测试，用于检测单位实现中可能存在的隐藏误差。在这里，我们在每个单位实现中引入校正因子 ε_J、ε_K 和 ε_S，即

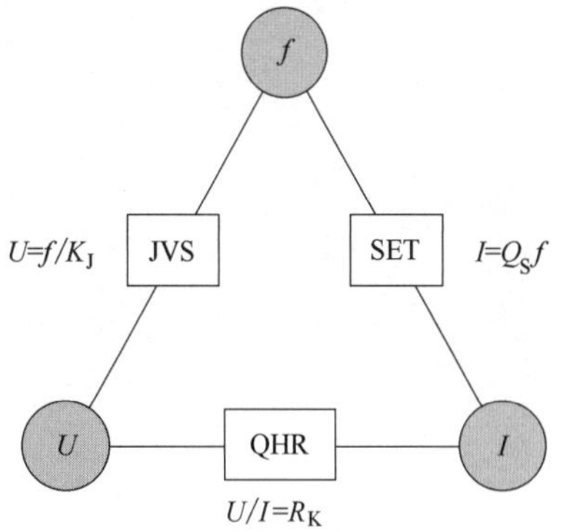

$$U=\frac{1}{(1+\varepsilon_J)K_J}n_J f_J \quad (5.2)$$

$$R=\frac{1}{n_K}(1+\varepsilon_K)R_K \quad (5.3)$$

$$I=n_S(1+\varepsilon_S)e f_S \quad (5.4)$$

图 5.19 计量三角。数量 f（频率）、U（电压）和 I（电流）通过欧姆定律 $U=RI$ 由三个量子电学标准联系起来。经许可转载自参考文献 [36]。

使用欧姆定律 $U=RI$ 并考虑 ε_J、ε_K 和 $\varepsilon_S \ll 1$

$$\frac{n_J n_K f_J}{2 n_S f_S}=1+\varepsilon_J+\varepsilon_K+\varepsilon_S \quad (5.5)$$

该方程的左侧由已知整数和频率组成，可以根据可忽略的不确定性进行测量。这些参数可以设置，使得左边的项变为 1。然后，量子计量三角实验的结果可以表示为[36]

$$1=1+\Delta_{QMT} \pm \sigma_{QMT} \quad (5.6)$$

其中，$\Delta_{QMT}=\varepsilon_J+\varepsilon_K+\varepsilon_S$，而 σ_{QMT} 是实验的不确定性。如果发现 Δ_{QMT} 小于 σ_{QMT}，则量子计量三角在不确定性 σ_{QMT} 内闭合，并且不需要校正项来实现电学单位。实际上，几十年来，计量机构已经很好地确定了通过约瑟夫森效应和量子霍尔效应来实现伏特和欧姆。2016 年发布的 2014 CODATA（国际数据委员会）调整中[38]，可能的校正值 ε_J 和 ε_K 减小到约 $2/10^8$。因此，需要将单电子源的精度提高到 $1/10^8$ 的水平，才能进行有意义的量子计量三角实验。

5.2.3 多结泵电容器充电实验

1999 年，凯勒等人在美国国家标准与技术研究院（NIST，National Institute of Standards and Technology）展示了基于单电子转移的电容标准。他们的器件由七个隧穿结组成，中间有电荷岛 [见图 5.20（a）]。在他们早期的工作中，已经表明这样一个器件可以精确地传输电子，尽管速度相对较慢，只有几兆赫，但误差在 $1/10^8$ 的水平[40]。其想法是给有 N 个电子的电容器充电，并测量电压变化 ΔV，这里将电容定义为 $C=\frac{N}{\Delta V}$ [图 5.20（b）]。他们使用低温电容器的实验实现如图 5.21（a）所示。为了避免在泵传输电子时对岛进行充电，岛的电压由单电子晶体管（图中标记为"E"）监控。反馈电路调节低温电容器两端的电压 V，以将电荷岛保持在虚拟基态。这意味着所有转移的电子都出现在低温电容器上，而不是杂散电容（约 10pF）上。泵浦 N 个电子后，测量电压变化 ΔV 以确定 C。图 5.21（b）

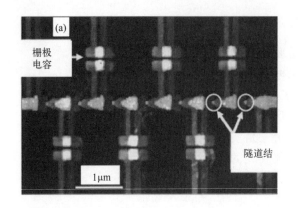

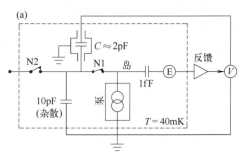

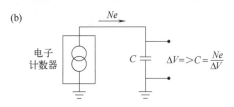

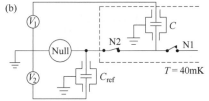

图 5.20 （a）NIST 七结泵的扫描力显微照片。（b）采用单电子转移的电容标准的示意图。经许可转载自参考文献 [39]。

图 5.21 （a）单电子泵的电容充电实验电路。（b）比较低温电容器与室温参考电容器的实验电路。经许可转载自参考文献 [39]。

显示通过一个交流电桥电路来将 C 与室温电容器 C_{ref} 相比较，C_{ref} 遵循 $\dfrac{C}{C_{ref}} = \dfrac{V_1}{V_2}$。

2007 年，NIST 团队对该实验的不确定性预算进行了全面分析[41]。他们还使用可计算的电容器测量了低温电容器[42]，给出了根据 SI 法拉第的电容值，我们在此处指定为 C_0。比较 C 和 C_0 是形成量子计量三角的另一种方法（更多细节参见参考文献 [36]）。他们的最终结果是❶

$$\frac{C_0}{C} = 1 + \varepsilon_J + \varepsilon_S = 1 + (-0.10 \pm 0.92) \times 10^{-6} \tag{5.7}$$

他们认为，与其结果的不确定性相比，ε_J 应该足够小，因此得出结论，这是 $\varepsilon_S < 0.92 \times 10^{-6}$ 的情况下对单电子泵的测试。❷

5.2.4 可调谐势垒泵的电流量化精度

如前所述，多结单电子泵无法在远大于几兆赫的频率下准确运行，因此产生的电流太小，无法直接用于最初设想的量子计量三角实验。表面声波器件有望产生足够大的电流，但迄今为止它们的电流量化还不够好（最佳报告值处于 $1/10^4$ 的水平[44]）。在首次展示其操作时，可调谐势垒量子点泵在约 500MHz 也显示出类似的精度（$1/10^4$ 的水平）[16]。后来，正如"可调谐势垒量子点泵"一节中提到的，发现使用大磁场和定制的泵驱动波形，可以显著提高 GaAs 器件中电流量化的精度。这些泵可以在 1GHz 左右的频率下运行，产生 100pA

---

❶ 请注意，此方程中未涉及 ε_K。

❷ 后来，德国联邦物理技术研究院（PTB）的一个团队发现，在尝试使用类似方法进行量子计量三角实验时，在 kHz 频率范围内获取的电容桥数据外推到直流区域时，无法实现 $1/10^6$ 或更好的精度[43]。

量级的电流水平。与此同时，随着时间的推移，测量如此小电流的技术得到了改进，从而实现了电子泵电流的高精度测量。

测试可调谐势垒电子泵精度的最常用方法，是对其电流进行高精度测量，可追溯到约瑟夫森电压标准和量子霍尔电阻标准。一个潜在的假设是，由电压和电阻基本标准实现的安培不确定性，远小于测试的单电子泵精度的不确定性。❶

图 5.22（a）为 2012 年 Giblin 等人[19]采用的实验电路。电子泵（显示为在顶部的电流源）产生电流 I_P。该电流与由电压源 V_C 和标称值为 1GΩ 的标准电阻器 R 生成的参考电流 I_R 进行比较。这些电流的差异 ΔI 由跨阻放大器测量。标准电阻器和串联的跨阻放大器的电压降 ΔV 用电压表测量。电阻器实际值的测定具有 $0.8/10^6$ 的不确定度，可追溯到量子霍尔基本电阻标准。电压表校准可追溯到约瑟夫森基本电压标准，不确定度为 $0.3/10^6$。为了从测量中去除仪器漂移（例如，电压表和阻抗放大器中的偏移），电子泵电流 I_P 和参考电流 I_R 被反复打开和关闭，如图 5.22（b）所示。ΔI 和 ΔV 都被测量作为开启和关闭期间的平均值之间的差异。开-关循环重复 96 次，目的是将测量的总不确定度降低到 $1.2/10^6$。

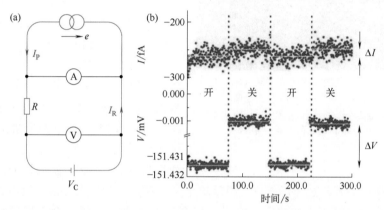

图 5.22 （a）使用标准电阻器（R）、电压表（V）和跨阻放大器（A）进行的可溯源电流测量的实验电路。（b）开/关循环期间，跨阻放大器的电流读数（I）和电压表的电压读数（V）。经许可转载自参考文献 [19]。

泵电流计算如下：

$$I_P = \frac{\Delta V}{R} + \Delta I + \frac{r}{R}\Delta I \quad (5.8)$$

其中，$r \approx 10 \text{k}\Omega$，是跨阻放大器的输入阻抗。由于选择了 $\frac{r}{R} \leqslant 10^{-4}$ 和 I_R，从而使得 $\frac{|\Delta I|}{I_P} < 10^{-4}$，因此方程右边的第三项的贡献变得可以忽略不计。泵在 945MHz 下运行时的结果如图 5.23 中红色数据点所示。这些数据点在 $1/10^6$ 的水平上形成一个平坦的平台，它们的

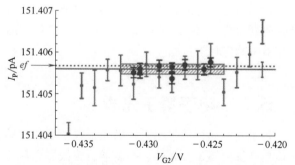

图 5.23 可调谐势垒量子点泵对电流量化平台的高精度测量。红色数据点采用 96 个开-关循环。灰色数据点采用 17 个循环获取，具有较低的精度。经许可转载自参考文献 [19]。

---

❶ 需要注意的是，本实验并未测试量子计量三角的闭合性，如式（5.6）中的 Δ_{QMT} 在此假设下由 ε_S 主导，随着实验精度的提高，它将变得大于 σ_{QMT}。为了测试量子计量三角的闭合性，必须独立验证电子泵的电流量化精度。

平均值（显示为品红色水平线）在 $1.2/10^6$ 的总不确定度内与 ef 一致。

上述工作表明，可调谐势垒量子点泵可以达到多结泵的精度水平，但工作频率更高，可以产生能够直接测量的电流。从那时起，人们已经取得了进一步的进展，并且在精确电流测量改进[45]的协助下，可调谐势垒泵已经达到了 $0.16/10^6$ 的电流量化精度[46]。这里提到的两个精确可调谐势垒泵的例子是在 GaAs/AlGaAs 异质结构系统上进行的，但使用 Si 器件也已经取得了类似的结果[24,47]。这为普适性测试提供了一个范围，以检查当前的量化是否依赖于材料体系。

预期的另一个重要发展是检测泵误差的能力。为了测试量子计量三角，必须独立于约瑟夫森电压和量子霍尔电阻标准来确认单电子转移的精度。误差检测方法如图 5.24 所示，目前正在开发中。在该方案中，多个泵（本例中为三个泵，分别表示为 P1、P2 和 P3）串联连接，中间有岛（节点 1 和节点 2）。节点上的电荷由灵敏的电荷探测器（D1 和 D2）监测。当所有三个泵同时运行，并且每个周期正确传输一个电子时，节点上的电荷不会改变。但是，如果其中一个泵，例如 P1 未能泵送一个电子，则节点 1 上的电子数量（n_1）减少 1，而节点 2 上的电子数量（n_2）没有改变；如果两个泵 P1 和 P2 未能泵送一个电子，则 n_1 不变，但 n_2 减少 1；如果只有 P2 未能泵送一个电子，则 n_1 增加

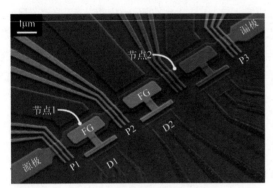

图 5.24 具有多个串联可调谐势垒泵（P1、P2 和 P3）的泵误差检测器件的扫描电子显微照片。单电子晶体管电荷探测器（D1 和 D2）监测由泵误差引起的节点电荷变化。经许可转载自参考文献 [48]。

1，而 n_2 减少 1；等等。这样，就可以跟踪单个泵的误差。我们无法区分没有泵误差的情况和所有三个泵都有相同误差的情况（要么未能泵送一个电子，要么泵出相同数量的电子）。但是，如果每个泵的误差率都能足够小，则所有三个泵出现相同误差的概率变得小到可以忽略不计。通过跟踪泵误差，可以对生成的电流进行校正。Fricke 等人[48]认为在 50kHz 电荷探测器带宽、1GHz 泵频率和 1×10^{-6} 或更小的单泵误差率下，应该可以实现小于 $1/10^8$ 的相对不确定性。

5.3 电子量子光学

量子光学允许通过相干操纵光子或产生纠缠等，来利用光子携带的量子信息。实验设置可能包括反射镜、分束器、探测器、偏振器和单光子源。类似的实验可以针对其他类型的量子粒子进行，例如原子、离子和电子。固态器件中电子量子光学的最初概念[49-52]，是使用准一维导体（例如量子点接触和量子霍尔边缘态）作为电子源开发的。向这些导体施加偏压 V_B，将会以 eV_B/h 的速率注入电子。这些是连续源，无法控制电子注入的时间。随着单电子源的出现，电子现在可以按需作为波包发射，而且连续循环中，电子之间的波函数几乎没有重叠。这为操纵电子方面提供了更好的控制，例如，控制从不同来源发射的电子之间不同的到达时间。此外，单电子发射的效率通常也不错。在某些系统中，如前一节所述，发射误差的概率可能小于 $1/10^6$。这些优点为构建紧凑的电子量子光学片上系统提供了空间。下面

介绍电子量子光学的几个重要发展历程。

5.3.1 汉伯里·布朗和特维斯几何结构中的分区噪声测量

精确量化的单电子源所产生的电流是无噪声的。发射的电子数量不存在可导致噪声的随机波动。通过分束器将该电流分成两条路径会引入噪声，因为分区是一个随机过程，由电子隧穿通过具有有限透射率 T 的势垒的随机性质引起。此外，两个分开的电流中的噪声应该是完全反相关的，因为如果一个电子穿过势垒，则没有电子进入反射路径，反之亦然。该测试可以通过测量汉伯里·布朗和特维斯（Hanbury Brown and Twiss，HBT）几何结构中的分区噪声来进行。

在光学中，HBT 效应用于测试光源，方法是当来自光源的光束被分开后，测量放置在路径末端的两个探测器之间的相关信号。一个应用示例是对单光子源的测试。如果光源真的一次发射一个光子，并且分束器和探测器之间的光路长度相同，那么在两个探测器中同时检测到光子的概率应该为零。当 HBT 实验用于电子时，探测器被噪声测量所取代。图 5.25 显示了使用介观电容器作为单电子/空穴源进行的实验设置[53]。源发出一个电子（实心红色圆圈）和空穴（空心红色圆圈）交替进入边缘状态（①）。该粒子流遇到由量子的点接触形成的分区势垒，并被分成反射（③）和透射（④）路径。如果势垒的透射率是 T，如果热激发的影响可以忽略（即处于零温度极限），则输出③和④中电流噪声之间的低频关系可写为❶

$$S_{3,4} = -4e^2 fT(1-T) \tag{5.9}$$

其中，f 是源的频率。图 5.26 显示了作为 T 函数的 $S_{3,4}$ 的测量结果，确认了与 $T(1-T)$ 的相关性，并在 $T=0.5$ 处有最大噪声。在这里，完全可见的 $S_{3,4}=-e^2 f$ 没有实现，因为

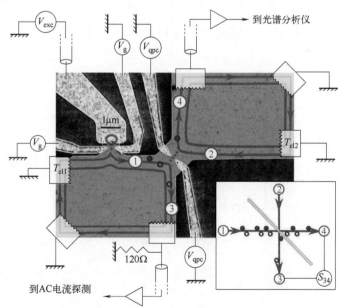

图 5.25 使用介观电容器进行分区噪声测量的实验配置。插图显示了一个简化的示意图。经许可转载自参考文献 [53]。

---

❶ 在每个周期仅发射一种类型粒子（电子或空穴）的系统中，此方程变为 $S_{3,4}=-2e^2 fT(1-T)$。

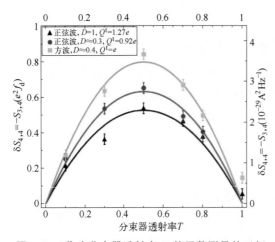

图 5.26 作为分束器透射率 T 的函数测量的互相关 $S_{3,4}$（相当于过量自相关 $\delta S_{4,4}$ 的倒数）。曲线显示了粒子发射的三种不同源条件（正弦波或方波驱动以及通过源处势垒的透射率 D）。经许可转载自参考文献 [53]。

费米海的热激发（即随机激发电子）降低了噪声相关程度。❶ 人们对洛伦兹脉冲产生的悬浮子[27]和可调谐势垒泵发射的热电子[54]进行了类似的分区噪声实验。这些分区噪声测量类似于光学实验光子探测器的作用，并被用作电子量子光学实验中的基本工具。

5.3.2 Hong-Ou-Mandel 效应的不可区分性测试

当不同来源的两个相同粒子同时到达分束器时，根据粒子的类型，预计会出现两种情况，如图 5.27 所示。如果它们是玻色子，则它们走相同的路径（聚束）并且重合计数 $\langle N_3 N_4 \rangle$（探测器 3 和 4 同时检测）变为零。每个探测器检测到的粒子数的波动（$\langle \delta N_3^2 \rangle$ 或 $\langle \delta N_4^2 \rangle$）增加。另一方面，在费米子的情况下，粒子采取不同的路径（反聚束）并且重合计数增加，同时每个探测器中的波动变为零。在分束器透射率 $T=1/2$ 的费米子的一般情况下，如果每个源发射波包 $|\phi_i\rangle$（$i=1,2$），则两个粒子采用不同路径的概率可以写为 $P(1,1)=\frac{1}{2}[1+|\langle\phi_1|\phi_2\rangle|^2]$。两个粒子走同一条路径的概率为 $P(0,2)+P(2,0)=\frac{1}{2}[1-|\langle\phi_1|\phi_2\rangle|^2]$。❷ 这种双粒子干涉，即所谓的 Hong-Ou-Mandel 效应，可用于测试粒子的不可区分性、证明相干性以及提取有关波包大小的信息。

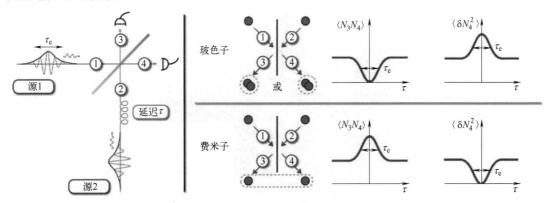

图 5.27 Hong-Ou-Mandel 干涉。左图：干涉仪的几何形状。右图：玻色子显示聚束，而费米子显示反聚束的情况。经许可转载自参考文献 [55]。

如图 5.28[55] 所示，人们已经使用介观电容器实现了电子 Hong-Ou-Mandel 干涉测

---

❶ 在他们的实验中，费米海的电子温度估计为 150mK。

❷ 对于玻色子，这些方程中 $|\langle\phi_1|\phi_2\rangle|^2$ 之前的符号是相反的。

量[56-58]。两个源（1和2）依次将电子和空穴注入分束器。粒子到达探测器的相对时间，可以通过改变源上的交流驱动信号（V_{excl} 和 V_{exc2}）之间的相位差来控制。归一化的过量噪声 $\Delta q\left(=\dfrac{S_{44}}{e^2 f}-1,\text{其中}S_{44}\text{是在触点 4 测量的噪声}\right)$ 绘制为时间延迟 τ 的函数，如图 5.29 所示。这里显示出由于反聚束效应，在 $\tau=0$ 附近的凹陷（泡利凹陷）。由于 $\langle \delta N_3^2 \rangle = \langle \delta N_4^2 \rangle = \dfrac{1}{2}[1-|\langle \phi_1|\phi_2\rangle|^2]$，凹陷的宽度反映了电子/空穴波包的宽度。人们还对悬浮子进行了 Hong-Ou-Mandel 干涉测量，并观察到了时域中预期的波包形状[27]。

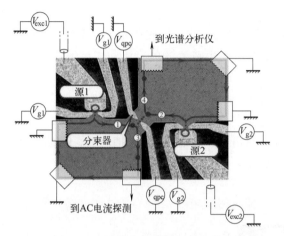

图 5.28 使用两个介观电容器作为源的 Hong-Ou-Mandel 干涉测量实验装置。经许可转载自参考文献 [55]。

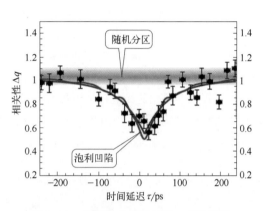

图 5.29 绘制作为时间延迟 τ 的函数的归一化过量噪声 Δq。经许可转载自参考文献 [55]。

5.3.3 量子层析成像

在前两节中，我们已经看到部分传输栅与相关噪声测量相结合，是如何产生有关从单电子源发射电子的量子态信息的。然而，这些并不能提供有关电子态的完整信息。例如，它没有提供当电子穿过导体时，有关波函数如何随时间演变的信息。在本小节，讨论一种称为"量子层析成像"（quantum tomography）的实验技术，它使我们能够获得有关电子态的全部信息。

为了可视化完整的量子态，人们经常使用所谓的"维格纳函数"（或"维格纳准概率分布"）。维格纳函数定义（在位置 x 和动量 p 相空间中）为

$$W(x,p) = \frac{1}{h}\int_{-\infty}^{\infty} \psi^*\left(x+\frac{x'}{2}\right)\psi\left(x-\frac{x'}{2}\right)e^{\frac{ipx'}{\hbar}}dx' \tag{5.10}$$

它也可以在能量 E 和时间 t 相空间中描述为

$$W(E,t) = \frac{1}{h}\int_{-\infty}^{\infty} \psi^*\left(E-\frac{\varepsilon}{2}\right)\psi\left(E+\frac{\varepsilon}{2}\right)e^{\frac{it\varepsilon}{\hbar}}d\varepsilon \tag{5.11}$$

这里介绍的电子量子层析成像的主要目标，是在能量-时间相空间上映射出维格纳函数。

量子层析成像的方法有点类似于医学应用中使用的层析成像。旋转轴上的投影分布（边缘分布）是从很多个角度获取的，原始分布则是根据数据而重建（相当于从不同角度看一个物体，并计算出它的形状）。在光子系统中，一种流行的方法是零差（homodyne）层析成

像[59],它将进入的测试光子束与强相干光子场或分束器处的激光束(局域振子)混合[如图 5.30(b)所示]。激光束用于触发测试光子的产生,因此它们之间有一个固定的相位关系。由于激光强度高,它提供了一个严格的相位参考。在分束器处,两束光发生干涉,并根据局域振子和测试光子场的相对相位差,被重定向到两个光子探测器。探测器检测到的光子数量的差异与测试光子场成正比,因此可以使用适当的比例因子确定正交振幅(旋转轴上的位置)[59]。该测量重复多次以累积正交振幅的统计数据,从而产生概率分布(边际分布)。改变两个光束的相对相位,会改变在动量位置相空间中投影轴的角度。在许多不同的角度收集边缘分布,并通过称为逆拉东变换(inverse Radon transformation)的过程重建维格纳函数。

对于电子系统,费米子统计禁止产生强相干场,因此不能直接应用光子的零差层析成像方法。相反,Grenier 等人[61]提出了一种方法,通过使用费米海的直流和交流偏置,查询密度矩阵分量,然后根据密度矩阵构造维格纳函数。Jullien 等人[60]采用这种技术并对悬浮子进行了量子层析成像,如图 5.30 所示。悬浮子从图 5.30(c)中的左侧触点注入隧道势垒中。为了提取对角元,势垒右侧的费米海采用直流电压 V_R 偏置。正如我们在"Hong-Ou-Mandel 效应的不可区分性测试"一节中看到的那样,费米海高达 eV_R 能量的存在,抑制了能量范围 $[0, eV_R]$ 中所进入悬浮子的分区噪声。总分区噪声降低至 $1/\left[1 - \int_0^{eV_R} \widetilde{\varphi}^*(\varepsilon)\widetilde{\varphi}(\varepsilon)d\varepsilon\right]$,其中 $\widetilde{\varphi}(\varepsilon)$ 是悬浮子的波函数 $\varphi(t)$ 在时域中的傅里叶变换。能量密度矩阵 $|\widetilde{\varphi}(\varepsilon)|^2$ 的对角部分是通过

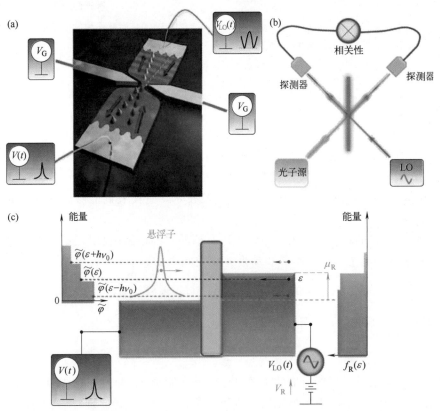

图 5.30 (a) 悬浮子上的量子层析成像实验设置示意图。(b) 使用局域振子(LO)进行光子量子层析成像的设置。(c) 能量空间的实验配置。悬浮子从左侧触点注入分束器。右侧的费米海用作居于振子。经许可转载自参考文献[60]。

对噪声相对于 V_R 进行微分获得的。

为了获得非对角线元，施加交流电压 $V_{LO}(t)=\eta_{LO}(h\nu/e)\cos[2\pi\nu(t-\tau)]$，其中 $\eta_{LO}\ll 1$，ν 是频率，而 τ 是时间延迟。该交流电压起着与光子实验中的局域振子类似但略有不同的作用。由于较弱的交流激发，从右侧电子库进入势垒的电子，在其初始能量 ε 处处于状态叠加状态，并且能量转移为 $\pm h\nu$，即 $\widetilde{\varphi}_R(\varepsilon)=\widetilde{\varphi}(\varepsilon)+\frac{1}{2}\eta_{LO}e^{2i\pi\nu\tau}\widetilde{\varphi}(\varepsilon+h\nu)-\frac{1}{2}\eta_{LO}e^{-2i\pi\nu\tau}\widetilde{\varphi}(\varepsilon-h\nu)$。❶ 这种叠加用于探测密度矩阵的非对角元。分区噪声对 V_R 的导数可以写成如下方程：

$$\frac{d\langle\Delta Q^2\rangle}{dV_R}\propto\eta_{LO}\cos(2\pi\nu\tau)[\widetilde{\varphi}^*(eV_R)\widetilde{\varphi}(eV_R+h\nu)-\widetilde{\varphi}^*(eV_R)\widetilde{\varphi}(eV_R-h\nu)] \quad (5.12)$$

由于悬浮子激发仅在费米能量以上能量域中，上式在 $0\leqslant eV_R<h\nu$ 范围内，给出 $\widetilde{\varphi}^*(eV_R)\widetilde{\varphi}(eV_R+h\nu)$。当 eV_R 增加到下一个能量范围 $h\nu\leqslant eV_R<2h\nu$ 时，式（5.12）给出 $\widetilde{\varphi}^*(eV_R)\widetilde{\varphi}(eV_R+h\nu)-\widetilde{\varphi}^*(eV_R)\widetilde{\varphi}(eV_R-h\nu)$。第一项可以确定，因为第二项与前一个能量范围内的 $\widetilde{\varphi}^*(eV_R)\widetilde{\varphi}(eV_R+h\nu)$ 相同。更高谐波处的分量可以通过增加局域振子的频率推导出来。在 Jullien 等人的实验中，悬浮子以 $\nu_0=6\mathrm{GHz}$ 的频率来周期性地产生。局域振子的频率相应地选择为 $\nu=k\nu_0$，其中 $k=0$，1，2。由于信号强度小，无法获得更高次的谐波。维格纳函数 $W(E,t)$ 在能量-时间域中的一个可用部分是根据能量密度矩阵重建的，它与理论计算一起绘制在图 5.31 中。人们还对由介观电容器产生的电子/空穴激发以及来自可调谐势垒泵的热电子进行了量子层析成像[62]，这里使用时间相关势垒而不是振荡费米海[63,64]。

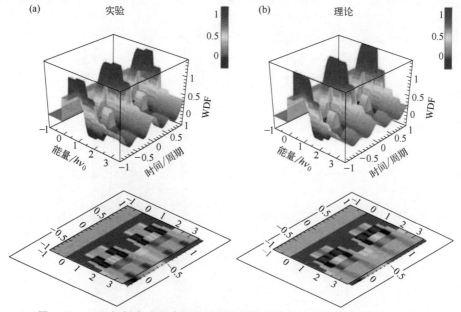

图 5.31 （a）根据实验重建的悬浮子维格纳函数。（b）悬浮子维格纳函数的理论计算。经许可转载自参考文献 [60]。

5.3.4 波包传输中的退相干和弛豫

为了利用单电子波包的相干传输，需要了解它们的退相干和能量弛豫机制。当电子穿过

---

❶ 在这里，我们对保持初始能量的概率使用近似值为 $1-\eta_{LO}^2\approx 1$。

波导时，它会与周围的费米海和晶格振动（声子）等环境相互作用，从而导致相干性消退。在这里，我们将介绍一些研究此类机制的工作实例。

Freulon 等人[65] 研究了当电子（和空穴）注入量子霍尔边缘状态时，使用 Hong-Ou-Mandel 干涉法产生的电荷分裂。与未注入载流子的内边缘态的电容相互作用，将波包分解为电荷模式和中性模式，分别以不同的速度 v_+ 和 v_- 行进（见图 5.32）。他们观察到波包传播 3mm 后，泡利凹陷变宽，从而估计两种模式之间的时间间隔为 70ps。在等离激元激发的飞行时间测量中报告了类似的电荷分离，是在其通过栅极定义的准一维通道但是行进超过 $20\mu m$ 的距离后得到的[66]。

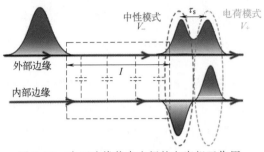

图 5.32 由于边缘状态之间的电容相互作用，电荷分裂为电荷和中性模式。经许可转载自参考文献 [65]。

虽然由于缺乏电子可以弛豫到的可用状态，费米面附近的电子传输不能产生能量弛豫，但从可调谐势垒泵发射的热电子，则可能由于可用的大相空间而导致能量弛豫。Fletcher 等人[67] 观察到通过纵光学（LO）声子的发射而导致电子弛豫。在 GaAs 中，LO 声子色散在 Γ 点附近的 $\hbar\omega_{LO}=36meV$ 处是平坦的。热电子的能谱通过放置在距源 $3\mu m$ 处的探测器势垒进行测量（图 5.33）。在 $B=12T$ 的磁场中，大多数电子在到达探测器时保持其原始发射能量 [图 5.33（d）]，但在 $B=6T$ 时，它们通过发射一个或两个 LO 声子而

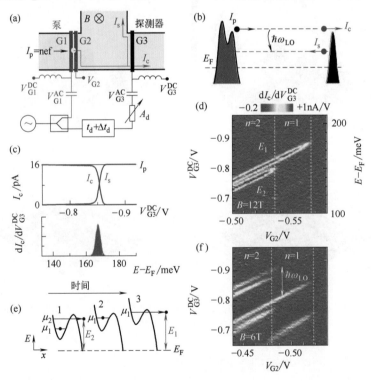

图 5.33 热电子波包的能量谱。(a) 实验设置。(b) 能量图。电子从左侧的可调谐势垒泵中发射出来。右侧的探测器势垒根据电子的能量选择其传输。(c) 透射 I_c 或反射 (I_s) 电流的阈值表示电子能量。(d) 在 $B=12T$ 处测得的能谱。(e) 描述最后和倒数第二个电子发射的能量 E_1 和 E_2 的点电势示意图。(f) 在 $B=6T$ 处测得的能谱。经许可转载自参考文献 [67]。

失去 $\hbar\omega_{LO}$ 或 $2\hbar\omega_{LO}$ 后到达 [图 5.33 (f)]。电子波包的声子发射概率在很大程度上取决于初始（未扰动）和最终（弛豫）状态的重叠[68]。抑制声子发射可以通过磁场限制，即缩小电子波函数的范围，或者通过软化边缘电势，即增加初始状态和最终状态之间的距离来实现。人们已报道了超过 $100\mu m$ 的 LO 声子散射长度[69]。

马赫-曾德尔干涉仪（Mach-Zehnder interferometer）是广泛应用于量子光学领域，但尚未用单电子源实现的关键组件之一。Haack 等人[70]建议使用这样的干涉仪来测量相干长度，通过该距离可以观察到单粒子干涉（图 5.34）。这不仅需要电子行进干涉路径时的相干性，而且还需要通过控制路径长度或电子速度，从而控制第二分束器处的分裂波包重叠的能力。这种单电子干涉将使得利用电子波包传输相干特性的应用成为可能。

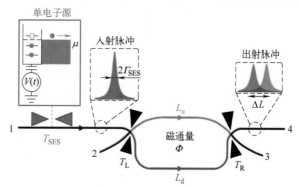

图 5.34　Haack 等人提出的电子波包马赫-曾德尔干涉测量。可见性受第二个分束器处两个波包重叠的影响。经许可转载自参考文献 [70]。

5.4　小结

本章回顾了近三十年固态单电子源的发展。讨论了七种以可控的方式一个一个地转移电子的不同方法。然后审查了两种类型应用的开发，其中使用到了这些器件：量子电流标准和电子量子光学。关于量子电流标准应用，在撰写本书时，满足计量需求（即误差率小于约 $1/10^8$）的精确可调谐势垒量子点泵尚未被报道。然而，考虑到该领域在过去十年中得到的快速发展，实现基于单电子的基础安培标准可能并不遥远。至于电子量子光学，该领域仍处于开发使用类似于光子实验的方案，从而来表征激发和相互作用的方法的阶段。随着技术的成熟，我们可能会看到低温纳米电子器件，其中会应用这些方法以超快速度（皮秒时间尺度）控制和处理信号[71]，或者甚至可以利用编码到电子上的量子信息[72]。

应该指出的是，还有许多其他有趣且重要的发展未能在此一一列举。此外，读者可能会发现此处对具体工作的描述不够详细。如果想了解更多单电子源的进展，可参阅文献 [9，36，37，72-77]。

致谢

感谢我的同事 Stephen Giblin、Patrick See、Jonathan Fletcher、Alessandro Rossi、Shak Fernandes 和 Christian Glattli，他们对本章内容提出了宝贵的意见。

参考文献

[1] BIPM，the 9th edition of the SI Brochure. 2019. https://www.bipm.org/utils/common/pdf/si-brochure/SI-Brochure-9.pdf.

[2] Kouwenhoven LP，Johnson AT，van der Vaart NC，Harmans CJPM，Foxon CT. Quantized current in a quantum-dot turnstile using oscillating tunnel barriers. Phys Rev Lett 1991；67：1626.

[3] Pothier H，Lafarge P，Urbina C，Esteve D，Devoret MH. Single-electron pump based on charging effects. Europhys Lett

1992;17:249.

[4] van der Wiel WG, De Franceschi S, Elzerman JM, Fujisawa T, Tarucha S, Kouwenhoven LP. Electron transport through double quantum dots. Rev Mod Phys 2002;75:1.

[5] Connolly MR, Chiu KL, Giblin SP, Kataoka M, Fletcher JD, Chua C, Griffiths JP, Jones GAC, Fal'ko VI, Smith CG, Janssen TJBM. Gigahertz quantized charge pumping in graphene quantum dots. Nat Nanotechnol 2013;8:417.

[6] Roche B, Riwar R-P, Voisin B, Dupont-Ferrier E, Wacquez R, Vinet M, Sanquer M, Splettstoesser J, Jehl X. A two-atom electron pump. Nat Commun 2013;4:1581.

[7] Pekola JP, Vartiainen JJ, Möttönen M, Saira O-P, Meschke M, Averin DV. Hybrid single-electron transistor as a source of quantized electric current. Nat Phys 2008;4:120.

[8] Kemppinen A, Kafanov S, Pashkin YA, Tsai JS, Averin DV, Pekola JP. Experimental investigation of hybrid single-electron turnstiles with high charging energy. Appl Phys Lett 2009;94:172108.

[9] Pekola JP, Saira O-P, Maisi VF, Kemppinen A, Möttönen M, Pashkin YA, Averin DV. Single-electron current sources: toward a redefined definition of the ampere. Rev Mod Phys 2013;85:1421.

[10] Averin DV, Pekola J. Nonadiabatic charge pumping in a hybrid single-electron transistor. Phys Rev Lett 2008; 101:066801.

[11] Shilton JM, Talyanskii VI, Pepper M, Ritchie DA, Frost JEF, Ford CJB, Smith CG, Jones GAC. High-frequency single-electron transport in a quasi-one-dimensional GaAs channel induced by surface acoustic waves. J Phys: Condens Matter 1996;8:L531.

[12] Ahlers FJ, Kieler OFO, Sağol BE, Pierz K, Siegner U. Quantized acoustoelectric single electron transport close to equilibrium. J Appl Phys 2006;100:093702.

[13] Cunningham J, Talyanskii VI, Shilton JM, Pepper M, Kristensen A, Lindelof PE. Single-electron acoustic charge transport on shallow-etched channels in a perpendicular magnetic field. Phys Rev B 2000;62:1564.

[14] Hermelin S, Takada S, Yamamoto M, Tarucha S, Wieck AD, Saminadayar L, Bäuerle C, Meunier T. Electrons surfing on a sound wave as a platform for quantum optics with flying electrons. Nature 2011;477:435.

[15] McNeil RPG, Kataoka M, Ford CJB, Barnes CHW, Anderson D, Jones GAC, Farrer I, Ritchie DA. On-demand single-electron transfer between distant quantum dots. Nature 2011;477:439.

[16] Blumenthal MD, Kaestner B, Li L, Giblin S, Janssen TJBM, Pepper M, Anderson D, Jones G, Ritchie DA. Gigahertz quantized charge pumping. Nat Phys 2007;3:343.

[17] Kaestner B, Kashcheyevs V, Amakawa S, Blumenthal MD, Li L, Janssen TJBM, Hein G, Pierz K, Weimann T, Siegner U, Schumacher HW. Single-parameter nonadiabatic quantized charge pumping. Phys Rev B 2008;77:153301.

[18] Fujiwara A, Nishiguchi K, Ono Y. Nanoampere charge pump by single-electron ratchet using silicon nanowire metal-oxide-semiconductor field-effect transistor. Appl Phys Lett 2008;92:042102.

[19] Giblin SP, Kataoka M, Fletcher JD, See P, Janssen TJBM, Griffiths JP, Jones GAC, Farrer I, Ritchie DA. Towards a quantum representation of the ampere using single electron pumps. Nat Commun 2012;3:930.

[20] Kashcheyevs V, Kaestner B. Universal decay cascade model for dynamic quantum dot initialization. Phys Rev Lett 2010;104:186805.

[21] Fletcher JD, Kataoka M, Giblin SP, Park S, Sim H-S, See P, Ritchie DA, Griffiths JP, Jones GAC, Beere HE, Janssen TJBM. Stabilization of single-electron pumps by high magnetic fields. Phys Rev B 2012;86:155311.

[22] Wright SJ, Blumenthal MD, Gumbs G, Thorn AL, Pepper M, Janssen TJBM, Holmes SN, Anderson D, Jones GAC, Nicoll CA, Ritchie DA. Enhanced current quantization in high-frequency electron pumps in a perpendicular magnetic field. Phys Rev B 2008;78:233311.

[23] Kaestner B, Leicht C, Kashcheyevs V, Pierz K, Siegner U, Schumacher HW. Singleparameter quantized charge pumping in high magnetic fields. Appl Phys Lett 2009;94:012106.

[24] Zhao R, Rossi A, Giblin SP, Fletcher JD, Hudson FE, Möttönen M, Kataoka M, Dzurak AS. Thermal-error regime in high-accuracy gigahertz single-electron pumping. Phys Rev Appl. 2017;8:044021.

[25] Yamahata G, Giblin SP, Kataoka M, Karasawa T, Fujiwara A. High-accuracy current generation in the nanoampere regime from a silicon single-trap electron pump. Sci Rep 2017;7:45137.

[26] Fève G, Mahé A, Berroir J-M, Kontos T, Plaçais B, Glattli DC, Cavanna A, Etienne B, Jin Y. An on-demand coherent single-electron source. Science 2007;316:1169.

[27] Dubois J, Jullien T, Portier F, Roche P, Cavanna A, Jin Y, Wegscheider W, Roulleau P, Glattli DC. Minimal-excitation states for electron quantum optics using levitons. Nature 2013;502:659.

[28] Levitov LS, Lee H, Lesovik GB. Electron counting statistics and coherent states of electric current. J Math Phys 1996; 37:4845.

[29] Ivanov DA, Lee HW, Levitov LS. Coherent states of alternating current. Phys Rev B 1997;56:6839.

[30] Keeling J, Klich I, Levitov LS. Minimal excitation states of electrons in one-dimensional wires. Phys Rev Lett 2006; 97:116403.

[31] "Resolutions of the CGPM", the 26th meeting of the CGPM; 13-16 November 2018. https://www.bipm.org/utils/common/pdf/CGPM-2018/26th-CGPM-Resolutions.pdf.

[32] Mise en pratique for the definition of the ampere and other electric units in the SI. BIPM; 2019. Appendix 2 of the 9th

[33] Brun-Picard J,Djordjevic S,Leprat D,Schopfer F,Poirier W. Practical quantum realization of the ampere from the elementary charge. Phys Rev X 2016;6:041051.
[34] Josephson BD. Possible new effects in superconductive tunnelling. Phys Lett 1962;1:251.
[35] Klitzing Kv,Dorda G,Pepper M. New method for high-accuracy determination of the fine-structure constant based on quantized Hall resistance. Phys Rev Lett 1980;45:494.
[36] Keller MW. Current status of the quantum metrology triangle. Metrologia 2008;45:102.
[37] Scherer H,Camarota B. Quantum metrology triangle experiments:a status review. Meas Sci Technol 2012;23:124010.
[38] Mohr PJ,Newell DB,Taylor BN. CODATA recommended values of the fundamental physical constants:2014. Rev Mod Phys 2016;88:035009.
[39] Keller MW,Eichenberger AL,Martinis JM,Zimmerman NM. A capacitance standard based on counting electrons. Science 1999;285:1706.
[40] Keller MW,Martinis JM,Zimmerman NM,Steinbach AH. Accuracy of electron counting using a 7-junction electron pump. Appl Phys Lett 1996;69:1804.
[41] Keller MW,Zimmerman NM,Eichenberger AL. Uncertainty budget for the NIST electron counting capacitance standard,ECCS-1. Metrologia 2007;44:505.
[42] Jackson JD. A curious and useful theorem in two-dimensional electrostatics. Am J Phys 1999;67:107.
[43] Scherer H,Schurr J,Ahlers FJ. Electron counting capacitance standard and quantum metrology triangle experiment at PTB. Metrologia 2017;54:322.
[44] Janssen J-T,Hartland A. Recent measurements of single electron transport of surface acoustic wave devices at the NPL. IEEE Trans Instrum Meas 2001;50:227.
[45] Drung D,Krause C,Becker U,Scherer H,Ahlers FJ. Ultrastable low-noise current amplifier:a novel device for measuring small electric currents with high accuracy. Rev Sci Instrum 2015;86:024703.
[46] Stein F,Scherer H,Gerster T,Behr R,Götz M,Pesel E,Leicht C,Ubbelohde N,Weimann T,Pierz K,Schumacher HW,Hohls F. Robustness of single-electron pumps at sub-ppm current accuracy level. Metrologia 2017;54:S1.
[47] Yamahata G,Giblin SP,Kataoka M,Karasawa T,Fujiwara A. Gigahertz singleelectron pumping in silicon with an accuracy better than 9.2 parts in 10^7. Appl Phys Lett 2016;109:013101.
[48] Fricke L,Wulf M,Kaestner B,Hohls F,Mirovsky P,Mackrodt B,Dolata R,Weimann T,Pierz K,Siegner U,Schumacher HW. Self-referenced single-electron quantized current source. Phys Rev Lett 2014;112:226803.
[49] Henny M,Oberholzer S,Strunk C,Heinzel T,Ensslin K,Holland M,Schonenberger C. The fermionic Hanbury Brown and Twiss experiment. Science 1999;284:296.
[50] Oliver WD,Kim J,Liu RC,Yamamoto Y. Hanbury Brown and Twiss-type experiment with electrons. Science 1999;284:299.
[51] Ji Y,Chung Y,Sprinzak D,Heiblum M,Mahalu D,Shtrikman H. An electronic Mach-Zehnder interferometer. Nature 2003;422:415.
[52] Neder I,Ofek N,Chung Y,Heiblum M,Mahalu D,Umansky V. Interference between two indistinguishable electrons from independent sources. Nature 2007;448:333.
[53] Bocquillon E,Parmentier FD,Grenier C,Berroir J-M,Degiovanni P,Glattli DC,Plaçais B,Cavanna A,Jin Y,Fève G. Electron quantum optics:partitioning electrons one by one. Phys Rev Lett 2012;108:196803.
[54] Ubbelohde N,Hohls F,Kashcheyevs V,Wagner T,Fricke L,Kästner B,Pierz K,Schumacher HW,Haug RJ. Partitioning of on-demand electron pairs. Nat Nanotechnol 2015;10:46.
[55] Bocquillon E,Freulon V,Berroir J-M,Degiovanni P,Plaçais B,Cavanna A,Jin Y,Fève G. Coherence and indistinguishability of single electrons emitted by independent sources. Science 2013;339:1054.
[56] Jonckheere T,Rech J,Wahl C,Martin T. Electron and hole Hong-Ou-Mandel interferometry. Phys Rev B 2012;86:125425.
[57] Ol'khovskaya S,Splettstoesser J,Moskalets M,Büttiker M. Shot noise of a mesoscopic two-particle collider. Phys Rev Lett 2008;101:166802.
[58] Fève G,Degiovanni P,Jolicoeur T. Quantum detection of electronic flying qubits in the integer quantum Hall regime. Phys Rev B 2008;77:035308.
[59] Smithey DT,Beck M,Raymer MG,Faridani A. Measurement of the wigner distribution and the density matrix of a light mode using optical homodyne tomography:application to squeezed states and the vacuum. Phys Rev Lett 1993;70:1244.
[60] Jullien T,Roulleau P,Roche B,Cavanna A,Jin Y,Glattli DC. Quantum tomography of an electron. Nature 2014;514:603.
[61] Grenier C,Hervé R,Bocquillon E,Parmentier FD,Plaçais B,Berroir JM,Fève G,Degiovanni P. Single-electron quantum tomography in quantum Hall edge channels. New J Phys 2011;13:093007.
[62] Bisognin R,Marguerite A,Roussel B,Kumar M,Cabart C,Chapdelaine C,Mohammad-Djafari A,Berroir J-M,Bocquillon E,Plaçais B,Cavanna A,Gennser U,Jin Y,Degiovanni P,Fève G. Quantum tomography of electrical currents. Nat Commun 2019;10:3379.

[63] Fletcher JD, Johnson N, Locane E, See P, Griffiths JP, Farrer I, Ritchie DA, Brouwer PW, Kashcheyevs V, Kataoka M. Continuous-variable tomography of solitary electrons. Nat Commun 2019;10:5298.

[64] Locane E, Brouwer PW, Kashcheyevs V. Time-energy filtering of single electrons in ballistic waveguides. New J Phys 2019;21:093042.

[65] Freulon V, Marguerite A, Berroir J-M, Plaçais B, Cavanna A, Jin Y, Fève G. Hong-Ou-Mandel experiment for temporal investigation of single-electron fractionalization. Nat Commun 2015;6:6854.

[66] Roussely G, Arrighi E, Georgiou G, Takada S, Urdampilleta M, Ludwig A, Wieck AD, Armagnat P, Kloss T, Waintal X, Meunier T, Bäuerle C. Unveiling the bosonic nature of an ultrashort few-electron pulse. Nat Commun 2018; 9:2811.

[67] Fletcher JD, See P, Howe H, Pepper M, Giblin SP, Griffiths JP, Jones GAC, Farrer I, Ritchie DA, Janssen TJBM, Kataoka M. Clock-controlled emission of single-electron wave packets in a solid-state circuit. Phys Rev Lett 2013; 111:216807.

[68] Emary C, Dyson A, Ryu S, Sim H-S, Kataoka M. Phonon emission and arrival times of electrons from a single-electron source. Phys Rev B 2016;93:035436.

[69] Johnson N, Emary C, Ryu S, Sim H-S, See P, Fletcher JD, Griffiths JP, Jones GAC, Farrer I, Ritchie DA, Pepper M, Janssen TJBM, Kataoka M. LO-phonon emission rate of hot electrons from an on-demand single-electron source in a GaAs/AlGaAs heterostructure. Phys Rev Lett 2018;121:137703.

[70] Haack G, Moskalets M, Splettstoesser J, Büttiker M. Coherence of single-electron sources from Mach-Zehnder interferometry. Phys Rev B 2011;84:081303(R).

[71] Johnson N, Fletcher JD, Humphreys DA, See P, Griffiths JP, Jones GAC, Farrer I, Ritchie DA, Pepper M, Janssen TJBM, Kataoka M. Ultrafast voltage sampling using single-electron wavepackets. Appl Phys Lett 2017;110:102105.

[72] Bäuerle C, Glattli DC, Meunier T, Portier F, Roche P, Roulleau P, Takada S, Waintal X. Coherent control of single electrons: a review of current progress. Rep Prog Phys 2018;81:056503.

[73] Grenier C, Hervè R, Fève G, Degiovanni P. Electron quantum optics in quantum Hall edge channels. Mod Phys Lett B 2011;25:1053.

[74] Kaestner B, Kashcheyevs V. Non-adiabatic quantized charge pumping with tunable-barrier quantum dots: a review of current progress. Rep Prog Phys 2015;78:103901.

[75] Kaneko N-H, Nakamura S, Okazaki Y. A review of the quantum current standard. Meas Sci Technol 2016;27:032001.

[76] Splettstoesser J, Haug RJ. Special issue: single-electron control in solid-state devices. Phys Status Solidi B 2017;254 (3).

[77] Giblin SP, Fujiwara A, Yamahata G, Bae M-H, Kim N, Rossi A, Möttönen M, Kataoka M. Evidence for universality of tunable-barrier electron pumps. Metrologia 2019;56:044004.

ID# 第6章

半导体纳米器件的噪声测量

Glattli D. Christian*

巴黎萨克雷大学凝聚态物理系（SPEC）纳米电子学研究组，法国原子能委员会（CEA Saclay），法国伊维特河畔吉夫
* 通讯作者：christian.glattli@cea.fr

6.1 介绍

本章将介绍量子相干半导体纳米器件中的噪声测量。量子相干导体的特点是尺寸小，因此穿过导体的载流子可保持其相位相干性。这需要不与光子、声子、等离激元或其他动态激发产生非弹性能量交换，也需要没有随机噪声的相位平均。这种高度量子化的区域最好在非常低的温度下获得，因为低温会降低热激发的数量。量子相干状态可以在金属或亚微米尺寸的掺杂半导体中实现。在本书中，我们专注于半导体纳米器件。尽管金属体系在我们理解电子量子噪声方面发挥了重要作用，但是掺杂半导体（特别是在调制掺杂异质结界面实现的二维电子系统），是测试量子噪声理论的关键工具，即通过量子点接触（QPC，quantum point contact）来实现。因此，我们将仅限于回顾半导体纳米器件的散粒噪声。

量子散粒噪声是指在对另一个触点施加电压的情况下，载流子随机到达导体触点所产生的噪声。每个载流子产生一个电流脉冲；这些随机脉冲的总和产生宏观可测量的电流波动。散粒噪声与平均电流成正比，并与载流子电荷成正比。当没有外加电压时，会留下平衡噪声，称为热噪声或约翰逊-奈奎斯特噪声，它源于温度 T 下在费米能量附近能量范围 k_BT 内电子态的随机热分布。当电压为 V，从而 qV 约为 k_BT 时，将显示热噪声和散粒噪声之间的连续交叉，这里 q 是载流子电荷。在此不考虑由于导体中的杂质移动引起的电子量子传输的外部噪声，这种噪声通常显示出类似 $1/f$ 的频谱噪声密度，并且是由于电导波动产生并随电流呈二次方变化。

对导体中量子电流波动或量子散粒噪声的研究，是量子凝聚态物质的一个相当新的领域。这些研究出现于 20 世纪 90 年代中期，就在 Lesovik[4]、Martin 和 Landauer[5] 以及 Büttiker[27] 的理论工作之后，他们认为有新的量子信息包含在电流波动中，而不是仅通过测量电导获得。Reznikov 等人[6] 和 Kumar 等人[7] 的开创性实验证明了实现准确电流噪声测量的可能性，随后人们进行了大量的噪声实验，并发表了更多的理论出版物。在开创性的理论工作中，类比通过导体传输的电子的量子噪声与光学介质中传播的光子噪声，推动了电子量子光学的发展，其中 QPC 用于模拟光学分束器。这促使实验科学家开发出单电子源，模拟单光子源。在这里，散粒噪声再次成为关键工具。在没有单电子探测器来检测注入电子

到达导体的位置时,统计测量是通过测量产生的电流波动来完成的。本章将介绍量子散粒噪声可用于测量电子载流子的(分数)电荷、进行电子激发的能量谱、明确确定电子量子模式的传输概率以及进行交流激发产生的电子和空穴计数,甚至检测太赫兹辐射。

已经有关于散粒噪声的完整综述[1-3],尤其是在理论方面。本章重点介绍使用半导体器件进行散粒噪声的大量实验研究,限于篇幅,没有对所有理论出版物进行全面回顾,作者为仅引用少数涉及噪声基础方面的著作而道歉,这必然会遗漏很多鼓舞人心并很有前景的新思想。

6.2 量子散粒噪声的物理学

6.2.1 量子散粒噪声的二项式统计

如介绍中所述,我们将考虑短于量子相干长度的导体。因此,电子从一个电子库弹性地(能量守恒)传播到另一个电子库,在后者中它们受到非弹性散射并失去相干性。电子库通常是形成触点的导体的较宽区域。为了从物理上理解散粒噪声,我们将从一个由单量子模式构成的理想导体开始,这里是 1D 导体。这可以使用单壁碳纳米管(SWCN,single wall carbon nanotube),或使用 QPC 来传输单个电子量子模式而实现。为简单起见,这里忽略了自旋,我们将讨论 1D 散射的影响,最后讨论更一般的 2D 或 3D 导体模式之间的散射。相互作用将是首先忽略的,而费米统计数据所起的重要作用将进一步强化。费米统计产生了两个惊人的结果:电导量子化和无噪声传导,且这两种效应同时出现。

为了说明这一点,让我们从如图 6.1 所示连接在两个触点之间的理想一维(或单模)导体开始。在平衡状态下,每个电子库都在量子线中发射电子,电子从导带底部到费米能量处。未在导线中散射的电子,可以自由传播并到达相对的触点并被吸收。左侧和右侧电流精确补偿以给出零净电流。将直流电压 V 施加到左侧电子库,使其电化学势增加 eV,并产生净电流,而右侧电子库在相同的能量范围 eV 内并没有发射电子。电流由下式给出:

$$I = \frac{e^2}{h} V \tag{6.1}$$

并且电导由电导量子 e^2/h 给出。这里忽略了自旋。本节中,我们假设温度为零。在没有外

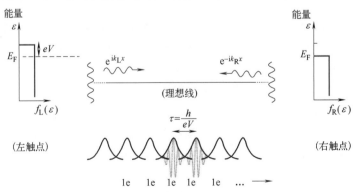

图 6.1 理想导线连接到左触点和右触点。左侧电子库在 $[E_F, E_F+eV]$ 范围内发出的波,可以转换为一组紧凑的正交波包,这些波包在时间上以 $h/(eV)$ 分隔(或在空间上以 $v_F h/(eV)$ 分隔,其中 v_F 是费米速度)。费米统计确保电导以 e^2/h 为单位进行量化,并且电子流是无噪声的。

部磁场的情况下,自旋简并可能会导致电导加倍。非凡的电导量子 e^2/h 源自两个强大的成分:海森堡不确定性原理和泡利原理。实际上,让我们考虑能量 ε 在 $[E_F, E_F+eV]$ 范围内的电子。按照参考文献[5]中的方法,通过在能量范围 eV 上积分,我们可以将每个能量 ε 处定义的右移平面波统一变换为一系列右移正交波包,其中根据海森堡不确定性,这些波包在时间上的间隔恰好为 $h/(eV)$。由于泡利原理要求每个波包必须单独占用,因此电流为 $(1×e)eV/h$,电导为 e^2/h。如果电子是玻色子,则不会发生粒子电流量子化,因为波包占据数未强制为 1。

费米统计的第二个引人注目的表现是没有电流噪声。实际上,左侧电子库以 eV/h 的速度有规律地注入单个电子,会在所有频率下产生基本无噪声的电流。将电流定义为平均值 I 和波动的总和,$I(t)=I+\Delta I(t)$:

$$\langle (\Delta I(t))^2 \rangle = 0 \tag{6.2}$$

必须强调,电导量化和无噪声电流是相关联的,并且都反映了泡利原理的强大。这要求任何一种电子模式下都没有电子的后向散射,即电子为完美传输。这可以在 QPC 中实现,其中完全传输的电子模式的数量可以由栅极控制,参见参考文献[8,9]所述电导量化和文献[6,7]所述 QPC 中的噪声抑制。

为了以最简单的方式理解和识别导体中散粒噪声产生的物理学相关成分,我们考虑了之前理想的一维线,其中在中间放置了一个单点散射体。现在,散射产生了一个电子波穿过量子线的有限传输概率 D。由于左侧电子库注入的电流为 $e(eV/h)$,因此流过量子线的电流变为如下形式:

$$I = D \frac{e^2}{h} V \tag{6.3}$$

这给出了单模导体电导的朗道尔(Landauer)公式:$G=De^2/h$。如果包括自旋简并,则电导加倍(图 6.2)。

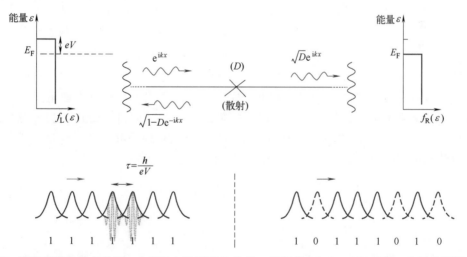

图 6.2 理想导线加单点散射。电子现在以概率 D 传输,以概率 $R=(1-D)$ 反射。在图的顶部,显示出了平面波 $\propto \exp(ikx)$,而在底部,则显示了正交的马丁-朗道尔波包。由于入射电子的序列是无噪声的,因此电子的统计量由二项式定律给出,该二项式定律表征了电子通过散射的分隔。

通过使用电子计数方法,可以很容易地导出电流由于散射而产生的低频散粒噪声。考虑到有限温度,下一节将给出使用二次量化的严格推导。我们考虑左侧触点在时间 τ 期间发射

的大量的 N_0 个电子,它由 $N_0=eV\tau/h$ 给出。由于每个入射电子都可以被散射透射或反射,因此透射电子的数量 N 服从二项式概率分布 $P(N)$:

$$P(N)=\binom{N_0}{N}D^N(1-D)^{N_0-N} \qquad (6.4)$$

其中,$\binom{N_0}{N}=\dfrac{N_0!}{N!(N_0-N)!}$ 是二项式因子。测量 $P(N)$ 以给出电子的全计数统计(FCS,full counting statistics)。这是一项非常困难的实验任务,并且仅在使用量子点的经典方案中实现过,参见 6.4.1.5 节。对于均值 $\langle N \rangle$ 的平均电子数和波动 $\Delta N = N - \langle N \rangle$ 的方差如下所示:

$$\langle N \rangle = DN_0 \qquad (6.5)$$

$$\langle \Delta N^2 \rangle = D(1-D)N_0 \qquad (6.6)$$

恢复平均电流的电气单位 $I=eN/\tau$,并引入低频奈奎斯特(Nyquist)测量带宽 $\Delta f = 1/(2\tau)$,我们获得零频电流波动[4,5,27]:

$$\langle (\Delta I)^2 \rangle = 2e\langle I \rangle D(1-D)\Delta f \qquad (6.7)$$

取小透射率 $D \ll 1$ 的极限,式(6.7)给出肖特基散粒噪声公式[21],适用于泊松统计范畴,并适用于隧穿结或宏观半导体中的 p-n 结。为了方便,将法诺(Fano)因子 F 定义为归一化的实际散粒噪声与肖特基噪声之比:

$$F = 1 - D \qquad (6.8)$$

法诺因子小于 1 是二项式定律的特征,是亚泊松统计的一个例子。这是所有量子导体的标志,并且是费米统计的直接结果,它使得进入的电子流无噪声(在温度为零时),因此唯一可能的噪声就是由散射引起的。对于单位透射率 $F=0$,恢复(在温度为零时)与电导量化相关的无噪声传导。

下面,将这些想法推广到任意相位相干导体传输多种电子模式的情况。在电子散射波方法中,将导体视为电子波导,即使它包含许多引起复杂干涉效应的散射杂质。尽管如此,总是可以分别定义一些广义的传输系数 D_λ 和反射系数 $R_\lambda = 1 - D_\lambda$。通常,以费米能量传播的轨道模式数,对于 2D 或 3D 宽度为 W 的导体分别为 $N=2W/\lambda_F$ 和 $N=\pi(W/\lambda_F)^2$。传输系数 D_λ 是两个矩阵 $S_{RL}^\dagger$ 和 S_{RL} 乘积的本征值,其中的元素 $S_{RL}=\{s_{R,L;n,m}\}$,与电子传输的振幅有关,该电子波从模式 m 通过左侧电子库发射,以模式 n 传输到右侧电子库并在其中被吸收。S_{RL} 是导体的一般为 $2N \times 2N$ 的 S 矩阵的 $N \times N$ 子矩阵。最后,当考虑自旋简并时,可以增加因子 2,以考虑每个模式的双重占据。通过这种分解,每个有效模式 λ 独立地对平均电流和散粒噪声做出贡献。可以得到(包括自旋简并时):

$$G = 2\frac{e^2}{h}\left(\sum_\lambda D_\lambda\right) \qquad (6.9)$$

$$S_I = 2e\frac{e^2}{h}V\left[\sum_{2\lambda} D_\lambda(1-D_\lambda)\right] = 2eIF \qquad (6.10)$$

其中,引入了电流波动的频谱密度:$S_I\Delta f = \langle(\Delta I)^2\rangle$ 和 $I=GV$。法诺因子现在变为以下形式:

$$F = \frac{\sum_\lambda D_\lambda(1-D_\lambda)}{\sum_\lambda D_\lambda} \qquad (6.11)$$

散粒噪声式（6.10）和式（6.11）可以理解为并联的 N 个独立单模导体 $\{\lambda\}$，如图 6.3 所示，每个导体产生的散粒噪声由式（6.7）给出，其中 $D=D_\lambda$。每个导体的时间不相干的电流波动以二次方相加得出式（6.10）（图 6.4）。

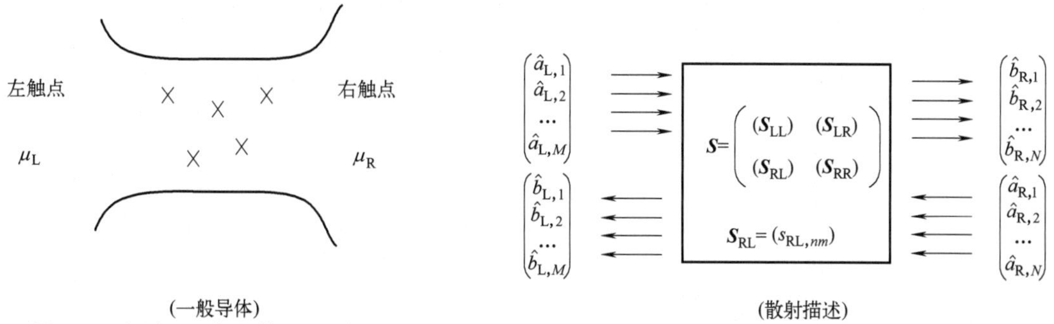

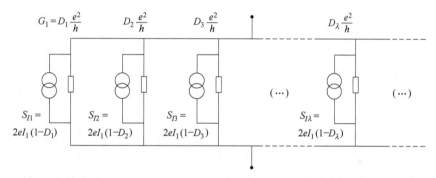

图 6.3　左图：一般导体（2D 或 3D）。小的叉号表示散射体，其散射特性可以通过从头计算知道，或者甚至可以完全随机。右图：一般导体由散射矩阵 S 描述，该矩阵 S 与入射电子波和出射波的传输和反射振幅相关。它由四个块矩阵组成，描述反射概率的 L→L 或 R→R 振幅和传输概率的 L→R 或 R→L 振幅。尽管存在非常复杂散射的可能性，但导体总是可以用有限数量的传输系数 D_λ 来描述，其数量等于相同横向尺寸的干净波导的预期数量。

图 6.4　一般导体的散粒噪声可以看作是几个独立的电流散粒噪声源，由具有传输 D_λ 的单模导体并联产生。

这使得形成总电导 $G=\dfrac{e^2}{h}\left(\sum_\lambda D_\lambda\right)$，不包含自旋，并产生散粒噪声法诺因子 $F=\dfrac{\sum_\lambda D_\lambda(1-D_\lambda)}{\sum_\lambda D_\lambda}$

可以从式（6.11）中提取的主要信息是，相干导体的散粒噪声总是亚泊松分布的，因为法诺因子总是低于 1。强调一下，这是由以下两个因素造成的：①由于费米统计，电子库无噪声发射电子；②在传输和反射模式之间分配电子的二项式（或多项式）亚泊松统计。

广泛研究的一般导体是扩散金属（尺寸大于电子的弹性平均自由程，但仍呈现相干散射）。散射中心太多，从头计算特定样本的 S 矩阵是不可能的。然而，当对包含大量随机分布参数（此处为传输）的系统知之甚少时，通常可以说出参数最可能的统计信息。这确实是电导 G 的扩散系统的情况，其中传输的概率分布 $P(D_\lambda)$ 由所谓的 Dorokhov 分布[12]给出：

$$P(D_\lambda)=\frac{G}{2e^2/h}\times\frac{1}{2D_\lambda\sqrt{1-D_\lambda}} \qquad(6.12)$$

法诺因子如下[13,14,16]：

$$F = \frac{\int_0^1 dD P(D) D(1-D)}{\int_0^1 dD P(D) D} = \frac{1}{3} \tag{6.13}$$

这使得噪声显著降低，而平均传输由平均自由程与样本长度的比率给出，约为 $l_{el.}/L \ll 1$，会简单地建议为 $F \approx 1$。与我们简单的直觉相反，传输本征值的分布不是以平均值为中心的高斯分布，而是双峰分布。在扩散系统中，大约63%的模式传输良好并且几乎不产生噪声，而约33%的传输微弱并产生泊松噪声。

人们已经获得了类似的传输概率分布的集合统计，对于通过混沌弹道腔（或电子台球）传输的电子给出 $F = 1/4$ [15-17]；而通过随机界面传输的电子，$F = 1/2$。示例将在 6.4.1.3 节和 6.4.1.4 节中给出。

6.2.2 散粒噪声的量子散射方法

在这里，我们描述允许使用第二种量化方法对有限温度和有限频率进行散粒噪声预测的理论方法。为了简化演示，我们将推导出 6.2.1 节中考虑的一维导体的表达式。在 6.2.2.1 节中，将考虑在有限温度下所谓的直流散粒噪声，它对应于测量由直流电压偏置导致的导体低频电流波动；在 6.2.2.2 节中，将考虑高频散粒噪声，即频率高于温度时的噪声；最后在 6.2.2.3 节中，将考虑当导体经较高温的频率为 ν 的交流电压时的低频光助散粒噪声 (PASN)。6.4 节将给出各机制的示例。

6.2.2.1 直流散粒噪声

为了计算电导和噪声，我们首先使用一个简单的理论框架，遵循参考文献 [10] 和 [11] 中的方法。这允许在量子框架中计算电流及其波动。为了避免繁杂的数学符号并使物理学更加透明，下面让我们考虑如图 6.5 所示的短 1D 导体。导体位于虚线括号内，它代表一个散射区域，该区域散射由左（L）和右（R）电子库发射的电子波。电子库通过半无限理想导线来描述，这些导线在无穷远处连接到化学势为 $\mu_{R,L}$ 和温度为 T 的注入电子的触点。左侧和右侧理想导线表现为完美的电子库。根据它们的化学性质，它们向散射区域（导体）发射电子电势和温度，并且能够吸收散射区域散射或传输的所有电子。事实上，导线是半无限和理想的，离开散射区域的电子永远不会回来。所以如此定义后，电子库可以被视为

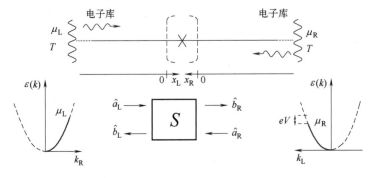

图 6.5 一般导体的散粒噪声可以看作是几个独立的电流散粒噪声源，由具有传输 D_λ 的单模导体并联产生。

这使得形成总电导 $G = \frac{e^2}{h}(\sum_\lambda D_\lambda)$，不包含自旋，并产生散粒噪声法诺因子 $F = \frac{\sum_\lambda D_\lambda(1-D_\lambda)}{\sum_\lambda D_\lambda}$。

黑体源和电子的"蓄水池"。

从定义各种有用的物理量开始。左侧电子库（$x_L<0$ 处的半无限导线）的电子动能，在左侧导线中为 $\varepsilon(k_L)=\dfrac{\hbar^2 k_L^2}{2m}$，类似地在右侧导线中为 $\varepsilon(k_R)=\dfrac{\hbar^2 k_R^2}{2m}$。由于相干散射是弹性的，从左向右散射的电子或从右向左散射的电子其能量守恒，从而其动量也守恒：$k_R=k_L=k(\varepsilon)$。相关的速度如下：$v_L=v_R=v(\varepsilon)=\hbar k(\varepsilon)/m$。最后，根据外部电路施加的电压降 V，给出电化学电势差 $\mu_L-\mu_R=eV$。

从左侧以能量 ε 入射，并相对于能量归一化的电子波给出散射状态为：

$$\varphi_L(\varepsilon;x)=\begin{cases}\dfrac{1}{\sqrt{2\pi}}\times\dfrac{1}{\sqrt{\hbar v(\varepsilon)}}(e^{ik(\varepsilon)x_L}+s_{LL}(\varepsilon)e^{-ik(\varepsilon)x_L}),\text{当 }x_L\leqslant 0 \text{ 时}\\ \dfrac{1}{\sqrt{2\pi}}\times\dfrac{1}{\sqrt{\hbar v(\varepsilon)}}s_{RL}(\varepsilon)e^{-ik(\varepsilon)x_R},\text{当 }x_R\leqslant 0 \text{ 时}\end{cases} \quad (6.14)$$

其中，引入了散射振幅，s_{LL} 是左侧的反射振幅，而 s_{RL} 是从左到右的传输振幅。类似地，从能量为 ε 的右侧电子库发射的电子的波函数由如下散射态来描述：

$$\varphi_R(\varepsilon;x)=\begin{cases}\dfrac{1}{\sqrt{2\pi}}\times\dfrac{1}{\sqrt{\hbar v(\varepsilon)}}s_{LR}(\varepsilon)e^{-ik(\varepsilon)x_L},\text{当 }x_L\leqslant 0 \text{ 时}\\ \dfrac{1}{\sqrt{2\pi}}\times\dfrac{1}{\sqrt{\hbar v(\varepsilon)}}(e^{ik(\varepsilon)x_R}+s_{RR}(\varepsilon)e^{-ik(\varepsilon)x_R}),\text{当 }x_R\leqslant 0 \text{ 时}\end{cases} \quad (6.15)$$

s_{RR} 是右侧的反射振幅，s_{LR} 是从右到左的传输振幅。四个散射振幅定义了如图 6.5 中所示的散射矩阵

$$\boldsymbol{S}=\begin{pmatrix} s_{LL} & s_{LR} \\ s_{RL} & s_{RR} \end{pmatrix} \quad (6.16)$$

它将左/右入射波振幅 (a_L,a_R) 与左/右出射波振幅 (b_L,b_R) 联系起来。为了计算由电子波占据的波动引起的电流噪声，必须用第二个量化费米子算符 $\hat{a}_L$ 和 $\hat{a}_R$ 来代替振幅。算符分别用于左侧和右侧电子库中的占据数。例如，$\hat{a}_L(\varepsilon)$ 是湮灭算符，它作用于左侧电子库状态 $|n_L(\varepsilon)\rangle$，并"检查"状态是否被占据（$n_L(\varepsilon)=1$ 或 0）。湮灭算符 $\hat{a}_{L,R}$ 及其厄米共轭、产生算符 $\hat{a}^\dagger_{L,R}$ 服从如下有用的关系：

$$\{\hat{a}^\dagger_\alpha,\hat{a}_\beta\}=\delta_{\alpha,\beta}\delta_{(\varepsilon'-\varepsilon)} \quad (6.17)$$

$$\langle \hat{a}^\dagger_\alpha\hat{a}_\beta\rangle=f_\beta(\varepsilon)\delta_{\alpha,\beta}\delta_{(\varepsilon'-\varepsilon)} \quad (6.18)$$

在上述方程中，$\{\cdot\}$ 表示逆换向器；而 $\langle\cdot\rangle$ 是 $\hat{n}_\beta(\varepsilon)=\hat{a}^\dagger_\alpha\hat{a}_\beta$ 的量子期望值的热力学平均值，该式等同于 $f_\beta(\varepsilon)=1/[1+\exp(\varepsilon-\mu_\beta)/(k_B T)]$，即电子库 β 为 R 或者 L 的费米分布。最后一步是写出费米子算符 $\hat{\psi}(x,t)$，从中可以计算出所有数量：

$$\hat{\psi}(x,t)=\int d\varepsilon(\hat{a}_L(\varepsilon)\varphi_L(\varepsilon;x)+\hat{a}_R(\varepsilon)\varphi_R(\varepsilon;x))e^{-i\varepsilon t/\hbar} \quad (6.19)$$

此处 $x=x_{L(R)}$，当考虑左侧（右侧）的散射状态时，且 $x_{L(R)}$ 由式（6.14）和式（6.15）给出。定义

$$\begin{pmatrix} \hat{b}_L \\ \hat{b}_R \end{pmatrix}=\begin{pmatrix} s_{LL} & s_{LR} \\ s_{RL} & s_{RR} \end{pmatrix}\begin{pmatrix} \hat{a}_L \\ \hat{a}_R \end{pmatrix} \quad (6.20)$$

散射区左侧的费米子算符写为：

$$\hat{\psi}(x_L;t) = \int d\varepsilon \frac{1}{2\pi\hbar\nu(\varepsilon)}(\hat{a}_L(\varepsilon)e^{ik(\varepsilon)x_L} + \hat{b}_L(\varepsilon)e^{-ik(\varepsilon)x_L})e^{-i\varepsilon t/\hbar}, \text{当} x_L \leqslant 0 \text{ 时} \quad (6.21)$$

通过交换 L→R，类似的表达式在右侧 $x_R \leqslant 0$ 上成立。现在，我们可以定义电流算符 $\hat{I}(x;t) = \hat{\psi}^\dagger(x;t)\frac{-i\hbar}{m} \times \frac{\partial}{\partial x}\hat{\psi}(x;t)$，这可以明确写为：

$$\hat{I}(x,t) \simeq -\frac{e}{h}\int d\varepsilon d\varepsilon' \{a_R^\dagger(\varepsilon')a_R(\varepsilon) - b_R^\dagger(\varepsilon')b_R(\varepsilon)\}e^{i(\varepsilon'-\varepsilon)(t+x/v_F)/\hbar} \quad (6.22)$$

其中，≃符号表示已预期只有接近费米能量的能量才会起作用，并且已将所有速度替换为费米速度 v_F。根据式（6.18）和式（6.22），可以计算平均电流为：

$$I = \langle \hat{I}(x;t) \rangle = \frac{e}{h}\int d\varepsilon (f_L(\varepsilon) - f_R(\varepsilon))D(\varepsilon) \quad (6.23)$$

其中，使用了散射矩阵 S 的幺正关系 $S^\dagger S = 1$，并定义了传输概率 $D(\varepsilon) = |s_{LR}|^2 = |s_{RL}|^2$。式（6.23）是朗道尔公式的一般形式，这明确给出常量的 $D(\varepsilon) = D$ 和电化学势差 $eV = \mu_L - \mu_R$。

$$I = D\frac{e^2}{h}V \quad (6.24)$$

下面看看电流的波动。当查看电流噪声 $S_I(\omega)$ 的频谱密度时，可以最好地观察到它们。实践中（见 6.3 节），对于低频，使用模数转换器，并用计算机计算二倍的电流相关器 $2I(t)I(t+\tau)$ 随时间差 τ 的快速傅里叶变换，同时求 t 上的平均值（对于直流电压偏置，统计是静态的并且与时间参考无关）。对于当前的量子系统，电流波动的谱密度 $S_I(\omega)$ 作为频率 ω 的函数如下：

$$S_I(\omega) = 2\int d\tau \langle \hat{I}(t)\hat{I}(t+\tau) \rangle e^{i\omega\tau} \quad (6.25)$$

在这里，两个不同时间的电流算符通常不能互相取代，乘式中的顺序可能很重要。这个问题将在高频散粒噪声部分讨论，与这里讨论的低频关系不大。式（6.25）涉及四个费米子算符的量子统计平均值，使用式（6.18）可得出 $f_\alpha(1-f_\beta)$ 形式的乘积。这些乘积意味着，为了产生电流波动，必须发生电子从占据状态到未占据状态的转变，或者反过来的情形。因此，根据式（6.25）计算散射区域左侧的电流波动，对于 $\omega = 0$ 给出：

$$S_I(0) = 2\frac{e^2}{h}\int d\varepsilon \{(1-R(\varepsilon))^2 f_R(\varepsilon)(1-f_R(\varepsilon)) + D(\varepsilon)^2 f_L(\varepsilon)(1-f_R(\varepsilon)) +$$
$$D(\varepsilon)R(\varepsilon))f_L(\varepsilon)(1-f_R(\varepsilon)) + R(\varepsilon)D(\varepsilon)f_R(\varepsilon)(1-f_L(\varepsilon))\} \quad (6.26)$$

其中，$R = |s_{LL}|^2 = |s_{RR}|^2 = 1 - D$ 是反射概率。前两项的形式为 $f_\alpha(1-f_\alpha)$，表示由热激发引起的左（$\alpha = L$）和右（$\alpha = R$）电子库中，波动的电子数量引起的电流噪声。最后两项表示通过散射，在左右电子库之间分配的电子噪声（例如，第三项表示从电子库（L）发射的电子并传输到右侧（概率 Df_L）"必须检查"以确定没有从右侧电子库发射的电子被反射[概率 $R(1-f_R)$]。如果两种状态都被占据，则噪声的消除意味着电子反聚束。对于不依赖于能量的传输，对能量的积分给出如下结果：

$$S_I(0) = 2\frac{e^2}{h}\{4k_B TD^2 + 2eVD(1-D)\coth(eV/(2k_B T))\} \quad (6.27)$$

在零温度下，这仅给出分区噪声 $\propto D(1-D)$：

$$S_I(0) = 2eD(1-D)\frac{e^2}{h}V = 2eI(1-D) = 2eIF \quad (6.28)$$

恢复 6.2.1 小节中介绍的法诺因子 [式 (6.8)]。在有限温度但零电压 V 下

$$S_I(0) = 4k_B T \frac{De^2}{h} = 4Gk_B T \tag{6.29}$$

恢复纯热噪声的约翰逊-奈奎斯特（Johnson-Nyquist）公式，其中电导为 $G = D\frac{e^2}{h}$。有趣的是，比较式 (6.27) 和式 (6.29)，可以看出热噪声中出现电导 $\propto D$ 的表达式，来自恒等式 $D = D^2 + D(1-D)$。这揭示了来自电子库状态 $\propto D^2$ 的热噪声和来自通过导体散射 $\propto D(1-D)$ 的分区噪声（或散粒噪声）的混合贡献。对于小的 D 值，例如隧穿结的情况，热噪声这时类似于散粒噪声。

对于有限电压和温度，当电压超过值 $V = 2k_B T/e$ 时，约翰逊-奈奎斯特机制和纯散粒噪声机制之间会发生交叉，如图 6.6 所示。

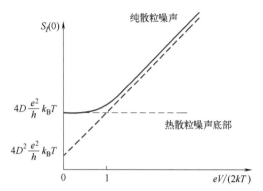

图 6.6 传输为 D 的单模导体的有限温度低频散粒噪声随电压的演变，忽略自旋。

在结束这部分专门的直流散粒噪声（即由于静态直流电压偏置引起的低频非平衡噪声）讨论前，我们给出了以传输概率集 $\{D_\lambda\}$ 为特征的一般导体的表达式：

$$S_I(0) = \frac{e^2}{h}\left\{4k_B T \sum_\lambda D_\lambda^2 + \sum_\lambda D_\lambda(1-D_\lambda)2eV\coth(eV/(2k_B T))\right\} \tag{6.30}$$

而电导为 $\frac{e^2}{h}\sum_\lambda D_\lambda$。

测量 DC 散粒噪声是获取导体信息的一种方法，而仅通过电导测量无法获得这些信息。电导是电波传输的量度；它们传输得越好，电导就越大。散粒噪声通过测量给定测量时间内传输粒子数量的波动而不是传输的粒子数量，从而来测量载流子类似粒子双重特性。尽管与电导有这种强烈的定性差异，但结合散粒噪声和电导给出了两个独立的传输关系：总和 $S = \sum_\lambda D_\lambda$ 和乘积 $P = \sum_\lambda D_\lambda(1-D_\lambda)$。在两种模式的情况下，能够明确地给出每个传输 D_1 和 D_2。

6.2.2.2 有限频率散粒噪声

下面将解决在远高于特征热频率 $k_B T/h$ 的频率 ν 下，测量电流噪声的情况。在前文中已经看到，当电压 V 大于温度 $(eV > k_B T)$ 时，散粒噪声开始出现。因此，高频区域意味着 ν 变得与特征电压频率 eV/h 以及 $k_B T/h$ 相当了。eV/h 是上述提及的马丁-朗道尔波包[5] 的频率。因此，我们预计，除了提供电导未给出的散射信息外，高频散粒噪声还将提供有关量子传导基本性质的信息。

为了推导出高频散粒噪声，从式 (6.25) 开始，其中 $\omega = 2\pi\nu$。通过将此表达式中的 ω 更改为 $-\omega$，得到类似的表达式，其中两个电流运算符的顺序已颠倒，即 $\langle \hat{I}(t)\hat{I}(t+\tau)\rangle \to \langle \hat{I}(t+\tau)\hat{I}(t)\rangle$。这两个相关因子的物理意义在推导出它们的表达式后就会清楚。由于我们可以通过将 ω 更改为 $-\omega$，从而将相关因子的一种选择转到另一种选择，因此将从式 (6.25) 开始。假设能量独立传输，给出下式

$$S_I(\omega) = 2\frac{e^2}{h}\int d\varepsilon \{(1-R)^2 f_L(\varepsilon)(1-f_L(\varepsilon-\hbar\omega)) + D^2 f_R(\varepsilon)(1-f_R(\varepsilon-\hbar\omega)) +$$
$$RD f_L(\varepsilon)(1-f_R(\varepsilon-\hbar\omega)) + RD f_R(\varepsilon)(1-f_L(\varepsilon-\hbar\omega))\} \tag{6.31}$$

从 $f_\alpha(\varepsilon)(1-f_\beta(\varepsilon-\hbar\omega))$ 项可以观察到，当占据能量为 ε 状态的电子，可以找到能量为 $\varepsilon-\hbar\omega$ 的空态时，会发生电流波动。这表明，对于 $\omega>0$，测量由上述关系给出的高频噪声，与外部电路中的光子发射有关[18,19]。

实际上，对应于电子库中热波动的前两项的能量积分，可得到光子的玻色-爱因斯坦分布：

$$N(\omega) = \frac{1}{\hbar\omega}\int d\varepsilon f_\alpha(\varepsilon)(1-f_\alpha(\varepsilon-\hbar\omega)) = \frac{1}{e^{\hbar\omega/(k_B T)}-1} \tag{6.32}$$

改变 ω 的符号，给出恒等式 $(-\omega)N(-\omega)=(\omega)(1+N(\omega))$。这表明可以用来自外部电路的自发光子发射和受激光子吸收，来解释噪声测量（这将在 6.3 节中讨论）。对于正 ω，电流噪声称为发射噪声，并由下式给出：

$$S_I^{em.}(\omega) = 2\frac{e^2}{h}\{2D^2\hbar\omega N(\omega) + D(1-D)((eV+\hbar\omega)N(\omega+eV/\hbar) +$$
$$(\hbar\omega-eV)N(\omega-eV/\hbar))\} \tag{6.33}$$

所谓的吸收噪声是通过将 ω 替换为 $-\omega$ 得到的，即 $S_I^{abs.}(\omega)=S_I^{em.}(-\omega)$。在正确设计的实验中（见 6.3 节）测量 $S_I^{em.}$。对于零电压，可以恢复有限频率约翰逊-奈奎斯特噪声：

$$S_I^{em.}(\omega) = 4\frac{e^2}{h}D\hbar\omega N(\hbar\omega) = 4G\hbar\omega N(\omega) \tag{6.34}$$

这个关系式由奈奎斯特[22]于 1928 年推导出来，考虑了通过具有匹配特性阻抗的微波传输线连接的两个电阻器之间的光子交换。由该式可知，当频率远大于温度时，光子的热辐射是不可能的，而且噪声也就消失了。对于零温度和电压 $V>0$，式（6.32）只剩下最后一项仍然存在，并获得如下表达式[4]：

$$S_I^{em.}(\omega) = \begin{cases} 2(eV-\hbar\omega)\frac{e^2}{h}D, & eV>\hbar\omega \\ 0, & eV<\hbar\omega \end{cases} \tag{6.35}$$

吸收噪声 $S_I^{abs.}$ 是通过替换式（6.33）中的 $N(\cdot) \to N(\cdot)+1$ 获得的。因此，得到了适用于有限温度和外加电压的久保公式（Kubo formula）[20]：

$$S_I^{abs.} - S_I^{em.} = 4G\hbar\omega \tag{6.36}$$

其中，$G=\frac{e^2}{h}$ 是针对此处考虑的 1D 无自旋导体。对于具有电子传输 $\{D_\lambda\}$ 的一般导体，有限频率散粒噪声可通过将式（6.33）中的项 D^2 和 $D(1-D)$，替换为 $\sum_\lambda D_\lambda$ 和 $\sum_\lambda D_\lambda(1-D_\lambda)$ 而获得。

6.2.2.3 光助散粒噪声

无需查看高频下的发射电流噪声[这需要使用困难的高频技术（请参阅 6.3.2 节）]，可以通过简单地以高频照射接触，从而获得有关高频噪声物理的信息。在这里，光子将在费米海中引发电学电子跃迁。光致电子-空穴对将产生可在低频观察到的电流噪声。我们称这种（零）频率散粒噪声为 PASN（光助散粒噪声）。

要了解 PASN 的来源，让我们再次考虑以传输 D 为特征的无自旋一维导体的简单情况。

电压 $V_{ac}(t)=v_{ac}\cos(\omega t)$ 施加在例如左侧的触点上。使用参考文献［24］中开发的方法，交流电势将在左电子库发射的电子到达散射体之前，调制相位[23]。对于由左触点以低于费米能量的能量 ε 发射的电子，波函数由 $\propto e^{ikx}e^{-i\omega t}$ 变为 $\propto e^{ikx}e^{-i\omega t}e^{-i\phi(t)}$，其中

$$\phi(t) = \int_{-\infty}^{t} dt' eV_{ac}(t')/\hbar \qquad (6.37)$$

通过将周期性相位项展开为其傅里叶分量

$$e^{-i\phi(t)} = \sum_{l=-\infty}^{l=+\infty} p_l e^{-il\omega t} \qquad (6.38)$$

由此可知，p_l 表示将最初处于能量 ε 的电子提升到能量 $\varepsilon+l\hbar\omega$ 的概率幅度。根据这种相干的能量散射，我们可以定义新的湮灭算符 $\hat{\tilde{a}}_L(\varepsilon)$，描述电子从作用在左侧电子库上的初始算符 $\hat{a}_L(\varepsilon)$ 以能量 ε 到达导体：

$$\hat{\tilde{a}}_L(\varepsilon) = \sum_l p_l \hat{a}_L(\varepsilon - l\hbar\omega) \qquad (6.39)$$

由此可知，找到电子以能量 ε 进入导体的概率幅度，等于使该电子最初占据能量（$\varepsilon-l\hbar\omega$）状态的概率幅度，乘以能量增量 $l\hbar\omega$ 散射的概率幅度。

使用这些工具，可以通过在式（6.22）中用 $\hat{\tilde{a}}_L(\varepsilon)$ 替换 $\hat{a}_L(\varepsilon)$，从而来简单地计算电流及其波动。零频率 PASN 的直接计算［其中直流电压和交流电压都施加到左侧触点上，即 $V_L(t)=V+v_{ac}\cos(\omega t)$］给出如下结果[23,25]：

$$S_I^{PASN}(V) = \frac{e^2}{h}\left\{4k_BTD^2 + \sum_l P_l \times 2D(1-D)(eV-l\hbar\omega)\coth(eV-l\hbar\omega)/(2k_BT)\right\} \qquad (6.40)$$

其中，$P_l=|p_l|^2=J_l[eV_{ac}/(\hbar\omega)]^2$ 是吸收（$l>0$）或发射（$l<0$）l 个光子的概率，而 $J_l(x)$ 表示 l 阶整数贝塞尔函数。将其与仅在左侧触点上施加直流电压 V 时式（6.27）给出的直流散粒噪声 S_I^{DC} 进行比较，得到以下有用的表达式：

$$S_I^{PASN}(V) = \sum_l P_l S_I^{DC}(V - l\hbar\omega/e) \qquad (6.41)$$

这种关系也适用于一般导体，其中 S_I^{DC} 由式（6.30）给出。物理解释是，用叠加在直流电势上的交流电势执行噪声测量，就像用直流电压并行执行许多直流散粒噪声测量，其中直流电压 V 偏移 $l\hbar\omega/e$，并且通过概率 P_l 加权。特别地，由于零温度 DC 散粒噪声 $\propto|V|$，因此每次 DC 电压 V 等于 $\hbar\omega/e$ 时，都会复制零偏压奇点。我们将在 6.4.3.3 小节中看到，类约瑟夫森关系 $\hbar\omega/e^*$ 可用于测量相互作用系统中分数激发的电荷 e^*。

6.3 噪声测量技术

6.3.1 低频散粒噪声测量技术

相干半导体纳米器件产生的散粒噪声通常很小。为了保持相干状态，施加到导体的偏置电压最多会超过 $100\mu V$。由于电导与电导量子 $e^2/h=1/(25.8k\Omega)$ 成比例，这给出了直流电流 $I\simeq 4nA$。要检测的电流噪声频谱密度是导体可给出的最大噪声的一小部分：泊松噪声 $S_I^{pois.}=2eI\simeq 13\times 10^{-28}A^2/Hz$。令人信服的测量需要几个百分点的精度，因此需要 10^{-29}

A^2/Hz 或更好的电流噪声灵敏度。

从技术上讲，使用电流放大器并不是一种方便的方法，因为反馈电阻会向样品注入额外的电流噪声。在几乎所有已知的设置中，最好是将电流简单地转换为电阻器 R 两端的电压，并测量电压噪声频谱密度 $S_V = R^2 S_I$。然而，电阻器受到带宽因素的限制。对于低频噪声测量，R 最大为 $10\text{k}\Omega$，导致所需的电压噪声灵敏度为 $\delta S_V = 10^{-23} V^2/Hz$。这比最好的商用低噪声放大器的典型电压噪声 $S_{V_n} \simeq 10^{-19} V^2/Hz$ 小几个数量级。对于有限的检测带宽 Δf，增加噪声灵敏度需要较长的高斯电压波动积分时间 τ，从而使得 $S_{V_n}\sqrt{2/(\Delta f \tau)} \leqslant \delta S_V$。对于 100kHz 带宽，这需要积分时间 $\tau = 1000\text{s}$。带宽 $\Delta f = 1/(2\pi R C_L)$ 受到导线电容 C_L 的限制（100kHz 对于 $R = 10\text{k}\Omega$，要求 $C_L < 60\text{pF}$），这意味着良好稳定性的长采集时间是散粒噪声测量中的典型要求。

设计有效的噪声测量可能是一个复杂的问题；我们在下面给出了最直接的方法，以便找到与待测样本匹配的最佳低噪声检测设置。这是基于噪声温度的概念。事实上，如果我们能够测量导体的热噪声，当然目的是要测量其散粒噪声，那么我们就有足够灵敏度来测量它的散粒噪声。从图6.6和式（6.30）可以清楚地看出这一点。令 R 为要通过放大器测量的样品电阻，放大器通过电压噪声 S_{V_n} 和电流噪声 S_{I_n} 来表征。相对于放大器输入端的总电压噪声如下：

$$S_V^{in} = 4R k_B T_s + S_{V_n} + R^2 S_{I_n} \tag{6.42}$$

其中，T_s 是样品噪声温度，即样品产生等于实际噪声的平衡热噪声的温度。对于零偏压 V，$T_s = T$（样品温度），而对于 $V \gg 2k_B T/e$，根据式（6.10）得到 $T_s \simeq F \dfrac{eV}{2k_B}$。现在让我们参考样品电阻 R_s 或电阻 $R \simeq R_s$ 来定义放大器噪声温度 T_{amp}，用于将电流波动转换为电压波动：

$$T_{amp} = \frac{S_{V_n}}{4k_B R} + \frac{R S_{I_n}}{4k_B} \tag{6.43}$$

对于较小的 T_{amp} 值（可能接近 T_s），此时可以获得最佳噪声检测。使式（6.43）中 T_{amp} 最小化的电阻 $R = R_{opt}$，给出了用于噪声检测的最佳噪声温度 T_{opt}：

$$R_{opt} = \sqrt{S_{V_n}/S_{I_n}} \tag{6.44}$$

$$T_{opt} = \frac{1}{2k_B}\sqrt{S_{V_n}/S_{I_n}} \tag{6.45}$$

表6.1显示了所选择的部分室温放大器的噪声特性。我们将选择最佳的放大器，从而使得用于将电流噪声转换为电压噪声的电阻（通常接近采样电阻 R），与最佳电阻 R_{opt} 相匹配。导线电容和输入电容是影响检测带宽 Δf 的另一个约束条件。根据高斯波动产生的以下关系，对于 1K 放大器噪声温度 T_{amp} 达到 mK 级别噪声温度精度 δT_n，需要 $\Delta f \tau$ 的乘积约为 10^6：

$$\delta T_n = (T_s + T_{amp})\frac{\sqrt{2}}{\sqrt{\Delta f \tau}} \tag{6.46}$$

表6.1 一些商用低噪声放大器的特性。前两个是现成的放大器，后四个是单片运放芯片。

参考器件	电压噪声	电流噪声	R_{opt}	T_{opt}	$1/f$	BW
SA-220(NF)	$(0.45\text{nV})^2/\text{Hz}$	$(100\text{fA})^2/\text{Hz}$	$5\text{k}\Omega$	1.8K	—	80MHz
LI75A(NF)	$(1.4\text{nV})^2/\text{Hz}$	$(14\text{fA})^2/\text{Hz}$	$100\text{k}\Omega$	710mK	300Hz	1MHz
AD743	$(2.9\text{nV})^2/\text{Hz}$	$(6.9\text{fA})^2/\text{Hz}$	$420\text{k}\Omega$	720mK	20Hz	4.5MHz
OPA627	$(4.5\text{nV})^2/\text{Hz}$	$(2.5\text{fA})^2/\text{Hz}$	$1.8\text{M}\Omega$	410mK	100Hz	16MHz
OPA657	$(4.8\text{nV})^2/\text{Hz}$	$(1.3\text{fA})^2/\text{Hz}$	$3.7\text{M}\Omega$	225mK	600Hz	1.6GHz
MAX4475/8	$(4.5\text{nV})^2/\text{Hz}$	$(0.5\text{fA})^2/\text{Hz}$	$9\text{M}\Omega$	80mK	600Hz	10MHz

通常，$T_{amp} \gg T_s$ 具有最低的 T_{opt}，并且匹配样品电阻，是非常可取的。如果样品电阻远低于 R_{opt}，则可以并联 N 个放大器。当 $S_{I_n} \to S_{I_n}/\sqrt{N}$ 并且 $S_{V_n} \to S_{I_n}\sqrt{N}$，这将 R 除以 N，而留下 T 保持不变。对于 DC 连接，这还会将放大器输入失调电压降低为其 $1/\sqrt{N}$。最大 N 受频率要求限制，因为输入电容也会相应地增大。

通过执行互相关测量，可以显著提高散粒噪声测量的可靠性。样本电流和由此产生的电压波动由两个不同的放大器放大，然后执行交叉频谱，消除不相关的放大器电压噪声。图 6.7 显示了一种可能的设置。为了理解使用互相关的优势，让我们考虑来自样品，不相关的电流波动 δI、δI_{n1} 和 δI_{n2} 以及放大器 1 和 2 的电流噪声，是如何分别对每个放大器的输入电压 $\delta V_{1,2}$ 产生贡献的。

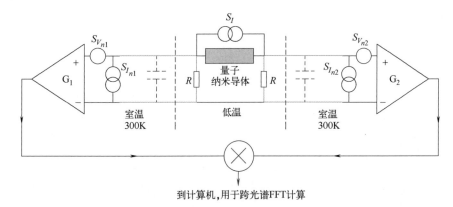

图 6.7 用于低频噪声测量的互相关噪声测量电路。

可以发现：

$$\delta V_1 = \frac{RR_s}{2R+R_s}\delta I + \frac{R(R+R_s)}{2R+R_s}\delta I_{n1} + \frac{R^2}{2R+R_s}\delta I_{n2} \quad (6.47)$$

$$\delta V_2 = -\frac{RR_s}{2R+R_s}\delta I + \frac{R(R+R_s)}{2R+R_s}\delta I_{n2} + \frac{R^2}{2R+R_s}\delta I_{n1} \quad (6.48)$$

可以观察到样本噪声给出相反符号的波动，而放大器电流噪声则有正的贡献。增加每个放大器的电压噪声，得到以所检测的电流波动下的自相关频谱密度 S_{V_1} 和互相关频谱密度 S_{V_1,V_2}。

$$S_{V_1} = S_{V_{n1}} + \left(\frac{RR_s}{2R+R_s}\right)^2 S_I + \left(\frac{R(R+R_s)}{2R+R_s}\right)^2 S_{I_{n1}} + \left(\frac{R^2}{2R+R_s}\right)^2 S_{I_{n2}} \quad (6.49)$$

$$S_{V_1,V_2} = -\left(\frac{RR_s}{2R+R_s}\right)^2 S_I + \frac{R^3(R+R_s)}{(2R+R_s)^2}(S_{I_{n1}} + S_{I_{n2}}) \quad (6.50)$$

类似于式（6.49）的表达式也适用于 S_{V_2}。可以看到放大器电压噪声（噪声的主要部分）从互相关中消失了。这种减法使噪声测量更加可靠。关于噪声精度，在对时间 τ 进行平均后，得到对于自相关的 $S_{V_{1(2)}} \times \sqrt{2}/\sqrt{\Delta f \tau}$，以及对于互相关的 $S_{V_{1(2)}}/\sqrt{\Delta f \tau}$。因子 2 的减少是由于二次的检测。交叉检测和自动检测之间的一个重要区别是样本噪声会产生负相关，而对自相关的所有贡献都是正的。这种性质上的差异使我们能够轻松地将样品噪声和测量电路的热噪声贡献相区分，因为它们都是正的贡献。

进一步的改进是通过使用冷高电子迁移率晶体管（HEMT，high electron mobility transistor）来使用低温放大。当冷却到几开尔文时，这些基于 GaAs 中二维电子气的晶体管显示出更大的增益和更低的噪声。此外，这使我们能够将第一放大级 HEMT 放置在更靠近样品的位置，从而减少导线电容并增加测量带宽。但是，由于它们是为微波（GHz）通信而设计的，因此它们在 1MHz 以下显示出较大的 $1/f$ 噪声。为了恢复白噪声状态，常用的策略是放置一个高 Q 电感 L 与导线电容 C_L 并联，从而使得谐振频率 $1/(2\pi\sqrt{LC_L})$ 为几兆赫[26]。实践中，较好的 HEMT 例如有 Avago 公司的 ATF-34143 晶体管。对于电压增益 6~8 时，人们在 4K 时实现了约 $0.22 \mathrm{nV/Hz}^{1/2}$ 的输入电压噪声，电流噪声可忽略不计（由于小于 1pF 的栅极电容）。参考文献 [30-34, 36] 中的几个团队已经给出了完整的技术细节。使用互相关技术，$10\mathrm{k}\Omega$ 电阻上的转换电流波动提供 $22\mathrm{fA/Hz}^{1/2}$，在时间 $\tau = 10^6/\Delta f$（即对于 100kHz 带宽下的 10s）上平均后，提供 $4.5 \times 10^{-31} \mathrm{A}^2/\mathrm{Hz}$ 的噪声灵敏度。以噪声温度表示，这表示在 $10\mathrm{k}\Omega$ 电阻器的热噪声上，几秒钟内分辨率为 0.09mK。最后，噪声校准是一项重要任务，从而能够在半导体纳米器件产生的量子噪声与量子噪声模型之间进行准确比较。最可靠的方法是使用平衡约翰逊-奈奎斯特噪声，校准两个检测通道的自相关噪声。这是通过加热样品及其谐振电路，并记录温度 T 下功率谱密度测量值减去基准温度下功率谱密度之间的差异来完成的。该程序使我们能够详细了解谐振电路的特性，并检查噪声随温度的线性变化，斜率提供校准。示例如图 6.8 所示。

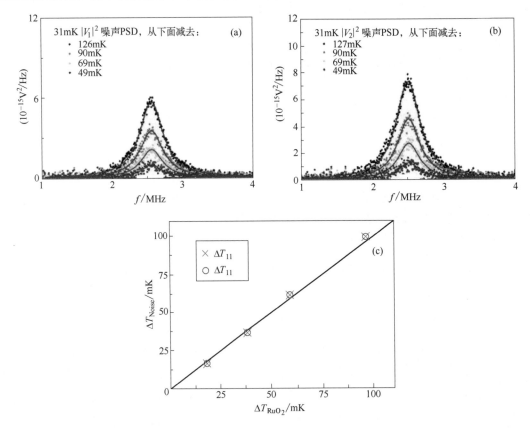

图 6.8　约翰逊-奈奎斯特噪声校准：(a) 和 (b) 中，针对每个检测通道（1）和（2）绘制了在温度 T 下测量的自相关噪声减去在基准温度 $T_0 = 30\mathrm{mK}$ 下测量的噪声的差。在 (c) 中，记录的噪声显示了预期的线性变化与温度差异。来自参考文献 [33]。

6.3.2 高频散粒噪声测量技术

这里我们将解决高频范围内的问题。在这种情况下,频率 ν 使得光子能量 $h\nu$ 与热能 $k_B T_s$ 相当或更高,其中 T_s 是器件温度。对于 $T=100\text{mK}$,这对应于 2.08GHz,微波范围(顺便说一句,该频率接近手机、蓝牙、Wi-Fi 等电信设备中使用的载波频率)。这时最好使用量子光学语言,其中光学光子由微波光子取代,如 6.2.2.2 节中已经建议的那样。事实上,电路两端之间的信息是由光子介导的,这些光子在具有小特性阻抗 $Z_c=50\Omega$ 的同轴线中作为 TE 模来传播。让我们考虑一个电阻为 R,接近电阻量子的纳米器件,通过长度为 L 的同轴传输线在 $x=0$ 处连接到一个低噪声微波放大器。样品产生的电流波动 $\delta I(t)$ 会激发电压波动 $\delta V(t, x=0)=Z_c\delta I(t)$,它开始以速度 $c/\sqrt{\varepsilon}$ 向探测器传播,其中,ε 是同轴线中的介电常数。有限阻抗使得电流或电压源以及电流噪声和电压噪声的概念变得不再方便,最好根据电磁功率和噪声功率 $\propto \delta I(t)\delta V(t)$ 来推理。噪声样品发射的微波功率和放大器检测到的功率通过散射矩阵相关联,散射矩阵根据反射、透射和可能散射到的其他电磁模式来表征通过连接电路的传播。我们注意到,早在 1928 年,奈奎斯特就以微波光子的形式考虑了电阻器发出的热噪声,并建立了在所有频率下都有效的著名奈奎斯特热噪声公式[22]。频率范围 $[\nu, \nu+\delta f]$ 内,电阻值 R 和噪声温度 T_s 的电阻器可以辐射的噪声功率如下:

$$\delta P = N(\nu) h\nu \delta f \tag{6.51}$$

其中,$\nu=\Omega/2\pi$ 是由式(6.32)给出的玻色-爱因斯坦分布。为了建立这种关系,奈奎斯特假设了一个与采样电阻 $Z_c=R$ 匹配的特性阻抗,这样电阻器发出的热噪声就可以完全通过传输线带走。实际上,量子导体辐射的噪声情况非常不同,因为 R 接近阻抗量子 h/e^2,而 Z_c 接近真空阻抗 $\sqrt{\mu_0/\varepsilon_0}$(它们的比率是精细结构常数)。在这里,大部分发射噪声功率反射回到了样本中,只有很少在外部电路中检测到。在散射语言中,使用反射振幅 $S_{ss}=(Z_c-R)/(Z_c+R)$,从样本到探测器的噪声功率传输系数如下式所示:

$$|S_{ds}|^2 = \frac{4RZ_c}{(R+Z_c)^2} = 1 - |S_{ss}|^2 \tag{6.52}$$

较小的 Z_c/R 比值使得发射的噪声功率仅为可用功率的百分之几。

使高频噪声测量变得困难的第二个方面是用于检测发射噪声的放大器辐射的噪声。如 6.2.3.1 节所述,最好将噪声功率写成等价形式噪声温度。更具体地说,定义 T_d^i 为放大器辐射到样品的噪声功率(这对应于放大器的电流噪声)和 T_d^v 为由于放大过程而增加的噪声(电压噪声),而 T_s 是样本噪声温度。测得的噪声温度如下:

$$T_m = |S_{ds}|^2 T_s + (1-|S_{ds}|^2) T_d^i + T_d^v \tag{6.53}$$

第一项是样品发出的噪声,第二项是探测器发出并反射回的噪声。

从基础的角度来看,式(6.53)将样本噪声和探测器噪声之间的量子关系直接相关起来,正如参考文献[18,20]中讨论的一样。使用久保公式,将电导为 $1/R$ 的样本在极限条件 $|S_{ds}|^2 \simeq 4R_s/R \ll 1$ 下的发射 $S(\nu)$ 和吸收 $S(-\nu)$ 噪声功率相关,并将放大器电流噪声功率写为 $k_B T_d^i = N_d(\nu) h\nu$,我们得到以下结果:

$$T_m = Z_0[S_I(\nu)(N_d(\nu)+1) - S_I(-\nu) N_d(\nu)] + T_d^{(v)} \tag{6.54}$$

低温微波放大器最初是由为射电天文学家工作的工程师开发的,现在广泛用于超导量子比特应用。冷却至 4K 时,在 $2\sim 4\text{GHz}$ 范围内,它们可以显示总噪声温度 $T_d^i + T_d^v$ 小于

1.8K，同时当很好地集成到低温环境中时，耗散只有几毫瓦。在 4GHz，通过放大只增加了不到 10 个光子，对于正确设计的放大器 $T_d^i \approx T_d^v$，式（6.54）中的 $N_d \approx 5$，并且增加的光子只有一半辐射到了样品上。

一个好的做法是保护样品免受放大器微波噪声的影响。这可以通过使用称为 RF 环行器的非互易器件来完成，如图 6.9 所示。使用此技巧，仅测量发射噪声 $S_I(\nu)$：

$$T_m = Z_c S_I(\nu) + T_d^v = T_s |S_{ds}|^2 + T_d^v \tag{6.55}$$

根据式（6.46），对于放大器噪声温度 $T_d = 2K$，在 100MHz 带宽上对噪声进行积分可得到 100s 内约 28mK 的噪声灵敏度。尽管弱耦合 $|S_{ds}|^2$ 约 1%，这允许约 3mK 的样品噪声温度变化的测量，即样品约翰逊-奈奎斯特噪声的一部分。因此，这足以测量本质上总是大于热噪声的散粒噪声。

最后，我们想提议一个策略，主要用于为了增加高阻抗量子导体和低阻抗电路之间的耦合。该技术使用阻抗变换器。对于窄带宽测量，人们可以使用高 Q 谐振器。尽管频率带宽缩小导致信息采集速度变慢，但耦合的增加更为重要，从而使得灵敏度有了净增益。然而，在获取有关噪声的频率依赖性的信息时，窄带宽可能是一个缺点。另一种解决方案是使用基于一系列具有阻抗增加的 $n=4$ 同轴线的阻抗变换。这曾用于参考文献 [90] 的实验，我们将在后面讨论。其原理类似于用于眼镜的光学抗反射涂层。最简单的阻抗变换器是特征阻抗的几何级数。连续极限给出指数变幅杆。所谓的切比雪夫（Chebyshev）级数和恒定反射（也称为二项式）级数效果更好。在这里，可以获得大带宽（频率从一个八度到十度）。实际上，在 GHz 范围内使用共面波导，样品能够看到的有效阻抗可以达到 300Ω～1kΩ。

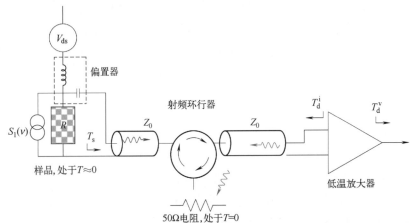

图 6.9　高频噪声测量：由样品电阻 R 产生的散粒噪声功率，通过由直流电压 V_{ds} 偏置，在特性阻抗 $Z_c = 50\Omega$ 的同轴线中发射。为了防止放大器噪声到达样品并干扰测量，这里使用了射频循环器。该非互易器件将样本噪声引导至放大器，同时放大器噪声引导至在 $T=0$ 处的 50Ω 负载并被吸收。处于最低温度的负载不会向样品发射热光子。

6.4　半导体纳米器件中的散粒噪声

6.4.1　散粒噪声的量子抑制

纳米导体的量子噪声的标志是亚泊松噪声，即这种散粒噪声始终低于在隧穿结和 p-n 结以及真空管中观察到的肖特基泊松噪声。这种较低的噪声以法诺因子为特征。我们将在这里讨论可以观察到完全噪声抑制的 QPC 的情况，然后将介绍干净的 SWCN 和石墨烯 p-n 结中的量子散粒噪声示例。还会介绍通过表现出其传输特征值统计特性的材料所引起的噪声降低，例如扩散导体或混沌量子台球，所有这些都在半导体的 2DEG 中实现。此外，还将解决当偏置电压小于电子发射光子所需的能量时，由于费米统计导致的有限频率的散粒噪声抑制。

6.4.1.1 量子点接触和其他类一维纳米导体中的低频散粒噪声

弹道导体的原型是 QPC[8,9]。这是在 2D EG 中实现的短收缩，其宽度可以通过分裂栅极的电压进行调整。这允许选择传播弹道电子模式的数量并控制它们的传输。当仅传输单一（自旋简并）模式时，QPC 表现为具有 6.2 节中图 6.2 和图 6.5 所考虑的具有散射体的理想线。早期在 QPC 中测量低频散粒噪声的尝试受到强电导噪声的影响。这种电导噪声是由于主体半导体中电荷杂质的随机运动引起的，这使得 QPC 的势能波动。根据 QPC 传输概率的能量依赖性[27]，第 n 个传输模式的传输 D_n 的导数遵从 $\frac{dD_n}{d\varepsilon} \propto D_n(1-D_n)$ 而变化。电导波动的频谱密度 $S_G(f) \propto [D_n(1-D_n)]^2 S_\varepsilon(f)$，其中 $S_\varepsilon(f) \propto \frac{1}{f}$，是能量波动频谱密度。对于产生电流 $I=GV_{ds}$ 的直流电压偏置 V_{ds}，样品产生电流噪声 $S_I^{1/f}=S_G(f)V_{ds}^2$。这种与散粒噪声无关的外部电流噪声，其特征是随直流偏置的二次方变化，并具有 $1/f$ 频率依赖性。1990 年，Li 等人[28] 报告了 $T=4K$ 时，100Hz 至 100kHz 的噪声测量值。他们试图估计在大的 $1/f$ 电导噪声之上的白噪声，观察到该白噪声低于肖特基噪声，表明散粒噪声可能存在量子减少。1991 年，Liefrink 等人[29] 在相同的频率范围内，但在较低的温度（$T=1.4K$）下完成了一项类似的工作。在这里，电流噪声同样不是由散粒噪声引起的，而是由电导波动引起的。没有发现 $1/f$ 噪声，但发现了洛伦兹频率依赖性，这是两级带电杂质的特征，在 QPC 附近切换并调制其电导。要观察白噪声并揭示弹道电子散粒噪声的费米子性质，需要在更高的频率或更低的温度或两者兼而有之的情况下工作（以减少杂质噪声）。Reznikov 等人[6] 的工作首次测量了电子量子散粒噪声。QPC 上的噪声测量是在非常高的频率（$8\sim18$GHz）和 $T=1.5K$ 下进行的。尽管频率很高，但仍低于温度，$k_BT/h=31$GHz。使用高达 1mV 的电压偏置 $V_{ds}(eV_{ds}/h=241$GHz)，因此低频散粒噪声公式对于数据比较仍然有效。图 6.10（a）的插图中所示的噪声随电压偏置（以及电流）的线性变化表明，测量的是电流散粒噪声，而不是外部 $1/f$ 噪声。在 Reznikov 等人的工作中，电流的噪声测量结果明确表明，在支持预测的电导平台上，散粒噪声有很强的量子减少。这项工作很快就由 Kumar 等人[7] 对散射散粒噪声公式（6.30）进行的另一个更定量的测试所证实。在这里，散粒噪声是在低频和非常低的温度 $T \approx 30$mK 下测量的。事实上，一个简单的标度论证表明，对于给定的频率，$1/f$ 噪声随温度的下降比散粒噪声更快。对于给定温度 T，要观察散粒噪声，只需将电压从 $V_{ds}=k_BT/h$ 改变为例如 $V_{ds}=10k_BT/h$，从而改变电压或电流以及散粒噪声，并与温度有线性关系。另一方面，$1/f$ 电流噪声显示出不同的标度。已知 $1/f$ 电导噪声大致随温度呈线性下降，而电流噪声随 I^2 变化。结合这两个依赖关系，可以看出 $1/f$ 电流噪声与 T^3 成比例。因此，将温度降低至 1/100，会使 $1/f$ 噪声与散粒噪声的比率降低到原来的 $1/10^4$。在 Li 等人 $T=4K$ 的实验中，预计白散粒噪声和 $1/f$ 噪声之间的交叉频率为 100kHz，而在 $T=30$mK 时则预计会发生在几百赫兹内。

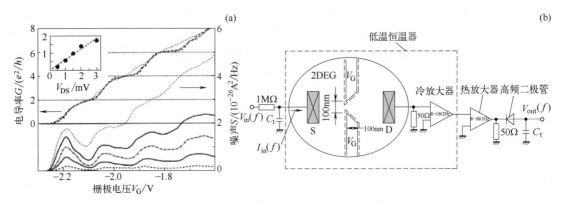

图 6.10 量子化点接触散粒噪声：(a) 噪声频谱密度 $S(\nu)$ 和归一化线性电导 G 与栅极电压 V_G 的关系。噪声是针对 $V_{ds}=0.5,1,1.5,2,3$ mV 测量的。插图：第一个峰高（与主图中的比例相同）对注入电压 V_{ds} 的依赖关系；虚直线是预测的行为。电导显示针对 $V_{ds}=0.5,1.5,3$ mV。(b) 用于测量的高频设置。尽管使用了高频，但低频散粒噪声机制对于 $f<k_BT/h$ 和 $f<eV_{ds}/f$ 仍然成立。改编自参考文献 [6]。

用噪声温度 $T^*=S_I/(4Gk_B)$ 来表示，G 为样品电导，散粒噪声关系式（6.30）可写为：

$$T^*=T\left(1+\left[\frac{eV_{ds}}{2k_BT}\coth\left(\frac{eV_{ds}}{2k_BT}\right)-1\right]\right) \quad (6.56)$$

当只有单一传输模式 D_1 对 QPC 电导有贡献时，法诺因子为 $F=1-D_1$。在图 6.11(a) 中，式（6.56）通过散粒噪声数据再现，对于各种温度时传输 $D_1=0.5$ 以及在图 (b) 中对于基础温度和传输 D_1 的各种值，都没有可调参数。在为散粒噪声和温度选择的温度单位中，线性变化的斜率提供了法诺因子的直接测量值。最后在图 6.11(c) 中，绘制出了前两种 QPC 模式提取的法诺因子值。如果包括计算的热效应或使用小磁场来抑制热效应，理论和实验会有更好的吻合。电导平台上 90% 的散粒噪声抑制给出了强烈的定性信息：完美的传导通道是无噪声的，因为泡利不相容原理会限流电子。

如图 6.11(c) 所示，QPC 的法诺因子揭示了电导平台上散粒噪声的费米抑制，这已由几个研究组进行了进一步的测量，提高了精度和测量技术[30-32]。参考文献 [37] 中，在

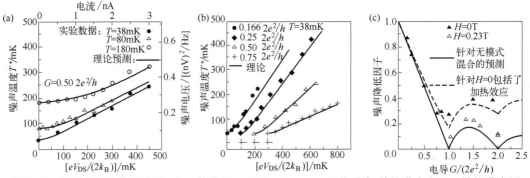

图 6.11 量子点接触散粒噪声。(a) 传输 $D_1=0.5$，$D_{n>1}=0$ 的热噪声-散粒噪声交叉。散粒噪声用噪声温度 $T^*=S_I/(4Gk_B)$ 表示。当 $eV_{ds}=2k_BT$ 时，热噪声和散粒噪声之间会出现平滑过渡。实线是与没有可调参数的预测的比较。(b) 不同传输值 D_1 下散粒噪声的演变。实线是与没有可调参数的预测的比较。对于目前仅一个通道传输的情况，线性变化的斜率测量出法诺因子 $F=1-D_1$。(c) 前两种传输模式的法诺因子变化。使用小磁场可以减少小的热效应。改编自参考文献 [7]。

InGaAs/InGaAsP 异质结的高迁移率 2DEG 上实现的 QPC 中也观察到了这一点。稍后在考虑导致 0.7 电导反常以及高频和 PASN 的相互作用时,我们将回到 QPC。

在半导体纳米器件的范围之外,值得一提的是原子点接触(APC,atomic point contact)的情况。原子接触在两个金属导体之间形成原子宽度的 3D 收缩。良好金属中的电子弹性平均自由程为几十纳米,电子相干长度在低温下甚至更大,这意味着长度量级与 QPC 中所了解的相似。尽管缺乏传输的微调,但预计电子传输特性是相似的。在 APC 中,电子传输模式被原子轨道取代。所以毫不奇怪,在 APC 中观察到类似于在 QPC 中观察到的量子噪声抑制[38-42]。来自电导求和 $\sum_n D_n$ 和来自噪声求和 $\sum_n D_n(1-D_n)$ 的知识,给出特别是对于普通(非超导)金属确定轨道传输 D_n 的重要信息。

由于费米统计而显示出噪声的量子抑制的另一个系统,是单壁碳纳米管 SWNT 的情况。SWNT 可以看作是石墨烯片卷起来形成直径为几纳米的窄管。由于 2D 石墨烯片施加的周期性边界条件,1D 子带在能量形式上很好地分离,因此在费米能量处,单个电子模式承载电流。这种模式是四重简并的,具有来自底层石墨烯蜂窝碳晶格结构的双重谷简并,并且在零磁场中,由于自旋而产生双重简并。因此,没有杂质散射的干净纳米管的电导率为 $4e^2/h$。虽然干净的 SWNT 可以使用 CVD(化学气相沉积)法以很好的良率来生长,但是困难在于实现与金属电极的良好接触。良好的接触需要蒸发的金属和纳米管之间的完美重叠。然而,即使实现了这一点,由于费米波长和费米速度不同,SWNT 中的电子波函数也与金属接触中的电子波函数不匹配。不匹配导致有限的反射和较弱的传输。然而,如果碰巧纳米管两端的反射量相同,则后者会形成电子法布里-珀罗谐振器,在谐振时,其显示出电导单元为 $4e^2/h$。这个传输单元应该由散粒噪声的量子抑制来确认,这在参考文献 [43] 中得到了证明(图 6.12 和图 6.13)。

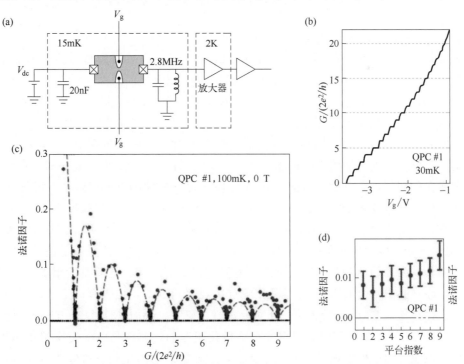

图 6.12 量子化点接触散粒噪声:(a) 使用谐振电路和低温 HEMT 的测量装置。(b) QPC 电导显示超过 15 个精确量子化的平台。(c) 法诺因子和 (d) 数据显示平台上的散粒噪声抑制接近 99%。与完美噪声抑制的偏差可以通过热效应来解释。改编自参考文献 [35]。

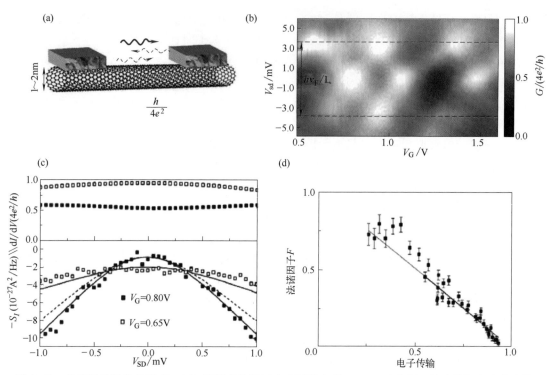

图 6.13 单壁纳米管散粒噪声。(a) 顶部蒸发了两个金属触点的 SWNT 示意图。纳米管沉积在高度掺杂的 Si/SiO_2 衬底上,用作改变电子密度的栅极。(b) 灰色轮廓图显示类法布里-珀罗电导谐振与栅极电压和源-漏电压的关系。(c) 底部:互相关散粒噪声和(顶部)相关的测量电导与偏置电压的关系。高电导与低噪声相关,体现了散粒噪声的量子抑制。(d) 从散粒噪声测量中提取的法诺因子。一维变化与传输的关系与量子散粒噪声预测完全一致。改编自参考文献 [43]。

6.4.1.2 散粒噪声和 $0.7(2e^2/h)$ QPC 反常

令人惊讶的是,非相互作用的 Landauer-Büttiker 量子输运图像与实验数据非常吻合,而相关能量 $V_c = e^2/(4\pi\varepsilon a)$ 与电子动能 E_F 相当,a 是电子之间距离的平均值。原因在于费米统计的影响,当测量能量 ($\varepsilon = eV$ 或 $k_B T$) 较小时,会抑制大量电子-电子碰撞的相互作用通道。这就产生了朗道准粒子的概念,它是一个屏蔽电子,即非相互作用的费米子准粒子,它在时间 $\tau_{e-e} \propto (E_F/\varepsilon)^2$ 期间自由传播。我们可以说,量子传输的 Landauer-Büttiker 图像不适用于电子,而是适用于朗道准粒子。事实上,根据定义,量子相干时间最终受到朗道准粒子寿命的限制,该寿命针对的是非弹性电子-电子碰撞的开始。除了一维导体外,其图像效果很好,朗道准粒子的概念在一维导体中失效了。例如,一根长度为 L 的长 1D 线,如碳纳米管,显示为由能量 $\varepsilon > hv_F/L$ 的 Luttinger 液体来描述。因此,对于传输单一轨道模式的 QPC 来说,没有电子屏蔽可以恢复隐藏的相互作用效应,这并不奇怪。实际上,相互作用效应会在电导约 $0.7(2e^2/h)$ 处产生类似平台的弱结构。这就是所谓的 0.7 QPC 反常。人们已经在其中一个 QPC 电导量子化中首次观察到了[8],但没有讨论过。该反常已被证明是普遍存在的,Thomas 等人[44] 还对此进行了研究。外加平行磁场,Thomas 等人显示 0.7 反常可能是由于零磁场下的有限自发自旋极化引起的,或许是由于交换相互作用效应。人们也在其他短一维结构中观察到了 0.7 反常,例如解理边再生长一维线[45]、弹道空穴量子线[70]、硅量子线[46]、GaN/AlGaN 异质结构[47] 和 $In_{0.75}Ga_{0.25}As$ 量子线[48] 制成的 QPC。关于理论解释,目前尚无共识。可能的情景包括自发自旋极化[49]、自旋波[50]、声学声子[51]和磁性杂质形成[52]导致类近藤效应[53-55]。旨在阐明反常性质的详细实验研究包括自旋极化测量[44,56]、温度研究[53,57]、热功率[58]和热导测量[59]。

人们已经进行了散粒噪声测量，以探测相互作用破坏的潜在自旋简并。实际上，对于传输单自旋简并轨道模式的 QPC，自旋向上和自旋向下传输 $D_\uparrow = D$ 和 $D_\downarrow = D_\uparrow = D$ 对散粒噪声和电导的贡献相同，从而给出法诺因子 $F = 1-D$ 和电导 $G = D(2e^2/h)$。如果自旋简并被打破，可以得到

$$F = \frac{D_\uparrow(1-D_\uparrow) + D_\downarrow(1-D_\downarrow)}{D_\uparrow + D_\downarrow} \tag{6.57}$$

而电导为 $G = (D_\downarrow + D_\uparrow)(2e^2/h)$。

测量电导和散粒噪声可以同时确定传输并确认自旋简并的破坏。第一个实验是由 Roche 等人[60]完成的。由于 0.7 反常是（相对的）高温物理效应，因此测量是在 300~900mK 的温度范围内进行的，需要进行一些热校正以提取法诺因子。增加平行磁场以增加自旋简并，并让 0.7 平台演化到 0.5。DiCarlo 等人[30]后来进行了更准确的测量。图 6.14 显示了参考文献 [60] 和 [61] 中进行的电导和法诺因子测量。人们观察到与 QPC 电导反常相关的法诺因子明显减少。Nakamura 等人[62] 和 Jeong 最近的研究[63] 都完成了后续的测量（图 6.14）。

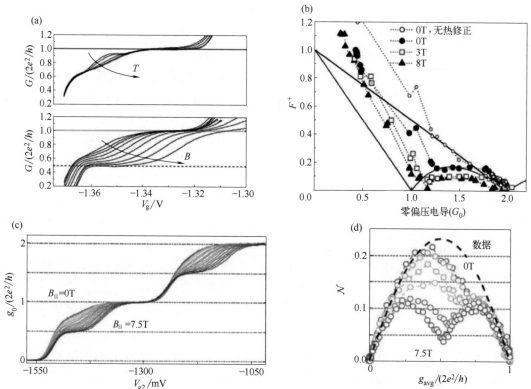

图 6.14 散粒噪声探测到的 0.7 QPC 反常。(a) 上图：在 273~779mK 的不同温度下，QPC 电导随栅极电压的演变；下图：在 0~8T 的不同平行磁场下，QPC 电导的变化。(b) 各种平行磁场下，测得的法诺因子与 QPC 电导的关系。当增加磁场时，最小法诺因子的位置从 0.7 演变为 0.5。实线表示完全简并极限和完全自旋分裂极限的预期法诺因子。(c) 不同磁场下的电导与栅极电压的关系。(d) 分区因子 $F(D_\uparrow + D_\downarrow)$ 绘制为与各种磁场下电导的关系。

图 (a) 和 (b) 改编自参考文献 [60]，图 (c) 和 (d) 来自文献 [61]。

6.4.1.3 扩散导体中的低频散粒噪声

当考虑一个宽度为 W 的导体时,它比费米波长 λ_F 大,参与传导的独立模式的数量很大,约为 $(2W/\lambda_F)^{D-1}$,其中 D 是导体的空间维度。当有大量杂质散射体产生比导体长度短的弹性平均自由程时,从头计算来预测电导几乎是不可能的。最好认为电子传输 D_λ 的分布在统计上收敛于最可能的分布,其概率分布由式(6.12)给出。预计这会产生平均法诺因子 $F=1/3$ 的散粒噪声。该值是在使用随机矩阵理论[13,16]的相干状态下得出的,并且在提供电子传输弹性的情况下,在相干状态之外也得到了相同的值[12,14]。与直觉相反,即使平均传输 $D_\lambda \ll 1$,值 $F=1/3$ 也有望保持不变,针对 $D_\lambda \ll 1$ 这个状态,通常会类比隧穿结,直觉预测其为纯泊松噪声($F=1$)。实际原因是,根据式(6.12),分布是双峰的。可以将法诺因子为 1/3 的值解释为,2/3 的模式几乎完美地传输,而其余 1/3 的传输非常微弱,产生了泊松噪声。

Liefrink 等人[64]完成了具有与上述兼容的值的有限法诺因子的第一个实验演示,他们在 GaAs/Ga(Al)As 异质结的 2DEG 中实现了窄量子线。宽度 $W=0.5\mu m$ 和长度 $L=16\mu m$ 的量子线使用负偏置栅极电压来定义横向耗尽。由于量子线的边界粗糙度,体 2DEG 的 $2\mu m$ 弹性平均自由程 $l_{\text{el.}}$ 减少到 $l_{\text{eff.}} \approx 1.2\mu m$。在 4.2K 基准温度下估计的相干长度比导体长度短,但预期的非弹性长度要长得多;数据如图 6.15 所示。Steinbach 等人[65]使用金属线进行了更准确的测量。正如 Kumar 等人[7]在工作中已经注意到的那样,热效应会引起明显的散粒噪声,该噪声在大偏置下随电流(或偏置电压)线性变化,原因是电子的加热。通过增加偏置电压,电子-电子相互作用开始上升,并且超过特征电子-电子相互作用长度 l_{e-e},可以定义电子温度 T_e。该电子温度可能高于冷却系统施加的声子温度 T。它的局域值由局部焦耳热和电子热传导之间的平衡给出,遵守维德曼-弗兰兹定律,将大触点视为热化为声子的散热器。在长度 $L > l_{e-e}$ 的扩散线中,

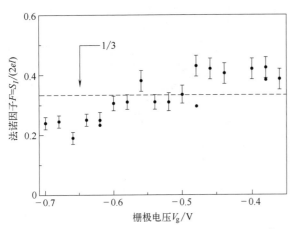

图 6.15 在 GaAs/Ga(Al)As 异质结的 2DEG 中,使用栅极耗尽定义的窄量子线中观察到的法诺因子。改变栅极电压,会使法诺因子在非相干扩散电子传输状态的预期值 1/3 左右波动。改编自参考文献[64]。

加热效应引起了高压噪声变化 $S_I = 2eI \times \sqrt{3}/4$ 和伪法诺因子 $\hat{F} = \sqrt{3}/4$,预期量子法诺因子为 $F=1/3$。

参考文献[65]中报告了在所谓的相互作用机制中电子加热开始时进行的测量,结果如图 6.16(a)所示。后来,Henny 等人[66]进行了类似的测量,其中电子热效应可以更小,并且法诺因子 $F=1/3$ 在该状态下可以恢复,结果如图 6.16(b)所示。

对于石墨烯,预期的法诺因子也是 $F=1/3$,石墨烯形成无带隙半导体,其导带和价带由超相对论狄拉克色散关系描述。有趣的是,对于不存在无序的石墨烯单层,在中性点附近的传导是通过大量的隐失模产生的。电导率 $\sigma = (L/W)G$,其中 L、W 和 G 分别是样品的长度、宽度和电导,由参考文献[67]给出:

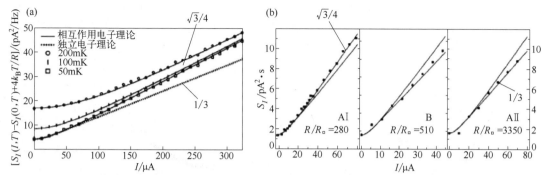

图 6.16 观察到的细金属线的法诺因子。(a) 对于 $30\mu m$ 的线长度，较短的电子-电子相互作用长度产生了电子加热。焦耳热和电子传导之间的平衡使得噪声随着电流线性上升，产生了（明显的）法诺因子 $\sqrt{3}/4$。(b) 在 $0.9\mu m$ 长的金属线上进行的噪声测量，显示了电阻尽可能小的电子库的重要性。通过改变接触盘电阻与每方块导线电阻的关系（从左到右），可以将噪声从由电子-电子相互作用（加热）主导的状态，转变为噪声揭示独立于电子的状态，其中法诺因子 $F=1/3$。(a) 改编自参考文献 [65]。(b) 改编自参考文献 [66]。

$$\sigma = \frac{4e^2}{h} \times \frac{L}{W}\left(g_0 + \sum_{n=1}^{n=N\gg 1}\frac{1}{\cosh(\pi nL/W^2)}\right) \tag{6.58}$$

其中，括号内第一项 g_0 为 0 或 $1/2$，取决于边界条件，对于大的 W/L 可以忽略不计；对于大样品，第二项是主要的，并且代表所有对电导有显著贡献的隐失模的总和，由此得到电导率：

$$\sigma = \frac{4e^2}{\pi h} \tag{6.59}$$

有趣的是，虽然隐失模传输组 $D_n = \dfrac{1}{\cosh(\pi nL/W^2)}$ 是确定性的，其分布 $P(D_n)$ 与由式 (6.12) 给出的无序金属导体概率分布 $P(D_\lambda)$ 相同。因此，对于非无序石墨烯单层，人们期望其有与无序导体相同的法诺因子 $F=1/3$。实际上，当 $W/L>3$ 时达到极限 $F=1/3$，而 F 会随着 W/L 的比率减小而增加。另一方面，对于大的 W/L，当费米能量从中性点移动几十个 $v_F h/W$ 时，F 预计会减少到约 0.15[67]。当加入无序时，理论预测变得困难，必须依赖数值模拟。例如，在参考文献 [68] 中，人们发现对于中度至重度无序，法诺因子几乎恒定。它的值不是普适的，而是取决于无序的强度和相关长度。通常，远离中性点时，F 在 0.25 到 0.4 之间变化。一般来说，平滑的势能无序往往会降低 F。然而，当无序很强时，它会增加噪声，尤其是靠近中性点的噪声，因为此时模式更易逝，会产生更多的类泊松噪声（图 6.17）。

几个研究组已经进行了实验。DiCarlo 等人[69] 在 W/L 约 5.7 的石墨烯单层上进行散粒噪声测量，发现 $0.35<F<0.38$。法诺因子似乎不依赖于栅极电压（即费米能量上的），这不符合干净单层的预测，反而更符合无序导体的数值模拟[68]。Danneau 等人[70] 相反，在中性点观察到法诺因子略高于 $1/3$，并且强烈依赖于栅极电压，随着远离中性点而减少，这与参考文献 [67] 的干净石墨烯预测结果定性一致。后来，Tan 等人[71] 测量了石墨烯纳米带（小 W）的散粒噪声，并发现除了非常接近中性点时 F 增加到 0.7 外，F 保持恒定约为 0.4。图 6.17 显示了 DiCarlo 等人 [图 (a)] 和 Danneau 等人 [图 (b)] 的法诺因子测量结果。图 (c) 中包括了 Mostovov 等人[72] 所做的测量，在本章作者的实验室中，实验

在宽石墨烯单层上图案化形成的 800nm×200nm（$W/L=4$）的限制图形上进行。在这里，一对侧栅极用于调制限制图形中的电荷密度。我们观察到法诺因子在 0.2 和 0.3 之间，在中性点处具有最大值。

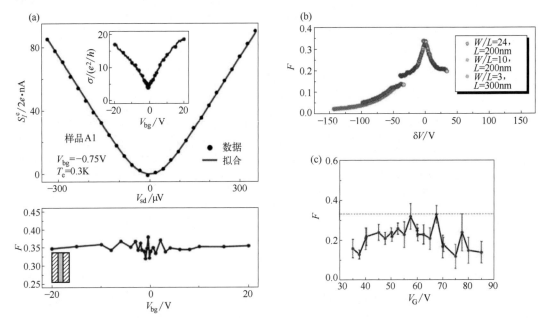

图 6.17　在石墨烯单层中观察到的法诺因子。(a) 上图：在非常接近中性点的地方测得的散粒噪声与偏置电压的关系。插图显示了电导变化与用于改变密度的背栅电压的关系。下图：法诺因子随栅极的变化，$W/L=5.7$。(b) 法诺因子与背栅的关系，测量的几个样品均设为 $W/L>3$，F 的变化似乎与干净石墨烯的预测[67]定性一致。(c) 观察到的具有 $W/L=4$ 的窄石墨烯收缩的法诺因子。在这里，侧栅而不是背栅用于改变限制结构中的石墨烯密度，法诺因子就在该结构中进行测量。(a) 改编自参考文献 [69]。(b) 改编自参考文献 [70]。(c) 的数据来自参考文献 [72]。

总而言之，理论和实验都证实了亚泊松噪声，这是电子量子散粒噪声的标志，但与普通扩散金属不同的是，无序石墨烯单层没有普适的法诺因子值。

6.4.1.4　视为量子台球的大量子点中的低频散粒噪声

在这一部分中，我们讨论另一个有趣的量子导体的情况，其电子模式传输可以用传输的统计系综来描述，其最可能的分布 $P(D_\lambda)$ 已知，并给出平均法诺因子 $F=1/4$。

在此，量子导体形成所谓的量子台球。通常在 GaAs/GaAlAs 异质结中形成的二维电子系统中实现，这种半导体纳米器件设计为通过 QPC 连接到宽二维电子导线的宽量子点。它与量子点（面积小得多）的不同之处在于，它具有准连续状态，而量子点显示分立状态，而且电荷能量也可以忽略不计。"量子台球"这个名字意味着，该系统形成了经典混沌系统理论中研究的经典台球的量子模拟。让我们从经典台球开始。当考虑一个粒子在封闭区域内以恒定速度进行经典运动时（像台球桌上的球），它的轨迹很少是周期性的。周期性的轨迹仅适用于一些有限的台球形状，圆形、正方形和一些三角形。对规则形状引入一个小的扰动，会立即导致大量混沌轨迹的出现。所谓混沌，是指非周期性轨迹，更重要的是，由于初始条件的微小差异，两条轨迹之间会产生显著的差异。两条轨迹之间的差异随所谓的李雅普诺夫（Lyapunov）指数呈指数增长。当将系统视为量子系统时，混沌台球与非混沌台球的区别在于其能级分布。在这里，量子能级相互避开，而在非混沌系统中，由于自由度分离导致的力学不变量的存在,能级交叉点的数量很大。在此,我们对能级分布不感兴趣,但对传输本征值的分布感兴趣。通过在台球外围打两个小孔来注入和收集穿过台球的粒子,预测的台球传输本征值遵循双峰统计分布。对于两个对称开口,传输相同数量的模式 $N_L = N_R = N$[15,16] (图 6.18)。

$$P(D_\lambda) = \frac{N}{\pi} \times \frac{1}{\sqrt{D_\lambda(1-D_\lambda)}} \qquad (6.60)$$

该式代表双峰传输,与扩散系统非常相似,请参见式(6.12)。这里给出了平均电导 $G = (N/2)(2e^2/h)$ 和法诺因子 $F = 1/4$,而对于扩散系统 F 则为 1/3。如果两个孔径传输的模式数量不同,则预期法诺因子为:$F = N_L N_R /(N_L + N_R)^2$。Oberholzer 等人[73,74]已经通过实验测量了这一点,如图 6.18 所示。他们考虑两种状态;电子在混沌腔中停留时间小于电子-电子相互作用时间的冷电子态,以及必须包括台球内电子自热的热电子态。

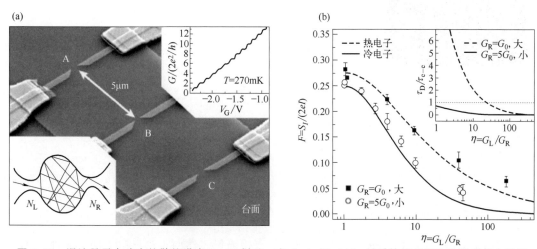

图 6.18 混沌量子台球中的散粒噪声。(a) 样品:在 GaAs/GaAlAs 异质结的 2DEG 中形成的大量子点,通过蚀刻和负电压偏置分裂栅来定义。两个量子点接触用作输入和输出端口,用于研究通过量子台球的传输(第三个 QPC 未使用)。(b) 测量的法诺因子的变化作为不对称参数的函数,表征左/右 QPC 传输的模式数之比。实线是预测,空心圆是数据。对于对称传输,发现法诺因子为 1/4。右上插图的虚线和实心方形数据点对应于电子热效应变得重要的状态。改编自参考文献 [73]。

6.4.1.5 低频散粒噪声和全计数统计

由于缺乏灵敏的快速电子探测器,实时计算通过量子导体的电子数量是一项极其困难的任务。实际上,对于传输率为 0.5 且偏置电压为 1mV 的自旋简化单模量子导体,对应于每 0.4ns 传输一个电子的平均电流为 0.4nA,而目前最快的检测仅限于几分之一微秒。如果这种高速检测是可能的,它将允许我们测量电子的 FCS,正如 Levitov 和 Lesovik 在 1992 年[75,77]针对 QPC 的二项式统计所建议的那样,参见式(6.4)给出的 $P(N)$。这也提出了在单电子水平上[78]对电流进行量子检测的理论问题[76,77]。

然而,对慢速电子进行计数是可能的,并且已经由几个研究组使用由一系列弱耦合量子点制成的导体来完成了。在这种情况下,电子每毫秒从一个点转移到下一个点。在物理上,这对应于一个连续的隧穿机制,通过使用主方程经典地组合隧穿量子概率来描述,因为在每一步中,电子都会失去它们的相干性。量子点电荷的测量通常使用近距离 QPC 进行。事实上,量子点上的电荷会调制 QPC 的传输,正如 Field 等人[79]首先展示的那样。人们后来[80-82]测量了量子点电荷的实时波动,允许研究由直流电流通过点引起的电荷波动。后来，Gustavsson[83] 和 Fujisawa[84] 使用串联的量子点来测量 FCS 分布的阶矩。在参考文献 [83] 中，见图 6.19，$P(N)$ 的第二和第三阶矩是从量子点中电荷的分布概率推断出来的，而在参考文献 [84] 中，两个串联的量子点允许双向测量电流。分布的第二阶矩给出了散粒噪声 $S_I = e^2 (\delta N)^2 / T_{\text{meas}}$，而三阶噪声是 $C_I = e^3 (\delta N)^3 / T_{\text{meas}}$，以此来表征 $P(N)$ 的偏度。

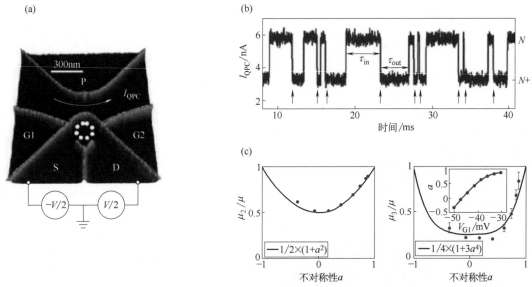

图 6.19 全计数统计 $F(S)$。(a) 使用单个量子点，同时 QPC 测量点中的电荷。(b) 针对有限漏源电流，点中电子数的实时变化 (c) 左：推断的散粒噪声（第二阶矩）与左/右隧道势垒之间的不对称性的关系，右：电流波动的第三阶矩。实线曲线是预测。改编自参考文献 [83]。

其他测量 FCS 的尝试是基于对电流波动的直接测量。然而，第三阶矩的检测非常困难，因为它需要很长时间的采集才能达到合适的噪声灵敏度。Reulet 等人[85] 和后来的 Bomze 和 Reznikov[86] 使用隧穿结进行了测量。

6.4.2 散粒噪声中的高频效应

6.4.2.1 半导体纳米器件中散粒噪声的高频量子抑制

费米统计具有使电子沉默的几个扭曲。如前文 6.2 节所示，对于给定的漏极-源极偏置电压 V，它以 eV/h 的频率调节电子流。这会在没有散射的情况下产生无噪声的电子流（就像 QPC 电导平台上的情况一样）。在这里，我们将表明，即使存在散射，我们仍期望电子按照二项式统计进行随机传输，当频率在 $\nu > eV/h$ 处，观察到电流波动时，噪声也会被抑制。这是因为当 $h\nu > eV$ 时，在高于费米能量的 eV 能量范围内发射的电子，无法找到能量为 $eV - h\nu$ 的空态，从而产生电流波动。这种有限频率的费米（或泡利）阻塞是产生式（6.35）的原因。测量高频电流噪声就像测量电路中非相干辐射的发射功率。此外，噪声抑制也可以解释为，当 $eV < h\nu$ 时，电子没有足够的能量来发射单个光子。

从历史上看，Schoelkopf 等人[87] 首先在金属扩散导体中观察到电压 $V < h\nu/e$ 时，高频下不存在散粒噪声。然后，Deblock 等人[88] 使用两个金属超导-正常超导结作为量子噪声发射器和探测器，用于测量分别位于超导间隙上方和下方的电子准粒子的发射噪声 $S_I(\Omega)$ 和吸收噪声 $S_I(-\Omega)$。使用半导体纳米器件方面，后来 Onac 等人[89] 使用量子点检测到

QPC 的高频噪声，而量子点的能级分离 Δ 允许通过光子吸收、光子发射过程探测频率为 $\nu=\Delta/h$ 的散粒噪声。Zakka-Bajjani 等人[90] 在 4~8GHz 频率范围内，使用低噪声低温微波放大器，对 QPC 的有限频率散粒噪声理论进行了完整的定量测试（图 6.20）。

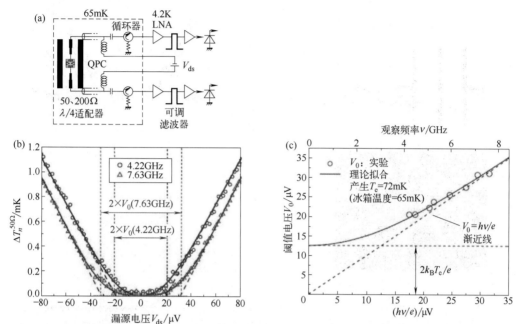

图 6.20 QPC 的高频散粒噪声。（a）高频测量电路。两个相同的低温低噪声放大器（LNA，low noise amplifier）分别放大噪声波动。微波循环器用于防止放大器噪声到达样品，并确保仅测量 QPC 发射噪声。由于样品阻抗与微波阻抗标准相差较大，采用 $\lambda/4$ 200Ω/50Ω 共面带状线阻抗变换器来提高信噪比。（b）散粒噪声，以噪声温度单位表示，在 QPC 传输 0.5 和两个频率 ν = 4.22GHz 和 ν = 7.63GHz 下针对偏置电压测量。到达阈值电压约 $h\nu/e$ 后，噪声消失。电子温度为 70mK。实线是与没有可调参数的理论值的比较。（c）阈值电压相对于噪声检测频率关系的演变，其标尺为 $h\nu/e$，包括了弱的热校正。改编自参考文献 [90]。

Gustavsson 等人[91] 使用耦合到 QPC 的双量子点作为微波辐射的频率选择探测器，也获得了电压低于检测噪声频率的散粒噪声的类似清晰量子抑制，参见图 6.21。由于量子点的高隧道势垒，缓慢的电子隧穿速率允许实时检测电子通过双点时的过程。与 QPC 发射散粒噪声成正比的光助电子流，就可以实现这种测量。通过调整双点能级，可选择探测散粒噪声功率频谱的频率。

6.4.2.2 光助量子散粒噪声

在这里，我们考虑在非平衡情况下进行的低频散粒噪声测量，其中，半导体纳米器件的触点上同时施加了直流和交流偏置电压：$V(t)=V_{dc}+V_{ac}\cos(\Omega t)$。在这种情况下，如 6.2.2 节所示，低频散粒噪声由式（6.41）给出（见图 6.21）。为方便起见，我们在此重复一下：

$$S_I^{PASN}(V_{dc}) = \sum_{l=-\infty}^{l=+\infty} P_l S_I^{DC}(V_{dc}-l\hbar\Omega/e) \quad (6.61)$$

此处，S_I^{DC} 表示仅施加直流偏压时（$V_{ac}=0$ 和 $P_l=\delta_{l,0}$）可测得的低频散粒噪声。对于有限振幅 V_{ac} 的正弦波驱动，光概率由式 $P_l=J_l[eV_{ac}/(\hbar\Omega)]$ 给出，其中，$J_l(x)$ 是 l 阶整数贝塞尔函数。值得注意的是，式（6.41）[或式（6.61）] 仅在假设对传输能量的依赖性可以忽略不计时，才采用这种简单形式。在量子点的情况下，能级分离对能量传输进行了强调制，并且对于 PASN，式（6.41）也需要重新考虑。这里将专注于我们认为能量依赖性较弱的半导体纳米器件中的量子散粒噪声测量示例。

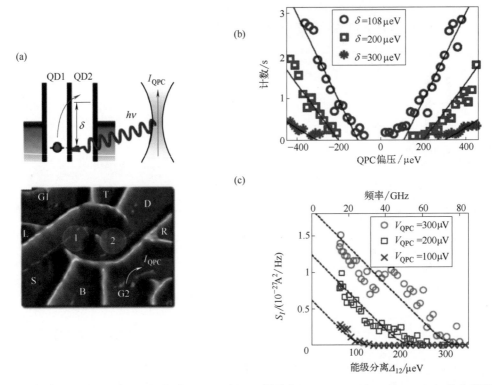

图 6.21 高频 QPC 散粒噪声的量子检测。(a) 上部：双量子点（DQD, double quantum dot）作为高频噪声探测器的能量示意图；底部：测量中使用的样品，两个 QD（用 1 和 2 标记）和附近的 QP；(b) 对于不同的失谐值，电子计数率与 QPC 偏压的关系；(c) 从 (b) 中的数据中提取的 QPC 的噪声频谱。数据显示，对低于通过能级分离设置的检测能量的偏置电压，量子散粒噪声有明显的抑制。改编自参考文献 [91]。

历史上，Schoelkopf 等人[92] 在扩散金属线中，以及 Kozhevnikov 等人[93] 在金属超导正常结中首先观察到 PASN。Reydellet 等人[94] 完成了对半导体纳米器件 QPC 的首次观察。QPC 允许调整传输，从而能够更准确地测试包括热效应在内的 PASN 理论。Reydellet 等人[94] 的结果如图 6.22 所示。此处，噪声以定义的噪声温度单位表示，为 $S_I^{PASN}/(4k_B G)$，其中 $G = 2e^2/(h \sum_n D_n)$ 是 QPC 电导，而 D_n 是 QPC 模式传输。根据式（6.61），噪声温度由下式给出（图 6.22）：

$$T_N = T(J_0(\alpha))^2 + \frac{\sum_n D_n^2}{\sum_n D_n}[1 - J_0^2(\alpha)]) + \sum_{l=1}^{+\infty} \frac{lh\nu}{k_B} J_l^2(\alpha) \frac{\sum_n D_n(1-D_n)}{\sum_n D_n} \quad (6.62)$$

其中，$\nu = \Omega/(2\pi)$，而 $\alpha = eV_{ac}/(h\nu)$。

在参考文献 [94] 的实验中，$h\nu/(k_B T)$ 不高，零偏压直流散粒噪声奇异性预计会在 $V = h\nu/e$ 时复制，在 PASN 测量中显示出热的宽奇异性。后来，Gabelli 等人[95] 使用隧穿结和 Dubois 等人[96] 在更低温度下使用 QPC，都观察到更清晰的特征，在悬浮子的背景下，这些用于比较正弦波激发与周期性洛伦兹激发。

PASN 也可用作微波辐射的探测器。Jompol 等人[97] 使用 QPC 产生散粒噪声发出的非相干辐射，在附近的 QPC 上生成 PASN。实际上，式（6.61）并不局限于单色激发。从

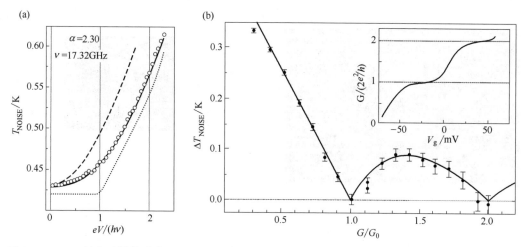

图 6.22 QPC 的光助散粒噪声。(a) 在 17.32GHz 交流激励下,噪声温度作为直流偏置电压的函数,单位为 $eV/(h\nu)$。测得的电子温度为 229mK,AC 激发为 $\alpha=2.3$。点线是零温度下预期的光助噪声,$\alpha = \dfrac{eV_{ac}}{h\nu} = 2.3$。为了与单纯热效应进行比较,虚线是非光助散粒噪声,其电子温度 $T=430$mK,等于零偏压噪声温度。连续的线是使用式 (6.61) 计算的光助噪声,其中没有可调参数。(b) 零偏压光助散粒噪声(以噪声温度单位表示)与以 $G_0=2e^2/h$ 为单位的 QPC 电导的关系,其中交流激励为 17.32GHz,$\alpha=2.3$。实线是根据式 (6.62) 无可调参数的结果。改编自参考文献 [94]。

单色激发情况开始,可以重写离散光吸收概率,作为微波能量分布的方程 $P(E)=\sum_{l=-\infty}^{l=+\infty}\delta(E-lh\nu)$,而且式 (6.61) 可以通过用对 E 的积分替换对 l 的离散求和来等价重写,即 $\sum_l P_l \to \int P(E)\mathrm{d}E$。在激发不是单色而是非相干辐射的情况下,由式 (6.37) 给出的相位现在获得随机时间变化,并且

$$P(E)=\dfrac{1}{2\pi\hbar}\int_{-\infty}^{+\infty}\mathrm{d}\tau\, e^{iE\tau/\hbar}\langle e^{i(\phi(\tau)-\phi(0))}\rangle \qquad (6.63)$$

其中,括号 $\langle\,\rangle$ 表示相位相关波动上的统计平均值。使用互相关噪声测量,参考文献 [97] 表明,QPC 探测器产生的光助噪声的振幅与 QPC 发射器的噪声温度成正比,因此能够测量 QPC 发射的非相干辐射功率。其测量和半导体纳米结构如图 6.23 所示。

PASN 最近已用于太赫兹辐射检测。在参考文献 [98] 中,Parmentier 等人用扫频太赫兹源照射放置在蝴蝶结天线中心的石墨烯纳米带,并记录了由此产生的 PASN。为了分析数据,他们使用法诺因子 $F=1/3$ 来解释石墨烯纳米带的扩散量子传输,并包括了热效应。图 6.24 显示了在将频率从约 50GHz 扫描到 1.5THz 时,记录的噪声示例。功率随频率的振荡与蝴蝶结天线谐振有关(图 6.24)。

最后,PASN 的物理机制已用于提供分数量子霍尔效应(FQHE, fractional quantum hall effect)体系中分数电荷的新型测量。当 $e^*=e/3$ 和 $e/5$,DC 电压服从约瑟夫森关系 $e^*V=h$ 时,观察到了散粒噪声奇异[99],请参见 6.4.3 节。对于基于电压脉冲的单电子源,已经基于电子量子光学得到发展,PASN 物理学提供了一个很好的框架来理解悬浮子的周期性生成,这些悬浮子是时间分辨的最小激发准粒子[96]。这将在 6.4.4 节中讨论。

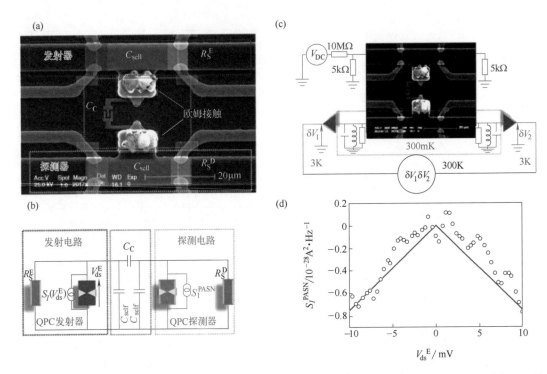

图 6.23 (a) 样品的 SEM 图像。两个断开的 2DEG 带,使用了四个 QPC。上(下)带上的左侧 QPC 是 QPC 发射器(探测器)。右侧的 QPC 在电导平台上运行,用作无噪声电阻器。中心的两个浮动欧姆触点,用于通过电容耦合将源自 QPC 发射器散粒噪声的电势波动,传输到在 QPC 探测器中产生光助散粒噪声的电势波动。(b) 测量原理。(c) 测量电路。(d) 检测到的互相关光助散粒噪声与 QPC 发射器电压偏置的函数。改编自参考文献 [97]。

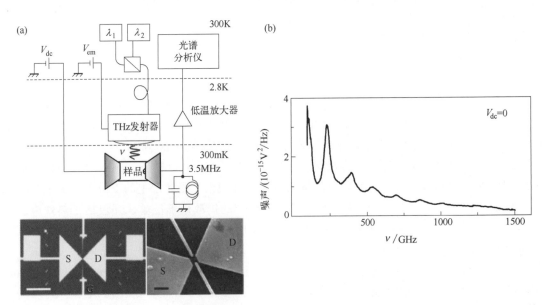

图 6.24 使用光助散粒噪声的太赫兹辐射检测。(a) 实验原理。扫频太赫兹源基于两个固态激光二极管频率(波长 λ_1 和 λ_2)的拍频。光纤将辐射带到制冷低温生长的 GaAs 混频器,该混频器向样品的蝴蝶结天线发射频率为 $\nu = \lambda_1^{-1} - \lambda_2^{-1}$ 的太赫兹辐射。底部图像显示蝴蝶结天线(左)和中心的石墨烯纳米带天线(右)。(b) 检测到的光助散粒噪声与辐射频率的关系。改编自参考文献 [98]。

6.4.3 分数量子霍尔效应：分数电荷的散粒噪声测量

量子散粒噪声可测量到达给定接触的载流子波动的方差。从量子的角度来看，这提供了关于载流子类粒子性质的信息，而不是电导提供的关于载流子波动性质的信息。对于给定的统计数据，噪声的强度与载流子电荷成正比（通常的情况可以想象屋顶上的雨水产生的噪声，水滴越大，噪声越强）。要理解这一点，要考虑的最简单情况是电荷载流子遵循泊松统计通过导体的通道。按照 6.2.1 节的方法，让我们考虑电荷 q 在时间 τ 内转移时的平均数 $\overline{N}$。方差为 $(\Delta \overline{N})^2 = \overline{N}$，其中 $\Delta N = N - \overline{N}$ 是波动。恢复电学单位，平均电流及其波动的方差分别为 $\overline{I} = q\overline{N}/\tau$ 和 $(\Delta \overline{I})^2 = q^2(\Delta \overline{N})^2/\tau^2$。得出下列方程：

$$(\Delta \overline{I})^2 = 2q\overline{I}\Delta f = S_I \Delta f \tag{6.64}$$

其中，引入了奈奎斯特带宽 $\Delta f = 1/(2\tau)$。对于对应于有限传输 D 的二项式统计，噪声根据式（6.7）减少（$q = e$）。从式（6.64）可以看出，测量泊松散粒噪声和平均电流提供了确定载流子电荷的最准确方法。下面将展示在量子霍尔体系中的直接应用，以确定任意子激发的分数电荷。

6.4.3.1 分数量子霍尔体系中的边缘通道和散粒噪声

在设法测量散粒噪声之前，先简要解释一下什么是量子霍尔效应机制，以及如何使用散粒噪声来探测该机制。

当一个电子被置于磁场 B 中时，众所周知，它会在垂直于磁场的平面内，进行圆周运动，称为回旋加速轨道。在二维中，运动由类谐振子的哈密顿量描述，它产生规则间隔的能级 $E_n = (n - 1/2)(\hbar\Omega_c)$，即所谓的朗道能级。$\Omega_c = eB/m$ 是电荷为 e 和质量为 m 时的回旋加速频率。设 B 平行于 Z 轴，而 (x, y) 是平面的坐标。在均匀平面中，回旋加速轨道能量对于平面中所有可能位置都与回旋加速轨道中心 (X_c, Y_c) 处的相同。这导致朗道能级的大幅简并。实际上，在二维中，人们期望能量取决于两个量子数，而对于朗道能级，它取决于单个量子数 n。缺失的量子数由定义回旋加速轨道中心的选择来编码。这种选择不是无限的，因为根据运动方程可以看出，回旋加速轨道中心的坐标服从不确定关系

$$\Delta X_c \Delta Y_c = \hbar/(eB) \tag{6.65}$$

这类似于具有坐标 q 和动量 p 的一维运动的不确定关系 $\Delta p \Delta q = \hbar$。事实上，由于一个自由度在回旋加速能量中冻结，所以剩余的动态是一维类型的。可以说，在朗道能级 n 内，实空间变成了具有磁场可调普朗克常数 $\hbar/(eB)$ 的相空间。同样地，在一维中，相空间中量子态占据的平均面积为 h；朗道能级内的量子态面积为 $h/(eB)$。因此，对于面积 S，简并度等于平面中通量量子 $\phi_0 = h/e$ 的数量 $N = BS/\phi_0$。引入费米统计，可以看到，当电子密度 n_s 对应于整数填充因子 $\nu = n_s/n_\phi = n$ 时，其中 $n_\phi = eB/h$ 是平面中通量量子的密度（通常，对于 $B = 1\text{T}$，$n_\phi = 4.13 \times 10^{15}\text{m}^{-2}$），此时会获得第 n 个朗道能级的完全占据。朗道能级量子化和费米统计的结合产生了霍尔电阻的惊人量子化，其经典值 $R_H = B/(en_s)$ 变成了量子单位 $R_H = (h/e^2)(n_\phi/n_s)$。对于 n 个填充的朗道能级[100]（图 6.25）有

$$R_H = \frac{1}{n} \times \frac{h}{e^2} \tag{6.66}$$

根据朗道能级内的动力学与一维导体的动力学之间的上述类比，每个朗道能级对霍尔电导的贡献 e^2/h 就并不令人惊讶了，但惊人的不同之处在于量子化的极端鲁棒性。原因是没有电子后向散射。这就提出了一个问题，即找出电流在量子霍尔机制中的流向。矛盾的是，

当回旋加速轨道的中心冻结时，朗道能级中的电子并没有移动。整个系统是一个绝缘体。然而，如果说在 Y 方向外加了电场 E_y，这会在 X 方向引起回旋加速轨道漂移速度为 $v_D = E_y/B$。现在，如果考虑一个平行于 X 轴的有限带，如图 6.25 所示，就需要垂直于带边缘的、急剧上升的限制电场来使电子漂移。这个静电场会产生一个永久电流，而由于电场是相反的，因此顶部和底部边缘电流的方向相反。限制势能提升了朗道能级。它们与费米能量的交叉定义了电流可以流过系统的边缘通道。相对边缘之间的较大距离可防止后向散射，从而确保完美的电导。为了与最近的研究进展联系起来，量子霍尔效应是拓扑绝缘体产生具有量子化电导的边缘态的第一个例子。需要注意的一个重要特征是针对整数填充因子的量子霍尔效应（体材料中）的不可压缩性。事实上，由于费米统计，如果不将电子从最后一个占据的朗道能级提升到下一个未被占据的朗道能级，从而留下一个空穴可以自由移动到别处，人们就无法改变密度。这会消耗有限的能量（对于偶数 v 为 $\hbar\overline{\Omega}_c$ 或对于奇数 v 为 $g^*\mu_B B$，g^* 是 Landé 因子）使得系统不可压缩（图 6.26）。

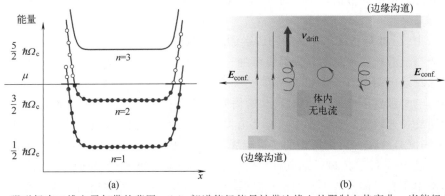

图 6.25 强磁场中二维电子气带的草图。(a) 朗道能级能量被带边缘上的限制电势弯曲。当能级与化学势交叉时，这定义了称为边缘通道的无间隙传导模式。对于体材料中 n 个填充的朗道能级，有 n 个边缘通道，此处为 $n=2$。(b) 边缘通道的草图。由于回旋加速轨道的漂移速度随约束电场改变符号，边缘通道上的电子被强制进入手性运动。对于宽通道，不可能发生电子后向散射，从而确保了完美的电导量子化。

既然现在知道了电流在量子霍尔效应状态下的流动方式和位置，就可以考虑散粒噪声测量了。图 6.26 (a) 示意了两种极限情况，这发生在使用由 QPC 的分裂栅产生的电场，来迫使电子在量子霍尔导体带的相对边缘通道之间后向散射时。当 QPC 在带的左右部分之间形成绝缘势垒时，收集右上触点的传输电流 I_t，同时在左上触点和右上触点之间施加偏置电压 V_{ds}，这时测量的电导很低，为 De^2/h，其中 $D \ll 1$。在这种强后向散射机制（SB, strong backscattering）中，

$$S_I = 2eI_t \tag{6.67}$$

然而，当创造条件实现非常弱的后向散射（WB, weak backscattering）（$D \simeq 1$）时，我们可以找到另一种具有泊松统计的散粒噪声机制。令 $I_0 = (e^2/h)V_{ds}$ 为左上方触点注入的输入电流。对于 WB，传输电流很大，$I_t = DI_0 \simeq I_0$，而后向散射电流 $I_B = (1-D)I_0 \ll I_0$ 则很弱。它对应于具有泊松统计的几乎不反射的电子。等价地，I 由具有泊松统计的几乎不传输的空穴（失去电子）组成。

$$S_I = 2eI_B \tag{6.68}$$

由于传输的手性性质，透射电子和反射电子之间的分离是可能的。这允许进行自相关和互相关电流噪声的测量，如图 6.26 (b) 所示。

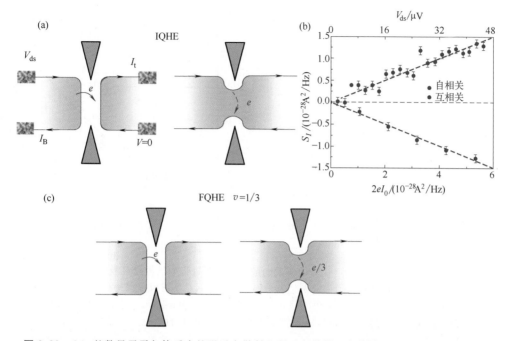

图 6.26 （a）整数量子霍尔体系中的强后向散射和弱后向散射。当传输 $D \ll 1$ 时，电子按照泊松统计从左转移到右。对 $1-D \ll 1$，电子按照泊松统计从上转移到下。（b）边缘状态的手性允许性能同时自相关（蓝色数据）和互相关（红色数据）。人们观察到 $\overline{(\Delta I_t)^2} = \overline{-\Delta I_t \Delta I_B}$。我们可以注意到，与自相关测量相比，互相关数据噪声更小且更准确。（c）分数量子霍尔体系中的弱和强后向散射。对于弱后向散射，具有 $e/3$ 载流子时，发生载流子从上到下的转移，这是预期通过 $v=1/3$ 的相关量子霍尔系统转移的唯一低能量激发。

现在让我们考虑电子未完全填满朗道能级的情况。对于部分填充，人们期望能量无带隙激发。然而，人们发现，对于填充因子的某些有理分数，会出现带隙，使系统不可压缩，并且霍尔电导部分量子化，这就是 FQHE[101]。最稳健和最容易理解的情况是第一朗道能级的 1/3 填充。FQHE 是由于电子-电子相互作用。对于填充因子 $v=1/3$，拓扑有序的量子相是有利的，其中每个电子排他地占据三个量子态（即三个通量量子的面积）。根据同样的方式，$v=1$ 处的泡利排斥通过阻止电子相互接近来减少排斥性库仑相互作用，这里电子集体合作，形成三个通量量子安全距离，以减少相互作用并稳定它们的基态。一个基本的类空穴激发包括清空一个量子态，留下一个带有分数电荷 $-e/3$ 的空穴[102]。这具有能量成本 $\Delta \simeq e^2/(4\pi\varepsilon\varepsilon_0 l_c)$，其中 $l_c = [\hbar/(eB)]^{1/2}$，这大致对应于创建 $-e/3$ 电荷圆盘的库仑能量。该带隙使霍尔系统不可压缩，并且霍尔电阻量子化为 $3h/e^2$。

如何探测和测量分数电荷 $e^* = e/3$ 呢？具有 $q=e^*$ 的式（6.64）给出的散粒噪声提供了一种准确的方法，其中并没有人为参数和未知参数。如图 6.26（c）所示，人们必须区分两种区域。在 SB 区域中，QPC 会创建一个绝缘势垒。绝缘区域破坏了集体相关性，分数激发不太可能穿过势垒（在真空中，一般原则禁止了非元电荷的可能性）。然后在这种区域中，人们期望 $S_I = 2eI_t$。然而，在另一个限制中，耦合产生的非常微弱的扰动并不会破坏相关性，而唯一允许穿过不可压缩流体的激发具有分数电荷 $q=e^*=e/3$。人们期望（图 6.27）：

$$S_I = 2e^* I_B \left(\coth \frac{e^* V_{ds}}{2k_B T} - \frac{2k_B T}{e^* V_{ds}} \right) \tag{6.69}$$

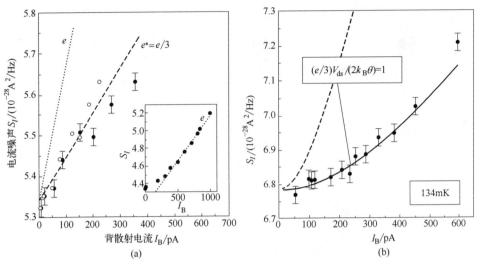

图 6.27 Saminadayar 等人在 $v=1/3$ 的弱后向散射状态下进行的散粒噪声测量 [108]。(a) 线性散粒噪声变化与后向散射电流的关系。电子温度为 42mK，反射概率保持在 $1-D\simeq 4\%$ 的低水平。(b) 更高温度下的散粒噪声：134mK，用以观察当 $eV_{ds}\simeq 2k_BT$ 时发生的热噪声-散粒噪声交叉。这里，$1-D\simeq 0.18$。实线是与式 (6.69) 的比较，没有可调参数。

这种关系首先由 Kane 等人在参考文献 [103] 中，采用手性卢廷格液体理论的框架推导出来。它等效于式 (6.68)，但是其中 $e \to e/3$ 并且包含了热效应。事实上，正如 Wen 在参考文献 [130] 中所示，分数边缘通道与朝永-卢廷格液体[104,105]的概念之间存在着深刻的联系，后者就发生在当相互作用不可忽略时的一维系统中。针对经典的流体动力学方法以及 $v=1/(2m+1)$ 的 Laughlin 态，Wen 考虑了保留总面积的 2D 量子霍尔导体的外围变形（类似普通不可压缩液体的 2D 液滴）。他表明边缘通道动力学是手性卢廷格液体的动力学。当发生后向散射时，电导随温度和电压 V_{ds} 呈幂律变化。最弱的后向散射使系统在最低温度和电压下，演变成有效的强后向散射状态。对于较大的偏压，Kane 等人表明 WB 泊松噪声导致式 (6.69)，而对于低偏压，SB 区域通过包括热效应的式 (6.67) 给出 $q=e$ 和噪声。这两个有限的案例被认为是微扰[103,106]；然而，Fendley 等人推导出了 WB 和 SB 区域之间的中间耦合插值的精确解，可以在参考文献 [107] 中找到。

6.4.3.2 分数量子霍尔区域中的低频直流散粒噪声测量

有两个研究组测量了 WB 区域中的散粒噪声。Saminadayar 等人[108]进行了互相关噪声测量。宽 QPC 用于在 QPC 中心实现定义明确的重建填充因子 1/3，而远离 QPC 时，体填充因子为 2/3。De Picciotto 等人[26]对具有体填充因子为 1/3 的样品进行自相关噪声测量，并使用窄 QPC 来诱导 WB。图 6.27 显示了参考文献 [108] 的实验数据。在最低温度 (42mK) 下，噪声随电流 I_B 的线性变化给出了预期的电荷 $e/3$。图 (b) 显示了更高温度下的热噪声与散粒噪声的交叉。他们发现正如式 (6.69) 所预期的 $(e/3)V_{ds}=2k_BT$ 那样时发生交叉。实线是与没有可调参数的数据的比较。

后来，Reznikov 等人[109]使用散粒噪声来确定填充因子 $v=2/5$ 时的电荷 $e^*=1/5$。对于这个填充因子，人们预期有两个共同传播的边缘通道。如式 (6.69) 所示，当扫描栅极电压到更负的值时，通过 QPC 测量的电导从量子化值 $0.4e^2/h$ 开始，然后减小从而表示第一个 2/5 边缘通道的反射。这以在 $0.333e^2/h$ 处出现第二个平台而结束，并且当最后一个通道被反射时，电导也一直减小到零。为了分析 WB 区域中第一个分数边缘通道的数据，他们

将传输定义为 $D=(g-1/3)(2/5-1/3)$，其中 $g=Gh/e^2$，即约化电导。进入式（6.69）的后向散射电流则为 $I_B=(1-D)(2/5-1/3)(e^2/V_{ds})$。通过这种传输选择，散粒噪声数据测量出了电荷 $e^*=e/5$。

最近人们[99]使用 PASN 从 $v=2/5$ 量子霍尔态开始，测量了电荷 $e/3$ 和 $e/5$。不仅类似于参考文献[26，108，109]中所进行的那些低频散粒噪声得以再现，而且在微波辐射下测试的散粒噪声也在约瑟夫森频率 $f=e^*V/h$ 处同时表现出对于 $e^*=e/3$ 和 $e/5$ 的奇异性。这将在后面的 6.4.3.3 节中讨论。

一个令人着迷的问题是准粒子电荷随传输的演化。实际上，手性卢廷格理论预测了 $v=1/3$ 处的两个极限情况：WB 的电荷 $e^*=e/3$ 和强后向散射 SB 的 $e^*=e$。参考文献[107]的零温度精确理论描述了从 WB 到 SB 的转变，现在已扩展到有限温度情况[110]，从而可以更好地比较卢廷格方法与实验数据[111]。例如，在 SB 区域中，手性卢廷格微扰理论预测 QPC 微分电导的强非线性变化，对于温度为 $dI/dV(V_{ds}=0,T)\propto(T/T_B)^4$，以及对于电压为 $dI/dV(V_{ds}=V_{ds},T=0)\propto(V_{ds}/V_B)^4$。这在实验中很难观察到，并且大多数实验观察到的是更平滑的非线性（几乎是二次的）。这里，$T_B\simeq eV_B/k_B$ 是依赖于 QPC 栅极电压的耦合强度。仔细研究参考文献[110]的有限温度精确解，其实很有启发性。在参考文献[112]中，实验结果表明，在实验所使用的典型温度范围内，预期指数范围为约 1.8 到约 3 的有效幂律，其结果与实验更加一致[111,112]，如图 6.29 所示。人们观察到，仅在零偏压电导 < $0.001(e^2/3h)$ 的极端 SB 区域中，电导对于电压的指数接近 4，这对应于文献中经常提到的微扰极限。如果实验难以达到预期电荷为 $e^*=e$ 的极端 SB 区域，这就提出了散粒噪声给出的电荷如何从 $e/3$ 演变为 e 的问题。事实上，由于卢廷格方法过于复杂，实验学者使用基于非相互作用散粒噪声理论的简化而近似的散粒噪声描述。在参考文献[113]中，使用了以下非相互作用散粒噪声公式（图 6.28）：

$$S_I = 2e^* I \frac{1}{N}\sum_1^N \left(1-\frac{g/g_0}{e^*/e}\right)\left(\coth\left(\frac{e^*V}{2k_BT}\right)-\frac{k_BT}{e^*V}\right) \quad (6.70)$$

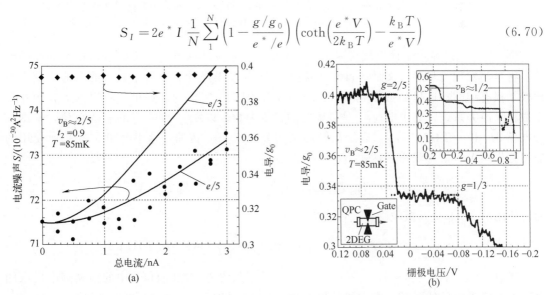

图 6.28 （a）Reznikov 等人[109]在 $v=2/5$ 的弱后向散射区域中进行的散粒噪声测量。温度为 85mK，反射概率保持在较低水平，$1-D\simeq 10\%$。实曲线是与电荷 $e^*=e/5$ 时式（6.69）的结果相比较。（b）QPC 电导与从 $v=2/5$ 开始的栅极电压的关系。第二个平台显示出在 QPC 中间形成局部 $v=1/3$ 的状态。

在这个表达式中，g/g_0 是以电导量子为单位的微分电导；有效电荷 e^* 是一个自由参数，通过与散粒噪声数据的最佳拟合来确定。对 N 的求和表示平均法诺因子，该因子通过对 dI/dV 特性的 N 个点积分到电流 I 而获得（图 6.29）。

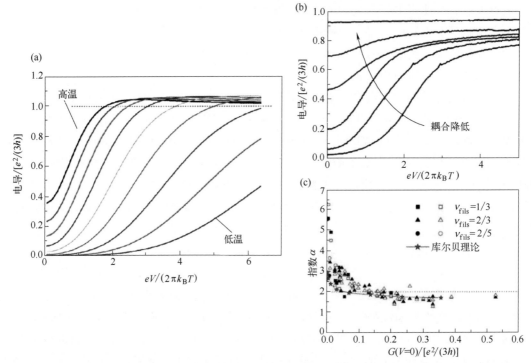

图 6.29 （a）使用参考文献 [110] 中的精确有限温度表达式，计算的 $v=1/3$ 处 QPC 的电导与偏置电压的关系。耦合参数 T_B 选择为 $\ln(T/T_B)$ 在 3～0.6 之间变化且步长为 0.3 时的温度 T。（b）QPC 针对体填充因子 $v=1/3$ 的电导测量。（c）有效指数 α 描述微分电导与电压 $dI/dV \propto (V/V_B)^\alpha$ 的幂律，空心和黑色符号对应于测量值。带有蓝色星形的实心蓝色曲线，对应于根据图（a）中显示的精确解中提取的有效指数。所有图均改编自参考文献 [112]。

图 6.30（a）显示了针对填充因子 $1/3$ 和 $2/5$，并按照这种经验方法从数据中提取的电荷。将这些发现与从参考文献 [110] 的精确有限温度噪声计算分析中获得的电荷演变进行比较是很有趣的。这里的数据是由 Trauzettel 等人[114] 完成的。这里，使用以下非相互作用散粒噪声关系式，其中电荷 e^* 是待确定的自由参数。以 $G_{1/3}=e^{-2}/(3h)$ 为单位，根据微分电导 $dI/dV = \mathcal{T}(eV) G_{1/3}$，表示出与能量相关的 $\mathcal{T}(E)$ 传输，这里（图 6.30）所使用的非相互作用 WB 散粒噪声表达式为：

$$S_{WB} = 2e^* I_{BS} \mathcal{T}(eV) \coth\left(\frac{e^* V}{2 k_B T}\right) + 4 G_{1/3} k_B T \mathcal{T}(eV)^2 \tag{6.71}$$

而所使用的 SB 非交互散粒噪声表达式为：

$$S_{SB} = 2e^* I(V)(1-\mathcal{T}(eV)) \coth\left(\frac{e^* V}{2 k_B T}\right) + 4 G_{1/3} k_B T \mathcal{T}(eV)^2 \tag{6.72}$$

其中，$I_{BS} = Ve^2/(3h) - I$。图 6.30（b）显示了从参考文献 [114] 中的精确解中提取的电荷与零偏压电导的关系。实心圆是根据式（6.71）获得的，而空心圆则是根据式（6.72）得到的。插图显示了 χ^2 的估计值，它测量简化的非相互作用公式和精确解之间的定量差异。可以看到，对于低至约 $0.5 G_{1/3}$ 的零偏压电导，电荷仍然非常接近 $e/3$，而式（6.71）给出

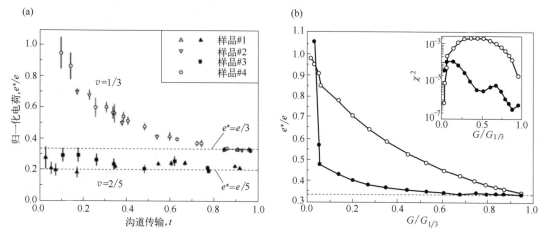

图 6.30 （a）来自散粒噪声数据中电荷的演变，其中电荷是从非相互作用的散粒噪声表达式（6.71）中提取的。（b）从参考文献［114］中的精确解提取的电荷与零电压偏置电导的关系。实心圆是使用式（6.71）获得的，而空心圆则是使用式（6.72）获得的。插图显示了 χ^2 的估计值，它测量简化的非交互表达式和精确解之间的定量差异。我们看到，对于 $G_{1/3}$ 和约 $0.5G_{1/3}$ 之间的零偏压电导，电荷仍然非常接近 $e/3$，且式（6.71）是准确的，而对于低于约 $0.05G_{1/3}$ 的电导，应该使用电荷非常接近 e 的式（6.72）。（a）改编自参考文献［113］。（b）改编自参考文献［114］。

的 WB 表达式仍然准确。根据这一分析，参考文献［114］的作者推测，参考文献［113］中测量的噪声可以通过精确场理论解，针对没有任何 e^* 调整的零偏压传输的所有值进行很好地拟合。对于低于约 $0.05G_{1/3}$ 的电导，从 WB 到 SB 表达式有一个急剧的改变，人们应该使用电荷非常接近 e 的式（6.72）。在参考文献［115］中，可以找到最近关于分数区域使用非相互作用公式的讨论。

分数准粒子 $e/3$ 的散粒噪声已在更复杂的几何结构中得到进一步研究[116,117]，包括一些用来观察可能的准粒子聚束的串联 QPC。事实上，准粒子应该是任意子，介于费米子或玻色子之间，并且与费米子不同，它们可能像光子一样聚集（图 6.31）。

在填充因子 $v=2/5$ 时，会出现相关的分数量子霍尔液体，对应于复合费米子的凝聚。该准粒子由双分量波函数描述，并被认为遵循非阿贝尔统计。准粒子的电荷由 Dolev 等人[118] 测量并发现为 $e/4$，与理论一致。

参考文献［119-121］中，在非常低的温度下进行的散粒噪声测量似乎表明，对于一些涉及多个共同或反向传播模式的分数态，降低温度时电荷 e^* 增加并且几乎翻倍。这是在填充因子为 2/5 和 3/7[119]、2/3[120] 甚至 5/2[121] 时观察到的。人们解释这为准粒子聚束，是标准理论中未预料到的准粒子凝聚。图 6.31 显示了从自相关噪声测量中提取的电荷，分别针对填充因子 $v=2/5$ 和填充因子 $v=2/3$。当降低温度时，观察到散粒噪声增加，这归因于准粒子电荷的增加。最近，在 $v=2/5$ 时进行的测量可能会改变对准粒子电荷的低温增加的解释[122]。人们进行了互相关散粒噪声测量，令人惊讶的是，自相关噪声和互相关噪声表现不同。这是在两个高迁移率样品中观察到的。该效应发生在 $v=2/5$ 和 2/3 上，但并没有发生在 $v=1/3$ 上。如图 6.32（b）为 $v=2/5$，互相关在低至最低温度时保持不变，而自相关噪声增加并且加倍。众所周知，互相关测量的噪声完全是由于 QPC 在左/右触点之间对载流子进行分区，而自相关测量的则是分区噪声加上来自注入触点的额外噪声的总和（如热噪声）。互相关测量电荷，而自相关测量电荷加上其他东西。人们可能会将这种自相关噪声的增加解释为载流子温度的增加,这最有可能发生在由于降低基础温度时较低的电子-声子热耦合。然而,详细的机制尚不清楚。需要在这种低温区域中对载流子电荷进行更多测量,以确认载流子电荷确实是加倍了(图6.32)。

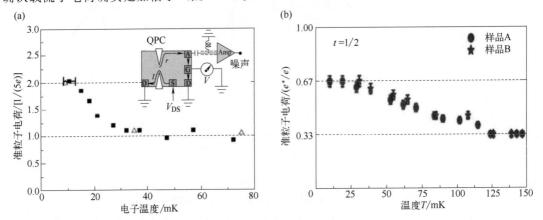

图6.31 (a) 来自自相关噪声测量时 $v=2/5$ 处的弱后向散射电荷随温度的变化关系。提取的电荷显示在低温下增加。插图显示了测量电路。(b) 与 (a) 相同的关系,但这里填充因子 $v=2/3$ 并且是在传输为 $1/2$ 处测得的噪声。(a) 改编自参考文献 [119]。(b) 改编自参考文献 [120]。

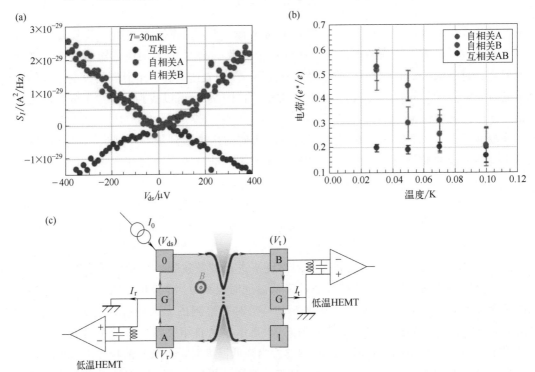

图6.32 (a) 红色和绿色数据分别对应于后向散射和透射电流的自相关噪声波动,均在 $T=30\mathrm{mK}$ 的低温下测量。互相关谱(蓝色数据)与 QPC 的准粒子分区相比是负的。可观察到自相关随偏置电压的变化幅度比互相关高得多,因此,高估了仅从自相关获得的准粒子电荷。(b) 在 $v=2/5$ 处,从两种类型的测量中提取的准粒子电荷的变化。可观察到互相关提供了随温度变化的恒定电荷 $e/5$。(c) 测量原理图,允许同时测量自相关和互相关散粒噪声。

在分数量子霍尔效应中使用散粒噪声是一种非常富有成效的研究方法。它已被用来为中性模式的出现提供证据,这些中性模式对应于预期共同传播和反向传播边缘模式共存的填充因子[123-126]。特别是，已经观察到[123]填充因子为$v=2/3$时，人们长期寻求的反向传播中性模式的第一个证据。此外，最近人们还使用散粒噪声来了解发生在$v=1$和$v=1/3$量子霍尔态界面的分数激发[127,128]。

6.4.3.3 使用光助散粒噪声和高频散粒噪声对分数电荷进行的新测量

在专门介绍PASN的6.4.2.2节中，演示了当直流电压和频率为f的交流电压叠加在量子导体的触点上时，所产生的低频散粒噪声由涉及直流散粒噪声$S_I^{DC}(V_{dc})$之和的表达式给出，其中偏移电压为$V_{dc}-lhf/e$，并由吸收（发射）l个光子的概率P_l加权。特别地，（零温度）零偏压直流散粒噪声奇异性$S_I^{DC} \propto |V_{dc}|$被复制用于电压$lhf/e$。这种现象让我们想起超导隧穿结的交流约瑟夫森效应[129]，其中单个零偏压超电流在约瑟夫森电压$V_J = lhf/(2e)$下被复制，并给出著名的夏皮洛台阶（Shapiro step），其中载流子电荷为$2e$。PASN和夏皮洛台阶都源自相同的光助现象：电荷载流子e^*在两个偏置电压为V_{dc}的导体之间传输所获得的能量，可以通过吸收能量为$h\nu = e^* V_{dc}$的光子来补偿，这样系统返回到类似于零电压态的状态。因此，如果奇点出现在零偏压下，它会被复制到服从约瑟夫森关系的电压：

$$e^* V_J = lhf \tag{6.73}$$

$e^*=2e$表示交流约瑟夫森效应或超导-正常结的PASN[93]，而$e^*=e$表示6.4.2.2节中讨论的PASN测量。

分数量子霍尔体系又会怎么样呢？1991年，X. G. Wen[130]已经针对分数量子霍尔效应中的高频噪声，提出了分数电荷的约瑟夫森关系，另见文献[106]。PASN公式类似于式(6.61)，但使用了分数e^*，这已经在参考文献[131-133]中进行了推导，并且人们还发现了光助电流的约瑟夫森关系[134]。

Kapfer等人[99]观察到分数约瑟夫森关系的第一个实验证据，该实验针对电荷$e/5$和$e/3$，使用体填充因子$v=2/5$的高迁移率样品。类似于Reznikov等人[109]的实验，QPC可以诱导$v=2/5$内部分数边缘通道的WB区域，或者在更负的QPC栅极电压下，实现局域$v=1/3$状态并诱导WB区域。在这两种区域中，参考文献[99]中分别在分数电荷$e^*=e/5$和$e/3$处、测量了直流散粒噪声，且与参考文献[109]的测量结果一致。通过叠加交流微波电压，Kapfer等人测量了PASN。为了更好地说明散粒噪声奇异性以及约瑟夫森关系，他们构建了以下的过量噪声ΔS_I，其定义如下（图6.33）：

$$\Delta S_I(V_{dc}) = S_I^{PASN}(V_{dc}) - P_0 S_I^{DC}(V_{dc}) = P_1 S_I^{DC}\left(V_{dc} - \frac{hf}{e^*}\right) + P_{-1} S_I^{DC}(V_{dc} + hf/e^*) \tag{6.74}$$

采用这个技巧，就只剩下纯粹的光助贡献了（这里忽略了± 2个光子的贡献）。在实验上，这包括同时施加直流和交流电压时测量噪声，并减去仅施加直流电压的噪声，这里通过适当的P_0加权，P_0即不发射或吸收光子的概率。图6.33显示了电荷为$e/5$的WB下获得的结果（也针对电荷为$e/3$的情况进行了类似测量）。在单次实验中，对分数电荷有两种不同的测定："旧"的一种，基于电荷粒度；"新"的一种，基于分数电荷的单光子吸收/发射所产生的频率与电压的比较。请注意，新的测量结果证实了在最低温度下不存在令人费解的电荷$e/5$的倍增现象。最后，Bisognin等人[180]最近进行了高频散粒噪声测量。当准粒子能量$(e/3)V_{dc}$小于在外电路中发射单个微波光子所需的能量hf时，通过观察低直流电压下高频散粒噪声的抑制情况，得出填充因子 4/3 和 2/3 处电荷 $e/3$ 的测量结果。噪声抑制背后的物理学类似于 Zakka-Bajjani 等人在参考文献［90］对电荷 e 所观察到的抑制，这已在 6.4.2.1 节中进行了讨论。其中还根据电压与频率的比较，提供了一种确定分数电荷的方法。

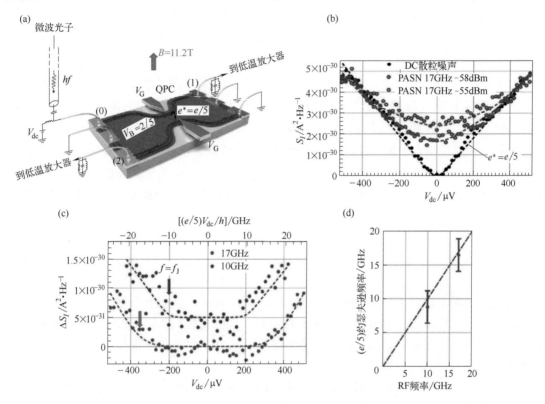

图 6.33 通过约瑟夫森关系测量的分数电荷。(a) 样品示意图，包括微波辐射、互相关噪声测量和在 $v=2/5$ 处引起弱后向散射的 QPC。(b) 无 RF 激励（黑色符号）和两种不同 RF 激励（蓝色和红色符号）的交叉相关散粒噪声测量值与 DC 电压的关系，虚线是与使用 $e^*=e/5$ 的理论的比较，电子温度为 30mK。(c) 过量噪声，由式 (6.74) 定义，针对 17、10GHz。噪声升高的起始电压（即约瑟夫森电压）随频率增加而增加。(d) 以约瑟夫森频率为单位测量的起始电压与激励频率的关系。改编自参考文献［99］。

6.4.4 使用散粒噪声测量研究双粒子相关性和干涉

这部分中我们将讨论用电子完成的实验，这些实验可以认为是量子光学实验的类比，在类比中，电子代替光子，光学介质（干涉仪、分束器和光纤）用弹道量子导体代替。这种类比首先由 Büttiker[10] 以及 Martin 和 Landauer[5] 在关于散粒噪声的开创性论文中提出，它们都奠定了电子量子光学（现在正在兴起的领域）的基础。虽然电流测量本质上提供了有关单个载流子流动的信息（有多少个电子通过电路），但散粒噪声涉及不同时间两个电流的相关性 $I(t)I(t+\tau)$。因此，它给出了相对时间 τ 或距离 $v_F\tau$ 的两个载流子存在的信息。可即刻看到光子（玻色子）和电子（费米子）之间的巨大差异。在给定时间，光束中有一定的光子，这会增强光束的波动，因为它们是玻色子；而由于泡利排斥，我们不能让两个电子靠近。因此，散粒噪声对量子统计很敏感。但其实更好的地方在于：它是粒子交换的直接测量。通过使用图 6.34 中所示的 4 端量子导体进行以下噪声测量，可以很好地说明这一点。

$\alpha=1\sim4$ 的每条导线都包含一个单模，并且为简单起见，假设温度为零。人们感兴趣的是测量导线 2 和 4 之间的电流相关性，那么就可以将直流电压 V 施加到导线 1 或 3，或同时施加到导线 1 和 3 上。根据量子噪声的散射理论，当仅将电压 V 施加到触点 1 时，低频互相关电流波动根据文献 [10] 给出：

$$S_{2,4}^1 = -2\frac{e^2}{h}eV(s_{21}s_{21}^*s_{41}s_{41}^*) \qquad (6.75)$$

而当仅向触点 3 施加电压 V 时，由下式给出：

$$S_{2,4}^3 = -2\frac{e^2}{h}eV(s_{23}s_{23}^*s_{43}s_{43}^*) \qquad (6.76)$$

其中，$s_{j,i}$ 是从输入导线 i 到输出导线 j 的传输幅度。参考文献 [10] 中强调的有趣观点是，同时施加电压 V 到两个触点给出的噪声 $S_{2,4}^{1+3} \neq S_{2,4}^1 + S_{2,4}^3$，而其间的差值揭示了一个不可分离的交换项，这是由于粒子从 1 到 3 过来并在导线 2 和 4 中离域化[10]：

$$S_{2,4}^{1+3} - S_{2,4}^1 - S_{2,4}^3 = -2\frac{e^2}{h}eV(s_{21}s_{23}^*s_{43}s_{41}^* + s_{23}s_{21}^*s_{41}s_{43}^*) \qquad (6.77)$$

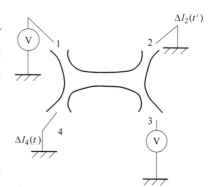

图 6.34 参考文献 [10] 中的四接触相位相干导体，用于证明粒子交换在互相关散粒噪声测量中所起作用。

我们看到量子噪声揭示了粒子交换，可用于探测量子统计。$S_{2,4}^{1+3}$ 和 $S_{2,4}^1$、$S_{2,4}^3$ 之间的重要区别在于，后两者可以分别以概率乘积的形式表示为 $|s_{21}|^2|s_{41}|^2$ 和 $|s_{23}|^2|s_{43}|^2$，强调输出引线 2 和 4 之间单个粒子的统计分区，而前者则不能分解为概率的乘积，意味着双粒子的量子纠缠。因此，研究量子导体中的电流互相关非常有价值。这不仅是一种更安全的测量噪声的方法，如本书专门用于测量技术或分数电荷测量的部分所提倡的那样，而且也是一种探测深层次量子相关性的方法。Samuelsson 等人[135] 提出了一种实验方案，使用互相关散粒噪声来测量双粒子阿哈罗诺夫-玻姆（Aharonov-Bohm，AB）干涉，将在下面（图 6.35 和图 6.36）讨论。

使用直流电压源的汉伯里·布朗和特维斯散粒噪声实验

著名的汉伯里·布朗和特维斯（HBT）量子光学实验的电子类比中，光子束被分束器分开，并且测量输出光束的强度相关性。实验上，Henny 等人[136] 和 Oberholzer 等人[137] 已经实现了该类比，他们利用量子霍尔机制，使用沿着手性边缘通道传播的电子，并且使用 QPC 作为电子分束器来实现。他们通过在 QPC 分束器之前引入另一个 QPC，使无噪声的入射电子束发生波动，结果如图 6.35 所示。对于无噪声入射光束，互相关噪声为负，但与自相关噪声具有相同的幅度；而当稀释入射光束并使其产生噪声时，自相关噪声升高，而幅度和负相关则减少。这提供了一个用于理解电子散粒噪声的可靠测试方法。Oliver 等人[138] 也进行了类似的实验。实验中，电流的负互相关证实了电子的反聚束，这与光子的聚束正好相反。用于测试电子反聚束的双电子碰撞实验，其灵感来自形成式 (6.77) 的测量协议，已由 Liu 等人[142] 完成，如图 6.36 所示。

一旦从自相关噪声测量[6,7] 知道入射光束是无噪声的，就不需要更多的物理知识来理解这些实验。例如在参考文献 [136，137] 中，对于 $p=1$，之前实验中的负相关也可以看

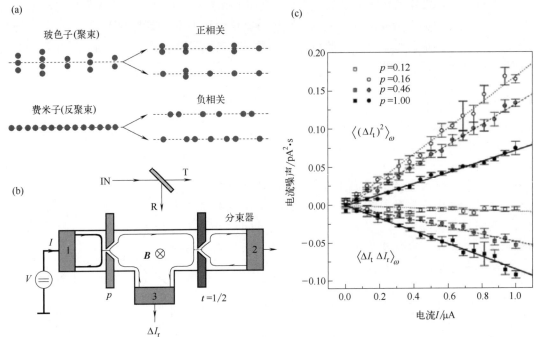

图 6.35 HBT 实验的电子类比：(a) 光子聚束和电子反聚束示意图；(b) 所用样品示意图。左边的第一个 QPC 以概率 p 传输从触点（1）注入的电子；右侧的第二个 QPC 是用于分区电子束的 HBT 分束器；交叉相关电流噪声在触点（2）和（3）处测量。(c) 电流噪声的正自相关和相应的负交叉互相关与输入电流的关系。对于 $p=1$，它们的幅度相等；而对于 $p \ll 1$，交叉相关消失，自相关的法诺因子接近 1，与泊松统计预期一致。改编自参考文献 [137] 和 [136]。

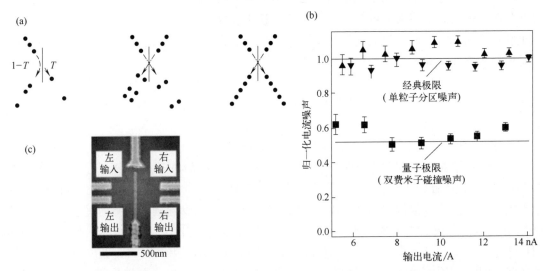

图 6.36 电子碰撞中的量子干涉：(a) 光子聚束和电子反聚束示意图；(c) 实验中使用的样品。左/右触点将电子注入由中间垂直栅极定义的电子分束器中。两个独立的触点收集电流波动。(b) 黑色三角形是仅向一个触点施加电压时的噪声数据（单粒子分区噪声），正方形是向两个触点同时施加电压时的噪声数据，显示由于电子干涉引起的量子缩减。由于分束器的缺陷，双粒子噪声不为零。改编自参考文献 [142]。

作是无噪声输入电流守恒的结果，传输电流的正电流波动被反射电流的负波动所补偿。类似的推理可以解释 $p<1$ 的结果（图 6.37）。

一种提供更多信息但极其困难的实验方法是观察交叉相关散粒噪声中的双粒子干涉效应。确实，根据式（6.77），我们看到不可分离交换项中散射振幅的乘积之和，可以允许观察双粒子干涉。Samuelsson 等人[135] 提出了一个很聪明的方案来做到这一点。它包括设计一个实验装置，其中，每对来自独立电压源的两个粒子可以产生双粒子干涉，同时还不会发生单粒子干涉。Neder 等人[139] 已经实现了一个实验性的装置。

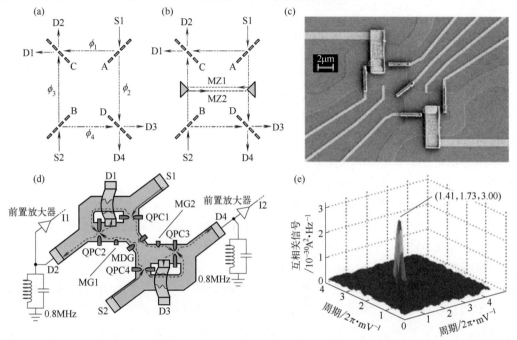

图 6.37 双粒子干涉。(a) 从参考文献 [135] 中借用的原始双粒子干涉方案。(b) 中心 QPC 将主循环分成上循环和下循环。对于封闭的 QPC，该装置定义了两个 Mach-Zehnder 干涉仪，它们允许探测单粒子干涉。当打开时，我们回到图 (a) 的拓扑结构，单粒子干涉是不可能的，但双粒子干涉可以通过关联输出 D2 和 D4 来探测。(c) 样品的 SEM 图像。(d) 示例原理图。(e) 周期性交叉相关噪声振荡与通量和栅极电压的傅里叶变换，用于改变相位，证明双粒子干涉。改编自参考文献 [139]。

让我们专注于图 6.37（a），它显示了 Samuelsson 等人[135] 最初考虑的设置。末端带箭头的虚线代表电子传播的手性边缘通道。倾斜的粗虚线表示使用 QPC 实现的电子分束器。两个电压源 S1 和 S2 注入电子。通过分束器传输和反射的振幅为 $t=1/\sqrt{2}$ 和 $r=i/\sqrt{2}$。我们感兴趣的是输出 D2 和 D4 之间的交叉相关电流波动，它们来自在 D2 和 D4 处找到一个电子的符合概率。包括沿连接输入和输出分束器路径累积的相位 ϕ_i，双粒子概率振幅如下：
$\left(-\frac{1}{2}\right)e^{i\phi_1}\left(-\frac{1}{2}\right)e^{i\phi_4}+\left(\frac{1}{2}\right)e^{i\phi_2}\left(\frac{1}{2}\right)e^{i\phi_3}$，而双粒子符合概率是

$$P^{S1,S2}_{D2,D4}=\frac{1}{8}(1+\cos\phi_{Total}) \quad (6.78)$$

其中，$\phi_{Total}=\phi_1+\phi_4-\phi_2-\phi_3$，是 Aharonov-Bohm 相位 $\phi_{Total}=BS$ 在垂直磁场 B 的存在下，在 4 条路径形成面积 S 的环路上的累积。参考文献 [135] 和 [139] 的详细分析表明，交叉相关噪声与上述符合概率成正比。相反，当观察任何输出端的平均电流 D_i 时，都没有 Aharonov-Bohm 相位产生，因此也就没有干涉产生，这是因为没有可用的闭合单粒子路径。为了更好地控制，在 Neder 等人的实验中，通过在中间插入 QPC 将大的 Aharonov-Bohm 回

路分成两个回路,参见图 6.37(b)。当 QPC 关闭时,就有了独立的上下两个马赫-曾德尔(Mach-Zehnder)干涉仪,可以检查电导的测量并确保发生单粒子干涉。当中间 QPC 打开时,正如预期的那样没有观察到单粒子干涉,但是当随磁通量而改变 ϕ_{Total} 或通过使用附近的栅极而改变主环路面积时,可观察到交叉相关散粒噪声中的微小振荡。

6.4.5 用于电子量子光学的散粒噪声测量

6.4.5.1 单电子泵和单电子源的电流噪声

随着按需单电子源的出现,电子量子光学领域最近热度上升。Masaya Kataoka 在本书的第 5 章中介绍了单电子源。在本小节,我们将专注于相干单电子源,所谓的相干是指单个电子以单一的、定义明确的量子态注入。例如,这不同于将电子注入非相干量子态的宽泛混合物的金属电子旋转栅。相干源需要从量子点(或介观电容器)的离散能级注入电子,或者能够以费米海良好定义的时间分辨量子态形式注入电子,即悬浮子。按需相干单电子源在量子光学中起着类似于单光子源的作用,因此与电子量子光学非常相关。我们建议读者参见参见文献[143,144]中对该领域的最新综述。为了分析这些源的质量,最近人们针对单光子源在量子光学中进行了 HBT 实验,参见例如参考文献[140,141](图 6.38)。

在电子量子光学之外,我们将首先说明如何进行电流噪声测量,以量化用于提供电流标准的单电子泵的准确性。在这种情况下,QPC 电子分束器并不用于 HBT 相关性,而是测量泵的直接发射噪声。在 Maire 等人[145]的工作中,泵是在一条窄线中实现的,量子点是通过限制两个栅极之间的电子形成的,其中一个栅极由频率为 $f_p \approx 400\mathrm{MHz}$ 的电压驱动。如果 p 是在工作频率 f_p 下传输电子的概率,则平均电流为 $I_p = pef_p$ 并且预计电流噪声遵循二项式统计,其中 $S_I = 2ef_p p(1-p)$。实验结果与二项式模型非常吻合[145]。Robinson 等人[146]对基于表面声波(SAW)的单电子泵进行了类似的散粒噪声测量。泵在 $f_p = 3\mathrm{GHz}$ 下运行,噪声在 MHz 频率下测量,以避免类 $1/f$ 杂质噪声[147]。图 6.38 显示了电流典型的基于 SAW 的电子泵量子化平台,以及泵的散粒噪声与用于将电子限制在窄线中的分裂栅电压的关系。

现在考虑非常适合电子量子光学的按需相干单电子源。该源有两种不同的类型。第一种是介观电容单电子源(MC-SES, mesoscopic capacitor single electron source)[148]。这是一个量子点,它周期性地向量子导体注入一个能量分辨电子,然后是一个能量分辨空穴,分别位于导体的费米能量之上和之下。第二种类型是悬浮子单电子源(L-SES, leviton single electron source)[96],其中将具有洛伦兹时间形状的短电压脉冲 $V(t)$ 施加到接触上,从外部电路将单个电子注入到量子线中。这需要一个量化的法拉第通量,即 $\int_{-\infty}^{\infty} V(t)\mathrm{d}t = h/e$,从而产生的电流脉冲 $I(t) = e^2/[hV(t)]$ 对应于单电子,即 $\int_{-\infty}^{\infty} I(t)\mathrm{d}t = e$。在 L-SES 中,电子以显著的最小激发态被注入,费米海的时间分辨准粒子已由 Levitov 等人[77]和 Keeling 等人[152]预测,并被称为悬浮子。这两个源在它们的能量和时间属性方面表现出有趣的对偶性。L-SES 以时间分辨洛伦兹波包的形式注入电子,正好位于能量分布呈指数下降的费米能量之上。MC-SES 注入能量分辨的电子具有洛伦兹能量分布,远高于费米能量,而电子波包则随时间呈指数衰减。这些性质如图 6.39 所示。噪声方面也存在重要差异。MC-SES 有一个发射电子(或空穴)的有限概率,导致产生了电荷噪声,它可以在源的输出端

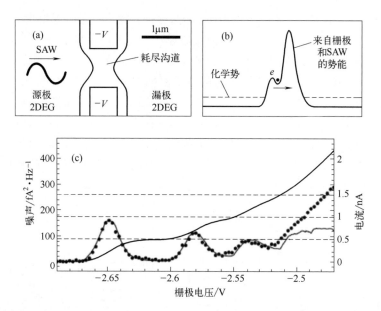

图 6.38 基于 SAW 的电子泵散粒噪声。(a) 在 GaAs/GaAlAs 异质结顶部，使用负偏压分裂栅在 2DEG 中形成短 1D 线。SAW 产生一个移动势阱，该势阱捕获电子并充当泵。(b) 由 SAW 势阱和分裂栅横向限制组合形成的移动量子点能量图。(c) 观察到的平均电流和相关的散粒噪声，在电流的平台上，噪声消失了。改编自参考文献 [146]。

以有限频率直接测量。L-SES 为每个洛伦兹脉冲注入一个确定的电子，但脉冲形状中的缺陷可能会产生少量（百分之几）的中性激发，这需要使用 QPC 分束器和 HBT 测量来进行观察确定。Albert 等人[150] 对 MC-SES 的噪声进行了完整的分析计算，发现与实验结果完全一致（图 6.39）。

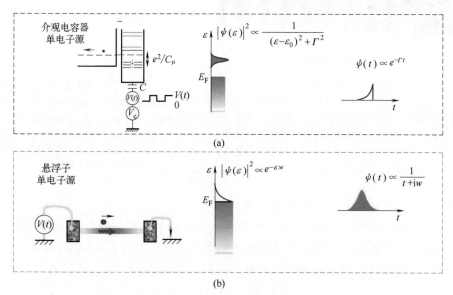

图 6.39 MC-SES 和 L-SES 之间的对偶性。(a) 介观电容器电子源[148]，电子从量子点费米能量以上的最后占据能级发射。能级展宽给出了洛伦兹能量分布。波包在时域上是半指数的。(b) 悬浮子单电子源[96]，洛伦兹电压脉冲将电子注入到最小激发量子态——悬浮子中。这是一个时间分辨电子源，具有洛伦兹波包和恰好高于费米能量的半指数能量分布。

图 6.40（d）显示了 Mahé 等人[149]对 MC-SES 进行的噪声测量。源由量子点制成，该点通过具有可调传输 D 的 QPC 耦合到量子霍尔边缘通道。一个关键参数是由 $\tau = h/[\Delta(1/D - 1/2)]$ 给出的电子发射时间，其中 Δ 是点能级间距。点上方的栅极由频率为 f 的方波驱动，通过电容耦合，交替推动边缘通道费米能级上方和下方的最后占据能级，从而发射电子，然后发射空穴，见图 6.40（a）。当关闭 QPC 时，τ 增加并变得与引入误差的注入周期 $T = 1/f$ 相当。发射概率 $P = \tanh(T/4\tau)$，在时间 $T/2$ 内测得的预期电荷噪声 $\propto 2e^2 fP(1-P)$。在实验中，由于器件的电容特性，在 1.2～1.8GHz 的频率范围内进行噪声测量，驱动频率 $f = 1.5$GHz。这些有限频率测量揭示了一种有趣的基本额外噪声，称为量子抖动噪声的相位噪声，与来自隧穿过程的随机发射时间有关。图 6.40（d）的数据与参考文献[150]中验证的计算结果进行了比较（图 6.40）。

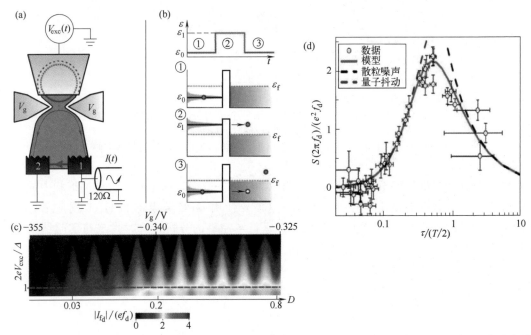

图 6.40 介观电容器单电子源的高频噪声。(a) 示例草图。2DEG 为蓝色，手性边缘通道为红色。顶栅由方波电压 $V(t)$ 驱动。随电子发射而来的空穴发射产生了以相同频率测量的交流电流。QPC 用于调整电子从点到手性导线的传输 D。(b) 显示能量分辨单电子/空穴发射原理的能量图。(c) 交流电流与 QPC 栅极电压关系的彩图，方波振幅以 Δ（点的能级分离）为单位。电流的单位是 ef，$f = 1.5$GHz。(d) 在 1.2～1.8GHz 频率范围内测得的电流噪声数据。将它们与散粒噪声（黑色虚线）、量子抖动噪声（蓝色虚线）和模型（橙色实线）进行比较，随后通过分析[150]和数值化工作结果进行验证。改编自参考文献[149]。

6.4.5.2 HBT 实验以及按需单电子源

HBT 实验包括用分束器分裂入射电子束，并分析透射的粒子数波动。这是表征单电子源非常有用的工具。事实上，用费米统计描述的电子系统中，对于周期性驱动的源，量子分区散粒噪声可直接测量，源发射的入射类电子和类空穴激发总数为：

$$S_I = 2ef_d D(1-D)(N_e + N_h) \tag{6.79}$$

其中，D 是分束器的透射率；N_e 和 N_h 是每个 $1/f_d$ 周期的入射电子和空穴激发的数量。该表达式适用于低温：$k_B T \ll h f_d$。Reydellet 等人[94]的工作讨论了这种关系，并将测量的 PASN 解释为，正弦波电压产生的电子-空穴对表现为独立的电子束和空穴束，都对分区噪声有贡献，从而得到式（6.79）。仅针对小驱动振幅 $V_{ac} < hf_d/e$ 保持单光子过程，电子和空穴的数量明确为 $N_e = N_h = J_1[eV_{ac}/(hf_d)]^2$。虽然已证明电子和空穴不是完全独立的，而是通过量子相干性联系起来的[151]，但当同时产生电子和空穴时，式（6.79）在一般情况下仍然成立。这一结果后来由 Keeling 等人[152] 在他们关于最小激发态的工作和其他人[153,155,156] 的工作中都被推导了出来。

Bocquillon 等人[153] 完成了第一个 HBT 实验，该实验显示了按需单电子源 MC-SES 发射的电子/空穴的逐个分区。此处，源的电容性质意味着 $N_e = N_h$。作者观察到用于分区的具有传输 D 的 QPC 有明显的 $D(1-D)$ 低频变化。设置和结果参见本书专门介绍了单电子源的第 5 章的图 5.25 和图 5.26 所示。然而，散粒噪声比预期的要低一点，这是因为低估了源发射的电子和空穴的数量。这种噪声减少的恰当解释是由于电子或空穴与来自分束器未使用的输入端口的热电子和空穴激发碰撞的反聚束效应。换句话说，必须在式（6.79）中，将 $N_e + N_h$ 替换为 $N_e + N_h - \int_{-\infty}^{\infty}(n_e(\varepsilon)f(\varepsilon) + n_h(\varepsilon)\bar{f}(\varepsilon))d\varepsilon$。这里，$n_{e/h}(\varepsilon)d\varepsilon$ 表示能量范围 $[\varepsilon, \varepsilon + d\varepsilon]$ 中电子或空穴的数量，而 $f(\varepsilon)$ 和 $\bar{f}(\varepsilon)$ 分别是未使用的分束器输入的电子和空穴的热分布。

类似 HBT 的设置也被用作关键工具，以提供参考文献 [96] 中悬浮子的第一个实验证据。悬浮子是时间分辨的最小激发态，最初由 Levitov 和合作者在参考文献 [77, 152, 154] 中预测和讨论。它们带有整数电荷，并以完全没有空穴激发为特征。根据式（6.79），对于不伴随电子-空穴激发的电子分区，它们的噪声如预期的那样最小。在 Dubois 等人[96] 的工作中，周期性洛伦兹电压脉冲 $V(t)$ 以频率 f_d 施加到接触上。脉冲的幅度和宽度决定每个脉冲每个电子量子模式的电荷 q。实际上，在给定电子模式下注入的瞬时电流为 $I(t) = e^2/[hV(t)]$，注入的电荷为 $q = (e/h)\int eV(t)dt$。当法拉第通量 $\int V(t)dt$ 调谐到量子通量值 h/e 时，发射单个电子。在实验中，注入的电子被发送到传输单一模式的 QPC，这样分区就会产生可测量的低频散粒噪声。将过量噪声 ΔS_I 表示为施加电压脉冲时测得的噪声与仅施加直流电压 $V_{dc} = \langle V(t) \rangle$ 时测得的噪声之间的差值，可以衡量电子-空穴激发。事实上，根据式（6.79）（图 6.41）有

$$\Delta S_I = 2e^2 f_d D(1-D)(N_e + N_h - n) = 2e^2 f_d D(1-D)\Delta N_{eh} \tag{6.80}$$

其中，$n = q/e$ 是每个周期 $T = 1/f_d$ 下注入的电荷。最小激发态 $\Delta N_{eh} = 0$ 仅出现在具有整数电荷的洛伦兹脉冲中，即 $eV(t) = \frac{h}{\pi W}\sum_k \frac{1}{1+(t-kT)^2/W^2}$。这不是整数电荷正弦波脉冲 $eV(t) = hf_d[1-\cos(2\pi f_d t)]$ 或方波脉冲的情形。此外 $q \neq e$ 的洛伦兹脉冲包含空穴激发，这意味着注入非整数电荷只能以电子和空穴激发的大量叠加为代价，这是所谓的动力学正交突变的表现[157,158]。Dubois 等人[96] 的实验结果如图 6.41（b）所示。测得的过量散粒噪声 ΔS_I 以有效过量粒子数 $\Delta N_{eh} \equiv \Delta S_I/[2e^2 f_d D(1-D)]$ 为单位表示［根据式（6.80）]。这里，符号 $\equiv$ 强调等式仅在 $hf_d/(k_B T) \ll 1$ 的极限下是正确的，并且必须包括有限的温度校正。当包括热噪声贡献时，可观察到，对于 $q = 1$，洛伦兹脉冲不会增加额外的噪声，证明存在悬浮子，而正弦波或方波脉冲会产生额外的噪声：注入的电子伴随着中性电子-空穴对的云。图 6.41（c）和（d）显示了在不同温度下计算出的洛伦兹脉冲和正弦波脉冲的过量噪声。在零温度下，预计整数 q 的噪声中会出现局部最小值。对于有限的温度，最小值移动到与观察结果一致的更高值。

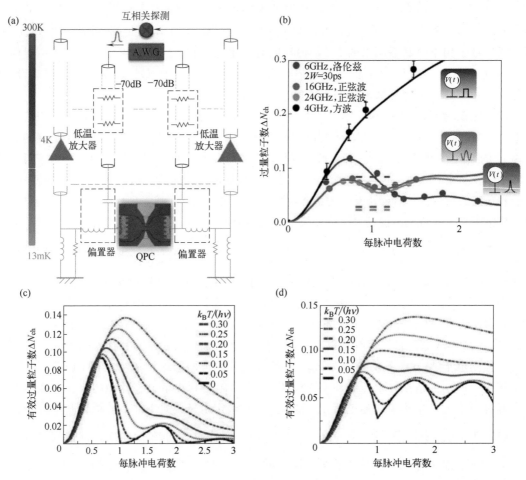

图 6.41 悬浮子：使用 HBT 噪声相关性探测的最小激发单电子源。(a) 实验设置：任意波发生器（AWG, arbitrary wave generator）向 2DEG 的左侧触点发送周期性洛伦兹电压脉冲，宽度为 30ps，重复频率为 6GHz。在样品的中间，QPC 将注入的电子分区。这会产生在左右触点处收集到的电流波动。两个匹配的谐振器具有 2.5MHz 的中心频率和 450kHz 的带宽，过滤电流噪声，该噪声在计算机执行互相关时被放大；(b) 以有效过量粒子数 ΔN_{ch} 为单位测量的散粒噪声，相对于不同的电压脉冲形状与每个脉冲电荷数的关系。对于 $q=e$，洛伦兹电压脉冲给出的噪声（蓝色数据）不超过水平蓝色虚线指示的可计算热噪声水平。相比之下，正弦波脉冲会产生额外的噪声（橙色数据和虚线），从而揭示电子-空穴激发。实线是没有可调参数的预测。(c) 以有限温度下过量粒子数为单位预测的洛伦兹脉冲噪声（此处 ν 表示重复频率）；(d) 与 (c) 相同，但针对正弦波脉冲。改编自参考文献 [96]。

Ubbelohde 等人[159] 还使用 HBT 相关性来表征基于非绝热量化电荷泵的少数电子源的发射。示例如图 6.42 (a) 所示，描述泵浦和所产生的泵浦电流的能量如图 (b) 所示。电子源通过蚀刻在 2DEG 中的纳米线制成，有两个栅极形成势垒，以定义量子点。左栅极（入口栅极）的电压被周期性地调制。在前半个周期，降低输入势垒以捕获点的最低能级中的电子。在后半个周期，增加势垒，同时点能级被推到右侧势垒之上，以发射电子，从而实现有效泵浦。请注意，与悬浮子源或 MC 源相反，电子在这里以非常高的能量注入。$i_p = ef_d$ 和 $2ef_d$ 处的量子化电流平台，分别表示单个和两个电子的稳定和规则的泵浦。将样品置于强垂直磁场下，从而使电子在手性边缘通道中发射。它们向第三个栅极传播，该栅极起到分束器的作用，来分区电子。此处，分束器传输强烈依赖于发射电子的能量。HBT 相关性是从传输和反射电流波动的交叉相关测量中获得的。对于单电子发射,作者观察到了预期的单电子二项式分区,其中交叉相关噪声的半传输值取为$-0.5e^2f_d$(传输电流为$0.5ef_d$)。对于双电子发射,一个重要的问题是确定电子是否独立传输或电子对是否显示相关性。设$p_2(p_0)$是两个电子传输(反射)的概率,p_1是分裂电子对的概率。传输电流为$I_T=ef_d(p_1+2p_2)$,而交叉相关噪声为$S_X=-2e^2f_d(p_0(1-p_0)+p_2(1-p_2)+2p_0p_2)$。结合概率守恒,同时测量电流和噪声可以确定所有概率。参考文献[159]的作者发现了两种截然不同的机制。对于慢速正弦波栅极驱动,电子表现出统计上独立的散射,形成泊松二项式分布,其中$p_0=T_aT_b$,而$p_2=(1-T_a)(1-T_b)$,这里$T_{a,b}$是每个电子的传输系数,这种情况对应于图 6.42(e)中的绿色区域,定义为$\sqrt{p_0}+\sqrt{p_1}\leq 1$,参见参考文献[160]。在图(e)中,图(c)的数据对应于遵循极限$T_a=T_b$的蓝点。然而,对于非绝热电压,其时间形状如图(d)顶部的插图所示,人们发现了相关对发射[(e)中的红色方块],这可能是由于相互作用效应。此外,传输电流约$0.5ef_d$和约$1.5ef_d$的噪声峰值表明了电子聚束(图 6.42)。

总结:以上所有例子都表明 HBT 噪声相关是了解单电子源物理特性的重要工具。

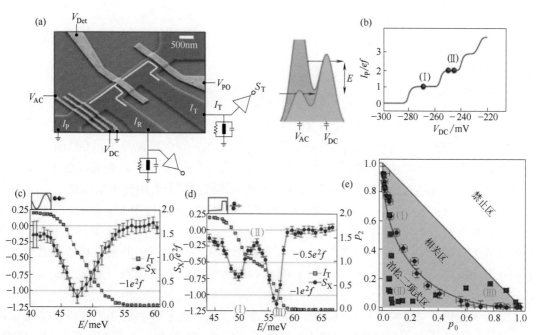

图 6.42 使用单电子泵的 HBT 实验。(a)使用的样本。由电压V_{ac}和V_{dc}控制的栅极用于操作电子泵。白线代表手性边缘通道;中间栅极形成分束器,它将电子在透射和反射导线之间分区。(b)动态量子点的加载(橙色)和卸载(绿色)阶段的能量图。右侧显示泵电流与V_{dc}的关系。观察到电流在ef_f和$2ef_d$处的平台;(c)对于绝热双电子泵浦,分束器的噪声和传输电流与能量势垒的关系;(d)对于绝热双电子泵浦,分束器的噪声和传输电流与能量势垒的关系;(e)蓝色实心圆圈对应于根据(c)中给出的测量值而推导出的概率$p_{0,2}$,红色实心方块对应于(d)中所做的测量,后者表示由于相互作用引起的相关散射。改编自参考文献[159]。

6.4.5.3 使用按需单电子源的电子 Hong-Ou-Mandel 实验

电子 Hong-Ou-Mandel(HOM,洪-欧-曼德尔)实验是著名的 HOM 光子量子光学实验[161]的电子类比。它与 HBT 实验的不同之处在于,从两个独立源发射的粒子在分束器中混合，并且在源之间引入了受控的时间延迟。在针对电子的实验中，与量子光学不同，电子符合探测技术不可用，从而 HOM 相关性是从透射电子束和反射电子束的交叉相关波动的统计测量中获得的。这提供了类似的信息：当两个电子到达分束器之间的延迟 τ 为零时，这两个粒子会发生干涉，从而提供有关其量子统计（费米子或玻色子）的信息。当 τ 远大于波包的时间宽度 W 时，无论粒子的量子统计如何，都会发生粒子的独立分区。对于 $\tau \simeq W$，HOM 相关性提供了有关粒子波包大小的信息。

HOM 实验需要物理分离分束器的两个输入通道和两个输出通道。在量子导体中，通过使用在强垂直磁场中形成的手性边缘通道来实现。光子和电子设置之间的相似性，允许在同一基础上处理光子（玻色子）相关性和电子（费米子）相关性，如图 6.43 所示。分束器通过传输振幅 t 和反射振幅 ir 来表征，其中 r、t 是实数，且 $t^2=T$，$r^2=R=1-T$。为了理解 HOM 干涉的本质，让我们考虑发现两个粒子的符合概率并且 $\tau=0$。比方说，分别寻找顶部和底部输出上粒子 1 和 2 的概率振幅 $b(1,2)$，这是由两个贡献的总和给出的。要么粒子 1 到达顶部输入且粒子 2 到达底部输入，输入幅度为 $a(1,2)$，或者粒子 2 到达顶部输入且粒子 1 到达底部输入，幅度为 $a(2,1)$。这些双粒子路径给出以下等式：

$$b(1,2)=t^2 a(1,2)+(ir)^2 a(2,1)=(T-R e^{i\Theta_S})a(1,2) \tag{6.81}$$

我们使用了不可区分的粒子：$a(1,2)=a(2,1)e^{i\Theta_S}$，且统计角度 $\Theta_S=0$ 或 π，分别表征玻色子和费米子统计。符合概率 $P(1,2)=|b(1,2)|^2$，针对半透明分束器有如下结果：

$$P(1,2)=\frac{1}{2}(1-\cos\Theta_S) \tag{6.82}$$

光子聚束不会产生符合，而泡利不相容则会产生完美的符合。

第一个 HOM 实验是由 Bocquillon 等人[162]完成的。100mK 温度下，在 2DEG 中实现两个 MC-SES，用于实现 1.8K 的能级分离。以 $f_d=2.1$GHz 同步驱动的源，交替将单个电子和单个空穴注入填充因子 $v=3$ 时形成的三个共同传播边缘通道的外边缘通道。中间 QPC 用作分束器并以传输 1/2 进行调谐，执行双粒子量子混合。没有使用交叉相关，而只使用了在一个分束器输出端处测得的电流低频波动的自相关。正如对费米子反聚束预期的那样，他们观察到了针对 $\tau=0$ 的噪声抑制，但由于注入的载流子与未使用的共同传播边缘通道的库仑相互作用，抑制并不完全。定量分析和讨论可以在参考文献 [163-165] 中找到（图 6.43）。

悬浮子提供了对退相干具有良好免疫的单电子波包，这是因为这些激发以费米能量注入。Dubois 等人[96]进行了悬浮子的 HOM 相关性研究。在这里，当零时间延迟时，HOM 散粒噪声完全消失，证明了从两个独立触点发送的悬浮子的完美不可区分性。图 6.44 显示了参考文献 [96] 中单电荷悬浮子，以及参考文献 [166] 中的双电荷悬浮子的结果。对于电荷为 e 的悬浮子，噪声 $\propto (1-|\langle\psi_1(0)|\psi_1(\tau)\rangle|^2)$，而对于电荷为 $2e$ 的悬浮子，噪声 $\propto (2-|\langle\psi_1(0)|\psi_1(\tau)\rangle|^2-|\langle\psi_2(0)|\psi_2(\tau)\rangle|^2)$，其中 $\psi_1(t)$ 和 $\psi_2(t)$ 是第一和第二正交时间分辨洛伦兹波包，见参考文献 [166, 167]。$|\langle\psi_{1(2)}(0)|\psi_{1(2)}(\tau)\rangle|^2$ 是量子光学中我们熟悉的二阶相关函数 $g_2(\tau)$，在参考文献 [164, 168] 中针对费米子引入。悬浮子源提供了一种方便的方法来探索 HOM 与多个电子的相关性。

HOM 相关性也已使用电压脉冲形状注入非最小激发来完成，例如参考文献 [96] 中的单电子正弦波源，补充信息另见文献 [166, 167]。有趣的是，注入电子周围的中性激发云

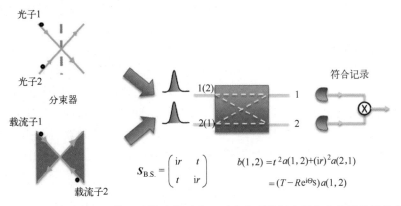

图 6.43 HOM 相关性原理。使用手性边缘通道，可以实现类似光子实验的量子导体实验，其中 QPC 用作传入载流子的分束器和手性边缘通道，确保输入和输出载流子光束的分离。使用分束器散射矩阵，我们可以以类似的方式处理光子和电子。然而，当交换两个粒子时，它们具有不同的统计角度 $\Theta_S:\Theta_S=0$ 用于光子，而 $\Theta_S=\pi$ 用于费米子。这使得光子不是符合事件（对于 $R=T=1/2$），而费米子则是完全符合事件。

显示在 $\tau=0$ 处提供完美的反聚束和零 HOM 噪声。人们[169,170]还使用隧穿结而不是 QPC 进行了正弦波脉冲的 HOM 噪声测量。他们还考虑了更多奇异的注入方案。在参考文献[171]中，Glattli 等人从理论上考虑注入携带整数电荷的悬浮子伪随机二元序列。他们计算了两个相同的悬浮子序列的 HOM 噪声，但序列之间有时间延迟 τ。在 $\tau=0$ 时，观察到噪声消失。这表明悬浮子的相干随机二元序列可用于电子量子光学中的量子信息应用。有趣的是，当 $\tau=kT$，注入周期的倍数 $k\neq 0$ 时，HOM 显示出 50% 的下降，这可以理解为由于在每个分束器输入处找到 0 悬浮子或 1 悬浮子的概率为 50%（图 6.44）。

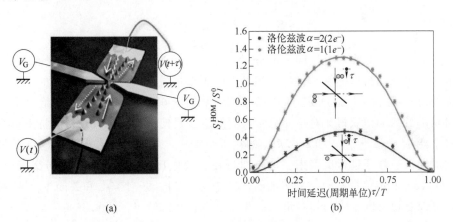

图 6.44 电荷 e 和 $2e$ 悬浮子的电子 HOM 相关性，改编自参考文献 [96] 和 [166]。(a) 样品和测量原理。样品是冷却至 30mK 的 2DEG。将 30ps 宽度的 6GHz 周期性洛伦兹电压脉冲施加到触点上，调谐到传输 0.5 的 QPC 将进入的悬浮子分开，测量产生的 HOM 电流波动的交叉相关性。(b) HOM 散粒噪声测量。噪声归一化为独立（经典）分区噪声。对于时间延迟 $\tau=0$ 和 $\tau=T$，消失的散粒噪声显示了完美的不可区分性，其中 T 为 166ps 是注入周期。该图显示了双电荷和单电荷悬浮子的 HOM 测量值。对于 $\tau=T/2$ 时，噪声有最大值，此时悬浮子是最多可区分的。实线是与没有可调参数的预测的比较。

HOM 实验也已用于研究分数量子霍尔效应，其中预测将电荷 e 悬浮子注入 $v=1/3$ 分数边缘通道，会导致费米子相关，而任意统计数据的迹象都可能是天真的预期[172]。HOM

相关性也可以在 2D 拓扑绝缘体[173] 或混合超导体/普通导体[174] 中使用 Bogoliubov 准粒子进行研究。

6.4.5.4　使用散粒噪声的量子态层析成像

最后介绍电子 HOM 相关性的一个应用是电子量子态层析成像（QST，quantum state tomography）[177]。量子层析成像的目的是对波函数 ϕ 进行最完整的描述。由于海森堡不确定性，量子测量只能给出关于两个共轭变量（能量或时间，或者动量或位置）之一的波函数的信息，例如，根据所选变量给出 $\psi(t)$ 或 $\psi(E)$。QST 的目的是获得称为维格纳（Wigner）函数的伪概率分布，它将波函数描述为两个共轭变量 $W(t,E)$ 的函数，由如下方程给出：

$$W(t,E)=\int_{-\infty}^{\infty}\mathrm{d}\delta\langle\phi^{*}(E+\delta/2)\phi(E-\delta/2)\rangle\mathrm{e}^{-\mathrm{i}\delta t/h} \tag{6.83}$$

通过交换积分中的能量和时间变量，可以写出类似的表达式。执行 QST 需要在不同的基础上进行大量测量，以"切片"波函数并提供完整的表达。为此，使用波函数 ϕ 的能量表达并确定能量密度矩阵 $\langle\phi^{*}(E)\phi(E)\rangle$ 更为方便。

值得注意的是，类 HOM 的散粒噪声测量可用于确定能量密度矩阵。Grenier 等人[175]（另见文献 [176]）提出的想法，已由 Jullien 等人[33,177] 对悬浮子的 QST 进行了实验性实施。以频率 ν_0 定周期注入悬浮子带来了一个重要的简化，这意味着所有能量相关性都随 $h\nu_0$ 的步长倍数而变化，因此必须要测量的只有能量密度矩阵的对角元 $\langle\phi^{*}(E+kh\nu_0)\phi(E)\rangle$，$k$ 为整数。让我们看看散粒噪声如何帮助做到这一点。对角元 $\langle\phi^{*}(E)\phi(E)\rangle$ 是电子的能量分布。测量它的方法例如可以将悬浮子发送到 QPC 分束器的左侧输入端进行分析，并使用右侧电子库发射的电子进行反聚束，并查看由此产生的分区噪声抑制。如果 $S_I^0=2e^2\nu_0 D(1-D)$ 是单独的悬浮子的分离噪声，而 V_R 是施加在右侧电子库上的电压，反聚束给出的噪声为

$$S_I=S_I^0(1-\int_0^{eV_R}\mathrm{d}\varepsilon|\phi(\varepsilon)|^2) \tag{6.84}$$

积分中的项表示悬浮子分区噪声的分量，这些分量通过与右电子库能量范围 eV_R 内所发射的电子反聚束而得以抑制。将噪声相对于电压进行微分，提供了悬浮子的能量谱和能量密度矩阵的对角部分的测量。散粒噪声频谱的结果如图 6.45（a）所示，它给出了能量密度矩阵的对角部分。如何获得非对角元呢？人们的想法是使用相同的方式，但将来自右电子库的电子置于能量 ε、$\varepsilon+kh\nu_0$ 和 $\varepsilon-kh\nu_0$ 的相干叠加中，从而使得右电子库的电子与在那些能量处的周期性悬浮子进行反聚束。这是通过在直流电压 V_R 上叠加一个弱交流电压 $eV_{Lo}(t)=\eta_{Lo}h\nu_0\cos[2\pi kh\nu_0(t+\tau)]$ 来实现的，其中 $\eta_{Lo}\ll 1$。开启 V_{Lo} 和关闭 V_{Lo} 时测得的噪声差异，可以获得密度矩阵的非对角元，并由以下表达式给出（图 6.45）：

$$\Delta S_I^k=S_I^0 2k\eta_{Lo}\cos(2\pi\nu_0\tau)\times\int_0^{eV_R}\mathrm{d}\varepsilon(\phi(\varepsilon)^*\phi(\varepsilon+kh\nu_0)-\phi(\varepsilon)^*\phi(\varepsilon-kh\nu_0)) \tag{6.85}$$

在式（6.84）和式（6.85）中，忽略了热效应，这对于 Jullien 等人的实验条件是合理的，其 6GHz 注入频率和 30mK 电子温度给出了很大的比值，即 $h\nu_0/(k_B T)=9.7$。

图 6.45（b）和（c）显示了 $k=1$ 和 $k=2$ 时的实验结果。当 $eV_R=h\nu_0$ 时，测量的过量噪声与 τ 的关系里的明显振荡提供了强量子相干性的证据。改变 V_R 和微分给出非对角元。在图（d）中，显示了（部分）重构的维格纳函数 $W(t,E)$。当忽略 $k\geqslant 3$ 的贡献时，它与理论部分维格纳函数非常吻合。Jullien 等人[177] 的结果提供凝聚态物质中电子的实验性 QST

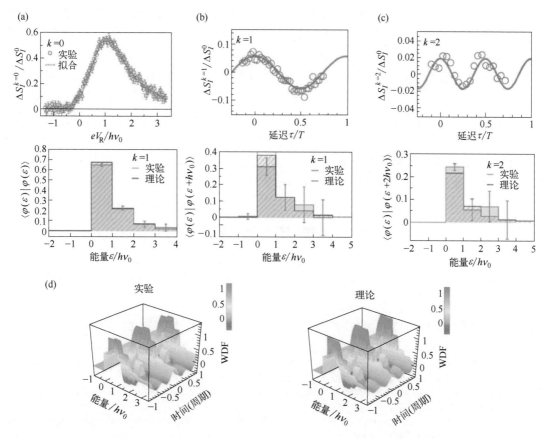

图 6.45 悬浮子的量子态层析成像。(a) 散粒噪声测量（顶部），从中可以提取悬浮子能量分布（底部）。请注意，没有负能量分量，这是悬浮子的一个标志。(b) 过量散粒噪声测量（顶部）与当 $k=1$ 时针对直流电压 $eV_R=h\nu_0$ 的时间延迟 τ 的关系，振荡展示了相干性并验证了式（6.85），对各种不同 V_R 重复测量给出 $k=1$ 的非对角能量矩阵元素（底部）。(c) 对于 $k=2$ 也是同样。(d) 实验和理论维格纳分布函数（WDF）与共轭时间和能量变量的关系 3D 图。改编自参考文献 [177]。

的第一个例子。

Bisognin 等人[178]已经针对携带电荷 e 和 $2e$ 的正弦波脉冲和洛伦兹脉冲重现了 QST 实验。这里，较小的 5GHz 注入频率和较大的 80mK 电子温度给出较小的比率 $h\nu_0/(k_BT) \approx 3$，表明其中包括了热激发的强烈影响。Fletcher 等人[179]的 QST 也没有使用噪声，而是使用能量和时间相关的势垒来对时间和能量波函数进行采样。

6.5 结论

当电流流过导体时，电流会出现基本波动，这是由于电荷载流子的离散性质造成的。对这种散粒噪声的测量带来了有关电子通过导体传输的性质（扩散、弹道、混沌等）的重要信息，这些信息无法通过单纯测量电导获得。散粒噪声已用作半导体纳米器件中量子传输的卓越诊断手段，同样也提供了一种准确的方法来测量载流子的电荷，并且已被发现是有效了解分数量子霍尔效应的量子相性质的重要工具。所有这些都带来了超灵敏且非常可靠的低频和高频噪声测量的发展。

电子电流噪声类似于光子噪声，对散粒噪声的研究引起了电子量子光学的发展，其目的是利用电子和光子之间的类比。这促使物理学家发明了单光子源的电子类比。这些单电子源使得能够在单个电子水平上研究量子传输。通过周期性地将单个电子注入导体，由此产生的电流噪声的测量给出了有关源的重要信息。这也使得类似于光子的 HBT 和 HOM 实验的电子新实验成为可能，并且有可能对单个电子的波函数进行量子层析成像。量子导体中电子流的统计是电流噪声测量的归纳。虽然一些实验已经开始讨论这个话题，但还是缺少适合研究全量子机制的测量工具。这可能需要检测到达导体每个触点的单个电子。

在过去的 20 年里，散粒噪声的测量成为理解量子导体物理学的标准工具。我们相信散粒噪声测量将参与未来量子传输和电子量子光学激动人心的新发展。

参 考 文 献

[1] Blanter Y, Büttiker M. Shot noise in mesoscopic conductors. Phys Rep 2000;336:1.
[2] Kobayashi K. What can we learn from noise? ——Mesoscopic nonequilibrium statistical physics. Proc Jpn Acad Ser B 2016;92:204.
[3] Beenakker C, Schönenberger C. Quantum shot noise. Phys Today 2003;56:37-42.
[4] Lesovik GB. Excess quantum noise in 2D ballistic point contacts. Pis'ma Zh Eksp Teor Fiz 1989;49:513. JETP Lett. 49,592 (1989).
[5] Martin T, Landauer R. Wave packet approach to noise in multichannel mesoscopic systems. Phys Rev B 1992;45:1742.
[6] Reznikov M, Heiblum M, Shtrikman H, Mahalu D. Temporal correlation of electrons: suppression of shot noise in a ballistic quantum point contact. Phys Rev Lett 1995;75:3340.
[7] Kumar A, Saminadayar L, Glattli DC, Jin Y, Etienne B. Experimental test of the quantum shot noise reduction theory. Phys Rev Lett 1996;76:2778.
[8] van Wees BJ, van Houten H, Beenakker CWJ, et al. Quantized conductance of point contacts in a two dimensional electron gas. Phys Rev Lett 1988;60:848.
[9] Wharam DA, Thornton TJ, Newbury R, Pepper M, Ahmed H, Frost JEF, Hasko DG, Peacock DC, Ritchie DA, Jones GAC. One-dimensional transport and the quantisation of the ballistic resistance. J Phys C: Solid State Phys 1988;21:L209.
[10] Buttiker M. Scattering theory of current and intensity noise correlations in conductors and wave guides. Phys Rev B 1992;46:12485.
[11] Lesovik GB, Sadovskyy IA. Scattering matrix approach to the description of quantum electron transport. Phys-Usp 2011;54:1007.
[12] Dorokhov ON. On the coexistence of localized and extended electronic states in the metallic phase. Solid State Commun 1984;51:381.
[13] Beenakker CWJ, Buttiker M. Suppression of shot noise in metallic diffusive conductors. Phys Rev B 1992;46:1889.
[14] Nagaev KE. On the shot noise in dirty metal contacts. Phys Lett 1992;169:103-7.
[15] Jalabert RA, Pichard J-L, Beenakker CWJ. Universal quantum signatures of Chaos in ballistic transport. Europhys Lett 1994;27:255.
[16] Beenakker CWJ. Random-matrix theory of quantum transport. Rev Mod Phys July 1997;69(3).
[17] Nazarov YV. In: Cerdeira HA, Kramer B, Schon G, editors. Quantum dynamics of submicron structures. NATO ASI series E291. Dordrecht: Kluwer; 1995.
[18] Lesovik GB, Loosen R. On the detection of finite-frequency current fluctuations. JETP Lett 1997;65:295.
[19] Creux M, Crépieux A, Martin T. Finite-frequency noise cross correlations of a mesoscopic circuit: a measurement method using a resonant circuit. Phys Rev B 2006;74:115323.
[20] Gavish U, Levinson Y, Imry Y. Detection of quantum noise. Phys Rev B 2000;62(R):R10637.
[21] Schottky W. Uber spontane Stromschwankungen in verschiedenen Elektrizitatsleitern. Ann Phys (Berlin) 1918;362:541.
[22] Nyquist H. Thermal agitation of electric charge in conductors. Phys Rev 1928;32:110.
[23] Lesovik GB, Levitov LS. Noise in an ac biased junction: nonstationary Aharonov-Bohm effect. Phys Rev Lett 1994;72:538.
[24] Moskalets M, Büttiker M. Floquet scattering theory of quantum pumps. Phys Rev B 2002;66:205320.
[25] Pedersen MH, Büttiker M. Scattering theory of photon-assisted electron transport. Phys Rev B 1998;58:12993.
[26] De-Picciotto R, Reznikov M, Heibrum M, Umansky V, Bunin G, Mahalu D. Direct observation of a fractional charge. Nature 1997;389:162.

[27] Buttiker M. Quantized transmission of a saddle-point constriction. Phys Rev 1990;B41:7906.
[28] Li Y éP,Tsui DC,Heremans JJ,Simmons JA. Low-frequency noise in transport through quantum point contacts. Appl Phys Lett 1990;57:774.
[29] Liefrink F,Scholten AJ,Dekker C,Eppenga R,van Houten H,Foxon CT. Low-frequency noise of quantum point contacts in the ballistic and quantum Hallregime. Physica B 1991;175:213.
[30] DiCarlo L,Zhang Y,McClure DT,Marcus CM,Pfeiffer LN,West KW. Rev Sci Instrum 2006;77:073906.
[31] Hashisaka M,Yamauchi Y,Nakamura S,Kasai S,Kobayashi K,Ono T. Measurement for quantum shot noise in a quantum point contact at low temperature. J Phys Conf Ser 2008;109:012013.
[32] Arakawa T,Nishihara Y,Maeda M,Norimoto S,Kobayashi K. Cryogenic amplifier for shot noise measurement at 20 mK. Appl Phys Lett 2013;103:172104.
[33] Jullien T. Mesoscopic few-electron voltage pulse source. Université Paris Sud-Paris XI;2014. https://tel.archives-ouvertes.fr/tel-01158785.
[34] Hashisaka M,Ota T,Yamagishi M,Fujisawa T,Musraki K. Cross-correlation measurement of quantum shot noise using homemade transimpedance amplifier. Rev Sci Instrum 2014;85:054704.
[35] Muro T,Nishihara Y,Norimoto S,Ferrier M,Arakawa T,Kobayashi K,Ihn T,Rössler C,Ensslin K,Reichl C,Wegscheider W. Finite shot noise and electron heating at quantized conductance in high-mobility quantum point contacts. Phys Rev B 2016;93:195411.
[36] Yang W,Wei J. Cryogenic amplifier with low input-referred voltage noise calibrated by shot noise measurement. Chin Phys B 2018;27(6):060702.
[37] Nishihara Y,Nakamura S,Kobayashi K,Ono T,Kohda M,Nitta J. Shot noise suppression in InGaAs/InGaAsP quantum channels. Appl Phys Lett 2012;100(20):203111.
[38] Kumar M,Avriller R,Levy Yeyati A,van Ruitenbeek JM. Detection of vibration-mode scattering in electronic shot noise. Phys Rev Lett 2012;108:146602.
[39] Vardimon R,Klionsky M,Tal O. Experimental determination of conduction channels in atomic-scale conductors based on shot noise measurements. Phys Rev B 2013;88(R):161404.
[40] Chen R,Wheeler PJ,Di Ventra M,Natelson D. Enhanced noise at high bias in atomic-scale Au break junctions. Sci Rep 2015;4:4221.
[41] Tewari S,Sabater C,Kumar M,Stahl S,Crama B,van Ruiten-beek JM. Fast and accurate shot noise measurements on atomic-size junctions in the MHz regime. Rev Sci Instrum 2017;88(9):093903.
[42] Mohr M,Jasper-Toennies T,Weismann A,Frederiksen T,Garcia-Lekue A,Ulrich S,Herges R,Berndt R. Conductance channels of a platform molecule on Au(111)probed with shot noise. Phys Rev B 2019;99:245417.
[43] Herrmann LG,Delattre T,Morfin P,Berroir J-M,Plaçais B,Glattli DC,Kontos T. Shot noise in Fabry-Perot interferometers based on carbon nanotubes. Phys Rev Lett 2017;99:156804.
[44] Thomas KJ,Nicholls JT,Simmons MY,Pepper M,Mace DR,Ritchie DA. Possible spin polarization in a one-dimensional electron gas. Phys Rev Lett 1996;77:135.
[45] de Picciotto R,Pfeiffer LN,Baldwin KW,West KW. Temperature-dependent 0.7 structure in the conductance of cleaved-edge-overgrowth one-dimensional wires. Phys Rev B 2005;72:033319.
[46] Bagraev NT,Buravlev AD,Klyachkin LE,et al. Quantized conductance in silicon quantum wires. Semiconductors 2002;36:439.
[47] Chou HY,Luscher S,Goldhaber-Gordon D,et al. High-quality quantum point contacts in GaN/AlGaN heterostructures. Appl Phys Lett 2005;86:073108.
[48] Simmonds PJ,Sfigakis F,Beere HE,et al. Quantum transport in $In_{0.75}Ga_{0.25}As$ quantum wires. Appl Phys Lett 2008;92:152108.
[49] Spivak B,Zhou F. Ferromagnetic correlations in quasi-one-dimensional conducting channels. Phys Rev B 2000;61:16730.
[50] Reimann SM,Koskinen M,Manninen M. End states due to spin-Peierls transition in quantum wires. Phys Rev B 1999;59:1613.
[51] Seelig G,Matveev KA. Electron-phonon scattering in quantum point contacts. Phys Rev Lett 2003;90:176804.
[52] Rejec T,Meir Y. Magnetic impurity formation in quantum point contacts. Nature 2006;442:900.
[53] Cronenwett SM,Lynch HJ,Goldhaber-Gordon D,et al. Low-temperature fate of the 0.7 structure in a point contact:a Kondo-like correlated state in an open system. Phys Rev Lett 2002;88:226805.
[54] Meir Y,Hirose K,Wingreen NS. Kondo model for the "0.7 anomaly" in transport through a quantum point contact. Phys Rev Lett 2002;89:196802.
[55] Meir Y. The theory of the '0.7 anomaly' in quantum point contacts. J Phys:Condens Matter 2008;20:164208.
[56] Graham AC,Thomas KJ,Pepper M,Cooper NR,Simmons MY,Ritchie DA. Interaction effects at crossings of spin-polarized one-dimensional subbands. Phys Rev Lett 2003;91:136404.
[57] Kristensen A,Bruus H,Hensen AE,et al. Bias and temperature dependence of the 0.7conductance anomaly in quantum point contacts. Phys Rev B 2000;62:10950.
[58] Appleyard NJ,Nicholls JT,Simmons MY,Tribe WR,Pepper M. Thermometer for the 2D electron gas using 1D thermopower. Phys Rev Lett 1998;81:3491.

[59] Chiatta O, Nicholls JT, Proskuryakov Y, Lumpkin N, Farrer I, Ritchie DA. Quantum thermal conductance of electrons in a one-dimensional wire. Phys Rev Lett 2006;97:056601.

[60] Roche P, Segala J, Glattli DC, et al. Fano factor reduction on the 0.7 conductance structure of a ballistic one-dimensional wire. Phys Rev Lett 2004;93:116602.

[61] DiCarlo L, Zhang Y, McClure DT, Reilly DJ, Marcus CM, Pfeiffer LN, West KW. Shot-noise signatures of 0.7 structure and spin in a quantum point contact. Phys Rev Lett 2006;97:036810.

[62] Nakamura S, Hashisaka M, Yamauchi Y, Kasai S, Ono T, Kobayashi K. Conductance anomaly and Fano factor reduction in quantum point contacts. Phys Rev B 2009;79:201308(R).

[63] Jeong H. Shot noise suppression in a quantum point contact with short channel length. Chin Phys Lett 2015;32:077301.

[64] Liefrink F, Dijkhuis JI, de Jong MJM, Molenkamp LW, van Houten H. Experimental study of reduced shot noise in a diffusive mesoscopic conductor. Phys Rev B 1994;49(R):14066.

[65] Steinbach AH, Martinis JM, Devoret MH. Observation of hot-electron shot noise in a metallic resistor. Phys Rev Lett 1996;76:3806.

[66] Henny M, Oberholzer S, Strunk C, Schönenberger C. 1/3-shot-noise suppression in diffusive nanowires. Phys Rev B 1999;59:2871.

[67] Tworzydlo J, Trauzettel B, Titov M, Rycerz A, Beenakker CWJ. Sub-poissonian shot noise in graphene. Phys Rev Lett 2006;96:246802.

[68] Lewenkopf CH, Mucciolo ER, Castro Neto AH. Numerical studies of conductivity and Fano factor in disordered graphene. Phys Rev B 2008;77:081410(R).

[69] DiCarlo L, Williams JR, Zhang Y, McClure DT, Marcus CM. Shot noise in graphene. Phys Rev Lett 2008;100:156801.

[70] Danneau R, Wu F, Craciun MF, Russo S, Tomi MY, Salmilehto J, Morpurgo AF, Hakonen PJ. Shot noise in ballistic graphene. Phys Rev Lett 2008;100:196802.

[71] Tan ZB, Puska A, Nieminen T, Duerr F, Gould C, Molenkamp LW, Trauzettel B, Hakonen PJ. Shot noise in lithographically patterned graphene nanoribbons. Phys Rev B 2013;88:245415.

[72] Mostovov A. Quantum shot noise in graphene. Ph-D Thesis. Université Pierre et Marie Curie-Paris VI;2014.

[73] Oberholzer S, Sukhorukov EV, Strunk C, Schönenberger C, Heinzel T, Holland M. Shot noise by quantum scattering in chaotic cavities. Phys Rev Lett 2001;86:2114.

[74] Oberholzer S, Sukhorukov EV, Schönenberger C. Crossover between classical and quantum shot noise in chaotic cavities. Nature 2002;415:765.

[75] Levitov LS, Lesovik GB. Charge-transport statistics in quantum conductors. JETP Lett 1992;55:555.

[76] Levitov LS, Lesovik GB. Quantum measurement in electric circuit, cond-mat/9401004. 1994.

[77] Levitov LS, Lee H, Lesovik GB. Electron counting statistics and coherent states of electric current. J Math Phys(NY) 1996;37:4845.

[78] Averin DV, Sukhorukov EV. Counting statistics and detector properties of quantum point contacts. Phys Rev Lett 2005;95:126803.

[79] Field M, Smith CG, Pepper M, Ritchie DA, Frost JEF, Jones GAC, Hasko DG. Measurements of Coulomb blockade with a noninvasive voltage probe. Phys Rev Lett 1993;70:1311.

[80] Lu W, Ji Z, Pfeiffer L, West KW, Rimberg AJ. Real-time detection of electron tunnelling in a quantum dot. Nature (London) 2003;423:422.

[81] Fujisawa T, Hayashi T, Hirayama Y, Cheong HD, Jeong YH. Electron counting of single-electron tunneling current. Appl Phys Lett 2004;84:2343.

[82] Bylander J, Duty T, Delsing P. Current measurement by real-time counting of single electrons. Nature (London) 2005;434:361.

[83] Gustavsson S, Leturcq R, Simovič B, Schleser R, Ihn T, Studerus P, Ensslin K, Driscoll DC, Gossard AC. Counting statistics of single electron transport in a quantum dot. Phys Rev Lett 2006;96:076605.

[84] Fujisawa T, Hayashi T, Tomita R, Hirayama Y. Bidirectional counting of single electrons. Science 2006;312:1634-6.

[85] Reulet B, Senzier J, Prober DE. Environmental effects in the third moment of voltage fluctuations in a tunnel junction. Phys Rev Lett 2003;91:196601.

[86] Bomze Y, Gershon G, Shovkun D, Levitov LS, Reznikov M. Measurement of counting statistics of electron transport in a tunnel junction. Phys Rev Lett 2005;95:176601.

[87] Schoelkopf RJ, Burke PJ, Kozhevnikov AA, Prober DE, Rooks MJ. Frequency dependence of shot noise in a diffusive mesoscopic conductor. Phys Rev Lett 1997;78:3370.

[88] Deblock R, Onac E, Gurevich L, Kouwenhoven LP. Detection of quantum noise from an electrically driven two-level system. Science 2003;301:203.

[89] Onac E, Balestro F, Willems van Beveren LH, Hartmann U, Nazarov YV, Kouwenhoven LP. Using a quantum dot as a high-frequency shot noise detector. Phys Rev Lett 2006;96:176601. Published 1 May 2006.

[90] Zakka-Bajjani E, Ségala J, Portier F, Roche P, Glattli DC, Cavanna A, Jin Y. Experimental test of the high-frequency quantum shot noise theory in a quantum point contact. Phys Rev Lett 2007;99:236803.

[91] Gustavsson S,Studer M,Leturcq R,Ihn T,Ensslin K,Driscoll DC,Gossard AC. Frequency-selective single-photon detection using a double quantum dot. Phys Rev Lett2007;99;206804.
[92] Schoelkopf RJ,Kozhevnikov AA,Prober DE,Rooks MJ. Observation of "photonassisted"shot noise in a phase-coherent conductor. Phys Rev Lett 1998;80;2437.
[93] Kozhevnikov AA,Schoelkopf RJ,Prober DE. Observation of photon-assisted noise in a diffusive normal metal-superconductor junction. Phys Rev Lett 2000;84;3398.
[94] Reydellet L-H,Roche P,Glattli DC,Etienne B,Jin Y. Quantum partition noise of photon-created electron-hole pairs. Phys Rev Lett 2003;90;176803.
[95] Gabelli J,Reulet B. Dynamics of quantum noise in a tunnel junction under ac excitation. Phys Rev Lett 2008;100;026601.
[96] Dubois J,Jullien T,Portier F,Roche P,Cavanna A,Jin Y,Wegscheider W,Roulleau P,Glattli DC. Minimal-excitation states for electron quantum optics using levitons. Nature 2013;502;659.
[97] Jompol Y,Roulleau P,Jullien T,Roche B,Farrer I,Ritchie DA,Glattli DC. Detecting noise with shot noise using on-chip photon detector. Nat Commun 2015;6;6130.
[98] Parmentier FD,Serkovic-Loli LN,Roulleau P,Glattli DC. Photon-assisted shot noise in graphene in the terahertz range. Phys Rev Lett 2016;116;227401.
[99] Kapfer M,Roulleau P,Santin M,Farrer I,Ritchie DA,Glattli1 DC. A Josephson relation for fractionally charged anyons. Science 2019;363;846-9.
[100] Klitzing Kv,Dorda G,Pepper M. New method for high-accuracy determination of the fine-structure constant based on quantized Hall resistance. Phys Rev Lett 1980;45;494.
[101] Tsui DC,Stormer HL,Gossard AC. Two-dimensional magnetotransport in the extreme quantum limit. Phys Rev Lett 1982;48;1559.
[102] Laughlin RB. Anomalous quantum Hall effect:an incompressible quantum fluid with fractionally charged excitations. Phys Rev Lett 1983;50;1395.
[103] Kane CL,Fisher MPA. Nonequilibrium noise and fractional charge in the quantum Hall effect. Phys Rev Lett 1994;72;724-7.
[104] Tomonaga S. Remarks on Bloch's method of sound waves applied to many-fermion problems. Prog Theor Phys (Kyoto) 1950;5;544.
[105] Luttinger JM. An exactly soluble model of a many-fermion system. J Math Phys 1963;4;1154.
[106] Chamon C de C,Freed DE,Wen XG. Tunneling and quantum noise in one-dimensional Luttinger liquids. Phys Rev B 1995;51;2363-79.
[107] Fendley P,Ludwig AWW,Saleur H. Exact nonequilibrium dc shot noise in Luttinger liquids and fractional quantum Hall devices. Phys Rev Lett 1995;75;2196.
[108] Saminadayar L,Glattli DC,Jin Y,Etienne B. Observation of the e/3 fractionally charged Laughlin quasiparticle. Phys Rev Lett 1997;79;2526.
[109] Reznikov M,de Picciotto R,Griffiths TG,Heiblum M,Umansky V. Observation of quasiparticles with one-fifth of an electron's charge. Nature 1999;399;238.
[110] Fendley P,Saleur H. Nonequilibrium DC noise in a Luttinger liquid with an impurity. Phys Rev B 1996;54;10845.
[111] C Glattli D,Rodriguez V,Perrin H,Roche P,Jin Y,Etienne B. Shot noise and the Luttinger liquid-like properties of the FQHE. Phys E Low-dimens Syst Nanostruct 2000;6;22.
[112] Roche P, Rodriguez V, Christian Glattli D. Quantum Hall effect, chiral Luttinger liquids and fractional charges. Compt Rendus Phys 2002;3;717.
[113] Griffiths TG,Comforti E,Heiblum M,Stern A,Umansky V. Evolution of quasiparticle charge in the fractional quantum Hall regime. Phys Rev Lett 2000;85;3918.
[114] Trauzettel B,Roche P,Glattli DC,Saleur H. Effect of interactions on the noise of chiral Luttinger liquid systems. Phys Rev B 2004;70;233301.
[115] Feldman DE,Heiblum M. Why a noninteracting model works for shot noise in fractional charge experiments. Phys Rev B 2017;95;115308.
[116] Comforti E,Chung YC,Heiblum M,Umansky V. Multiple scattering of fractionally charged quasiparticles. Phys Rev Lett 2002;89;066803.
[117] Comforti E,Chung YC,Heiblum M,Umansky V,Mahalu D. Bunching of fractionally charged quasiparticles tunnelling through high-potential barriers. Nature 2002;416;515.
[118] Dolev M,Heiblum M,Umansky V,Stern A,Mahalu D. Observation of a quarter of an electron charge at the;=5/2 quantum Hall state. Nature 2008;452;829.
[119] Chung YC,Heiblum M,Umansky V. Scattering of bunched fractionally charged quasiparticles. Phys Rev Lett 2003;91;216804.
[120] Bid A,Ofek N,Heiblum M,Umansky V,Mahalu D. Shot noise and charge at the 2/3 composite fractional quantum Hall state. Phys Rev Lett 2009;103;236802.
[121] Dolev M,Gross Y,Chung YC,Heiblum M,Umansky V,Mahalu D. Dependence of the tunneling quasiparticle charge

determined via shot noise measurements on the tunneling barrier and energetics. Phys Rev B 2010;81:161303.
[122] M. Kapfer et al. in preparation Kapfer M. Dynamic of excitations of the Fractional quantum Hall effect ;fractional charge and fractional Josephson frequency. Ph-D thesis. Physics;Universite Paris-Saclay;2018.
[123] Bid A,Nissim O,Inoue H,Heiblum M,Kane CL,Umansky V,Mahalu D. Observation of neutral modes in the fractional quantum Hall regime. Nature 2010;466:585.
[124] Dolev M,Gross Y,Sabo R,Gurman I,Heiblum M,Umansky V,Mahalu D. Characterizing neutral modes of fractional states in the second Landau level. Phys Rev Lett2011;107:036805.
[125] Gross Y,Dolev M,Heiblum M,Umansky V,Mahalu D. Upstream neutral modes in the fractional quantum Hall effect regime;heat waves or coherent dipoles. Phys Rev Lett 2012;108:226801.
[126] Inoue H,Grivnin A,Ronen Y,Heiblum M,Umansky V,Mahalu D. Proliferation of neutral modes in fractional quantum Hall states. Nat Commun 2014;5:4067.
[127] Hashisaka M,Ota T,Muraki K,Fujisawa T. Shot-noise evidence of fractional quasiparticle creation in a local fractional quantum Hall state. Phys Rev Lett 2015;114:056802.
[128] Cohen Y,Ronen Y,Yang W,Banitt D,Park J,Heiblum M,Mirlin A,Gefen Y,Umansky V. Synthesizing a $v=2/3$ fractional quantum Hall effect edge state from counter-propagating $v=1$ and $v=1/3$ states. Nat Commun 2019;10:1920.
[129] Shapiro S. Josephson currents in superconducting tunneling;the effect of microwaves and other observations. Phys Rev Lett 1963;11:80-2.
[130] Wen XG. Edge transport properties of the fractional quantum Hall states and weak-impurity scattering of a one-dimensional charge-density wave. Phys Rev B 1991;44:5708-19.
[131] Crépieux A,Devillard P,Martin T. Photoassisted current and shot noise in the fractional quantum Hall effect. Phys Rev B 2004;69:205302.
[132] Bena C,Safi I. Emission and absorption noise in the fractional quantum Hall effect. Phys Rev B 2007;76:125317.
[133] Chevallier D,Jonckheere T,Paladino E,Falci G,Martin T. Detection of finitefrequency photoassisted shot noise with a resonant circuit. Phys Rev B 2010;81:205411.
[134] Safi I,Sukhorukov EV. Determination of tunneling charge via current measurements. Eur Phys Lett 2010;91:67008.
[135] Samuelsson P,Sukhorukov EV,Buttiker M. Two-particle Aharonov-Bohm effect and entanglement in the electronic Hanbury Brown-Twiss setup. Phys Rev Lett 2004;92:026805.
[136] Oberholzer MHS,Strunk C,Heinzel T,Ensslin K,Holland M,Schonenberger C. The fermionic Hanbury Brown and Twiss experiment. Science 1999;284:296.
[137] Oberholzer S,Henny M,Strunk C,Schöonenberger C,Heinzel T,Ensslin K,Holland M. The Hanbury Brown and Twiss experiment with fermions. Physica E(Amsterdam) 2000;6:314.
[138] Oliver W,Kim J,Liu R,Yamamoto Y. Hanbury Brown and Twiss-type experiment with electrons. Science 1999;284:299.
[139] Neder I,Ofek N,Chung Y,Heiblum M,Mahalu D,Umansky V. Interference between two indistinguishable electrons from independent sources. Nature 2007;448:pages333-337.
[140] Michler P,Kiraz A,Becher C,Schoenfeld WV,Petroff PM,Zhang L,Hu E,Imamoglu A. A quantum dot single-photon turnstile device. Science 2000;290:2282-5.
[141] Lounis B,Moerner WE. Single photons on demand from a single molecule at room temperature. Nature 2000;407:491-3.
[142] Liu RC,Odom B,Yamamoto Y,Tarucha S. Quantum interference in electron collision. Nature 1998;391:263-5.
[143] Bauerle C,Glattli DC,Meunier T,Portier F,Roche P,Roulleau P,Takada S,Waintal X. Coherent control of single electrons;a review of current progress. Rep Prog Phys 2018;81:056503. p. 33.
[144] Special issue;single-electron control in solid-state devices. Edited by J. Splettstoesser and R. J. Haug Phys Status Solidi B 2017;254(3).
[145] Maire N,Hohls F,Kaestner B,Pierz K,Schumacher HW,Haug RJ. Noise measurement of a quantized charge pump. Appl Phys Lett 2008;92:082112.
[146] Robinson AM,Talyanskii VI. Shot noise in the current of a surface acoustic-wave-driven single-electron pump. Phys Rev Lett 2005;95:247202.
[147] Robinson AM,Talyanskii VI,Pepper M,Cunningham JE,Linfield EH,Ritchie DA. Measurements of noise caused by switching of impurity states and of suppression of shot noise in surface-acoustic-wave-based single-electron pumps. Phys Rev B 2002;65:045313.
[148] Fève G,Mahé A,Berroir J-M,Kontos T,Plaçais B,Glattli DC,Cavanna A,Etienne B,Jin Y. An on-demand coherent single-electron source. Science 2007;316:1169-72.
[149] Mahé A,Parmentier FD,Bocquillon E,Bèrroir J-M,Glattli DC,Kontos T,Plaçais B,Fève G,Cavanna A,Jin Y. Current correlations of an on-demand single-electron emitter. Phys Rev B 2010;82:201309(R).
[150] Albert M,Flindt C,Büttiker M. Accuracy of the quantum capacitor as a single-electron source. Phys Rev B 2010;82:041407(R).
[151] Rychkov VS,Polianski ML,Büttiker M. Photon-assisted electron- hole shot noise in multiterminal conductors. Phys Rev B 2005;72:155326.

[152] Keeling J, Klich I, Levitov LS. Minimal excitation states of electrons in one- dimensional wires. Phys Rev Lett 2006; 97:116403.

[153] Bocquillon E, Parmentier FD, Grenier C, Berroir J-M, Degiovanni P, Glattli DC, Placais B, Cavanna A, Jin Y, Fève G. Electron quantum optics: partitioning electrons one by one. Phys Rev Lett 2012;108:196803.

[154] Ivanov DA, Lee HW, Levitov LS. Coherent states of alternating current. Phys Rev B 1997;56:6839.

[155] Dubois J, Jullien T, Grenier C, Degiovanni P, Roulleau P, Glattli DC. Integer and fractional charge Lorentzian voltage pulses analyzed in the framework of photonassisted shot noise. Phys Rev B 2013;88:085301.

[156] Grenier C, Dubois J, Jullien T, Roulleau P, Glattli DC, Degiovanni P. Fractionalization of minimal excitations in integer quantum Hall edge channels. Phys Rev B2013;88:085302.

[157] Anderson PW. Infrared catastrophe in Fermi gases with local scattering potential. Phys Rev Lett 1967;18;1049-51.

[158] Lee HW, Levitov L. Orthogonality catastrophe in a mesoscopic conductor due to a time-dependent flux. 1993. http://arxiv.org/abs/cond-mat/9312013.

[159] Ubbelohde N, Hohls F, Kashcheyevs V, Wagner T, Fricke L, Kästner B, Pierz K, Schumacher HW, Haug RJ. Partitioning of on-demand electron pairs. Nat Nanotechnol2015;10:46-9.

[160] Hassler F, Suslov MV, Graf GM, Lebedev MV, Lesovik GB, Blatter G. Wave-packet formalism of full counting statistics. Phys Rev B 2008;78:165330.

[161] Hong CK, Ou ZY, Mandel L. Measurement of subpicosecond time intervals between two photons by interference. Phys Rev Lett 1987;59:2044-6.

[162] Bocquillon E, Freulon V, Berroir J-M, Degiovanni P, Plaçais B, Cavanna A, Jin Y, Fève G. Coherence and indistinguishability of single electrons emitted by independent sources. Science 2013;339:1054-7.

[163] Wahl C, Rech J, Jonckheere T, Martin T. Interactions and charge fractionalization in an electronic Hong-Ou-Mandel interferometer. Phys Rev Lett 2014;112:046802.

[164] Bocquillon E, et al. Electron quantum optics in ballistic chiral conductors. Ann Phys (Berlin) 2014;526(No. 1-2): 1-30.

[165] Freulon V, Marguerite A, Berroir J-M, Plaçais B, Cavanna A, Jin Y, Fève G. Hong-Ou-Mandel experiment for temporal investigation of single-electron fractionalization. Nat Commun 2015;6:6854.

[166] Glattli DC, Roulleau P. Hanbury-Brown Twiss noise correlation with time controlled quasi-particles in ballistic quantum conductors. Phys E (Amsterdam, Neth.)2016;82:99.

[167] Glattli DC, Roulleau P. Levitons for electron quantum optics. Phys Status Solidi B 2017;254:1600650.

[168] Moskalets M. Single-electron second-order correlation function G(2) at nonzero temperatures. Phys Rev B 2018;98: 115421.

[169] Vanević M, Gabelli J, Belzig W, Reulet B. Electron and electron-hole quasiparticle states in a driven quantum contact. Phys Rev B 2016;93:041416(R).

[170] Yue XK, Yin Y. Normal and anomalous electron-hole pairs in a quantum conductor driven by a voltage pulse. Phys Rev B 2019;99:235431.

[171] Glattli DC, Roulleau P. Pseudorandom binary injection of levitons for electron quantum optics. Phys Rev B 2018;97: 125407.

[172] Ronetti F, Vannucci L, Ferraro D, Jonckheere T, Rech J, Martin T, Sassetti M. Crystallization of levitons in the fractional quantum Hall regime. Phys Rev B 2018;98:075401.

[173] Ferraro D, Wahl C, Rech J, Jonckheere T, Martin T. Electronic Hong-Ou-Mandel interferometry in two-dimensional topological insulators. Phys Rev B 2014;89:075407.

[174] Ferraro D, Rech J, Jonckheere T, Martin T. Nonlocal interference and Hong-Ou-Mandel collisions of single Bogoliubov quasiparticles. Phys Rev B 2015;91:075406.

[175] Grenier C, Hervé R, Bocquillon E, Parmentier FD, Plaçais B, Berroir J-M, Fève G, Degiovanni P. Single-electron quantum tomography in quantum Hall edge channels. New J Phys 2011;13:093007.

[176] Ferraro D, Feller A, Ghibaudo A, Thibierge E, Bocquillon E, Fève G, Grenier C, Degiovanni P. Wigner function approach to single electron coherence in quantum Hall edge channels. Phys Rev B 2013;88:205303.

[177] Jullien T, Roulleau P, Roche B, Cavanna A, Jin Y, Glattli DC. Quantum tomography of an electron. Nature 2014;514: pp603-607.

[178] Bisognin R, Marguerite A, Roussel B, Kumar M, Cabart C, Chapdelaine C, Mohammad-Djafari A, Berroir J-M, Bocquillon E, Plaçais B, Cavanna A, Gennser U, Jin Y, Degiovanni P, Fève G. Quantum tomography of electrical currents. Nat Commun 2019;10;3379.

[179] Fletcher JD, Johnson N, Locane E, See P, Griffiths JP, Farrer I, Ritchie DA, Brouwer PW, Kashcheyevs V, Kataoka M. Continuous-variable tomography of solitary electrons. Nat Commun 2019;10:5298.

[180] Bisognin R, Bartolomei H, Kumar M, Safi I, Berroir J-M, Bocquillon E, Plaçais B, Cavanna A, Gennser U, Jin Y, Fève G. Microwave photons emitted by fractionally charged quasi-particles. Nat Commun 2019;10:1708.

第 7 章

拓扑绝缘体纳米带中的电学输运和超导输运

Morteza Kayyalha[1]、Leonid P. Rokhinson[2, 3, *] 和 Yong P. Chen[2, 3]

[1] 宾夕法尼亚州立大学帕克分校电气工程系,美国宾夕法尼亚州
[2] 普渡大学物理与天文学系,美国印第安纳州西拉斐特
[3] 普渡大学电气与计算机工程系,美国印第安纳州西拉斐特
* 通讯作者:leonid@purdue.edu

7.1 介绍

在固态物理学中,材料分为两个不同的类别:金属(例如金)和绝缘体(例如 SiO_2)。这种区别是基于费米能量是位于导带/价带(金属)内还是带隙内(绝缘体)。然而,整数量子霍尔(QH,quantum Hall)效应的发现,打破了这种区别,这种效应在体内是绝缘的,但同时沿边缘则是导电的。对 QH 效应的研究产生了一种新的材料分类:拓扑材料[1,2]。在 QH 绝缘体中,外部磁场将打破时间反转对称性,并形成朗道能级。与普通绝缘体相比,QH 状态属于不同的拓扑类。当来自两个不同拓扑类别的绝缘体彼此相邻放置时,绝缘间隙必须在它们的边界处闭合,从而产生边缘模式(二维)和表面状态(三维)。从某种意义上说,比较非平凡能带结构和平凡能带结构的拓扑结构,类似于比较橡皮筋和默比乌斯(Möbius)带;在不产生破坏的情况下,一个无法顺利地变形为另一个[2]。因此,拓扑绝缘体和普通绝缘体边界处带隙的闭合,类似于"断裂"橡皮筋并将其转化为 Möbius 带。这种"拓扑转变"使边缘/表面状态独立于材料细节,并且对系统的任何平滑变形不敏感。近些年,几种拓扑物质状态,包括二维(2D)[3] 和三维(3D)[1,2] 拓扑绝缘体(TI,topological insulator)、拓扑晶体绝缘体[4]、拓扑狄拉克半金属和外尔(Weyl)半金属[5,6],已在理论上得到预测并在实验上得到验证。在本章中,我们重点关注 3D TI,包括 TI 纳米带(TINR,TI nanoribbon),并讨论它们的电学输运和超导输运特性。

TI 属于保留时间反转对称性的一类拓扑材料。TI 中的强自旋-轨道耦合(SOC,spin-orbit coupling)和能带反转,使得出现了非平凡的绝缘体带隙和拓扑保护表面态。拓扑保护是指,表面状态对非磁性杂质(如晶体缺陷)和表面粗糙度的后向散射的免疫力[1,2,7]。这些拓扑表面态(TSS,topological surface state)是具有线性类狄拉克费米子能量的自旋-螺旋态动量分散。3D TI 的早期示例是 Bi_2Se_3、Bi_2Te_3、Sb_2Te_3 及其化合物[1,2]。这些材料是最常用的热电材料之一，多年来得到了广泛研究[8]。然而，直到最近，人们才了解热电和电子特性的拓扑起源。其他 3D TI 的示例包括应变 HgTe[9] 和 SmB_6[10]。

图 7.1（a）和（b）分别描绘了动量空间中的表面能带色散和实空间中 TSS 的自旋纹理的示意图。由于强烈的 SOC，TSS 中电荷载流子的自旋锁定为垂直于动量，并与表面相切。因此，自旋-螺旋 TSS 可能会引起电流/动量诱导的自旋极化，因此在自旋电子学中具有许多潜在应用[11,12]。此外，TI 的铁磁掺杂可以打开 TSS 中的交换带隙，从而产生量子反常霍尔效应[13,14] 或拓扑磁电效应[15]。和传统超导体耦合的 TSS 可能会产生拓扑超导性和马约拉纳（Majorana）模式[1,16]，是创建容错量子比特的最佳候选。

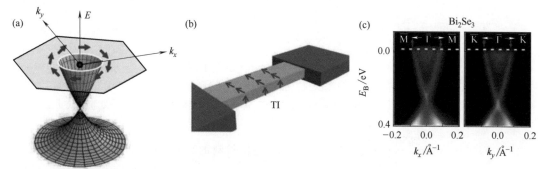

图 7.1 （a）典型 3D TI 的自旋-螺旋表面能色散示意图。（b）3D TI 表面态中的自旋纹理示意图，自旋始终与表面相切并垂直于动量。（c）采用角分辨光电子能谱（ARPES）测量的 Bi_2Se_3 的能带结构。
来源：改编自参考文献 [1, 17, 42]。

本章组织如下：首先概述 3D TI 中 TSS 的一些电学输运特征，然后介绍 TINR 作为观察拓扑输运的一个有趣的候选者，最后介绍结合 3D TINR 和超导体，从而追寻拓扑超导性和马约拉纳模式的最新进展。

7.2 TI 中的电学输运概述

3D TI 的能带色散已通过角分辨光电子能谱（ARPES，angle resolved photoemission spectroscopy）在 Bi_2Se_3 样品上进行了测量[1,17]。图 7.1（c）显示了 ARPES 数据，其中演示了 TSS 的线性自旋极化狄拉克色散。在完美的 TI 中，体材料是绝缘的，电流由表面状态承载。实际上，由于非故意的杂质掺杂和热激发，体材料载流子会对传导有贡献。有几种方法可以区分 TSS 和体材料载流子的贡献。掺杂常规 Bi_2Se_3，它是高度电子掺杂的，使用 Sb 将化学势转移到带隙中并补偿非故意掺杂，人们发现，三元和四元碲铋矿 TI 材料，例如 $(Bi, Sb)_2Te_3$ 和 $BiSbTeSe_2$，表现出非常低的体材料贡献[18-21]。例如，$BiSbTeSe_2$ 中的方块电阻 R_{sh} 不随厚度变化［见图 7.2（a）][22]，表明 R_{sh} 完全由 $T=2K$ 处的 TSS 贡献决定，并且大部分是绝缘的。我们注意到，在传统金属中，方块电阻与厚度成反比。

7.2.1 电导率的温度依赖性

对于费米能量位于间隙内的 TI，我们预计体传导的贡献将在低温下受到抑制。因此，电导率的温度依赖性可以提供深入了解电传输的本质，从而揭示 TSS 的贡献。可以使用参考文献 [23] 中开发的简单模型从与温度相关的电导率中提取表面对总电导的贡献。在这个模型中，总片电导是热激活体积电导和金属表面电导 $G^{tot}(T)=G^{bulk}(T)+G^{sur}$ 的总和，其

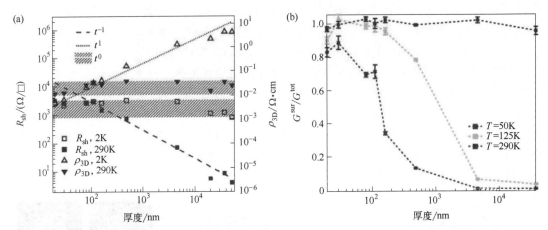

图 7.2 （a）$T=2K$ 和 $T=295K$ 时，$BiSbTeSe_2$ 中的方块电阻 R_{sh} 和 3D 电阻率 ρ_{3D} 与厚度的关系。在 $T=2K$ 时，R_{sh} 表现出二维行为并且不随厚度而变化。蓝色虚线和水平红色带分别表示 3D 体导体的 R_{sh} 和 ρ_{3D} 的预期行为。（b）三个温度下，TSS 对总电导的贡献（G^{sur}/G^{tot}）与厚度的关系。来源：参考文献 [22]。

中 $G^{bulk}=t\sigma_{0b}\exp\left(-\dfrac{E_g}{k_B T}\right)$，$t$ 是 TI 的厚度，σ_{0b} 是体材料的高温导热系数，E_g 是体材料带隙，k_B 是玻尔兹曼常数，T 是温度。金属表面贡献可以建模为 $G^{sur}=1/(R_{s0}+AT)$，其中 R_{s0} 代表 $T=0K$ 处的残余电阻，A 则引入电子-声子耦合[23]。该模型预测，对于温度 $k_B T < E_g$，G^{tot} 由 G^{sur} 主导，并随着温度的降低而增加。Y. Xu 等人[22] 采用该模型估计了 $BiSbTeSe_2$ 薄膜中表面对体积的贡献。图 7.2（b）绘制出了提取的表面对总电导的贡献与厚度的关系图。作者观察到，在低温或薄层材料中，电导主要由表面贡献决定。

7.2.2 垂直磁场中的 3D TI

7.2.2.1 低磁场范围：弱反局域化

在强自旋-轨道耦合系统中，例如 TI 中，预计磁导会表现出弱反局域化（WAL，weak anti-localisation）。WAL 起源于由于自旋-动量耦合引起的自相交散射路径的破坏性量子干涉。当施加小磁场时，时间反演对称性被打破，WAL 被抑制。因此，在低磁场（B）下，电导随着磁场的增加而降低，并且观察到负磁导 $\Delta\sigma(B)=\sigma(B)-\sigma(0)$ 在 $B=0T$ 处具有特征尖点。WAL 可以使用 Hikami-Larkin-Nagaoka 公式[24] 建模：

$$\Delta\sigma(B)=-\alpha\dfrac{e^2}{2\pi^2\hbar}\left[\ln\left(\dfrac{\hbar}{4el_\varphi^2 B}\right)-\Psi\left(\dfrac{\hbar}{4el_\varphi^2 B}+\dfrac{1}{2}\right)\right] \tag{7.1}$$

其中，Ψ 是双伽马函数；l_φ 是相位相干长度；α 是数字前因子。对于 TSS 的线性狄拉克色散，其贝里相位（Berry phase）为 π，$\alpha=-0.5$。然而，在 TI 薄膜中，有两个平行表面（顶部和底部），每个表面对 α 的贡献为 -0.5。因此，对于涉及两个 TSS 的传输，$\alpha=-1$。α 的值最近由 Y. Xu 等人从栅极可调 $BiSbTeSe_2$ 薄片的磁导测量中提取得到[22,25]。图 7.3 描绘了在零磁场下，$BiSbTeSe_2$ 薄片中纵向电阻 R_{xx} 的栅极依赖性，其中观察到接近背栅极电压 $V_{bg}=-60V$ 时的电阻峰值。该栅极电压突出了化学势的位置，其中系统中总电荷为中性，因此称为电荷中性点（CNP，charge neutrality point）。图 7.3（b）和（c）描绘了 TI 薄片中的磁导和提取的 α 和 l_φ。当顶面和底面都是电子掺杂时，$V_{bg}>-30V$ 就是这种情况，此时 $\alpha \approx -1.2$。靠近电荷 CNP 或者当顶部表面掺杂电子，底面掺杂空穴的情况下（$V_{bg} < -30V$），α 进一步降低。我们目前尚不清楚这种偏差背后的原因。

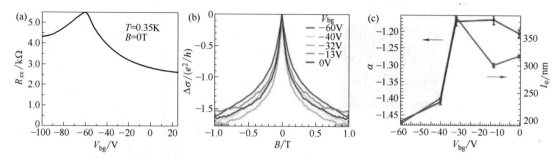

图 7.3 (a) 在 $T=0.35K$ 和 $B=0T$ 时，纵向电阻 R_{xx} 作为背栅电压 V_{bg} 的函数。(b) 不同背栅电压下，磁导 $\Delta\sigma$ 与磁场的关系，表明存在弱的反局域化效应。(c) α 和 l_φ 与 V_{bg} 的关系。所有测量均在通过透明胶带从体单晶剥离获得的 $BiSbTeSe_2$ 薄片中进行的。来源：参考文献 [22，25]。

7.2.2.2 高磁场范围：半整数 QH 效应

当 TI 暴露于强垂直磁场时，会形成朗道能级。在传统半导体中，由于能带色散的抛物线性质，朗道量子化产生等距能级并产生整数 QH 效应，表现为量子化霍尔电导率和零纵向电导率[26-30]。对于具有线性狄拉克色散的相对论载流子，朗道能级不是等距的，更重要的是，霍尔电导率量子化为半整数[15,22,31]。Y. Xu 等人[22] 首先在栅极可调的 $BiSbTeSe_2$ 薄片中观察到半整数 QH 效应，后来由其他人[32,33] 进行了重复。图 7.4 (a) 显示了纵向电阻 $R_{xx} = V_{2,3}/I_{1,4}$，其中下标对应于插图中所示的不同端子，以及霍尔电阻 $R_{xy} = V_{5,3}/I_{1,4}$ 作为背栅电压 V_{bg} 的函数，此处为图 7.3 所示的同一 $BiSbTeSe_2$ 薄片中，且 $T = 0.35K$。图 7.4 (b) 描述了计算得到的纵向（σ_{xx}）和霍尔（σ_{xy}）电导率作为 V_{bg} 的函数。在 $V_{bg} = 0V$ 时，样品为 n 型掺杂（顶面和底面都是），并且由于薄片的厚度较大，顶面的背栅控制可以忽略不计。因此，顶面很可能在本研究中使用的整个 V_{bg} 范围内都保持 n 型掺杂。当顶面和底面都掺杂电子时（$V_{bg} > -60V$），会观察到 σ_{xy} 中发展良好的量子化平台并伴有 σ_{xx} 消失。σ_{xy} 的量子化值是 e^2/h 的整数值，其中 e 是电子电荷，h 是普朗克常数。这表明 TI 薄片的每个表面将为测得的总电导率贡献半整数量子化电导。此外，顶面上没有栅极控制可确保顶面的贡献始终为 $\frac{1}{2}e^2/h$。在这个实验中观察到的平台可以理解为平行的顶面（$v_t e^2/h$）和底面（$v_b e^2/h$）的贡献。换句话说，$\sigma_{xy}^{tot} = \sigma_{xy}^{top} + \sigma_{xy}^{bottom} = (v_t + v_b)e^2/h = (N_t + N_b + 1)e^2/h$，其中 $v_{t(b)} = N_{t(b)} + \frac{1}{2}$ 是朗道能级填充因子，而 $N_{t(b)}$ 是一个整数。在电子掺杂底栅 TI 中，v_t 始终为 $\frac{1}{2}$，因此，$\sigma_{xy}^{tot} = (N_b + 1)e^2/h$ 总是量子化的。图 7.4 (b) 中，每个平台顶部和底部的朗道能级填充因子都标记了出来。为了控制 v_t，需要构造双栅极结构，其中顶部和底面是独立控制的。这是 Y. Xu 等人在参考文献 [34] 中完成的。

7.3 TI 纳米带中的电学输运

本节介绍 TSS 中的量子干涉效应。与体材料样品不同，在介观系统（例如 TINR）中，

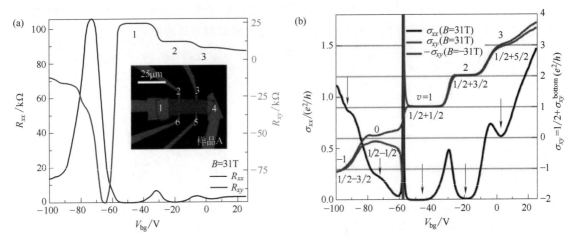

图7.4 (a) 纵向（R_{xx}）和霍尔（R_{xy}）电阻作为背栅电压（V_{bg}）在 $B=31$T 和 $T=0.35$K 的函数。插图显示了器件的光学图像，其中标记出不同电极。(b) 根据 (a) 计算的二维纵向（σ_{xx}）和霍尔（σ_{xy}）电导率。来源：参考文献 [22]。

低温相位相干长度与样品的长度尺度相当，并且可以观察到相位相干输运。TINR 类似于金属空心圆柱体，当电子围绕横截面圆周移动时，电子轨迹可以自干涉。当沿 TINR 的长度施加磁场时，量子干涉会受到磁通量的影响[35]。结果，干涉图案将引起磁阻的量子振荡，这是磁通量的函数，具有通量量子的特征周期，$\Phi_0 = h/e$[36-39]。这种振荡被称为 Aharonov-Bohm（AB）效应，并且已经在包括 Bi_2Te_3[40] 和 Bi_2Se_3[41] 的原型 TINR 中观察到了。请注意，此处的纳米带是指具有矩形横截面的纳米线。

在 TINR 中，对沿圆周表面状态的限制将导致沿着圆周周围模式的离散化［我们将此方向定义为沿 y 轴，如图7.5（a）所示］。与传统的金属空心圆柱体不同，TINR 中 TSS 的自旋-螺旋性质，确保载流子的自旋始终与表面相切并垂直于动量。这种自旋-动量锁定强制围绕 TINR 周边移动的粒子选择额外的 AB 相（π 的贝里相位）。换句话说，当我们考虑横向模式的量子化时，我们必须对 TINR 使用反周期边界条件。因此，TINR 中的横向模式描述如下[36,37]：

$$k_{y,n} = \frac{2\pi}{C}\left(n + \frac{1}{2}\right) \tag{7.2}$$

其中，$k_{y,n}$ 为对应于 n 的沿圆周的横向动量；C 为 TINR 的圆周；n 为整数。针对任何给定的 k_y 模式，能量色散也使用线性狄拉克色散描述如下：

$$E_n(k_x) = \pm\hbar v_F \sqrt{k_x^2 + k_{y,n}^2} \tag{7.3}$$

其中，k_x 是沿 TINR 长度方向的纵向动量；v_F 是表面模式的费米速度。当施加轴向磁场时，电子波函数将选择一个为 $2\pi\Phi/\Phi_0$ 的额外 AB 相位，并且量子化横模将采用的形式为[36,37,42]

$$k_{y,n} = \frac{2\pi}{C}\left(n + \frac{1}{2} - \frac{\Phi}{\Phi_0}\right) \tag{7.4}$$

其中，$\Phi = B/S$ 是磁通量，而 S 是 TINR 的横截面积。图7.5（b）绘制了三种不同磁通量下的各种 k_y 模式的能量色散作为 k_x 的函数。TINR 的独特之处在于，能量色散在零磁通量以及 $\Phi_0/2$ 的偶数倍时是有能隙的。这是沿圆周的量子限制效应的结果。当通量偏离 $\Phi_0/2$

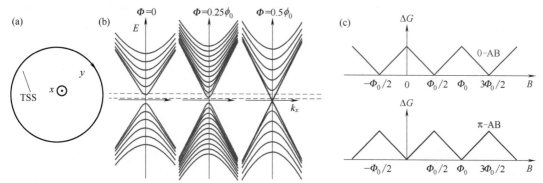

图 7.5 （a）TI 纳米带的横截面。我们定义沿圆周为 y 向、沿纳米带长度的纵向为 x 向。（b）三种磁通量下的 TI 纳米带表面模式的能量色散（E 与纵向动量 k_x 的关系）。（c）预测的磁导 ΔG 与 B 的关系表现出 Aharonov-Bohm（AB）振荡，相位为 0（蓝色曲线）和 π（红色曲线）。0-AB（π-AB）振荡对应于费米能量 E_F，如（b）中的蓝色（红色）虚线的水平线所示。来源：转载自参考文献 [42]。

的偶数倍时，能隙减小并在 $\Phi_0/2$ 的奇数倍处关闭，恢复线性狄拉克色散。因此，轴向磁通量驱动表面模式的周期性拓扑转变，从 $\Phi_0/2$ 的偶数倍时，具有所有拓扑平凡的双重简并横向模式的系统，到 $\Phi_0/2$ 的奇数倍处，对于 $k_y=0$ 具有单个非简并模式，对于 $k_y>0$ 具有双重简并模式的系统。在 $k_y=0$ 处的一维模式是具有线性能量-动量色散的自旋螺旋，并且在拓扑上受到保护以防止非磁性杂质的后向散射。$k_x=0$ 处两个相邻模式之间的能隙也由 $\Delta E = \hbar v_F \Delta k_y$ 给出，其中 $\Delta k_y = k_{y,n+1} - k_{y,n} = 2\pi/C$ [42]。

能量色散的独特磁通量依赖性，在 TINR 的栅极可调磁导中具有有趣的结果。让我们看一个案例，这里化学势（由栅极电压控制）调整为图 7.5（b）中的红色虚线。在 $T=0K$ 时，TINR 的磁导在 $\Phi=(n+1/2)\Phi_0$ 处比在 $\Phi=(2n)\Phi_0/2$ 处更大，因为在 $\Phi=(n+1/2)\Phi_0$ 处，$k_y=0$ 处的拓扑模式对电导有贡献，而在 $\Phi=(2n)\Phi_0/2$ 处，化学势在能隙内并且没有对电导有贡献的模式。因此，磁导将在 $(n+1/2)\Phi_0$ 处具有最大值，在 $(n)\Phi_0$ 处具有最小值。这种类型的 AB 振荡（π-AB）的示意图如图 7.5（c）所示。与传统的 AB 效应不同，其磁导的最大值位于零和 $\Phi_0/2$ 的偶数倍处 [图 7.5（c）蓝色曲线]，针对此特定栅极电压下的 TINR，一维拓扑模式在 AB 振荡中产生 π 相移。这种现象称为 π-AB 效应，是一维拓扑模式围绕 TINR 周边的自旋旋转引入的额外 π 相移的结果。如果我们改变化学势的位置，例如，图 7.5（b）中的蓝色虚线，在 $\Phi=(2n)\Phi_0/2$ 处，有两种模式对输运有贡献，而在 $\Phi=(2n+1)\Phi_0/2$，只有一种模式有贡献。这里我们注意到，图 7.5（b）中除了具有线性能量色散的拓扑模式之外，所有模式都是双重简并的。因此，这种化学势的磁导在 $\Phi_0/2$ 的偶数倍处有最大值，在 $\Phi_0/2$ 的奇数倍处有最小值。这种类型的磁导振荡类似于没有任何相移的传统的 AB 效应（0-AB），如图 7.5（c）中的蓝色曲线所示。因此，在 TINR 中，我们可以通过改变 TINR 的化学势来改变 AB 振荡的相位。这种从 0 到 π 的转变相对于 k_F 是周期性的，其周期为 $\Delta k_y = 2\pi/C$，它决定了模式在 $k_x=0$ 处的能量间隔（ΔE）。我们注意到，在实验中，沿着纳米带长度方向的温度展宽和费米能量波动应该小于图 7.5（b）中相邻模式之间的能隙 ΔE。参考文献 [43] 中，人们通过 Bi_2Se_3 纳米带实验测量了磁导的 π-AB 振荡。Jauregui 等人[42] 再现了 Bi_2Te_3 纳米带中的 π-AB 振荡，并进一步证明了由栅极电压驱动的，相对于 k_F 的明显周期性 0 到 π 交替。图 7.6（a）和（b）中总结了与参考文献 [42] 相对应的实验结果。通过用整数（N）标记 $\Phi=\Phi_0/2$（$\Phi=0$）处的磁导中的每个峰值

（谷值），从而分析了栅极可调 AB 振荡。此过程是在高于 V_0 的背栅电压下实现的，其中 V_0 是最小的栅极电压，这里人们观察到从 0-AB 到 π-AB 振荡的转变。类似地，$\Phi = \Phi_0/2$（$\Phi = 0$）处的磁导中的每个谷值（峰值）都用 $N+1/2$ 标记。图 7.6（c）绘制了背栅电压（V_g）作为提取的振荡指数（N）的函数。对于反向栅极控制 TINR，面载流子密度 n_s 由下式给出

$$n_s = C_{ox}(V_g - V_{CNP})/e \tag{7.5}$$

其中，C_{ox} 是每单位面积上氧化层的平行板电容。此外，对于 2D 能带，载流子密度也由下式给出：

$$n_s = (k_F^2 + k_{F,0}^2)/(4\pi) \tag{7.6}$$

其中，k_F 是表面模式的费米波矢；$k_{F,0}$ 是体材料价带中的费米波矢。TINR 的 TSS 被视为具有反周期边界条件的 2D 平面，因此 2D 载流子密度可以正确描述系统。假设 $k_F = k_{F,0} + N\Delta k_y$，其中 $\Delta k_y = 2\pi/C$，$k_{F,0}$ 和 C_{ox} 可以通过拟合式（7.5）和式（7.6），根据绘制在图 7.6（d）中到 V_g 与 N 的关系数据来提取。根据这个拟合，获得 $k_{F,0} \approx 0.05$ Å^{-1} 和 $C_{ox} \approx$

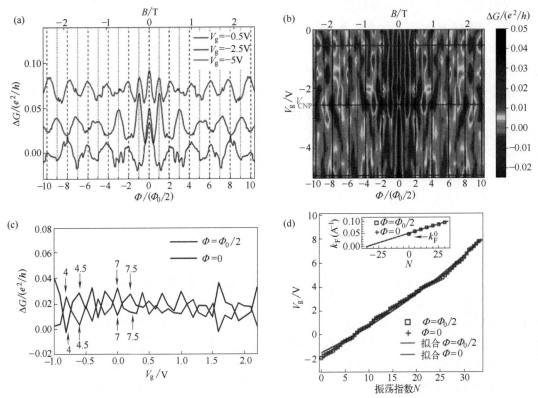

图 7.6 （a）对于 Bi_2Te_3 纳米带，在三个背栅电压 V_g 处，磁导率（ΔG，减去平滑背景）作为磁通量（Φ）函数。纳米带在 $V_g = -5V$ 时表现出 0-AB 效应，在 $V_g = -2.5V$ 时表现出 π-AB 效应。（b）ΔG 作为 Φ 和 V_g 函数的彩图，显示 AB 振荡随 V_g 从 0 到 π 的转变，V_g 控制着化学势。从 0 到 π 的转变相对于 Δk 是周期性的。（c）对于 $\Phi = \Phi_0/2$ 和 $\Phi = \Phi_0$，ΔG 与 V_g 的关系。相应的 N 和 $N+1/2$ 指数标记在图中。（d）对应于（c）中的每个 N 或 $N+1/2$ 指数，每个背栅电压都绘制为 N 的函数。插图：k_F 与 N 的关系表现出线性行为。这种线性行为表明振荡（N）相对于 k_F 是周期性的，其周期通过 Δk_y 给出。来源：参考文献 [42]。

100nF/cm² （对于 $SrTiO_3$ 衬底）。为了了解周期性振荡指数 N 相对于 k_F 的本质，计算的 $k_F = \sqrt{\frac{4\pi C_{ox}}{e(V_g - V_0)} + k_{F,0}^2}$ 在图 7.4（d）中绘制为 N 的函数。对于 $k_F < k_{F,0}$（$V_g < V_0$），磁导由体价带传导主导，载流子不局域于 TSS，并且没有观察到 AB 振荡。

正如我们之前讨论的，在 $T=0K$ 处以及针对图 7.5（b）中的红色虚线，电导振荡是由于弹道自旋-螺旋 TSS。考虑到 $k_y=0$ 模式的弹道性质，人们会期望 AB 振荡的振幅为 e^2/h，即理想情况下，图 7.6（a）中 ΔG 的振幅应该被量子化（e^2/h）。然而，TINR 中所有实验测量[40-43] 的 AB 振荡都报告 $\Delta G \approx 0.1 e^2/h$，明显小于理论预期值。导致 AB 振幅减小的确切机制尚不清楚，尽管有人认为无序和温度变宽以及侵入性接触（其反射和传输系数会影响四端磁导测量）是根本原因。

来自 AB 振荡的温度依赖性的弹道输运：

AB 振荡的另一个有趣特性是其温度依赖性。AB 效应具有不同的特征温度依赖性，具体取决于输运是弹道还是扩散[44]。先前的研究[40,41] 表明，扩散区域中 AB 振荡的振幅表现出 $T^{-1/2}$ 依赖性，而温度依赖性对于弹道纳米带来说是指数级的[45]。在 TINR 中，磁导的 AB 振荡幅度由具有 $k_y=0$ 的一维拓扑模式确定。由于此模式在拓扑上受到防止后向散射的保护，我们期望观察到 AB 振幅的指数 T 依赖性。图 7.7（a）描绘了 Bi_2Te_3 纳米带中磁

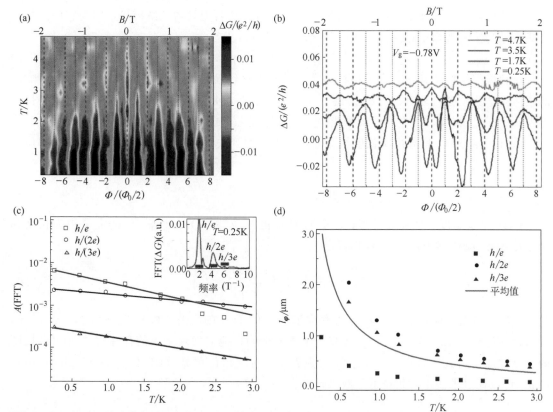

图 7.7 （a）Bi_2Te_3 纳米带中的磁导率 ΔG 与温度和磁通量的关系。（b）对于不同温度，ΔG 与（a）中 Φ 的关系图的一些切割。（c）一次（h/e）、二次 [$h/(2e)$] 和三次 [$h/(3e)$] 谐波的 FFT 振幅 A 的温度依赖性。插图是（b）的数据在 $T=0.25K$ 时的 FFT。峰值振幅（A）定义为红色水平线所表示的相应间隔上的积分区域。（d）从 $l_\varphi = jC/(2Tb_j)$ 获得的相位相干长度（l_φ）的温度依赖性，其中 j 是（c）中的 j 次谐波，b_j 是通过拟合 A 为 $e^{-b_j T}$ 得到的。l_φ 表现出 T^{-1} 依赖性。三个数据集之间的平均值显示为绿色实线。来源：参考文献 [42]。

导作为轴向磁场和温度函数的彩色映射图[42]。AB 振荡的振幅，对应于从（a）中数据的快速傅里叶变换（FFT, fast Fourier transfer）获得的一次、二次和三次谐波，也绘制在图 7.7（b）中。所有三个谐波的振幅随温度升高呈指数衰减，揭示了沿 TINR 长度输运的弹道性质。从理论上讲，FFT(A_j) 的振幅（其中 j 表示 j 次谐波）与 $e^{-b_j T}$ 成正比，其中衰减因子为 $b_j = jC/(2Tl_\varphi)$[45,46]，l_φ 是相位相干长度。实验上，人们发现 b_j 是 j 的非线性函数。虽然这种偏离线性行为的根本原因尚未确定，但类似的偏离通常归因于热平均。提取的 $l_\varphi = jC/(2Tb_j)$ 显示了对 T^{-1} 的依赖性[42]。这个 -1 指数不同于参考文献 [41, 47-49] 中观察到的 0.4 到 0.5，并且很可能表明 TINR 与环境的耦合较弱[44]。

7.4 TI 纳米带中的超导输运

TSS 在零磁场下是拓扑非平凡的，因此，TI/超导体（TI/S）异质结构是形成拓扑超导相的理想选择。许多理论著作[16,38,39,50-55]研究了 3D TI 中马约拉纳模式的存在。此外，TI/S 界面，包括 S/TI/S 约瑟夫森结（JJ, Josephson junction），已由许多研究组[56-64] 通过实验证明。TI 中的超导输运通常在约瑟夫森几何结构中进行研究，其中两个间隔很近的超导体放置在 TI 薄片的顶部，以形成约瑟夫森结。Fu 和 Kane[16] 首先指出，TSS 中的感应超导性可以产生零能量马约拉纳激发。这些激发被命名为马约拉纳模式，因为它们的数学公式与马约拉纳费米子相同。TI 中表面态的能量色散为

$$E(k_F) = \pm \hbar v_F |k_F| \quad (7.7)$$

这种能带结构非常适合形成拓扑超导相（产生马约拉纳模式），因为对于体材料带隙内的任何化学势，会自动进入自旋-螺旋"无自旋"状态，并且在零磁场下，TI/S 界面是拓扑不平凡[16,39]。相反，在半导体纳米线中，自旋螺旋态出现在大磁场中[65-70]。

Fu 和 Kane[16] 推导出零长度约瑟夫森结中安德列夫（Andreev）束缚态的能量-相位关系如下：

$$E(\phi) = \pm \Delta_0 \cos \frac{\phi}{2} \quad (7.8)$$

其中，Δ_0 是零温度下的超导带隙；ϕ 是 JJ 两端的相位差。Olund 等[54] 研究了沟道长度和带隙外状态对超电流的影响；他们得出

$$E(\phi) = \pm \Delta_0 \cos\left(\frac{E(\phi)L}{\hbar v_F} \pm \frac{\phi}{2}\right) \quad (7.9)$$

其中，L 是沟道长度，适用于具有任意沟道长度的 JJ。在短沟道极限 $L \to 0$ 中，式（7.9）变为式（7.8）。Ghaemi 等人[71] 研究了杂质的影响；他们发现杂质的存在将作为沟道长度的有效增加，将式（7.9）中的 L 替换为 L_{eff}。电流相位关系（CPR, current phase relation）可以通过求能量对相位的导数来计算：

$$I(k_y, \phi) = -\frac{e}{h} \sum_{E_n \geq 0} \frac{\partial E_n}{\partial \phi} \tanh \frac{\phi E_n}{2k_B T} \quad (7.10)$$

式（7.10）是在假设 ϕ 的时间变化很慢的情况下推导出来的，因此，包含了费米分布函数（tanh 项）以表示这种缓慢变化的相位。图 7.8（a）和（b）绘制了安德列夫束缚态以

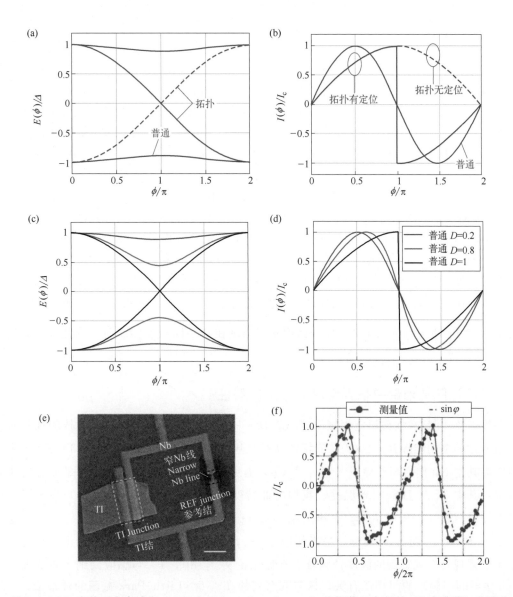

图 7.8 （a）安德列夫束缚态（ABS，Andreev bound states）的能谱 E 与拓扑（红色曲线）和平凡（蓝色曲线）约瑟夫森结中两个超导体之间的相位差 ϕ 的关系。（b）由 I_c（临界电流）归一化的电流 I 与拓扑结（红色实线和虚线曲线）和平凡（蓝色曲线）结的 ϕ 的关系。由于准粒子中毒，拓扑结可能表现出高度倾斜的两 π 周期性 $I-\phi^{[73]}$。（c）、（d）在一个平凡结中，能谱 E（c）和归一化电流 I/I_c（d）与各种结透明度 D 的关系。（e）用于测量电流相位关系（CPR）的非对称量子干涉器件（SQUID）的扫描电子显微镜（SEM）图像。比例尺为 1μm。（f）电流相位关系（符号）；基于 TI 的 JJ 的归一化电流（I/I_c）与在温度 $T=20$mK 下测得的相位 ϕ 的关系。蓝色虚线曲线是参考正弦函数。来源：（e）和（f）取自参考文献 [64]。

及拓扑结和平凡结的相应 CPR 的能谱（假设平凡结的传输系数 $D=0.2$）。TSS 上禁止来自非磁性杂质的后向散射，这会产生能级在 $\phi=\pi$ 处的交叉，从而出现 4π 周期性 CPR[16]。在传统的 JJ 中，CPR 为 2π 周期性的[72]。这两个能量分支具有不同的费米子宇称，并且为了测量 4π 周期性，测量必须比准粒子中毒时间更快地进行[73]。在存在准粒子中毒的情况下，拓扑 JJ 的 CPR 预计会倾斜（由于弹道输运），但会具有 2π 周期性。在一个短的平凡结中，能量-相位关系如下[72]：

$$E(\phi) = \pm\Delta_0\sqrt{1 - D\sin^2\frac{\phi}{2}} \tag{7.11}$$

其中，D 是结透明度。在图 7.8（c）和（d）中，E-ϕ 和 I-ϕ 是针对具有不同透明度 D 的三个平凡结绘制的。对于完美的弹道结，E-ϕ 和 I-ϕ 曲线类似于具有准粒子中毒（慢变相）的拓扑结。因此，观察到高度倾斜的 CPR，虽然是必要的步骤，但也不足以证明拓扑超导性的存在。事实上，为了揭示 CPR 的 4π 周期性特性，需要频率高于准粒子中毒率的高频测量。

TI JJ 的 CPR 可以在非对称量子干涉器件（SQUID，asymmetric quantum interference device）中测量，如图 7.8（e）所示。SQUID 由一个参考（REF）结组成，该结具有已知的正弦 CPR 并与一个基于 TI 的结并联。如果 REF 结的临界电流远大于 TI 结的临界电流，则 SQUID 临界电流的磁通量调制将直接探测 TI JJ 的 CPR。我们已经使用这种技术测量了 $BiSbTeSe_2$ 薄片的 CPR；结果绘制在图 7.8（f）中。我们观察到 CPR 是高度倾斜的，这与我们对具有缓慢变化的 ϕ（由穿过 SQUID 的磁通量控制）[64] 的弹道 TSS 的理解一致。相比之下，在 TINR 中，$k_y = 0$ 的 1D 表面模式仅出现在 $\Phi = \left(n + \frac{1}{2}\right)\Phi_0$ 时，因此，零磁场中的 CPR 预计不会是 4π 周期性的。

7.4.1 TI 纳米带中临界电流的温度依赖性

临界电流 I_c 是在任何给定温度下式（7.10）中 $I(\phi)$ 的最大值，其温度依赖性是研究感应超导性的多功能探针。$I_c(T)$ 依赖性已经在基于 $BiSbTeSe_2$ 纳米带的 S/TI/S JJ 中进行了研究，其中 Nb 作为超导导线[61,63]。$I_c(T)$ 揭示了在低于 $0.2T_c$ 的温度下的临界电流异常增强，其中 T_c 是 JJ 的临界温度。我们将此转变温度称为 T^*。图 7.9（a）显示了三种不同背栅电压下 TINR 中 I_c 与 T 的关系。从 T_c 开始，I_c 随着温度降低到 T^* 而平稳增加，低于 T^* 时 I_c 随着 T 接近零呈指数增加。一般来说，任何考虑系统中两个特征能隙的模型可以重现我们观察到的温度依赖性。在原始论文[68]中，T^* 与感应到纳米带底面（不与 Nb 接触的一侧）的超导性有关，这与观察到的 $T < T^*$ Little-Park 振荡的观察结果一致（后面讨论）[66]。观察到的 I_c 与 T 的关系与短结的完全不同，其中 I_c 在低温下饱和，但是并没有表现出任何指数行为[72,74]。相反，对于长结，I_c 随着温度的降低呈指数增长[72,75-78]。我们注意到短结是指具有 $L \ll \xi$ 的结，其中 ξ 是超导相位相干长度；而 $L \geqslant \xi$ 被认为是长结。该模型假设 I_c 的增加与当 $T^* < T \leqslant T_c$ 时 T 的减少之间的关系，然后是 $T < T^*$ 时 I_c 的指数增强，如图 7.9 中观察到的，解释了在 T^* 处从短结极限到长结极限的转变，其中超导性延伸到底部 TSS。总电流 $I = I_1 + I_2$ 由顶部 TSS［图 7.9（b）插图中的 I_1］和底部 TSS（I_2）承载。对应于 I_2 的超电流涉及具有大 k_y 的模式，这些模式围绕圆周延伸，并从左上超导体延伸到右上超导体。纳米带的周长 $C \geqslant \xi$ 并且这些模式处于长结区域。I_1 由 k_y 小的模式控制，处于弹道区域，并由式（7.10）很好地描述。I_2 具有 T 的指数相关性[72,78]：

$$I_2 \propto \exp\left(-\frac{k_B T}{\delta}\right) \tag{7.12}$$

其中，δ 是长结中模式的特征能隙，由下式给出

$$\delta = \frac{\hbar v_F}{2\pi d} \tag{7.13}$$

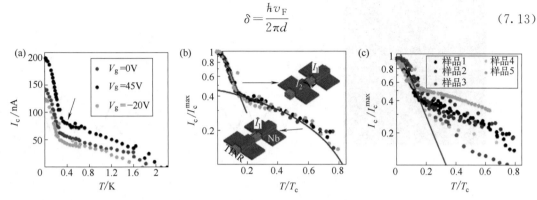

图 7.9 （a）$BiSbTeSe_2$ 纳米带中 I_c 对不同背栅电压（V_g）的温度依赖性。（b）归一化 I_c/I_c^{max} 与归一化 T/T_c 关系的对数-线性标度。实心蓝色曲线适合短结模型，实心红色曲线是指数拟合。插图：描绘 I_1 和 I_2 的 TI 纳米带结。（c）对于五种不同的 $BiSbTeSe_2$ 纳米带，I_c/I_c^{max} 与 T/T_c 关系的对数-线性标度，实线是指数拟合。来源：参考文献 [63]。

其中，d 是有效长度。I_2 对于小的 $T < \delta/k_B$ 变得可观。从拟合到实验数据，我们提取 $\delta \approx 0.08\Delta_0$，对应于 $d = 1.2\mu m$ 的有效长度，比 $C \approx 0.7\mu m$ 大两倍。这种异常的温度增强已经在多个 $BiSbTeSe_2$ 纳米带结中观察到了［见图 7.9 (c)］。Talantsev[79] 对观察到的温度依赖性提出了另一种理论解释，他认为 I_c-T 曲线的急剧转变可能与 TINR 的线性狄拉克能量色散有关，而不是与 TSS 的缠绕有关。未来可能仍需要理论和实验研究来阐明低温下异常临界电流增强的起源。

7.4.2　TI 纳米带约瑟夫森结中的 Aharonov-Bohm 效应

在存在轴向磁场的情况下，结中的临界电流预计会出现 AB 振荡，类似于前面讨论的正常状态下的电导振荡。由于横向动量 k_y［式（7.4）］的独特量子化和 TINR 中的能带色散，预计在超导状态下也会发生 0-AB 和 π-AB 效应之间的转变[38,39,51,80,81]。在超导状态下，振荡是由于带有电荷 $2e$ 的库珀对的干涉，而通量以 $\Phi_{s0} = h/(2e)$ 为单位进行量子化，是正常状态下通量的一半（这种现象也称为 Little-Park 效应）。在弹道安德列夫束缚态（包括马约拉纳束缚态）存在的情况下，预测有周期为 h/e 的振荡[51,82]。

图 7.10 显示了具有四个正常（N、Ti/Au）和四个超导（S、Nb）触点的纳米带器件[83]。对于 N 触点，观察到周期为 $\Delta B_n = 0.48T$ 的 AB 振荡。AB 振荡的相位从 $V_g = 14.5V$ 的 π 变为 $V_g = 14.5V$ 的 0，再回到 $V_g = 17.5V$ 的 π，类似于前面讨论的 AB 振荡（图 7.7）。这种栅极引发的周期性 π—0—π 转变，明确地验证了此 TI 纳米带中的 TSS 传输。现在我们将正常状态下的 AB 振荡与同一纳米带中两个 S 触点之间形成的 JJ 中的临界电流振荡进行比较。在图 7.10 (c) 中，对于在 $T = 20mK$ 和 $V_g = 28V$ 时的 JJ，微分电阻绘制为直流电流 I_{dc} 和磁场 B 的函数。蓝色区域对应于 $R = 0$ 状态，其边界（I_c）随磁场振荡。在图 7.10 (d) 中，绘制了几个栅极电压的 I_c 振荡与轴向磁场的关系。超导输运中有三个突出的特征。首先，干涉图案是 AB 状的（或 SQUID 状的），因此不同于在垂直磁场中测量的夫琅禾费图案。其次，振荡周期为 $\Delta B_s \approx 0.18T$，比正常状态下 0.48T 的周期小大约一半。ΔB_s 约小于 $\Delta B_n/2$ 的事实可能表明振荡是由于库珀对干涉引起的。然而，还有其他

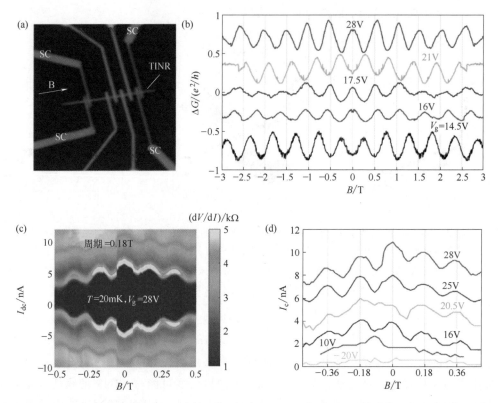

图 7.10 (a) 采用 Ti/Au 普通（N）触点和 Nb 超导（SC）触点的 TI 纳米带的光学显微镜图像。(b) 磁导 ΔG 与轴向磁场的关系，这是针对各种背栅电压（V_g）在 $T=20\mathrm{mK}$ 时使用普通触点进行的测量。为清楚起见，曲线进行了垂直移动。(c) 两端微分电阻 $\mathrm{d}V/\mathrm{d}I$ 作为 I_{dc} 和 B 的函数的彩图，在 $V_g=28\mathrm{V}$ 和 $T=20\mathrm{mK}$ 下测得。(d) 针对不同 V_g 下测量的临界电流 I_c 与 B 的关系，$T=20\mathrm{mK}$。观察到周期为 $\Delta B_s \approx 0.18\mathrm{T}$ 的 I_c 内的量子干涉图案。来源：参考文献 [83]。

几个可能的因素可以导致 S 状态下的周期减少，包括磁通量聚焦和超电流延伸到 Nb 触点的外表面，从而有效地增加封闭面积。第三，无论施加的栅极电压如何，超电流振荡的相位都保持为零。目前尚不清楚为什么 π-AB 振荡没有在超导状态中出现。然而，我们推测超导凝聚体在屏蔽栅极场方面非常有效，因此，栅极并不像在超导状态下一样有效地调整费米能级。总体而言，在 TINR 中观察到的类 AB 量子干涉图案提供了表面超导性的另一个特征。我们在这里注意到，进一步的实验研究，例如，直接测量 4π 周期性 CPR，对于得出拓扑超导性和马约拉纳模式是否确实存在于基于 TINR 的约瑟夫森结中的结论是必要的。

7.5 总结与展望

本章总结了 TINR 的电学输运和超导输运的最新进展。特别分析了温度和磁场对电导率和超电流依赖性的拓扑输运特征。此外，在正常和超导状态下都讨论了 TSS 的 AB 干涉。这些特征为 TINR 中 TSS 的存在和 TSS 输运的重要性提供了强有力的证据。TSS 已经在自旋电子学中得到应用，而 TI/S 混合结构是观察马约拉纳模式的主要候选之一，预计这些模式将表现出非阿贝尔统计。尽管经过过去十年的显著努力，马约拉纳模式尚未得到最终观察。进一步的进展可能需要更高质量的 TI（更少的体材料态、更低的无序和更少的杂质）

和更干净、更透明的 TI/S 界面。在本章的撰写过程中,YPC 和 LPR 感谢美国能源部 (DOE,Department of Energy)国家量子信息科学研究中心——量子科学中心(QSC, Quantum Science Center)的部分支持。

参 考 文 献

[1] Hasan MZ,Kane CL. *Colloquium*:topological insulators. Rev Mod Phys 2010;82:3045-67.
[2] Qi X-L,Zhang S-C. Topological insulators and superconductors. Rev Mod Phys 2011;83:1057-110.
[3] Maciejko J,Hughes TL,Zhang S-C. The quantum spin Hall effect. Annu Rev Condens Matter Phys 2011;2:31-53.
[4] Ando Y,Fu L. Topological crystalline insulators and topological superconductors:from concepts to materials. Annu Rev Condens Matter Phys 2015;6:361-81.
[5] Yan B,Felser C. Topological materials:Weyl semimetals. Annu Rev Condens Matter Phys 2017;8:337-54.
[6] Armitage NP,Mele EJ,Vishwanath A. Weyl and Dirac semimetals in three-dimensional solids. Rev Mod Phys 2018;90: 015001.
[7] Moore JE. The birth of topological insulators. Nature 2010;464:194-8.
[8] Goldsmid HJ. Introduction to thermoelectricity. 2nd ed. Springer;2010.
[9] König M,Molenkamp LW,Qi X,Zhang S. Quantum spin Hall insulator state in HgTe quantum wells. Science 2007; 318:766-71.
[10] Wolgast S,Kurdak Ç,Sun K,Allen JW,Kim DJ,Fisk Z. Low-temperature surface conduction in the Kondo insulator SmB_6. Phys Rev B 2013;88:180405.
[11] Fan Y,Wang KL. Spintronics based on topological insulators. Spin 2016;6:1640001.
[12] Tian J,Hong S,Miotkowski I,Datta S,Chen YP. Observation of current-induced,long-lived persistent spin polarization in a topological insulator:a rechargeable spin battery. Sci Adv 2017;3:e1602531.
[13] Yu R,Zhang W,Zhang H-J,Zhang S-C,Dai X,Fang Z. Quantized anomalous Hall effect in magnetic topological insulators. Science 2010;329:61-4.
[14] Chang C-Z,Zhang J,Feng X,Shen J,Zhang Z,Guo M,Li K,Ou Y,Wei P,Wang L-L,Ji Z-Q,Feng Y,Ji S,Chen X,Jia J,Dai X,Fang Z,Zhang S-C,He K,Wang Y,Lu L,Ma X-C,Xue Q-K. Experimental observation of the quantum anomalous Hall effect in a magnetic topological insulator. Science 2013;340:167-70.
[15] Qi X-L,Hughes TL,Zhang S-C. Topological field theory of time-reversal invariant insulators. Phys Rev B 2008; 78:195424.
[16] Fu L,Kane CL. Superconducting proximity effect and Majorana fermions at the surface of a topological insulator. Phys Rev Lett 2008;100:096407.
[17] Xia Y,Qian D,Hsieh D,Wray L,Pal A,Lin H,Bansil A,Grauer D,Hor YS,Cava RJ,Hasan MZ. Observation of a large-gap topological-insulator class with a single Dirac cone on the surface. Nat Phys 2009;5:398-402.
[18] Ren Z,Taskin AA,Sasaki S,Segawa K,Ando Y. Large bulk resistivity and surface quantum oscillations in the topological insulator Bi_2Te_2Se. Phys Rev B 2010;82:241306.
[19] Taskin AA,Ren Z,Sasaki S,Segawa K,Ando Y. Observation of Dirac holes and electrons in a topological insulator. Phys Rev Lett 2011;107:016801.
[20] Xiong J,Luo Y,Khoo Y,Jia S,Cava RJ,Ong NP. High-field Shubnikov-de Haas oscillations in the topological insulator Bi_2Te_2Se. Phys Rev B 2012;86:045314.
[21] Arakane T,Sato T,Souma S,Kosaka K,Nakayama K,Komatsu M,Takahashi T,Ren Z,Segawa K,Ando Y. Tunable Dirac cone in the topological insulator $Bi_{2-x}Sb_xTe_{3-y}Se_y$. Nat Commun 2012;3:636.
[22] Xu Y,Miotkowski I,Liu C,Tian J,Nam H,Alidoust N,Hu J,Shih C-K,Hasan MZ,Chen YP. Observation of topological surface state quantum Hall effect in an intrinsic three-dimensional topological insulator. Nat Phys 2014;10: 956-63.
[23] Gao BF,Gehring P,Burghard M,Kern K. Gate-controlled linear magnetoresistance in thin Bi_2Se_3 sheets. Appl Phys Lett 2012;100:212402.
[24] Hikami S,Larkin AI,Nagaoka Y. Spin-orbit interaction and magnetoresistance in the two dimensional random system. Prog Theor Phys 1980;63:707-10.
[25] Xu Y. Quantum transport in three-dimensional topological insulators. Purdue University;2019.
[26] Klitzing KV,Dorda G,Pepper M. New method for high-accuracy determination of the fine-structure constant based on quantized Hall resistaqnce. Phys Rev Lett 1980;45:494-7.
[27] Girivin SM. Topological aspects of low dimensional systems. Springer;2000.
[28] Prange RE,Girvin SM,Klitzing KV,editors. The quantum Hall effect. 2nd ed. Springer;1989.
[29] den Nijs M. Quantized Hall conductance in a two dimensional periodic potential. Phys A Stat Mech Appl 1984;124: 199-210.

[30] Laughlin RB. Quantized Hall conductivity in two dimensions. Phys Rev B 1981;23:5632-3.
[31] Fu L,Kane CL. Topological insulators with inversion symmetry. Phys Rev B 2007;76:045302.
[32] Yoshimi R,Tsukazaki A,Kozuka Y,Falson J,Takahashi KS,Checkelsky JG,Nagaosa N,Kawasaki M,Tokura Y. Quantum Hall effect on top and bottom surface states of topological insulator $(Bi_{1-x}Sb_x)_2Te_3$ films. Nat Commun 2015;6:6627.
[33] Zou W,Wang W,Kou X,Lang M,Fan Y,Choi ES,Fedorov AV,Wang K,He L,Xu Y,Wang KL. Observation of Quantum Hall effect in an ultra-thin$(Bi_{0.53}Sb_{0.47})_2Te_3$ film. Appl Phys Lett 2017;110:212401.
[34] Xu Y,Miotkowski I,Chen YP. Quantum transport of two-species Dirac fermions in dual-gated three-dimensional topological insulators. Nat Commun 2016;7:11434.
[35] Aronov AG,Sharvin YV. Magnetic flux effects in disordered conductors. Rev Mod Phys 1987;59:755-79.
[36] Zhang Y,Vishwanath A. Anomalous Aharonov-Bohm conductance oscillations from topological insulator surface states. Phys Rev Lett 2010;105:206601.
[37] Bardarson JH,Brouwer PW,Moore JE. Aharonov-Bohm oscillations in disordered topological insulator nanowires. Phys Rev Lett 2010;105:156803.
[38] Cook A,Franz M. Majorana fermions in a topological-insulator nanowire proximity-coupled to an s-wave superconductor. Phys Rev B 2011;84:201105.
[39] Cook AM, Vazifeh MM, Franz M. Stability of Majorana fermions in proximity-coupled topological insulator nanowires. Phys Rev B 2012;86:155431.
[40] Xiu F,He L,Wang Y,Cheng L,Te Chang L,Lang M,Huang G,Kou X,Zhou Y,Jiang X,Chen Z,Zou J,Shailos A,Wang KL. Manipulating surface states in topological insulator nanoribbons. Nat Nanotechnol 2011;6:216-21.
[41] Peng H,Lai K,Kong D,Meister S,Chen Y,Qi XL,Zhang SC,Shen ZX,Cui Y. Aharonov-Bohm interference in topological insulator nanoribbons. Nat Mater 2010;9:225-9.
[42] Jauregui LA,Pettes MT,Rokhinson LP,Shi L,Chen YP. Magnetic field-induced helical mode and topological transitions in a topological insulator nanoribbon. Nat Nanotechnol 2016;11:345-51.
[43] Cho S,Dellabetta B,Zhong R,Schneeloch J,Liu T,Gu G,Gilbert MJ,Mason N. Aharonov-Bohm oscillations in a quasi-ballistic three-dimensional topological insulator nanowire. Nat Commun 2015;6:7634.
[44] Hansen AE,Kristensen A,Pedersen S,Sørensen CB,Lindelof PE. Mesoscopic decoherence in Aharonov-Bohm rings. Phys Rev B 2001;64:045327.
[45] Dufouleur J,Veyrat L,Teichgräber A,Neuhaus S,Nowka C,Hampel S,Cayssol J,Schumann J,Eichler B,Schmidt OG,Büchner B,Giraud R. Quasiballistic transport of Dirac fermions in a Bi_2Se_3 nanowire. Phys Rev Lett 2013;110:186806.
[46] Dragoman M,Konstantinidis G,Tsagaraki K,Kostopoulos T,Dragoman D,Neculoiu D. Graphene-like metal-on-silicon field-effect transistor. Nanotechnology 2012;23:305201.
[47] Ning W,Du H,Kong F,Yang J,Han Y,Tian M,Zhang Y. One-dimensional weak antilocalization in single-crystal Bi_2Te_3 nanowires. Sci Rep 2013;3:1564.
[48] Matsuo S,Koyama T,Shimamura K,Arakawa T,Nishihara Y,Chiba D,Kobayashi K,Ono T,Chang CZ,He K,Ma XC,Xue QK. Weak antilocalization and conductance fluctuation in a submicrometer-sized wire of epitaxial Bi_2Se_3. Phys Rev B Condens Matter 2012;85:075440.
[49] Hamdou B,Gooth J,Dorn A,Pippel E,Nielsch K. Aharonov-Bohm oscillations and weak antilocalization in topological insulator Sb_2Te_3 nanowires. Appl Phys Lett 2013;102:223110.
[50] Ioselevich PA,Feigel'Man MV. Anomalous Josephson current via Majorana bound states in topological insulators. Phys Rev Lett 2011;106:077003.
[51] Ilan R,Bardarson JH,Sim HS,Moore JE. Detecting perfect transmission in Josephson junctions on the surface of three dimensional topological insulators. New J Phys 2014;16:053007.
[52] Potter AC,Fu L. Anomalous supercurrent from Majorana states in topological insulator Josephson junctions. Phys Rev B 2013;88:121109.
[53] Tkachov G,Hankiewicz EM. Spin-helical transport in normal and superconducting topological insulators. Phys Status Solidi B 2013;250:215-32.
[54] Olund CT,Zhao E. Current-phase relation for Josephson effect through helical metal. Phys Rev B 2012;86:214515.
[55] Tkachov G. Magnetoelectric Andreev effect due to proximity-induced nonunitary triplet superconductivity in helical metals. Phys Rev Lett 2017;118:016802.
[56] Lee JH,Lee G-H,Park J,Lee J,Nam S-G,Shin Y-S,Kim JS,Lee H-J. Local and nonlocal Fraunhofer-like pattern from an edge-stepped topological surface Josephson current distribution. Nano Lett 2014;14:5029-34.
[57] Wiedenmann J,Bocquillon E,Deacon RS,Hartinger S,Herrmann O,Klapwijk TM,Maier L,Ames C,Brüne C,Gould C,Oiwa A,Ishibashi K,Tarucha S,Buhmann H,Molenkamp LW. 4π-periodic Josephson supercurrent in HgTe-based topological Josephson junctions. Nat Commun 2015;7:10303.
[58] Kurter C,Finck ADK,Hor YS,Van Harlingen DJ. Evidence for an anomalous current-phase relation in topological insulator Josephson junctions. Nat Commun 2015;6:7130.
[59] Xu J-P,Wang M-X,Liu ZL,Ge J-F,Yang X,Liu C,Xu ZA,Guan D,Gao CL,Qian D,Liu Y,Wang Q-H,Zhang F-C,

Xue Q-K, Jia J-F. Experimental detection of a Majorana mode in the core of a magnetic vortex inside a topological insulator-superconductor Bi_2Te_3/$NbSe_2$ heterostructure. Phys Rev Lett 2015;114:017001.

[60] Sun H-H, Zhang K-W, Hu L-H, Li C, Wang G-Y, Ma H-Y, Xu Z-A, Gao C-L, Guan D-D, Li Y-Y, Liu C, Qian D, Zhou Y, Fu L, Li S-C, Zhang F-C, Jia J-F. Majorana zero mode detected with spin selective Andreev reflection in the vortex of a topological superconductor. Phys Rev Lett 2016;116:257003.

[61] Jauregui LALA, Kayyalha M, Kazakov A, Miotkowski I, Rokhinson LPLP, Chen YPYP. Gate-tunable supercurrent and multiple Andreev reflections in a superconductor-topological insulator nanoribbon-superconductor hybrid device. Appl Phys Lett 2018;112:093105.

[62] Ghatak S, Breunig O, Yang F, Wang Z, Taskin AA, Ando Y. Anomalous fraunhofer patterns in gated Josephson junctions based on the bulk-insulating topological insulator $BiSbTeSe_2$. Nano Lett 2018;18:5124-31.

[63] Kayyalha M, Kargarian M, Kazakov A, Miotkowski I, Galitski VM, Yakovenko VM, Rokhinson LP, Chen YP. Anomalous low-temperature enhancement of supercurrent in topological-insulator nanoribbon Josephson junctions: evidence for low-energy Andreev bound states. Phys Rev Lett 2019;122:047003.

[64] Kayyalha M, Kazakov A, Miotkowski I, Khlebnikov S, Rokhinson LP, Chen YP. Highly skewed current-phase relation in superconductor-topological insulator-superconductor Josephson junctions. Npj Quantum Mater 2020;5:7.

[65] Lutchyn RM, Sau JD, Das Sarma S. Majorana fermions and a topological phase transition in semiconductor-superconductor heterostructures. Phys Rev Lett 2010;105:077001.

[66] Oreg Y, Refael G, von Oppen F. Helical liquids and Majorana bound states in quantumwires. Phys Rev Lett 2010;105:177002.

[67] Mourik V, Zuo K, Frolov SM, Plissard SR, Bakkers EPAM, Kouwenhoven LP. Signatures of Majorana fermions in hybrid superconductor-semiconductor nanowire devices. Science 2012;336:1003-7.

[68] Das A, Ronen Y, Most Y, Oreg Y, Heiblum M, Shtrikman H. Zero-bias peaks and splitting in an Al-InAs nanowire topological superconductor as a signature of Majorana fermions. Nat Phys 2012;8:887.

[69] Albrecht SM, Higginbotham AP, Madsen M, Kuemmeth F, Jespersen TS, Nygård J, Krogstrup P, Marcus CM. Exponential protection of zero modes in Majorana islands. Nature 2016;531:206-9.

[70] Zhang H, Liu C-X, Gazibegovic S, Xu D, Logan JA, Wang G, Van Loo N, Bommer JDS, De Moor MWA, Car D, Op Het Veld RLM, Van Veldhoven J, Koelling S, Verheijen MA, Pendharkar M, Pennachio DJ, Shojaei B, Lee JS, Palmstrøm CJ, Bakkers EPAM, Das Sarma S, Kouwenhoven LP. Quantized Majoran aconductance. Nature 2018;556:74-9.

[71] Ghaemi P, Nair VP. Effect of impurities on the Josephson current through helical metals: exploiting a neutrino paradigm. Phys Rev Lett 2016;116:037001.

[72] Golubov AA, Kupriyanov MY, Il'ichev E. The current-phase relation in Josephson junctions. Rev Mod Phys 2004;76:411-69.

[73] Peng Y, Pientka F, Berg E, Oreg Y, von Oppen F. Signatures of topological Josephson junctions. Phys Rev B 2016;94:085409.

[74] Likharev KK. Superconducting weak links. Rev Mod Phys 1979;51:101-59.

[75] Dubos P, Courtois H, Pannetier B, Wilhelm FK, Zaikin AD, Schon G. Josephson critical current in a long mesoscopic S-N-S junction. Phys Rev B 2001;63:064502.

[76] Angers L, Chiodi F, Montambaux G, Ferrier M, Guéron S, Bouchiat H, Cuevas JC. Proximity dc squids in the long-junction limit. Phys Rev B 2008;77:165408.

[77] Ting Ke C, V Borzenets I, Draelos AW, Amet F, Bomze Y, Jones G, Craciun M, Russo S, Yamamoto M, Tarucha S, Finkelstein G. Critical current scaling in long diffusive graphene-based Josephson junctions. Nano Lett 2016;16:4788-91.

[78] V Borzenets I, Amet F, Ke CT, Draelos AW, Wei MT, Seredinski A, Watanabe K, Taniguchi T, Bomze Y, Yamamoto M, Tarucha S, Finkelstein G. Ballistic graphene Josephson junctions from the short to the long junction regimes. Phys Rev Lett 2016;117:237002.

[79] Talantsev. Classifying induced superconductivity in atomically thin Dirac-cone materials. Condens Matter 2019;4:83.

[80] de Juan F, Bardarson JH, Ilan R. Conditions for fully gapped topological superconductivity in topological insulator nanowires. SciPost Phys 2019;6:060.

[81] Bercioux D, Cayssol J, Vergniory MG, Calvo MR. Topological matter: lectures from the topological matter school 2017. Springer;2018.

[82] Fornieri A, Amado M, Carillo F, Dolcini F, Biasiol G, Sorba L, Pellegrini V, Giazotto F. A ballistic quantum ring Josephson interferometer. Nanotechnology 2013;24:245201.

[83] Kayyalha M. Electrical, thermoelectric, and phase coherence transport in two-dimensional materials. PhD Dissertation. Purdue University;2018.

第 8 章

硅量子比特器件

Simon Schaal[1, 2] 和 M. Fernando Gonzalez-Zalba [3, *]

[1] 伦敦大学学院伦敦纳米技术中心，英国伦敦

[2] 英特尔公司英特尔组件研究部门，美国俄勒冈州希尔斯伯勒

[3] *Quantum Motion Technologies* 公司，英国伦敦

[*] 通讯作者：mg507@cam.ac.uk

8.1 介绍

8.1.1 摩尔定律

在过去的 50 年里，我们经历了一场由单个电路元件——晶体管的创新驱动的信息技术和电子革命。由于这些创新，集成电路中的晶体管密度在过去 50 年中每两年翻一番，这与英特尔联合创始人戈登·摩尔（Gordon Moore）在摩尔定律中预测的趋势一致。最先进的互补金属氧化物半导体（CMOS，complementary metal-oxide-semiconductor）电路的尺寸已经达到只有几纳米。2019 年，一些代工厂开始 5nm 节点的生产，其中单个原子若处于错误的位置都可能会严重影响电路性能。从而我们已经到达了一个基本的物理极限，半导体行业已经正式承认摩尔定律即将终结[1]。因此，如今的处理器主要通过使用多核架构来变得更加强大。超级计算机由这样的处理器网络组成，可以执行超过每秒 10^{15} 浮点的运算。尽管如此，最先进的超级计算机还不足以解决一些相关的计算难题，在这些问题中，不存在可以在多项式时间内提供解决方案的算法。这样的案例包括模拟量子化学、多体物理学和优化任务。解决这些问题需要显著提高计算能力或新的解决思路。有趣的是，限制传统硅基处理器稳定性和缩小尺寸的缺陷和量子效应，是实现量子计算机的有希望的候选，量子计算机能够解决使用传统计算机似乎难以解决的计算难题。

8.1.2 量子计算

考虑到晶体管密度存在物理极限这一个现实，研究人员已经在 20 世纪 80 年代开始研究传统计算的替代方法。理查德·费曼（Richard Feynman）是最早想到可以使用量子系统进行计算的人之一。他引入了通过将感兴趣的量子系统映射到可控量子器件，从而来执行量子模拟的想法。仅仅几年后，大卫·多伊奇（David Deutsch）就奠定了具有超越传统计算能

力的统一（通用）量子计算机的基础，表明通用计算的丘奇-图灵（Church-Turing）原理与量子理论是兼容的。

量子计算机的构建块是所谓的量子比特（qubit，quantum bit），使用量子力学二能级系统实现。由于量子叠加原理，两种状态（通常称为 0 和 1）的任何混合都是允许的，这使得量子计算看起来类似于模拟计算机，但是由于具有量子力学相位的额外自由度从而为二维体系。然而，当测量一个量子比特时，只能得到 0 或 1（图 8.1）。重复测量使得人们能够探索这些投影量子测量的概率性质，其中 $|\alpha|^2$ 和 $|\beta|^2$ 分别是测量 0 或 1 的概率。一个量子比特的任意叠加态 $|\psi\rangle$ 可以在所谓的布洛赫（Bloch）球体（半径为 1 的球体）上可视化，其中北极和南极对应于逻辑状态 0 和 1。

$$|\psi\rangle = \alpha|0\rangle + \beta|1\rangle = \cos\frac{\theta}{2}|0\rangle + e^{i\varphi}\sin\frac{\theta}{2}|1\rangle \tag{8.1}$$

叠加产生了量子并行性，这可以通过考虑用 n 量子比特叠加态生成巨大的 2^n 维希尔伯特（Hilbert）空间来说明

$$|\psi\rangle = \sum_{i=0}^{2^n-1} \alpha_i |i\rangle \tag{8.2}$$

此外，量子比特可以作为整体产生纠缠，而不是完全孤立。这些效应说明了量子计算机的强大功能，以及通过经典方式模拟此类量子系统的难度。

要在计算中利用叠加和纠缠，需要精心定制的算法来释放潜在的计算速度[2]。在基于门的量子计算中，我们是通过在一系列门中操纵量子比特来执行算法的，类似于传统计算，使用作用于单个或成对量子比特的幺正变换来实现。存在多个通用门集，量子计算机上的任何可能操作都可以简化为，例如，两个量子比特之间的受

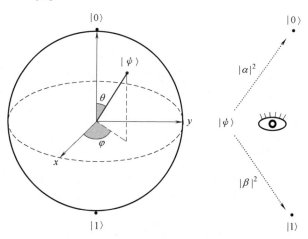

图 8.1 量子比特。布洛赫球体中量子比特状态 $|\psi\rangle$ 的图示。在叠加状态的测量中，获得 0 或 1。

控非门与单个量子比特旋转相结合形成一个通用集[3]。1994 年，Shor 的因式分解量子算法将量子计算的愿景带给了世界，由于预期的指数加速，量子计算机对通用的 RSA 公钥加密构成威胁，从而引起了人们的注意。后来，Grover 提出了一种算法，可以在搜索非结构化数据库时提供二次方的加速。此外，正如费曼所设想的那样，量子计算机可以为化学和物理中的许多问题找到解决方案，例如理解可能实现生产高效化肥、新型药物和更高效太阳能电池的反应和材料。对算法的研究表明，迄今为止制定的算法是基于少量不同的概念，例如，量子傅里叶变换（Shor）、振幅放大（Grover）、量子行走和量子模拟。设计新算法的研究正在进行中。

8.1.3 量子计算平台

David DiVincenzo[4] 总结了物理上实现量子比特的要求：它需要是一个"具有良好表

征的量子比特的可扩展物理系统"，并且具有"初始化量子比特状态的能力"，同时保持"远大于门工作时间"的相干性；此外，必须有一套"通用量子门"和"特定的量子比特的测量能力"，允许以高保真度可靠地操作和读出每个量子比特。寻找和设计一个满足这些有些矛盾的标准的量子系统，一个隔离良好但仍按需控制良好的系统，代表了构建量子计算机需要面对的挑战。

由于量子态的脆弱性和非数字化性质，量子态相干性和门保真度对量子计算机起着重要作用。即使是量子态相位中的一个非常小的错误也会改变计算结果，并证明错误不只具有位翻转特征。因此，错误检测和纠正是大规模量子计算的重要组成部分，因为大规模情况下，计算中更容易出现错误。错误率由门的数量给出，它可以在错误发生前执行，已成为与量子比特数一样用来评估计算机性能的重要参数。保护量子比特免于错误是以量子比特数量的大量开销为代价的：例如，预计大约需要 10^8 个物理量子比特才能容错地运行一些最复杂的量子算法[2]。

已经出现许多关于实现量子计算机的提议[5]。基于超导电路[6,7]和离子陷阱[8]的实现是最有前途的候选者，可以展示优于传统计算机的优势，这些计算机基于具有接近 100 个量子比特和高保真度但仍然不完美的门器件。在基于硅的器件中，量子比特是使用受限电子、空穴或原子施主自旋的量子态形成的[9,10,72]。这些自旋状态具有较长的相干时间，并且可以实现快速门操作。此外，形成量子比特所需的结构小于 100nm，并且量子比特可以在 1K 或更高的温度下运行[11]，并能与传统电子器件集成[12,73]。最近，已经在双量子比特器件[74]中演示了表面代码阈值的计算。目前，演示器仅包含几个功能量子比特[13]，但硅自旋量子比特具有良好的未来前景，可以达到足够大的规模来解决最具挑战性和最相关的问题，并执行容错量子计算。

8.1.4 关于本章

本章将介绍硅自旋量子比特器件，并讨论此类器件的形成、操作和读出的基本概念。读者可以在参考文献 [14，15，75] 中找到详细综述。

8.2 加工制造

纳米加工对于形成结构以限制、控制和读出硅中的单个自旋是必要的。在下文中，我们将讨论用于硅自旋量子比特应用的结构制造。最常见的结构之一是量子点（QD，quantum dot），在其上可以实现对单个电子的限制。

8.2.1 硅主体材料

基于半导体的量子比特首先在 GaAs 基系统中实现。GaAs 基材料可以在异质结构中以极高的纯度和原子层的精度生长，这使得能够形成具有非常高迁移率的二维电子气（2DEG）。可通过蚀刻器件图案化或使用施加到表面金属结构的电压来实现额外的电子限制。当所有其他剩余维度都实现了限制，就能够形成所谓的 QD[16]。

硅具有类似的特性，但作为基于自旋的量子比特的主体材料具有一些优势，特别是在量子比特相干性和大规模制造方面；然而，为了在硅器件中实现自旋量子比特，必须克服一些挑战[14]。首先，与其他材料相比，硅中电子的有效质量增加（例如，与 GaAs 相比，有约 3

倍的因子）需要按比例缩小栅极结构尺寸，以达到类似的 QD 能级间距。由于光刻技术的进步，量子器件现在已经可以在大学和工业洁净室中常规制造[17-20]。此外，体硅是一种具有间接带隙和金刚石立方对称性的半导体，从而有六倍简并的导带最小值。当形成依赖于非简并自旋二能级系统的量子比特时，这种能谷简并原则上可能会出现问题；然而，硅 MOS 器件中通常可以通过强限制、电场和应变，实现 0.3~1.5meV 的足够大的能谷分裂。而在 Si/SiGe 中，能谷分裂通常在 0.1~0.3meV 之间，这对其在工作温度和可扩展性方面提出了更严峻的挑战[21]。

一旦克服了这些挑战，优异的力学和电学性能以及高度发达的大规模制造工业，将使硅成为制造大规模量子处理器的理想主体材料。此外，与其他半导体量子比特相比，硅基自旋量子比特提供非常长的相干时间和弛豫时间。由于能量交换引起的自旋弛豫通过时间尺度 T_1 来表征，这通常由声子介导。声子不能直接诱导纯自旋态的自旋弛豫；然而，自旋-轨道耦合（出现在晶格势能中的电子自旋和限制在 QD 中的电子自旋[14] 中）将自旋能级耦合到轨道能级，从而提升与声子相关的弛豫规则。硅没有压电声子以及整体较弱的自旋-轨道耦合，使得低温下电子自旋量子比特器件的自旋弛豫时间较长，约为数秒量级[11,22,23,76]。最后，硅的核自旋携带同位素 ^{29}Si（5%）的自然丰度较低，可以纯化（例如 800ppm❶）大部分为无核自旋同位素 ^{28}Si 和 ^{30}Si。自旋量子比特与主体晶格中不断波动的自旋之间的超精细相互作用，对用 T_2（不可逆的相干性损失）所描述的退相干时间有很大贡献，这在同位素纯化硅的"半导体真空"中受到强烈抑制，其中 T_2 可以是电荷噪声限制的[24]，并达到高达 28ms 的值[28]。因此，即使在低至 1.45K 的低温下，使用单个电子自旋形成的自旋量子比特也可以工作[11]。

8.2.2 硅-金属氧化物半导体（Si-MOS）

在平面 Si-MOS 器件中，类似于平面晶体管，QD 在硅/氧化物界面处使用表面的金属栅极结构（不蚀刻硅层）形成。图 8.2 为 Si-MOS QD 器件[25] 的图示，包括为大学洁净室制造开发的工艺步骤的摘要[20]。

首先，在裸（高电阻率）硅晶圆上生长场氧化物（SiO_2），这通常通过在炉中受控氧化来完成。使用微加工图案化步骤，包括旋涂光刻胶、使用光学光刻写入图案，然后进行氧化物湿法蚀刻，定义离子注入区域。离子注入是形成电子库和欧姆接触的基础。通过这样的电子库，可以进行输运测量，并且可以将单个电子加载到 QD 器件上。离子注入后，去除受污染的氧化物，随后是有源器件区域的微图案化，这里要去除场氧化物，沉积低陷阱密度的薄栅极氧化物（通常为 5~10nm SiO_2）。最后的微加工图案化、金属沉积和剥离步骤，提供用于键合的金属接触，之后芯片就准备好可以用于 QD 栅极结构的纳米加工。

开发用于制造薄而致密的栅极结构的技术，已成为平面 Si-MOS 器件中形成可靠 QD 的关键里程碑[26]。首先，旋涂 PMMA 光刻胶，并使用电子束光刻（典型分隔和宽度<50nm）对第一组栅极结构进行图案化，然后沉积 30nm 厚的铝（Al）薄膜。在剥离工艺中，所有光刻胶覆盖区域上的 Al 金属都会去除，同时保留 Al 栅极图案。在热板上氧化出一组 Al 栅极，形成薄的 AlO_x 氧化层，提供电隔离并允许制造后续和重叠的栅极。额外的结构使用相同的工艺来制造，但通常每个额外的 Al 层厚度增加约为 20nm，以避免在重叠点破坏栅极结构。这种多层

---

❶　$1ppm = 10^{-6}$。

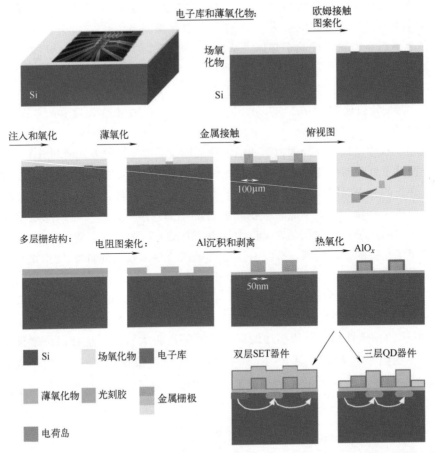

图 8.2 平面 Si-MOS 器件制造。简化的微制造步骤以形成电子库和高质量的薄氧化物。在薄氧化物多层栅极上,使用纳米加工制造金属结构以形成 SET 和 QD。来自参考文献 [20]。

栅极制造允许形成单电子晶体管(SET,single-electron transistor)和 QD 的密集尺寸链。SET 由用于积累的重叠顶栅和用于耗尽的势垒组成,而 QD 结构由多个略微重叠的势垒和累积栅组成。使用这种技术制造的器件示例可以在参考文献 [20,26-28] 中找到。

8.2.3 Si/SiGe

QD 可以在 Si/SiGe 异质结构中以类似的方式形成,而不是使用体硅晶圆。在这种异质结构中,QD 通常形成在埋在两层 $Si_{0.7}Ge_{0.3}$ 之间表面下方 50nm 处的 Si 量子阱中。通常,全局顶栅用于在量子阱中积累 2DEG,而精细栅结构通过耗尽提供进一步的限制[29]。

图 8.3 说明了这种耗尽型器件的制造过程。首先,使用原子层沉积来沉积薄电介质(通常为 Al_2O_3)。蚀刻微台面结构以防止电荷在远离 QD 器件的区域累积。为了与 Si 量子阱形成欧姆接触,在图案化和蚀刻步骤中选择性地去除氧化物,然后进行离子注入。在如图 8.2 所示的剥离步骤中,沉积精细金属栅极(Al、Al/Ti 或 Au)用于欧姆接触和耗尽栅极,一直延伸到微台面的边缘。随后,沉积厚金属栅极,厚度足以完全"爬"上微台面,并将一端的焊盘与另一端的精细栅极连接起来。为了形成用于积累的顶栅,首先沉积另一层电介质,然后在剥离步骤中沉积栅极。使用这种技术制造的器件示例可以在参考文献 [13,31] 中找到。最近,人们已经演示了类似于 Si-MOS 器件,使用密集多层限制栅和累积栅结构的 Si/

SiGe QD 器件。这种累积模式器件已显示出对电子限制和电子隧穿速率的出色控制[19,77]。

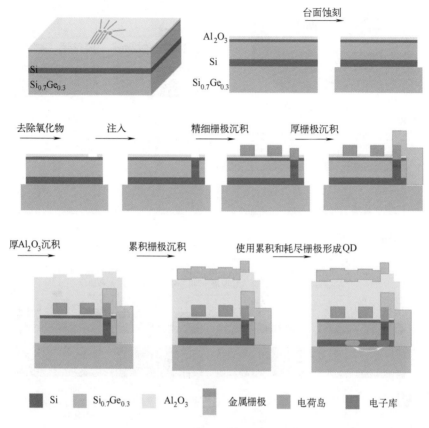

图 8.3 SiGe QD 器件制造。简化的制造步骤：在器件周围形成微台面，然后进行欧姆接触注入，由氧化铝分隔的耗尽和累积栅极沉积。基于参考文献 [30]。

8.2.4 SOI

前面小节中介绍的许多工艺与工业级 CMOS 制造技术不兼容，例如电子束光刻、Al 薄膜沉积和金属剥离。使用完全耗尽的绝缘体上硅（SOI，silicon-on-insulator）纳米线技术，QD 已可以在晶体管（环绕式栅极）几何结构中使用纯光学和干法蚀刻技术形成。CEA-Leti[17,18] 在 300mm CMOS 平台上开发了此类单电子器件的制造工艺，其中使用的是 193nm DUV 光刻。使用这些光学技术定义足够小的结构以形成 QD 的关键之一，是光刻胶修整。

制造基于 SOI 晶圆，该晶圆由 850μm 厚的硅衬底、145μm 厚的掩埋氧化物（BOX）和表面约 10nm 厚的硅层组成。为形成纳米线晶体管器件，首先蚀刻出纳米线，然后进行栅极沉积和源极/漏极形成，如图 8.4 所示。对于每个使用 DUV 光刻的图案化步骤，底部抗反射涂层（BARC，bottom anti-reflective coating）和光刻胶都旋涂到 SOI 晶圆上。使用 DUV 光刻可以获得的最小特征尺寸为 80nm；然而，结合光刻胶修整，可以获得低至 5nm 的特征尺寸，如图 8.4 所示。光刻胶（和 BARC）修整到所需的宽度后，蚀刻纳米线并去除任何剩余的光刻胶。使用类似的 DUV 光刻和光刻胶修整工艺形成栅极。栅极叠层由 0.8nm 的 SiO_2 薄层、1.9nm 的高 k 电介质 HfSiON 层以及随后的 5nm 厚的 TiN 层和等效氧化物厚

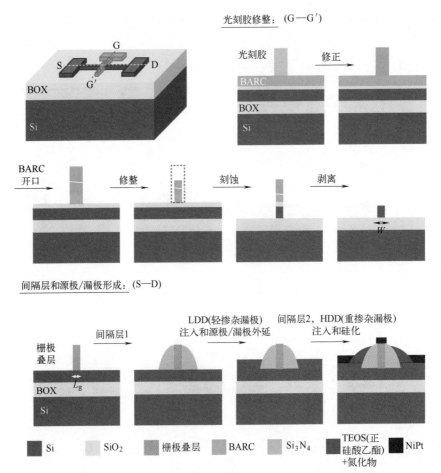

图 8.4 硅纳米线晶体管制造。使用 DUV 光刻和光刻胶修整工艺进行纳米线和栅极图案化。隧道势垒的形成是使用隔离层实现的。图示了隔离层和源极/漏极形成。基于参考文献 [17, 18]。

度为 1.3nm 的 50nm 多晶硅层组成。为了制造源极和漏极电子库，首先在栅极两侧都形成硅-氮化物隔离层，然后进行硅外延和低剂量掺杂。最后，第二组隔离层和自对准硅化，使得可以使用标准钨互连以及随后的铜接触通孔与器件进行接触。纳米线宽度 W 和栅极长度 L_g 范围为 $10\mu m$ 到低至 10nm 的器件都已经使用这些技术制造出来了。

硅纳米线和栅叠层（沿 G—G′ 的截面图）的透射电子显微镜图像和接触器件（沿 S—D

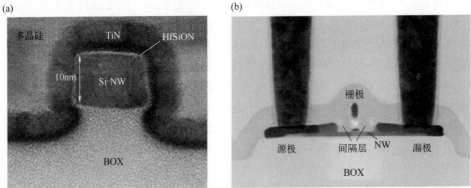

图 8.5 纳米线晶体管器件。(a) 纳米线晶体管器件沿栅极（图 8.4 中的 G—G′）和 (b) 源极到漏极（图 8.4 中的 S—D）的 TEM 图像。图片由位于格勒诺布尔（Grenoble）的 CEA Leti 的 S. Barraud 博士提供。

的截面）的图像分别如图 8.5（a）和（b）所示。当向这种纳米线晶体管的栅极施加正电压时，电流测量在源极和漏极触点之间进行。由于电场增强，接近阈值时，输运通道仅在纳米线的顶角处形成。这种角效应是形成所谓角 QD 的基础。结合由于表面粗糙度和电荷陷阱引起的无序，这些通道在低温下变成局域化的 QD[32]。取决于纳米线宽度和施加到充当背栅的 Si 衬底上的电压，可以在单个纳米线中形成单或双 QD。使用工业流程进行的制造，可以为可重复的大规模制造以及量子器件与传统电子器件和电路的集成提供途径。

8.3 硅自旋量子比特

8.3.1 单自旋量子比特

基于单自旋 1/2 的量子比特是最自然的二能级量子系统之一。它由塞曼能量分裂自旋向上和向下状态 $|0\rangle=|\downarrow\rangle$ 和 $|1\rangle=|\uparrow\rangle$ 组成，状态受制于外部磁场 B_z（通常＞1T），其哈密顿量为

$$H_0 = g\mu_B B_z \hat{S}_z = \frac{\hbar\omega_0}{2}\sigma_z \tag{8.3}$$

其中，g 是电子 g 因子；μ_B 是玻尔磁子；$\hat{S}$ 是自旋算符；σ_z 是泡利 z 矩阵。Loss DiVincenzo[33] 针对量子点中的电子自旋、Kane[34] 针对施主核自旋，提出了使用限制在半导体器件中的这种自旋 1/2 粒子的量子信息处理。在下文中，将通过基于 QD 的量子比特的示例，详细讨论电子自旋量子比特的操作。其中许多概念也适用于基于施主的量子比特。除了自旋 1/2 电子外，硅器件中的施主还具有核自旋，可用作量子信息处理的附加量子比特或存储器。

8.3.1.1 量子比特控制和操作

使用电子自旋共振（ESR，electron spin resonance）可以实现塞曼分裂自旋 1/2 能级之间的相干振荡。在 ESR 中，接近自旋分裂（通常位于微波频率）的频率为 $\omega \approx g\mu_B B_z/\hbar$ 的交流磁场 B_{ac}（垂直于恒定外部场 B_z），驱动了相干自旋振荡。这可以通过分析外部场 B_z 和驱动场 B_{ac} 中的时间相关哈密顿量来证明，给出如下方程：

$$H(t) = \frac{\hbar\omega_0}{2}\sigma_z + \hbar\Omega\cos(\omega t+\delta)\sigma_x \tag{8.4}$$

其中，$\Omega = \frac{g\mu_B B_z}{\hbar}$，而 $\Omega \ll \omega_0, \omega$。通过转换到以交流场 B_{ac} 的频率 ω 旋转的参考系中，并忽略较快振荡分量，从而来解决由于该哈密顿量引起的动力学问题，并得到如下有效哈密顿量：

$$H_{rot} = \frac{\hbar}{2}\begin{pmatrix} \Delta & \Omega e^{-i\delta} \\ \Omega e^{i\delta} & -\Delta \end{pmatrix} \tag{8.5}$$

在这个有效的哈密顿量中，z 旋转以给定的 $\Delta = \omega_0 - \omega$ 角频率进行，而绕 $x-y$ 平面中的轴的旋转（由相位 δ 确定）以角频率 Ω（由 B_{ac} 确定）进行。图 8.6（a）显示了一个示例性的 QD 自旋量子比特器件，其中电子自旋限制在 Si/SiO$_2$ 界面的 QD 中，使用施加到表面累积门的电压（参见 8.1.2 节有关制造细节和其他形成 QD 的方法）。自旋操纵是使用一个短路的片上波导（带状线）实现的，该波导的末端非常靠近提供局部振荡磁场的 QD。我们可以使用同一条带状线控制多个自旋（因为它足够接近），其中局域 g 因子各向异性和/或超精细相互作用[28,35] 可以实现操纵频率的分布。人们已经实现了多个自旋的高保真度控制（99.6%和更高）[28]；然而，相干自旋振荡的频率到目前为止被限制在约 1MHz 以下，这是由于在信号功率的进一步增加导致自旋相

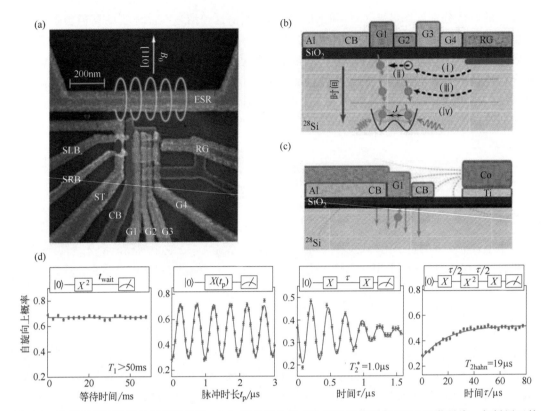

图 8.6 自旋量子比特器件操作和表征。(a) 双量子比特 QD 器件的伪彩色 SEM 显微照片,包括用于控制的微波带状线和用于读出的单电子晶体管。(b) 沿量子比特器件的横截面图。操作随着时间推移来进行展示:电子自旋加载和初始化 (i~iii),然后是自旋操纵和相互作用 (iv)。(c) 带有微型磁铁而不是 ESR 线的器件,沿 G1 的横截面图。(d) 自旋量子比特表征实验集。弛豫时间的测量、通过拉比 (Rabi) 振荡的操作速度、拉姆齐 (Ramsey) 序列中的退相位时间和哈恩 (Hahn) 回波实验中的退相干时间。(a) 和 (b) 经作者许可修改自参考文献 [25]。(d) 经作者许可修改自参考文献 [13]。

干降低之前可以被传递到自旋位置的 B_{ac} 的有限幅度。

此外,电子自旋可以使用电场通过电偶极子自旋共振(EDSR,electric dipole spin resonance)来操纵,其机制是间接将自旋耦合到电场。EDSR 是使用自旋-轨道耦合[36] 和局域环境的不对称性实现的,其形式可以是 g 因子的局域变化[35]、不断变化的局域核自旋环境[37] 或者使用微型磁铁[31,38]。后者是最成功的方法,因为它可以在自旋之间提供大约 $\Delta B_z = 30\,\mathrm{mT}$ 的局域磁场变化,从而实现高达 30 MHz 的相干振荡[24,39]。图 8.6 (c) 中显示了一个示例性微磁体,其操作使用 G1 上的振荡电压实现,该电压转化为电子自旋其余框架中的有效振荡磁场,而电子自旋在各向异性环境中快速移动。

量子比特操作和表征是在脉冲实验中进行的 [见图 8.6 (b)]。首先,使用自旋选择性隧穿[40],或者通过从电子库加载随机自旋,然后等待时间 $t_{wait} \gg T_1$,直到自旋弛豫,从而初始化自旋。在多量子点系统中,高保真初始化也可以通过脉冲到特定的弛豫热点(通常接近状态反交叉)来实现[13]。初始化自旋后,就可以使用 ESR 或 EDSR 执行单个量子比特门。表征重要自旋量子比特参数的典型实验如图 8.6 所示。通过初始化自旋向上状态,然后在时间 t_{wait} 之后进行测量,可以从自旋向上概率的指数衰减中获得弛豫时间 T_i。在微波驱动的持续时间 t_p 变化的实验中,可以观察到自旋向上和向下状态之间的相干(拉比)振荡。

根据拉姆齐序列中的自由感应衰减，可以获得平面内退相位时间 T_2^*，其中自旋初始化，在变化的自由演化时间 τ 中进入叠加状态，然后投影到 z 轴上之后进行测量。退相干时间 T_2 在哈恩（Hahn）回波序列中获得，这类似于拉姆齐实验，但在自由演化时间的中间包括自旋翻转，这会产生自旋的重新聚焦。多自旋翻转可以合并，以进一步增强相干时间，这称为 CPMG（Carr-Purcell-Meiboom-Gill）序列。退相位和退相干时间对于 QD 中的电子自旋为 $T_2^*=120\mu s$ 和 $T_2^{\text{CMPG}}=28ms$[28]，对于同位素纯化的 ^{28}Si 中施主的电子和核自旋为 $T_{2e}^*=270\mu s$、$T_{2e}^{\text{CMPG}}=560ms$ 和 $T_{2n}^*=1.75s$ 和 $T_{2n}^{\text{CMPG}}=35s$[23]，这些都已被证明，在所有实施中都结合有超过 99.6% 的控制保真度，而使用脉冲优化则达到 >99.9%[41]，表明硅中的自旋 1/2 系统提供了用于自旋量子比特和存储器的极好基础。最近，使用门定义锗量子点中的空穴态，形成的自旋量子比特额外地显示出具有退相干时间 $T_2^*>140ns$ 和 $T_2^{\text{CMPG}}=100\mu s$，并且利用大的自旋-轨道耦合进行快速操作的控制保真度超过 99%[78]。

8.3.1.2 双量子比特门

当两个自旋靠近到一起时，形成自旋单重态（S）和三重态（T_0，T_+，T_-）状态。双 QD 器件中的两个电子自旋具有有限隧穿耦合（允许从一个点到另一个点的传输），可以在限制在同一个点（0，2）中相互作用或分布在两个相邻点（1，1）上。对于偶数个电子自旋，由于泡利不相容原理，从一个点到另一个点的转移变得自旋相关，这就使得（0，2）三重态的能量更高。耦合双 QD 的自旋哈密顿量可以在二次量子化中正式导出，包括原位能量 H_ε、塞曼能量 H_z、谷简并 H_v、哈伯德（Hubbard）式库仑斥力 H_U 和隧穿耦合 H_t 的贡献。假设足够的谷分裂并忽略更高能量的（0，2）三重态，哈密顿量可以简化为 $\left\{(1,1): |\uparrow,\uparrow\rangle, |\uparrow,\downarrow\rangle, |\downarrow,\uparrow\rangle, |\downarrow,\downarrow\rangle; (0,2): \frac{1}{\sqrt{2}}|0,\uparrow\downarrow - \downarrow\uparrow\rangle\right\}$ 的基态；写成[42,43]

$$\boldsymbol{H} = \begin{pmatrix} E_z & 0 & 0 & 0 & 0 \\ 0 & \delta E_z/2 & 0 & 0 & t_c \\ 0 & 0 & -\delta E_z/2 & 0 & -t_c \\ 0 & 0 & 0 & -E_z & 0 \\ 0 & t_c & -t_c & 0 & U-\varepsilon \end{pmatrix} \quad (8.6)$$

其中，E_z 是塞曼能量；δE_z 是两个点之间塞曼能量的差；t_c 是隧穿耦合；ε 是两个点之间的能量失谐，而 U 是将两个电子移动到同一个点的电荷能量。图 8.7（a）显示了由此产生的能量图。使用 Schrieffer-Wolff 变换，并假设 $U-\varepsilon \gg t_c$，哈密顿量可以有效地（一阶）简化为基于单个（1，1）自旋态 $\{|\uparrow,\uparrow\rangle, |\uparrow,\downarrow\rangle, |\downarrow,\uparrow\rangle, |\downarrow,\downarrow\rangle\}$ 的众所周知的海森堡（Heisenberg）相互作用[42]。

$$\boldsymbol{H}_{\text{int}} = \begin{pmatrix} E_z & 0 & 0 & 0 \\ 0 & \dfrac{\delta E_z}{2} - \dfrac{J}{4} & \dfrac{J}{2} & 0 \\ 0 & \dfrac{J}{2} & -\dfrac{\delta E_z}{2} - \dfrac{J}{4} & 0 \\ 0 & 0 & 0 & -E_z \end{pmatrix} \quad (8.7)$$

其中，$J = \dfrac{2t^2}{U-\varepsilon-\delta E_z} + \dfrac{2t^2}{U-\varepsilon+\delta E_z}$ 是海森堡交换相互作用强度。基于这种相互作用，可以

通过三种方式构建双量子比特门。

交换门：仅针对于海森堡交换，当 $\delta E_z \ll J$ 时，非对角项驱动两个自旋翻转，并且单重态-三重态是允许实现 SWAP 门的本征态 [见图 8.7（b）]。结合沿 z 轴的单个量子比特旋转 $R_z^{(1)(2)}(\theta)$（量子比特 1 和 2 的），CNOT 门可以通过五个步骤构建：

$$U_{\text{CNOT}} = R_z^{(1)}(\pi/2) R_z^{(2)}(-\pi/2) U_{\text{SWAP}}^{-1/2} R_z^{(1)}(\pi) U_{\text{SWAP}}^{-1/2} \quad (8.8)$$

要执行双量子比特门，交换相互作用强度 J 可以通过 t_c 或 ε 进行电学上的调节。后者迄今为止在实验中更受欢迎，使用耦合 QD 和施主[29,44]，而亚纳秒 $\sqrt{\text{SWAP}}$ 操作已实现高达 90% 的保真度。门保真度受电荷噪声限制，并且可以使用对称操作进行改进，其中通过 t_c 而不是 ε 的调节，已证明可以提高噪声性能[45]。

相位门：当 $\delta E_z \gg J$ 主导时，$|\uparrow,\downarrow\rangle$ 和 $|\downarrow,\uparrow\rangle$ 是系统的本征态和等幅度的相位，但随着时间的推移在状态之间获得不同的符号，这允许在相位差等于 π 时，实现受控相位门 [见图 8.7（b）]。CPhase（controlled phase）门可以通过调整 $J(\varepsilon)$ 在单个快速脉冲中构建，这是迄今为止它一直是硅中双量子比特门的首选实验实现的原因之一，并且基于固有差异在 δE_z 中进行[42]，以及通过使用微型磁体[13]。使用后一种技术，可以在 50ns 内执行旋转，并且已经实现了 $F=89\%$ 的贝尔（Bell）状态保真度，这是门保真度的一种度量。最

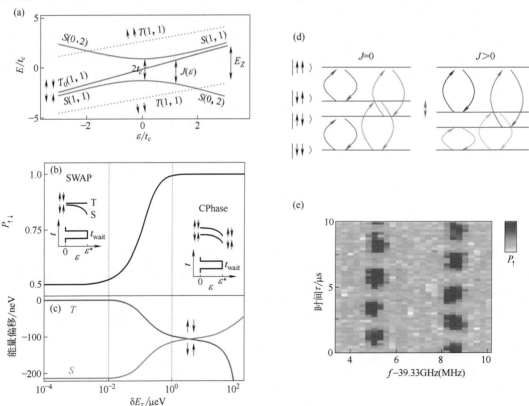

图 8.7 双量子比特门。(a) 作为能量失谐函数的耦合双 QD 的能级图。(b) $|\uparrow,\downarrow\rangle$ 的概率和 (c) 作为 δE_z 函数的 $|\uparrow,\downarrow\rangle$ 和 $|\downarrow,\uparrow\rangle$ 之间的能量差，SWAP 门在小 δE_z 处执行，其中单线态和三线态是本征态，同时在大 δE_z 处获得 CPhase 门。(d) 针对 $J=0$ 和 $J>0$ 的两个量子比特状态之间的共振驱动图示。在 $J>0$ 时，可以执行以另一个自旋为条件的一个自旋的振荡。(e) 随着量子比特 2 随着时间的推移在两个状态之间振荡，量子比特 1 的驱动频率发生变化，证明了条件共振驱动。(c) 经作者许可修改自参考文献 [43]。(e) 经作者许可修改自参考文献 [25]。

近，已经实现了 99.5% 以上的保真度[74]。

共振门：基于可调谐交换相互作用 J 和自旋共振技术（ESR/EDSR），可以构建用于 QD 中电子自旋的替代共振驱动双量子比特门。当 $J=0$ 时，由于相同的能量差，两个自旋中的每一个都可以无条件地驱动到另一个自旋状态，如图 8.7（d）所示。例如，对于第一个自旋，从 $|\downarrow,\downarrow\rangle$ 转换到 $|\uparrow,\downarrow\rangle$ 和从 $|\downarrow,\uparrow\rangle$ 转换到 $|\uparrow,\uparrow\rangle$ 都是以相同的频率驱动。当 $J>0$ 时，根据其他自旋状态，每个自旋形成不同的驱动频率，允许有条件的单自旋操作。这已经得到证明[25,46]，如图 8.7（e）所示，其中随时间观察到量子比特 1 的两个不同驱动频率，而量子比特 2 在上/下状态之间振荡。人们已经证明了在 $2\mu s$ 内具有高达 $F=98\%$ 的保真度的随门的受控旋转。当与 EDSR 和更强的微磁体结合时，可以执行更快的门[24,46]。

8.3.2 单重态-三重态量子比特

单重态-三重态（S-T_0）量子比特不是在单个自旋中编码量子信息，而是利用了组合的两个电子自旋态的 $S_z=0$ 子空间，其中对称三重态（T_+，T_-）通过外部磁场分离。这是很有吸引力的，因为它允许通过两个自旋之间的电控交换相互作用来实现单量子比特门，这在单个自旋中编码的量子比特中驱动两个量子比特门，如上文所述[29]。此外，$S_z=0$ 子空间不受整体磁场波动的影响，从而实现了相干时间的改善，尤其是在早期基于 GaAs 的实施中。通过变换式（8.6）进入单重态-三重态基态中，并在 $U-\varepsilon \gg t_c$ 区域中进行类似的近似以及忽略更高的能量状态，（1,1）单重态和三重态哈密尔顿量给出为[42]

$$\boldsymbol{H}_{ST_0} = \begin{pmatrix} J(\varepsilon) & \Delta E_z \\ \Delta E_z & 0 \end{pmatrix} \tag{8.9}$$

其中，$J(\varepsilon) = \frac{1}{2}(U-\varepsilon) + \sqrt{2t_c^2 + \frac{1}{4}(U-\varepsilon)^2}$ 是交换相互作用；而 $\Delta E_z = \delta E_z \cos\theta$ 是局域塞曼能量差，其中 $\theta(\varepsilon, t_c) = \arctan\left(\dfrac{2\sqrt{2}t_c}{U-\varepsilon-\sqrt{8t_c^2+(U-\varepsilon)^2}}\right)$ 是变换引入的角度。在该系统中，交换相互作用产生相位，而局域塞曼差驱动 S 和 T_0 状态之间的振荡。S-T_0 量子比特的另一个优点，是由于单重态和三重态之间的轨道波函数差异，两个 S-T_0 量子比特之间可能存在静电耦合。然而，这样的门对电荷噪声很敏感，并且到目前为止还没有表现出高保真度[47]。类似于自旋 1/2 量子比特，S-T_0 量子比特还可以额外通过交换相互作用耦合。通过泡利自旋阻塞（在 $\varepsilon>0$ 处）可以实现快速初始化为单重态，并且通过动态核自旋极化或使用微磁体，可以实现高保真度单量子比特门的受控塞曼差 δE_z。由于核自旋产生的超精细场导致定义明确的施主和点电子自旋之间的局域场差异，耦合到 QD 的施主的双电子自旋系统提供了极好的 S-T_0 量子比特。对于磷施主点 S-T_0 量子比特，人们演示了 57MHz 的操控[48]。S-T_0 量子比特操作的详细方法可以在参考文献 [49] 中找到。

8.3.3 自旋读出

在上一小节，我们讨论了在硅量子器件中形成和控制自旋量子比特的不同方法。本小节重点介绍 QD 或掺杂器件中单个电子的电荷和自旋的读出机制。与玻尔磁子 $\mu_B = 9.274 \times 10^{-24}$J/T 成正比的电子自旋磁矩非常弱。对于电子自旋 1/2，自旋向上与向下之间的能量差在 1T 磁场中是约 $100\mu eV$。在纳米结构诸如 QD 中读出单自旋的关键，是将自旋自由度转换为电荷自由度。纳米结构中与单个电荷相关的能量通常为几 meV，其中 $e = 1.6 \times 10^{-19}$ C，而且纳米结构中单个电荷部分的运动可以通过高度灵敏的电荷传感器检测到。

8.3.3.1 电荷传感器

能够检测单电子隧穿的非常精确的电荷传感器，可以在表现出量子化输运形式的纳米结构中形成。这种传感器要么在一维收缩（量子点接触，QPC），要么使用电荷岛，例如 SET 和 QD 中形成，并放置在靠近量子比特器件的位置，如图 8.6（a）所示。当工作在最大跨导点时，此类器件实现了对局域电荷分布变化非常敏感的传感器。通过传感器测量的电流变化，可以检测到传感器和 QD 之间足够大的电容耦合，从而检测到从附近 QD 上和下的单个电子的运动[15]。通过使用射频（RF，radio frequency）反射测量技术，可以提高灵敏度和带宽[50]。

8.3.3.2 自旋到电荷的转换

如图 8.8（a）所示，能量或自旋选择性隧穿，允许通过耦合到电子库来读出单个 QD 中的电子自旋。QD 中的离散自旋向上和向下状态，使用磁场 B_z 分为 $\mu_\uparrow$ 和 $\mu_\downarrow$，并且为了读出电子库中连续状态的边缘，费米能级 μ_{res} 在向上/向下状态之间与中心对齐。因此，处于自旋向上状态的电子倾向于隧穿到电子库上，随后自旋向下的电子隧穿回到 QD 中。相反，初始自旋向下的电子保留在 QD 中[40,51]。因此，对于自旋选择性隧穿，QD 从靠近点到电子库过渡的稳定电荷配置区域发出脉冲，如图 8.8（c）所示的双 QD 的（1,0）和（0,1）配置的箭头。在脉冲之后，当自旋向上电子隧穿出 QD（在时间 t_{out} 之后）时，观察到信号的变化，这使得 QD 为空，并且一直保持到自旋向下电子隧穿返回为止（t_{in}），如图 8.8（d）所示。

在双 QD 中，泡利自旋阻塞允许在没有外部电子库的情况下进行自旋到电荷的转换，从

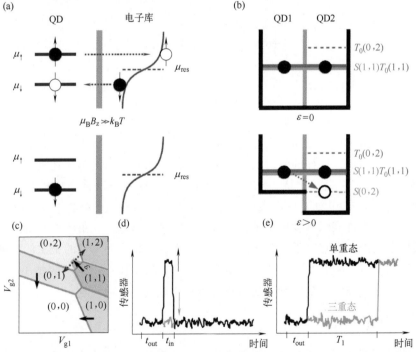

图 8.8 自旋到电荷的转换。(a) 塞曼能量的自旋选择性隧穿将 QD 中的自旋向上和向下状态分裂到电子库中。(b) 隧穿耦合双 QD 中的单重态-三重态泡利自旋阻塞。(c) 双 QD 的稳定性图，其中电荷占据采用数字和颜色来表示，箭头表示与电子库和基于自旋阻塞的读出相关的脉冲。自旋选择性隧穿 (d) 和单重态-三重态自旋阻塞测量 (e) 中的自旋向上和向下的电荷传感器信号。(a) 基于参考文献 [52]。

而可以区分自旋单重态和三重态。这允许通过明确定义的辅助自旋[53]或 S-T_0 的直接读出实现单个自旋的读出。这种方法如图 8.8（b）所示。在零失谐（ε=0）时，$S(1,1)$ 和 $T_0(1,1)$ 状态之间存在小的分裂，而 $S(1,1)$ 和 $S(0,2)$ 电荷状态为是简并的，并且 $T_0(0,2)$ 由于泡利排斥而分裂，而 $T_{+,-}$ 状态由于外部磁场而分裂（未显示）。在正失谐（ε>0）时，(0,2) 电荷状态在能量上变得有利，而 $S(1,1)$ 状态通过弹性隧穿转变为 $S(0,2)$（在时间 t_{out} 之后）。

而 $T_0(1,1)$ 状态保持阻塞，直到通过自旋弛豫解除（在时间 T_1 之后）。失谐轴 ε 和自旋阻塞区域如图 8.8（c）所示。单重态电荷配置的变化通过附近的电荷传感器检测，如图 8.8（e）所示，当传感器与双 QD 电荷偶极子很好地对齐时，允许单重态-三重态读出，因为双 QD 中的电荷总数不会改变。当双 QD 额外耦合到电子库时，$S(0,2)$ 状态可以选择性地映射到（1,0）电荷配置（直接增强锁存读出）或 $T_0(1,1)$ 可以映射到（1,2）电荷配置（反向增强锁存读出）[54]，如图 8.8（c）中的虚线箭头所示。由于整个电子使得双 QD 占据的状态选择性变化，这种增强的锁存机制改善了信号，并通过从自旋主导弛豫变为亚稳态电荷状态来延长信号寿命。

为了最大化基于电子库的读出中的读出保真度，塞曼分裂（约 0.1meV/T）应该远大于热能（约 0.09meV/K）。对于基于自旋阻塞的读出，单重态-三重态（或能谷）分裂是由于弛豫而产生的能量标度限制保真度。即使在低场下，人们也观察到 1meV 量级的单重态-三重态分裂[55]。此外，单重态-三重态读出构成了纠错方案中所需的奇偶校验测量的基础[56]。

8.3.3.3 基于门的色散读出

电荷传感器需要放置在量子比特几百纳米范围内，以便能实现足够的电容耦合。这限制了可以使用单个电荷传感器读取的量子比特数目，并导致架构复杂性增加。基于门的射频反射测量是一种谐振技术，它通过嵌入到谐振电路中，将金属门定义的硅量子比特结构本身变成了传感器。因此，就不需要额外的结构来形成电荷传感器。此外，在射频甚至接近微波频率下的操作，提供了大的读出带宽和高的灵敏度[57]。

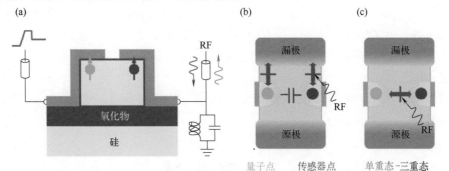

图 8.9 基于门的读出。(a) 分离栅纳米线双 QD 器件的横截面。一个栅极连接到脉冲线，第二个栅极连接到谐振器，用于基于栅极的射频读出。(b) 对于电容点间耦合，当耦合到储层时，射频点可以充当电荷传感器，通过自旋相关隧穿进行自旋读出。(c) 当两个点都是隧穿耦合时，可以基于泡利自旋阻塞进行自旋读出而无需读出储层。

在基于门的读出中，微弱的射频信号施加到 QD 门上，驱动谐振电路接近谐振，并允许探测具有给定自旋的电子隧穿进出 QD 的能力，这是基于对器件导纳的参数贡献[58,59]。通常，所观察到的器件电容变化称为隧穿电容和量子电容[60,61]。当被驱动到接近谐振时，器件电容的微小变化会使得从谐振器反射的射频信号相位发生变化。据报道，在 8.2.4 节中介绍的纳米线晶体管器件[62,63]中，获得了基于门的最高感测灵敏度，这是由于其转角几何形状，从而具有较大的门耦合。图8.9（a）显示了分裂门区域中纳米线（以橙色显示）的横截面示意图，其中一个门连接到谐振器，并以射频振幅驱动以进行读出。如图8.9（b）和（c）所示，多点结构中的任何QD都可以使用基于门的方法变成传感器，或者通过电容耦合到量子比特并使用电荷传感技术（传感器点），或者通过隧穿耦合到一个量子比特并使用泡利自旋阻塞（辅助点）。在前一种情况下，读出是通过自旋相关隧穿到电子库来进行的。在后一种情况下，点间隧穿和泡利自旋阻塞消除了对读出电子库的需求。同样地，我们也可以实现单重态-三重态量子比特的直接读出。使用这些技术的单次自旋读数已展示出在单重态-三重态基础上的 $6\mu s$ 积分时间内具有高达98%的保真度[64]，而使用传感器点在1ms积分时间内达到99%[65]。使用约瑟夫森参数放大和读出电路优化，可以进一步提高读出保真度和速度[62,63,79]。最近，人们已经证明，在动态随机访问方案中使用单个谐振电路对多个QD进行基于门的读出，为许多量子比特器件的紧凑且可扩展读出方案提供了基础[12]。

8.4 未来发展

硅器件已被证明能够实现出色的自旋量子比特，具有长相干时间和高保真度控制[24,28]。此外，在硅器件上也实现了可编程的双量子比特处理器，可以执行首个量子算法[13]。近来，相关示例已扩展到三电子自旋量子比特器件和四空穴自旋处理器[77,78]。当前的工作重点是提高双量子比特门保真度和读出保真度，这些保真度现在已高于容错量子计算的阈值[56,74,80]。虽然人们已经制造出具有许多QD的复杂器件[19]，也出现了用于可扩展的基于硅自旋的量子计算机的多种架构[66-68]，但是，遵循设计且能够扩展到许多量子比特的器件中多个耦合自旋量子比特的操作，仍有待去证明。硅中自旋量子比特的小尺寸和短程相互作用，允许高量子比特密度，但也对门密度、门扇出和互连提出了极高的要求。更长程耦合的替代方法，包括介导交换[69]、电子穿梭[68]或微波谐振器[70]，可能会提供更大的量子比特间距，这也是人们正在探索的目标。此外，靠近量子比特器件运行以实现高效信号生成、路由和处理的低温电子学，也是一个很有前途的研究领域[71,73,81-83]。总的来说，这些发展都突显了硅自旋量子比特器件在实现大规模量子信息处理方面的广阔前景。

致谢

感谢 S. Barraud、W. Huang、A. Dzurak、T. Watson 和 T. Meunier 为本章中图表提供的重要材料。

参 考 文 献

[1] Waldrop MM. The chips are down for Moore's law. Nature 2016;530(7589):144-7. https://doi.org/10.1038/530144a.

[2] Montanaro A. Quantum algorithms:an overview. npj Quantum Inf 2016;2(1):15023. https://doi.org/10.1038/npjqi.2015.23. arXiv:1511.04206.

[3] Nielsen MA,Chuang IL. Quantum computation and quantum information. Cambridge:Cambridge University Press; 2010. https://doi.org/10.1017/CBO9780511976667.

[4] DiVincenzo DP. The physical implementation of quantum computation. Fortschr Phys 2000;48(9-11):771-83. https://onlinelibrary.wiley.com/doi/10.1002/1521-3978(200009)48:9/11%3C771::AID-PROP771%3E3.0.CO;2-E. arXiv:0002077.

[5] Ladd TD,Jelezko F,Laflamme R,Nakamura Y,Monroe C,O'Brien JL. Quantum computers. Nature 2010;464(7285):45-53. https://doi.org/10.1038/nature08812. arXiv:1009.2267.

[6] Devoret MH, Schoelkopf RJ. Superconducting circuits for quantum information: an outlook. Science 2013;339(6124): 1169-74. https://doi.org/10.1126/science.1231930.

[7] Arute F, Arya K, Babbush R, Bacon D, Bardin JC, Barends R, Biswas R, Boixo S, Brandao FGSL, Buell DA, Burkett B, Chen Y, Chen Z, Chiaro B, Collins R, Courtney W, Dunsworth A, Farhi E, Foxen B, Fowler A, Gidney C, Giustina M, Graff R, Guerin K, Habegger S, Harrigan MP, Hartmann MJ, Ho A, Hoffmann M, Huang T, Humble TS, Isakov SV, Jeffrey E, Jiang Z, Kafri D, Kechedzhi K, Kelly J, Klimov PV, Knysh S, Korotkov A, Kostritsa F, Landhuis D, Lindmark M, Lucero E, Lyakh D, Mandrà S, McClean JR, McEwen M, Megrant A, Mi X, Michielsen K, Mohseni M, Mutus J, Naaman O, Neeley M, Neill C, Niu MY, Ostby E, Petukhov A, Platt JC, Quintana C, Rieffel EG, Roushan P, Rubin NC, Sank D, Satzinger KJ, Smelyanskiy V, Sung KJ, Trevithick MD, Vainsencher A, Villalonga B, White T, Yao ZJ, Yeh P, Zalcman A, Neven H, Martinis JM. Quantumsupremacy using a programmable superconducting processor. Nature 2019;574(7779):505-10. https://doi.org/10.1038/s41586-019-1666-5.

[8] Wright K, Beck KM, Debnath S, Amini JM, Nam Y, Grzesiak N, Chen J-S, Pisenti NC, Chmielewski M, Collins C, Hudek KM, Mizrahi J, Wong-Campos JD, Allen S, Apisdorf J, Solomon P, Williams M, Ducore AM, Blinov A, Kreikemeier SM, Chaplin V, Keesan M, Monroe C, Kim J. Benchmarking an 11-qubit quantum computer. Nat Commun 2019; 10(1):5464. https://doi.org/10.1038/s41467-019-13534-2. arXiv:1903.08181.

[9] Schreiber LR, Bluhm H. Quantum computation: silicon comes back. Nat Nanotechnol 2014;9(12):966-8. http://www.nature.com/doifinder/10.1038/nnano.2014.249.

[10] Morton JJL, McCamey DR, Eriksson Ma, Lyon Sa. Embracing the quantum limit in silicon computing. Nature 2011; 479(7373):345-53. https://doi.org/10.1038/nature10681.

[11] Yang CH, Leon RCC, Hwang JCC, Saraiva A, Tanttu T, Huang W, Camirand Lemyre J, Chan KW, Tan KY, Hudson FE, Itoh KM, Morello A, Pioro-Ladrière M, Laucht A, Dzurak AS. Operation of a silicon quantum processor unit cell above one kelvin. Nature 2020;580(7803):350-4. https://doi.org/10.1038/s41586-020-2171-6. arXiv:1902.09126.

[12] Schaal S, Rossi A, Ciriano-Tejel VN, Yang T-Y, Barraud S, Morton JJL, Gonzalez-Zalba MF. A CMOS dynamic random access architecture for radio-frequency readout of quantum devices. Nat Electron 2019;2(6):236-42. https://doi.org/10.1038/s41928-019-0259-5.

[13] Watson TF, Philips SGJ, Kawakami E, Ward DR, Scarlino P, Veldhorst M, Savage DE, Lagally MG, Friesen M, Coppersmith SN, Eriksson MA, Vandersypen LMK. A programmable two-qubit quantum processor in silicon. Nature 2018;555(7698):633-7. https://doi.org/10.1038/nature25766. arXiv:1708.04214.

[14] Zwanenburg FA, Dzurak AS, Morello A, Simmons MY, Hollenberg LCL, Klimeck G, Rogge S, Coppersmith SN, Eriksson MA. Silicon quantum electronics. Rev Mod Phys 2013;85(3):961-1019. arXiv:arXiv:1206.5202v1, http://link.aps.org/doi/10.1103/RevModPhys.85.961.

[15] Hanson R, Kouwenhoven LP, Petta JR, Tarucha S, Vandersypen LMK. Spins in few-electron quantum dots. Rev Mod Phys 2007;79(4):1217-65. https://doi.org/10.1103/RevModPhys.79.1217. arXiv:0610433.

[16] Davies JH. The physics of low-dimensional semiconductors. Cambridge: Cambridge University Press; 1997. https://doi.org/10.1017/CBO9780511819070.

[17] Jehl X, Niquet Y-M, Sanquer M. Single donor electronics and quantum functionalities with advanced CMOS technology. J Phys Condens Matter 2016;28(10):103001. https://doi.org/10.1088/0953-8984/28/10/103001.

[18] Barraud S, Lavieville R, Hutin L, Bohuslavskyi H, Vinet M, Corna A, Clapera P, Sanquer M, Jehl X. Development of a CMOS route for electron pumps to be used in quantum metrology. Technologies 2016;4(1):10. https://doi.org/10.3390/technologies4010010.

[19] Zajac DM, Hazard TM, Mi X, Nielsen E, Petta JR. Scalable gate architecture for a one-dimensional array of semiconductor spin qubits. Phys Rev Appl 2016;6(5):054013. https://doi.org/10.1103/PhysRevApplied.6.054013. arXiv:1607.07025.

[20] Rossi A, Tanttu T, Hudson FE, Sun Y, Möttönen M, Dzurak AS. Silicon meta-loxide-semiconductor quantum dots for single-electron pumping. JoVE 2015;(100):1-11. https://doi.org/10.3791/52852.

[21] Lim WH, Yang CH, Zwanenburg Fa, Dzurak aS. Spin filling of valley-orbit states in a silicon quantum dot. Nanotechnology 2011;22(33):335704. https://doi.org/10.1088/0957-4484/22/33/335704. arXiv:1103.2895.

[22] Yang CH, Rossi A, Ruskov R, Lai NS, Mohiyaddin FA, Lee S, Tahan C, Klimeck G, Morello A, Dzurak AS. Spin-valley lifetimes in a silicon quantum dot with tunable valley splitting. Nat Commun 2013;4(May):1-8. https://doi.org/10.1038/ncomms3069. arXiv:1302.0983.

[23] Muhonen JT, Dehollain JP, Laucht A, Hudson FE, Kalra R, Sekiguchi T, Itoh KM, Jamieson DN, McCallum JC, Dzurak AS, Morello A. Storing quantum information for 30 seconds in a nanoelectronic device. Nat Nanotechnol 2014; 9(12):986-91. https://doi.org/10.1038/nnano.2014.211. arXiv:1402.7140.

[24] Yoneda J, Takeda K, Otsuka T, Nakajima T, Delbecq MR, Allison G, Honda T, Kodera T, Oda S, Hoshi Y, Usami N, Itoh KM, Tarucha S. A quantum-dot spin qubit with coherence limited by charge noise and fidelity higher than 99.9%. Nat Nanotechnol 2018;13(2):102-6. https://doi.org/10.1038/s41565-017-0014-x. arXiv:1708.01454.

[25] Huang W, Yang CH, Chan KW, Tanttu T, Hensen B, Leon RCC, Fogarty MA, Hwang JCC, Hudson FE, Itoh KM, Morello A, Laucht A, Dzurak AS. Fidelity benchmarks for two-qubit gates in silicon. Nature 2019;569(7757):532-6. https://doi.org/10.1038/s41586-019-1197-0. arXiv:1805.05027.

[26] Angus SJ, Ferguson AJ, Dzurak AS, Clark RG. Gate-defined quantum dots in intrinsic silicon. Nano Lett 2007;7(7): 2051-5. https://doi.org/10.1021/nl070949k.

[27] Lim WH, Zwanenburg FA, Huebl H, Möttönen M, Chan KW, Morello A, Dzurak AS. Observation of the single-electron regime in a highly tunable silicon quantum dot. Appl Phys Lett 2009;95(24):242102. https://doi.org/10.1063/1.3272858. arXiv:0910.0576.

[28] Veldhorst M, Hwang JCC, Yang CH, Leenstra aW, de Ronde B, Dehollain JP, Muhonen JT, Hudson FE, Itoh KM, Morello A, Dzurak AS. An addressable quantum dot qubit with fault-tolerant control-fidelity. Nat Nanotechnol 2014;9(12):981-5. https://doi.org/10.1038/nnano.2014.216. arXiv:1407.1950v1.

[29] Maune BM, Borselli MG, Huang B, Ladd TD, Deelman PW, Holabird KS, Kiselev AA, Alvarado-Rodriguez I, Ross RS, Schmitz AE, Sokolich M, Watson CA, Gyure MF, Hunter AT. Coherent singlet-triplet oscillations in a silicon-based double quantum dot. Nature 2012;481(7381):344-7. https://doi.org/10.1038/nature10707.

[30] Scarlino P. Spin and valley physics in a Si/SiGe quantum dot [Ph.D. thesis]. TU Delft;2016.

[31] Kawakami E, Scarlino P, Ward DR, Braakman FR, Savage DE, Lagally MG, Friesen M, Coppersmith SN, Eriksson MA, Vandersypen LMK. Electrical control of a long-lived spin qubit in a Si/SiGe quantum dot. Nat Nanotechnol 2014;9(9):666. https://doi.org/10.1038/nnano.2014.153. arXiv:1404.5402.

[32] Voisin B, Nguyen V-H, Renard J, Jehl X, Barraud S, Triozon F, Vinet M, Duchemin I, Niquet Y-M, de Franceschi S, Sanquer M. Few-electron edge-state quantum dots in a silicon nanowire field-effect transistor. Nano Lett 2014;14(4):2094-8. https://doi.org/10.1021/nl500299h.

[33] Loss D, DiVincenzo DP. Quantum computation with quantum dots. Phys Rev 1998;57(1):120-6. https://doi.org/10.1103/PhysRevA.57.120. arXiv:9701055.

[34] Kane BE. A silicon-based nuclear spin quantum computer. Nature 1998;393(6681):133-7. https://doi.org/10.1038/30156. http://www.nature.com/articles/30156.

[35] Crippa A, Maurand R, Bourdet L, Kotekar-Patil D, Amisse A, Jehl X, Sanquer M, Laviéville R, Bohuslavskyi H, Hutin L, Barraud S, Vinet M, Niquet Y-M, De Franceschi S. Electrical spin driving by g-matrix modulation in spin-orbit qubits. Phys Rev Lett 2018;120(13):137702. https://doi.org/10.1103/PhysRevLett.120.137702. arXiv:1710.08690.

[36] Golovach VN, Borhani M, Loss D. Electric-dipole-induced spin resonance in quantum dots. Phys Rev B 2006;74(16):165319. https://doi.org/10.1103/PhysRevB.74.165319. arXiv:0601674.

[37] Nowack KC, Koppens FHL, Nazarov YV, Vandersypen LMK. Coherent control of a single electron spin with electric fields. Science 2007;318(5855):1430-3. https://doi.org/10.1126/science.1148092.

[38] Pioro-Ladrière M, Obata T, Tokura Y, Shin Y-S, Kubo T, Yoshida K, Taniyama T, Tarucha S. Electrically driven single-electron spin resonance in a slanting Zeeman field. Nat Phys 2008;4(10):776-9. https://doi.org/10.1038/nphys1053. arXiv:0805.1083.

[39] Takeda K, Kamioka J, Otsuka T, Yoneda J, Nakajima T, Delbecq MR, Amaha S, Allison G, Kodera T, Oda S, Tarucha S. A fault-tolerant addressable spin qubit in a natural silicon quantum dot. Sci Adv 2016;2(8):e1600694. https://doi.org/10.1126/sciadv.1600694. arXiv:1602.07833.

[40] Elzerman JM, Hanson R, Willems van Beveren LH, Witkamp B, Vandersypen LMK, Kouwenhoven LP. Single-shot read-out of an individual electron spin in a quantum dot. Nature 2004;430(6998):431-5. https://doi.org/10.1038/nature02693. arXiv:0411232.

[41] Yang CH, Chan KW, Harper R, Huang W, Evans T, Hwang JCC, Hensen B, Laucht A, Tanttu T, Hudson FE, Flammia ST, Itoh KM, Morello A, Bartlett SD, Dzurak AS. Silicon qubit fidelities approaching incoherent noise limits via pulse engineering. Nat Electron 2019;2(4):151-8. https://doi.org/10.1038/s41928-019-0234-1. arXiv:1807.09500.

[42] Veldhorst M, Yang CH, Hwang JCC, Huang W, Dehollain JP, Muhonen JT, Simmons S, Laucht A, Hudson FE, Itoh KM, Morello A, Dzurak AS. A two-qubit logic gate in silicon. Nature 2015;526(7573):410-4. https://doi.org/10.1038/nature15263. arXiv:1411.5760.

[43] Meunier T, Calado VE, Vandersypen LMK. Efficient controlled-phase gate for single-spin qubits in quantum dots. Phys Rev B 2011;83(12):121403. https://doi.org/10.1103/PhysRevB.83.121403.

[44] He Y, Gorman SK, Keith D, Kranz L, Keizer JG, Simmons MY. A two-qubit gate between phosphorus donor electrons in silicon. Nature 2019;571(7765):371-5. https://doi.org/10.1038/s41586-019-1381-2.

[45] Martins F, Malinowski FK, Nissen PD, Barnes E, Fallahi S, Gardner GC, Manfra MJ, Marcus CM, Kuemmeth F. Noise suppression using symmetric exchange gates in spin qubits. Phys Rev Lett 2016;116(11):116801. https://doi.org/10.1103/PhysRevLett.116.116801. arXiv:1511.07336.

[46] Zajac DM, Sigillito AJ, Russ M, Borjans F, Taylor JM, Burkard G, Petta JR. Resonantly driven CNOT gate for electron spins. Science 2018;359(6374):439-42. https://doi.org/10.1126/science.aao5965. arXiv:1708.03530.

[47] Shulman MD, Dial OE, Harvey SP, Bluhm H, Umansky V, Yacoby a. Demonstration of entanglement of electrostatically coupled singlet-triplet qubits. Science 2012;336(6078):202-5. https://doi.org/10.1126/science.1217692. arXiv:1202.1828.

[48] Harvey-Collard P, Jacobson NT, Rudolph M, Dominguez J, Ten Eyck GA, Wendt JR, Pluym T, Gamble JK, Lilly MP, Pioro-Ladriere M, Carroll MS. Coherent coupling between a quantum dot and a donor in silicon. Nat Commun 2017;8(1):1029. https://doi.org/10.1038/s41467-017-01113-2. arXiv:1512.01606.

[49] Botzem T, Shulman MD, Foletti S, Harvey SP, Dial OE, Bethke P, Cerfontaine P, McNeil RPG, Mahalu D, Umansky V, Ludwig A, Wieck A, Schuh D, Bougeard D, Yacoby A, Bluhm H. Tuning methods for semiconductor spin qubits. Phys Rev Appl 2018;10(5):054026. https://doi.org/10.1103/PhysRevApplied.10.054026. arXiv:1801.03755.

[50] Reilly DJ, Marcus CM, Hanson MP, Gossard AC. Fast single-charge sensing with a rf quantum point contact. Appl Phys Lett 2007;91(16):162101. https://doi.org/10.1063/1.2794995. arXiv:0707.2946.

[51] Morello A, Pla JJ, Zwanenburg Fa, Chan KW, Tan KY, Huebl H, Möttönen M, Nugroho CD, Yang C, van Donkelaar Ja, Alves ADC, Jamieson DN, Escott CC, Hollenberg LCL, Clark RG, Dzurak AS. Single-shot readout of an electron spin in silicon. Nature 2010;467(7316):687-91. https://doi.org/10.1038/nature09392. arXiv:1003.2679.

[52] Pla JJ, Tan KY, Dehollain JP, Lim WH, Morton JJL, Jamieson DN, Dzurak AS, Morello A. A single-atom electron spin qubit in silicon. Nature 2012;489(7417):541-5. https://doi.org/10.1038/nature11449. arXiv:1305.4481.

[53] Jones C, Fogarty MA, Morello A, Gyure MF, Dzurak AS, Ladd TD. Logical qubit in a linear array of semiconductor quantum dots. Phys Rev X 2018;8(2):021058. https://doi.org/10.1103/PhysRevX.8.021058. arXiv:1608.06335.

[54] Harvey-Collard P, D'Anjou B, Rudolph M, Jacobson NT, Dominguez J, Ten Eyck GA, Wendt JR, Pluym T, Lilly MP, Coish WA, Pioro-Ladriére M, Carroll MS. High-fidelity single-shot readout for a spin qubit via an enhanced latching mechanism. Phys Rev X 2018;8(2):021046. https://doi.org/10.1103/Phys-RevX.8.021046. arXiv:1703.02651.

[55] Lai NS, Lim WH, Yang CH, Zwanenburg FA, Coish WA, Qassemi F, Morello A, Dzurak AS. Pauli spin blockade in a highly tunable silicon double quantum dot. Sci Rep 2011;1(1):110. https://doi.org/10.1038/srep00110. arXiv:1012.1410.

[56] Fowler AG, Mariantoni M, Martinis JM, Cleland AN. Surface codes: towards practical large-scale quantum computation. Phys Rev 2012;86(3):032324. https://doi.org/10.1103/PhysRevA.86.032324. arXiv:1208.0928.

[57] Gonzalez-Zalba MF, Barraud S, Ferguson aJ, Betz aC. Probing the limits of gate-based charge sensing. Nat Commun 2015;6(1):6084. https://doi.org/10.1038/ncomms7084.

[58] Petersson KD, Smith CG, Anderson D, Atkinson P, Jones GAC, Ritchie DA. Charge and spin state readout of a double quantum dot coupled to a resonator. Nano Lett 2010;10(8):2789-93. https://doi.org/10.1021/nl100663w. arXiv:1004.4047.

[59] House MG, Kobayashi T, Weber B, Hile SJ, Watson TF, van der Heijden J, Rogge S, Simmons MY. Radio frequency measurements of tunnel couplings and singlet-triplet spin states in Si:P quantum dots. Nat Commun 2015;6:8848. https://doi.org/10.1038/ncomms9848.

[60] Mizuta R, Otxoa RM, Betz AC, Gonzalez-Zalba MF. Quantum and tunneling capacitance in charge and spin qubits. Phys Rev B 2017;95(4):045414. https://doi.org/10.1103/PhysRevB.95.045414. arXiv:1604.02884.

[61] Esterli M, Otxoa RM, Gonzalez-Zalba MF. Small-signal equivalent circuit for double quantum dots at low-frequencies. Appl Phys Lett 2019;114(25):253505. https://doi.org/10.1063/1.5098889. arXiv:1812.06056.

[62] Ahmed I, Haigh JA, Schaal S, Barraud S, Zhu Y, Lee C-m, Amado M, Robinson JWA, Rossi A, Morton JJL, Gonzalez-Zalba MF. Radio-frequency capacitive gate-based sensing. Phys Rev Appl 2018;10(1):014018. https://doi.org/10.1103/PhysRevApplied.10.014018. arXiv:1801.09759.

[63] Schaal S, Ahmed I, Haigh JA, Hutin L, Bertrand B, Barraud S, Vinet M, Lee C-M, Stelmashenko N, Robinson JWA, Qiu JY, Hacohen-Gourgy S, Siddiqi I, Gonzalez-Zalba MF, Morton JJL. Fast gate-based readout of silicon quantum dots using Josephson parametric amplification. Phys Rev Lett 2020;124(6):067701. https://doi.org/10.1103/PhysRev-Lett.124.067701. arXiv:1907.09429.

[64] Zheng G, Samkharadze N, Noordam ML, Kalhor N, Brousse D, Sammak A, Scappucci G, Vandersypen LMK. Rapid gate-based spin read-out in silicon using an on-chip resonator. Nat Nanotechnol 2019;14(8):742-6. arXiv:1901.00687, http://www.nature.com/articles/s41565-019-0488-9.

[65] Urdampilleta M, Niegemann DJ, Chanrion E, Jadot B, Spence C, Mortemousque PA, Bäuerle C, Hutin L, Bertrand B, Barraud S, Maurand R, Sanquer M, Jehl X, De Franceschi S, Vinet M, Meunier T. Gate-based high fidelity spin readout in a CMOS device. Nat Nanotechnol 2019;14(8):737-41. https://doi.org/10.1038/s41565-019-0443-9. arXiv:1809.04584.

[66] Veldhorst M, Eenink HGJ, Yang CH, Dzurak AS. Silicon CMOS architecture for a spin-based quantum computer. Nat Commun 2017;8(1):1766. https://doi.org/10.1038/s41467-017-01905-6. arXiv:1609.09700.

[67] Li R, Petit L, Franke DP, Dehollain JP, Helsen J, Steudtner M, Thomas NK, Yoscovits ZR, Singh KJ, Wehner S, Vandersypen LMK, Clarke JS, Veldhorst M. A crossbar network for silicon quantum dot qubits. Sci Adv 2018;4(7). https://doi.org/10.1126/sciadv.aar3960. eaar3960. arXiv:1711.03807.

[68] Vandersypen LMK, Bluhm H, Clarke JS, Dzurak AS, Ishihara R, Morello A, Reilly DJ, Schreiber LR, Veldhorst M. Interfacing spin qubits in quantum dots and donors-hot, dense, and coherent. npj Quantum Inf 2017;3(1):34. https://doi.org/10.1038/s41534-017-0038-y. arXiv:1612.05936.

[69] Srinivasa V, Xu H, Taylor JM. Tunable spin-qubit coupling mediated by a multielectron quantum dot. Phys Rev Lett 2015;114(22):226803. https://doi.org/10.1103/PhysRevLett.114.226803.

[70] Mi X, Benito M, Putz S, Zajac DM, Taylor JM, Burkard G, Petta JR. A coherent spinphoton interface in silicon. Nature 2018;555(7698):599-603. https://doi.org/10.1038/nature25769. arXiv:1710.03265.

[71] van Dijk JPG, Charbon E, Sebastiano F. The electronic interface for quantum processors. Microprocess Microsyst

2018;66:90-101. https://doi.org/10.1016/j.micpro.2019.02.004. arXiv:1811.01693.

[72] Maurand R,Jehl X,Kotekar-Patil D,Corna A,Bohuslavskyi H,Laviéville R,Hutin L,Barraud S,Vinet M,Sanquer M,De Franceschi S. A CMOS silicon spin qubit. Nat Commun 2016;7:13575. https://doi.org/10.1038/ncomms13575. http://www.nature.com/articles/ncomms13575.

[73] Ruffino A,Yang T-Y,Michniewicz J,Peng Y,Charbon E,Gonzalez-Zalba MF. Integrated multiplexed microwave readout of silicon quantum dots in a cryogenic CMOS chip. 2021:1-14. arXiv 2101.08295, http://arxiv.org/abs/2101.08295.

[74] Xue X,Russ M,Samkharadze N,Undseth B,Sammak A,Scappucci G,Vandersypen LMK. Computing with spin qubits at the surface code error threshold 2021:1-19. arXiv:2107.00628,http://arxiv.org/abs/2107.00628.

[75] Gonzalez-Zalba MF,de Franceschi S,Charbon E,Meunier T,Vinet M,Dzurak AS. Scaling silicon-based quantum computing using CMOS technology:state-of-the-art,challenges and perspectives. 2020. arXiv:2011.11753,http://arxiv.org/abs/2011.11753.

[76] Ciriano-Tejel VN,Fogarty MA,Schaal S,Hutin L,Bertrand B,Ibberson L,Gonzalez-Zalba MF,Li J,Niquet Y-M,Vinet M,Morton JJL. Spin readout of a CMOS quantum dot by gate reflectometry and spin-dependent tunneling. PRX Quantum 2021;2(1):010353. https://doi.org/10.1103/PRXQuantum.2.010353.

[77] Takeda K,Noiri A,Nakajima T,Yoneda J,Kobayashi T,Tarucha S. Quantum tomography of an entangled three-qubit state in silicon. Nat Nanotechnol 2021;16:965-9. https://doi.org/10.1038/s41565-021-00925-0.

[78] Hendrickx NW,Lawrie WIL,Russ M,van Riggelen F,de Snoo SL,Schouten RN,Sammak A,Scappucci G,Veldhorst M. A four-qubit germanium quantum processor. Nature 2021;591:580-5. https://doi.org/10.1038/s41586-021-03332-6. eprint:2009.04268; ISSN:0028-0836,7851.

[79] Ibberson DJ,Lundberg T,Haigh JA,Hutin L,Bertrand B,Barraud S,Lee C-M,Stelmashenko NA,Oakes GA,Cochrane L,Robinson JWA,Vinet M,Gonzalez-Zalba MF,Ibberson LA. Large dispersive interaction between a CMOS double quantum dot and microwave photons. PRX Quantum 2021;2(2):020315. https://doi.org/10.1103/PRXQuantum.2.020315.

[80] Harvey-Collard P,D'Anjou B,Rudolph M,Jacobson NT,Dominguez J,Ten Eyck GA,Wendt JR,Pluym T,Lilly MP,Coish WA,Pioro-Ladrière M,Carroll MS. High-fidelity single-shot readout for a spin qubit via an enhanced latching mechanism. Phys Rev X 2018;8(2):021046. https://doi.org/10.1103/PhysRevX.8.021046.

[81] Pauka SJ,Das K,Hornibrook JM,Gardner GC,Manfra MJ,Cassidy MC,Reilly DJ. Characterizing quantum devices at scale with custom Cryo-CMOS. Phys Rev Appl 2020;13(5):054072. https://doi.org/10.1103/PhysRevApplied.13.054072. ISSN:2331-7019.

[82] Pauka SJ,Das K,Kalra R,Moini A,Yang Y,Trainer M,Bousquet A,Cantaloube C,Dick N,Gardner GC,Manfra MJ,Reilly DJ. A cryogenic CMOS chip for generating control signals for multiple qubits. Nat Electron 2021;4(1):64-70. https://doi.org/10.1038/s41928-020-00528-y.

[83] Xue X,Patra B,van Dijk JPG,Samkharadze N,Subramanian S,Corna A,Wuetz BP,Jeon C,Sheikh F,Juarez-Hernandez E,Perez Esparza B,Rampurawala H,Carlton B,Ravikumar S,Nieva C,Kim S,Lee H-J,Sammak A,Scappucci G,Veldhorst M,Sebastiano F,Babaie M,Pellerano S,Charbon E,Vandersypen Lieven MK. CMOS-based cryogenic control of silicon quantum circuits. Nature 2021;593(7858):205-10. https://doi.org/10.1038/s41586-021-03469-4.

第 9 章

半导体量子点单光子源的电学控制

A. J. Bennett[*]

卡迪夫大学皇后大楼工学院，英国卡迪夫

[*] 通讯作者：BennettA19@cardiff.ac.uk

9.1 介绍与动机

外延单量子点是一种先进的半导体技术，在过去 20 年中为固态和量子技术领域的新物理学提供了丰富的试验台，已经有许多优秀的综述文章侧重介绍其发展的各个方面[1-8]。它们可以在高质量的晶体内生长，呈现出窄线宽和接近 1 的内量子效率。单个点可以通过合理的生长条件或后工艺步骤来隔离出来，使其能够发出具有亚泊松统计的非经典光[9]、纠缠的光子对[10]、复杂的多光子纠缠态[11] 或量子力学上无法区分的光子[12]。此外，在某些领域，点具有超越竞争技术的独特能力，例如单个原子、离子或点状的色心。首先，利用主体半导体平台的多功能性，它们的能量可以通过成分、生长或外部场来进行调整。其次，点中的俘获载流子可以与 $10^4 \sim 10^5$ 个核自旋进行相互作用，这促进了介观自旋-核相互作用的全新研究。最后，人们可以开发允许注入载流子、控制电荷或调节发射的半导体器件。这些电学控制的器件是本章的重点。

9.2 单量子点光子源的二极管设计

9.2.1 用于量子点电场控制的异质结构

自组装 InGaAs 量子点通常通过分子束外延或金属氧化物气相外延在平面衬底上生长。在外延生长期间，通过引入铍或碳作为受主，或硅作为施主杂质，可以改变成分，以创建掺杂层。通过在该材料上进行工艺加工，从而添加欧姆接触或肖特基接触，允许外部施加的偏压改变点上的电场，一般而言该电场平行于生长方向。

更加方便的是，砷化物还包括几乎晶格匹配的 $Al_xGa_{1-x}As$ 形式的合金，通过将铝组分 x 从 0 增加到 1，其折射率可以从 3.54 变为 2.97（在 900nm 处）。高铝组分合金和低铝组分合金的交替层，每层的光学厚度为 1/4 波长，这将产生无缺陷的布拉格镜，可增强垂直方向的光提取。正如我们将看到的，对点附近的合金成分和掺杂的高精度控制，也可用于电荷载流子隧穿到点中的控制。为了保持生长条件的稳定性，改变具有不同合金成分的层之间的 Ga 和 Al 的束流并不总是很方便。在这种情况下，可以堆叠几纳米厚的周期性 GaAs 和 AlAs 层的超晶格，通过改变交替层的相对厚度来近似任何的合金成分。

图 9.1（a）显示了两个二极管异质结构的能带结构示意图，在掺杂层之间施加了外部偏压 V_{ext}。最简单的器件是 GaAs p-i-n 掺杂分布，InGaAs 量子点在本征区域的中心，正如在第一个量子 LED 中使用的一样[14]。在零外部偏压下，内建电势（V_{bi}）跨本征区下降，等于 p 区和 n 区之间的费米能量差。点内的能级可以在反向偏压下研究，使用外部激光器来光激发半导体内的载流子，其中一些载流子被点捕获，并随后以辐射方式重新组合为光致发光。在这种情况下，带电态和中性态的相对强度由点外载流子的隧穿速率决定，如图 9.1（a）中的虚线箭头所示。由于 GaAs 中电子的有效质量（$0.063m_e$）与空穴（$0.52m_e$）相比较低，因此空穴隧穿速率大约低一个数量级，如图 9.1（c）所示。为了说明器件设计可以如何控制隧穿速率，我们在图 9.1（b）中展示了完全在 $Al_{0.75}Ga_{0.25}As$ 中生长的 p-i-n 二极管，其中电子（空穴）质量增加到 $0.125m_e$（$0.57m_e$），而限制能量则达到 420meV（400meV）。作为这些变化的结果，隧穿速率在给定电场下降低了几个数量级［图 9.1（c）］。在实践中，包封在 GaAs 中的 InGaAs 量子点的光学质量，优于包封在 $Al_{0.75}Ga_{0.25}As$ 中的量子点，因此人们很少研究第二种器件；然而，它确实说明了合金成分是如何控制隧穿效应的。

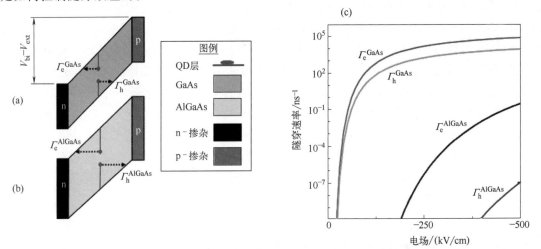

图 9.1　3nm 点高的一维三角形限制势能的 p-i-n 二极管中，电子和空穴的隧穿速率：（a）本征区为 GaAs 时；（b）本征区为 $Al_{0.75}Ga_{0.25}As$ 时；（c）隧道速率作为外加电场的函数。由于更大的空穴有效质量，空穴隧穿速率在每种情况下都较低。修改自 Bennett 等人[13]。

图 9.2 显示了用于控制单个点的四种最常用的异质结构的层序和能带结构。它们是：（a）发光二极管；（b）电子充电二极管；（c）空穴充电二极管；（d）能量调谐二极管。图 9.3 显示了每个器件中典型单个点的光致发光与电场的关系图，每个器件都是在 4K 温度下采用 850nm 弱激光激发来进行记录。

图 9.2（a）为 LED。在施加反向偏压（电场低于零）的情况下，来自受限态的电子隧穿速度更快，因此来自具有更多空穴的电荷配置（例如 X^+）的发射占主导地位。在比几十 kV/cm 更负的电场下，辐射发射淬灭，正如如图 9.1（c）所预期的那样。随着外部施加的

偏压（V_{ext}）增加，能带结构更接近于平坦能带条件，其中 $V_{bi}-V_{ext}=0$，电流开始流过器件。对于 4K 的 GaAs，这将在 $V_{bi}=1.42V$ 时发生。当电流增加时，载流子可能被点捕获并辐射复合，这通常称为电致发光。在 4K 的温度下，InAs 点跃迁的线宽可低至 $4.0\mu eV$[16]。电子和空穴的不相等捕获率使得产生来自几种不同的激子种类（例如 X^- 和 X）的不受控发射，降低了通过一次跃迁衰减的内量子效率[17]。人们已经表明，改变点两侧任何一个本征区的厚度，都可以平衡电子和空穴的注入。这在某些应用中可能是有利的，例如对于来自中性激子级联的纠缠光子对发射[18]；或者，可以在点的 10nm 范围内包含 delta 掺杂的施主层，以引入过量的某种类型载流子[19]。

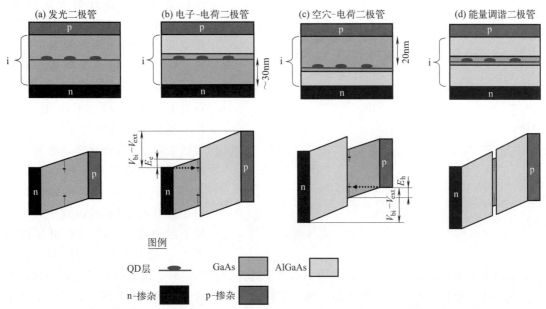

图 9.2 控制二极管中单量子点的器件设计。(a) p-i-n 二极管，适用于光发射载流子的有效注入，仅由 GaAs 和 InGaAs 点组成，见 Yuan 等人[14]报道。(b) 电子充电器件，其中点和 p 接触之间的高铝组分 Al 势垒抑制空穴注入点中，但允许偏压控制电子隧穿，见 Warburton 等人[15]报道。内建电压（V_{bi}）和外部电压（V_{ext}）可以平衡，以允许电子隧穿进入由能量 E_e 限制的状态。(c) 空穴充电器件，其中点和 n 接触之间的高铝组分 Al 势垒抑制电子注入点中，但允许偏压控制空穴隧穿。(d) 用于点的斯塔克（Stark）调谐的二极管，在有源区的两侧都具有高铝组分的 AlGaAs，见 Bennett 等人[13]报道。

图 9.2（b）和（c）显示了用有限数量的电子或空穴确定性地给点充电的器件，其中使用了点两侧的成分不平衡带隙。在这两种情况下，InAs 点层和 AlGaAs 阻挡层之间都有几纳米厚的 GaAs 层以保持光学质量。对于电子（空穴）充电器件，在点和 p（n）接触之间存在高铝组分阻挡层，防止空穴（电子）隧穿到器件中。n（p）层的费米能级可以使用 V_{ext} 来改变，允许载流子隧穿通过 30nm 厚的 GaAs 势垒进入点中[15]。例如，从零开始增加施加到电子充电器件上的反向偏压的幅度，会使单个电子隧穿到点中，从而导致光致发光光谱中突然出现 X^- 跃迁。两个电子进入点的隧穿在能量上是禁止的，除非外部偏压进一步增加，这是由于被困在零维限制势能中的两个电子的库仑排斥能量。对于图 9.2（c）中的空穴隧穿器件，可以提出类似的论点。然后，作为外部偏压函数的发射光谱揭示了很多关于点的内部能级的信息[20-22]，并允许研究零维受限态与接触中的费米海之间的耦合[23,24]。大多数关于这些异质结构的报告都采用肖特基接触，这在制造上更容易[21,22]，因为它们不依

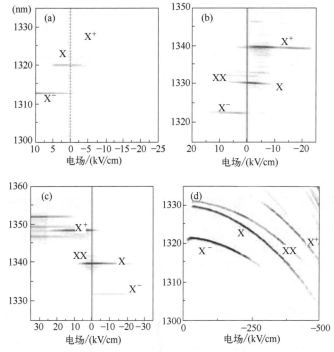

图 9.3 如图 9.2 中所示二极管的光致发光与电场的关系图，采用 850nm CW（连续波）二极管激光器激发。(a) 发光二极管，在 0kV/cm 以上以电致发光为主。(b) 电子充电二极管。(c) 空穴充电二极管。(d) 斯塔克位移可调谐二极管。修改自 Bennett 等人[13]。

赖于退火或掺杂半导体接触层，但工作原理是相同的。不对称势垒和肖特基接触使这种二极管设计对于产生电致发光来说不是最优化的。

在图 9.2 (a)～(c) 中，随着电场强度的增加，载流子从点中隧穿出来，降低了辐射复合的可能性并加宽了跃迁的光谱宽度。当电场作用于受限电荷时，它们在空间中分离，导致能量的二次方变化，称为量子受限斯塔克效应。通常，跃迁的能量 (E) 可以写为 $E = \varepsilon F^2 - pF + E_0$，其中 E_0 是零场处的跃迁能量 ($F=0$)；p 为偶极矩；ε 为极化率，描述了分离电荷所需的场强。Fry 等人[26] 获得了早期令人惊讶的结果，表明在自组装的 InGaAs 点中，电子位于点的底部，而空穴更靠近顶点[25]。随后在光电流区域中，对量子点的斯塔克调谐进行了研究，其中当载流子隧穿到接触点时，激光扫过跃迁；因此，光电流光谱中的峰值揭示了跃迁的能量。光电流研究可用于研究量子点的物理学，但光子产生的缺失则将其排除在量子光子学中的应用之外。

与低内建偶极矩耦合的 InGaAs 点的二次能级依赖性，意味着在载流子隧穿淬灭辐射发射之前，在器件中只能观察到几百 μeV 的斯塔克位移，如图 9.2 (a)～(c) 所示[27]。寻找具有重叠光谱的两个点，正如一些量子光子学应用可能需要的那样，需要从一个大的集合中预先选择点，然后使用斯塔克效应进行微调。然而，正如在图 9.1 (c) 中看到的那样，具有对称高铝组分 AlGaAs 势垒的器件，可以施加大电场而无明显的载流子逃逸，其代价是来自包封在 AlGaAs 中的点的生长会导致光谱质量下降[13]。图 9.2 (d) 介绍了该设计的一个有用变化，其中，点位于 GaAs 量子阱的中心，它本身包覆着高铝组分的 AlGaAs。这确保了点在 GaAs 上生长并包封在 GaAs 中，因此保留了此类点的优先光学特性。然而，AlGaAs 势垒仍然可以防止载流子逃逸。因此，在隧穿效应占主导地位之前，以约 1.3eV 发射的点可以承受数百 kV/cm 的电场，从而实现高达 25meV 的斯塔克位移，如图 9.3 (d) 所示。此外，随着电场强度的增加，电子隧穿变得更大，因此可以看到偏向于 X^+ 的发射。受限更强的点（例如那些以 0.9eV 发射的点）可以承受更大的电场，显示出等于发射能量 10% 的斯塔克位移[28]。

9.2.2 提高单量子点光子收集效率的异质结构

所有基于此材料体系中的点的器件都受到 GaAs 折射率高（900nm 时为 3.54）这一事

实的影响。因此，从与样品平面对齐的类偶极子跃迁发射的光子，在半导体的顶面发生折射，并被样品上方的物镜以相当低的效率收集。一种流行的解决方案，是将点嵌入两个布拉格镜之间形成的弱平面光学腔内，该腔由交替的高折射率和低折射率 AlGaAs 的 1/4 波长层组成。这会在垂直方向重新定向发射，在由腔的品质因数定义的波长范围内将收集效率提高至 20 倍[17]。这种促进光子收集的相当简单的解决方案，可以在外延期间单片地实施，采用如图 9.2 中所示的二极管结构，完全嵌入到反射镜之间的空间内。该间隔层的厚度必须设置为使点位于腔的光场中的波腹处，这在最薄的器件中对应于 1 个波长厚 GaAs 间隔层的中心（例如 GaAs LED）或半波长 AlGaAs 间隔层的中心（在能量可调二极管的情况下），如图 9.4（b）所示。与二极管的电气连接可以通过反射镜传导，或者通过部分去除与器件相邻的反射材料，从而创建腔内接触来建立（如图 9.4 所示）。在设计二极管时，人们应该考虑到本征区中的 GaAs/AlAs 界面，它会捕获光生电荷并在某些偏置范围内扭曲器件的调谐/充电行为。

半导体叠层生长后的器件工艺可以通过标准的光刻、蚀刻和接触方案来进行，以创建如图 9.4 所示的器件。顶部金属触点中的孔径可用于隔离单个点的发射，或者可通过优化生长条件将密度保持在较低水平，以便可以通过共聚焦显微镜中的衍射极限光点来单独处理单个点。

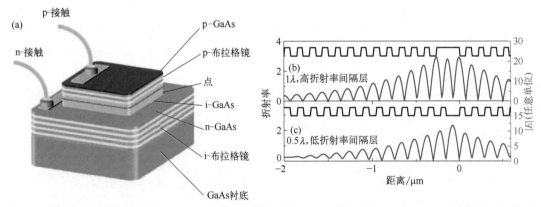

图 9.4 平面微腔 LED 的设计。（a）具有腔内接触的典型工艺的器件设计。（b）、（c）平面微腔中沿垂直方向的折射率和电场分布，其中间隔层可能由（b）GaAs 或（c）高铝组分 AlGaAs 构成。

提高电控器件的运行速度是一个重要的研究领域。二极管的固有速度限制由二极管的电阻-电容乘积决定。这可以通过减小本征区的厚度和二极管的面积（电容由介电常数、二极管面积和本征区域厚度引起）以及降低电阻（由材料电阻和电接触引起）来最小化。除了二极管本身的设计之外，还必须考虑用于驱动系统的电子元件，以便连接的阻抗是匹配的。这对于保持 4K 并由室温电子元件驱动的器件非常重要。解决方案包括开发与二极管集成的低温电子元件[29]，以及在二极管旁使用阻抗匹配电路。尺寸为 $40\mu m \times 40\mu m$ 的 LED 以几 GHz 的运行速度很容易实现[30]，并且最近的工艺优化已能实现达到数十 GHz 的器件[31]。

9.3 量子点内部能级控制

9.3.1 中性跃迁的电场控制

单个点的 s 壳层通常显示四个跃迁的发射：(i) 从激子到真空的衰变，X；(ii) 从双激子到激子的衰变，XX；(ii) 从正三重子到空穴的衰变，X^+；(iv) 从负三重子衰变为电子

X^-。前面图中显示的数据表明 X 具有比 XX 更大的极化率，这是典型的。因此，X 和 XX 能量之间的差异（称为结合能）呈抛物线变化，但零电场下的结合能因点而异。

中性激子态由被称为精细结构分裂（FSS，fine structure splitting）的小能量分隔的双峰组成，通常表示为 s。激子本征态之间的这种能量差异由量子点的形状和应变、晶体反转不对称性以及电子和空穴自旋之间的交换相互作用决定。在具有非零平均 FSS 的点集合中，大多数点的本征态沿晶轴排列。没有与 X^-、X^+ 或 XX 态相关的精细结构，因为这些态中的电子、空穴或两种载流子都具有净零自旋。因此，精细结构表现为 XX 跃迁的正交线性偏振光子中的小能量差异，以及 X 跃迁的等量级（但符号相反）能量分裂［图 9.5（a）］。自组装点的 FSS 由于其在中性激子级联中产生纠缠光子对的技术重要性，而受到广泛关注[32-35]。

现在已经确定，平行于生长方向的外加电场会使得 FSS 发生变化，这最容易在可以施加最大电场的器件中看出来，比如图 9.2（d）中所示的能量可调二极管。直觉上，FSS 随着电子和空穴分离的变化而变化并不奇怪，但直到通过实验观察后，理论学家们才考虑了这种机制[36]。可以得出几个令人惊讶的观察结果。首先，$s \gg s_0$ 时，FSS 随点中施加的电场的线性变化如图 9.5（c）所示。这是两个激子本征态具有相同的极化能力和略微不同的偶极矩的结果。在自组装点集合中，FSS 变化的速率具有显著的均匀性，即 $\gamma = (0.285 \pm 0.019) \mu eV \cdot kV^{-1} \cdot cm^{[37]}$。此外，对通过不同方法生长的 InGaAs/GaAs 点的研究还表明，对于平行于生长方向施加的电场，FSS 的变化率相同[38,39]。然而，封装在其他材料（如 AlGaAs）中的点具有不同的 FSS 随场的变化率，但这种变化似乎总是线性的[40]。其次，关于使用电场调谐 FSS，在每个量子点中存在一个有限的最小的 FSS，即 s_0。此 s_0 值与激子发射能量、零场 FSS 或极化率或任何其他参数无关，表明它是（随机变化的）点的成分、应变和大小的固有属性。

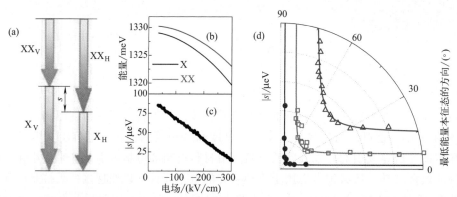

图 9.5　中性激子状态下精细结构分裂（s）的垂直电场控制。(a) 点中的中性激子级联的能级图。双激子（XX）和激子（X）光子极化与大的 s 相关，并且在 s 减小时观察到纠缠。(b) 能量可调器件中，X 和 XX 光子能量作为电场的函数，如图 9.2 (d)。(c) 作为垂直电场强度函数的 s 的线性变化。(d) 避免激子态的交叉，因为对于具有不同最小值的三个点，接近 s 中的最小值。当接近最小值时，来自最低能量 X 的光子的偏振相对于晶体方向旋转。修改自 Bennett 等人[37]。

图 9.5（d）显示了三个具有不同 s_0 的典型点的行为作为外加电场的函数。当 FSS 相对于最小值较大时，激子本征态沿 GaAs 的晶向，如发射光子的偏振所揭示的那样。当施加电场时，s 线性下降并且偏振固定，直到它接近 s_0，此时跃迁的线性偏振在平面中旋转 90°。换言之，两个本征态（平均能量为 E_0）避免与电场 F 交叉，类似于两个经典振荡器与弹簧的耦合，遵循式（9.1）的形式。最小 $|s| = s_0$ 出现在 $F = F_0$ 的场中。θ 是实数角，它给出

了线性本征态相对于 GaAs 晶体晶轴的取向。

$$E\begin{pmatrix}\cos\theta\\\sin\theta\end{pmatrix}=\begin{bmatrix}E_0 & -\dfrac{s_0}{2}\\-\dfrac{s_0}{2} & E_0-\gamma(F-F_0)\end{bmatrix}\begin{pmatrix}\cos\theta\\\sin\theta\end{pmatrix}$$

$$|s|=\sqrt{\gamma^2(F-F_0)^2+s_0^2},\ \theta_\pm=\pm\tan^{-1}\left(\frac{s_0}{\gamma(F-F_0)\pm|s|}\right) \tag{9.1}$$

尽管存在许多方法来修改量子点中的 FSS，例如，使用横向电场、磁场、应变或动态斯塔克效应[41-46]，但可以说沿垂直方向施加电场是最实用的方法。这也是在相对于激子辐射寿命的快速时间尺度上改变 FSS 的最简单方法，意味着它可用于在激子辐射衰减之前修改存储在激子中的量子比特的能级[47]。

当 FSS 小到足以阻止观察者区分发生了图 9.5（a）中的哪条路径衰减时，X 和 XX 的光子偏振发生纠缠[37]。这意味着每个单独的 X 和 XX 光子的偏振不是在发射点确定的，而是唯一和瞬时测量一个光子的行为决定了另一个光子的偏振。纠缠是量子技术中的一种有用资源，可实现隐形传态、秘密共享和多方通信。一个量子点产生一对纠缠光子的能力对研究人员极具吸引力。一旦识别出具有适当低 s_0 的量子点，电场可用于打开和关闭纠缠光子发射。此外，使用快速探测器，可以根据检测之间的时间差对光子对进行排序，从级联中选择纠缠对的子集，即使 FSS 大于 X 跃迁的辐射宽度[33]。图 9.6 显示了具有 $s=1.5\mu eV$ 的点的数据。在两个线性基中，可以看到 X 和 XX 光子偏振之间的强相关性，而在圆形基中可以看到强反相关性 [图 9.6（a）]。在 CW [图 9.6（b）] 和脉冲激发 [图 9.6（c）] 下，源对纠缠贝尔态 $[XX_H X_H+XX_V X_V]$ 的保真度超过了经典极限。

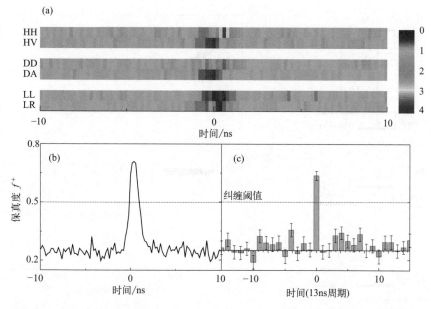

图 9.6 电场可调器件的纠缠光子发射。如果可以选择具有足够低的最小 s 的点，在本例中为 $1.5\mu eV$，则可以从 XX：X 级联中观察到纠缠光子对发射。(a) 三个正交基中相同和相反偏振光子的时间分辨光子对相关性。(b) 在 CW 激发下，$(XX_H X_H+XX_V X_V)$ 的静止纠缠光子对的保真度。(c) 在 80MHz 重复率的脉冲激发下的结果。在 CW 和脉冲情况下，都超过了纠缠的阈值。修改自 Bennett 等人[37]。

9.3.2 带电跃迁的电场控制

平行于生长方向施加的电场，也可以通过改变磁场 B 中自旋的能量，来控制点中单个电荷的自旋。在沿生长方向［法拉第（Faraday）几何，磁场垂直于表面的配置］定向的磁场中，单个电子（空穴）的本征态可能向上或向下自旋，在负（正）三重子跃迁中唯一地耦合到相反的圆极化光子。该单个自旋的方向引起的能量分裂由其 g 因子决定，使得 $\delta E = g\mu_B B$。在自组装的 InGaAs/GaAs 点中，对于该磁场方向，无论是电子还是空穴，我们都没有观察到任何电场引起的 g 因子变化。

然而，当磁场定向在样品平面［沃伊特（Voigt）几何，磁场平行于表面的配置］时，每个三重子跃迁分裂成四个部分，如图 9.7 所示。带负电的三重子 X^- 的向上的状态，由磁场（B）、玻尔磁子（μ_B）和存在两个相反的自旋电子时空穴的 g 因子的乘积所分开，我们将其表示为 $g_{h,X^-}^{\parallel}$。同时，跃迁的基态分为两个能级，这是由与电子的 g 因子成正比的能量所分开，在没有任何其他电荷的情况下，表示为 $g_e^{\parallel}$。如图 9.7（a）所示，这产生了四个允许的跃迁，其中两个垂直跃迁（E_1 和 E_4）具有一个线性极化，两个对角跃迁（E_2 和 E_3）具有相反的线性极化。同样，可以从沃伊特几何中 X^+ 跃迁的能量里提取 g 因子，只是现在向上的状态由存在两个相反自旋空穴（$g_{e,X^+}^{\parallel}$）的电子自旋组成，而基态只是一个空穴（$g_h^{\parallel}$）。根据如图 9.3（d）所示的扫描来看，使用能量可调器件，有可能分别确定所有四个 g 因子的幅度，但不能确定它们的符号。典型量子点的测量如图 9.7（c）所示。我们看到电子 g 因子在每个激子种类内随电场保持不变，但当电子 g 因子从 $g_e^{\parallel}$（根据点中的单个电子确定）跃迁到 $g_{e,X^+}^{\parallel}$（来自存在两个空穴时的电子）时，则显示出 -120 kV/cm 的不连续

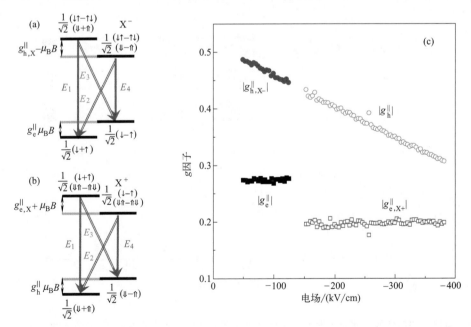

图 9.7 通过带电激子跃迁，观察到的单个量子点的沃伊特几何 g 因子的电场调谐。(a) 带负电的激子 X^- 的能级。根据 X^-/X^+ 跃迁，电子（e）和空穴（h）的沃伊特几何 g 因子表示为 $g^{\parallel}$。(b) 带正电的激子 X^+ 的能级。(c) 典型 InGaAs 点的沃伊特几何 g 因子变化的测量。零场的空穴 g 因子的绝对值因点而异，但 g 因子随场的变化率在所有点中非常均匀。修改自 Bennett 等人[48]

性。换句话说，紧束缚空穴波函数的存在，这相对于电子具有更小空间分布，将使得电子 g 因子产生明显的变化。

相反，沃伊特几何空穴 g 因子以与 X^- 和 X^+ 相同的方式随电场连续变化。这大概是因为更大的电子波函数没有显著改变空穴波函数的结果。空穴 g 因子的线性变化可能是由于场将波函数移动到点内不同成分或应变的位置。这种解释可以让我们对在中性激子光谱作为场的函数中看到的电子-空穴交换相互作用的变化有了新的见解，对此我们目前可以推测的仅是由于空穴的行为主导的。该结论得到了理论分析的支持[49-51]。对这个整体中几十个点的测量都显示了空穴 g 因子的调谐率为 $(5.7\pm1.5)\times10^{-4}$ cm/kV。

在大多数研究的点中，空穴 g 因子随着反向偏压幅度的增加而增加，但在其中的一小部分中，零场的 g 因子具有相反的符号。当空穴 g 因子随后调谐至最小值时，空穴的两个本征态显示避免交叉[38]，这在数学上与中性激子中看到的 FSS 变化具有相同的形式，具有相对于晶轴旋转的本征态。这开辟了一种可能性，即可以使用单个电门来操纵点中的空穴自旋，不仅改变空穴—自旋分裂的大小，而且包括方向，允许完全控制布洛赫（Bloch）球体上的空穴自旋[52]。

9.4 量子点控制的混合方法

我们已经看到，沿生长方向对量子点施加电场可用于注入载流子、控制充电、改变绝对能量并改变内部能级。然而，在单个器件中实现一个以上这些结果的成功有限。最近的工作表明，结合不止一种方法来控制量子点可以创造新的功能并实现新的应用，例如，开发具有可调能量的紧凑型电驱动发射器。在这里，我们回顾了这些混合方法的一系列选择，重点关注那些使用电场的方法。

9.4.1 可调谐电致发光量子点光源

LED 在正向偏压下工作，而能量可调二极管在反向偏压下工作，因此乍一看，这两种技术是不兼容的。然而，在单个芯片中集成多个器件为这个问题提供了一个巧妙的解决方案。这个概念如图 9.8（a）所示。靠近制造的两个二极管是光学耦合的。二极管 A 是正向偏压驱动用于发光。光谱将以 870nm 的润湿层发射为主。该发射可以通过布拉格镜之间的面内波导耦合到第二个二极管 B 中。确认用于将光从二极管 A 光耦合到二极管 B，同时让它们由独立的电触点控制，这样的最佳设计是一个公开的挑战。在 Lee 等人[53] 的报告中，LED 之间蚀刻了几微米宽的沟槽，并且一些光（低效地）耦合，尽管在后来的迭代中，二极管 A 在所有侧面都包围二极管 B，提供了更高的效率[54]。一个相关的概念是使用耦合到多个单点器件的片上电驱动激光器[55]。

对于 Lee 等人[53] 的报告，其异质结构基于在 10nm GaAs 量子阱内以 940nm 发射的量子点，通过 $Al_{0.75}Ga_{0.25}As$ 包覆。图 9.8（c）显示泵浦二极管直到约 2.1V 才通过电流，这与 $Al_{0.75}Ga_{0.25}As$ 合金的带隙一致。高于 2.1V 时，来自二极管 A 的润湿层发射通过光致发光，在二极管 B 中产生电子-空穴对。然后该第二个二极管可以独立调谐，以改变单个点的能量、FSS 和 g 因子。当使用光谱过滤去除 A 中 870nm 润湿层的发射时，可以看到 B 中单个点的发射如预期变化，并显示来自各个跃迁的反聚束光子统计数据。该器件概念的开发是为了创建一个泵浦调谐器件，其中的第二个二极管可以最小化量子点的 FSS，使该器件能够部署在纠缠光子分布的现场测试中[54]。

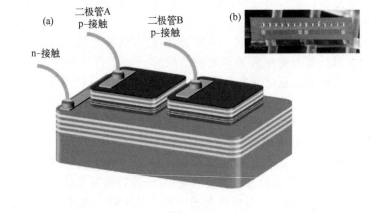
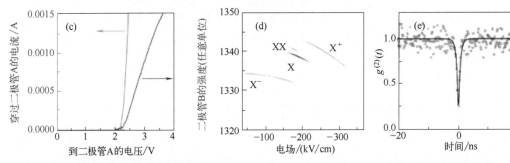

图 9.8 一种同时电激发和调谐单点的器件。(a) 具有两个非常接近的独立可寻址二极管的微量器件设计示意图：二极管 A 在正向偏压下驱动以产生电致发光（主要在 870nm），这用于光激发二极管 B，二极管 B 可以在反向偏压下通过斯塔克位移调谐。(b) 在 250μm 间距上紧密排列的 LED 线性阵列的照片。(c) 通过 A 的电流和来自 B 的光发射，作为 A 上偏压的函数。(d) 当 A 保持在固定电流时，B 中一个点的光谱作为 B 上电场的函数。(e) B 中单点发射的自相关直方图，证实了 A 中经典光发射的抑制。根据 Ellis 等人[56] 和 Lee 等人[53] 修改。

9.4.2 采用可调光源结合相干光控制

过去十年中，量子点研究的一个主要课题是使用共振光场来控制自旋[19]，以生成超相干光子[57,58]，并确定性地生成无法区分的光子[59,60]。结合电场控制和共振光场也是产生量子光的便捷方式。本章讨论的许多二极管都是平面设计，蚀刻表面之间的横向距离为数十微米，这减少了偏振散射激光到达共聚焦显微镜中的探测器。

一个关键参数是发射器和附近陷阱状态之间的距离：这对于最小化跃迁线宽和最大化相干性至关重要[61]。在降低本征区背景掺杂水平的同时，我们观察到当点与掺杂层之间的距离增加到几百纳米时，光谱抖动会降低。已经有人[62] 报道，可以在反馈机制中使用快速电子二极管，将单个跃迁锁定到超窄激光器，进一步将跃迁线宽减小到辐射极限。

相反，以 GHz 速度快速改变点的跃迁能量的能力，可用于创建新的相干单光子源。当与激光器共振时，光子可以相干散射（在这种情况下它们的相位可以锁定到激光场的相位），或者点可以被激发，随后的自发发射具有由固态发射器确定的相干性。图 9.9 显示了一个实验[63] 的结果，当器件通过共振窄带 CW 激光器激发，并且整个点上的电场通过高速调制，从而周期性地将跃迁转变为与激光器的共振。光子自相关测量显示，所产生的光在由上层状态的辐射寿命确定的时间尺度上反聚束。然而，由于共振激发只填充发射状态，从而将静电光谱抖动降至最低，因此光谱宽度变窄至 $1.3\mu eV$。

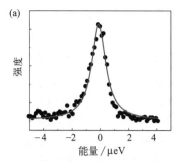 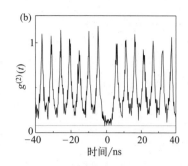

图 9.9 共振荧光结合点能量的快速调谐。(a) 作为电场函数的强度,使用弱窄带 CW 激光器激发。(b) 当周期性地用电脉冲驱动二极管,以使其与 CW 激光器共振和不共振时,获得的自相关直方图结果,显示出对多光子发射的强烈抑制。修改自 Cao 等人[63]。

9.4.3 应变和电场可调量子点

Trotta 等人表明电场和应变的组合特别有前途。在一系列工作中,他们展示了各种器件,包含将电注入与应变调谐相结合[49,64]、使用这两种控制技术来创建可调谐纠缠光子源[65],以及最令人印象深刻的是针对任何量子点的 FSS 普遍最小化[66]。他们已经表明,沿生长方向施加的电场以与应变场正交的方式,扰动交换相互作用的对称性。因此,这两个调谐旋钮可以同时使用,以确保每个点可以有一个低于测量分辨率的最小 FSS s_0,并且在没有时间过滤的情况下,从中性级联发射高度纠缠的光子对(图 9.10)。

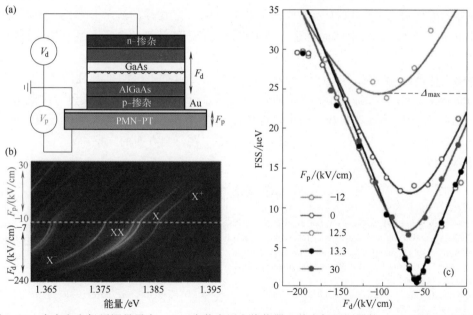

图 9.10 应变和电场可调量子点。(a) 安装在压电换能器上的电场可调器件。(b) 调整压电电场 F_p 和二极管电场 F_d 的效果。(c) 通过同时优化两个电场,总能为每个点找到最小的精细结构分裂。经 Trotta 等人许可转载自参考文献 [66]。

9.5 未来发展

在过去的 20 年里,量子点一直是固态物理学中最令人兴奋的研究领域之一。从受限系统中的电荷与共振光学激光器的相互作用[22,57,58,67]、核自旋集合[7,68,69]以及纳米光子腔[6,70,71]的开创性工作中,人们挖掘出了新的物理学。在半导体异质结构中包含量子点在这些研究中发挥了关键作用,因为电荷和能量的控制使科学家能够开发新的技术和测量技术。

许多初创公司已经提供基于自组装 InGaAs 点的器件,并且已经部署在量子光学系统的现场试验中[54]。看看其他材料体系中的单光子发射器,是否会发展到这种类型的点所达到的高度技术成熟度,这将是一件很有趣的事情。特别令人感兴趣的是可以在高温下运行的材料体系。从研究量子点开发的工具包开始,这使得研究人员能够开发基于可在高温下工作的材料的量子光源,包括金刚石[72]、氮化铝[73]、碳化硅[74]和二维材料(如六方氮化硼)[74]的色心。人们已经报道了基于这些器件的单光子发射二极管[75,76],尽管其声子边带宽度为数百毫电子伏特。

进一步的研究途径是点和空腔的确定性放置,以实现具有更高良率的器件。迄今为止,具有最好光学质量的量子点都是随机自组装的,而在不引入会降低光学性能的缺陷或应变的情况下,在精确位置诱导量子点成核是一项重大的技术挑战。最近的报道[77]显示在创建高质量定位量子点方面取得了一些进展,并且其他人[78-80]也已经开发出创建与随机定位量子点对齐的空腔的方法。

最后,未来对点的研究肯定会受到量子技术应用的推动,无论是在通信、传感、成像、计算还是模拟方面。一些研究人员[54,81]专注于优化在 1310nm 和 1550nm 电信波段中发射的量子点,以用于通信应用。其他研究人员正在突破效率和不可区分性方面所能达到的极限,最近人们展示了一个 14 个光子玻色子采样实验[82]。这样的演示非常接近于证明光子量子计算机相对经典技术的卓越性,这一结果将对我们理解计算的含义产生深远的影响。

致谢

感谢 J P Hadden 博士和 P Androvitsaneas 博士对本章手稿的批判性阅读。感谢 TREL(Toshiba Research Europe Limited)的资助,以及 TREL 量子信息组和卡文迪什实验室(剑桥大学)半导体物理组的众多同事,他们的工作对于获得这些结果至关重要。此外,感谢 EPSRC 的项目 EP/T017813/1 和 EP/T001062/1 在资金方面的支持。

参考文献

[1] Reitzenstein S, Forchel A. Quantum dot micropillars. J Phys D Appl Phys 2010;43(3).
[2] Shields AJ, Stevenson RM, Thompson RM, Yuan Z, Kardynał BE. Generation of single photons using semiconductor quantum dots. In: Nano-physics bio-electronics A new Odyssey; 2002. p. 111-46.
[3] Bennett AJ, Atkinson P, See P, Ward MB, Stevenson RM, Yuan ZL, et al. Single-photon-emitting diodes: a review. Phys Status Solidi Basic Res 2006;243(14):3730-40.
[4] Eisaman MD, Fan J, Migdall A, Polyakov SV. Invited review article: single-photon sources and detectors. Rev Sci Instrum 2011;82(7):1-25.
[5] Khitrova G, Gibbs HM, Kira M, Koch SW, Scherer A. Vacuum Rabi splitting in semiconductors. Nat Phys 2006;2(2):81-90.
[6] Buckley S, Rivoire K, Vučković J. Engineered quantum dot single-photon sources. Reports Prog Phys 2012;75(12):126503.
[7] Urbaszek B, Marie X, Amand T, Krebs O, Voisin P, Maletinsky P, et al. Nuclear spin physics in quantum dots: an optical investigation. Rev Mod Phys 2013;85(1):79-133.
[8] Lodahl P. Quantum-dot based photonic quantum networks. Quantum science and technology, Vol. 3. Institute of Physics Publishing; 2018.
[9] Michler P, Kiraz A, Becher C, Schoenfeld WV, Petroff PM, Zhang L, et al. A quantum dot single-photon turnstile device. Science 2000;290(5500):2282-5.
[10] Shields AJ, Stevenson RM, Young RJ. Entangled photon generation by quantum dots. In: Single semiconductor quan-

tum dots;2009. p. 227-65.

[11] Schwartz I,Cogan D,Schmidgall ER,Don Y,Gantz L,Kenneth O,et al. Deterministic generation of a cluster state of entangled photons. Science 2016;354(6311):434-7.

[12] Santori C,Fattal D,Vučković J,Solomon GS,Yamamoto Y. Indistinguishable photons from a single-photon device. Nature 2002;419:594-7.

[13] Bennett AJ,Patel RB,Skiba-Szymanska J,Nicoll CA,Farrer I,Ritchie DA,et al. Giant Stark effect in the emission of single semiconductor quantum dots. Appl Phys Lett 2010;97(3):2-4.

[14] Yuan Z,Kardynał BE,Stevenson RM,Shields AJ,Lobo CJ,Cooper K,et al. Electrically driven single-photon source. Science 2002;295(5552):102-5.

[15] Warburton RJ,Schäflein C,Haft D,Bickel F,Lorke A,Karrai K,et al. Optical emission from a charge-tunable quantum ring. Nature 2000;405(6789):926-9.

[16] Patel RB,Bennett AJ,Cooper K,Atkinson P,Nicoll CA,Ritchie DA,et al. Postselective two-photon interference from a continuous nonclassical stream of photons emitted by a quantum dot. Physical Review Letters 2008;100:207405.

[17] Bennett AJ,Unitt DC,See P,Shields AJ,Atkinson P,Cooper K,et al. Microcavity single-photon-emitting diode. Appl Phys Lett 2005;86(18):1-3.

[18] Salter CL,Stevenson RM,Farrer I,Nicoll CA,Ritchie DA,Shields AJ. An entangled-light-emitting diode. Nature 2010;465(7298):594-7.

[19] Press D,de Greve K,Mcmahon PL,Ladd TD,Friess B,Forchel A,et al. Ultrafast optical spin echo in a single quantum dot. Nat Photon 2010;4:367-70.

[20] Ediger M,Dalgarno PA,Smith JM,Gerardot BD,Warburton RJ,Karrai K,et al. Controlled generation of neutral,negatively-charged and positively-charged excitons in the same single quantum dot. Appl Phys Lett 2005;86(21):1-3.

[21] Warburton RJ,Urbaszek B,McGhee EJ,Schulhauser C,Högele A,Karrai K,et al. Charged excitons in self-assembled quantum dots. Mater Res Soc Symp Proc 2003;737(26):95-105.

[22] Brunner D,Gerardot BD,Dalgarno PA,Wüst G,Karrai K,Stoltz NG,et al. A coherent single-hole spin in a semiconductor. Science 2009;325(5936):70-2.

[23] Kroner M,Govorov AO,Remi S,Biedermann B,Seidl S,Badolato A,et al. The nonlinear Fano effect. Nature 2008;451(7176):311-4.

[24] Kleemans NAJM,Van Bree J,Govorov AO,Keizer JG,Hamhuis GJ,Nötzel R,et al. Many-body exciton states in self-assembled quantum dots coupled to a Fermi sea. Nat Phys 2010;6(7):534-8.

[25] Fry PW,Itskevich IE,Mowbray DJ,Skolnick MS,Finley JJ,Barker JA,et al. Inverted electron-hole alignment in InAs-GaAs self-assembled quantum dots. Phys Rev Lett 2000;84(4):733-6.

[26] Ramsay AJ,Gopal AV,Gauger EM,Nazir A,Lovett BW,Fox AM,et al. Damping of exciton rabi rotations by acoustic phonons in optically excited InGaAs/GaAs quantum dots. Phys Rev Lett 2010;104(1):017402.

[27] Oulton R,Finley JJ,Ashmore AD,Gregory IS,Mowbray DJ,Skolnick MS,et al. Manipulation of the homogeneous linewidth of an individual In(Ga)As quantum dot. Physical Review B:Condensed Matter and Materials Physics 2002;66(4):1-4.

[28] Ward MB,DeanMC,Stevenson RM,Bennett AJ,Ellis DJP,Cooper K,et al. Coherent dynamics of a telecom-wavelength entangled photon source. Nat Commun 2014;5:1-6.

[29] Michaelis De Vasconcellos S,Gordon S,Bichler M,Meier T,Zrenner A. Coherent control of a single exciton qubit by optoelectronic manipulation. Nat Photon 2010;4(8):545-8.

[30] Bennett AJ,Unitt DC,See P,Shields AJ,Atkinson P,Cooper K,et al. Electrical control of the uncertainty in the time of single photon emission events. Phys Rev B 2005;72(3):2-5.

[31] Müller JRA,Mark Stevenson R,Skiba-Szymanska J,Shooter G,Huwer J,Farrer I,et al. Active reset of a radiative cascade for entangled-photon generation beyond the continuous-driving limit. Phys Rev Res 2020;2. 043292.

[32] Young RJ,Stevenson RM,Hudson AJ,Nicoll CA,Ritchie DA,Shields AJ. Bell-inequality violation with a triggered photon-pair source. Phys Rev Lett 2009;102(3):1-4.

[33] Stevenson RM,Hudson AJ,Bennett AJ,Young RJ,Nicoll CA,Ritchie DA,et al. Evolution of entanglement between distinguishable light states. Phys Rev Lett 2008;101(17):1-4.

[34] Young RJ,Stevenson RM,Atkinson P,Cooper K,Ritchie DA,Shields AJ. Improved fidelity of triggered entangled photons from single quantum dots. New J Phys 2006;8(06):1-9.

[35] Stevenson RM,Young RJ,Atkinson P,Cooper K,Ritchie DA,Shields AJ. A semiconductor source of triggered entangled photon pairs. Nature 2006;439:178-82.

[36] Singh R,Bester G. Nanowire quantum dots as an ideal source of entangled photon pairs. Phys Rev Lett 2009;103(6):1-4.

[37] Bennett AJ,Pooley MA,Stevenson RM,Ward MB,Patel RB,De La Giroday AB,et al. Electric-field-induced coherent coupling of the exciton states in a single quantum dot. Nat Phys 2010;6(12):947-50.

[38] Bennett AJ,Pooley MA,Cao Y,Sköld N,Farrer I,Ritchie DA,et al. Voltage tunability of single spin-states in a quantum dot. Nat Commun 2013;7.

[39] Prechtel JH,Maier F,Houel J,Kuhlmann AV,Ludwig A,Wieck AD,et al. Electrically tunable hole g factor of an opti-

cally active quantum dot for fast spin rotations. Phys Rev B 2015;91(16):1-8.

[40] Pooley MA,Bennett AJ,Farrer I,Ritchie DA,Shields AJ. Engineering quantum dots for electrical control of the fine structure splitting. Appl Phys Lett 2013;103(3).

[41] Muller A,Fang W,Lawall J,Solomon GS. Creating polarization-entangled photon pairs from a semiconductor quantum dot using the optical Stark effect. Phys Rev Lett 2009;103(21):2-5.

[42] Seidl S,Kroner M,Högele A,Karrai K,Warburton RJ,Badolato A,et al. Effect of uniaxial stress on excitons in a self-assembled quantum dot. Appl Phys Lett 2006;88(20):1-3.

[43] Seidl S,Gerardot BD,Dalgarno PA,Kowalik K,Holleitner AW,Petroff PM. Statistics of quantum dot exciton fine structure splittings and their polarization orientations. Phys E 2008;40:2153-5.

[44] Alén B,Bosch J,Granados D,Martínez-Pastor J,García JM,González L. Oscillator strength reduction induced by external electric fields in self-assembled quantum dots and rings. Phys Rev B 2007;75(4):1-7.

[45] Young RJ,Stevenson RM,Shields AJ,Atkinson P,Cooper K,Ritchie DA,et al. Inversion of exciton level splitting in quantum dots. Phys Rev B 2005;72(11):1-4.

[46] Ellis DJP,Stevenson RM,Young RJ,Shields AJ,Atkinson P,Ritchie DA. Control of fine-structure splitting of individual InAs quantum dots by rapid thermal annealing. Appl Phys Lett 2007;90(1):19-21.

[47] de la Giroday AB,Bennett AJ,Pooley MA,Stevenson RM,Skold N,Patel RB,et al. All-electrical coherent control of the exciton states in a single quantum dot. Phys Rev B 2010;82:241301.

[48] Bennett AJ,Pooley MA,Cao Y,Sköld N,Farrer I,Ritchie DA,et al. Voltage tunability of single-spin states in a quantum dot. Nat Commun 2013;4.

[49] Trotta R,Martín-Sánchez J,Wildmann JS,Piredda G,Reindl M,Schimpf C,et al. Wavelength-tunable sources of entangled photons interfaced with atomic vapours. Nat Commun 2016;7:1-7.

[50] Ding F,Singh R,Plumhof JD,Zander T,Křápek V,Chen YH,et al. Tuning the exciton binding energies in single self-assembled InGaAs/GaAs quantum dots by piezoelectric-induced biaxial stress. Phys Rev Lett 2010;104(6):067405.

[51] Plumhof JD,Křápek V,Ding F,Jöns KD,Hafenbrak R,Klenovský P,et al. Strain-induced anticrossing of bright exciton levels in single self-assembled GaAs/AlxGa1-xAs and InxGa 1-xAs/GaAs quantum dots. Phys Rev B 2011; 83 (12):1-4.

[52] Pingenot J,Pryor CE,Flatt ME. Method for full Bloch sphere control of a localized spin via a single electrical gate. Appl Phys Lett 2008;92(22):222502.

[53] Lee JP,Murray E,Bennett AJ,Ellis DJP,Dangel C,Farrer I,et al. Electrically driven and electrically tunable quantum light sources. Appl Phys Lett 2017;110:071102.

[54] Xiang Z-H,Huwer J,Skiba-Szymanska J,Stevenson RM,Ellis DJP,Farrer I,et al. A tuneable telecom-wavelength entangled light emitting diode. Commun Phys 2019;3:121.

[55] Stock E,Albert F,Hopfmann C,Lermer M,Schneider C,Höfl S,et al. On-chip quantum optics with quantum dot microcavities. Advanced Materials 2012:1-4.

[56] Ellis DJP,Bennett AJ,Dangel C,Lee JP,Griffiths JP,Mitchell TA,et al. Independent indistinguishable quantum light sources on a reconfigurable photonic integrated circuit. Appl Phys Lett 2018;112(21):211104.

[57] Nguyen HS,Sallen G,Voisin C,Roussignol P,Diederichs C,Cassabois G. Ultra-coherent single photon source. Appl Phys Lett 2011;99(26).

[58] Matthiesen C,Vamivakas AN,Atatüre M. Subnatural linewidth single photons from a quantum dot. Phys Rev Lett 2012;108(9):1-4.

[59] Ding X,He Y,Duan ZC,Gregersen N,Chen MC,Unsleber S,et al. On-demand single photons with high extraction efficiency and near-unity indistinguishability from a resonantly driven quantum dot in a micropillar. Phys Rev Lett 2016; 116(2).

[60] He Y, Su Z, Huang H, Ding X, Qin J, Wang C, et al. Scalable boson sampling with a single-photon device. 2016. arXiv:160304127v2.

[61] Houel J,Kuhlmann AV,Greuter L,Xue F,Poggio M,Warburton RJ,et al. Probing single-charge fluctuations at a GaAs/AlAs interface using laser spectroscopy on a nearby InGaAs quantum dot. Phys Rev Lett 2012; 108 (10):107401.

[62] Prechtel JH,Kuhlmann AV,Houel J,Greuter L,Ludwig A,Reuter D,et al. Frequency-stabilized source of single photons from a solid-state qubit. Phys Rev X 2013;3(4):041006.

[63] Cao Y,Bennett AJ,Ellis DJP,Farrer I,Ritchie DA,Shields AJ. Ultrafast electrical control of a resonantly driven single photon source. Appl Phys Lett 2014;105(5):051112.

[64] Trotta R,Atkinson P,Plumhof JD,Zallo E,Rezaev RO,Kumar S,et al. Nanomembrane quantum-light-emitting diodes integrated onto piezoelectric actuators. Adv Mater 2012;24(20):2668-72.

[65] Trotta R,Wildmann JS,Zallo E,Schmidt OG,Rastelli A. Highly entangled photons from hybrid piezoelectric-semiconductor quantum dot devices. Nano Lett 2014;14(6):3439-44.

[66] Trotta R,Zallo E,Ortix C,Atkinson P,Plumhof JD,Van Den Brink J,et al. Universal recovery of the energy-level degeneracy of bright excitons in InGaAs quantum dots without a structure symmetry. Phys Rev Lett 2012; 109 (14):147401.

[67] Vamivakas AN, Zhao Y, Lu CY, Atatüre M. Spin-resolved quantum-dot resonance fluorescence. Nat Phys 2009;5(3):198-202.
[68] Waeber AM, Hopkinson M, Farrer I, Ritchie DA, Nilsson J, Stevenson RM, et al. Few-second-long correlation times in a quantum dot nuclear spin bath probed by frequency-comb nuclear magnetic resonance spectroscopy. Nat Phys 2016; 12(7):688-93.
[69] Gerardot BD, Brunner D, Dalgarno PA, Öhberg P, Seidl S, Kroner M, et al. Optical pumping of a single hole spin in a quantum dot. Nature 2008;451(7177):441-4.
[70] Faraon A, Fushman I, Englund D, Stoltz N, Petroff P, Vučković J. Coherent generation of non-classical light on a chip via photon-induced tunnelling and blockade. Nat Phys 2008;4(11):859-63.
[71] Fattal D, Santori C, Vuckovic J, Solomon GS, Yamamoto Y. Indistinguishable single photons from a quantum dot. Phys Status Solidi Basic Res 2003;238(2):305-8.
[72] Kurtsiefer C, Mayer S, Zarda P, Weinfurter H. Stable solid-state source of single photons. Phys Rev Lett 2000;85(2): 290-3.
[73] Bishop SG, Hadden JP, Alzahrani FD, Hekmati R, Huffaker DL, Langbein WW, et al. Room-temperature quantum e-mitter in aluminum nitride. ACS Photon 2020;7(7):1636-41.
[74] Tran TT, Bray K, Ford MJ, Toth M, Aharonovich I. Quantum emission from hexagonal boron nitride monolayers. Nat Nanotechnol 2016;11(1):37-41.
[75] Mizuochi N, Makino T, Kato H, Takeuchi D, Ogura M, Okushi H, et al. Electrically driven single-photon source at room temperature in diamond. Nat Photon 2012;6(5):299-303.
[76] Fuchs F, Soltamov VA, Väth S, Baranov PG, Mokhov EN, Astakhov GV, et al. Silicon carbide light-emitting diode as a prospective room temperature source for single photons. Sci Rep 2013;3(1):1-4.
[77] Jöns KD, Atkinson P, Müller M, Heldmaier M, Ulrich SM, Schmidt OG, et al. Triggered indistinguishable single photons with narrow line widths from site-controlled quantum dots. Nano Lett 2013;13(1):126-30.
[78] Dousse A, Suffczyński J, Beveratos A, Krebs O, Lemaître A, Sagnes I, et al. Ultrabright source of entangled photon pairs. Nature 2010;466(7303):217-20.
[79] Hennessy K, Badolato A, Winger M, Gerace D, Atatüre M, Gulde S, et al. Quantum nature of a strongly coupled single quantum dot-cavity system. Nature 2007;445(7130):896-9.
[80] Davanco M, Liu J, Sapienza L, Zhang CZ, De Miranda Cardoso JV, Verma V, et al. Heterogeneous integration for on-chip quantum photonic circuits with single quantum dot devices. Nat Commun 2017;8(1):1-23.
[81] Müller T, Skiba-Szymanska J, Krysa AB, Huwer J, Felle M, Anderson M, et al. A quantum light-emitting diode for the standard telecom window around 1,550nm. Nat Commun 2018;9(1):1-6.
[82] Wang H, Qin J, Ding X, Chen MC, Chen S, You X, et al. Boson sampling with 20 input photons and a 60-mode interferometer in a 1014-dimensional Hilbert space. Phys Rev Lett 2019;123(25):250503.

第10章

半导体量子点太阳能电池

Yoshitaka Okada[1, 2, *], Katsuhisa Yoshida[1, 3], Yasushi Shoji[1, 4] 和 Ryo Tamaki[1]

[1] 东京大学先进科学技术研究中心（RCAST），日本东京
[2] 东京大学工学研究科高级跨学科研究系，日本东京
[3] 筑波大学应用物理研究所，日本筑波
[4] 全球零排放研究中心，日本国家先进工业科学技术研究所（AIST），日本筑波
[*] 通讯作者：okada@mbe.rcast.u-tokyo.ac.jp

10.1 介绍

对于一个理想的太阳能电池（SC，solar cell），其中所有的非辐射复合过程都可以忽略不计，假设在5800K下完全聚光的黑体辐射，理论上的最大能量转换效率高达约85%[1,2]。然而，对于大气质量（air mass，AM）为1.5的光谱，单结SC的最大效率受限于肖克利-奎伊瑟（Shockley-Queisser）极限，仅为约31%[3]。限制SC效率的主要物理过程是热耗散或热化造成的损失，以及低于带隙以下低能光子的不吸收。这些损失加起来可能高达约40%的入射太阳能能量。因此，提高SC效率意味着开发减少这些损失的方法。

目前公认的概念之一是，在多个带隙吸收器或子电池（例如串联或多结电池）之间分割太阳光谱。其他方法采用更先进的技术，例如热载流子、多激子产生和低维纳米结构［例如半导体量子点（QD，quantum dot）］中的中间带（IB，intermediate band）吸收[4-6]。对于这些正在研究的各种方法，本章致力于描述基于QD的中间带太阳能电池（IBSC，intermediate band solar cell）的最先进技术的基本原理和发展。

结合在p-i-n单结SC的有源区中的高密度、尺寸可控的QD阵列作为潜在的IBSC，引起了人们的极大兴趣，它利用子带隙红外（IR，infrared）光子来通过超晶格微带态的额外吸收，产生与价带到导带（VB-CB，valence-to-conduction band）光激发对应的光电流不同的光电流[4-6]。QD还提供了减少热耗散损失的可能性。如果真正实现了这种纳米结构的IBSC，其转换效率可以超过传统单结SC的肖克利-奎伊瑟极限。理论计算得出的包含一个IB的SC的最大效率，在一个太阳下变为＞47%，在全太阳能聚光下变为63%[6]。

在QD-IBSC中，QD要求均匀且尺寸小，并且规则且紧密排列。然后，这种结构配置使得形成了IB或超晶格迷你带，这在能量上与高阶状态很好地分离[7,8]。其次，IB状态应该部分填充，或者理想情况下半填充电子，以便来确保高效的电子泵浦，通过同时提供空态来接收从VB光激发的电子，以及填充状态通过吸收额外的子带隙光子将电子提升到CB[9]。

QD-IBSC的实施建议必须伴随通过IB状态的两步光吸收（TSPA，two-step photo-absorption），但很难在室温下清楚地演示这种操作概念，这是由于从 QD-IB 状态到 CB 连续态的光吸收率相对较小，参见下一节中的更多详细信息。电子从 IB 到 CB 的热逃逸率以及从 CB 到 IB 的弛豫（逆过程）也在室温下显著增加。

因此，对 QD-IBSC 的研究目前正处于两个阶段。第一个阶段是开发技术来制造高密度和尺寸可控的 QD 阵列，在优化的 QD/本体材料能带系统中具有低界面缺陷密度和足够长的载流子寿命。QD 阵列的制造最常见的是通过晶格失配外延中相干三维（3D）岛的自发自组装来实现，即众所周知的分子束外延（MBE，molecular beam epitaxy）和金属有机气相外延（MOVPE，metal organic vapor phase epitaxy）中的 Stranski-Krastanov（SK）生长。然而，随着 QD 堆叠层数的增加，QD 的数量受到单晶材料中晶格应变累积的限制。在 InAs/(Al)GaAs 系统的 SK 生长中，这是研究最多和最成熟的 QD 材料体系之一，失配位错通常在 10~15 层堆叠后产生[10]。最近，应变补偿或应变平衡生长技术表明，即使在通过 SK 生长堆叠 50~100 个 QD 层之后，也能获得显著改善的 QD 质量和 QD-SC 特性。迄今为止，InP 衬底上的 AlGaInAs 矩阵中的 InAs QD[11,12]，GaAs 衬底上的 GaAsP[13] 和 GaP[14] 矩阵中的 InAs QD 和 GaAs（001）[15-17] 以及（311）B 衬底[18,19] 上 GaNAs 矩阵中的 InAs QD 都已有报道。

实施高效 QD-IBSC 所需的第二阶段，是实现部分填充或理想上半填充的 IB 状态，目的是最大化通过 TSPA 产生的光电流，这是 IBSC 的主要工作原理。Strandberg 和 Reenaas[20] 已经计算出，如果 QD-IBSC 在一个太阳条件下运行，则 IB 区域必须通过掺杂来部分填充，以便有可能实现高效率。另一方面，即使在未掺杂的 QD-IBSC 中，如果它在聚光的太阳光下运行，通常为 100~1000 个太阳，也有可能维持合理的光生电子数量。人们还报道了 IBSC 的最优电池和材料设计[21,22]。

子带隙 IR 光子可以同时将电子从 VB 状态光学泵浦到 IB 状态，以及从 IB 状态光学泵浦到 CB 状态。然而，与光学激发相反，电子从 IB 到 CB 连续态的热逃逸率和从 CB 到 IB 的跃迁率在室温下都会显著增加。如果 IB 状态中的所有载流子都处于电化学平衡状态，这是由独立的准费米能级 E_{IF} 定义的条件，那么应该有可能可以清楚地检测到电子从 IB 到 CB 的光激发，从而导致室温下的光电流增加。人们[23-25] 已成功研究了作为 TSPA 直接结果的光电流产生，虽然目前这个 TSPA 的速率还很小。

在本章中，我们将首先引入最近基于自洽漂移-扩散模型的器件特性数值分析，其中考虑了载流子动力学，特别强调 TSPA 和复合过程。然后，讨论使用自组织 MBE 技术的高密度 In(Ga)As QDSC 的制造和性能现状。如前所述，通过 QD 最大化 TSPA 过程，对于成功实施高效 IBSC 至关重要，为此，傅里叶变换红外（FTIR，Fourier transform infrared）光电流光谱提供了一个强大的工具，可通过 In(Ga)As QDSC 中的 TSPA 研究 IR 光电流响应。此外，还给出了 QDSC 的 FTIR 光谱表征的详细信息。

10.2　QD-IBSC 中量子效率的漂移-扩散分析

10.2.1　介绍

对于 SC 的表征，在太阳光照射下测量电流-电压（J-V）曲线和量子效率（QE，quantum efficiency）是必不可少的。虽然单结 SC 的基本器件物理学已经很成熟，但 QD-IBSC

的分析并不简单,因为需要考虑通过 IB 的载流子动力学。例如,在光 J-V 测量中,测得的电流包含有关通过 IB 的载流子动力学和主体材料内发生的动力学的信息,并且很难区分这两种效应。关于 QE 测量,其中单色光用于解决载流子吸收和收集的波长依赖性,它不适合评估所制造的电池作为 IBSC 的潜力,因为它不提供有关 TSPA 速率的信息。

为了量化 TSPA 过程,人们已经报道了先进的实验技术[23,25-29]。其中,典型的方法是在连续 IR 光下进行 QE 测量[23]。IR 光允许 TSPA 以及被 IB 捕获的载流子的提取。为了进一步量化,必须考虑光吸收光谱、QD 的态密度以及非辐射过程的载流子跃迁。因此,基于包含这些效应的器件模拟的分析是必不可少的。

在本节中,我们将介绍 QD-IBSC 的漂移-扩散方法,该方法结合了从 CB 到 IB 的非辐射电子捕获过程,这从而导致输出电子电流的减少[30]。我们首先解释 IBSC 的模拟方法,然后解释光 J-V 测量和 QE 的模拟结果。我们还计算了连续红外光照射下的 QE 曲线。

10.2.2 仿真方法

我们针对 IBSC 采用了一维漂移-扩散方法[21,31],结合了从 CB 到 IB 的快速电子弛豫过程。在这里,我们假设 IB 是电子的能态。在这种方法中,我们应该自洽地寻找到 CB 中的电子浓度 (n)、VB 中的空穴浓度 (p) 以及 IB 中的电子浓度 (n_I) 和静电势 (ψ)。

在泊松方程中,静电势 ψ 由下式给出

$$\frac{d}{dx}\left(\varepsilon \frac{d\psi}{dx}\right) = -q(p + N_D^+ - n - n_I - N_A^-) \tag{10.1}$$

其中,ε 是介电常数;q 是元电荷;而 N_D^+ 和 N_A^- 分别是电离的施主和受主浓度。在稳态时,CB 中的电子和 VB 中的空穴的连续性方程由下式给出

$$\frac{1}{q} \times \frac{dJ_n}{dx} = R_{CV} + R_{CI} - G_{CV} - G_{CI} \tag{10.2}$$

$$-\frac{1}{q} \times \frac{dJ_p}{dx} = R_{CV} + R_{IV} - G_{CV} - G_{IV} \tag{10.3}$$

其中,J_n 和 J_p 分别是电子和空穴电流密度,并由漂移-扩散输运方程给出。在式 (10.2) 和式 (10.3) 中,G_{ij} 和 R_{ij} 分别表示 i 能带和 j 能带之间的光生载流子产生率和复合/弛豫率;其中 C、V 和 I 分别表示 CB、VB 和 IB。通过忽略 IB 或 QD 限制状态内的电子输运,IB 电子的连续性方程简化为每个 QD 层的局域平衡方程。因此,QD 层的平衡方程可以写成

$$G_{CI} - R_{CI} = G_{IV} - R_{IV} \tag{10.4}$$

并确定每个 QD 层的 IB 电子浓度 n_I。

在 CB 和 IB 之间的电子跃迁速率 (R_{CI}) 中,我们假设有两个不同的过程,表示为

$$R_{CI} = R_{CI}^{Rad} + R_{CI}^{Th} \tag{10.5}$$

其中,R_{CI}^{Rad} 和 R_{CI}^{Th} 分别是从电子 CB 到 IB 的辐射和热弛豫率。因为我们可以确定 R_{CI}^{Rad} [21,31],我们将 R_{CI}^{Th} 定义为弛豫时间常数 τ 的函数,因此,

$$R_{CI}^{Th} = \frac{N_I}{\tau}\left[f_C(1-f_I) - \exp\left(-\frac{E_{CI}}{k_B T}\right)f_I(1-f_C)\right] \tag{10.6}$$

其中,N_I 是 IB 的有效态密度,它对应于 QD 的自旋简并和面密度除以 QD 的高度;此外,$f_C = \exp[(\mu_C - E_C)/(k_B T)]$,其中 E_C 是 CB 的边缘,μ_C 是 CB 的化学势,k_B 是玻尔兹曼常数,T 是温度。IB 电子占有率 f_I 由下式给出

$$f_{\mathrm{I}} = \frac{1}{\exp\left(\dfrac{E_{\mathrm{I}} - \mu_{\mathrm{I}}}{k_{\mathrm{B}} T}\right) + 1} \tag{10.7}$$

其中，E_{I} 是 IB 的能级；μ_{I} 是 IB 的化学势。在这里，我们将 τ 参数化以模拟从 CB 到 IB 的快速电子弛豫过程，例如声子弛豫。

每个带间跃迁的光产生率取决于光吸收系数。在这里，我们将 GaAs 的吸收系数用于 CB-VB 跃迁[32]，并且 CB-IB 和 IB-VB 跃迁的系数简化为

$$\alpha_{\mathrm{CI}}(E) = \begin{cases} 10^4 \mathrm{cm}^{-1}, & E_{\mathrm{CI}} \leqslant E \leqslant E_{\mathrm{IV}} \\ 0 \mathrm{cm}^{-1}, & 其他 \end{cases} \tag{10.8}$$

$$\alpha_{\mathrm{IV}}(E) = \begin{cases} 10^4 \mathrm{cm}^{-1}, & E_{\mathrm{IV}} \leqslant E \leqslant E_{\mathrm{CV}} \\ 0 \mathrm{cm}^{-1}, & 其他 \end{cases} \tag{10.9}$$

其中，E 是光子能量。对于窗口层，我们使用 GaAs 的吸收系数，并且吸收能量边缘转移到窗口层的带隙。

让我们考虑一个一般情况，即吸收系数的光谱 α_{CV}、α_{CI} 和 α_{IV} 可以相互重叠，同时它们简化如式（10.8）和式（10.9）中所定义。光载流子产生率由它们的吸收系数加权，因为入射光子通量由每个带间跃迁的吸收所共享。CB-VB 跃迁的加权函数定义为

$$W_{\mathrm{CV}}(E) = \frac{\alpha_{\mathrm{CV}}(E)}{\alpha_{\mathrm{CV}}(E) + (1 - f_{\mathrm{I}}) \alpha_{\mathrm{IV}}(E) + f_{\mathrm{I}} \alpha_{\mathrm{CI}}(E)} \tag{10.10}$$

我们以同样的方式分别为 IB-VB 和 CB-IB 光吸收率定义了 $W_{\mathrm{IV}}(E)$ 和 $W_{\mathrm{CI}}(E)$。x 处的光子通量密度 $\Phi(x, E)$ 表示为

$$\Phi(x, E) = \Phi_0(E) F(E, x) \tag{10.11}$$

其中，Φ_0 是入射光子通量。$F(E, x)$ 是由于材料吸收光子而引起的衰减因子，由下式给出

$$F(E, x) = \exp\left[-\int_0^x \alpha_{\mathrm{CV}}(E) \mathrm{d}x' + \sum_l^{N_{\mathrm{QD}}} \int_0^x f_{\mathrm{I}} \alpha_{\mathrm{CI}}(E) \delta(x' - x_l) \mathrm{d}x' + \sum_l^{N_{\mathrm{QD}}} \int_0^x (1 - f_{\mathrm{I}}) \alpha_{\mathrm{IV}}(E) \delta(x' - x_l) \mathrm{d}x'\right] \tag{10.12}$$

其中，x_l 是第 l 个 QD 层的位置，而 N_{QD} 是这些层的数量。应该注意的是，如果人们采用任何先进的光学限制技术，则 F 将采用更复杂的形式。最后 G_{CV}、G_{IV} 和 G_{CI} 由下式给出

$$G_{\mathrm{CV}}(x) = \int \alpha_{\mathrm{CV}} W_{\mathrm{CV}} \Phi(x) \mathrm{d}E \tag{10.13}$$

$$G_{\mathrm{IV}}(x) = \int \alpha_{\mathrm{IV}} (1 - f_{\mathrm{I}}) W_{\mathrm{IV}} \Phi(x) \mathrm{d}E \tag{10.14}$$

$$G_{\mathrm{CI}}(x) = \int \alpha_{\mathrm{CI}} W_{\mathrm{CI}} \Phi(x) \mathrm{d}E \tag{10.15}$$

这里，为简单起见，我们省略了 E 的参数。因此，$W_{ij} \Phi$ 是 i-j 带间跃迁的可用光子通量的表达式。

其他计算条件如下：所采用的 SC 结构示意图如图 10.1 所示，而热平衡条件下的能带图如图 10.2 所示。我们在电池的正面和底部都采用了 20nm 和 120nm 厚的窗口层，并假设 CB 和 VB 偏移能量为 0.5eV。在计算中，300K 下 GaAs 的材料参数[33] 主要用于主体材料

和窗口层。受主浓度为 $7.0\times10^{16}\,cm^{-3}$，施主浓度为 $5\times10^{16}\,cm^{-3}$，分别用于顶层和底层。能隙 E_{CI} 和 E_{IV} 分别为 0.43eV 和 0.95eV，QD 层的面密度为 $10^{10}\,cm^{-2}$。我们对每个带间跃迁采用辐射复合/弛豫过程，并且辐射复合/弛豫率的系数是通过使用吸收系数来计算的。假设入射光子光谱 Φ_0 与 J-V 在 5800K 黑体下的计算相同，而用于 QE 的单色光我们假设具有恒定的光子通量密度，等于 $0.05\,mA/cm^2$。

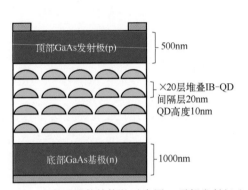

图 10.1 所用器件结构的示意图。顶部发射极和底部基极分别有 20nm 和 120nm 厚的窗口层，但为简单起见在图中省略了。CB 和 VB 的顶部和底部窗口层都具有 0.5eV 的能带偏移。没有 IB 的 SC 的特征也绘制出了并作为对照组。假定顶层和底层分别具有 $7.0\times10^{16}\,cm^{-3}$ 的受主浓度和 $5\times10^{16}\,cm^{-3}$ 的施主浓度。

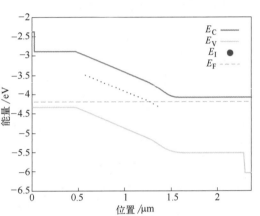

图 10.2 在 300K 时的热平衡条件下计算的能带图。E_C 和 E_V 分别是 CB 和 VB 的底部和顶部带边缘。E_I 是 IB 的位置，E_F 是费米能级。

10.2.3 结果与讨论

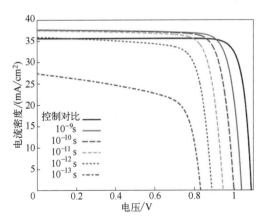

图 10.3 在一个太阳照射下，计算出的电流-电压特性取决于 IB 的电子捕获时间常数。

首先，图 10.3 显示了在一个太阳照射下，模拟的光 J-V 对捕获时间 τ 的依赖性。开路电压 (V_{OC}，open-circuit voltage) 受捕获时间 τ 的显著影响。当 $\tau<10^{-11}$s 时，填充因子 (FF，fill factor) 和短路电流密度 (J_{SC}，short-circuit current density) 会急剧下降。如果寿命 τ 变得更短，从 CB 到 IB 的光激发也将变小。在这种情况下，IB 充当一个有效的复合中心，就像 SRH (Shockley-Read-Hall) 复合的情况一样。

与单结 SC 的光 J-V 曲线（图 10.3 中的控制对比线）相比，针对理想的 QD-IBSC ($\tau=10^{-9}$s) 计算的曲线显示，由于 TSPA 的贡献而产生的更大的 J_{SC}，但 V_{OC} 比控制电池小。V_{OC} 的减少归因于通过 IB 的复合增加。IBSC 的好处可能看起来很小，但 J_{SC} 的进一步增加以及 V_{OC} 和 FF 的恢复可以通过引入太阳光的聚光来实现。因此，IBSC 超过了单结 SC 的肖克利-奎伊瑟极限的收敛性。详细的研究可以在参考文献 [31] 中找到。

接下来，我们模拟了 QE 对 τ 的依赖性，如图 10.4 所示。该 QE 光谱根据光子的波长分为三个区域，如下所示：第一个区域在 $300\text{nm} \leqslant \lambda \leqslant 400\text{nm}$ 的范围内，其中 QE 信号对 τ 不敏感。第二个区域在 $400\text{nm} \leqslant \lambda \leqslant \lambda_{CV}$ 范围内，其中 λ_{CV} 对应于主体材料的带隙能量。最后一个范围是 $\lambda_{CV} \leqslant \lambda$，其中只有 VB-IB 光激发可用。

在第一个范围内（$300\text{nm} \leqslant \lambda \leqslant 400\text{nm}$），入射光仅激发顶部发射层中的载流子。尽管在顶部发射极层中以光学方式产生的电子必须行进到底部触点，但 IB 和底部发射极层中

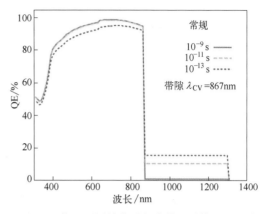

图 10.4 使用不同捕获时间常数 τ 计算的量子效率。请注意主体材料带隙（λ_{CV}）对应于 867nm。

的复合几乎不会发生，因为在这些区域中几乎没有产生多余的空穴。因此，人们认为 QE 不受 τ 的影响。还应注意的是，入射光的波长越短，吸收系数通常越大。因此，顶部触点处的表面复合通常是导致该区域 QE 退化的原因。

在其他情况下，需要修改上述方案以考虑在 IB 区域和底部发射极层中生成的空穴。对于第二种情况，在 $400\text{nm} \leqslant \lambda \leqslant \lambda_{CV}$ 范围内，QE 变得越小，捕获时间常数 τ 越短。这是可以理解的，因为当 τ 很短时，光生电子会被 IB 有效地捕获并与空穴重新复合。在这种情况下，IB 充当有效的复合中心并降低 QE。

在最后一种情况下，当入射光子仅激发 IB-VB 跃迁（$\lambda_{CV} \leqslant \lambda$）时，电子捕获常数越小，QE 变得越大。这种趋势与第二种情况（$400\text{nm} \leqslant \lambda \leqslant \lambda_{CV}$）中发现的趋势完全相反。这种行为可以解释如下：在这里，入射光子只激发 G_{IV}，而式（10.4）简化为

$$-R_{CI} = G_{IV} - R_{IV} \tag{10.16}$$

需要 $R_{CI} < 0$ 才能获得正值 QE。只要 IB 的准费米能级（μ_I）大于 CB 的准费米能级（μ_C），就能满足此条件。此外，这里采用的电子弛豫模型基于详细的平衡理论，其中 R_{CI}^{Rad} 和 R_{CI}^{Th} 在热平衡中或 $\mu_C = \mu_I$ 时为零，在 $\mu_C > \mu_I$ 时为正，在 $\mu_C < \mu_I$ 时为负。因此，如果 τ 很小且 $R_{CI} \approx R_{CI}^{Th}$，则式（10.16）中的净生成率仅由 G_{IV} 和 R_{IV} 之间的差异给出：R_{CI}^{Th} 仅遵循 G_{IV} 和 R_{IV} 的轮廓并且不通过 IB 确定净光生成率。然后 IB 电子通过热激励而激发。否则，当 $\mu_C < \mu_I$ 且弛豫时间常数较大时，R_{CI}^{Th} 可忽略不计，则 R_{CI}^{Rad} 成为瓶颈，尽管它相对很小。因此，IB 和 VB 之间的净载流子传输速率（$G_{IV} - R_{IV}$）也变得相当小。结果，从 VB 光激发到 IB 中的电子只与空穴复合，几乎不会激发到 CB 中。

这一事实表明，如果 SC 表现出理想的 IBSC 操作，即 R_{CI}^{Rad} 在 R_{CI} 中占主导地位，则 $\lambda_{CV} < \lambda$ 时的 QE 值可忽略不计或几乎为零。在此极限下，白光照射下的短路电流（I_{SC}）无法通过积分 QE 和光子光谱的乘积来再现，尽管这对于单结 SC 是可以接受的。因此，需要在连续 IR 光下进行 QE 测量来分析 IBSC 性能。

在 IR 照明下计算的 QE 显示在图 10.5 中。假定 IR 光具有 0.5eV 的光子能量和 5.0mW/cm^2 的功率，这样它只能激发 CB-IB 跃迁。与图 10.4 相比，在 $\lambda_{CV} \leqslant \lambda$ 的范围内，人们发现了 QE 中的显著变化。对于长捕获时间常数，例如 $\tau = 10^{-9}$ 和 10^{-11}s，QE 通过 IR 光大大增强了，两者给出的 QE 值都超过 $\tau = 10^{-13}\text{s}$。

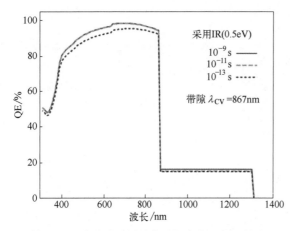

图 10.5 在具有不同捕获时间常数 τ 的红外光照射（$5.0\mathrm{mW/cm^2}$）下计算的量子效率。

我们对每个 τ，取有和没有 IR 光的 QE 之间的差异 ΔQE，以便进行详细分析。在 $\lambda_{CV} > \lambda$ 范围内也发现了 QE 增强，如图 10.6 所示。注意图 10.6 的纵轴是对数刻度。这表明 IR 光抑制了 CB 电子捕获，正如预期的那样，并且随着 τ 的降低，这种影响变得更加显著。另一方面，当 $\lambda_{CV} < \lambda$ 时，随着 τ 的增加，IR 光对 QE 的增强变得明显。这表明只要 τ 不太小，IB-VB 激发产生的光生电子就可以通过 G_{CI} 的 IR 光吸收有效地提取出来。

通过比较 $\lambda_{CV} > \lambda$ 中的 ΔQE 与 $\lambda_{CV} < \lambda$ 中的 ΔQE，我们发现了另一个有趣的 ΔQE 对 τ 的依赖性。当 τ 较长，例如 $\tau = 10^{-9}$ s 时，$\Delta QE(\lambda_{CV} < \lambda) > \Delta QE(\lambda_{CV} > \lambda)$。然而，在 $\tau = 10^{-13}$ s 的情况下，则发现相反的关系 $\Delta QE(\lambda_{CV} < \lambda) < \Delta QE(\lambda_{CV} > \lambda)$。这些发现表明，我们可以通过比较 $\Delta QE(\lambda_{CV} > \lambda)$ 和 $\Delta QE(\lambda_{CV} < \lambda)$ 来量化理想 IBSC 操作的电池潜力。通过 ΔQE 对吸收系数 α_{CI} 的量化是很困难的，因为 ΔQE 不仅包含有关 α_{CI} 的信息，还包含有关 τ 的信息。然而，通过 VB-IB 跃迁估计光吸收率是很有用的。

图 10.3 中所示在一个太阳照射下的 I_{SC}，无法通过在 IR 光照射下使用 QE 光谱来再现。这是因为叠加原理对于 IBSC 是不可接受的，而如前所述，它在单结 SC 中是有效的。QE 测量中使用的入射光足够弱，可以视为对处于平衡状态的器件的扰动，而太阳光会改变 IB 电子浓度和电势分布。此外，当 τ 较小且太阳光照射电池表面时，由于在 IB 区域中较长波长的光会产生空穴，

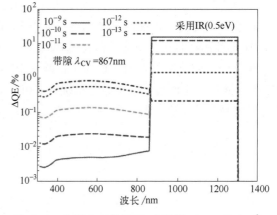

图 10.6 使用和不使用 IR 光照明（$5.0\mathrm{mW/cm^2}$）时量子效率的差异 ΔQE。这些结果是图 10.3 和图 10.4 之间的差异。

因此穿过 IB 的复合会减少由短波长光（$\lambda \leqslant 400$nm）产生的电子，这在 QE 测量中是不会发生的。因此，我们应将光 J-V 和 QE 测量用于不同的目的，前者用于表征 SC 性能，后者则用于估计所制造的器件作为 IBSC 的潜力。此外，ΔQE 测量对于正确理解 IBSC 的潜力是有益的和必要的。

10.3 使用场阻尼层提高 QDSC 中的载流子收集效率

10.3.1 使用场阻尼层的 QDSC 能带结构工程

如上一节所述，QD-IBSC 的理想操作是通过光激发（TSPA）提取由于光吸收而在 QD 中产生的载流子，同时最大限度地减少热和电场辅助逃逸过程。因此，人们期望将 QD 层放

置在具有平坦能带的区域中。在本节中，我们将介绍使用场阻尼层（FDL，field-damping layer）控制 QD 层中电场的方法，并展示了能带结构对 QDSC 运行的重要性[34,35]。图 10.7 显示了（a）p^+-i-n 和（b）p^+-n^--i-n 结构的 SC 示意图，其中 QD 插入在本征层中。p^+、n 和 n^- 的掺杂浓度量级分别约为 10^{18}、10^{17}、10^{16} cm^{-3}。在图 10.7（a）所示的结构中，场辅助载流子逃逸过程在 QD 层的光电流产生中占主导地位，因为结产生的强电场施加到了 QD 层上。由于这种载流子提取在根本上不同于理想的 QD-IBSC 概念，因此 QD 会导致 V_{OC} 降低。对于图 10.7（b）中所示的结构，n^--FDL 产生能带曲率，允许在 QD 层中形成平带电势。在这种情况下，QD 生成载流子的提取过程将仅限于热和光学跃迁。这种能带结构接近于 QD-IBSC 运行的理想状态。这些概念的实验结果将在下面进行叙述。

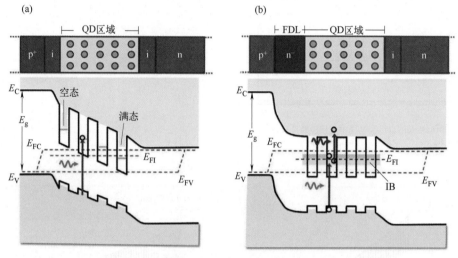

图 10.7　QDSC 的能带示意图。(a) 没有 FDL；(b) 有 FDL。光从图的左侧入射。

图 10.8（a）显示了我们实验室研究的 QDSC 的结构示意图。样品通过固体源 MBE 制备。SC 有一个使用 AlGaAs 作为主体材料的 p-n^--i-n 结构。在 460℃ 的生长温度下，在本征区生长了 20 对堆叠的 InAs QD/Al$_{0.2}$Ga$_{0.8}$As 层。InAs QD 通过利用晶格失配的 SK 生长模式生长。图 10.8（b）显示了在 Al$_{0.2}$Ga$_{0.8}$As 层上生长的 2 个单原子层（ML，monolayer）厚的 InAs QD 的原子力显微镜（AFM，atomic force microscopy）图像。QD 的平均直径、高度和面密度分别为 20.5nm、1.2nm 和 2.7×10^{11}cm^{-2}。在 AlGaAs 层上，In 吸附原子的表面扩散长度较短，因此获得了相对较小且高密度的 QD[36,37]。QD 层在 InAs 生长的自组装阶段直接掺杂 Si[23,38]。Si 掺杂的面密度设置为每个 QD 层 2.7×10^{11}cm^{-2}，以便每个 QD 掺杂大约一个 Si 原子。这种掺杂通过用电子部分占据由 QD 形成的 IB，为 TSPA 的形成提供了更好的条件。图 10.8（c）显示了电池的照片。为了评估 QDSC 的光学和电学特性，在顶部和底部沉积了 AuGe/Au 电极作为欧姆接触。器件的尺寸约为 5mm×5mm。在样品中，插入 p 发射极层和多层堆叠 QD 层之间的 FDL，可以通过其厚度控制施加到 QD 层的电场强度。我们制备了具有不同厚度 FDL（0、100、250、400nm）的四种类型的电池。图 10.9 显示了计算的具有 FDL 的 QDSC 的能带图。尽管没有 FDL 的 QDSC 在 QD 层上施加了强电场，但电场随着 FDL 厚度的增加而减弱。对于具有 400nm 厚 FDL 的 QDSC，QD 层放置在几乎平坦的能带区域中。

首先研究引入 FDL 对 QDSC 电学特性的影响。图 10.10（a）显示了一个太阳（大气质

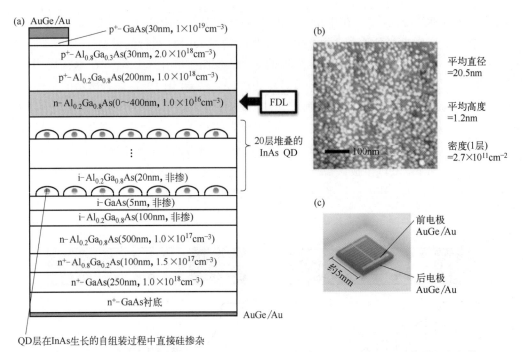

QD层在InAs生长的自组装过程中直接硅掺杂

图 10.8 （a）制造的 InAs/AlGaAs QDSC 的结构示意图。（b）在 AlGaAs 层上生长的 InAs QD 的 AFM 图像。（c）工艺完成后的器件照片。

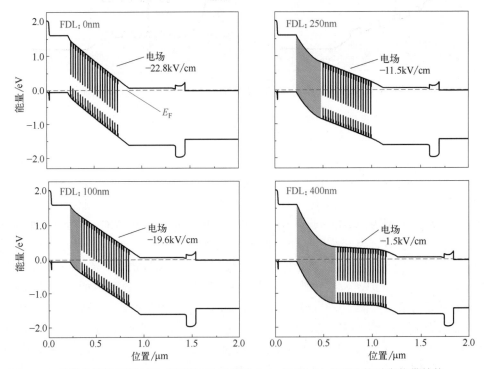

图 10.9 计算的具有不同 FDL 厚度的 20 层堆叠 InAs/AlGaAs QDSC 的平衡能带结构。

量 1.5 全球太阳光谱）照射下的 J-V 曲线，测试针对 20 层堆叠 InAs/AlGaAs QDSC，具有较厚 FDL 的 QDSC 的 J_{SC} 高于具有较薄 FDL 的 QDSC。这是由于光吸收依赖于 FDL 的厚度。图 10.10（b）绘制了 V_{OC} 和作为 FDL 厚度函数的峰值 FF，变化的值是由于 FDL 对电场强度的控制。具有非零 FDL 的 QDSC 与没有 FDL 的样品相比，显示出更高的 FF 和 V_{OC}。这是因为 FDL 的引入通过将 QD 层定位在远离强电场区域，从而减少了 SRH 复合[39,40]。在本实验中，具有 250nm 厚 FDL 的 QDSC，获得了最高的 FF 和 V_{OC}。这一结果可以从图 10.11 所示的 V_{OC} 工作点周围的能带结构来理解。对于具有 400nm 厚 FDL 的 QD-SC，电场被 FDL 过度抑制，导致在 FDL 和 QD 层之间形成非故意的正向电偏压。因此，光生载流子的收集减少，FF 下降至比具有 250nm 厚 FDL 的 QDSC 的值更低的值。此外，由于 FDL 的过度电场抑制导致的能带弯曲，增加了 FDL 中的 SRH 复合，如图 10.12 所示，导致了 V_{OC} 的降低。

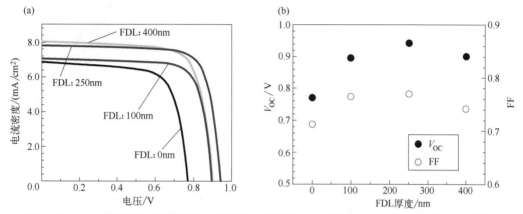

图 10.10 （a）测得的具有不同 FDL 厚度的 20 层堆叠 InAs/AlGaAs QDSC 光电流-电压曲线。（b）FF 和 V_{OC} 相对于 FDL 厚度的变化。

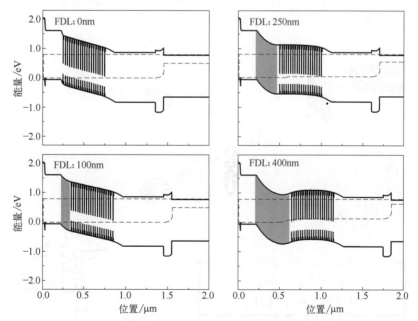

图 10.11 在 0.8V 的正向偏压下，计算的具有不同 FDL 厚度的 20 层堆叠 InAs/AlGaAs QDSC 的能带结构。

接下来，我们表征了具有 FDL 的 QDSC 的光学特性。图 10.13 显示了在短路条件下测量的具有 FDL 的 QDSC 的外量子效率（EQE，external quantum efficiency）谱。测量通过用 $10^{16} cm^{-2}$ 的单色光子照射来进行。波长小于 750nm 的 EQE 响应是由于 AlGaAs 主体材料的光吸收。另一方面，长于 750nm 的波长区域中的信号则归因于 20 层堆叠的 InAs QD 层的贡献。在该测量中，由于用单色光照射 SC，因此几乎不发生 TSPA。因此，与 QD 层相关的 EQE 信号意味着光电流是通过 TSPA 以外的过程提取的，这是 QD-IBSC 工作中不希望的结果。可以看出，QD 层的 EQE 响应随着 FDL 厚度的增加而降低。这个结果表明，生成载流子的场辅助提取可以通过引入 FDL 来降低。

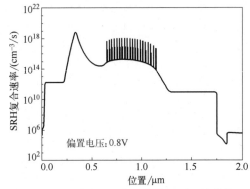 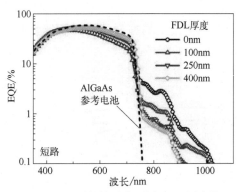

图 10.12　在 0.8V 的正向偏压下，计算的具有 400nm 厚 FDL 的 20 层堆叠 InAs/AlGaAs QDSC 的 SRH 复合速率。

图 10.13　测量的具有不同 FDL 厚度的 20 层堆叠 InAs/AlGaAs QDSC 的 EQE 谱。

为了检测作为电子从 IB 到 CB 光学跃迁的直接结果的光电流产生，我们使用了图 10.14 所示的测量系统[23,41]。光源（1）提供连续波单色光子，这在 InAs/AlGaAs QD 中产生了电子-空穴对。氙灯前面放置了大气质量 1.5 全球太阳光谱的滤光器，其发出的光再通过一组适当的滤光器，这些滤光器组合在一起只允许 λ＞1064nm 区域的红外（IR）光通过，如图 10.14 中的光源（2）所示。因此，来自该 IR 光源的低能量光子的照射只能将电子从 IB

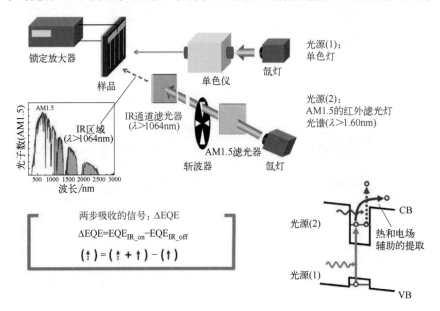

图 10.14　用于表征光电流产生的测量装置，光电流是电子从 IB 到 CB 的光学跃迁的直接结果。其中一个光源提供连续波单色光子，在 IB 中产生电子-空穴对［光源（1）］。出口处装有 AM1.5 滤光器的氙灯发出的光通过一组滤光器，这些滤光器合在一起只允许传输 λ＞1064nm 的红外光子［光源（2）］。来自该 IR 源的低能量光子的照射只能将电子从 IB 泵浦到 CB。

泵浦到 CB，但没有足够的能量将电子从 VB 泵浦到 IB 或直接从 VB 泵浦到 CB。因此，可以通过测量在有和没有光源（2）的 IR 照明情况下的 EQE 差异，来估计 TSPA 通过 QD 产生的光电流。通过使用与设置为 85 Hz 的光学斩波器同步的锁定放大器，检测到了通过红外照明在 EQE 中的差异（ΔEQE）。图 10.15 显示了 EQE 值中的差异 ΔEQE，这是在有红外光照明（EQE_{IR_on}）和没有红外光照明（EQE_{IR_off}）的情况下使用具有 FDL 的 QDSC 来进行测量的，测量在室温下进行。在具有 400nm 厚 FDL 的 QDSC 中，我们观察到由于 TSPA 而产

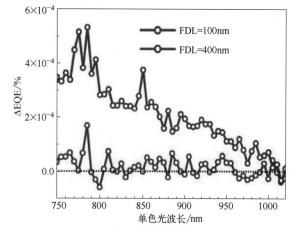

图 10.15　有和没有红外光照明的 EQE 值的差异 ΔEQE，这里针对具有 100nm 和 400nm 厚 FDL 的 InAs/AlGaAs QDSC 进行了测量。

生的明显光电流，而在具有 100nm 厚 FDL 的 QDSC 中，则没有发现可测量的光电流差异。该结果表明，由于平带 QD 区域的形成，TSPA 可以增加。

10.3.2　宽禁带材料盖帽对使用 FDL 的 QDSC 的影响

在使用 FDL 的 QDSC 中，跨 QD 层的电场变弱，这会影响通过主体材料吸收的载流子的收集效率。这里，为了清楚地显示这种效应，我们描述了使用包含更大尺寸 InGaAs QD 的 SC。图 10.16 显示了具有 250nm 厚 FDL 的 InGaAs/AlGaAs QDSC 的性能。QDSC 的基本结构与图 10.8（a）相同，只是 QD 层的 InAs 材料被 $In_{0.4}Ga_{0.6}As$ 代替。$In_{0.4}Ga_{0.6}As$ QD 的尺寸大于 InAs 的尺寸，因为它们与 GaAs 衬底的晶格失配较小。因此，对于 InGaAs/AlGaAs QDSC，虽然 QD 的光吸收量增加，但光生载流子被 QD 捕获的概率也增加。根据图 10.16（a）所示具有 250nm 厚 FDL 的 InGaAs/AlGaAs QDSC 的光 J-V 曲线，FF 估计为 0.37，表明载流子收集效率很低。在图 10.16（b）中，实线和虚线分别显示了有和没有 InGaAs QD 的 FDL 插入的 AlGaAs SC 的 EQE 光谱。可以看出，InGaAs QD 层的存在显著降低了 FDL 插入 QDSC 上的 EQE。这是因为 InGaAs QD 层捕获了 AlGaAs 主体材料中产生的大部分光生载流子。

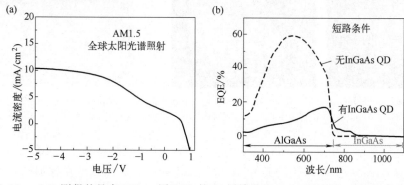

图 10.16　（a）测得的具有 250nm 厚 FDL 的 20 层堆叠 InGaAs/AlGaAs QDSC 光电流-电压曲线。（b）测量的具有 250nm 厚 FDL 的 20 层堆叠 InGaAs/AlGaAs QDSC 的 EQE 谱。虚线表示对照 AlGaAs 电池（无 InGaAs QD）的 EQE 谱。

为了防止电子流入量子点中,我们研究了在 CB 中形成宽带隙的栅栏结构,如图 10.17 (a) 所示。在这种结构中,QD 层中的电子路径受到限制;因此,可以预期载流子收集效率的提高。我们需要直接在 QD 上选择性地生长具有宽禁带材料的势垒层,材料的选择对于实现图 10.17 (a) 所示的能带结构很重要。图 10.17 (b) 显示了Ⅲ-V族化合物半导体的带隙能量和晶格常数的关系。AlAs 是带隙大于主体材料带隙的材料之一。然而,当 AlAs 在 QD 顶部沉积时,就会发生像嵌入 QD 一样的二维生长,因为其晶格常数几乎与衬底材料相同[42]。相反,由于 AlAsSb 的晶格常数大于衬底材料(GaAs),因此可以使用 SK 模式进行 3D 生长。因此,我们尝试通过使用 SK 生长模式,用 AlAsSb 覆盖 QD 来制造栅栏结构。图 10.18 (a) 和 (b) 显示了在 500℃ 的衬底温度下,在 AlGaAs 层上生长的、有和没有 AlAsSb 覆盖层的、$In_{0.4}Ga_{0.6}As$ QD 的 AFM 图像。InGaAs 和 AlAsSb 的沉积厚度分别为 6ML 和 3ML(单原子层)。InGaAs QD 以 1ML/s 的生长速率在 1.4×10^{-3}Pa 的 As 束流下形成,而 AlAsSb 覆盖层则是在 4.6×10^{-4}Pa 的 As 束流和 2.3×10^{-5}Pa 的 Sb 束流下,以 0.15ML/s 的生长速率制备。我们观察到由于使用 AlAsSb 盖帽,3D 岛的形状发生了变化。特别是,AlAsSb 覆盖后,结构在 $[1\bar{1}0]$ 方向上有延伸。图 10.18 (c) 中的横截面扫描透射电子显微镜图像显示形成了 AlAsSb 的 3D 结构,从而得以覆盖 InGaAs QD。通过堆叠这种结构,可以实现接近图 10.17 中的能带图。

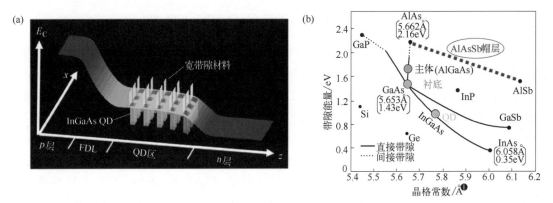

图 10.17 (a) 具有宽带隙栅栏结构的 FDL 插入 QDSC 的 CB 示意图。
(b) Ⅲ-V族化合物半导体的带隙能量和晶格常数的关系图。

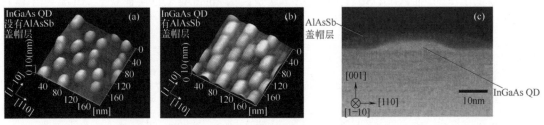

图 10.18 (a) InGaAs QD 的 AFM 图像。(b) 由 AlAsSb 覆盖的 InGaAs QD 的 AFM 图像。
(c) 具有 AlAsSb 盖帽层的 InGaAs QD 的横截面 STEM(扫描透射电子显微镜)图像。

最后,我们展示了引入 AlAsSb 栅栏结构对 QDSC 性能的影响。图 10.19 显示了测量的针对有和没有 AlAsSb 栅栏结构的 FDL 插入 QDSC 的光 J-V 曲线。在施加 -5V 的反向偏压

---

❶ $1\text{Å}=10^{-10}\text{m}=0.1\text{nm}$。

时，两个样品的电流密度几乎显示相同的值。这个结果意味着当对 QD 层施加高电场时，两个样品都可以避免将光生载流子捕获到 QD 中。然而，根据 QD-IBSC 的工作原理，有必要在不向 QD 层施加高电场的情况下获得高载流子收集效率。在这种情况下，载流子收集效率显著影响 QDSC 的 FF。从光 J-V 曲线可以明显看出，对于 20 层堆叠的 InGaAs/AlGaAs QDSC，AlAsSb 栅栏结构将 FF 从 0.37 提高到了 0.48。假设所有光生载流子都是在 -5V 的反向偏置电压下收集的，则在工作电压下，对于没有栅栏结构的 QDSC 的载流子收集效率为 11.4%。相比之下，具有 AlAsSb 栅栏结构的 QDSC 的载流子收集效率提高到了 46.3%。此外，通过引入栅栏，V_{OC} 也从 0.714 提高到 0.787V。这些结果表明 AlAsSb 栅栏结构抑制了载流子到 QD 中的捕获。

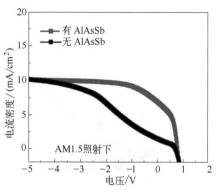

图 10.19　光电流-电压曲线，针对有和没有 AlAsSb 栅栏结构的插入 FDL 的 InGaAs/AlGaAs QDSC 测量所得。

10.4　QDSC 中 TSPA 过程的 FTIR 光谱

10.4.1　两步光吸收光谱

在 QDSC 中，低于主体带隙能量的近红外光子可以通过带间 VB 到 IB 跃迁产生光电流[15,16,43]。然而，根据 IBSC 的工作原理来看，这是不利的，因为这些光生载流子是通过热电子发射或电场辅助隧穿从 QD 限制状态逃逸到 CB 连续态的。它减少了 IB 和 CB 之间的准费米能级分裂；因此，QDSC 的 V_{OC} 会降低。另一方面，如果 IR 光子通过 TSPA（两步光吸收）将 QD 限制状态的光生载流子激发到 CB 连续态，则通过同时实现光电流增益和电压保持，QDSC 中的高转换效率是可能的。TSPA 通过使用 IR 偏置光电流光谱进行了实验证明。当用两个具有低于带隙能量的光子的 IR 光源同时照射 QDSC 时，由于第二步 IR 光子吸收，QD 中产生的光生载流子可以光学泵浦到 CB。QDSC 中通过 TSPA 的光电流增强首先在低温下[26] 以及后来在室温下[23] 被证明。此外，IB 到 CB 跃迁已被作为第二步 IR 光子能量的函数进行了光谱解析[28,44]，而且极宽带光电流光谱阐明了 QDSC 从可见光到中红外光谱范围的全光谱特征[45]。然而，在 TSPA 中，来自 QD 限制状态的光生载流子的热电子发射或场辅助隧穿会减少室温下光电流的增益。了解通过 TSPA 获得高效率增益的器件优化策略，以及估计实际操作条件下可能的光电流增益，是必不可少的。

10.4.2　In(Ga)As QDSC 的 FTIR 光电流光谱

在 In(Ga)As QDSC 中通过 TSPA 的红外光电流响应，可以通过应用 FTIR 光电流光谱来研究。光学配置的示意图如图 10.20 所示。白光卤素灯作为偏置光源，通过带间跃迁在 QD 中产生光生载流子。配备在 FTIR 光谱仪中的 IR 灯是 IR 光源。来自 QDSC 的光电流信号通过跨阻前置放大器放大，并与 FTIR 光谱仪中的干涉仪同步，以便检测得到干涉图。傅里叶变换将干涉图转换为红外光电流强度谱。另一方面，通过使用波长不敏感的 DLaTGS（氘化 L-丙氨酸硫酸三甘肽）热释电探测器，获得了红外光功率强度谱，作为光谱强度的校

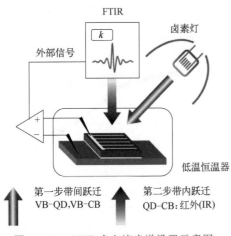

图 10.20 FTIR 光电流光谱设置示意图。

准标准。光电流信号强度谱由红外光功率强度谱归一化,从而可以评估 TSPA 的第二步红外光子吸收的红外光电流光谱。与传统的单色器扫描相比,FTIR 技术的优势在于快速采集、高波长分辨率和宽带光谱测量范围。FTIR 光电流光谱适用于对一系列样品进行测量,以揭示 QDSC 的普遍关系或优化策略。

通过 FTIR 光电流光谱研究了 In(Ga)As QDSC 中的低温红外光电流光谱。图 10.21 中总结了(a)InAs/GaAs、(b)InAs/$Al_{0.2}Ga_{0.8}$As 和(c)InGaAs/$Al_{0.3}Ga_{0.7}$As QDSC 在各自温度下的 IR 光电流光谱。在每一个 QDSC 中,光电流强度都通过在 9K 时获得的峰值进行了归一化。IR 光电流强度随着工作温度的升高而单调降低,表明光生载流子的热电子发射减少了通过 TSPA 的光电流中的增益。然而,具有宽带隙主体材料 AlGaAs 的 In(Ga)As QDSC,可以比窄带隙 GaAs 主体的太阳能电池在更高的温度下显示出 IR 响应。此外,InAs/GaAs QD-SC 的 IR 吸收边小于宽带隙 AlGaAs 主体的太阳能电池。

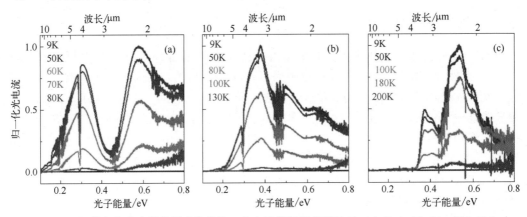

图 10.21 红外光电流光谱的温度依赖性,在白光偏压照射下针对(a)InAs/GaAs、(b)InAs/$Al_{0.2}Ga_{0.8}$As 和(c)$In_{0.4}Ga_{0.6}$As/$Al_{0.3}Ga_{0.7}$As QDSC。光电流光谱通过 FTIR 光电流光谱仪测量。测量是在短路条件下进行的。0.3eV 处的下降是由于大气中的 CO_2 吸收带。经许可转载自 Tamaki,et xal. Proc. SPIE 9743;2016,p. 974318,SPIE 2016 版权所有。

QD 到 CB 光电流产生的 IR 吸收边是通过在最低温度(9K)下拟合 IR 光电流吸收尾部来确定的。在图 10.22 中,纵轴是光电流与光子能量乘积的平方根。拟合结果(黑色实线)和垂直轴的零基线之间的交点是提取的红外吸收边。在 InAs/GaAs、InAs/$Al_{0.2}Ga_{0.8}$As 和 InGaAs/$Al_{0.3}Ga_{0.7}$As QDSC 中,吸收边估计分别为 0.095、0.185、0.324eV。

图 10.23 总结了峰值光电流强度的温度依赖关系。IR 光电流响应的阈值温度定义为光电流强度与 9K 相比为 10^{-2} 时的温度,其中光生载流子的 QD 限制与热电子发射过程产生竞争。在 InAs/GaAs、InAs/$Al_{0.2}Ga_{0.8}$As 和 InGaAs/$Al_{0.3}Ga_{0.7}$As QDSC 中,阈值温度分别估计为 85、139、217K。

IR 吸收边和阈值温度随着主体材料带隙能量的增加而增加。我们对一系列的 In(Ga)As

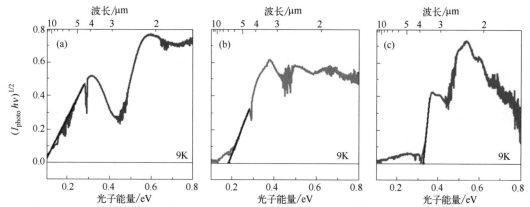

图 10.22 （a）InAs/GaAs、(b) InAs/Al$_{0.2}$Ga$_{0.8}$As 和（c）In$_{0.4}$Ga$_{0.6}$As/Al$_{0.3}$Ga$_{0.7}$As QDSC 上，白光偏置照射下的 IR 光电流光谱的 IR 吸收边拟合分析。拟合结果（黑色实线）和零基线之间的交点是估计的红外吸收边。经许可转载自 Tamaki，et al. Proc. SPIE 9743；2016，p. 974318，SPIE 2016 版权所有。

QDSC 进行了研究，结果总结在图 10.24 中。可以清楚看到，无论器件结构的细节差异如何，IR 吸收边和阈值温度的"通用线性关系"都得到了阐明。尽管如此，即使在具有相同主体材料的 QDSC 之间也存在一些差异。这表明红外吸收边是一个很好的参数，可以表示 QD 中光生载流子限制和热电子发射或电场辅助隧穿过程之间的竞争。通过向高温区域外推通用线性关系，预测 0.459eV 的 IR 吸收边将获得 295K 的阈值温度，这比当前研究的 InGaAs/Al$_{0.3}$Ga$_{0.7}$As QDSC 的最高值要高 0.15eV。在详细的平衡理论中，对于 VB-CB 和 IB-CB 跃迁，已计算出 IBSC 在太阳光聚光下的最佳带隙组合分别为 1.9、0.7eV[44,46]。因此，预测的红外吸收边在最佳带隙组合的范围内。通用线性关系揭示了在室温条件下实现高效 TSPA 的器件优化策略。

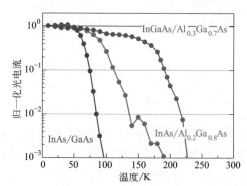

图 10.23 InAs/GaAs（蓝色）、InAs/Al$_{0.2}$Ga$_{0.8}$As（绿色）和 In$_{0.4}$Ga$_{0.6}$As/Al$_{0.3}$Ga$_{0.7}$As（红色）QDSC 在白光偏置照射下，红外光电流峰值强度的温度依赖关系，峰值能量分别为 0.306、0.383 和 0.370eV。经许可转载自 Tamaki，et al. Proc. SPIE 9743；2016，p. 974318，SPIE 2016 版权所有。

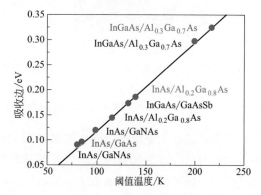

图 10.24 In（Ga）As QDSC 中阈值温度和 IR 吸收边之间的通用线性关系。经许可转载自 Tamaki，et al. Proc. SPIE 9743；2016，p. 974318，SPIE 2016 版权所有。

10.4.3 In（Ga）As QDSC 的二维光电流激发光谱

在这里，我们使用二维光电流激发光谱研究 TSPA 过程。配备 FTIR 光谱仪的单色可见光到近红外光和中红外光源，同时照射在 QDSC 上。单色光通过第一步带间跃迁将光生载流子注入到 QD 中，而中红外光通过第二步光子吸收将光生载流子从 QD 限制状态激发到 CB 连续态。来自 QDSC 的光电流信号通过前置放大器放大，并且与 FTIR 光谱仪中和干涉仪同步的干涉图进行傅里叶变换，以获得中红外区域的强度光谱。最后，通过扫描单色光波长获得光电流光谱映射图。来自 FTIR 光谱仪和单色仪的光子通量光谱通过波长不敏感的热释电探测器测量，并划分 2D 光电流光谱映射图，以获得相同光子通量激发的相对光电流响应。此外，绝对光电流强度通过在室温下研究的 QDSC 的近红外 EQE 进行了校准。作为上述测量和数据分析的结果，针对 TSPA 上的第一步和第二步跃迁的 2D-ΔEQE 映射已经进行了详细的确定。

如图 10.25 所示，2D-ΔEQE 光谱映射图（每个 IR 光子，对数标度）是在 9K 下通过 InAs QDSC 上的 2D 光电流激发光谱获得的。通过掺入 Al，由于增加了 QD 限制状态和 CB 边缘之间的能带偏移，从而系统地使光谱权重发生了蓝移。这些全光谱特征表明通过 TSPA 产生光电流的潜力，可用于估计太阳光谱的光谱匹配条件。与 QDSC 中的 ΔEQE 和 EQE 相比，仍然存在数量级上的差异。一个原因是第二步光子吸收的吸收系数仍然不够大，这应该通过制备高密度多层堆叠 QD 或应用光的管理技术来改善[47]。另一个原因是 QD 中缺乏光生成。聚光或许是实现 QD 中光填充效应的可能解决方案[48]。

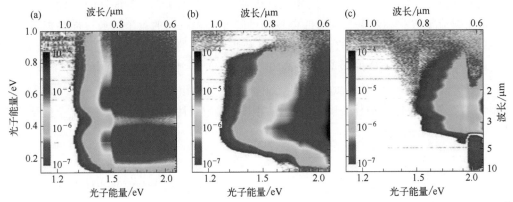

图 10.25 在 9K 温度下通过 2D 光电流激发光谱，在（a）InAs/GaAs、（b）InAs/$Al_{0.2}Ga_{0.8}As$ 和（c）$In_{0.4}Ga_{0.6}As/Al_{0.3}Ga_{0.7}As$ QDSC 上获得的 2D-ΔEQE 光谱映射图（每个 IR 光子，对数标度）。横轴和纵轴分别表示第一步和第二步光子吸收能量。

然而，二维光电流激发映射图可以通过使用 ΔEQE 映射图和标准太阳光谱来计算，如图 10.26 所示。红外区域的大气吸收导致相应区域的光电流产生带为零。通过积分 2D 光电流映射图，估计的 J_{SC} 约为数十 nA/cm^2，比传统体光伏电池（数十 mA/cm^2）小约六个数量级。克服这种差异的可行策略如下：(i) QD 密度，×10；(ii) 光管理，×10；(iii) QD 载流子寿命，×100；(iv) 聚光，×100。这种改进依然很有挑战性，但仍处于通过 IBSC 操作实现高效 QDSC 目标值的实用范围内。

我们使用 FTIR 光电流光谱研究了 In(Ga)As QDSC 中 TSPA 的红外光电流光谱。为了控制 In(Ga)As QD 中的光生载流子限制，我们使用 $Al_xGa_{1-x}As$（$x=0, 0.2, 0.3$）势垒层作为主体材料。通过分析 FTIR 光电流光谱的低能尾部，在低温下评估了 QD 的 IR 吸收边到 CB 的跃迁。In(Ga)As QDSC 中 TSPA 的阈值温度，是通过观察 IR 峰值光电流强度的温度依赖关系来确定的。阈值温度与 IR 光响应吸收边之间的通用线性关系，阐明了更高温度下操作的定量目标值，并揭示了在室温条件下实现高效 TSPA 的优化策略。此外，我们

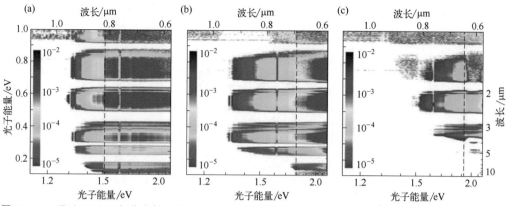

图 10.26 通过 ΔEQE 光谱映射图获得的 2D 光电流激发映射图 [mA/(cm^2/eV)，对数标度]，针对 (a) InAs/GaAs、(b) InAs/Al$_{0.2}$Ga$_{0.8}$As 和 (c) In$_{0.4}$Ga$_{0.6}$As/Al$_{0.3}$Ga$_{0.7}$As QDSC 在 AM1.5D 照射下。水平轴和垂直轴分别表示第一步和第二步光子吸收能量。虚线表示相应主体材料的带隙能量。

还使用 2D 光电流光谱研究了标准太阳光照下的 2D-ΔEQE 光谱映射图和 2D 光电流激发映射图。与理想状态相比，目前仍有数量级上的差异，有待改进。然而，预测值是在室温下实现高效 TSPA 的最低要求，定量目标值现已明确，预期 QDSC 的实际效率增益在不久的将来即可实现。

10.5 结论

本章致力于确定在理论上和实验上已存在以及需要探索和挑战的问题和因素，以实现基于 QD 的高效 IBSC。了解和控制载流子的动态过程，特别是 TSPA，对实现高效率至关重要。如前所示，人们已经在器件物理以及 QD-IBSC 的实际案例方面付出了重大的努力并取得了良好的进展。这些成就之所以成为可能，主要是由于高质量Ⅲ-Ⅴ族半导体薄膜和量子纳米结构材料的生长、加工以及表征技术的进步。

强光吸收、长载流子寿命、抑制载流子返回量子点被捕获是 IBSC 材料的先决条件，并且我们已经指出在材料和电池结构方面优化这些过程的必要性。用于光伏的 IB 方法的困难源于 IB 的双重性质：它必须具有最佳载流子占据率，这样它才能参与促进电子进/出 IB 的光吸收。如果 IB 中的占据率太低，则第二个光学跃迁（从 IB 到 CB）会被强烈减弱。相反，如果占据率太高，则第一个光吸收（从价带到 IB）会被强烈减弱。当前的 QD 材料在 IB 中的占据率较低，需要进一步优化。为此，目前正在大量探索各种方法来实现理想的半满 IB 状态，从而最大化通过 TSPA 的光电流产生，例如通过 IB 区域的掺杂、聚光的光填充和量子棘轮结构[49,50]。除了进一步提高材料质量外，IB 材料中吸收匹配的控制也会在不久的将来用于提高 IBSC 的效率。

致谢

非常感谢剑桥大学的 David A. Ritchie 教授，法国国家科学研究中心（CNRS, Centre national de la recherche scientifique）的 J-F. Guillemoles，新南威尔士大学的 N. Ekins-Daukes，东京大学 RCAST 的 S. Tomić、T. Sogabe、N. Miyashita，以及神户大学的 T. Kita 的合作。

这项工作得到了日本新能源产业技术综合开发机构（NEDO, New Energy and Industrial Technology Development Organization）和经济产业省（METI，Ministry of Economy, Trade and Industry）的部分支持。

参 考 文 献

[1] Green MA. Third generation photovoltaics：advanced solar energy conversion. Springer Series in Photonics；2003.
[2] Würfel P. Physics of solar cells：from basic principles to advanced concepts. Wiley-VCH；2009.
[3] Shockley W, Queisser HJ. Detailed balance limit of efficiency of p-n junction solar cells. J Appl Phys 1961；32：510.
[4] Nozik AJ. Quantum dot solar cells. Physica E 2002；14：115.
[5] Nozik AJ. Multiple exciton generation in semiconductor quantum dots. Chem Phys Lett 2008；457：3.
[6] Luque A, Martí A. Increasing the efficiency of ideal solar cells by photon induced transitions at intermediate levels. Phys Rev Lett 1997；78：5014.
[7] Tomić S, Jones TS, Harrison NM. Absorption characteristics of a quantum dot array induced intermediate band：implications for solar cell design. Appl Phys Lett 2008；93：263105.
[8] Beattie NS, See P, Zoppi G, Ushasree PM, Duchamp M, Farrer I, Ritchie DA, Tomić S. Quantum engineering of InAs/GaAs quantum dot based intermediate band solar cells. ACS Photonics 2017；4：2745.
[9] Marti A, Cuadra L, Luque A. Partial filling of a quantum dot intermediate band for solar cells. IEEE Trans Electron Dev 2001；48：2394.
[10] Solomon GS, Trezza JA, Marshall AF, Harris Jr JS. Vertically aligned and electronically coupled growth induced InAs islands in GaAs. Phys Rev Lett 1996；76：952.
[11] Okada Y, Shiotsuka N, Komiyama H, Akahane K, Ohtani N. Multi-stacking of highly uniform self-organized quantum dots for solar cell applications. In：Proceedings of the 20th European photovoltaic solar energy conference. WIP；2005. p. 51.
[12] Akahane K, Yamamoto N, Tsuchiya M. Highly stacked quantum-dot laser fabricated using a strain compensation technique. Appl Phys Lett 2008；93：041121.
[13] Popescu V, Bester G, Hanna MC, Norman AG, Zunger A. Theoretical and experimental examination of the intermediate-band concept for strain-balanced (In, Ga) As/Ga (As, P) quantum dot solar cells. Phys Rev B 2008；78：205321.
[14] Hubbard SM, Cress CD, Bailey CG, Raffaelle RP, Bailey SG, Wilt DM. Effect of strain compensation on quantum dot enhanced GaAs solar cells. Appl Phys Lett 2008；92：123512.
[15] Oshima R, Takata A, Okada Y. Strain compensated InAs/GaNAs quantum dots for use in high-efficiency solar cells. Appl Phys Lett 2008；93：083111.
[16] Okada Y, Oshima R, Takata A. InAs/GaNAs strain-compensated quantum dot solar cell. J Appl Phys 2009；106：024306.
[17] Oshima R, Okada Y, Takata A, Yagi Y, Akahane K, Tamaki R, Miyano K. High-density quantum dot superlattice for application to high-efficiency solar cells. Physica Status Solidi (C) 2011；8：619.
[18] Shoji Y, Oshima R, Takata A, Okada Y. Structural properties of multi-stacked self-organized InGaAs quantum dots grown on GaAs (311)B substrate. J Cryst Growth 2010；312：226.
[19] Shoji Y, Narahara K, Tanaka H, Kita T, Akimoto K, Okada Y. Effect of spacer layer thickness on multi-stacked InGaAs quantum dots grown on GaAs (311)B substrate for application to intermediate band solar cell. J Appl Phys 2012；111：074305.
[20] Strandberg R, Reenaas TW. Drift-diffusion model for intermediate band solar cells including photofilling effects. Prog Photovoltaics Res Appl 2011；19：21.
[21] Yoshida K, Okada Y, Sano N. Self-consistent simulation of intermediate band solar cells：effect of occupation rates on device characteristics. Appl Phys Lett 2010；97：133503.
[22] Sullivan JT, Simmons CB, Buonassisi T, Krich JJ. Targeted search for effective intermediate band solar cell materials. IEEE J Photovoltaics 2015；5：212.
[23] Okada Y, Morioka T, Yoshida K, Oshima R, Shoji Y, Inoue T, Kita T. Increase of photocurrent by optical transitions *via* intermediate quantum states in direct-doped InAs/GaNAs strain-compensated quantum dot solar cell. J Appl Phys 2011；109：024301.
[24] Sablon KA, Little JW, Mitin V, Sergeev A, Vagidov N, Reinhardt K. Strong enhancement of solar cell efficiency due to quantum dots with built-in charge. Nano Lett 2011；11：2311.
[25] Kada T, Asahi S, Kaizu T, Harada Y, Tamaki R, Okada Y, Kita T. Efficient two-step photocarrier generation in bias-controlled InAs/GaAs quantum dot superlattice intermediate-band solar cells. Sci Rep 2017；7：5865.
[26] Martí A, Antolin E, Stanley CR, Farmer CD, López N, Díaz P, Cánovas E, Linares PG, Luque A. Production of photocurrent due to intermediate-to-conduction-band transitions：a demonstration of a key operating principle of the intermediate-band solar cell. Phys Rev Lett 2006；97：247701.
[27] Elborg M, Noda T, Mano T, Jo M, Sakuma Y, Sakoda K, Han L. Voltage dependence of two-step photocurrent generation in quantum dot intermediate band solar cells. Sol Energy Mater Sol Cell 2015；134：108.
[28] Tamaki R, Shoji Y, Okada Y, Miyano K. Spectrally resolved interband and intraband transitions by two-step photon

absorption in InGaAs/GaAs quantum dot solar cells. IEEE J Photovoltaics 2015;5;229.

[29] Creti A, Tasco V, Cola A, Montagna G, Tarantini I, Salhi A, Al-Muhanna A, Passaseo A, Lo-mascolo M. Role of charge separation on two-step two photon absorption in InAs/GaAs quantum dot intermediate band solar cells. Appl Phys Lett 2016;108;063901.

[30] Yoshida K, Okada Y. Numerical analysis for carrier capturing process on quantum-dot intermediate-band solar cells. [unpublished].

[31] Yoshida K, Okada Y, Sano N. Device simulation of intermediate band solar cells;effects of doping and concentration. J Appl Phys 2012;112;084510.

[32] Casey HC, Miller BI, Pinkas E. Variation of minority-carrier diffusion length with carrier concentration in GaAs liquid-phase epitaxial layers. J Appl Phys 1973;44;1281.

[33] Selberherr S. Analysis and simulation of semiconductor devices. Springer-Verlag;1984.

[34] Martí A, Antolín E, Cánovas E, López N, Linares PG, Luque A, Stanley CR, Farmer CD. Elements of the design and analysis of quantum-dot intermediate band solar cells. Thin Solid Films 2008;516;6716.

[35] Shoji Y, Tamaki R, Datas A, Martí A, Luque A, Okada Y. Effect of field damping layer on two step absorption of quantum dots solar cells. The 6th world conference on photovoltaic energy conversion. [Kyoto, Japan].

[36] Guimard D, Nishioka M, Tsukamoto S, Arakawa Y. High density InAs/GaAs quantum dots with enhanced photoluminescence intensity using antimony surfactant-mediated metal organic chemical vapor deposition. Appl Phys Lett 2006;89;183124.

[37] Shoji Y, Okada Y. Effect of external bias on multi-stacked InAs/AlGaAs quantum dots solar cell. In;40th IEEE photovoltaic specialists conference;2014. Denver, Colorado.

[38] Inoue T, Kido S, Sasayama K, Kita T, Wada O. Impurity doping in self-assembled InAs/GaAs quantum dots by selection of growth steps. J Appl Phys 2010;108;063524.

[39] Morioka T, Okada Y. Dark current characteristics of InAs/GaNAs strain-compensated quantum dot solar cells. Physica E 2011;44;390.

[40] Driscoll K, Bennett MF, Polly SJ, Forbes DV, Hubbard SM. Effect of quantum dot position and background doping on the performance of quantum dot enhanced GaAs solar cells. Appl Phys Lett 2014;104;023119.

[41] Shoji Y, Akimoto K, Okada Y. Self-organized InGaAs/GaAs quantum dot arrays for use in high-efficiency intermediate-band solar cells. J Phys D:Appl Phys 2013;46;024002.

[42] Tutu FK, Lam P, Wu J, Miyashita N, Okada Y, Lee K-H, Ekins-Daukes NJ, Wilson J, Liu H. InAs/GaAs quantum dot solar cell with an AlAs cap layer. Appl Phys Lett 2013;102;163907.

[43] Luque A, Martí A, Stanley C, López N, Cuadra L, Zhou D, Pearson JL, McKee A. General equivalent circuit for intermediate band devices;potentials, currents and electroluminescence. J Appl Phys 2004;96;903.

[44] Tamaki R, Shoji Y, Okada Y, Miyano K. Spectrally resolved intraband transitions on two-step photon absorption in InGaAs/GaAs quantum dot solar cell. Appl Phys Lett 2014;105;073118.

[45] Datas A, López E, Ramiro I, Antolín E, Martí A, Luque A, Tamaki R, Shoji Y, Sogabe T, Okada Y. Intermediate band solar cell with extreme broadband spectrum quantum efficiency. Phys Rev Lett 2015;114;157701.

[46] Okada Y, Ekins-Daukes NJ, Kita T, Tamaki R, Yoshida M, Pusch A, Hess O, Phillips CC, Farrell DJ, Yoshida K, Ahsan N, Shoji Y, Sogabe T, Guillemoles J-F. Intermediate band solar cells;recent progress and future directions. Appl Phys Rev 2015;2;021302.

[47] Mellor A, Luque A, Tobias I, Marti A. The feasibility of high-efficiency InAs/GaAs quantum dot intermediate band solar cells. Sol Energy Mater Sol Cells 2014;130;225.

[48] Strandberg R, Reenaas TW. Photofilling of intermediate bands. J Appl Phys 2009;105;124512.

[49] Yoshida M, Ekins-Daukes NJ, Farrell DJ, Phillips CC. Photon ratchet intermediate band solar cells. Appl Phys Lett 2012;100;263902.

[50] Vaquero-Stainer A, Yoshida M, Hylton NP, Pusch A, Curtin O, Frogley M, Wilson T, Clarke E, Kennedy K, Ekins-Daukes NJ, Hess O, Phillips CC. Semiconductor nanostructure quantum ratchet for high efficiency solar cells. Commun Phys 2018;1;7.

第11章
硅上单片Ⅲ-Ⅴ族量子点激光器

Jae-Seong Park、Mingchu Tang、Siming Chen 和 Huiyun Liu*

伦敦大学学院电子与电气工程系，英国伦敦

* 通讯作者：*huiyun. liu@ucl. ac. uk*

11.1 介绍

最近，随着云网络和 5G 通信的出现，全球数据流量不断加速增长，数据中心超快速和低成本光传输的发展引起了人们的极大兴趣[1,2]。在这方面，使用光信号而不是电信号的硅光子器件具有重要的技术意义，因为它不仅在单芯片上提供了多种光学功能，而且还提供了低成本和大规模的密集集成[3-5]。此外，硅光子器件普遍采用的绝缘体上硅（SOI，Si-on-insulator）平台，与先进的硅制造和 CMOS 技术兼容[6]。由于这些优势，硅光子技术在过去几十年中以前所未有的速度发展，使用硅光子技术的 100G 4 通道粗波分复用（CWDM，coarse wavelength division multiplexing）光收发器现已上市[7]。

然而，目前可用的硅光子器件一直缺乏原生光源，即激光器，它是阻碍密集集成和高成本效益制造的关键限制因素。这是因为硅的间接带隙阻碍了有效的辐射复合，从而阻碍了激射工作[8]。尽管人们已经验证了硅的拉曼激光器和 Ge 基合金激光器，但基于Ⅳ族的激光器的性能仍然太差，无法在光子集成电路（PIC，photonic integrated circuit）中实施，并且在可预见的未来不太可能超过Ⅲ-Ⅴ族激光器[9-12]。相反，有直接带隙的Ⅲ-Ⅴ族材料具有出色的电学和光学特性，使得Ⅲ-Ⅴ族激光器能够在许多应用中广泛地用作光源[13]。调制器[14,15]、波导[16]、多路复用（解复用）器[17,18]和探测器[19]等光学组件，已经在 SOI 平台中很好地得以制造，并且Ⅲ-Ⅴ族激光器的集成正在成为解决硅光子学中没有原生光源的最有前途的方案。目前的硅基 PIC 通常采用在原生衬底上生长的高性能Ⅲ-Ⅴ族量子阱（QW，quantum-well）激光器的异质集成，即将生长在Ⅲ-Ⅴ族半导体晶圆上的激光器件转移到 SOI 平台上[20,21]。这些技术中，将Ⅲ-Ⅴ族芯片等离子辅助键合到 SOI 晶圆上已被广泛采用，它允许Ⅲ-Ⅴ族激光器和无源硅波导之间的隐失耦合[22]。在这种方法中，生长在其原生衬底上的Ⅲ-Ⅴ族材料首先键合到 SOI 晶圆，然后移除原始衬底并制造激光器件。

尽管异质集成Ⅲ-Ⅴ族 QW 激光器的硅光子器件取得了显著进步，但单个 PIC 中组件数量远少于 InP 基单片 PIC，并且制造成本仍然很高[23]。这可以归因于异构方法的固有局限性，例如可扩展性差和使用比硅衬底小得多且成本高得多的Ⅲ-Ⅴ族原生衬底[24]。为了真正利用硅光子器件的所有优势，必须实现 SOI 平台上的单片Ⅲ-Ⅴ族激光器的直接集成，从而实现经济高效的制造和密集集成。尽管最近在硅上单片生长Ⅲ-Ⅴ族材料取得了进展，但是在硅基 PIC 上部署单片Ⅲ-V族激光器仍然具有挑战性,因为Ⅲ-V族材料在硅上的生长会引入很多缺陷,例如穿透位错(TD, threading dislocation)和反相畴界(APB, anti-phase boundary),这是由于Ⅲ-V族和硅之间存在显著的材料差异[25,26]。此外,主要用于降低单片生长过程中的缺陷密度的厚缓冲层,会导致很难将激光器发出的光耦合到 SOI 表面上的硅波导中。

随着硅上单片Ⅲ-V族生长对于实现与硅光子器件集成的重要性日益增加,最近人们广泛研究了采用量子点(QD)作为有源区的Ⅲ-V族激光器,因为 QD 的量子限制效应提供了许多优势,例如温度稳定性和低阈值电流密度[27,28]。特别是与 QW 结构相比,QD 对 TD 具有很强的耐受性[29],这对硅上Ⅲ-V族的单片生长大有裨益,因为在生长过程中不可避免地会产生高密度的 TD。换句话说,传播到有源区的 TD 只能损害有限数量的 QD,从而使其余 QD 能够对光学增益做出贡献。由于 QD 的这些革命性优势,硅上生产的Ⅲ-V族 QD 激光器被认为是最适合硅光子学单片集成的硅基光源。

在本章中,我们将重点介绍Ⅲ-V/Si 异质外延和硅上Ⅲ-V族 QD 激光器的进展,涵盖解决生长问题的各种方法,并介绍不同类型硅上Ⅲ-V族 QD 激光器的现状。最后,讨论硅上Ⅲ-V族 QD 激光器用于硅光子器件单片集成的未来潜在方向。

11.2 硅上量子点激光器的优势

11.2.1 半导体量子点

量子点是非常小的零维纳米结构,其大小从几纳米到几十纳米不等。随着新型材料的开发,可用作光电器件有源层的 InAs 或 InP 等半导体 QD,因其具有类似原子的特性而得到广泛研究。Arakawa[28]于 1982 年首次从理论上提出使用Ⅲ-V族量子点作为半导体激光器的有源区。对于典型的半导体激光器,非常薄的 QW 异质结构有效地将载流子限制在有源区内,使得允许的电子态得以改变。换句话说,修改后阶梯状的态密度(DOS, density of state)使得载流子的热能分布减少,这与体半导体中的连续分布相反,如图 11.1(a)和(b)所示。在 QD 有源区的情况下,载流子被强烈局域在纳米尺寸的点内,产生一系列类似 delta 函数的 DOS,并强烈抑制有源区中的载流子扩散,如图 11.1(c)所示。与 QW 结构相比,这些效应有助于极大减少载流子的热能分布,从而实现温度不敏感的特性。

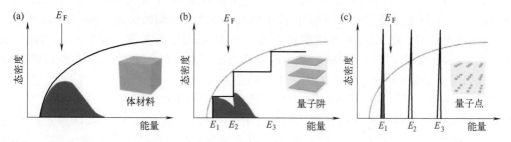

图 11.1 态密度 $D(E)$ 以及单位体积和能量的占据态密度 $N(E)$:(a) 体材料;(b) 量子阱;(c) 量子点半导体。估计值 $N(E)$ 是室温下 $D(E)$ 和费米-狄拉克分布函数 $f(E)$ 的乘积。$N(E)$ 的封闭区域表示电子密度,该电子密度表示载流子的热能分布。

11.2.2 硅基激光器中量子点优于量子阱的优势

如前所述,QD 激光器可能有潜力用于对温度不敏感的操作,这源于类似 delta 函数的

DOS 以及 QD 导带中基态和激发态之间大的子带间距离，而在 QW 激光器中，载流子随着温度的升高不断占据更高的能态。此外，基态的短载流子寿命和类原子 DOS 都有利于粒子数反转，与 QW 激光器相比，有助于实现非常低的阈值电流（密度）[30]。

此外，QD 激光器在动态特性方面优于 QW 激光器。线宽增强因子（α_H 因子）是用于解释激光器动态行为的重要参数之一。α_H 因子描述载流子引起的有源层折射率 n 的变化程度，定义为 $\alpha_H = -\frac{4\pi}{\lambda}(dn/dN)(dg/dN)^{-1}$，其中 N 和 g 分别是载流子密度和光增益[31]。通常，较大的 α_H 值会对光谱线宽、光反馈灵敏度、线性调频等产生不利影响。在 QD 激光器的情况下，QD 的完美高斯能量分布会产生对称增益谱和微分增益。因此，通过 Kramers-Kronig（克拉默斯-克勒尼希）关系计算的微分折射率变化，在峰值位置正好为零[32]。然而，在实际的 QD 激光器中，包括等离子体效应、点的不均匀尺寸分布和晶体缺陷在内的各种因素，会导致非零的 α_H 值。尽管如此，许多实验结果表明，p 掺杂 QD 激光器的 α_H 因子非常低，约为 0.5 甚至 0.13[33]，这大大低于 QW 激光器通常为 2 或更高的值[31]。

QD 激光器还具有非常低的相对强度噪声（RIN，relative intensity noise）[34-36]，以及对光学反馈的强耐受性[37-39]，这源自接近零的 α_H 值。由于光学反馈通常会引入不良影响，例如噪声增加、线宽展宽和相干坍塌，因此通常采用光学隔离器来减少光学反馈[37]。从这方面来看，QD 激光器是非常有前途的光源，可用于无隔离器的下一代光链路和 PIC。

结合这些基本优势，使用 QD 有源区能提供可容忍缺陷的特性[27,40,41] 和由此带来的长寿命[42,43]，这对硅基激光器特别有利。考虑到 Ⅲ-Ⅴ 族材料在硅衬底上的单片生长通常会产生高密度缺陷，所以可容忍缺陷的 Ⅲ-Ⅴ 族 QD 激光器对于单片硅基激光器而言，比 QW 激光器更有利，后者的性能在存在高密度缺陷的情况下会产生显著的严重退化。对于硅上 QW 激光器，单片生长在硅衬底上的首个 AlGaAs 双异质结构激光器在 77K 下脉冲运行[44]。这引起了人们对硅上 Ⅲ-Ⅴ 族激光器相当大的关注。不久之后，Deppe 等人[45] 于 1987 年展示了第一个室温（RT，room temperature）连续波（CW，continuous-wave）工作的硅上 AlGaAs/GaAs QW 异质结构激光器。尽管硅上 Ⅲ-Ⅴ 族 QW 激光器取得了这些开创性的发展，但其性能仍然受到阈值电流密度大和寿命短的影响[46-48]，这主要是由于缺陷密度太高。另一方面，自 1985 年人们[49] 首次报道了 GaAs 上 InAs 超薄层的生长条件和表征以来，QD 的生长在过去几十年中得到了广泛研究[32,50-57]，从而在 1998 年首次实现硅上基于 AlGaAs/GaAs 的 GaAs QD 激光器[58]。随着生长技术和 QD 激光器结构的快速发展，Wang 等人[59] 在 2011 年首次报道了在 1.3μm 电信波长下的硅上 InAs QD 激光器。硅上 InAs/GaAs QD 激光器在 1.3μm 波长下产生了 725A/cm^2 的阈值电流密度（J_{th}）以及 RT 下 26mW 的输出功率，这归因于初始 GaAs 成核层的优化生长温度。

最近，Liu 等人[60] 研究了在同轴硅上生长的具有相同 TD 密度（5×10^7cm^{-2}）的 Ⅲ-Ⅴ 族 QD 和 QW 激光器在实验和理论之间的差异。在这份报告中，硅上 QD 激光器实现了 173A/cm^2 的低 J_{th}，在室温下 >100mW 的高单面输出功率，最高工作温度 105℃；而硅上 QW 激光器在室温下没有显示出激射工作，如图 11.2（a）所示。在图 11.2（b）中，理论计算表明，即使存在高密度的 TD，QD 激光器也可以实现具有低 J_{th} 的优异激射行为。相比之下，QW 激光器显示出非常高的阈值电流密度，并且需要非常低的 TD 密度才能实现激射工作，如图 11.2（c）所示。这表明，对于硅上高性能单片 QW 激光器，TD 密度应该降低到与原生衬底相似的水平。因此，理论上以及实验上都证实了 QD 激光器是单片硅基光源的理想候选者。

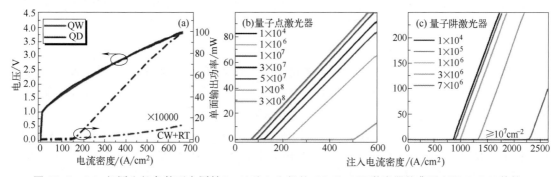

图 11.2 (a) 相同生长条件下在同轴(001)硅上生长的 QD 和 QW 激光器的典型室温 L-I-V 特性。(b)、(c) 不同穿透位错密度时,无涂层 $50\mu m\times 3mm$ QD 和 QW 激光器的计算 L-I 曲线。经许可转载自参考文献 [60] ©2019 IEEE。

11.3 硅上Ⅲ-Ⅴ族材料的异质外延生长

尽管硅上Ⅲ-Ⅴ族激光器的异质集成已经成功实现,但单片集成仍被视为光子组件低成本和密集集成的长期目标。为了实现高性能硅基单片Ⅲ-Ⅴ族激光器,从而充分利用单片集成硅光子器件的全部优势,在硅上直接生长高质量Ⅲ-Ⅴ族材料是一个重要的先决条件。不幸的是,由于Ⅲ-Ⅴ族和硅之间材料特性的显著失配,例如热膨胀系数(CTE, coefficient of thermal expansion)、晶格常数和极性[20],这种方法带来了严重问题。例如,GaAs(InP)和硅之间的晶格失配约为 4%(8%),GaAs 的 CTE($6.6\times 10^6 K^{-1}$)是硅的($2.6\times 10^6 K^{-1}$)约 2.5 倍。

11.3.1 异质外延生长的挑战

① APB 的形成源于不同的结晶极性。在非极性硅衬底上生长极性Ⅲ-Ⅴ族材料的过程中,硅表面上的单原子台阶导致Ⅲ-Ⅴ族材料内的反相畴无序[26,61]。APB 表明存在不正确的键合平面,即Ⅲ-Ⅲ或Ⅴ-Ⅴ键合,将两个Ⅲ-Ⅴ畴分开了。此外,不正确的键合是双电荷缺陷,产生高度补偿的半导体行为,从而损害外延层的电子特性[62]。这种平面缺陷还充当非辐射复合中心和漏电通道,降低激光器器件的性能,甚至完全阻止激射工作。

② GaAs(InP)和 Si 之间 4%(8%)的晶格常数失配在赝晶层中引入了应变能的积累,这与外延层的厚度成正比。如果 Si 上生长的Ⅲ-Ⅴ族外延层超过一定厚度,即所谓的临界厚度,累积的应变能通过产生沿异质界面的失配位错(MD, misfit dislocation)而释放。由于 MD 不能在晶格内终止,因此 MD 会到达晶圆的边缘,或者在向表面传播时优先在 MD 的末端形成 TD。众所周知,位错在半导体带隙中引入电子态,充当非辐射复合中心,并为缺陷扩散提供有利的路径[63]。

③ Ⅲ-Ⅴ族材料和 Si 之间 CTE 的巨大差异(GaAs 和 Si 分别为 $6.6\times 10^6 K^{-1}$ 和 $2.6\times 10^6 K^{-1}$)以及随之而来的热应力,导致在晶圆生长结束时,从 GaAs 优化生长温度(约 580℃)冷却至室温过程中,形成热裂纹。热裂纹的存在会对Ⅲ-Ⅴ族材料层的质量和器件性能产生多种有害影响,例如,光传播的散射中心、电学短路路径和对外延层(约 $7\mu m$)能达到的总厚度的限制[64]。

11.3.2 高质量Ⅲ-Ⅴ/Si 外延的解决方案

11.3.2.1 同轴硅上生长无 APB Ⅲ-Ⅴ族材料的方法

众所周知，在具有 4°～7°的不同角度切割的硅衬底上生长Ⅲ-Ⅴ族材料，可有效抑制 APB 的形成[65-68]。通过利用这些斜切的硅衬底，已广泛实现，在硅上生长的高质量Ⅲ-Ⅴ族材料层，具有低的穿透位错密度（TDD, threading dislocation density）并且没有 APB[59,69-75]。然而，斜切的硅衬底与使用同轴（001）Si 的 SOI 平台和 CMOS 工艺不兼容。为了将单片Ⅲ-Ⅴ族光源与其他光子元件结合起来，因此在同轴硅衬底上生长高质量的无 APB 的Ⅲ-Ⅴ族材料至关重要。为此，大量研究专注于在与 CMOS 兼容的同轴（001）Si 衬底上外延生长Ⅲ-Ⅴ族材料层，而不产生 APB。迄今为止，已经有了几种成熟的策略，包括图案化硅衬底[76-78]和中间插入 GaAs[62,79]或 GaP[80-83]缓冲层。

(1) 图案化硅衬底

Li 等[76]研究了 V 形槽（001）Si 衬底上的 GaAs 生长。为获得无 APB 的 V 形槽上 GaAs（GoVS, GaAs-on-V-groove Si）模板，使用 KOH 溶液对镀有图案化 SiO₂ 的 n 型同轴（001）Si 衬底进行各向异性蚀刻，形成露出 {111} 晶面的 V 形槽结构，随后，使用金属有机化学气相沉积方法（MOCVD, metal-organic chemical vapor deposition），在 V 形槽的 Si 上选择性地生长 GaAs 纳米线。去除 SiO₂ 图案后，在 600℃下重新生长 1μm 厚的 GaAs 薄膜，将 GaAs 纳米线合并到一起，然后是 AlGaAs/GaAs 应变层超晶格（SLS, strained-layer superlattice）和 GaAs 缓冲层。纳米线阵列上合并的 GaAs 薄膜实现了平坦的表面，5μm×5μm 扫描区域的均方根（RMS）偏差为 1.9nm，分别如图 11.3 (a) 和 (b) 所示。这揭示出在 SiO₂ 侧壁下方的冠状结构周围高度有序的纳米线限制了大部分堆垛层错 [图 11.3 (c)]。APB 的抑制可以通过 Si {111} 平面上Ⅲ-Ⅴ族材料层的均匀成核来解释。

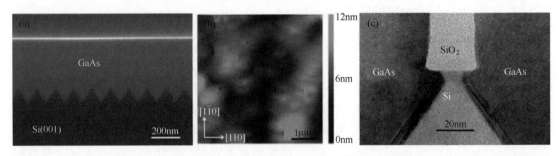

图 11.3 在 Si 上生长的 GaAs 纳米线阵列上所生长的合并 GaAs 薄膜：(a) 横截面 SEM 图像；(b) AFM 图像；(c) 横截面 TEM 图像，显示了由 SiO₂ 下面的冠状结构限制的堆垛层错。经许可转载自参考文献 [76] ©2015 AIP publishing LLC。

(2) MOCVD/MOVPE 生长的缓冲层

Alcotte 等人[62]还报道了通过 MOCVD 在标称（001）Si 衬底上生长的无反相畴的 GaAs 层。使用 NF₃/NH₃ 远程等离子体在 SiConi 腔室中脱氧后，Si 晶圆转移到 MOCVD 生长室中，随后在 H₂ 气氛下退火，促进 2×1 表面再构。优化的 Si 表面主要由双原子台阶组成，这对抑制 APB 的形成至关重要，且仅在台阶边缘处发现少数单层原子的岛。在这个优化的 Si 表面上使用传统的两步工艺，生长了 150nm 厚的 GaAs 层，从而在没有 APB 的情况下实现了低的表面粗糙度。不同于在未优化的（001）Si 上生长的 GaAs 薄膜所显示的随机分布的 APB [图 11.4（a）]，优化的 Si 表面表现出双台阶 [图 11.4（b）]，而在优化的 Si 上生长的 GaAs 薄膜在没有 APB 的情况下实现了 0.8nm 的均方根粗糙度 [图 11.4（c）]，这是通过原子力显微镜测量证实的。标称（001）Si 上无 APB 的 GaAs 生长归功于表面的准备工作，例如 SiConi 腔室中的等离子体处理和 MOCVD 中 H_2 气氛下的退火，这些促进了 Si 表面上双原子层台阶的形成。

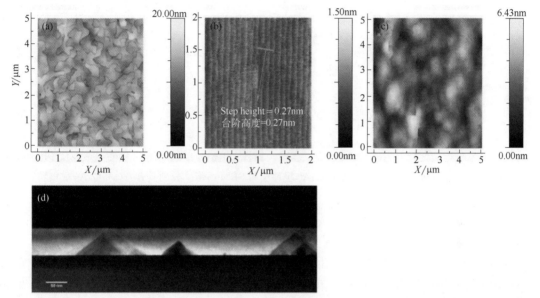

图 11.4 （a）400nm 厚 GaAs 在未优化的（001）Si 上的 $5\mu m \times 5\mu m$ AFM 图像，看到高密度随机分布的 APB（RMS=1.6nm）。（b）具有双台阶表面优化的 0.15°（001）Si 的 $2\mu m \times 2\mu m$ AFM 图像。（c）在优化的 0.15°（001）Si 上生长的无 APB 150nm 厚 GaAs 的 $5\mu m \times 5\mu m$ AFM 图像（RMS=0.8）。（d）同轴（001）Si 上生长的 GaP 薄膜的暗场横截面 TEM 图像。(a)、(b) 和 (c) 转载自参考文献 [62]，根据 CC BY 4.0 许可。(d) 经许可转载自参考文献 [80] ©2010 Elsevier B.V. 版权所有。

此外，Volz 等人[80]通过使用气相外延（VPE，vapor phase epitaxy）和金属有机气相外延（MOVPE）开发了无 APB 的 GaP/Si 模板。同轴（001）Si 衬底上 GaP 的生长包括两步工艺，即 VPE 用于同质外延生长 Si 缓冲层，而 MOVPE 用于异质外延生长 GaP 缓冲层。首先生长同质外延 Si 缓冲层，再在 H_2 环境中退火，第二步工艺在同轴 Si 衬底上形成双原子台阶方面起着重要作用。然后，使用由成核和二次生长步骤组成的两步生长工艺，在同质外延硅缓冲层上生长 GaP 层。如图 11.4（d）所示，横截面暗场 TEM 图像显示在 GaP 缓冲层内 APB 的自湮灭。

(3) 全 MBE 生长的 GaAs 缓冲层

尽管最近在 CMOS 兼容的同轴（001）Si 上生长单片Ⅲ-Ⅴ族材料取得了重大进展，但上述所有成熟的方法都需要 MOCVD/MOVPE 生长系统来获得无反相畴的虚拟衬底，这涉及额外的成本，从而降低了低成本单片集成的优势。此外，高质量的Ⅲ-Ⅴ族 QD 结构通常通过分子束外延（MBE，molecular beam epitaxy）系统生长，因为 MOCVD 系统相对难以生长高质量的 InAs/GaAs QD[84]。在这方面，希望通过使用 MBE 系统在同轴（001）Si 衬底上实现Ⅲ-Ⅴ族激光结构的一步生长。最近，Kwoen 等人[85]报道了在同轴（001）Si 上生长的全 MBE GaAs 层中消除 APB。在这项工作中，研究了作为成核层的 $Al_xGa_{1-x}As$ 的组分对消除 APB 的影响。图 11.5（a）~（d）显示了在 Si 上生长的 GaAs 层的横截面 SEM

图像，其中具有 $Al_xGa_{1-x}As$ 和 GaAs 成核层，其中 x 的值为 0、0.3、0.5 和 0.7。与 $Al_{0.7}Ga_{0.3}As$ 和 $Al_{0.5}Ga_{0.5}As$ 成核层不同 [图 11.5（c）和（d）]，$Al_{0.3}Ga_{0.7}As$ 成核层 [图 11.5（b）] 与没有 APB 的 GaAs 层 [图 11.5（a）] 的质量相似。人们认为 APB 的湮灭机制主要归因于自湮灭，而不是在 Si 上形成双原子台阶。

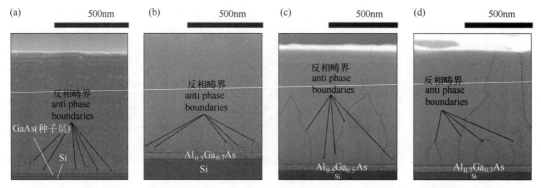

图 11.5 在（001）Si 衬底上生长的 GaAs 缓冲层的 SEM 图像，分别具有：（a）GaAs 成核层；（b）$Al_{0.3}Ga_{0.7}As$ 成核层；（c）$Al_{0.5}Ga_{0.5}As$ 成核层；（d）$Al_{0.7}Ga_{0.3}As$ 成核层。经许可转载自参考文献 [85]ⓒ日本应用物理学会，2019。

11.3.2.2 降低穿透位错密度的方法

在 GaAs 或 InP 等原生衬底上生长的高质量Ⅲ-Ⅴ族激光器具有非常低的 TD 密度（$<10^5 cm^{-2}$），这些激光器广泛用于硅光子器件的异质集成[86]。另一方面，单片生长在 Si 衬底上的Ⅲ-Ⅴ族材料层通常会产生高密度的 TD（$10^6 \sim 10^{10} cm^{-2}$）。为了实现高性能的硅上单片Ⅲ-Ⅴ族激光器，降低充当电子散射和非辐射复合中心的 TD 的密度非常重要[42,60]。因此，几十年来一直致力于开发生长技术，包括位错过滤层（DFL，dislocation filter layer）[87-91]、缓冲层的两步生长[92]、热循环退火[93-95] 和诸如此类的方法[96-98]。例如，Tang 等人[90,91] 研究了 SLS 的优化，例如现在通常用于 DFL 的 InGaAs/GaAs 和 InAlAs/GaAs，

图 11.6 GaAs/Si 上三层 InGaAs/GaAs SLS DFL 的横截面 TEM 图像。转载自参考文献 [91]，根据 CC BY 3.0 许可。

并成功地将 TDD 减少到 $10^6 cm^{-2}$ 的量级，特别是针对在 1.3μm 电信波长发射的 QD 激光器。在图 11.6 中，可以清楚地看到大多数 TD 都通过三组 InGaAs/GaAs SLS DFL 被有效限制，这一成功归因于在 $In_xGa_{1-x}As$/GaAs SLS 中 In 组分（$x=0.18$）和 GaAs 厚度（10nm）的优化以及 GaAs 间隔层的生长条件的优化。此外，Yang 等人[88] 研究了自组装 In(Ga,Al)As/GaAs QD 对降低 TDD 的影响，报告称作为 DFL 的 10 层自组装 InAs QD 可有效降低 TDD。这可以通过 QD 岛下方的位错弯曲来解释。

11.3.2.3 减少热裂纹的方法

为了抑制因 CTE 差异过大而引起的热裂纹，重要的是使缓冲层总厚度最小化。选择区域掩模也可用于最小化裂纹成核中心[99-101]。最近，Yang 等人[102] 研究了退火温度、掺杂浓度和 Ge 缓冲层厚度对 TD 密度的影响。他们表明，在 Si 衬底上生长 InAs/GaAs QD 时采用 270nm 厚的 Ge 缓冲层，可以获得的 TDD 为

$6.1×10^8 cm^{-2}$,类似于 1400nm 厚 GaAs 缓冲层的 TDD ($5.9×10^8 cm^{-2}$)。该结果表明,使用 Ge 缓冲层可以将传统缓冲层的总厚度减少至少 $1\mu m$,而不会降低Ⅲ-V族材料层的质量。显然,这是一种很有前途的方法,可以防止热裂纹的形成,同时最大限度地减少缓冲层的厚度。

11.4 硅上Ⅲ-V族量子点激光器的现状

11.4.1 硅上法布里-珀罗边发射激光器

11.4.1.1 斜切硅上的高性能 QD 激光器

尽管与 QW 激光器相比,QD 激光器对 TD 具有相对较强的耐受性,但高密度 TD 的存在仍然对 QD 激光器件的性能产生不利影响,因此最小化 TD 的密度是一个关键问题。自首次在硅上展示电信波长($1.3\mu m$)InAs/GaAs QD 激光器[59] 以来,生长技术取得了快速进展,例如使用 DFL、成核层等,如 11.3 节所述。在以往研究的基础上,Chen 等人[40] 在 2016 年报告了在硅上生长的高性能和高可靠性的 $1.3\mu m$ InAs/GaAs QD 激光器。在这项工作中,(100) Si 衬底朝向 [011] 平面有 4°斜切角,用于防止 APB 的形成并在生长过程中获得单畴。为了降低 TD 的密度,优化结构和生长条件,他们采用了包括 AlAs 成核层、多步 GaAs 缓冲层和 InGaAs/GaAs SLS DFL。如图 11.7(a)的位置 1 所示,大部分缺陷被限制在 200nm 厚的 GaAs 缓冲层内。这是通过分别在 350、450、590℃下生长 6nm 厚的 AlAs 成核层和三个 GaAs 缓冲层(30、170、800nm)来实现的。为了进一步降低 TD 的密

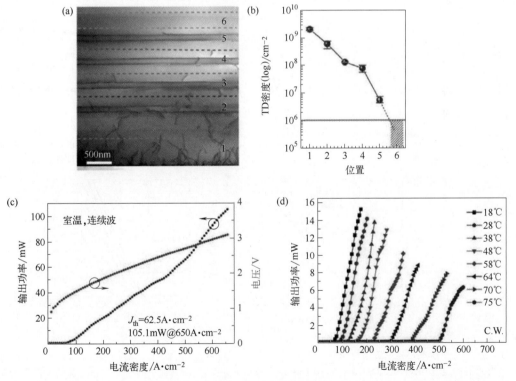

图 11.7 (a) GaAs/Si 上 DFL 的明场 TEM 图像。(b) 在不同位置[如(a)中所示]。测得的穿透位错密度。(c) $50\mu m×3200\mu m$ QD 激光器在 RT 连续波操作下在 Si 上的典型 L-I-V 特性。(d) 同一器件的温度依赖性 L-I 曲线。经许可转载自参考文献 [40] ©2016 Springer Nature。

度，引入了经过优化的 $In_{0.18}Ga_{0.82}As/GaAs$ SLS DFL，从而将 TDD 降低至约 $10^5 cm^{-2}$，如图 11.7（b）所示。使用这些技术制造的宽面积激光器在室温下达到了创纪录的 $62.5A/cm^2$ 的低阈值电流密度、100mW 的高功率和最高达 75℃ 的工作温度，如图 11.7（c）和（d）所示。此外，外推的平均失效时间估计超过 100000h，表明硅上 QD 激光器在实际应用中是可行的。

11.4.1.2 同轴硅上的 O 波段 QD 激光器

在过去的几年中，人们一直致力于使用与 CMOS 兼容的同轴（001）Si 衬底。事实上，许多研究组通过采用 MOCVD 或 MOVPE 生长中间 $GaP^{[80,103-105]}$/$GaAs^{[106,107]}$ 缓冲层、图案化 $Si(GoVS)^{[77,108,109]}$ 和 MBE 生长的 AlGaAs 缓冲层$^{[84,110]}$ 等多种解决方案，已经在同轴硅上实现了 InAs/GaAs QD 激光器。例如，Liu 等人$^{[103]}$ 首先演示了使用市售的 GaP/Si 模板在同轴硅上生长 $1.3\mu m$ CW QD 激光器；在 GaP/Si 模板和 GaAs 原生衬底上生长的具有解理面的宽面积激光器（$2000 \times 20\mu m^2$），分别显示出 345mA（$862A/cm^2$）和 190mA（$475A/cm^2$）的阈值电流（密度）。具有高反射（HR，high-reflection）腔面涂层的 GaP/Si 上的窄脊波导激光器，分别在 $3 \times 750\mu m^2$ 到 $3.5 \times 1500\mu m^2$ 器件上实现了低至 30mA 的阈值和最高达 90℃ 的工作温度。根据这一结果，Jung 等人$^{[105]}$ 报道了 GaP/Si 上的高可靠性 $1.3\mu m$ QD 脊波导激光器。该脊波导激光器（$2.5 \times 1079\mu m^2$）的一个面上有 HR 涂层，产生低至 6.2mA 的阈值电流和 21% 的单侧峰值总体（电光转换）效率，如图 11.8（a）中所示。图 11.8（b）中的 QD 器件（$8 \times 1341\mu m^2$）实现了最高达 85℃ 的工作温度和约 8mW 的输出功率。在 $6 \times 1341\mu m^2$ 的 QD 器件上获得了 87% 的最高注入效率。GaP/Si 上 QD 激光器的高性能归因于 QD 有源区中的 p 型调制掺杂和 TDD 降低至 $8.4 \times$

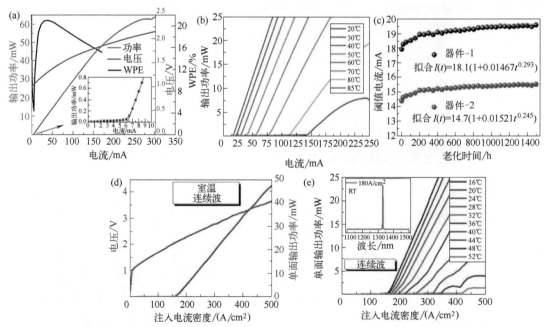

图 11.8 （a）具有 HR 涂层的 $2.5\mu m \times 1079\mu m$ GaP/Si 上 QD 激光器在室温下的 L-I-V 和总体效率（WPE）曲线，连续波操作下，显示阈值电流为 6.2mA，单侧峰值效率为 21%。（b）GaP/Si 上 $2.5\mu m \times 1079\mu m$ QD 激光器的温度相关 L-I 曲线。（c）在 1500h 寿命测试期间，GaP/Si 上两个 $1641\mu m$ 长的 QD 激光器器件的连续波阈值电流增加的演变。（d）传统的 L-I-V 曲线。（e）$50\mu m \times 3000\mu m$ 大面积 GaAs/Si 上 QD 激光器的温度依赖性 L-I 曲线。（a）、（b）和（c）经许可可转载自参考文献 [105] © 2018 美国化学学会。（d）和（e）转载自参考文献 [107]，根据 CC BY 4.0 许可。

$10^6 cm^{-2}$。图 11.8（c）显示了在 1500h 寿命测试期间，两个 $1641\mu m$ 长的器件的连续波阈值电流增加。观察到阈值电流仅增加 9.5%，此外，外推的平均失效时间估计超过一百万小时 [图 11.8（c）]，这意味着 QD 激光器具有更高的可靠性。

此外，Chen 等人[106]在同轴（001）Si 上采用了 MOCVD 生长 GaAs 缓冲层，报道了 Si 上的 $1.3\mu m$ InAs/GaAs QD 激光器。在这项工作中，对于 Si 和 GaAs 衬底，没有腔面涂层和 p 调制掺杂的大面积激光器（$25\times3000\mu m^2$）分别展示出 $425A/cm^2$ 和 $210A/cm^2$ 的 J_{th}。在 CW 工作下，Si 上激光器件获得了 43mW 的最大单面输出功率和高达 36℃ 的工作温度。紧跟这一结果，Li 等人[107]报告了在同轴硅上 $1.3\mu m$ QD 激光器的改进性能，他们使用了 MOCVD 生长 GaAs 缓冲层。如图 11.8（d）所示，硅上大面积（$50\times3000\mu m^2$）激光器在连续波操作下，在室温下显示出 $160A/cm^2$ 的低 J_{th} 和 48mW 的单面输出功率。在图 11.8（e）中，展示出 52℃ 的最大工作温度，这可以通过 p 调制掺杂技术进一步提高。

对于图案化的 Si 衬底，Norman 等人[108]在 GoVS 模板上展示了电泵浦连续波 $1.3\mu m$ QD 激光器，其 TDD 经测量为 $7\times10^7 cm^{-2}$。所制造的激光器件（$9\times1200\mu m^2$）的阈值电流为 81mA，而单面输出功率超过 50mW。具有 HR 涂层的 $9\times1200\mu m^2$ 器件实现了最高达 80℃ 的 CW 工作温度。基于这项工作，Shang 等人[109]进一步提高了 GoVS 模板上 QD 激光器的性能。他们制造了脊宽为 $10\mu m$ 和 $2\mu m$ 的 $1450\mu m$ 长激光器件。$10\times1450\mu m^2$ 器件产生的阈值电流（密度）为 39mA（$270A/cm^2$），最大功率为 75mW；而 $2\times1450\mu m^2$ 器件的阈值电流（密度）为 16mA（$550A/cm^2$）并有 33mW 的最大功率。此外，他们还测量了具有不同探针金属设计的 $5\times1450\mu m^2$ 器件的动态特性。A 型和 B 型激光器分别表示探针金属在 p 型/n 型金属触点之间没有垂直重叠，并且 p 型探针金属的一部分放置在 SiO_2/n 型接触层上，显示出 3dB 带宽（f_{3dB}）为 5.8GHz（A 型）和 3.6GHz（B 型），如图 11.9（a）和（b）所示。A 型器件的性能更好，归因于寄生电容的减少。

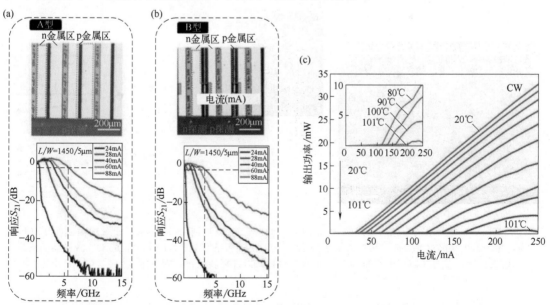

图 11.9 （a）A 型和（b）B 型激光器的频率响应，其中腔长为 $1450\mu m$，宽度为 $5\mu m$，显示最大 f_{3dB} 为 5.8GHz（A 型）和 3.6GHz（类型 B）。（c）直接在同轴（001）Si 上生长的 QD 激光器在 CW 操作下的温度依赖性 L-I 曲线。（a）和（b）转载自参考文献[109]，根据 CC BY 4.0 获得许可。（c）经许可转载自参考文献[110] ©美国光学学会

关于同轴硅上全部由 MBE 生长的 QD 激光器，则不使用图案化或虚拟模板，Kwoen 等人[110]首次报告了同轴硅上 InAs/GaAs QD 激光器的高温连续操作。在其工作中，使用 MBE 系统在 n 型（001）Si 衬底上直接生长了 40nm 厚的 AlGaAs 种子层和 800nm 厚的 GaAs 缓冲层，测得 TDD 为 $4.7 \times 10^7 cm^{-2}$。制造的激光器件（$7 \times 1000\mu m^2$）产生了 27.6mA（$370A/cm^2$）的阈值电流（密度），并且在高达 101℃ 的温度下获得 CW 工作，如图 11.9（c）所示。

11.4.1.3 同轴硅上的 C 波段 QD 激光器

虽然硅上的 1.3μm InAs/GaAs QD 激光器已得到深入研究，但只有一些关于在硅上生长的 C 波段（1.55μm）QD 激光器的报道[111-113]，这类激光器则对中距离/长距离通信应用很重要[114,115]。主要是因为 InP 和 Si 之间的大晶格失配（8%）产生了大约 $10^9 \sim 10^{10} cm^{-2}$ 的 TDD，远高于硅上的 GaAs（$10^6 \sim 10^8 cm^{-2}$）。事实上，直到 2018 年，Zhu 等人[111]才首先在硅上展示了基于 InP 的 1.5μm InAs QD 激光器的脉冲操作。在此结果中，V 形槽 Si 上的 InP 模板用于抑制 APB，InP 层生长在 GaAs/Si 上，如图 11.10（a）所示。为了降低 TD 的密度，引入 10 个周期的 $In_{0.6}Ga_{0.4}As/InP$（10/30nm）SLS 作为 DFL，并使用 250nm 厚的 InP 间隔层重复三次，从而使得 TDD 的数目从 $10^9 \sim 10^{10} cm^{-2}$ 量级减少至 $1.5 \times 10^8 cm^{-2}$，如图 11.10（b）所示。在 $10 \times 5000\mu m^2$ 器件中，对于由五层 InAs/InAlGaAs QD 组成的有源区，获得了 $1.6kA/cm^2$ 的 J_{th} 和 57mW 的单面输出功率。$20 \times 1000\mu m^2$ 器件在没有 p 调制掺杂的情况下，表现出高达 80℃ 的激射温度和 58.7K 的特征温度。此外，Si 和 InP 衬底上基于 InP 的 QD 激光器也与硅上 QW 激光器进行了比较。在图 11.10（c）中，将获得的阈值电流密度绘制为腔体长度的函数。结果表明，硅上 QD 激光器的 J_{th} 是 InP 上的 2 倍，但比硅上 QW 激光器低 3/8，表明 QD 作为有源介质是硅上单片集成的一种有前途的方法。

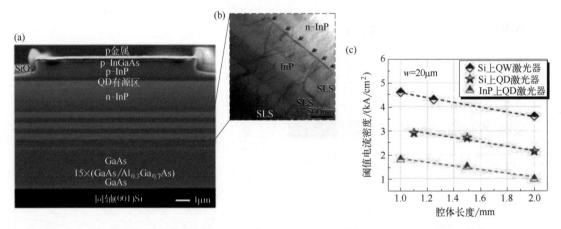

图 11.10 （a）外延层的彩色增强截面 SEM 图像。（b）三组 10 周期 InGaAs/InP SLS 的横截面 TEM 图像，显示出了缺陷过滤效应，用红色箭头表示。（c）在 Si 和原生 InP 衬底上生长的 QD 激光器的阈值电流密度，并与在硅上生长的 QW 激光器作对比。经许可转载自参考文献[111]©AIP 出版。

11.4.2 硅上的单模量子点边发射激光器

11.4.2.1 QD 分布式反馈激光器

为实现硅光子器件的终极目标，开发纵向单模激光器阵列用于先进光通信系统尤为重要，其应用例如波分复用（WDM，wavelength division multiplexing）[12,116,117]。WDM 技术通过单根光纤传输不同波长的多个光信号，标准 CWDM 系统的通道（波长）间隔通常为 20nm。在这方面，分布式反馈（DFB，distributed feedback）激光器阵列提供有限数量的波长通道，对于解决用于 WDM 系统的硅光子器件中的单片光源非常重要。

2018 年，Wang 等人[118]展示了第一个在硅上生长的电泵浦 O 波段 QD DFB 激光器阵列。在该文章中，InAs/GaAs QD 激光器结构生长在 n 型（001）Si 衬底上，该衬底相对[011]平面斜切 4°。图 11.11（a）显示了制造的单个 DFB 激光器的示意图。与在有源区域内形成布拉格光栅的传统 DFB 激光器不同，在这项工作中，采用了横向光栅以避免复杂的二次生长步骤，并通过单个干法蚀刻步骤制造出了波导脊和光栅。为了获得单纵模激射，使用了具有 $\lambda/4$ 相移的一阶侧壁光栅；为了压制背反射，采用 AR 输出耦合器而不是 AR 涂层。硅上制造的 DFB 激光器阵列表现出 12mA 的连续波阈值电流和 50dB 的边模抑制比（SMSR，side-mode suppression ratio），分别如图 11.11（b）和（c）所示。特别是，DFB 激光器阵列实现了 O 波段 100nm 的宽波长覆盖和（20±0.2）nm 的通道（波长）间隔，适用于标准的 CWDM 系统。这可以归因于 QD 的不均匀性导致的宽增益带宽。

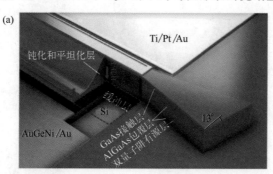

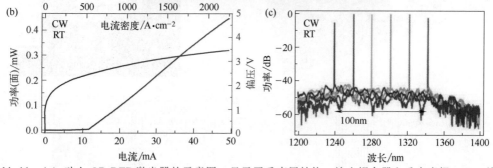

图 11.11 （a）硅上 QD DFB 激光器的示意图，显示了垂直层结构、输出耦合器和垂直光栅。（b）单个 1mm 长 QD DFB 激光器在室温下的典型 L-I-V 特性。（c）具有不同光栅的 QD DFB 激光器阵列的光谱，显示 O 波段覆盖 100nm 范围，通道间距 20nm。转载自参考文献 [118]，根据 CC BY 4.0 许可。

2020 年，Wan 等人[119]还报道了在无反相畴（APD）的 GaP/Si 衬底上生长的第一个 1.3μm QD DFB 激光器。在这项工作中，采用传统的两步 MBE 二次生长来获得就在有源层上方的一阶 DFB 光栅，而没有 $\lambda/4$ 相移。解理后的 $2.5 \times 2000 \mu m^2$ 的 DFB 激光器在 CW 操作下表现出高达 70℃ 的激射行为，而对于 $3 \times 1500 \mu m^2$ 器件的阈值电流（密度）为 20mA（440A·cm^{-2}）。解理后 DFB 激光器阵列（$3 \times 700 \mu m^2$）展现出通道（波长）间距为 13nm 且峰值波长为 1285~1338nm，SMSR 为 45~50dB。此外，QD DFB 激光器阵列通过使用外部调制的概念验证测试，展示了超过 640Gbit/s 的聚合数据速率。

11.4.2.2 QD 波长可调谐激光器

波长可调谐激光器是很有前途的光源，特别是对于通常需要 0.4nm 或 0.8nm 通道（波长）间距的密集波分复用（DWDM，dense wavelength division multiplexing）系统[120]。这是因为可调谐激光器的发射波长可以以受控方式精细改变，而 DFB 激光器需要改变器件结构才能够进行波长调谐。目前可用的可调谐激光器通常与分布式布拉格反射器[121,122]、微环（MR，micro-ring）谐振器[123] 和耦合空腔[124,125] 结合使用。然而，由于器件面积过大、制造中有二次生长步骤以及使用需要键合工艺的原生衬底，因此需要额外成本的限制。

2020 年，Wan 等人[126] 首先展示了在 GaP/Si 衬底上生长的 InAs/GaAs QD 可调谐激光器，使用半波耦合环形谐振器，无需外延二次生长或光栅。在这项工作中采用半波耦合器[127] 来实现了高 SMSR。如图 11.12（a）和（b）所示，可调谐激光器由一个传统的 FP

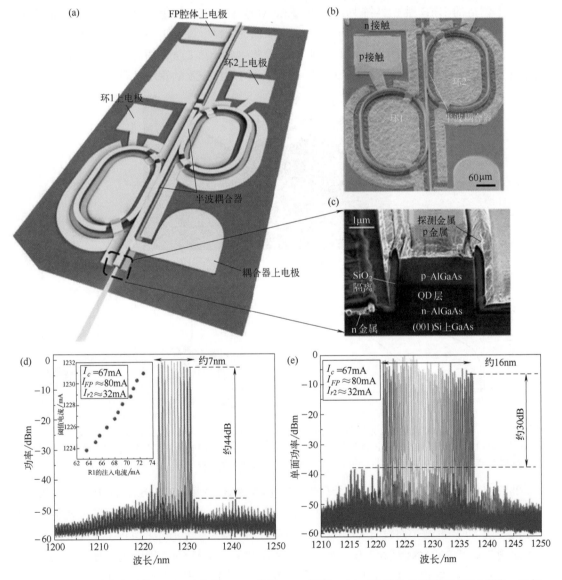

图 11.12 可调谐激光系统：(a) 示意图；(b) 俯视 SEM 图像。(c) FP 腔体的横截面 SEM 图像。叠加调谐光谱：(d) 具有 11 通道波长切换和 45dB 的最小 SMSR；(e) 具有 37 通道波长切换和 30dB 的最小 SMSR。经许可转载自参考文献 [126] ©美国光学学会

腔和两个半波耦合器耦合的两个有源环形谐振器组成。请注意，FP（法布里-珀罗）腔、MR 谐振器和耦合器的横截面图像与图 11.12（c）中所示的相同，因为是同时对相同的结构进行工艺以制造每个器件。在 RT 的 CW 操作下，11 通道（37 通道）波长切换实现了 7nm（16nm）调谐范围和 45dB（30dB）的最小 SMSR，分别如图 11.12（d）和（e）所示。通过调整两个环形谐振器之间的周长差和改变热电冷却器的温度，可以潜在地增加调谐范围。

11.4.3 硅上的量子点锁模激光器

QD 锁模激光器（MLL，mode-locked laser）也是 WDM 光源的有前途的候选，因为 QD 的独特属性提供了增益谱固有的不均匀展宽和超快载流子动力行为[128]。最近，Liu 等人[129]首次报道了直接在同轴 Si 衬底上生长的 20GHz 被动锁模 QD 激光器。如图 11.13（a）和（b）所示，QD MLL 分别显示出窄的 RF 3dB 线宽为 1.8kHz，以及 4～80MHz 下创纪录的 82.7fs 低定时抖动。图 11.13（c）为包含 58 条梳状线的具有最大 3dB 带宽的方形光谱。他们测得整个光谱和单个波长通道的平均 RIN 分别为 -152dB/Hz 和 -133dB/Hz [图 11.13（d）]。利用 64 个波长通道作为光载波，通过奈奎斯特四电平脉冲幅度调制格式实现了 4.1Tbit/s 的聚总传输容量。

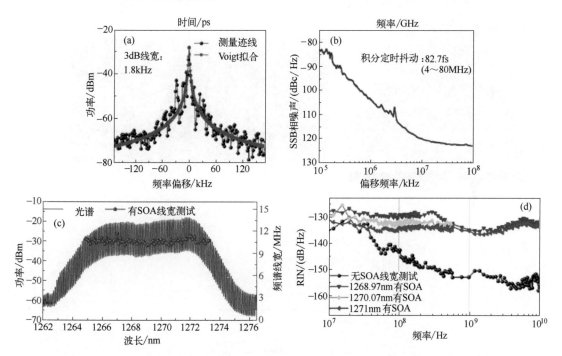

图 11.13 在硅上生长并制造的 20GHz QD-MLL：(a) 窄跨度 RF 峰值 [RF 峰值出现在 20.02GHz；分辨率带宽（RBW）：1kHz]；(b) 单边带噪声图显示出 82.7fs 的低定时抖动；(c) 10dB 以内各模的光谱及相应的光线宽度；(d) O 波段和特定过滤波长通道在 $I_{gain}=180$mA，$V_{SA}=1.92$V 下的相对强度噪声。经许可转载自参考文献 [129] ©美国光学学会。

11.4.4 硅上的量子点微腔激光器

微腔激光器具有独特的优势，例如极低的功耗和优于 FP 激光器的密集集成。这是因为微腔激光器的腔体体积小，而 FP 激光器需要至少几百微米的腔长[130]。为了在 Si 光子器件中实现这些优势,近年人们广泛研究了在硅上生长的各种 QD 微腔激光器,包括回音壁模式微盘和微环(MR)[113,131-143]。

11.4.4.1 QD 微盘激光器

例如,关于硅上微盘(MD,micro-disk)激光器,Kryzhanovskaya 等人[136] 首先展示了在硅上生长的 QD MD 激光器的电泵浦 CW 操作,其发射波长超过 $1.3\mu m$($1.32\sim 1.35\mu m$)。图 11.14(a)给出了 QD MD 激光器结构的示意图。直径从 $14\sim 30mm$ 的 MD 激光器,生长在与[011]平面有 4°斜切的(001)Si 衬底上,在 RT 下显示出 CW 激射操

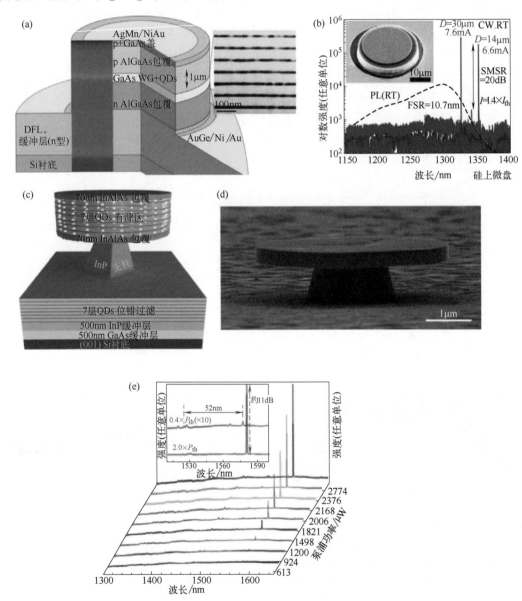

图 11.14 (a)硅上 $1.3\mu m$ QD 微盘激光器的示意图,带有横截面的 SEM 图像(左插图)和 QD 有源层的明场 TEM 图像(右插图)。(b)直径为 14、$30\mu m$ 的硅上 MD 激光器在 1.4 倍阈值电流下的 RT CW 发射光谱。虚线曲线表示 QD 的 PL 光谱,插图表示 MD 激光器的 SEM 图像。(c)硅上 $1.55\mu m$ QD 微盘激光器的外延结构示意图。硅上 $4\mu m$ 直径微盘激光器的(d)侧视 SEM 图像和(e)μ-PL 光谱作为光泵功率的函数。(e)中插图显示了低于和高于阈值发光的比较。(a)和(b)经许可转载自参考文献 [136] ©美国光学学会。(c)、(d)和(e)经许可转载自参考文献 [135] ©2017,美国化学学会。

作并产生 $600A/cm^2$ 的最小 J_{th}。图 11.14（b）显示了直径为 14、$30\mu m$ 的 MD 激光器的代表性激射光谱。直径为 $14\mu m$ 的 MD 激光器的峰值波长位于 1351nm，而两种器件都产生近乎单模的激射。与 FP 激光器一样，MD 激光器的研究重点也转向了与 CMOS 平台兼容的同轴（001）Si 衬底上的单片生长。例如，Zhou 等人[140] 报道了 O 波段 InAs/GaAs QD MD 激光器生长平面同轴（001）Si 衬底上，其中器件直径为 $1.1\mu m$，具有 $3\mu W$ 的极低阈值。在该结果中，制造的器件用于演示在 RT 下的光泵浦 CW 操作，其发射波长为 1315nm。

对于 C 波段 MD 激光器，Shi 等人[135] 在（001）平面硅上结合 QD DFL 和 GaAs 中间缓冲层用于生长 InP，展示了 $1.55\mu m$ 硅上 InAs/InAlGaAs QD MD 激光器，其低阈值在 CW 光泵浦下、4.5K 时为 1.6mW。图 11.14（c）为外延结构的示意图。为了光学隔离微盘的有源区，通过选择性蚀刻 $1\mu m$ InP 缓冲层形成 InP 柱，如图 11.14（d）所示。他们测量了作为光泵功率函数的微光致发光（μ-PL）光谱，以表征图 11.14（e）中 $4\mu m$ QD MD 激光器的激射行为。C 波段在 4.5K 的 CW 光泵浦下出现 $1.578\mu m$ 的峰值，并且以约 11dB 的高消光比演示了两倍阈值下的单模激射，如图 11.14（e）的插图所示。基于这项工作，Shi 等人[113] 将最高工作温度提高到 60℃。然而，对于同轴硅上的 O 波段和 C 波段 QD MD 激光器，尚未演示电泵浦连续波工作。

11.4.4.2 QD 微环激光器

对于 MR 激光器，Wan 等人[141] 报道了带有 GoVS 模板的同轴（001）Si 上电泵浦连续波 $1.3\mu m$ QD MR 激光器。他们研究了半径为 $5\sim50\mu m$、环宽为 $2\sim7\mu m$ 的各种环结构。图 11.15（a）说明了 MR 激光器器件的制造过程。半径为 $50\mu m$、宽度为 $4\mu m$ 的 MR 激光器的阈值电流为 15mA，对应的 J_{th} 为 $1.2kA/cm^2$，并实现了至高 100℃ 的高温连续工作。

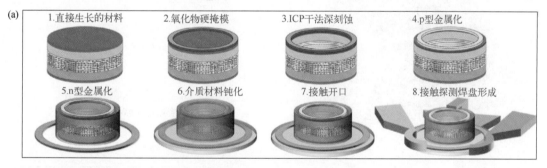

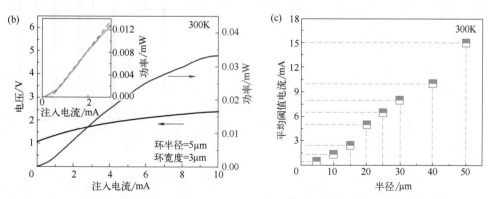

图 11.15 （a）微环激光器的制作过程。（b）半径为 $5\mu m$、环宽为 $3\mu m$ 的微环激光器的 L-I-V 特性。（c）RT 时，不同半径下的平均阈值电流。经许可转载自参考文献 [141] ©美国光学学会。

此外，如图 11.15（b）所示，在半径为 5μm、宽度为 3μm 的更小器件上实现了 0.6mA 的亚毫安阈值电流，对应的 J_{th} 为 0.9kA/cm^2。图 11.15（c）显示了不同腔体尺寸的平均阈值电流。阈值电流随着腔体尺寸的减小而减小，表明在小的腔体中，光损耗或非辐射复合没有显著增加。基于这一结果，Wan 等人[142]研究了在同轴（001）GaP/Si 和 GoVS 以及 GaAs 等不同衬底上，生长的 InAs QD MR 激光器的激射性能的统计比较。结果表明，MR 激光器在 GaP/Si 和 GoVS 模板上的平均阈值电流密度测量值分别为 0.675kA/cm^2 和 0.875kA/cm^2，J_{th} 相当于原生 GaAs 衬底上生长的 MR 激光器（0.325kA/cm^2）的 2～3 倍。对于 GaAs、GoVS 和 GaP/Si 衬底，各种 MR 激光器的特征温度（T_0）估计分别在 27～35K、25～26K 和 20～40K 范围内。据介绍，虽然 GaP/Si 上的 MR 激光器提供了比 GoVS 模板上更好的阈值电流和 T_0，但 GoVS 上的 MR 激光器在更薄的缓冲层厚度和更小的 RMS 粗糙度方面具有优势，这有利于制造。此外，Wan 等人[143]还展示了在 GaP/Si 上直接调制的 QD MR 激光器，实现了 103K 的 T_0、3mA 的阈值电流和 6.5GHz 的 3dB 带宽。

11.4.5　硅上的量子点光子晶体激光器

除了使用回音壁模式的 MD/MR 激光器外，最近还实现了在硅上生长的光子晶体（PC，photonic crystal）激光器。Zhou 等人[144]首次报道了生长在 CMOS 兼容的同轴（001）Si 衬

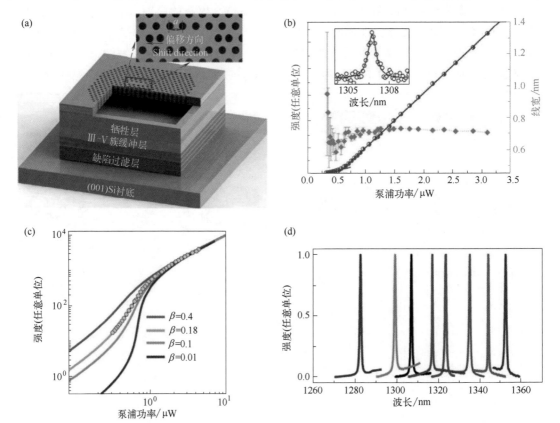

图 11.16　(a) 在同轴（001）Si 衬底上生长的 InAs/GaAs QD PC（L3 型腔体）激光器示意图。(b) 1306nm 处激射峰的 L-L 曲线和线宽。(c) PC 激光器的对数 L-L 图，点表示实验数据，实线是几个 β 值的理论计算数据。(d) 对于不同结构参数的 PC 激光器，在高于激射阈值处获得的归一化 PL 光谱。转载自参考文献 [144]，根据 CC BY 4.0 获得许可。

底上的超小型 PC 膜 QD 激光器。图 11.16（a）显示了在（001）Si 上制造的 InAs/GaAs QD L3 型缺陷 PC 激光器的示意图，其中晶格常数、蚀刻空气孔半径和位移距离分别用 a、r 和 $0.15a$ 表示。如图 11.16（b）和（c）所示，$a=310\text{nm}$ 和 $r/a=0.27$ 的 PC 激光器实现了在 RT 的 CW 光泵浦下非常低的阈值（$0.6\mu\text{W}$）和大的自发辐射耦合效率（18%）。此外，通过改变 PC 激光器的参数，他们还展示了激射峰值的宽可调谐范围（70nm），如图 11.16（d）所示。

11.5 硅上量子点激光器的未来发展方向

一般来说，光源在硅光子器件中的作用是在 WDM 系统中提供光信号。由于 WDM 系统传输多个光信号，每个信号由不同的波长承载，因此 WDM 系统的光源需要多个波长的基本单模激射。理想的波分复用片上激光器应满足以下基本要求[12]：

① O 波段或 C 波段离散多波长；
② 电泵浦连续激射；
③ 具有高 SMSR 的基本纵向单模；
④ 足够的输出功率。

除了这些基本要求外，对于 CWDM（DWDM）应用，低功耗、高温运行（至少高达 80℃）以及 20nm（0.4 或 0.8nm）的通道（波长）间隔也是必需的。尽管展示了在硅上单片生长的各种 QD 激光器，但尚未实现满足实际实施所有要求的 WDM 片上激光器。事实上，与人们已经展示的使用硅光子器件的 400G 8 通道 CWDM 发射器的混合激光器集成不同[145]，使用单片方法，仅展示了硅上高级 QD 激光器的有限功能[118,129]。

微腔激光器也被认为是一种潜在的 WDM 光源，特别是因为它们具有超低阈值和小尺寸等显著优势[146]。然而，与硅上的 DFB 激光器阵列相比，单片片上微腔激光器仍有待进一步探索。例如，由于激光发射的各向同性特性以及顺时针和逆时针模式之间的模式竞争，输出功率的不稳定性阻碍了实际应用[147]。外部反射器可用于获得单向发光，但它会增加器件尺寸和制造工艺的复杂性[148]。此外，还需要具有高 SMSR 的基本单模工作。尽管奇偶-时间对称[149,150]或光栅集成[151] MR 激光器演示了单模工作，但电注入、高阈值电流和可靠性等几个关键问题仍有待解决。

到目前为止，硅上单片Ⅲ-Ⅴ族 QD 激光器的研究一直集中在单个器件性能上，而不是与另一个光学元件的单片集成过程。随着单片 QD 激光器性能的迅速提高，需要在与集成工艺兼容的硅上制造 QD 激光器的先进策略，以将单片集成硅光子器件的潜力变为现实。

11.6 结论

在不到十年的时间里，采用 QD 有源区的硅衬底上Ⅲ-Ⅴ族激光器以前所未有的速度发展，而这些提供了硅光子器件中迄今为止缺失的组件。事实上，在与 CMOS 兼容的同轴硅衬底上生长的 QD 激光器的可靠性，已经可与在原生衬底上生长的 QW 激光器相媲美。此外，即使在存在高密度 TD 的情况下，可容忍缺陷的硅上 QD 激光器也显示出优异的激射特性，而硅上 QW 激光器则没有产生激射工作。凭借Ⅲ-Ⅴ族 QD 激光器的明显优势，人们已经在硅上实现了各种各样的 QD 激光器，例如法布里-帕罗、微腔、锁模和 DFB 激光器。尽管如此，硅光子器件上的片上Ⅲ-Ⅴ族 QD 激光器的部署由于仍存在一些挑战，尚未得到验证。在异质外延生长中，TD 密度的降低是硅上高性能Ⅲ-Ⅴ族激光器最重要的先决条件，因为器件性能在很大程度上取决于外延层的质量。此外，在同轴硅上单步生长无 APB 的Ⅲ-Ⅴ族 QD 激光器应该进一步成熟，因为它比 MOCVD/MOVPE 生长的 GaAs 或 GaP 缓冲等多步缓冲生长技术或者使用 GoVS 模板更具成本效益。在器件制造方面，实现满足实际 WDM 光源要求的高性能纵向单模激光器或 MLL 非常重要。此外，最新的硅上Ⅲ-Ⅴ族 QD 激光器的结果仅限于单个器件的传统器件制造方法和表征。然而，我们现在需要考虑与整体单片集成工艺的兼容性。最后，为了实现片上激光器的实际应用，需要解决激光器与 SOI 上无源硅波导之间的光耦合问题。这是因为，一般来说片上Ⅲ-Ⅴ族激光器在 SOI 上无源硅波导上方几微米处发射光，这是使单片方法相比成熟的异构方法具有优势需要克服的最关键的障碍之一。

长期以来，单片硅基光源一直被认为是硅光子器件的"圣杯"。然而，由于近年来硅基量子点激光器的发展取得了相当大的成就，在硅上生长的单片Ⅲ-Ⅴ族量子点光源的前景十分广阔。正如我们所回顾的，片上Ⅲ-Ⅴ族 QD 激光器的下一步将是进一步开发集成兼容器件的制造以及 SOI 平台上有源和无源光学元件之间的协同集成。尽管使用成熟的异质集成硅光子器件是目前的主要技术，但很明显，硅光子器件的未来很可能是通过片上Ⅲ-Ⅴ族 QD 激光器进行单片集成，这能够促进实现低成本和密集的光子集成。

致谢

本章研究得到了英国 EPSRC 的资助，资助号为 EP/P006973/、EP/S024441/1 和 EP/T028475/1 以及 EPSRC National Epitaxy Facility 的资助。

参 考 文 献

[1] Cisco global cloud index：forecast and methodology，2016-2021. White Paper；2018.
[2] Cheng Q，Bahadori M，Glick M，Rumley S，Bergman K. Recent advances in optical technologies for data centers：a review. Optica 2018；5：1354-70.
[3] Soref R. The past，present，and future of silicon photonics. IEEE J Sel Top Quant Electron 2006；12：1678-87.
[4] Mayer AS，Kirkpatrick BC. Silicon photonics：frontiers in modern optics. IOS Press；2016. p. 189-205. 190 of Proceedings of the International School of Physics "Enrico Fermi" series.
[5] Asghari M，Krishnamoorthy AV. Energy-efficient communication. Nat Photon 2011；5：268-70.
[6] Lim AEJ，Song J，Fang Q，Li C，Tu X，Duan N，Chen KK，Tern RPC，Liow TY. Review of silicon photonics foundry efforts. IEEE J Sel Top Quant Electron 2014；20：405-16.
[7] Intel. Intel® silicon photonics100G optical transceiver. 2017. https://www.intel.co.uk/content/www/uk/en/products/network-io/high-performance-fabrics/silicon-photonics.html.
[8] Liang D，Bowers JE. Recent progress in lasers on silicon. Nat Photon 2010；4：511-7.
[9] Rong H，Jones R，Liu A，Cohen O，Hak D，Fang A，Paniccia M. A continuous-wave Raman silicon laser. Nature 2005；433：725-8.
[10] Rong H，Xu S，Kuo YH，Sih V，Cohen O，Raday O，Paniccia M. Low-threshold continuous-wave Raman silicon laser. Nat Photon 2007；1：232-7.
[11] Wirths S，Geiger R，Von Den Driesch N，Mussler G，Stoica T，Mantl S，Ikonic Z，Luysberg M，Chiussi S，Hartmann JM，Sigg H，Faist J，Buca D，Grützmacher D. Lasing in direct-bandgap GeSn alloy grown on Si. Nat Photon 2015；9：88-92.
[12] Zhou Z，Yin B，Michel J. On-chip light sources for silicon photonics. Light Sci Appl2015；4：e358.
[13] Roelkens G，Van Campenhout J，Brouckaert J，Van Thourhout D，Baets R，Romeo PR，Regreny P，Kazmierczak A，Seassal C，Letartre X，Hollinger G，Fedeli JM，Di Cioccio L，Lagahe-Blanchard C. Ⅲ-Ⅴ/Si photonics by die-to-wafer bonding. Mater Today 2007；10：36-43.
[14] Reed GT，Mashanovich G，Gardes FY，Thomson DJ. Silicon optical modulators. Nat Photon 2010；4：518-26.
[15] Streshinsky M，Ding R，Liu Y，Novack A，Yang Y，Ma Y，Tu X，Chee EKS，Lim AE-J，Lo PG-Q，Baehr-Jones T，Hochberg

M. Low power 50 Gb/s silicon traveling wave Mach-Zehnder modulator near 1300 nm. Opt Exp 2013;21:30350-7.

[16] Heck MJR,Bauters JF,Davenport ML,Spencer DT,Bowers JE. Ultra-low loss waveguide platform and its integration with silicon photonics. Laser Photon Rev 2014;8:667-86.

[17] Liu A,Liao L,Chetrit Y,Basak J,Nguyen H,Rubin D,Paniccia M. Wavelength division multiplexing based photonic integrated circuits on silicon-on-insulator platform. IEEE J Sel Top Quant Electron 2010;16:23-32.

[18] Dong P. Silicon photonic integrated circuits for wavelength-division multiplexing applications. IEEE J Sel Top Quant Electron 2016;22:370-8.

[19] Michel J,Liu J,Kimerling LC. High-performance Ge-on-Si photodetectors. Nat Photon 2010;4:527-34.

[20] Tang M,Park JS,Wang Z,Chen S,Jurczak P,Seeds A,Liu H. Integration of III-V lasers on Si for Si photonics. Prog Quant Electron 2019;66:1-18.

[21] Liang D,Kurczveil G,Huang X,Zhang C,Srinivasan S,Huang Z,Seyedi MA,Norris K,Fiorentino M,Bowers JE,Beausoleil RG. Heterogeneous silicon light sources for datacom applications. Opt Fiber Technol 2018;44:43-52.

[22] Fang AW,Park H,Cohen O,Jones R,Paniccia MJ,Bowers JE. Electrically pumped hybrid AlGaInAs-silicon evanescent laser. Opt Exp 2006;14:9203-10.

[23] Jones R,Doussiere P,Driscoll JB,Lin W,Yu H,Akulova Y,Komljenovic T,Bowers JE. Heterogeneously integrated InP/silicon photonics:fabricating fully functional transceivers. IEEE Nanotechnol Mag 2019;13:17-26.

[24] Norman JC,Jung D,Wan Y,Bowers JE. Perspective:the future of quantum dot photonic integrated circuits. APL Photon 2018;3:030901.

[25] Kunert B,Mols Y,Baryshniskova M,Waldron N,Schulze A,Langer R. How to control defect formation in monolithic III/V hetero-epitaxy on (100) Si? A critical review on current approaches. Semicond Sci Technol 2018;33:093002.

[26] Li Q,Lau KM. Epitaxial growth of highly mismatched III-V materials on (001) silicon for electronics and optoelectronics. Prog Cryst Growth Char Mater 2017;63:105-20.

[27] Liao M,Chen S,Park JS,Seeds A,Liu H. III-V. quantum-dot lasers monolithically grown on silicon. Semicond Sci Technol 2018;33:123002.

[28] Arakawa Y,Sakaki H. Multidimensional quantum well laser and temperature dependence of its threshold current. Appl Phys Lett 1982;40:939-41.

[29] Liu H,Wang T,Jiang Q,Hogg R,Tutu F,Pozzi F,Seeds A. Long-wavelength InAs/GaAs quantum-dot laser diode monolithically grown on Ge substrate. Nat Photon 2011;5:416-9.

[30] Coleman JJ,Young JD,Garg A. Semiconductor quantum dot lasers:a tutorial. J Lightwave Technol 2011;29:499-510.

[31] Newell TC,Bossert DJ,Stintz A,Fuchs B,Malloy KJ,Lester LF. Gain and linewidth enhancement factor in InAs quantum-dot laser diodes. IEEE Photon Technol Lett 1999;11:1527-9.

[32] Bimberg D,Kirstaedter N,Ledentsov NN,Alferov ZI,Kop'ev PS,Ustinov VM. InGaAs-GaAs quantum-dot lasers. IEEE J Sel Top Quant Electron 1997;3:196-205.

[33] Duan J,Huang H,Jung D,Zhang Z,Norman J,Bowers JE,Grillot F. Semiconductor quantum dot lasers epitaxially grown on silicon with low linewidth enhancement factor. Appl Phys Lett 2018;112:251111.

[34] Capua A,Rozenfeld L,Mikhelashvili V,Eisenstein G,Kuntz M,Laemmlin M,Bimberg D. Direct correlation between a highly damped modulation response and ultra low relative intensity noise in an InAs/GaAs quantum dot laser. Opt Exp 2007;15:5388-93.

[35] Liao M,Chen S,Liu Z,Wang Y,Ponnampalam L,Zhou Z,Wu J,Tang M,Shutts S,Liu Z,Smowton PM,Yu S,Seeds A,Liu H. Low-noise 1.3 μm InAs/GaAs quantum dot laser monolithically grown on silicon. Photon Res 2018;6:1062-6.

[36] Liu AY,Komljenovic T,Davenport ML,Gossard AC,Bowers JE. Reflection sensitivity of 1.3 μm quantum dot lasers epitaxially grown on silicon. Opt Exp 2017;25:9535-43.

[37] O'Brien D,Hegarty SP,Huyet G,McInerney JG,Kettler T,Laemmlin M,Bimberg D,Ustinov VM,Zhukov AE,Mikhrin SS,Kovsh AR. Feedback sensitivity of 1.3/spl mu/m InAs/GaAs quantum dot lasers. Electron Lett 2003;39:1819-20.

[38] Duan J,Huang H,Dong B,Jung D,Norman JC,Bowers JE,Grillot F. 1.3-μm reflection insensitive InAs/GaAs quantum dot lasers directly grown on silicon. IEEE Photon Technol Lett 2019;31:345-8.

[39] Helms J,Petermann K. A simple analytic expression for the stable operation range of laser diodes with optical feedback. IEEE J Quant Electron 1990;26:833-6.

[40] Chen S,Li W,Wu J,Jiang Q,Tang M,Shutts S,Elliott SN,Sobiesierski A,Seeds AJ,Ross I,Smowton PM,Liu H. Electrically pumped continuous-wave III-V quantum dot lasers on silicon. Nat Photon 2016;10:307-11.

[41] Wu J,Tang M,Liu H,III-V. Quantum dot lasers epitaxially grown on Si substrates. In:Nanoscale semiconductor lasers. Elsevier;2019. p. 17-39 [Chapter 2].

[42] Jung D,Herrick R,Norman J,Turnlund K,Jan C,Feng K,Gossard AC,Bowers JE. Impact of threading dislocation density on the lifetime of InAs quantum dot lasers on Si. Appl Phys Lett 2018;112:153507.

[43] Wu J,Chen S,Seeds A,Liu H. Quantum dot optoelectronic devices:lasers,photo-detectors and solar cells. J Phys D Appl Phys 2015;48:363001.

[44] Windhorn TH,Metze GM,Tsaur B,Fan JCC. AlGaAs double-heterostructure diode lasers fabricated on a monolithic GaAs/Si substrate. Appl Phys Lett 1984;45:309-11.

[45] Deppe DG,Holonyak N,Nam DW,Hsieh KC,Jackson GS,Matyi RJ,Shichijo H,Epler JE,Chung HF. Room-temperature continuous operation of p -n $Al_x Ga_{1-x}$ As-GaAs quantum well heterostructure lasers grown on Si. Appl Phys Lett 1987;51:637-9.

[46] Huang X,Song Y,Masuda T,Jung D,Lee M. InGaAs/GaAs quantum well lasers grown on exact GaP/Si (001). Electron Lett 2014;50:1226-7.

[47] Wang J,Ren X,Deng C,Hu H,He Y,Cheng Z,Ma H,Wang Q,Huang Y,Duan X,Yan X. Extremely low-threshold current density InGaAs/AlGaAs quantum-well lasers on silicon. J Lightwave Technol 2015;33:3163-9.

[48] Kryzhanovskaya NV,Moiseev EI,Polubavkina YS,Maximov MV,Kulagina MM,Troshkov SI,Zadiranov YM,Lipovskii AA,Baidus NV,Dubinov AA,Krasilnik ZF,Novikov AV,Pavlov DA,Rykov AV,Sushkov AA,Yurasov DV,Zhukov AE. Electrically pumped InGaAs/GaAs quantum well microdisk lasers directly grown on Si(100) with Ge/GaAs buffer. Opt Exp 2017;25:16754-60.

[49] Goldstein L,Glas F,Marzin JY,Charasse MN,Le Roux G. Growth by molecular beam epitaxy and characterization of InAs/GaAs strained-layer superlattices. Appl Phys Lett 1985;47:1099-101.

[50] Moison JM,Houzay F,Barthe F,Leprince L,André E,Vatel O. Self-organized growth of regular nanometer-scale InAs dots on GaAs. Appl Phys Lett 1994;64:196-8.

[51] Oshinowo J,Nishioka M,Ishida S,Arakawa Y. Highly uniform InGaAs/GaAs quantum dots(~15nm)by metalorganic chemical vapor deposition. Appl Phys Lett 1994;65:1421-3.

[52] Kirstaedter N,Ledentsov NN,Grundmann M,Bimberg D,Ustinov VM,Ruvimov SS,Maximov MV,Kop'ev PS,Alferov ZI,Werner P,Gösele U,Heydenreich J,Richter U. Low threshold, large T/sub o/injection laser emission from (InGa)As quantum dots. Electron Lett 1994;30:1416-7.

[53] Kamath K,Bhattacharya P,Sosnowski T,Norris T,Phillips J. Room-temperature operation of In0.4Ga0.6As/GaAs self-organised quantum dot lasers. Electron Lett 1996;32:1374-5.

[54] Nötzel R. Self-organized growth of quantum-dot structures. Semicond Sci Technol 1996;11:1365-79.

[55] García JM,Medeiros-Ribeiro G,Schmidt K,Ngo T,Feng JL,Lorke A,Kotthaus J,Petroff PM. Intermixing and shape changes during the formation of InAs self-assembled quantum dots. Appl Phys Lett 1997;71:2014-6.

[56] Ustinov VM,Maleev NA,Zhukov AE,Kovsh AR,Egorov AY,Lunev AV,Volovik BV,Krestnikov IL,Musikhin YG,Bert NA,Kop'ev PS,Alferov ZI,Ledentsov NN,Bimberg D. InAs/InGaAs quantum dot structures on GaAs substrates emitting at 1.3mm. Appl Phys Lett 1999;74:2815-7.

[57] Wasilewski ZR,Fafard S,McCaffrey JP. Size and shape engineering of vertically stacked self-assembled quantum dots. J Cryst Growth 1999;201:1131-5.

[58] Egawa T,Ogawa A,Jimbo T,Umeno M. AlGaAs/GaAs laser diodes with GaAs islands active regions on Si grown by droplet epitaxy. Jpn J Appl Phys 1998;37:1552-5. Part 1.

[59] Wang T,Liu H,Lee A,Pozzi F,Seeds A. 1.3-μm InAs/GaAs quantum-dot lasers monolithically grown on Si substrates. Opt Exp 2011;19:11381-6.

[60] Liu Z,Hantschmann C,Tang M,Lu Y,Park JS,Liao M,Pan S,Sanchez A,Beanland R,Martin M,Baron T,Chen S,Seeds A,Penty R,White I,Liu H. Origin of defect tolerance in InAs/GaAs quantum dot lasers grown on silicon. J Lightwave Technol 2020;38:240-8.

[61] Hamers RJ,Tromp RM,Demuth JE. Scanning tunneling microscopy of Si(001). Phys Rev B 1986;34:5343-57.

[62] Alcotte R,Martin M,Moeyaert J,Cipro R,David S,Bassani F,Ducroquet F,Bogumilowicz Y,Sanchez E,Ye Z,Bao XY,Pin JB,Baron T. Epitaxial growth of antiphase boundary free GaAs layer on 300 mm Si(001) substrate by metalorganic chemical vapour deposition with high mobility. APL Mater 2016;4:046101.

[63] Fang SF,Adomi K,Iyer S,Morkoç H,Zabel H,Choi C,Otsuka N. Gallium arsenide and other compound semiconductors on silicon. J Appl Phys 1990;68:R31-58.

[64] Yang VK,Groenert M,Leitz CW,Pitera AJ,Currie MT,Fitzgerald EA. Crack formation in GaAs heteroepitaxial films on Si and SiGe virtual substrates. J Appl Phys 2003;93:3859-65.

[65] Fischer R,Neuman D,Zabel H,Morkoç H,Choi C,Otsuka N. Dislocation reduction in epitaxial GaAs on Si(100). Appl Phys Lett 1986;48:1223-5.

[66] Kawabe M,Ueda T. Molecular beam epitaxy of controlled single domain GaAs on si(100). Jpn J Appl Phys 1986;25:L285-7.

[67] Kawabe M,Ueda T. Self-annihilation of antiphase boundary in GaAs on Si(100) grown by molecular beam epitaxy. Jpn J Appl Phys 1987;26:L944-6.

[68] Liao M,Chen S,Huo S,Chen S,Wu J,Tang M,Kennedy K,Li W,Kumar S,Martin M,Baron T,Jin C,Ross I,Seeds A,Liu H. Monolithically integrated electrically pumped continuous-wave Ⅲ-Ⅴ quantum dot light sources on silicon. IEEE J Sel Top Quant Electron 2017;23:1-10.

[69] Linder KK,Phillips J,Qasaimeh O,Liu XF,Krishna S,Bhattacharya P,Jiang JC. Selforganized In0.4Ga0.6As quan-

tum-dot lasers grown on Si substrates. Appl Phys Lett 1999;74:1355-7.

[70] Groenert ME, Leitz CW, Pitera AJ, Yang V, Lee H, Ram RJ, Fitzgerald EA. Monolithic integration of room-temperature cw GaAs/AlGaAs lasers on Si substrates via relaxed graded GeSi buffer layers. J Appl Phys 2003;93:362-7.

[71] Lee AD, Jiang Q, Tang M, Zhang Y, Seeds AJ, Liu H. InAs/GaAs quantum-dot lasers monolithically grown on Si, Ge, and Ge-on-Si substrates. IEEE J Sel Top Quant Electron 2013;19:1901107.

[72] Lee A, Jiang Q, Tang M, Seeds A, Liu H. Continuous-wave InAs/GaAs quantum-dot laser diodes monolithically grown on Si substrate with low threshold current densities. Opt Exp 2012;20:22181-7.

[73] Liu AY, Zhang C, Norman J, Snyder A, Lubyshev D, Fastenau JM, Liu AWK, Gossard AC, Bowers JE. High performance continuous wave 1.3 μm quantum dot lasers on silicon. Appl Phys Lett 2014;104:041104.

[74] Liu AY, Srinivasan S, Norman J, Gossard AC, Bowers JE. Quantum dot lasers for silicon photonics. Photon Res 2015; 3:B1-9.

[75] Liu AY, Herrick RW, Ueda O, Petroff PM, Gossard AC, Bowers JE. Reliability of InAs/GaAs quantum dot lasers epitaxially grown on silicon. IEEE J Sel Top Quant Electron 2015;21:690-7.

[76] Li Q, Ng KW, Lau KM. Growing antiphase-domain-free GaAs thin films out of highly ordered planar nanowire arrays on exact (001) silicon. Appl Phys Lett 2015;106:072105.

[77] Wan Y, Li Q, Geng Y, Shi B, Lau KM. InAs/GaAs quantum dots on GaAs-on-V-grooved-Si substrate with high optical quality in the 1.3 μm band. Appl Phys Lett 2015;107:081106.

[78] Li Q, Jiang H, Lau KM. Coalescence of planar GaAs nanowires into strain-free three-dimensional crystals on exact (001) silicon. J Cryst Growth 2016;454:19-24.

[79] Martin M, Caliste D, Cipro R, Alcotte R, Moeyaert J, David S, Bassani F, Cerba T, Bogumilowicz Y, Sanchez E, Ye Z, Bao XY, Pin JB, Baron T, Pochet P. Toward the III-V/Si co-integration by controlling the biatomic steps on hydrogenated Si(001). Appl Phys Lett 2016;109:253103.

[80] Volz K, Beyer A, Witte W, Ohlmann J, Nmeth I, Kunert B, Stolz W. GaP-nucleation on exact Si (0 0 1) substrates for III/V device integration. J Cryst Growth 2011;315:37-47.

[81] Grassman TJ, Carlin JA, Galiana B, Yang LM, Yang F, Mills MJ, Ringel SA. Nucleation-related defect-free GaP/Si (100) heteroepitaxy via metal-organic chemical vapor deposition. Appl Phys Lett 2013;102:142102.

[82] Beyer A, Ohlmann J, Liebich S, Heim H, Witte G, Stolz W, Volz K, Beyer A, Ohlmann J, Liebich S, Heim H, Witte G, Stolz W, Volz K. GaP heteroepitaxy on Si (001): correlation of Si-surface structure, GaP growth conditions, and Si-III/V interface structure. J Appl Phys 2012;111:083534.

[83] Warren EL, Kibbler AE, France RM, Norman AG, Stradins P, McMahon WE. Growth of antiphase-domain-free GaP on Si substrates by metalorganic chemical vapor deposition using an in situ AsH3 surface preparation. Appl Phys Lett 2015;107:082109.

[84] Kwoen J, Jang B, Lee J, Kageyama T, Watanabe K, Arakawa Y. All MBE grown InAs/GaAs quantum dot lasers on on-axis Si (001). Opt Exp 2018;26:11568-76.

[85] Kwoen J, Lee J, Watanabe K, Arakawa Y. Elimination of anti-phase boundaries in a GaAs layer directly-grown on an on-axis Si(001) substrate by optimizing an AlGaAs nucleation layer. Jpn J Appl Phys 2019;58:SBBE07.

[86] Beanland R, Dunstan DJ, Goodhew PJ. Plastic relaxation and relaxed buffer layers for semiconductor epitaxy. Adv Phys 1996;45:87-146.

[87] Mi Z, Yang J, Bhattacharya P, Huffaker DL. Self-organised quantum dots as dislocation filters: the case of GaAs-based lasers on silicon. Electron Lett 2006;42:121-3.

[88] Yang J, Bhattacharya P, Mi Z. High-performance In$_{0.5}$Ga$_{0.5}$As/GaAs quantum-dot lasers on silicon with multiple-layer quantum-dot dislocation filters. IEEE Trans Electron Dev 2007;54:2849-55.

[89] Nozawa K, Horikoshi Y. Low threading dislocation density GaAs on si(100) with InGaAs/GaAs strained-layer superlattice grown by migration-enhanced epitaxy. Jpn J Appl Phys 1991;30:L668-71.

[90] Tang M, Chen S, Wu J, Jiang Q, Dorogan VG, Benamara M, Mazur YI, Salamo GJ, Seeds A, Liu H. 1.3-μm InAs/GaAs quantum-dot lasers monolithically grown on Si substrates using InAlAs/GaAs dislocation filter layers. Opt Exp 2014;22:11528-35.

[91] Tang M, Chen S, Wu J, Jiang Q, Kennedy K, Jurczak P, Liao M, Beanland R, Seeds A, Liu H. Optimizations of defect filter layers for 1.3-μm InAs/GaAs quantum-dot lasers monolithically grown on Si substrates. IEEE J Sel Top Quant Electron 2016;22:50-6.

[92] Akiyama M, Kawarada Y, Kaminishi K. Growth of single domain GaAs layer on (100)-oriented si substrate by MOCVD. Jpn J Appl Phys 1984;23:L843-5.

[93] Yamaguchi M, Yamamoto A, Tachikawa M, Itoh Y, Sugo M. Defect reduction effects in GaAs on Si substrates by thermal annealing. Appl Phys Lett 1988;53:2293-5.

[94] Okamoto H, Watanabe Y, Kadota Y, Ohmachi Y. Dislocation reduction in GaAs on Si by thermal cycles and InGaAs/GaAs strained-layer superlattices. Jpn J Appl Phys 1987;26:L1950-2.

[95] Yamaguchi M, Tachikawa M, Itoh Y, Sugo M, Kondo S. Thermal annealing effects of defect reduction in GaAs on Si

substrates. J Appl Phys 1990;68:4518-22.

[96] Yamaguchi M, Tachikawa M, Sugo M, Kondo S, Itoh Y. Analysis for dislocation density reduction in selective area grown GaAs films on Si substrates. Appl Phys Lett 1990;56:27-9.

[97] Bolkhovityanov YB, Pchelyakov OP. GaAs epitaxy on Si substrates: modern status of research and engineering. Phys Usp 2008;51:437-56.

[98] Yamaguchi M. Dislocation density reduction in heteroepitaxial Ⅲ-Ⅴ compound films on Si substrates for optical devices. J Mater Res 1991;6:376-84.

[99] Guo W, Date L, Pena V, Bao X, Merckling C, Waldron N, Collaert N, Caymax M, Sanchez E, Vancoille E, Barla K, Thean A, Eyben P, Vandervorst W. Selective metal-organic chemical vapor deposition growth of high quality GaAs on Si(001). Appl Phys Lett 2014;105:062101.

[100] Oh S, Jun DH, Shin KW, Choi IH, Jung SH, Choi JH, Park W, Park Y, Yoon E. Control of crack formation for the fabrication of crack-free and self-isolated high-efficiency gallium arsenide photovoltaic cells on silicon substrate. IEEE J Photovolt 2016;6:1031-5.

[101] Huang H, Ren X, Lv J, Wang Q, Song H, Cai S, Huang Y, Qu B. Crack-free GaAs epitaxy on Si by using midpatterned growth: application to Si-based wavelength-selective photodetector. J Appl Phys 2008;104:113114.

[102] Yang J, Jurczak P, Cui F, Li K, Tang M, Billiald L, Beanland R, Sanchez AM, Liu H. Thin Ge buffer layer on silicon for integration of Ⅲ-Ⅴ on silicon. J Cryst Growth 2019;514:109-13.

[103] Liu AY, Peters J, Huang X, Jung D, Norman J, Lee ML, Gossard AC, Bowers JE. Electrically pumped continuous-wave 1.3μm quantum-dot lasers epitaxially grown on on-axis (001) GaP/Si. Opt Lett 2017;42:338-41.

[104] Jung D, Norman J, Kennedy MJ, Shang C, Shin B, Wan Y, Gossard AC, Bowers JE. High efficiency low threshold current 1.3μm InAs quantum dot lasers on on-axis (001) GaP/Si. Appl Phys Lett 2017;111:122107.

[105] Jung D, Zhang Z, Norman J, Herrick R, Kennedy MJ, Patel P, Turnlund K, Jan C, Wan Y, Gossard AC, Bowers JE. Highly reliable low-threshold InAs quantum dot lasers on on-Axis (001) Si with 87% injection efficiency. ACS Photon 2018;5:1094-100.

[106] Chen S, Liao M, Tang M, Wu J, Martin M, Baron T, Seeds A, Liu H. Electrically pumped continuous-wave 1.3μm InAs/GaAs quantum dot lasers monolithically grown on on-axis Si (001) substrates. Opt Exp 2017;25:4632-9.

[107] Li K, Liu Z, Tang M, Liao M, Kim D, Deng H, Sanchez AM, Beanland R, Martin M, Baron T, Chen S, Wu J, Seeds A, Liu H. O-band InAs/GaAs quantum dot laser monolithically integrated on exact (0 0 1) Si substrate. J Cryst Growth 2019;511:56-60.

[108] Norman J, Kennedy MJ, Selvidge J, Li Q, Wan Y, Liu AY, Callahan PG, Echlin MP, Pollock TM, Lau KM, Gossard AC, Bowers JE. Electrically pumped continuous wave quantum dot lasers epitaxially grown on patterned, on-axis (001) Si. Opt Exp 2017;25:3927-34.

[109] Shang C, Wan Y, Norman JC, Collins N, MacFarlane I, Dumont M, Liu S, Li Q, Lau KM, Gossard AC, Bowers JE. Low-threshold epitaxially grown 1.3-μm InAs quantum dot lasers on patterned (001) Si. IEEE J Sel Top Quant Electron 2019;25:1-7.

[110] Kwoen J, Jang B, Watanabe K, Arakawa Y. High-temperature continuous-wave operation of directly grown InAs/GaAs quantum dot lasers on on-axis Si (001). Opt Express 2019;27:2681-8.

[111] Zhu S, Shi B, Li Q, Lau KM. 1.5μm quantum-dot diode lasers directly grown on CMOS-standard (001) silicon. Appl Phys Lett 2018;113:221103.

[112] Zhu S, Shi B, Lau KM. Electrically pumped 1.5μm InP-based quantum dot microring lasers directly grown on (001) Si. Opt Lett 2019;44:4566-9.

[113] Shi B, Zhu S, Li Q, Tang CW, Wan Y, Hu EL, Lau KM. 1.55μm Room-Temperature Lasing From Subwavelength Quantum-Dot Microdisks Directly Grown on (001) Si. Appl Phys Lett 2017;110:121109.

[114] Sugo M, Mori H, Itoh Y, Sakai Y, Tachikawa M. 1.5μm-Long-Wavelength multiple quantum well laser on a Si substrate. Jpn J Appl Phys 1991;30:3876-8.

[115] Bhowmick S, Baten MZ, Frost T, Ooi BS, Bhattacharya P. High performance InAs/In$_{0.53}$Ga$_{0.23}$Al$_{0.24}$As/InP quantum dot 1.55μm tunnel injection laser. IEEE J Quant Electron 2014;50:7-14.

[116] Heck MJR, Bauters JF, Davenport ML, Doylend JK, Jain S, Kurczveil G, Srinivasan S, Tang Y, Bowers JE. Hybrid silicon photonic integrated circuit technology. IEEE J Sel Top Quant Electron 2013;19:6100117.

[117] Pukhrambam PD. Wavelength division multiplexing laser arrays for applications in optical networking and sensing: overview and perspectives. Jpn J Appl Phys 2018;57:08PA03.

[118] Wang Y, Chen S, Yu Y, Zhou L, Liu L, Yang C, Liao M, Tang M, Liu Z, Wu J, Li W, Ross I, Seeds AJ, Liu H, Yu S. Monolithic quantum-dot distributed feedback laser array on silicon. Optica 2018;5:528-33.

[119] Wan Y, Norman JC, Tong Y, Kennedy MJ, He W, Selvidge J, Shang C, Dumont M, Malik A, Tsang HK, Gossard AC, Bowers JE. 1.3μm quantum dot-distributed feedback lasers directly grown on (001) Si. Laser Photon Rev 2020;14:2000037.

[120] Coldren LA, Fish GA, Akulova Y, Barton JS, Johansson L, Coldren CW. Tunable semiconductor lasers: a tutorial. J

Lightwave Technol 2004;22:193-202.

[121] Keyvaninia S,Roelkens G,Van Thourhout D,Jany C,Lamponi M,Le Liepvre A,Lelarge F,Make D,Duan G-H,Bordel D,Fedeli J-M. Demonstration of a heterogeneously integrated III-V/SOI single wavelength tunable laser. Opt Exp 2013;21:3784-92.

[122] Ferrotti T,Blampey B,Jany C,Duprez H,Chantre A,Boeuf F,Seassal C,Ben Bakir B. Co-integrated 1.3μm hybrid III-V/silicon tunable laser and silicon Mach-Zehnder modulator operating at 25Gb/s. Opt Exp 2016;24:30379-401.

[123] Tran MA,Huang D,Guo J,Komljenovic T,Morton PA,Bowers JE. Ring-resonator based widely-tunable narrow-linewidth Si/InP integrated lasers. IEEE J Sel Top Quant Electron 2020;26:1-14.

[124] Tsang WT. The cleaved-couple-cavity (C3) laser. Semiconduct Semimet 1985;22:257-373[Chapter 5].

[125] Wan Y,Zhang S,Norman JC,Kennedy M,He W,Tong Y,Shang C,He J,Tsang HK,Gossard AC,Bowers JE. Directly modulated single-mode tunable quantum dot lasers at 1.3μm. Laser Photon Rev 2020;14:1900348.

[126] Wan Y,Zhang S,Norman JC,Kennedy MJ,He W,Liu S,Xiang C,Shang C,He J-J,Gossard AC,Bowers JE. Tunable quantum dot lasers grown directly on silicon. Optica 2019;6:1394-400.

[127] He J-J,Liu D. Wavelength switchable semiconductor laser using half-wave V-coupled cavities. Opt Exp 2008;16:3896-911.

[128] Thompson MG,Rae AR,Xia M,Penty RV,White IH. InGaAs quantum-dot mode-locked laser diodes. IEEE J Sel Top Quant Electron 2009;15:661-72.

[129] Liu S,Wu X,Jung D,Norman JC,Kennedy MJ,Tsang HK,Gossard AC,Bowers JE. High-channel-count 20 GHz passively mode-locked quantum dot laser directly grown on Si with 41 Tbit/s transmission capacity. Optica 2019;6:128-34.

[130] Vahala KJ. Optical microcavities. Nature 2003;424:839-46.

[131] Wan Y,Li Q,Liu AY,Gossard AC,Bowers JE,Hu EL,Lau KM. Optically pumped 1.3μm room-temperature InAs quantum-dot micro-disk lasers directly grown on (001) silicon. Opt Lett 2016;41:1664-7.

[132] Wan Y,Li Q,Liu AY,Chow WW,Gossard AC,Bowers JE,Hu EL,Lau KM. Subwavelength InAs quantum dot micro-disk lasers epitaxially grown on exact Si (001)substrates. Appl Phys Lett 2016;108:221101.

[133] Wan Y,Li Q,Liu AY,Gossard AC,Bowers JE,Hu EL,Lau KM. Temperature characteristics of epitaxially grown InAs quantum dot micro-disk lasers on silicon for on-chip light sources. Appl Phys Lett 2016;109:011104.

[134] Li Q,Wan Y,Liu AY,Gossard AC,Bowers JE,Hu EL,Lau KM. 1.3-μm InAs quantum-dot micro-disk lasers on V-groove patterned and unpatterned (001)silicon. Opt Exp 2016;24:21038-45.

[135] Shi B,Zhu S,Li Q,Wan Y,Hu EL,Lau KM. Continuous-wave optically pumped 1.55μm InAs/InAlGaAs quantum dot microdisk lasers epitaxially grown on silicon. ACS Photon 2017;4:204-10.

[136] Kryzhanovskaya N,Moiseev E,Polubavkina Y,Maximov M,Kulagina M,Troshkov S,Zadiranov Y,Guseva Y,Lipovskii A,Tang M,Liao M,Wu J,Chen S,Liu H,Zhukov A. Heat-sink freeCW operation of injection microdisk lasers grown on Si substrate with emission wavelength beyond 1.3 μm. Opt Lett 2017;42:3319-22.

[137] Zhu S,Shi B,Li Q,Wan Y,Lau KM. Parametric study of high-performance 1.55μm InAs quantum dot microdisk lasers on Si. Opt Exp 2017;25:31281-93.

[138] Kryzhanovskaya NV,Moiseev EI,Polubavkina YS,Maximov MV,Mokhov DV,Morozov IA,Kulagina MM,Zadiranov YM,Lipovskii AA,Tang M,Liao M,Wu J,Chen S,Liu H,Zhukov AE. Elevated temperature lasing from injection microdisk lasers on silicon. Laser Phys Lett 2018;15:015802.

[139] Zhang B,Wei WQ,Wang JH,Wang HL,Zhao Z,Liu L,Cong H,Feng Q,Liu H,Wang T,Zhang JJ. O-band InAs/GaAs quantum-dot microcavity laser on Si (001) hollow substrate by in-situ hybrid epitaxy. AIP Adv 2019;9:015331.

[140] Zhou T,Tang M,Xiang G,Fang X,Liu X,Xiang B,Hark S,Martin M,Touraton M-L,Baron T,Lu Y,Chen S,Liu H,Zhang Z. Ultra-low threshold InAs/GaAs quantum dot microdisk lasers on planar on-axis Si (001) substrates. Optica 2019;6:430-5.

[141] Wan Y,Norman J,Li Q,Kennedy MJ,Liang D,Zhang C,Huang D,Zhang Z,Liu AY,Torres A,Jung D,Gossard AC,Hu EL,Lau KM,Bowers JE. 1.3μm submilliamp threshold quantum dot micro-lasers on Si. Optica 2017;4:940-4.

[142] Wan Y,Jung D,Norman J,Shang C,MacFarlane I,Li Q,Kennedy MJ,Gossard AC,Lau KM,Bowers JE. O-band electrically injected quantum dot micro-ring lasers on on-axis (001) GaP/Si and V-groove Si. Opt Exp 2017;25:26853-60.

[143] Inoue D,Jung D,Norman J,Wan Y,Nishiyama N,Arai S,Gossard AC,Bowers JE. Directly modulated 1.3μm quantum dot lasers epitaxially grown on silicon. Opt Exp 2018;26:7022-33.

[144] Zhou T,Tang M,Xiang G,Xiang B,Hark S,Martin M,Baron T,Pan S,Park JS,Liu Z,Chen S,Zhang Z,Liu H. Continuous-wave quantum dot photonic crystal lasers grown on on-axis Si (001). Nat Commun 2020;11:1-7.

[145] Driscoll JB,Doussiere P,Islam S,Narayan R,Lin W,Mahalingam H,Park JS,Lin Y,Nguyen K,Roelofs K,Dahal A,Venables R,Liao L,Jones R,Zhu D,Priyadarshi S,Parthasarathy B,Akulova Y. First 400G 8-channel CWDM silicon photonic integrated transmitter. IEEE Int Conf Group IV Photonics GFP 2018:1-2.

[146] Liang D,Huang X,Kurczveil G,Fiorentino M,Beausoleil RG. Integrated finely tunable microring laser on silicon. Nat

Photon 2016;10;719-22.
[147] Sui S-S, Tang M-Y, Yang Y-D, Xiao J-L, Du Y, Huang Y-Z. Hybrid spiral-ring microlaser vertically coupled to silicon waveguide for stable and unidirectional output. Opt Lett 2015;40;4995-8.
[148] Mechet P, Verstuyft S, de Vries T, Spuesens T, Regreny P, Van Thourhout D, Roelkens G, Morthier G. Unidirectional III-V microdisk lasers heterogeneously integrated on SOI. Opt Exp 2013;21;19339-52.
[149] Feng L, Wong ZJ, Ma RM, Wang Y, Zhang X. Single-mode laser by parity-time symmetry breaking. Science 2014;346;972-5.
[150] Hodaei H, Miri M-A, Heinrich M, Christodoulides DN, Khajavikhan M. Parity-time-symmetric microring lasers. Science 2014;346;975-8.
[151] Arbabi A, Kamali SM, Arbabi E, Griffin BG, Goddard LL. Grating integrated singlemode microring laser. Opt Exp 2015;23;5335-47.

第 12 章

半导体纳米线激光器的物理和应用

Patrick Parkinson[*]

曼彻斯特大学物理与天文学系和光子科学研究所，英国曼彻斯特

[*] 通讯作者：patrick.parkinson@manchester.ac.uk

12.1 介绍

自 21 世纪头十年初期以来，人们已经制造出基于自下而上生长的纳米线半导体激光器，并将其表征为高亮度、可调谐和纳米级相干光源，可以集成到新型器件中[1,2]。其发展构成了自 20 世纪 60 年代的气体激光器[3] 和同质结激光器[4,5]、70 年代的异质结构激光器[6,7]、80 年代的量子阱激光器[8] 和 90 年代的量子点激光器[9] 以来，激光器发展的一部分。在此期间，物理学（例如等离激元[10,11]）、材料（例如钙钛矿纳米线激光器[12]）和应用（例如用于光子神经形态网络[13]）的发展也齐头并进。为了深入了解特定纳米线激光器系统的发展，读者可以参阅许多已发表的涵盖不同材料（例如 ZnO[14-16]、Ⅲ-Ⅴ 族[17]、钙钛矿[18,19]、氮化物[20]）或应用（比如集成[21]、可调谐[22] 或电注入[23] 等）的优秀综述。

尽管有这些发展，使用纳米线架构的动机仍然没有改变。半导体纳米线由单一材料或半导体材料的异质结构制成，通常具有无缺陷的晶体结构，直径范围为 100nm 至 1μm，长度范围为 1μm 至数十 μm。至关重要的是，纳米线同时构成激光器腔体和增益材料，线端面通常用作形成法布里-珀罗腔体[24] 的反射镜，如图 12.1 所示。因此，纳米线激光器接近光子激光器可能的最小物理体积，从而在所产生的光的波长数量级上，创造了用作近场和无阈值相干光源的机会。

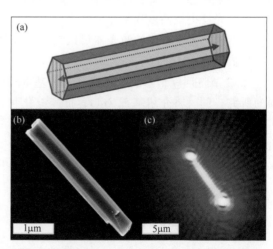

图 12.1 作为法布里-珀罗激光腔体的单根纳米线：(a) 由端面反射形成的谐振腔示意图；(b) 从生长衬底转移到测试衬底的典型Ⅲ-Ⅴ族纳米线的 SEM 图像；(c) 在光学激发下激射的Ⅲ-Ⅴ族纳米线远场图像，显示出特征性的干涉条纹。

纳米线的使用还使该技术具有加工优势，包括生长的高可扩展性[25]、拾放制造[26]以及由于应变弛豫而在晶格失配的衬底上生长纳米线的能力[27,28]。纳米线可以在生长时[29-31]、转移到低折射率衬底上[32,33]、嵌入矩阵中[34]或转移到光子电路后[26]进行测量。虽然光泵浦是表征和在非接触纳米线中实现激射的简单途径，但电泵浦是主要开发目标，并且已在器件应用中得到展示[35-37]。

纳米线激光器的应用涵盖照明、计算、通信、传感和纳米光子学。特别地，纳米线激光器在三个领域展现了明显的优势：

① 片上光子学。片上光子器件或光电集成电路使用光子作为基本信息载体，而不是在传统器件中使用的电子。光子器件的使用可能会减轻带宽和功率密度问题[38]，并可用于开发后冯·诺依曼架构（post-von Neumann architectures）[13]；然而，将传统电子电路（基于硅和CMOS工艺）与光发射元件（基于直接带隙材料）集成起来具有挑战性。特别是集成激光器光源已被证实是该技术发展的最大障碍；传统的大面积异质外延受到晶格失配的限制，而倒装芯片方法[39]的制造工艺缓慢且昂贵。虽然片外激光器解决方案已经得以展示[13,40]，但半导体纳米线提供了一种潜在的片上解决方案，因为它们可以直接生长在硅上[17,31,41,42]、透明波导上[43]，或通过拾放[26]、原子力显微镜（AFM）技术[44]集成。

② 芯片间（chip-to-chip）通信。对于中长距离通信，电信波段相干光源需要匹配1310nm和1550nm的光纤波段[45]。目前，芯片间通信需要通过铜线进行高速连接，这会导致能源效率低下，干扰和发热的可能性随距离的增加而放大。半导体纳米线最初是在21世纪头十年中期被提议作为片上相干红外光源[46]。然而，最近室温电信波段纳米线激光器的发展加速，基于阵列[47-49]、基于光子晶体[50]和单纳米线[31,42,51,52]的光源已用于满足这一技术需求。最近的发展试图实现在单根纳米线中利用多个轴向量子点来接近电信波带激射的最终目标[53]。

③ 生物学研究。半导体纳米线早已用于生物学应用，这是因为它们具有高表面-体积比，适用于传感[54]、高性能多路复用检测[55]，可作为形貌向导[56]或作为细胞内探针[57]。纳米线激光器提供高度局域化的纳米级光源，可以安全地穿过细胞膜[58]。与无源纳米线光导[59]不同，完全有源的激光器可以完全嵌入并进行外部光泵浦，以提供细胞内折射率变化的测量值[60]。

12.2节将回顾纳米级激光器系统的基本特性和物理特性。12.3节将讨论光电纳米线方面的研究，同时将介绍基于ZnO、Ⅲ族氮化物、硫属化物、Ⅲ-Ⅴ族材料、有机材料和钙钛矿半导体的纳米线激光器以及异质结构、生长和制造。12.4节将介绍纳米线激光器的当前研究课题，包括基于阵列和等离激元的纳米激光器结构。12.5节将会讨论当前最先进技术水平和展望，包括室温、连续激射、电信波长电泵浦纳米线生长的方法。

12.2 激光器

自20世纪50年代以来，激光器的基本组件就为人所知[3,61]：一种通过受激发射的辐射提供光子增益的有源材料，以及一种反馈机制，通常是一个由两个或多个反射镜组成的法布里-珀罗腔体。为了实现激射，腔体往返一次所产生的损失必须通过有源材料的增益来补偿，并且腔体必须能支持驻波。对于激光器技术和技术的完整描述，读者可以参考标准文本[62]，参考文献[63]中给出了纳米线更理论化的方法；以下是与纳米线激光器系统相关的激光物理学的简要概述。

12.2.1 激光基础

考虑具有任意横向结构（E^T）的电磁波 $E_0(z)=E_z(z)E^T$，在位于 z 方向、长度为 L、具有复传播常数 $\tilde{k}$ 和两个反射率为 R_1、R_2 的端面反射镜的腔体中的传播。在法布里-珀罗腔体中，往返传播形成一个场，可以表示如下：

$$E(z=2L)=E_0 R_1 R_2 \exp(i\tilde{k}2L) \tag{12.1}$$

通过将传播常数分为实部和虚部——分别对应于相位常数 β 和损耗项 κ——可以写成 $\tilde{k}=\beta+i\kappa$，从而得出产生激射的两个条件，其中往返振幅和相位变化被补偿并且 $E(z=2L)=E_0$。

$$R_1 R_2 \exp(-2L\kappa)=1 \tag{12.2}$$

$$\mathfrak{I}[\exp(2iL\beta)]=0 \tag{12.3}$$

这两个条件可以分开处理。

12.2.1.1 阈值增益

式（12.2）中给出的条件描述了增益材料中增益和损耗的要求。损耗 $\kappa=\alpha-g$，其中 g 是增益，α 是分布损耗；在工作阈值处，增益 g_{th} 必须补偿分布损耗 α 和端面损耗，从而

$$g_{th}=\alpha-\frac{\ln(R_1 R_2)}{2L} \tag{12.4}$$

分布损耗项 α 指的是与腔内过程（例如，再吸收、散射），以及与延伸到周围介质中的隐失场相关的腔外过程相关的损耗。值得注意的是，在反射率高的情况下（$R_{1,2}\approx 1$），激射所需的材料增益趋向于 α 且与腔长不成比例；相反，如果 $R_{1,2}\ll 1$，所需增益与腔长成反比。纳米线的增益设计将在 12.2.1.3 节中描述。

12.2.1.2 激光器腔体和波导

第二个条件——式（12.3）——确定腔体可以支持的纵模，可以重写为 $2L\beta=2\pi m$，其中 m 是正整数。一般来说，β 必须针对给定的波导模式进行数值计算；然而，对于横电磁模，可以使用近似值 $\beta=2\pi n_{eff}/\lambda_0$，其中 λ_0 是光的自由空间波长，而 n_{eff} 是有效模式折射率。结合这些，可得有关腔长的条件

$$2L=\frac{m\lambda_0}{n_{eff}} \tag{12.5}$$

可以看出，对于纳米级激光器，随着 L 接近 λ_0，满足式（12.5）的相邻模式之间的波长分离将增加。这对生产均匀的纳米线激光器有影响，因为它对纳米线长度提出了严格的要求，以使纵模与增益光谱的峰值对齐。对于许多用于纳米线激光器的半导体材料而言，其有效折射率都比较高：例如针对直径约为 360nm 的砷化镓（GaAs）纳米线，人们已经计算出了其针对 HE_{11} 模的群折射率 $n_{grp}=4.85$[17] 和相位折射率 $n_{eff}\approx 3.3$[64]。这意味着波在真空（$n_{vac}=1$）中被有效地限制在纳米线内，这里真空充当光学尺度的波导。模式折射率随纳米线直径和模式的横向结构（以及纳米线横向结构，如果存在径向异质结构）而变化，如图 12.2（b）所示。这种限制产生了两个重要特征——波导支持的横模范围和有源增益材料内场强的增强，这用限制因子 Γ 来描述。

横模描述了腔内电场在垂直于传播方向的平面内的分布形式。对于六角形或多面纳米线

等实际情况，必须以数值方式来计算[24,64]。然而，对真空中圆柱形波导的简化情况的分析处理通常很有启发性，并提供定性相似的分布。纳米线激光腔可以承载多种类型的横模：TE 模（电场垂直于传播方向）、TM 模（磁场垂直于传播方向）和 HE 模（混合模，在传播方向上具有非零电场和磁场）。圆柱对称模用两个整数来枚举——p 指的是径向阶数，l 指的是角阶数。横模可以写成高斯多项式和拉盖尔多项式的乘积[62,65]，这样横向场 E^T 为

$$E^T_{l,p}(\rho,\phi) \propto \exp(il\phi)\exp(-\rho^2)\rho^l L^l_p(2\rho) \tag{12.6}$$

其中，$\rho = r/w$ 是归一化径向坐标；r 是径向坐标；w 是束腰；ϕ 是角坐标；L^l_p 是拉盖尔多项式。在式（12.6）中，右边第一项表示状态的角动量，第二项是高斯型径向范围，而后几项提供空间结构。图 12.2（a）显示了 GaAs 纳米线激光器最重要的横模；请注意，在这个更完整的模拟中，某些模式的对称性因 SiO_2 衬底的存在而被打破，该衬底由图中纳米线下方的水平线表示。在对称性被破坏的情况下，可以使用一个附加项来表示该模式是在衬底中还是在真空中具有更大的场。

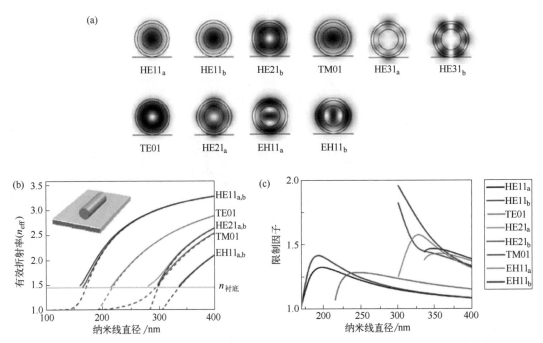

图 12.2 砷化镓纳米线中横模对折射率和限制因子影响的计算值。(a) 300nm 直径纳米线的电场强度。(b) 每个模式的有效折射率（n_{eff}）与纳米线直径的函数。(c) 八种光学模式的介电模式限制因子与直径的函数。改编自 Saxena 等人，Nature Photonics 7，963（2013）版权所有©Springer Nature 2013[64]。

对于在真空中由单一均匀增益材料制成的纳米线激光器，横模对增益进而对激光器性能的影响相对有限，但是会确定截止直径，在该直径以下则无法支持传播[16]。然而，在异质结构器件或具有各向异性周围介质的器件中，横模决定了限制因子 Γ，后者反过来又会对结构的模式增益产生重大影响[66]。参考文献 [67] 中对此因素进行了全面讨论，但对于纳米线激光器，这可以通过下式给出[68]：

$$\Gamma = \frac{v_{ph}}{V_{E,z}} \frac{\int_{active} U_e dA}{\int_{waveguide}(U_e + U_m)/(2dA)} = \frac{v_{ph}}{V_{E,z}}\Gamma_0 \tag{12.7}$$

其中，v_{ph} 是有源介质中的相速度；$V_{E,z}$ 是波导中的能量速度；$U_{e,m}$ 分别是储存在电场和磁场中的能量；Γ_0 是限制因子（小于1）的常规定义。积分是在有源区域和波导区域的横向面积（dA）上计算的。然而，值得注意的是，对于纳米线，如果能量速度低于（或群指数高于）相速度（或指数），则 Γ 可以大于1[68]。与体激光器相比，这提供了进一步降低纳米线激光器的激光阈值的机会，典型的限制因子如图12.2（c）所示。

虽然纳米级腔体带来的机遇令人感兴趣，但值得注意的是，纳米线激光腔体制造中的具体设计决策，必须结合纳米线合成的实际情况。其中包括对纳米线长度、直径、端面质量和锥度的不完美控制，以及使用纳米线制造器件所带来的特殊挑战。

12.2.1.3 增益材料

半导体材料的增益要求受激发射率超过吸收率和自发发射率。弱微扰极限下，光与物质相互作用的强度以及进一步的速率可以通过费米黄金法则在量子力学水平上近似为

$$k = \frac{2\pi}{\hbar} |\langle \Psi_f | H' | \Psi_i \rangle|^2 g(E) \tag{12.8}$$

其中，k 是跃迁率；$\Psi_{i,f}$ 分别是系统的初始状态和最终状态；H' 是相互作用的哈密顿量；$g(E)$ 是能量 E 下最终状态的密度。对于材料中具有自由电荷载流子的有效光-物质相互作用，需要一个大的矩阵元素 $M = |\langle \Psi_f | H' | \Psi_i \rangle|$，以及在跃迁能量处的大的状态密度；这些指导原则给出了电子和空穴的空间重叠以进行复合，以及载流子的量子限制作为增加 $g(E)$ 和提供高效带边复合的机制的要求。爱因斯坦描述了光-物质跃迁过程的宏观速率，对于能带状系统，E_c 处导带态和 E_v 处价带态之间的速率可以写成如下自发率 k_{spon}，受激率 k_{stim} 和吸收率 k_{abs}[69]：

$$k_{spon} = A_{cv} F_c(E_c)[1 - F_v(E_v)] g(E_c) g(E_v) \tag{12.9}$$

$$k_{stim} = B_{cv} F_c(E_c)[1 - F_v(E_v)] g(E_c) g(E_v) \rho(\Delta E) \tag{12.10}$$

$$k_{abs} = B_{vc} F_v(E_v)[1 - F_c(E_c)] g(E_c) g(E_v) \rho(\Delta E) \tag{12.11}$$

其中，$F_{c,v}$ 分别是导带或价带中的费米分布；ρ 是能量 $\Delta E = E_c - E_v$ 时的光子密度；前因数 A 和 B 是常数，在简化的 Bernard-Duraffourg 分析中，这些可以联系起来，使得 $A_{cv} \propto B_{cv}$ 和 $B_{vc} = B_{cv}$[70]。换句话说，在某些有限条件下，吸收率等于受激率，自发率与受激率成正比，除非我们可以自由设定 $F_c \neq F_v$，采用不同的费米分布来描述导带和价带中的载流子密度。具体而言，当电子和空穴的费米分布具有单独的费米能量（称为准费米能量）时，可以实现激射的粒子数反转，其中上述这些能量位于各自的能带内，使得载流子密度简并，从而得出

$$E_g < E_\gamma < (\Delta E_f = E_{fc} - E_{fv}) \tag{12.12}$$

其中，E_g 是材料带隙；E_γ 是光子能量；E_{fc}、E_{fv} 分别是导带中电子和价带中空穴的准费米能量。或许可以在非平衡条件下实现这种准费米能量分离，这可以通过注入泵浦或光激发来实现。

12.2.1.4 态密度工程

在体状同质结材料（具有三维态密度的材料）中实现激射的粒子数反转，需要很高的激发或注入条件，因为可用的状态更多。然而，即使实现了粒子数反转，自发发射率也可以很低，因为态密度在刚好高于带隙的能量处就会趋于零。对于抛物线色散关系，其中载流子能量可以用非相对论方程 $E \propto k^2$ 来描述，态密度作为维数 n 的函数由下式给出

$$g_n(E) \propto E^{(n-2)/2} \tag{12.13}$$

如图12.3所示。可以看到，2D（量子阱）、1D（量子线）和0D（量子点）系统与体（3D）系统相比，都在接近带边处具有相对更大的态密度；一旦可以克服生长挑战，此类系统就可以降低激射阈值并提高温度稳定性[9]。

这里给出了使用激子、量子阱和量子点，从而利用维度降低的系统来实现激射的三种常用方法。

①激子增益。具有稳定室温激子的材料提供了获得高复合率的更简单途径[71]。激子是由电子和空穴的库仑相互作用形成的准粒子，充当0D或类原子系统。此外，激子激光器表现为准四能级激光系统，具有带间激发、载流子弛豫和捕获，以形成激子以及有效的单分子受激发射。无约束瓦尼尔-莫特（Wannier-Mott）型激子的结合能由下式给出：

$$E(n) = -\frac{\mu R_\infty}{m_0 \varepsilon_r^2 n^2} \tag{12.14}$$

其中，$\mu = (1/m_e + 1/m_h)^{-1}$是激子的约化质量；$m_0$是电子的裸质量；$R_\infty$是里德伯（Rydberg）常量；$\varepsilon_r$是材料的相对介电常数；$n$是激子的状态。对于具有高有效质量和低介电常数的材料，可以看出结合能可以很大；对于ZnO，在室温下60meV的结合能明显大于热能$kT \approx 25\text{meV}$，从而使其具有稳定的形成激子和产生激射的潜力[72]。纳米线激光器的早期研究利用ZnO[73]和硫属化物[74]中的激子复合作为增益机制。

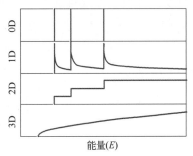

图12.3 状态密度与3D、2D、1D和0D自由度下能量的函数示意图（忽略简并）。

②量子阱。工程化量子阱的发展[75]促成了第一次固态激光器的革命[8,76]。通过量子限制载流子，复合能量可以独立于所用材料的固有带隙进行调整。量子阱激光器效率更高，因为它们在带边缘附近具有更大的态密度（见图12.3），并且热稳定性更高。最后，激子可以稳定在量子阱中，有可能提供上述优势。在无限势垒近似中，第n个宽度为L的量子阱中载流子的限制状态能量由下式给出

$$E_n = \frac{n^2 h^2}{8 m_{e,h} L^2} \tag{12.15}$$

其中，$m_{e,h}$是载流子有效质量，产生的最低受限电子-空穴跃迁（$n_e=1$到$n_h=1$跃迁）能量为

$$\Delta E = E_g + \frac{h^2}{8L^2}\left(\frac{1}{m_h} + \frac{1}{m_e}\right) \tag{12.16}$$

具有量子阱增益区的纳米线激光器，已在Ⅲ族氮化物[77]和Ⅲ-Ⅴ族材料[78]中制造了出来，用于实现具有低阈值的可调谐激射波长，这将在12.3.1节中讨论。

③量子点。通过将载流子限制在尺寸小于载流子的德布罗意（de Broglie）波长的区域内，可以形成0D结构。这些人造原子提供了尖锐和狭窄的态密度，可用于实现高效率和低热漂移激射[9]。在平面光电子器件中，量子点的形成通常依赖于自组装过程，例如Stranky-Krastanov生长[79]，以产生这些受限结构。在半导体纳米线中，提供了一个新的机会；如果在具有足够小半径的纳米线中产生轴向量子阱，则可以通过确定性控制[34,53]或通过热力学驱动过程[80]来形成量子点阵列。

12.2.2 纳米级激光器腔体设计

要形成有效的法布里-珀罗腔体，我们必须考虑端面的反射率。从折射率为 n_1 的介质 1 传播到折射率为 n_2 的介质 2 的波中，垂直于反射率为 R 的平面镜的反射功率的朴素菲涅耳方程

$$R = \left| \frac{n_1 - n_2}{n_1 + n_2} \right|^2 \tag{12.17}$$

在腔体尺寸接近光波长的地方不成立。更全面的分析[24,81] 表明，反射率在很大程度上取决于腔的横模类型、波长和半径。早期的生长方法几乎无法控制纳米线的直径；在 Huang 及其同事[2] 的第一份报告中，生长了直径范围为 20～150nm 的 ZnO 纳米线，而使用硫化锌纳米带的报告表现稍好，厚度为 40～200nm[82]。

采用针对硅[83,84] 和 III-V 族材料[85] 开发的种子生长，为光电子纳米线直径选择性合成提供了途径。通过适当调整胶体制备和沉积，可以实现窄直径分布（分散度小于纳米线宽度的 5%）[86]。控制良好的纳米线直径是可控反射率的关键要求之一。此外，纳米线的直径也会影响激光器所支持的横模。虽然具有深亚波长尺寸的纳米线可以支持 HE_{11} 模式，那些具有较大尺寸的纳米线会导致出现高阶模式（即 TM_{01} 或 TE_{01}），从而改变远场发射[87-89]、反射率[24] 和线内电场分布。

控制纳米线内的电场分布，为创建基于单个[90] 或多个径向量子阱[78,91] 的高效激光器提供了机会。在这些结构中，增益位于承载量子阱的区域，并且诸如 TE_{01} 模式的高阶环形模式，可以在增益模式和腔模式之间提供更好的空间重叠[78]。这些高阶模式可以表现出较少的到纳米线核心或周围介质中的场泄漏，尽管注意到核心中的场保持非零并且可以发生重新吸收[92]。对于高效激射，这种限制是有益的；然而，在纳米线激光器表面容易获得隐失波也提供了一个机会，通过耦合到等离激元[93-95] 来改变发射，这可用于光泵浦[96]，将光耦合到波导中[26,30]，或用于更复杂的耦合方案[97,98]。

大多数纳米线激光系统使用纳米线端面作为法布里-珀罗镜，通过其反射来提供反馈。虽然这些系统中的真实反射率可能很高——例如反射率超过 70%，测得的反射率大约是朴素菲涅耳值的两倍[99]，人们还是利用分布式布拉格反射器研究了外腔元件的集成。在这里，纳米线激光器可以直接生长在功率反射率超过 90% 的高反射器上[29]，或者可以使用生长后制造步骤，使用聚焦离子束铣得到周期性结构以使反射率超过 90%[100]。

阵列激光器：

虽然许多应用需要单纳米线激光器，但纳米线阵列激光器提供了一个机会：可以通过空腔的光子耦合产生反馈，而无需法布里-珀罗结构。通过将光子场分布到许多量子线上，可以以更大的器件体积为代价来增加增益。目前已有两种方法：基于散射介质中光的局域化随机激射[101,102] 和设计用于集成的纳米线阵列[48,103]。后者中的一维光子晶体通常用于将光能引导到相邻的波导中，以进行片上集成。

12.2.3 激光阈值

激光阈值是受激发射在输出中变得显著的一点。虽然材料增益和透明度阈值等参数也已明确定义，但激光阈值依赖于对器件发射的光功率的测量，该功率是通过光泵或电注入提供

的功率的函数。通常,在弱耦合状态下,针对腔体会考虑三个区域:

① 自发发射。当自发发射占主导地位时,激光器充当简单的增益材料,其发射与腔模弱耦合(图12.4)。发射是不相关的,光谱主要由材料而不是腔体决定。

② 放大自发发射。在中间泵浦状态下,会发生自发发射的受激放大,但低于补偿往返损耗所需的水平。发射变得与发射光谱超相关或成束,这显示了非相干发射的低 Q 因数模式的证据。

③ 激射。高于阈值,受激发射占主导地位并发生激射,往返损耗由材料的增益补偿。发射是不相关的,但是发射光谱显示一个或多个相干的纵模或横模。

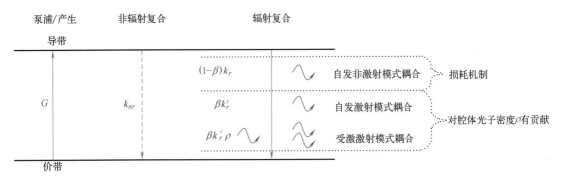

图 12.4 简单双波段系统中,用于确定激光阈值的速率方程模型示意图。跃迁显示为蓝色,辐射和非辐射分别为实线和虚线。跃迁速率以红色显示。

这些状态之间的过渡可能很难通过实验确定,特别是在脉冲系统中,所有状态的发射都可能在一个激发周期内发生。图12.5所示的简化模型描述了从自发发射主导行为到激射主导行为的转变。

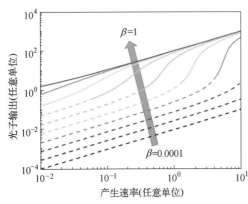

图 12.5 不同 β 因子的激光的光子输出与产生速率(或等效泵浦)的函数示意图。虚线表示自发发射占主导地位的区域,而实线是受激发射占主导地位的区域。

式(12.10)表明激光阈值与激发态密度 n 和腔内光子密度 ρ 有内在联系。一个简化的耦合速率方程分析通常用于光出与光入数据的建模[104,105],如图12.4所示。载流子密度由一个产生和三个复合项决定——辐射非激射模式耦合、辐射激射模式耦合和非辐射。光子密度包括辐射激射模式耦合发射的产生率和损耗机制:

$$\frac{dn}{dt} = G - (1-\beta)k_r n - \beta k_r'(1+\rho)n - k_{nr}n \quad (12.18)$$

$$\frac{d\rho}{dt} = \beta k_r'(1+\rho)n - k_\rho \rho \quad (12.19)$$

其中,G 是产生率;k_r 是本征自发辐射率;β 是自发辐射到腔体模式的耦合效率;k_{nr} 是非辐射载流子减少率;k_ρ 是光子的阻尼率(包括光子耦合)。图12.5显示了对于一系列 β 因子的这些耦合方程的解。系数 k_r' 是腔体增强的自发辐射率,与自由空间率通过 $k_r' = Fk_r$ 相关,F 是增强因子,由高质量(强耦合)腔体中的珀塞尔(Purcell)型增强引起;对于低

Q 腔体，包括大多数单纳米线激光器，$F \approx 1$。β 因子对纳米级激光器特别重要。波长尺度的激光腔具有纵模和横模，它们的能量间隔很大，并且具有很强的光学限制；因此，发射的光子更有可能耦合到激射模式，提供 β 接近 1 的路径，从而使得式（12.18）中的第二项趋于零。在这种状态下，受激发射将超越非辐射过程而作为主导，并且式（12.18）可以简化为仅包含 n_ρ 的项，从而产生所谓的无阈值激光[106]。无阈值激光可以非常高效，并且具有高的开关速度；工程化高 β 纳米激光器需要对腔体的几何形状进行高度控制，并且这仍然是纳米线激光器的一个活跃研究领域[107]。

品质因数：

用于定义"好"纳米线激光器的指标或优值，取决于应用。然而，确实存在许多重要指标来比较纳米线激光器。例如：

阈值泵浦密度：用于电注入的电流密度（$A \cdot m^{-2}$）、用于连续工作的光泵浦器件的光泵浦密度（$kW \cdot m^{-2}$）或用于产生激光发射所需的脉冲光泵浦器件的脉冲注量（$J \cdot m^{-2}$）。

激光中心波长：纳米线激光器支持的第一个或最强的激光模式。

激光线宽：主要激光发射的宽度，与腔体的 Q 因数有关。

β 因子：自发发射与激射模式的耦合强度。

单模/多模工作：高于阈值的激光模式数量。通常首选单模工作。

最高工作温度：室温下的激光发射对于许多应用来说都是必不可少的。然而，在现实应用中追求高温下工作[108]。

工作寿命：连续或脉冲工作会导致纳米线腔体或增益材料退化，特别是对于空气敏感材料，如混合钙钛矿[12]。

线到线无序：为了在芯片上集成多个纳米线激光器，需要严格控制性能均匀性[109]。

器件体积：对于最终缩小或近场应用，需要极小的器件体积。

在各个纳米线激光器架构和应用中，通常会优化不同的指标。例如，对于电信频段工作，中心波长至关重要[53]；对于钙钛矿纳米线激光器，需要稳定性[12]；而对于片上应用，可能需要波长均匀性[40,92]。然而，低阈值的室温工作仍然是纳米线激光器发展的关键指标[64,110]。

表 12.1 列出了纳米线激光器发展史上的一些关键进展。12.3 节将介绍基于设计和生长来优化纳米线激光器的方法。

表 12.1 脉冲纳米线激光器系统开发中的主要发展（仅包括激光阈值可转换为 $\mu J \cdot cm^{-2}$ 的报告）

日期（月/年）	材料	λ/nm	$P_{th}/\mu J \cdot cm^{-2}$	温度/K	备注	参考文献
10/2001	ZnO	380	43	RT	第一个单线激光器	[1]
5/2002	ZnO	675	25,641	RT	溶液相纳米线激光器	[111]
9/2002	GaN	375	8	RT	第一个氮化物纳米线激光器	[112]
3/2005	CdS	500	4	250	激子激射	[74]
4/2006	GaSb	1555	50	30	近红外激射	[46]
2/2007	有机	448	2829	RT	第一个聚合物纳米线激光器	[113]
9/2008	GaN	380~480	7074	RT	第一个多量子阱纳米线激光器	[77]

续表

日期 (月/年)	材料	λ/nm	$P_{th}/\mu J \cdot cm^{-2}$	温度/K	备注	参考文献
4/2008	有机	375	16,977	RT	紫外有机激光器	[114]
10/2008	GaAs/GaAsP	815	270	75	核-壳纳米线激光器	[115]
2/2009	有机	585	60	RT	电纺激光器	[116]
8/2009	CdS	489	4	10	等离激元激光器	[117]
2/2011	CdSe	750	40	RT	环形镜演示	[118]
8/2012	CdS	515	85	RT	准连续激射	[119]
1/2013	GaN	372	400	RT	解理耦合激光器	[98]
10/2013	CdSe	725	60	RT	室温等离激元激光器	[11]
10/2013	CdS	490	8	RT	表面等离激元	[120]
11/2013	GaAs	840	90	RT	室温激射	[64]
12/2013	GaAs	911	146	RT	室温激射	[110]
8/2014	InP	900	120	RT	纤锌矿InP激光器	[121]
9/2014	GaN	370	35000	RT	等离激元激光器	[122]
11/2014	ZnO	378	200	RT	超快等离激元激射	[123]
6/2015	GaAs	875	180	RT	第一个量子点纳米线激光器	[124]
1/2016	GaAs	792	46	19	多量子阱砷化物激光器	[91]
1/2016	钙钛矿	560~820	6	RT	甲脒钙钛矿激光器	[125]
2/2016	钙钛矿	530	5	RT	稳定的CsPbBr钙钛矿激光器	[12]
6/2016	GaAs	880	165	RT	掺杂增强纳米线激光器	[126]
7/2016	GaAs	800	100	RT	多量子阱砷化物激光器	[78]
1/2017	InGaAs	860	286	7	与DBR集成的纳米线	[29]
1/2017	GaAs	875	145	RT	等离激元腔中的纳米线	[127]
1/2017	InAsP/InP	1259	63	4	光子晶体	[50]
2/2017	GaAs	870	15	5	稀氮化物激光器	[128]
3/2017	InP	1210	450	4	点位控制的生长	[31]
4/2017	有机	650	10	RT	磷光激光器	[129]
4/2017	CdS	510	34	RT	高温工作	[108]
5/2017	InGaAs	1120	100	RT	电信波长	[103]
7/2017	InGaAs	1100~1500	100	RT	电信波长	[47]
7/2017	GaAs	750	43	RT	良率分析	[92]
10/2017	有机	720	1	RT	近红外激射	[130]
4/2018	GaAsSb	950	75	RT	轴向超晶格	[131]
5/2018	GaAs	870	1400	10	柔性膜上的纳米线	[34]
5/2018	钙钛矿	521	16	RT	CsPbX-双色激射	[132]
9/2018	GaAs/InGaAs	905	3600	RT	可调谐激射	[42]
10/2018	钙钛矿	530	30	RT	等离激元激光器	[133]
11/2018	InGaAs	1290	155	RT	阵列激光器	[48]
12/2018	GaAs	855	10	RT	优化掺杂	[134]
1/2019	GaAs/GaNAs	1000	20	5	多量子阱	[52]
2/2019	InP/InAs	1570	2000	RT	电信频段	[23]
5/2019	GaAsP	745	20	6	应变工程	[23]
10/2019	InAs	2500	90	4	中红外激射	[135]
3/2020	GaAsP	775	6	RT	Q因数测量	[99]
3/2020	ZnO	380	1	RT	光子晶体	[136]

12.3 作为激光器元件的纳米线

纳米线激光器的设计建立在激光器系统的两个关键特征之上：增益材料的选择和光学腔体的设计。纳米线平台的优势——增益材料形成腔体——给制造和控制带来了挑战。在本节中，简要介绍了半导体纳米线生长的背景，并描述了为纳米线激射开发的具体设计方法。

12.3.1 纳米线生长

自20世纪60年代气-液-固（VLS，vapour-liquid-solid）生长发展以来，人们探索使用自下而上或自引导机制的半导体纳米线生长已达50多年[83]。自下而上的生长是通过使用种子材料或模板实现的，目的是引导半导体晶体的生长。在这两种方法中，将前体材料引入到腔室并调整生长条件，以便使得晶体在指定位置并沿着首选方向优先生长。人们已经使用金属有机气相外延（MOVPE，也称 MOCVD）[137]、化学或分子束外延（CBE/MBE）[138]、溶液相生长[139]、激光烧蚀[84]、物理蒸发[140] 和其他新兴方法[25] 生长纳米线。规模化应用的现代生长主要是围绕两种方法——MOVPE 和 MBE——结合 VLS[141,142] 或选择区域生长（SAG，selective area growth）[143-146] 的引导生长。有关纳米线生长的完整描述，有兴趣的读者可以阅读有关硅[147] 和Ⅲ-Ⅴ族纳米线[148] 的文章以及发展史[149]。

纳米线的两种主要生长模式简化示意如图 12.6 所示。这两种方法都从准备好的外延衬底开始——可以是与用于同质外延生长的纳米线相同的材料，也可以是不同的材料（例如，在硅上生长Ⅲ-Ⅴ族纳米线[150]）。纳米线的小直径允许有效的应变弛豫，使得具有显著晶格失配的材料能够无缺陷地生长[151,152]，从而允许制备各种非常规异质外延系统。在此之后，就采用了不用的机制。

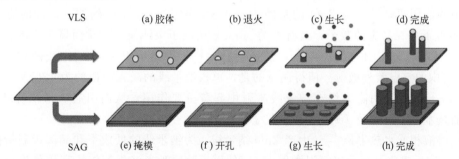

图 12.6 外延纳米线合成的两种生长模式示意图。(a)～(d) 在 VLS 生长中，种子纳米颗粒从溶液中沉积或通过蒸发沉积，在引入前体气体并开始生长之前将其退火。(e)～(h) 在 SAG 中，在光刻定义和开孔之前，沉积硬掩模，用作纳米线生长的模板。

12.3.1.1 气-液-固生长

催化剂种子用于 VLS 生长，这可以是一种特定的金属，通常是金，因为它可以作为高度单分散的胶体使用，或者可作为自催化生长的前体之一[153,154]，可避免外来金属污染。金属纳米粒子在前体束流下加热，使金属饱和并形成共晶。通过优化生长条件，可以在有利于纳米颗粒和衬底之间的界面处形成晶体，从而实现在催化剂下的选择生长。所得纳米线的直径由生长催化剂的直径以及轴向和径向生长之间的热力学平衡（称为锥形）控制。前体送入生长容器中，直到达到合适的长度。通过改变前体的组分，可以产生轴向异质结构，例如量子盘或点[124]。或者，通过改变生长条件，可以进行表面生长（径向生长）以产生径向异质结构，例如表面钝化[155]或径向量子阱[77]。生长条件的控制对于实现低表面复合[157]的无缺陷生长[156]至关重要。虽然使用胶体的VLS生长通常会导致随机定位的纳米线，但纳米压印光刻已被探索用于定点位置的生长[158]。

12.3.1.2 选择区域生长

在SAG中，人们使用硬模板来限制可用于外延生长的晶体表面。虽然已经研究了不同的掩模材料[159]，但通常使用20～50nm厚的SiO_2或Si_3N_4掩模。使用电子束光刻在表面上定义孔洞，并使用缓冲蚀刻开孔。然后使用MOVPE或MBE进行材料二次生长，首先研究的是砷化镓[143]和氮化物[160]，后来扩展到包括电信波长的材料[47]。与VLS生长类似，通过改变生长条件，可以产生径向[115]和轴向[124]结构。虽然SAG比VLS生长更复杂并且吞吐量更低，但结果可能更均匀，并且允许与预先存在的衬底特征对齐。

最近，人们报道了一种使用气动法连续生长纳米线的无衬底方法[25]。在这种方法中，生长是使用催化剂自由下落通过前体气体进行的，可以产生二元和掺杂[161]纳米线。

12.3.2 纳米线激光器用材料体系

人们已经探索了广泛的材料体系来制造半导体纳米线激光器。材料的选择取决于许多因素：自下而上纳米线的制造难易程度、材料的带隙、与现有电子或光子平台的集成以及针对异质结构或电注入方法的可用性。早期的研究侧重于纳米线容易获得的材料（例如ZnO和氮化镓），然而随后的开发转向具有高增益和易于加工的材料（硫属化物和钙钛矿）或具有大型技术生态系统的材料（Ⅲ-Ⅴ族材料）。此处将描述这些材料体系的主要特征。

12.3.2.1 氧化锌

许多最早关于纳米线激光器的研究都是使用ZnO纳米线进行的。这既是由产生短波长紫外激射的愿望驱动，因为ZnO的带隙为3.4eV，对应于365nm的波长，同时也是因为ZnO在室温下存在稳定的激子，具有大约60meV的激子束缚能量，从而易于实现有效的受激发射[162]。2001年，伯克利的Yang研究组首次报告了自组织ZnO纳米线阵列[73]和单纳米线[1]中的室温紫外激射。值得注意的是，单根纳米线的激光阈值约为120kW·cm^{-2}，是阵列的三倍；这表明隐失场在纳米线激射中起着重要作用，从而引起后来耦合结构[163]和光泵浦技术[96]的发展（见12.4.2节）。

通过溶液相或水热生长[164]生产ZnO纳米线，为纳米线的低成本和晶圆级制造提供了机会[139]，这反过来又显示出室温激射[111]。然而，脉冲激光沉积等传统高质量生长方法继续主导高效纳米激光器，其内、外量子效率分别为85%、60%，均显著高于自发发射约为10%的效率[165]。

ZnO已被证明是研究新效应的可靠材料，特别是等离激元纳米线激光器（见12.4.3节）。等离激元激光器使用源自表面等离激元的光学限制来减小电子相互作用的空间尺度，已被推广为超高速激光器动力学的途径。凭借其高增益，ZnO等离激元激光器于2014年首次得到展示[123]，Chou[166]于2016年展示了高温下的等离激元工作。

尽管ZnO作为增益材料具有优势，但因缺乏简单的p型掺杂[167]以及粗放的水热生长异质结构工程中的挑战，导致作为器件应用的实用激射材料时ZnO被排除在外。

12.3.2.2 氮化物

Ⅲ族氮化物材料(B,In,Ga,Al)N的发展彻底改变了整个科学技术领域的半导体应用，最著名的是赤崎、天野和中村因为"高效蓝色发光二极管的发明"[168]获得了2014年诺贝尔物理学奖。这一发展背后的使能技术是使用高质量的生长技术，如 MOVPE 生产异质结构材料，允许在蓝宝石实现应变弛豫生长[169]，并最终在20世纪90年代中期实现高亮度的 LED[170]。

与 ZnO 一样，GaN 是一种宽带隙半导体，室温下带间能隙为 3.45eV（360nm），激子结合能高达 20meV（室温时接近 kT）[171]。与 ZnO 不同，氮化物使用传统生长方法相对容易得到异质结构生长和掺杂，三元合金（包括 AlGaN 和 InGaN）很容易用于实现跨越 UV 到可见光谱的带隙[172,173]。因此，基于 GaN 的纳米线激光器是早期开发的关键目标，2002 年人们观察到室温激射[112]。虽然平面氮化物层的生长通常需要缓冲层来实现与常用衬底（如蓝宝石）的晶格匹配，但纳米线的生长允许容易地消除应变[151]，由此产生沿半极性方向的生长更容易，这反过来提供了用于低阈值激射的高质量腔体[174]。

GaN 中的激子结合能在室温下低于 kT，因此在激射条件下通过电子-空穴过程发生复合。GaN 纳米线的低表面复合速度[175]表示通常不需要表面钝化。然而，通过利用对平面异质结构生长的理解，量子阱提供了同时调整发射波长和提供限制的机会，从而增加激子结合能并且生产出更高效纳米线激光器。第一个量子阱纳米线激光器是在 InGaN/GaN 系统中制备的[77]，其为使用径向异质结构进行激射提供了突破，该突破一直延续到今天[99]。通过利用沿非极性方向生长的方法，人们已证明可以降低阈值[176]。相反，纳米线平台为生长具有挑战性的体材料（如 AlN）提供了机会，开辟了深紫外发射和潜在的阵列型激射的可能性[173]。

作为一种相对容易理解的具有低激射阈值和抗蚀刻结构的材料，基于氮化物的纳米线已被用于探索新的制造方法，包括解理耦合[98]和集成布拉格反射器[100]（参见 12.4 节）。值得注意的是，已经有人提出了制造大面积阵列的新型制造方法，包括干涉光刻[177]，该技术利用了平面氮化物材料领域的深入发展。

12.3.2.3 硫属化物

长期以来，含硫化镉（CdS）或硒化镉（CdSe）等的硫属化物一直被作为光电材料进行研究，因为它们在室温下能够通过稳定的激子产生很高的光学增益[178]。因此，基于 CdS 的结构用于电注入纳米线激射[35]和连续波激射[179]的首次展示也就不足为奇。光激发后，形成的激子[178]能够通过激子-激子[180]和激子-声子散射快速冷却，从而形成在蓝绿色区域发射的尖锐和狭窄的增益光谱[74]。

人们因此已经充分探索了 CdS_xSe_{1-x} 的三元合金，这是由于能够通过控制合金分数（x）将发射从 1.8eV 调整到 2.5eV（490～690nm）；这种调谐的便利性使得实现了在整个可见光谱中产生激射[181]。操纵纳米线激光器局域带隙的能力使人们实现了 CdS 和 CdSe 轴向异质结构的设计；在纳米激光器中，对称梯度带隙结构可以提供被动的更高带隙的腔体[182]，而突变的轴向异质结构已作为双波长激光器得到演示[183]。

众所周知，半导体纳米线具有机械柔性；硅纳米线的失效应变随着直径的减小而增加[184]，而对于 GaAs 纳米线，已测量到高达 10% 的失效应变[185,186]。特别是，硫属化物纳米线非常柔韧，可以支持每微米长度 1% 的应变梯度[187]。这为人们提供了通过形状工程创建新颖腔体结构的机会，包括通过用环形反射镜替换单个腔体端镜来产生单模激射[118]。这种灵活性也使得将硫属化物纳米线用于并入波导电路很有吸引力[43]；然而，人们已经注意到，与无应变纳米线相比，高应变 CdSe 纳米线具有更高的阈值和更低的效率[188]。

12.3.2.4　Ⅲ-Ⅴ族材料

自从光电子学开始发展以来，基于化合物Ⅲ-Ⅴ族材料的半导体就一直主导着该领域[4,5,7]。在这些材料中，光与物质的相互作用得到了很好的理解，二元衬底的可用性以及具有近单层控制的三元和四元材料的先进沉积技术，提供了技术和知识的生态系统。2006年，首次报道了基于锑化镓（GaSb）线的近红外纳米线激射[46]，即在低温和脉冲激发下电信波带（约1550nm）的激射。

虽然电信波带激射很受关注，但GaSb材料体系相对不常见；人们致力于寻求基于广为人知的(In,Ga)-(As,P)纳米线的激射。然而，GaAs具有高密度的表面缺陷，导致表面复合主导的纳米线几何结构中的少数载流子寿命非常短[189,190]。使用Ⅰ型径向异质结构[155,157,191]针对GaAs纳米线进行有效表面钝化的开发，使得近红外激射得以展示，最初是在低温脉冲激发下[115]，后来是在室温下[64,110]，并已实现低温下连续[107]。我们已经知道基于磷化铟（InP）的纳米线具有较低的表面复合[190]，但在生长过程中控制晶相方面面临更大的挑战（这同时对于晶相工程也是机遇[192]）。人们通过使用SAG（模板）展示了对生长机制的控制，使室温激射成为可能[121]。

基于体材料复合的激射效率低于量子限制结构中的复合（参见12.2.1.4节）。Ⅲ-Ⅴ族异质结构生长得到了很好的开发；因此，基于轴向量子点[29,53,124]和径向量子阱[23,31,78,90,91]的纳米线激光器，已证实具有可调谐激射和低激射阈值；然而，室温下连续运行的纳米线激光器仍未得到演示。优化和调整纳米线发射的替代方法包括掺杂、电子掺杂[126,134]或稀氮化物掺杂[52,193]，以及利用应变[194,195]。

Ⅲ-Ⅴ族生长方法的一个关键优势，是其相对容易结合到硅片上[158]，用于片上或片间通信的应用（参见12.1节）[17,31,47,51,103]。许多当代研究是将纳米线激光器与片上波导[48,196]或在等离激元系统中[127,197]集成；而基于硫属化物和钙钛矿的纳米线激光器（12.3.2.3、12.3.2.5节）已经显示出较低的激射阈值；Ⅲ-Ⅴ族纳米线激光器（以及基于纳米线生长的技术[198]）仍然具有工业相关性。

12.3.2.5　钙钛矿

杂化钙钛矿材料自从被用于染料敏化太阳能电池的敏化层[199,200]以来，由于其可调谐性、高内部量子效率且易于制造[201]，将其用于光电领域的研究呈指数级增长。由于可以选择一系列的阳离子和阴离子材料而赋予的可调谐性，钙钛矿材料具有广泛的特性。2014年，人们使用溶液介导的结晶展示了使用原型材料甲基铵碘化铅（$CH_3NH_3PbI_3$或MAPI）生长纳米线[202]。2015年，在MAPI中展示了单纳米线激射[203]，随后在其他卤化物和混合卤化物材料中得以展示[204]。

正如之前在光伏领域发生的那样，这些结果也代表了纳米激光器研究的重大进步。第一个展示的纳米线激光器表现出低至$200nJ \cdot cm^{-2}$的阈值和接近100%的激射量子产率[203]，激发了广泛的研究热情。虽然我们已知MAPI钙钛矿在高光激发密度下会遭受环境诱导的降解，但用甲脒$[CH(NH_2)_2]^+$代替甲基铵可将其稳定性提高至十倍[125]。全无机$CsPbBr_3$纳米线激光器保持稳定至少达10^9个脉冲[12]，并且通过选择卤化物离子也可以提供可调谐性[205]。

虽然通常在生长时选择阴离子，但纳米线大的表面积与体积比，提供了在制造阶段通过气相阴离子交换来改变纳米线激光器的阴离子（进而是发射波长）的机会[206]。用于激射应用的钙钛矿纳米线的定位和生长方向控制，与更传统的材料相似；模板引导生长[207]可以提供激射阵列，而晶体小平面的取向可以提供低阈值纳米激光器的大面积阵列[208]。

钙钛矿材料中激射作用的光物理起源已得到深入研究。虽然激子在低激发密度下是稳定的，但当激子密度超过莫特（Mott）密度时，筛选会引起电子-空穴等离子体的出现[209]。$CsPbBr_3$钙钛矿纳米线的开发中，人们使用这种材料展示了连续运行的激光器[211]，最初将增益归因于极化子模式[210]。然而，对同一纳米线系统的时间分辨测量表明，受激发射是由激发后早期存在的电子-空穴等离子体中的复合提供的[212]。

基于钙钛矿的纳米线和微米线激光器的研究仍在继续。新材料的开发（例如具有可调谐发射的分级纳米线[132]）和应用（例如通过模式切换的100GHz切换速度[213]）可能是未来纳米级相干光发射的新兴领域[19]。

12.3.2.6 有机材料

纳米线激光器的定义——增益材料和腔体由单一固态结构提供——允许多种材料体系。虽然当代研究中的主要材料在12.3.2.1～12.3.2.5节中进行了描述，但在范围更广的材料中人们都观察到了激射。基于有机激光器系统的发展[214,215]，自从2007年首次报道光泵浦激射[113]以来，有机纳米线激光器就得到了广泛的研究。有机固态激光器使用基于激子能级$S_{n,v}$的准四能级激射方案，其中n和v分别为电子和振动状态的枚举。在一个典型的方案中，吸收发生在从基态电子和振动状态（$S_{0,0}$）到激发电子和振动状态（$S_{1,\geqslant 0}$），然后快速弛豫到激发多型的基态振动状态（$S_{1,0}$），以及激射跃迁到基态电子态的更高振动状态（$S_{0,\geqslant 0}$）。该过程提供了低激射阈值，但有机材料在高激子密度下会遭受从单线态（发射）激子到三线态激子的系统间交叉。

在首次研究中，法布里-珀罗腔是使用多孔氧化铝模板形成的，该模板生长有一定直径范围的纳米线；与前述晶体材料不同，以这种方式制成的有机物纳米线具有受其生长模板控制的几何形状，但聚合物链优先沿长维度取向。人们发现这些结构的激射阈值非常低，约为$100nJ \cdot cm^{-2}$，激射波长约为450nm。使用小分子2,4,5-三苯基咪唑通过吸附剂辅助物理气相沉积生长的纳米线中，人们观察到支持面向375nm的紫外激射[114]。虽然这些结构的阈值更低，但有机材料制造的挑战和环境稳定性差限制了它们的应用。

尽管存在这些挑战，但随后人们通过改进制造提高了生产的再现性，例如电纺纤维[116]、设计用于近红外激射的小分子[130]以及开发基于磷光的激射[129]。最后一项研究使用一种新型化合物，该化合物具有高效的系统间交叉和高磷光量子效率，可在三重态跃迁上激射。

12.4 纳米线激光器技术的当前课题

在单个或阵列纳米线激光器技术的发展过程中，许多关键设计技术已经取得了重大进展。其中，纳米线内的量子限制，例如径向量子阱或轴向量子点已经用于实现低阈值和可调谐激射，波导耦合在片上集成方面具有先进的前景，而等离激元效应的开发已经使得极小和快速相干光源成为可能。本节将讨论这些当前研究的领域。

12.4.1 量子限制

用于激射的法布里-珀罗型半导体纳米线的直径为100～1000nm的尺度，设计用于支持激射波长处的一个（或几个）横模。虽然很小，但它明显大于室温下普通激光器材料中载流子的德布罗意波长。因此，早期的纳米线激光器倾向于利用激子跃迁获得增益[73]或所需的高激发能流[64,110]。它比粒子数反转更广为人知，因此在量子限制系统中更容易实现增益（参见 12.2.1.4 节）。在纳米线中实现载流子的量子限制，需要异质结构。图 12.7 显示了用于纳米线激光器的两种典型异质结构的方法。

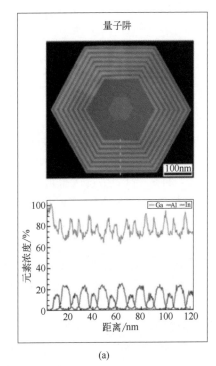
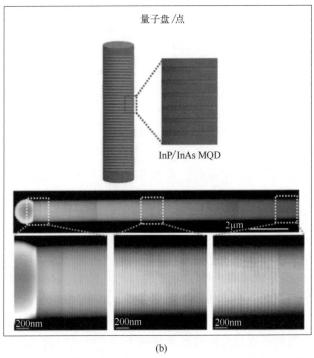

图 12.7 （a）多径向量子阱结构的表征，显示了(In,Al)GaAs 结构的电子显微图和元素映射。（b）一种轴向多量子点结构设计及其 TEM 图。(a) 经许可改编自 Nano Lett. 18, 6292.（版权所有 2018 美国化学学会）[42]；(b) 根据 CC-BY 许可，改编自 Science Advances 5, eaat8896 (2019)，作者版权所有© 2019[53]。

12.4.1.1 径向量子阱纳米线激光器

Qian[77]于 2008 年首次展示了径向量子阱纳米线激光器结构。为了获得足够的增益，通常需要多个量子阱。量子阱不仅提供了降低阈值的机会，而且还通过阱的组分或厚度提供了独立可调谐性。在低温下，量子阱稳定激子（见 12.2.1.4 节）提供窄谱和强增益[91]。由于径向量子阱偏离纳米线的核心，因此最佳匹配的横向模式通常是更高阶的 TE_{01} 或"甜甜圈"模式[78]。在已被充分探索的 GaAs-AlGaAs 材料体系中，这提供了一个限制激光器模式远离核心的机会，以避免再吸收损耗[92]。最近的方法试图用更高带隙的材料（例如 GaAsP[99,195]）替换潜在的再吸收核心，或者转而用更低带隙的三元化合物量子阱，例如 GaAsSb[216] 或 InGaAs[42]。后一种方法对于将激光器发射调谐到电信频段尤为重要；然而，这仍然是量子阱系统中一个突出的挑战。

高质量径向量子阱的生长依赖于生长过程中成分的陡峭转换。纳米线具有多个小面，具有潜在很可能不同的生长动力学[217]，又或者由于生长过程中存在相互扩散[157]，因此纳米线上的异质结构生长比传统的平面生长更具挑战性。然而，最近的生长方法已经在阱中实现了接近恒定的合金组分，并且具有高度均匀的阱厚度[42]。

12.4.1.2 轴向量子点纳米线激光器

通过在纳米线生长过程中改变前体的成分，可以产生轴向结构的纳米线[218,219]。具有量子限制的轴向异质结构的制造很有挑战性，因为必须产生非常薄的低带隙夹杂物。在 VLS 方法（12.3.1.1 节）中，生长发生在金属纳米颗粒存在的情况下，金属纳米颗粒可以充当前体的储存库，抑制突变界面的形成。因此，早期展示的用于激射的轴向量子限制是通过 SAG（无催化剂）产生的[124]。最近，人们展示了包含量子点或量子盘的 VLS 生长的纳米线激光器，其中储存库效应得到了控制[53]。

值得注意的是，轴向纳米线量子点的应用超越了激射，早期的工作将其作为单光子源进行了探索[220]。相反，对于高效纳米线激光器，必须产生多个量子点。重要的是保持它们不耦合，并且其成分和厚度要尽可能均匀。最好是通过使用二元阱来避免三元组分的问题；例如，人们已展示了包含 InAs 量子点的 InP 纳米线激光器，尽管其工作阈值较高（>2mJ·cm^{-2}），但是可以在室温下工作[53]。

12.4.2 光耦合

在法布里-珀罗型纳米线激光器中，电场被限制在纳米线腔体内。然而，纳米级限制导致隐失场穿透周围介质，提供了操纵激光器工作或提供新功能的途径。针对平行纳米线，人们在理论上探索了两个纳米线激光器通过隐失场的耦合[163]，预测硅中优化耦合的效率将超过 95%。然而，这种几何结构很难制造，因为它需要亚波长定位。

为了通过实验研究耦合效应，Gao 及其同事[98]使用离子束铣来切割长纳米线激光器，在各段之间留下一个小间隙。这种方法对于小于 50nm 的间隙具有低损耗，允许在两个耦合的纳米线激光器之间激射，以实现真正的单模操作。最近，有人已经提出了先进的拾放方法来物理放置纳米线激光器[33]。他们可以以低于 100nm 的精度，将纳米线与天线耦合以操纵远场行为[221]。然而，将纳米线激光器从它们的施主衬底上移除，并将它们转移到受主衬底上，会导致端面反射率的无序增加[32]，或者还会有其他机械变化影响激光器阈值或中心波长[109]。

更一般地说，可扩展的片上光子应用需要纳米线与波导的单片集成。使用 SAG 可将纳米线激光器直接耦合到硅波导[30]和绝缘波导[47,103]上。基于纳米线激光器时域有限差分建模的理论工作表明，通过优化纳米线-波导界面和介电特性，可以实现 50% 效率的波导耦合[196]，这为片上光互连带来了巨大的希望。

纳米线激光器还可用于将光耦合到片上光子晶体腔中。Sergent 及其同事研究了将纳米线激光器制造耦合到光子晶体纳米腔的理论[222]和实验方法[223]，其工作利用了这些光源的高效率和可调谐性。AFM 可用于对结构成像和操控纳米线到腔体中，并且可看到其结构在室温下实现了准连续紫外激射[136]。值得注意的是，所用纳米线的直径可能低于法布里-珀罗激光所需的直径，因为该模式由光子晶体而不是纳米线腔所支持。

12.4.3 等离激元

等离激元是指电荷相干振荡的量子；当电荷耦合到光场时，可以形成表面等离极化激元（SPP，surface-plasmon polariton）。SPP 同时具有光子和等离激元的特性，并允许在深亚波长区域将电磁辐射聚焦。与 SPP 的耦合通常具有挑战性，因为它同时需要能量和动量匹配。2003 年，Bergman 和 Stockman[93]引入了表面等离激元激光器的概念，这是一种可以生成相干 SPP 的器件[224]。具有近端金属结构的纳米线激光器被认为是等离激元器件的构建模块[10]，已在 CdS 系统中实现[117]，其等离激元模面积为 $1/400\lambda^2$（其中 $\lambda=489$nm）。

自首次开发以来，人们已经在 CdS[120]、ZnO[123]、GaAs[94]、GaN[122,225] 和钙钛矿材料[133] 中展示了基于等离激元的激光器。通常，纳米线转移到平面电介质涂层的金属（或结构化等离激元波导[127]）上。等离激元激光器表现出深亚波长限制[117]、泄漏模式激射[95]、超快开关行为[123]，且可以用于波导[127]。重要的是，该场被限制在一个小体积内，这为所谓的"无阈值"激光器提供了机会，其中光与激射模式的耦合接近 100%。等离激元应用的发展仍然是一个活跃的研究领域[226]。

12.5 现状和前景

经过 20 年对纳米线激光器物理、材料和应用的研究，许多原创性建议已经在一系列材料体系中实现。单纳米线连续激射[211]、电信波长激光器[53]、硅基集成[31,41]、室温工作[64]、激光器阵列[177] 和电泵浦激光器[35] 都已被独立展示。在此过程中，新颖的物理方法（例如 SPP 激光器[117]）、材料（例如钙钛矿[19]）和应用（例如光子集成电路[13] 以及细胞内探针[60]）都有学者进行了探索。

然而，该架构的一些最初目标尚未实现。特别是，单纳米线、可寻址、硅集成和电泵浦纳米线激光器尚未得以实现[17,23]。虽然本章没有讨论，但关键问题仍然是用于电注入的高质量 p-i-n 结的制备，以及源自纳米尺度任何低效率引起的热损伤和后续损伤问题。未来的应用也需要关注工业上的良率[92,134,227]；其中，模板化纳米线生长为开发高质量的位点控制材料提供了机遇[228]，而对掺杂[229] 和纳米线种子生长的研究[230] 仍将继续进行。

纳米线作为可调亚微米相干光源的前景已经得到展示。随着纳米线激光器的研究进入第三个十年，将纳米线激光器集成到科学和商业应用中以获得稳健可靠的性能是随后的发展前沿。

致谢

感谢 Phillip Dawson 教授和 Juan Arturo Alanis 博士的有益讨论。PP 感谢 UKRI 未来领袖奖学金计划（MR/T021519/1）的支持。

参考文献

[1] Johnson JC, Yan H, Schaller RD, Haber LH, Saykally RJ, Yang P. Single nanowire lasers. J Phys Chem B 2001;105: 11387-90. https://doi.org/10.1021/jp012304t. https://pubs.acs.org/doi/10.1021/jp012304t.

[2] Huang MH, Mao S, Feick H, Yan H, Wu Y, Kind H, Weber E, Russo R, Yang P. Room-temperature ultraviolet nanowire nanolasers. Science 2001;292:1897-9. https://doi.org/10.1126/science.1060367. http://www.ncbi.nlm.nih.gov/pubmed/11397941. http://www.sciencemag.org/cgi/doi/10.1126/science.1060367.

[3] Javan A, Bennett WR, Herriott DR. Population inversion and continuous optical maser oscillation in a gas discharge containing a He-Ne mixture. Phys Rev Lett 1961;6:106-10. https://doi.org/10.1103/PhysRevLett.6.106. https://link.aps.org/doi/10.1103/PhysRevLett.6.106.

[4] Hall RN, Fenner GE, Kingsley JD, Soltys TJ, Carlson RO. Coherent light emission from GaAs junctions. Phys Rev Lett 1962;9: 366-8. https://doi.org/10.1103/PhysRevLett.9.366. https://link.aps.org/doi/10.1103/PhysRevLett.9.366.

[5] Holonyak N, Bevacqua SF. Coherent (visible) light emission from Ga(As1-xPx) junctions. Appl Phys Lett 1962;1:82-3. https://doi.org/10.1063/1.1753706. http://aip.scitation.org/doi/10.1063/1.1753706.

[6] Kroemer H. A proposed class of hetero-junction injection lasers. Proc IEEE 1963;51:1782-3. https://doi.org/10.1109/PROC.1963.2706. http://ieeexplore.ieee.org/document/1444636/.

[7] Hayashi I, Panish MB, Foy PW, Sumski S. Junction lasers which operate continuously at room temperature. Appl Phys Lett 1970; 17:109-11. https://doi.org/10.1063/1.1653326. http://aip.scitation.org/doi/10.1063/1.1653326.

[8] Holonyak N, Kolbas RM, Dupuis RD, Dapkus PD. Quantum-well heterostructure lasers. IEEE J Quant Electron 1980;16:170-86. https://doi.org/10.1109/JQE.1980.1070447. http://ieeexplore.ieee.org/document/1070447/.

[9] Ledentsov NN, Grundmann M, Heinrichsdorff F, Bimberg D, Ustinov VM, Zhukov AE, Maximov MV, Alferov ZI, Lott JA. Quantum-dot heterostructure lasers. IEEE J Sel Top Quant Electron 2000;6:439-51. https://doi.org/10.1109/2944.865099. http://ieeexplore.ieee.org/document/865099/.

[10] Maslov AV, Ning CZ. Size reduction of a semiconductor nanowire laser by using metal coating. In: Osinski M, Henneberger F, Arakawa Y, editors. Physics and simulation of optoelectronic devices XV, vol. 6468. International Society for Optics and Photonics; 2007. 64680I. https://doi.org/10.1117/12.723786. http://proceedings.spiedigitallibrary.org/proceeding.aspx?doi=10.1117/12.723786.

[11] Wu X, Xiao Y, Meng C, Zhang X, Yu S, Wang Y, Yang C, Guo X, Ning CZ, Tong L. Hybrid photon-plasmon nanowire lasers. Nano Lett 2013;13:5654-9. https://doi.org/10.1021/nl403325j. https://pubs.acs.org/doi/10.1021/nl403325j.

[12] Eaton SW, Lai M, Gibson NA, Wong AB, Dou L, Ma J, Wang L-W, Leone SR, Yang P. Lasing in robust cesium lead halide perovskite nanowires. Proc Natl Acad Sci USA 2016;113:1993-8. https://doi.org/10.1073/pnas.1600789113. http://www.pnas.org/lookup/doi/10.1073/pnas.1600789113.

[13] Shen Y, Harris NC, Skirlo S, Prabhu M, Baehr-Jones T, Hochberg M, Sun X, Zhao S, Larochelle H, Englund D, Soljačić M. Deep learning with coherent nanophotonic circuits. Nat Photonics 2017;11:441-6. https://doi.org/10.1038/nphoton.2017.93. http://arxiv.org/abs/1610.02365. http://www.nature.com/doifinder/10.1038/nphoton.2017.93. http://www.nature.com/articles/nphoton.2017.93.

[14] Wang ZL. ZnO nanowire and nanobelt platform for nanotechnology. Mater Sci Eng R Rep 2009;64(3-4):33-71. https://doi.org/10.1016/j.mser.2009.02.001. https://www.sciencedirect.com/science/article/pii/S0927796X09000229.

[15] Vanmaekelbergh D, Van Vugt LK. ZnO nanowire lasers. Nanoscale 2011;3:2783-800. https://doi.org/10.1039/c1nr00013f. http://xlink.rsc.org/?DOI=c1nr00013f.

[16] Zimmler MA, Capasso F, Müller S, Ronning C. Optically pumped nanowire lasers: invited review. Semicond Sci Technol 2010;25:024001. https://doi.org/10.1088/0268-1242/25/2/024001. http://stacks.iop.org/0268-1242/25/i=2/a=024001?key=crossref.19fed2250a6e91e6a00155a2b2.

[17] Koblmüller G, Mayer B, Stettner T, Abstreiter G, Finley JJ. GaAs-AlGaAs core-shell nanowire lasers on silicon: invited review. Semicond Sci Technol 2017;32:053001. https://doi.org/10.1088/1361-6641/aa5e45. http://stacks.iop.org/0268-1242/32/i=5/a=053001?key=crossref.ba4e12afb515deb7c083b6a69c.

[18] Zhang J, Yang X, Deng H, Qiao K, Farooq U, Ishaq M, Yi F, Liu H, Tang J, Song H. Low-dimensional halide perovskites and their advanced optoelectronic applications. Nanomicro Lett 2017;9(3):36. https://doi.org/10.1007/s40820-017-0137-5. http://link.springer.com/10.1007/s40820-017-0137-5.

[19] Dong H, Zhang C, Liu X, Yao J, Zhao YS. Materials chemistry and engineering in metal halide perovskite lasers. Chem Soc Rev 2020;49:951-82. https://doi.org/10.1039/c9cs00598f. http://xlink.rsc.org/?DOI=C9CS00598F.

[20] Arafin S, Liu X, Mi Z. Review of recent progress of III-nitride nanowire lasers. J Nanophotonics 2013;7:074599. https://doi.org/10.1117/1.jnp.7.074599. http://nanophotonics.spiedigitallibrary.org/article.aspx?doi=10.1117/1.JNP.7.074599.

[21] Huang Y, Lieber CM. Integrated nanoscale electronics and optoelectronics: exploring nanoscale science and technology through semiconductor nanowires. Pure Appl Chem 2004;76:2051-68. https://doi.org/10.1351/pac200476122051. http://www.degruyter.com/view/j/pac.2004.76.issue-12/pac200476122051/pac200476122051.xn.

[22] Zapf M, Sidiropoulos T, Röder R. Tailoring spectral and temporal properties of semiconductor nanowire lasers. Adv Opt Mater 2019;7(17):1900504. https://doi.org/10.1002/adom.201900504. https://onlinelibrary.wiley.com/doi/abs/10.1002/adom.201900504.

[23] Zhang Y, Saxena D, Aagesen M, Liu H. Toward electrically driven semiconductor nanowire lasers. Nanotechnology 2019;30:192002. https://doi.org/10.1088/1361-6528/ab000d. http://stacks.iop.org/0957-4484/30/i=19/a=192002?key=crossref.7251158d04d4bddab0ec7bed.

[24] Maslov AV, Ning CZ. Reflection of guided modes in a semiconductor nanowire laser. Appl Phys Lett 2003;83:1237-9. https://doi.org/10.1063/1.1599037. http://aip.scitation.org/doi/10.1063/1.1599037.

[25] Heurlin M, Lindgren D, Deppert K, Samuelson L, Magnusson MH, Ek ML, Wallenberg R. Continuous gas-phase synthesis of nanowires with tunable properties. Nature 2012;492(7427):90-4. https://doi.org/10.1038/nature11652. http://www.nature.com/articles/nature11652.

[26] Jevtics D, Hurtado A, Guilhabert B, McPhillimy J, Cantarella G, Gao Q, Tan HH, Jagadish C, Strain MJ, Dawson MD. Integration of semiconductor nanowire lasers with polymeric waveguide devices on a mechanically flexible substrate. Nano Lett 2017;17:5990-4. https://doi.org/10.1021/acs.nanolett.7b02178. https://pubs.acs.org/doi/10.1021/acs.nanolett.7b02178.

[27] Yang P, Yan R, Fardy M. Semiconductor nanowire: what's next? Nano Lett 2010;10:1529-36. https://doi.org/10.1021/nl100665r. http://pubs.acs.org/doi/abs/10.1021/nl100665r.

[28] Zhang Y, Aagesen M, Holm JV, Jørgensen HI, Wu J, Liu H. Self-catalyzed GaAsP nanowires grown on silicon sub-

strates by solid-source molecular beam epitaxy. Nano Lett 2013;13;3897-902. https://doi.org/10.1021/nl401981u. http://pubs.acs.org/doi/abs/10.1021/nl401981u.

[29] Tatebayashi J, Kako S, Ho J, Ota Y, Iwamoto S, Arakawa Y. Growth of InGaAs/GaAs nanowire-quantum dots on AlGaAs/GaAs distributed Bragg reflectors for laser applications. J Cryst Growth 2017;468;144-8. https://doi.org/10.1016/j.jcrysgro.2016.12.022. https://linkinghub.elsevier.com/retrieve/pii/S0022024816308818.

[30] Stettner T, Kostenbader T, Ruhstorfer D, Bissinger J, Riedl H, Kaniber M, Koblmüuller G, Finley JJ. Direct coupling of coherent emission from site-selectively grown III-V nanowire lasers into proximal silicon waveguides. ACS Photonics 2017; 4;2537-43. https://doi.org/10.1021/acsphotonics.7b00805. https://pubs.acs.org/doi/10.1021/acsphotonics.7b00805.

[31] Schuster F, Kapraun J, Malheiros-Silveira GN, Deshpande S, Chang-Hasnain CJ. Site-controlled growth of monolithic InGaAs/InP quantum well nanopillar lasers on silicon. Nano Lett 2017;17;2697-702. https://doi.org/10.1021/acs.nanolett.7b00607. http://pubs.acs.org/doi/abs/10.1021/acs.nanolett.7b00607.

[32] Alanis JA, Chen Q, Lysevych M, Burgess T, Li L, Liu Z, Tan HH, Jagadish C, Parkinson P. Threshold reduction and yield improvement of semiconductor nanowire lasers; via processing-related end-facet optimization. Nanoscale Adv 2019;1;4393-7. https://doi.org/10.1039/c9na00479c. http://xlink.rsc.org/? DQI=C9NA00479C.

[33] Guilhabert B, Hurtado A, Jevtics D, Gao Q, Tan HH, Jagadish C, Dawson MD. Transfer printing of semiconductor nanowires with lasing emission for controllable nanophotonic device fabrication. ACS Nano 2016;10;3951-8. https://doi.org/10.1021/acsnano.5b07752. https://pubs.acs.org/doi/10.1021/acsnano.5b07752.

[34] Tatebayashi J, Ota Y, Ishida S, Nishioka M, Iwamoto S, Arakawa Y. Nanowire-quantum-dot lasers on flexible membranes. APEX 2018;11;065002. https://doi.org/10.7567/APEX.11.065002. http://stacks.iop.org/1882-0786/11/i=6/a=065002? key=crossref.0610217fca1b234429c84cb0f.

[35] Duan X, Huang Y, Agarwal R, Lieber CMC, Fast CG. Single-nanowire electrically driven lasers. Nature 2003;421;241-5. https://doi.org/10.1038/nature01353. http://www.nature.com/articles/nature01353.

[36] Chu S, Wang G, Zhou W, Lin Y, Chernyak L, Zhao J, Kong J, Li L, Ren J, Liu J. Electrically pumped waveguide lasing from ZnO nanowires. Nat Nanotechnol 2011;6;506-10. https://doi.org/10.1038/nnano.2011.97. http://www.nature.com/doifinder/10.1038/nnano.2011.97.

[37] Zhao S, Liu X, Wu Y, Mi Z. An electrically pumped 239 nm AlGaN nanowire laser operating at room temperature. Appl Phys Lett 2016;109;191106. https://doi.org/10.1063/1.4967180. http://aip.scitation.org/doi/10.1063/1.4967180.

[38] Young IA, Mohammed E, Liao JT, Kern AM, Palermo S, Block BA, Reshotko MR, Chang PL. Optical I/O technology for terascale computing. IEEE J Solid State Circ 2010;45;235-48. https://doi.org/10.1109/JSSC.2009.2034444. http://ieeexplore.ieee.org/document/5357567/.

[39] Tanaka S, Jeong S-H, Sekiguchi S, Kurahashi T, Tanaka Y, Morito K. High-output-power, single-wavelength silicon hybrid laser using precise flip-chip bonding technology. Opt Express 2012;20;28057. https://doi.org/10.1364/oe.20.028057. https://www.osapublishing.org/oe/abstract.cfm? uri=oe-20-27-28057.

[40] Sun C, Wade MT, Lee Y, Orcutt JS, Alloatti L, Georgas MS, Waterman AS, Shainline JM, Avizienis RR, Lin S, Moss BR, Kumar R, Pavanello F, Atabaki AH, Cook HM, Ou AJ, Leu JC, Chen Y-H, Asanović K, Ram RJ, Popović MA, Stojanović VM. Single-chip microprocessor that communicates directly using light. Nature 2015;528;534-8. https://doi.org/10.1038/nature16454. http://www.nature.com/doifinder/10.1038/nature16454.

[41] Mayer B, Janker L, Loitsch B, Treu J, Kostenbader T, Lichtmannecker S, Reichert T, Morkötter S, Kaniber M, Abstreiter G, Gies C, Koblmüller G, Finley JJ. Monolithically integrated high-β nanowire lasers on silicon. Nano Lett 2016; 16;152-6. https://doi.org/10.1021/acs.nanolett.5b03404. https://pubs.acs.org/doi/10.1021/acs.nanolett.5b03404. http://pubs.acs.org/doi/abs/10.1021/acs.nanolett.5b03404.

[42] Stettner T, Thurn A, Döblinger M, Hill MO, Bissinger J, Schmiedeke P, Matich S, Kostenbader T, Ruhstorfer D, Riedl H, Kaniber M, Lauhon LJ, Finley JJ, Koblmüller G. Tuning lasing emission toward long wavelengths in GaAs-(in,Al)GaAs core-multishell nanowires. Nano Lett 2018;18;6292-300. https://doi.org/10.1021/acs.nanolett.8b02503. http://pubs.acs.org/doi/10.1021/acs.nanolett.8b02503. https://pubs.acs.org/doi/10.1021/acs.nanolett.8b02503.

[43] Bao Q, Li W, Xu P, Zhang M, Dai D, Wang P, Guo X, Tong L. On-chip single-mode CdS nanowire laser. Light Sci Appl 2020;9(42). https://doi.org/10.1038/s41377-020-0277-0. http://www.nature.com/articles/s41377-020-0277-0.

[44] Chen B, Wu H, Xin C, Dai D, Tong L. Flexible integration of free-standing nanowires into silicon photonics. Nat Commun 2017; 8; 20. https://doi.org/10.1038/s41467-017-00038-0. http://www.nature.com/articles/s41467-017-00038-0.

[45] ITU-T. ITU-T G.652;characteristics of a single-mode optical fibre and cable. Technical Report. Geneva, Switzerland;ITU; 2016. https://doi.org/10.1002/1000/13076. https://www.itu.int/itu-t/recommendations/rec.aspx? rec=13076.

[46] Chin AH, Vaddiraju S, Maslov AV, Ning CZ, Sunkara MK, Meyyappan M. Near-infrared semiconductor subwavelength-wire lasers. Appl Phys Lett 2006;88;163115. https://doi.org/10.1063/1.2198017. http://aip.scitation.org/doi/10.1063/1.2198017.

[47] Kim H, Lee WJ, Farrell AC, Balgarkashi A, Huffaker DL. Telecom-wavelength bottom-up nanobeam lasers on silicon-on-insulator. Nano Lett 2017;17;5244-50. https://doi.org/10.1021/acs.nanolett.7b01360. https://pubs.acs.org/doi/10.1021/acs.nanolett.7b01360.

[48] Kim H, Lee W-J, Chang T-Y, Huffaker DL. Room-temperature InGaAs nanowire array band-edge lasers on patterned silicon-on-insulator platforms. Phys Status Solidi (RRL) 2019;13:1800489. https://doi.org/10.1002/pssr.201800489. http://doi.wiley.com/10.1002/pssr.201800489.

[49] Kim H, Chang TY, Lee WJ, Huffaker DL. III-V nanowire array telecomlasers on (001) silicon-on-insulator photonic platforms. Appl Phys Lett 2019;115:213101. https://doi.org/10.1063/1.5126721. https://aip.scitation.org/doi/10.1063/1.5126721.

[50] Yokoo A, Takiguchi M, Birowosuto MD, Tateno K, Zhang G, Kuramochi E, Shinya A, Taniyama H, Notomi M. Subwavelength nanowire lasers on a silicon photonic crystal operating at telecom wavelengths. ACS Photonics 2017;4:355-62. https://doi.org/10.1021/acsphotonics.6b00830. https://pubs.acs.org/doi/10.1021/acsphotonics.6b00830.

[51] Deshpande S, Bhattacharya I, Malheiros-Silveira G, Ng KW, Schuster F, Mantei W, Cook K, Chang-Hasnain C. Ultracompact position-controlled InP nanopillar LEDs on silicon with bright electroluminescence at telecommunication wavelengths. ACS Photonics 2017;4:695-702. https://doi.org/10.1021/acsphotonics.7b00065. https://pubs.acs.org/doi/10.1021/acsphotonics.7b00065.

[52] Chen S, Yukimune M, Fujiwara R, Ishikawa F, ChenWM, Buyanova IA. Near-infrared lasing at 1 μm from a dilute-nitride-based multishell nanowire. Nano Lett 2019;19:885-90. https://doi.org/10.1021/acs.nanolett.8b04103. http://pubs.acs.org/doi/10.1021/acs.nanolett.8b04103.

[53] Zhang G, Takiguchi M, Tateno K, Tawara T, Notomi M, Gotoh H. Telecom-band lasing in single InP/InAs heterostructure nanowires at room temperature. Sci Adv 2019;5:eaat8896. https://doi.org/10.1126/sciadv.aat8896. https://advances.sciencemag.org/lookup/doi/10.1126/sciadv.aat8896. http://advances.sciencemag.org/content/5/2/eaat8896?rss=1.

[54] Patolsky F, Zheng G, Lieber CM. Nanowire sensors for medicine and the life sciences. Nanomedicine 2006;1:51-65. https://doi.org/10.2217/17435889.1.1.51. http://www.futuremedicine.com/doi/10.2217/17435889.1-1.51.

[55] He B, Morrow TJ, Keating CD. Nanowire sensors for multiplexed detection of biomolecules. Curr Opin Chem Biol 2008;12:522-8. https://doi.org/10.1016/j.cbpa.2008.08.027. https://linkinghub.elsevier.com/retrieve/pii/S1367593108001245.

[56] Gautam V, Naureen S, Shahid N, Gao Q, Wang Y, Nisbet D, Jagadish C, Daria VR. Engineering highly interconnected neuronal networks on nanowire scaffolds. Nano Lett 2017;17:3369-75. https://doi.org/10.1021/acs.nanolett.6b05288. http://pubs.acs.org/doi/abs/10.1021/acs.nanolett.6b05288. https://pubs.acs.org/doi/10.1021/acs.nanolett.6b05288.

[57] Liu R, Chen R, Elthakeb AT, Lee SH, Hinckley S, Khraiche ML, Scott J, Pre D, Hwang Y, Tanaka A, Ro YG, Matsushita AK, Dai X, Soci C, Biesmans S, James A, Nogan J, Jungjohann KL, Pete DV, Webb DB, Zou Y, Bang AG, Dayeh SA. High density individually addressable nanowire arrays record intracellular activity from primary rodent and human stem cell derived neurons. Nano Lett 2017;17:2757-64. https://doi.org/10.1021/acs.nanolett.6b04752. https://pubs.acs.org/doi/10.1021/acs.nanolett.6b04752.

[58] Fikouras AH, Schubert M, Karl M, Kumar JD, Powis SJ, Di Falco A, Gather MC. Non-obstructive intracellular nanolasers. Nat Commun 2018;9:4817. https://doi.org/10.1038/s41467-018-07248-0. http://www.nature.com/articles/s41467-018-07248-0.

[59] Yan R, Park J-H, Choi Y, Heo C-J, Yang S-M, Lee LP, Yang P. Nanowire-based single-cell endoscopy. Nat Nanotechnol 2012;7:191-6. https://doi.org/10.1038/nnano.2011.226. http://www.nature.com/articles/nnano.2011.226.

[60] Wu X, Chen Q, Xu P, Chen YC, Wu B, Coleman RM, Tong L, Fan X. Nanowire lasers as intracellular probes. Nanoscale 2018;10:9729-35. https://doi.org/10.1039/c8nr00515j. http://xlink.rsc.org/?DOI=C8NR00515J.

[61] Gordon JP, Zeiger HJ, Townes CH. The maser-new type of microwave amplifier, frequency standard, and spectrometer. Phys Rev 1955;99:1264-74. https://doi.org/10.1103/PhysRev.99.1264. https://link.aps.org/doi/10.1103/PhysRev.99.1264.

[62] Siegman AE. Lasers. 1st ed. Sausalito: University Science Books; 1986.

[63] Ning CZ. Semiconductor nanolasers. Phys. Status Solidi B 2010;247:774-88. https://doi.org/10.1002/pssb.200945436. http://doi.wiley.com/10.1002/pssb.200945436.

[64] Saxena D, Mokkapati S, Parkinson P, Jiang N, Gao Q, Tan HH, Jagadish C. Optically pumped room-temperature GaAs nanowire lasers. Nat Photonics 2013;7:963-8. https://doi.org/10.1038/nphoton.2013.303. http://www.nature.com/doifinder/10.1038/nphoton.2013.303. http://www.nature.com/articles/nphoton.2013.303.

[65] Kennedy SA, Szabo MJ, Teslow H, Porterfield JZ, Abraham ER. Creation of Laguerre-Gaussian laser modes using diffractive optics. Phys Rev, A Atom Mol Opt Phy 2002;66:438011-5. https://doi.org/10.1103/PhysRevA.66.043801.

[66] Maslov AV, Ning CZ. Modal gain in a semiconductor nanowire laser with anisotropic bandstructure. IEEE J Quant Electron 2004;40:1389-97. https://doi.org/10.1109/JQE.2004.834767. http://ieeexplore.ieee.org/document/1337019/.

[67] Visser TD, Blok H, Demeulenaere B, Lenstra D. Confinement factors and gain in optical amplifiers. IEEE J Quant Electron 1997;33:1763-6. https://doi.org/10.1109/3.631280. http://ieeexplore.ieee.org/document/631280/.

[68] Ning C-Z. Semiconductor nanolasers and the size-energy-efficiency challenge: a review. Adv Photonics 2019;1:1. https://doi.org/10.1117/1.AP.1.1.014002. https://www.spiedigitallibrary.org/journals/advanced-photonics/volume-1/issue-01/014002.

[69] Hilborn RC. Einstein coefficients, cross sections, f values, dipole moments, and all that. Am J Phys 1982;50:982-6. https://doi.org/10.1119/1.12937. http://aapt.scitation.org/doi/10.1119/1.12937.

[70] Bernard MG, Duraffourg G. Laser conditions in semiconductors. Phys Status Solidi(B) 1961;1:699-703. https://doi.org/10.1002/pssb.19610010703. http://doi.wiley.com/10.1002/pssb.19610010703.

[71] Wegscheider W, Pfeiffer LN, Dignam MM, Pinczuk A, West KW, McCall SL, Hull R. Lasing from excitons in quantum wires. Phys Rev Lett 1993;71:4071-4. https://doi.org/10.1103/PhysRevLett.71.4071. https://link.aps.org/doi/10.1103/PhysRevLett.71.4071.

[72] Kawasaki M, Ohtomo A, Ohkubo I, Koinuma H, Tang ZK, Yu P, Wong GK, Zhang BP, Segawa Y. Excitonic ultraviolet laser emission at room temperature from naturally made cavity in ZnO nanocrytal thin films. Mater Sci Eng B 1998;56:239-45. https://doi.org/10.1016/S0921-5107(98)00248-7.

[73] Huang Y, Duan X, Cui Y, Lauhon LJ, Kim K-H, Lieber CM. Logic gates and computation from assembled nanowire building blocks. Science 2001;294:1313-7. https://doi.org/10.1126/science.1066192. http://www.sciencemag.org/cgi/doi/10.1126/science.1066192.

[74] Agarwal R, Barrelet CJ, Lieber CM. Lasing in single cadmium sulfide nanowire optical cavities. Nano Lett 2005;5:917-20. https://doi.org/10.1021/nl050440u. https://pubs.acs.org/doi/10.1021/nl050440u.

[75] Dingle R, Wiegmann W, Henry CH. Quantum states of confined carriers in very thin AlxGa1-xAs-GaAs-AlxGa1-xAs heterostructures. Phys Rev Lett 1974;33:827-30. https://doi.org/10.1103/PhysRevLett.33.827. https://link.aps.org/doi/10.1103/PhysRevLett.33.827.

[76] Arakawa Y, Sakaki H. Multidimensional quantum well laser and temperature dependence of its threshold current. Appl Phys Lett 1982;40:939-41. https://doi.org/10.1063/1.92959. http://aip.scitation.org/doi/10.1063/1.92959.

[77] Qian F, Li Y, Gradečak S, Park H-GG, Dong Y, Ding Y, Wang ZL, Lieber CM. Multi-quantum-well nanowire heterostructures for wavelength-controlled lasers. Nat Mater 2008;7:701-6. https://doi.org/10.1038/nmat2253. http://www.nature.com/articles/nmat2253. http://www.nature.com/doifinder/10.1038/nmat2253.

[78] Saxena D, Jiang N, Yuan X, Mokkapati S, Guo Y, Tan HH, Jagadish C. Design and room-temperature operation of GaAs/AlGaAs multiple quantum well nanowire lasers. Nano Lett 2016;16:5080-6. https://doi.org/10.1021/acs.nanolett.6b01973. http://pubs.acs.org/doi/abs/10.1021/acs.nanolett.6b01973. https://pubs.acs.org/doi/10.1021/acs.nanolett.6b01973.

[79] Leonard D, Pond K, Petroff PM. Critical layer thickness for self-assembled InAs islands on GaAs. Phys Rev B 1994;50:11687-92. https://doi.org/10.1103/PhysRevB.50.11687. https://link.aps.org/doi/10.1103/PhysRevB.50.11687.

[80] Heiss M, Fontana Y, Gustafsson A, Wüst G, Magen C, O'Regan DD, Luo JW, Ketterer B, Conesa-Boj S, Kuhlmann AV, Houel J, Russo-Averchi E, Morante JR, Cantoni M, Marzari N, Arbiol J, Zunger A, Warburton RJ, Fontcuberta I Morral A. Self-assembled quantum dots in a nanowire system for quantum photonics. Nat Mater 2013;12:439-44. https://doi.org/10.1038/nmat3557. http://www.nature.com/articles/nmat3557.

[81] Wang S, Hu Z, Yu H, Fang W, Qiu M, Tong L. Endface reflectivities of optical nanowires. Opt Express 2009;17:10881. https://doi.org/10.1364/OE.17.010881. http://www.ncbi.nlm.nih.gov/pubmed/19550488https://www.osapublishing.org/oe/abstract.ci.

[82] Zapien JA, Jiang Y, Meng XM, Chen W, Au FC, Lifshitz Y, Lee ST. Room-temperature single nanoribbon lasers. Appl Phys Lett 2004;84:1189-91. https://doi.org/10.1063/1.1647270. http://aip.scitation.org/doi/10.1063/1.1647270.

[83] Wagner RS, Ellis WC. Vapor-liquid-solid mechanism of single crystal growth. Appl Phys Lett 1964;4:89-90. https://doi.org/10.1063/1.1753975. http://aip.scitation.org/doi/10.1063/1.1753975.

[84] Morales AM, Lieber CM. A laser ablation method for the synthesis of crystalline semiconductor nanowires. Science 1998;279:208-11. https://doi.org/10.1126/science.279.5348.208. http://www.ncbi.nlm.nih.gov/pubmed/9422689.

[85] Trentler TJ, Hickman KM, Goel SC, Viano AM, Gibbons PC, Buhro WE. Solution-liquid-solid growth of crystalline III-V semiconductors: an analogy to vapor-liquid-solid growth. Science 1995;270:1791-4. https://doi.org/10.1126/science.270.5243.1791. https://www.sciencemag.org/lookup/doi/10.1126/science.270.5243.1791.

[86] Gudiksen MS, Lieber CM. Diameter-selective synthesis of semiconductor nanowires. J Am Chem Soc 2000;122:8801-2. https://doi.org/10.1021/ja002008e. https://pubs.acs.org/doi/10.1021/ja002008e.

[87] Maslov AV, Ning CZ. Far-field emission of a semiconductor nanowire laser. Opt Lett 2004;29:572-4. https://doi.org/10.1364/OL.29.000572. http://www.osapublishing.org/abstract.cfm?URI=ol-29-6-572. http://www.ncbi.nlm.nih.gov/pubmed/15035474.

[88] Sun L, Ren ML, Liu W, Agarwal R. Resolving parity and order of fabry-pérot modes in semiconductor nanostructure waveguides and lasers: Youngs interference experiment revisited. Nano Lett 2014;14:6564-71. https://doi.org/10.1021/nl503176w. https://pubs.acs.org/doi/10.1021/nl503176w.

[89] Saxena D, Wang F, GaoQ, Mokkapati S, TanHH, Jagadish C. Mode profiling of semiconductor nanowire lasers. Nano Lett 2015;15:5342-8. https://doi.org/10.1021/acs.-nanolett.5b01713. https://pubs.acs.org/doi/10.1021/acs.nanolett.5b01713.

[90] Yan X, Wei W, Tang F, Wang X, Li L, Zhang X, Ren X. Low-threshold room-temperature AlGaAs/GaAs nanowire/single-quantum-well heterostructure laser. Appl Phys Lett 2017;110:061104. https://doi.org/10.1063/1.4975780. http://aip.scitation.org/doi/10.1063/1.4975780.

[91] Stettner T, Zimmermann P, Loitsch B, Döblinger M, Regler A, Mayer B, Winnerl J, Matich S, Riedl H, Kaniber M, Ab-

streiter G,Koblmuller G,Finley JJ. Coaxial GaAs-AlGaAs core-multishell nanowire lasers with epitaxial gain control. Appl Phys Lett 2016;108;011108. https://doi.org/10.1063/1.4939549. http://aip.scitation.org/doi/10.1063/1.4939549.

[92] Alanis JA,Saxena D,Mokkapati S,Jiang N,Peng K,Tang X,Fu L,Tan HH,Jagadish C,Parkinson P. Large-scale statistics for threshold optimization of optically pumped nanowire lasers. Nano Lett 2017;17;4860-5. https://doi.org/10.1021/acs.nanolett.7b01725. http://pubs.acs.org/doi/abs/10.1021/acs.nanolett.7b01725. http://pubs.acs.org/doi/10.1021/acs.nanolett.7b01725.

[93] Bergman DJ,Stockman MI. Surface plasmon amplification by stimulated emission of radiation;quantum generation of coherent surface plasmons in nanosystems. Phys Rev Lett 2003;90;4. https://doi.org/10.1103/PhysRevLett.90.027402. https://link.aps.org/doi/10.1103/PhysRevLett.90.027402.

[94] Ho J,Tatebayashi J,Sergent S,Fong C,Iwamoto S,Arakawa Y. Demonstration of GaAs based nanowire plasmonic laser. In;Extended abstracts of the 2014 international conference on solid state devices and materials. Ibaraki;The Japan Society of Applied Physics; 2014. https://doi.org/10.7567/SSDM.2014.B-3-1.3-1,https://confit.atlas.jp/guide/organizer/ssdm/ssdm2014/subject/B-3-1/detail.

[95] Wuestner S,Hamm JM,Pusch A,Hess O. Plasmonic leaky-mode lasing in active semiconductor nanowires. Laser Photon Rev 2015;9;256-62. https://doi.org/10.1002/lpor.201400231. http://doi.wiley.com/10.1002/lpor.201400231.

[96] Wei W,Liu Y,Zhang X,Wang Z,Ren X. Evanescent-wave pumped room-temperature single-mode GaAs/AlGaAs core-shell nanowire lasers. Appl Phys Lett 2014;104;223103. https://doi.org/10.1063/1.4881266. http://aip.scitation.org/doi/10.1063/1.4881266.

[97] Buschlinger R,Lorke M,Peschel U. Coupled-mode theory for semiconductor nanowires. Phys Rev Appl 2017;7;034028. https://doi.org/10.1103/PhysRevApplied.7.034028. http://link.aps.org/doi/10.1103/PhysRevApplied.7.034028. http://arxiv.org/abs/1611.09672.

[98] Gao H,Fu A,Andrews SC,Yang P. Cleaved-coupled nanowire lasers. Proc Nat Acad Sci USA 2013;110(3);865-9. https://doi.org/10.1073/pnas.1217335110. http://www.ncbi.nlm.nih.gov/pubmed/23284173. http://www.pubmedcentral.nih.gov/articlerender.fcgi?artid=PMC3549097.

[99] Skalsky S,Zhang Y,Alanis JA,Fonseka HA,Sanchez AM,Liu H,Parkinson P. Heterostructure and Q-factor engineering for low-threshold and persistent nanowire lasing. Light Sci Appl 2020;9;43. https://doi.org/10.1038/s41377-020-0279-y. http://www.nature.com/articles/s41377-020-0279-y.

[100] Fu A,Gao H,Petrov P,Yang P. Widely tunable distributed Bragg reflectors integrated into nanowire waveguides. Nano Lett 2015;15;6909-13. https://doi.org/10.1021/acs.nanolett.5b02839. https://pubs.acs.org/doi/10.1021/acs.nanolett.5b02839.

[101] Sakai M,Inose Y,Ema K,Ohtsuki T,Sekiguchi H,Kikuchi A,Kishino K. Random laser action in GaN nanocolumns. Appl Phys Lett 2010;97;151109. https://doi.org/10.1063/1.3495993. http://aip.scitation.org/doi/10.1063/1.3495993.

[102] Li KH,Liu X,Wang Q,Zhao S,Mi Z. Ultralow-threshold electrically injected AlGaN nanowire ultraviolet lasers on Si operating at low temperature. Nat Nanotechnol 2015;10;140-4. https://doi.org/10.1038/nnano.2014.308. http://www.nature.com/articles/nnano.2014.308.

[103] KimH,LeeW-JJ,Farrell AC,Morales JSD,Senanayake P,Prikhodko SV,Ochalski TJ,Huffaker DL. Monolithic InGaAs nanowire array lasers on silicon-on-insulator operating at room temperature. Nano Lett 2017;17;3465-70. https://doi.org/10.1021/acs.-nanolett.7b00384. https://pubs.acs.org/doi/10.1021/acs.nanolett.7b00384. http://pubs.acs.org/doi/abs/10.1021/acs.nanolett.7b00384.

[104] Yokoyama H,Brorson SD. Rate equation analysis of microcavity lasers. J Appl Phys 1989;66;4801-5. https://doi.org/10.1063/1.343793. http://aip.scitation.org/doi/10.1063/1.343793.

[105] Björk G,Yamamoto Y. Analysis of semiconductor microcavity lasers using rate equations. IEEE J Quant Electron 1991;27;2386-96. https://doi.org/10.1109/3.100877.

[106] Khajavikhan M,Simic A,Katz M,Lee JH,Slutsky B,Mizrahi A,Lomakin V,Fainman Y. Thresholdless nanoscale coaxial lasers. Nature 2012;482;204-7. https://doi.org/10.1038/nature10840.

[107] Mayer B,Janker L,Rudolph D,Loitsch B,Kostenbader T,Abstreiter G,Koblmüller G,Finley JJ. Continuous wave lasing from individual GaAs-AlGaAs core-shell nanowires. Appl Phys Lett 2016;108;071107. https://doi.org/10.1063/1.4942506. http://scitation.aip.org/content/aip/journal/apl/108/7/10.1063/1.4942506.

[108] Zapf M,Ronning C,Röder R. High temperature limit of semiconductor nanowire lasers. Appl Phys Lett 2017;110;173103. https://doi.org/10.1063/1.4982629. http://aip.scitation.org/doi/10.1063/1.4982629.

[109] Jevtics D,McPhillimy J,Guilhabert B,Alanis JA,Tan HH,Jagadish C,Dawson MD,Hurtado A,Parkinson P,Strain MJ. Characterization,selection,and microassembly of nanowire laser systems. Nano Lett 2020;20;1862-8. https://doi.org/10.1021/acs.nanolett.9b05078. https://pubs.acs.org/doi/10.1021/acs.nanolett.9b05078.

[110] Mayer B,Rudolph D,Schnell J,Morkötter S,Winnerl J,Treu J,Müller K,Bracher G,Abstreiter G,Koblmüller G,Finley JJ. Lasing from individual GaAs-AlGaAs core-shell nanowires up to room temperature. Nat Commun 2013;4;2931. https://doi.org/10.1038/ncomms3931. http://www.nature.com/doifinder/10.1038/ncomms3931. http://

www. nature. com/ncomms/2013/131205/n comms3931/full/ncomms3931. html. http://www. nature. com/articles/ncomms3931.

[111] Govender K,Boyle D,O'Brien P,Binks D,West D,Coleman D. Room-temperature lasing observed from ZnO nanocolumns grown by aqueous solution deposition. Adv Mater 2002;14:1221-4. https://doi. org/10. 1002/1521-4095(20020903)14:17<1221::AID-ADMA12213. 0. CO;2-1.

[112] Johnson JC,Choi H-J,Knutsen KP,Schaller RD,Yang P,Saykally RJ. Single gallium nitride nanowire lasers. Nat Mater 2002;1:106-10. https://doi. org/10. 1038/nmat728. http://apps. webofknowledge. com/full. http://www. nature. com/articles/nmat728.

[113] O'Carroll D,Lieberwirth I,Redmond G. Microcavity effects and optically pumped lasing in single conjugated polymer nanowires. Nat Nanotechnol 2007;2:180-4. https://doi. org/10. 1038/nnano. 2007. 35. http://www. nature. com/articles/nnano. 2007. 35.

[114] Zhao YS,Peng A,Fu H,Ma Y,Yao J. Nanowire waveguides and ultraviolet lasers based on small organic molecules. Adv Mater 2008;20:1661-5. https://doi. org/10. 1002/adma. 200800123. http://doi. wiley. com/10. 1002/adma. 200800123.

[115] Hua B,Motohisa J,Kobayashi Y,Hara S,Fukui T. Single GaAs/GaAsP coaxial core-shell nanowire lasers. Nano Lett 2009;9:112-6. https://doi. org/10. 1021/nl802636b. https://pubs. acs. org/doi/10. 1021/nl802636b.

[116] Camposeo A,Benedetto FD,Stabile R,Neves AA,Cingolani R,Pisignano D. Laser emission from electrospun polymer nanofibers. Small 2009; 5: 562-6. https://doi. org/10. 1002/smll. 200801165. http://doi. wiley. com/10. 1002/smll. 200801165.

[117] Oulton RF,Sorger VJ,Zentgraf T,Ma RM,Gladden C,Dai L,Bartal G,Zhang X. Plasmon lasers at deep subwavelength scale. Nature 2009;461:629-32. https://doi. org/10. 1038/nature08364.

[118] Xiao Y,Meng C,Wang P,Ye Y,Yu H,Wang S,Gu F,Dai L,Tong L. Single-nanowire single-mode laser. Nano Lett 2011;11:1122-6. https://doi. org/10. 1021/nl1040308. https://pubs. acs. org/doi/10. 1021/nl1040308.

[119] Geburt S,Thielmann A,Röder R,Borschel C,McDonnell A,Kozlik M,Kühnel J,Sunter KA,Capasso F,Ronning C. Low threshold room-temperature lasing of CdS nanowires. Nanotechnology 2012;23:365204. https://doi. org/10. 1088/0957-4484/23/36/365204. https://iopscience. iop. org/article/10. 1088/0957-4484/23/36/365204. http://stacks. iop. org/0957-4484/23/i=36/a=365204? key=crossref. 3b26e193e669410451fcb1ac6.

[120] Liu X,Zhang Q,Yip JN,Xiong Q,Sum TC. Wavelength tunable single nanowire lasers based on surface plasmon polariton enhanced Burstein-Moss effect. Nano Lett 2013;13:5336-43. https://doi. org/10. 1021/nl402836x. https://pubs. acs. org/doi/10. 1021/nl402836x.

[121] Gao Q,Saxena D,Wang F,Fu L,Mokkapati S,Guo Y,Li L,Wong-Leung J,Caroff P,Tan HH,Jagadish C. Selective-area epitaxy of pure wurtzite InP nanowires:high quantum efficiency and room-temperature lasing. Nano Lett 2014;14:5206-11. https://doi. org/10. 1021/nl5021409. https://pubs. acs. org/doi/10. 1021/nl5021409.

[122] Zhang Q,Li G,Liu X,Qian F,Li Y,Sum TC,Lieber CM,Xiong Q. A room temperature low-threshold ultraviolet plasmonic nanolaser. Nat Commun 2014;5:4953. https://doi. org/10. 1038/ncomms5953. http://www. nature. com/articles/ncomms5953.

[123] Sidiropoulos TPH,Röder R,Geburt S,Hess O,Maier SA,Ronning C,Oulton RF. Ultrafast plasmonic nanowire lasers near the surface plasmon frequency. Nat Phys 2014;10:870-6. https://doi. org/10. 1038/nphys3103. http://www. nature. com/articles/nphys3103.

[124] Tatebayashi J,Kako S,Ho J,Ota Y,Iwamoto S,Arakawa Y. Room-temperature lasing in a single nanowire with quantum dots. Nat Photonics 2015;9:501-5. https://doi. org/10. 1038/nphoton. 2015. 111. http://www. nature. com/doifinder/10. 1038/nphoton. 2015. 111. http://www. nature. com/articles/nphoton. 2015. 111.

[125] Fu Y,Zhu H,Schrader AW,Liang D,Ding Q,Joshi P,Hwang L,Zhu XY,Jin S. Nanowire lasers of formamidinium lead halide perovskites and their stabilized alloys with improved stability. Nano Lett 2016;16:1000-8. https://doi. org/10. 1021/acs. nanolett. 5b04053. https://pubs. acs. org/doi/10. 1021/acs. nanolett. 5b04053.

[126] Burgess T,Saxena D,Mokkapati S,Li Z,Hall CR,Davis JA,Wang Y,Smith LM,Fu L,Caroff P,Tan HH,Jagadish C. Doping-enhanced radiative efficiency enables lasing in unpassivated GaAs nanowires. Nat Commun 2016;7:11927. https://doi. org/10. 1038/ncomms11927. http://www. nature. com/doifinder/10. 1038/ncomms11927.

[127] Bermúdez-Ureña E,Tutuncuoglu G,Cuerda J,Smith CLC,Bravo-Abad J,Bozhevolnyi SI,Fontcuberta I Morral A,García-Vidal FJ,Quidant R,FontcubertaMorral A,García-Vidal FJ,Quidant R. Plasmonic waveguide-integrated nanowire laser. Nano Lett 2017;17:747-54. https://doi. org/10. 1021/acs. nanolett. 6b03879. https://pubs. acs. org/doi/10. 1021/acs. nanolett. 6b03879.

[128] Chen HL,Himwas C,Scaccabarozzi A,Rale P,Oehler F,Lemaître A,Lombez L,Guillemoles JF,Tchernycheva M,Harmand JC,Cattoni A,Collin S. Determination of n-type doping level in single GaAs nanowires by cathodoluminescence. Nano Lett 2017;17:6667-75. https://doi. org/10. 1021/acs. nanolett. 7b02620.

[129] Yu Z,Wu Y,Xiao L,Chen J,Liao Q,Yao J,Fu H. Organic phosphorescence nanowire lasers. J Am Chem Soc 2017;139:6376-81. https://doi. org/10. 1021/jacs. 7b01574. https://pubs. acs. org/doi/10. 1021/jacs. 7b01574.

[130] Wang X,Li ZZ,Zhuo MP,Wu Y,Chen S,Yao J,Fu H. Tunable near-infrared organic nanowire nanolasers. Adv Funct Mater 2017;27:1703470. https://doi. org/10. 1002/adfm. 201703470. http://doi. wiley. com/10. 1002/adfm. 201703470.

[131] Ren D, Scofield AC, Farrell AC, Rong Z, Haddad MA, Laghumavarapu RB, Liang B, Huffaker DL. Exploring time-resolved photoluminescence for nanowires using a three-dimensional computational transient model. Nanoscale 2018; 10:7792-802. https://doi.org/10.1039/C8NR01908H. http://xlink.rsc.org/? DOI=C8NR01908H.

[132] Huang L, Gao Q, Sun LD, Dong H, Shi S, Cai T, Liao Q, Yan CH. Composition-graded cesium lead halide perovskite nanowires with tunable dual-color lasing performance. Adv Mater 2018; 30:1800596. https://doi.org/10.1002/adma.201800596. http://doi.wiley.com/10.1002/adma.201800596.

[133] Wu Z, Chen J, Mi Y, Sui X, Zhang S, Du W, Wang R, Shi J, Wu X, Qiu X, Qin Z, Zhang Q, Liu X. All-inorganic CsPbBr3 nanowire based plasmonic lasers. Adv Opt Mater 2018; 6:1800674. https://doi.org/10.1002/adom.201800674. http://doi.wiley.com/10.1002/adom.201800674.

[134] Alanis JA, Lysevych M, Burgess T, Saxena D, Mokkapati S, Skalsky S, Tang X, Mitchell P, Walton AS, Tan HH, Jagadish C, Parkinson P. Optical study of p-doping in GaAs nanowires for low-threshold and high-yield lasing. Nano Lett 2019; 19:362-8. https://doi.org/10.1021/acs.nanolett.8b04048. http://pubs.acs.org/doi/10.1021/acs.nanolett.8b04048.

[135] Sumikura H, Zhang G, Takiguchi M, Takemura N, Shinya A, Gotoh H, Notomi M. Mid-infrared lasing of single wurtzite InAs nanowire. Nano Lett 2019; 19:8059-65. https://doi.org/10.1021/acs.nanolett.9b03249. https://pubs.acs.org/doi/10.1021/acs.nanolett.9b03249.

[136] Sergent S, Takiguchi M, Tsuchizawa T, Taniyama H, Notomi M. Low-threshold lasing up to 360 K in all-dielectric subwavelength-nanowire nanocavities. ACS Photonics 2020; 0c00166. https://doi.org/10.1021/acsphotonics.0c00166. acsphotonics, https://pubs.acs.org/doi/10.1021/acsphotonics.0c00166.

[137] Seifert W, Borgström M, Deppert K, Dick KA, Johansson J, Larsson MW, Mårtensson T, Sköld N, Patrik C, Svensson T, Wacaser BA, Reine Wallenberg L, Samuelson L. Growth of one-dimensional nanostructures in MOVPE. J Cryst Growth 2004; 272:211-20. https://doi.org/10.1016/j.jcrysgro.2004.09.023. https://linkinghub.elsevier.com/retrieve/pii/S0022024804011169.

[138] Persson AI, Larsson MW, Stenström S, Ohlsson BJ, Samuelson L, Wallenberg LR. Solid-phase diffusion mechanism for GaAs nanowire growth. Nat Mater 2004; 3:677-81. https://doi.org/10.1038/nmat1220. http://www.nature.com/articles/nmat1220.

[139] Greene LE, Law M, Goldberger J, Kim F, Johnson JC, Zhang Y, Saykally RJ, Yang P. Low-temperature wafer-scale production of ZnO nanowire arrays. Angew Chem Int Ed 2003; 42:3031-4. https://doi.org/10.1002/anie.200351461. http://doi.wiley.com/10.1002/anie.200351461.

[140] Wang Y, Meng G, Zhang L, Liang C, Zhang J. Catalytic growth of large-scale single-crystal CdS nanowires by physical evaporation and their photoluminescence. Chem Mater 2002; 14:1773-7. https://doi.org/10.1021/cm0115564. https://pubs.acs.org/doi/abs/10.1021/cm0115564.

[141] Givargizov EI. Fundamental aspects of VLS growth. J Cryst Growth 1975; 31:20-30. https://doi.org/10.1016/0022-0248(75)90105-0. https://www.sciencedirect.com/science/article/pii/0022024875901050.

[142] Harmand JC, Patriarche G, Péré-Laperne N, Mérat-Combes M-N, Travers L, Glas F. Analysis of vapor-liquid-solid mechanism in Au-assisted GaAs nanowire growth. Appl Phys Lett 2005; 87:203101. https://doi.org/10.1063/1.2128487. http://aip.scitation.org/doi/10.1063/1.2128487.

[143] Noborisaka J, Motohisa J, Fukui T. Catalyst-free growth of GaAs nanowires by selective-area metalorganic vapor-phase epitaxy. Appl Phys Lett 2005; 86:1-3. https://doi.org/10.1063/1.1935038. http://aip.scitation.org/doi/10.1063/1.1935038.

[144] Kanungo PD, Schmid H, Björk MT, Gignac LM, Breslin C, Bruley J, Bessire CD, Riel H. Selective area growth of III-V nanowires and their heterostructures on silicon in a nanotube template: towards monolithic integration of nano-devices. Nanotechnology 2013; 24:225304. https://doi.org/10.1088/0957-4484/24/22/225304. https://iopscience.iop.org/article/10.1088/0957-4484/24/22/225304.

[145] Tomioka K, Kobayashi Y, Motohisa J, Hara S, Fukui T. Selective-area growth of vertically aligned GaAs and GaAs/AlGaAs core-shell nanowires on Si(111) substrate. Nanotechnology 2009; 20:145302. https://doi.org/10.1088/0957-4484/20/14/145302. https://iopscience.iop.org/article/10.1088/0957-4484/20/14/145302. http://stacks.iop.org/0957-4484/20/i=14/a=145302?key=crossref.84f864f89e24fa54c1915b7d6.

[146] Ikejiri K, Sato T, Yoshida H, Hiruma K, Motohisa J, Hara S, Fukui T. Growth characteristics of GaAs nanowires obtained by selective area metal-organic vapour-phase epitaxy. Nanotechnology 2008; 19:265604. https://doi.org/10.1088/0957-4484/19/26/265604. https://iopscience.iop.org/article/10.1088/0957-4484/19/26/265604.

[147] Schmidt V, Wittemann JV, Senz S, Gösele U. Silicon nanowires: a review on aspects of their growth and their electrical properties. Adv Mater 2009; 21(25-26):2681-702. https://doi.org/10.1002/adma.200803754. http://doi.wiley.com/10.1002/adma.200803754.

[148] Dick KA. A review of nanowire growth promoted by alloys and non-alloying elements with emphasis on Au-assisted III-V nanowires. Prog Cryst Growth Charact Mater 2008; 54(3-4):138-73. https://doi.org/10.1016/j.pcrysgrow.2008.09.001. https://www.sciencedirect.com/science/article/pii/S0960897408000181.

[149] Dasgupta NP, Sun J, Liu C, Brittman S, Andrews SC, Lim J, Gao H, Yan R, Yang P. 25th anniversary article: semi-

conductor nanowires -synthesis, characterization, and applications. Adv Mater 2014;26:2137-83. https://doi.org/10.1002/adma.201305929. http://www.ncbi.nlm.nih.gov/pubmed/24604701. http://doi.wiley.com/10.1002/adma.201305929.

[150] Mårtensson T, Svensson CPT, Wacaser BA, Larsson MW, Seifert W, Deppert K, Gustafsson A, Wallenberg LR, Samuelson L. Epitaxial III-V nanowires on silicon. Nano Lett 2004;4:1987-90. https://doi.org/10.1021/nl0487267. https://pubs.acs.org/doi/10.1021/nl0487267.

[151] Knelangen M, Consonni V, Trampert A, Riechert H. Insitu analysis of strain relaxation during catalyst-free nucleation and growth of GaN nanowires. Nanotechnology 2010;21:245705. https://doi.org/10.1088/0957-4484/21/24/245705. http://stacks.iop.org/0957-4484/21/i=24/a=245705?key=crossref.37b5a3e971f0c4ec90bab835c.

[152] De La Mata M, Magén C, Caroff P, Arbiol J. Atomic scale strain relaxation in axial semiconductor III-V nanowire heterostructures. Nano Lett 2014;14:6614-20. https://doi.org/10.1021/nl503273j. https://pubs.acs.org/doi/10.1021/nl503273j.

[153] Wei M, Zhi D, MacManus-Driscoll JL. Self-catalysed growth of zinc oxide nanowires. Nanotechnology 2005;16:1364-8. https://doi.org/10.1088/0957-4484/16/8/064. https://iopscience.iop.org/article/10.1088/0957-4484/16/8Z064.

[154] Colombo C, Spirkoska D, Frimmer M, Abstreiter G, Fontcuberta I Morral A. Gaassisted catalyst-free growth mechanism of GaAs nanowires by molecular beam epitaxy. Phys Rev B Condens Matter 2008;77:155326. https://doi.org/10.1103/PhysRevB.77.155326. https://link.aps.org/doi/10.1103/PhysRevB.77.155326.

[155] Parkinson P, Joyce HJ, Gao Q, Tan HH, Zhang X, Zou J, Jagadish C, Herz LM, Johnston MB. Carrier lifetime and mobility enhancement in nearly defect-free core-shell nanowires measured using time-resolved terahertz spectroscopy. Nano Lett 2009;9:3349-53. https://doi.org/10.1021/nl9016336. http://pubs.acs.org/doi/abs/10.1021/nl9016336.

[156] Joyce HJ, Gao Q, Tan HH, Jagadish C, Kim Y, Zhang X, Guo Y, Zou J. Twin-free uniform epitaxial GaAs nanowires grown by a two-temperature process. Nano Lett 2007;7:921-6. https://doi.org/10.1021/nl062755v.

[157] Jiang N, Gao Q, Parkinson P, Wong-Leung J, Mokkapati S, Breuer S, Tan HH, Zheng CL, Etheridge J, Jagadish C. Enhanced minority carrier lifetimes in GaAs/AlGaAs core-shell nanowires through shell growth optimization. Nano Lett 2013;13:5135-40. https://doi.org/10.1021/nl4023385.

[158] Mårtensson T, Carlberg P, Borgström M, Montelius L, Seifert W, Samuelson L. Nanowire arrays defined by nanoimprint lithography. Nano Lett 2004;4:699-702. https://doi.org/10.1021/nl035100s. https://pubs.acs.org/doi/abs/10.1021/nl035100s.

[159] Yamaguchi KI, Okamoto K, Imai T. Selective epitaxial growth of gaas by metalorganic chemical vapor deposition. Jpn J Appl Phys 1985;24:1666-71. https://doi.org/10.1143/JJAP.24.1666. https://iopscience.iop.org/article/10.1143/JJAP.24.1666.

[160] Hersee SD, Sun X, Wang X. The controlled growth of GaN nanowires. Nano Lett 2006;6:1808-11. https://doi.org/10.1021/nl060553t. https://pubs.acs.org/doi/10.1021/nl060553t.

[161] Metaferia W, Sivakumar S, Persson AR, Geijselaers I, Wallenberg LR, Deppert K, Samuelson L, Magnusson MH. n-type doping and morphology of GaAs nanowires in Aerotaxy. Nanotechnology 2018;29:285601. https://doi.org/10.1088/1361-6528/aabec0. https://iopscience.iop.org/article/10.1088/1361-6528/aabec0.

[162] Chen Y, Bagnall D, Yao T. ZnO as a novel photonic material for the UV region. Mater Sci Eng, B 2000;75:190-8. https://doi.org/10.1016/S0921-5107(00)00372-X. https://www.sciencedirect.com/science/article/pii/S092151070000372X.

[163] Huang K, Yang S, Tong L. Modeling of evanescent coupling between two parallel optical nanowires. Appl Opt 2007;46:1429-34. https://doi.org/10.1364/AO.46.001429. https://www.osapublishing.org/abstract.cfm?URI=ao-46-9-1429.

[164] Vayssieres L, Keis K, Hagfeldt A, Lindquist SE. Three-dimensional array of highly oriented crystalline ZnO microtubes. Chem Mater 2001;13:4395-8. https://doi.org/10.1021/cm011160s. https://pubs.acs.org/doi/10.1021/cm011160s.

[165] Zhang Y, Russo RE, Mao SS. Quantum efficiency of ZnO nanowire nanolasers. Appl Phys Lett 2005;87:043106. https://doi.org/10.1063/1.2001754. http://aip.scitation.org/doi/10.1063/1-2001754.

[166] Chou YH, Wu YM, Hong KB, Chou BT, Shih JH, Chung YC, Chen PY, Lin TR, Lin CC, Lin SD, Lu TC. High-operation-temperature plasmonic nanolasers on single-crystalline aluminum. Nano Lett 2016;16:3179-86. https://doi.org/10.1021/acs.nanolett.6b00537. https://pubs.acs.org/doi/10.1021/acs.nanolett.6b00537.

[167] Look DC, Claflin B. P-type doping and devices based on ZnO. Phys Status Solidi(B) 2004;241:624-30. https://doi.org/10.1002/pssb.200304271. http://doi.wiley.com/10.1002/pssb.200304271.

[168] Nobel Media AB. The Nobel prize in physics 2014. 2020. https://www.nobelprize.org/prizes/physics/2014/summary/.

[169] Amano H, Sawaki N, Akasaki I, Toyoda Y. Metalorganic vapor phase epitaxial growth of a high quality GaN film using an AlN buffer layer. Appl Phys Lett 1986;48:353-5. https://doi.org/10.1063/1.96549. http://aip.scitation.org/doi/10.1063/1.96549.

[170] Nakamura S, Mukai T, Senoh M. Candela-class high-brightness InGaN/AlGaN double-heterostructure blue-light-emitting diodes. Appl Phys Lett 1994;64:1687-9. https://doi.org/10.1063/1.111832. http://aip.scitation.org/doi/10.1063/1.111832.

[171] Muth JF, Lee JH, Shmagin IK, Kolbas RM, Casey HC, Keller BP, Mishra UK, DenBaars SP. Absorption coefficient, energy

[172] Singh R, Doppalapudi D, Moustakas TD, Romano LT. Phase separation in InGaN thick films and formation of In-GaN/GaN double heterostructures in the entire alloy composition. Appl Phys Lett 1997;70:1089-91. https://doi.org/10.1063/1.118493. http://aip.scitation.org/doi/10.1063/1.118493.

[173] Mi Z, Zhao S, Woo SY, Bugnet M, Djavid M, Liu X, Kang J, Kong X, Ji W, Guo H, Liu Z, Botton GA. Molecular beam epitaxial growth and characterization of Al(Ga)N nanowire deep ultraviolet light emitting diodes and lasers. J Phys Appl Phys 2016;49:364006. https://doi.org/10.1088/0022-3727/49/36/364006. http://stacks.iop.org/0022-3727/49/i=36/a=364006?key=crossref.c766ac74e3d7790cc603c7749.

[174] Gradečak S, Qian F, Li Y, Park H-G, Lieber CM. GaN nanowire lasers with low lasing thresholds. Appl Phys Lett 2005;87:173111. https://doi.org/10.1063/1.2115087. http://aip.scitation.org/doi/10.1063/1.2115087.

[175] Parkinson P, Dodson C, Joyce HJ, Bertness KA, Sanford NA, Herz LM, Johnston MB. Noncontact measurement of charge carrier lifetime and mobility in GaN nanowires. Nano Lett 2012;12:4600-4. https://doi.org/10.1021/nl301898m.

[176] Li C, Wright JB, Liu S, Lu P, Figiel JJ, Leung B, Chow WW, Brener I, Koleske DD, Luk TS, Feezell DF, Brueck SR, Wang GT. Nonpolar InGaN/GaN core-shell single nanowire lasers. Nano Lett 2017;17:1049-55. https://doi.org/10.1021/acs.nanolett.6b04483. https://pubs.acs.org/doi/abs/10.1021/acs.nanolett.6b04483.

[177] Behzadirad M, Nami M, Wostbrock N, Zamani Kouhpanji MR, Feezell DF, Brueck SR, Busani T. Scalable top-down approach tailored by interferometric lithography to achieve large-area single-mode GaN nanowire laser arrays on sapphire substrate. ACS Nano 2018;12:2373-80. https://doi.org/10.1021/acsnano.7b07653. https://pubs.acs.org/doi/10.1021/acsnano.7b07653.

[178] Voigt J, Spiegelberg F, Senoner M. Band parameters of CdS and CdSe single crystals determined from optical exciton spectra. Phys Status Solidi(B)1979;91:189-99. https://doi.org/10.1002/pssb.2220910120. http://doi.wiley.com/10.1002/pssb.2220910120.

[179] Röder R, Wille M, Geburt S, Rensberg J, Zhang M, Lu JG, Capasso F, Buschlinger R, Peschel U, Ronning C. Continuous wave nanowire lasing. Nano Lett 2013;13:3602-6. https://doi.org/10.1021/nl401355b. https://pubs.acs.org/doi/10.1021/nl401355b.

[180] Fischer T, Bille J. Recombination processes in highly excited CdS. J Appl Phys 1974;45:3937-42. https://doi.org/10.1063/1.1663891. http://aip.scitation.org/doi/10.1063/1.1663891.

[181] Pan A, Zhou W, Leong ESP, Liu R, Chin AH, Zou B, Ning CZ. Continuous alloy-composition spatial grading and superbroad wavelength-tunable nanowire lasers on a single chip. Nano Lett 2009;9:784-8. https://doi.org/10.1021/nl803456k. https://pubs.acs.org/doi/10.1021/nl803456k.

[182] Guo YN, Xu HY, Auchterlonie GJ, Burgess T, Joyce HJ, Gao Q, Tan HH, Jagadish C, Shu HB, Chen XS, Lu W, Kim Y, Zou J. Phase separation induced by Au catalysts in ternary InGaAs nanowires. Nano Lett 2013;13:643-50. https://doi.org/10.1021/nl304237b. http://pubs.acs.org/doi/10.1021/nl304237b.

[183] Zhang Q, Liu H, Guo P, Li D, Fan P, Zheng W, Zhu X, Jiang Y, Zhou H, Hu W, Zhuang X, Liu H, Duan X, Pan A. Vapor growth and interfacial carrier dynamics of high-quality CdS-CdSSe-CdS axial nanowire heterostructures. Nano Energy 2017;32:28-35. https://doi.org/10.1016/j.nanoen.2016.12.014. https://www.sciencedirect.com/science/article/pii/S221128551630578X.

[184] Steighner MS, Snedeker LP, Boyce BL, Gall K, Miller DC, Muhlstein CL. Dependence on diameter and growth direction of apparent strain to failure of Si nanowires. J Appl Phys 2011;109:033503. https://doi.org/10.1063/1.3537658. http://aip.scitation.org/doi/10.1063/1.3537658.

[185] Wang YB, Wang LF, Joyce HJ, Gao Q, Liao XZ, Mai YW, Tan HH, Zou J, Ringer SP, Gao HJ, Jagadish C. Super deformability and young's modulus of gaAs nanowires. Adv Mater 2011;23:1356-60. https://doi.org/10.1002/adma.201004122. http://doi.wiley.com/10.1002/adma.201004122.

[186] Wang Y, Joyce HJ, Gao Q, Liao X, Tan HH, Zou J, Ringer SP, Shan Z, Jagadish C. Self-healing of fractured GaAs nanowires. Nano Lett 2011;11:1546-9. https://doi.org/10.1021/nl104330h. https://pubs.acs.org/doi/10.1021/nl104330h.

[187] Fu Q, Zhang ZY, Kou L, Wu P, Han X, Zhu X, Gao J, Xu J, Zhao Q, Guo W, Yu D. Linear strain-gradient effect on the energy bandgap in bent CdS nanowires. Nano Res 2011;4:308-14. https://doi.org/10.1007/s12274-010-0085-6. http://link.springer.com/10.1007/s12274-010-0085-6.

[188] Yang W, Ma Y, Wang Y, Meng C, Wu X, Ye Y, Dai L, Tong L, Liu X, Yang Q. Bending effects on lasing action of semiconductor nanowires. Opt Express 2013;21:2024. https://doi.org/10.1364/oe.21.002024. https://www.osapublishing.org/oe/abstract.cfm?uri=oe-21-2-2024.

[189] Parkinson P, Lloyd-Hughes J, Gao Q, Tan HH, Jagadish C, Johnston MB, Herz LM. Transient terahertz conductivity of GaAs nanowires. Nano Lett 2007;7:2162-5. https://doi.org/10.1021/nl071162x. https://pubs.acs.org/doi/10.1021/nl071162x.

[190] Joyce HJ, Docherty CJ, Gao Q, Tan HH, Jagadish C, Lloyd-Hughes J, Herz LM, Johnston MB. Electronic properties of GaAs,

[191] InAs and InP nanowires studied by terahertz spectroscopy. Nanotechnology 2013;24:214006. https://doi.org/10.1088/0957-4484/24/21/214006. http://stacks.iop.org/0957-4484/24/i=21/a=214006?key=crossref.3ddd730e84f137f4d4de09739.

[191] Jiang N, Parkinson P, Gao Q, Breuer S, Tan HH, Wong-Leung J, Jagadish C. Long minority carrier lifetime in Au-catalyzed GaAs/Al_xGa_1-x as core-shell nanowires. Appl Phys Lett 2012;101:023111. https://doi.org/10.1063/1.4735002. http://aip.scitation.org/doi/10.1063/1.4735002.

[192] Yuan X, Liu K, Skalsky S, Parkinson P, Fang L, He J, Tan HH, Jagadish C, Tan HH, Jagadish C. Carrier dynamics and recombination mechanisms in InP twinning super-lattice nanowires. Opt Express 2020;28:16795. https://doi.org/10.1364/OE.388518. https://www.osapublishing.org/abstract.cfm?URI=oe-28-11-16795.

[193] Chen S, Jansson M, Stehr JE, Huang Y, Ishikawa F, Chen WM, Buyanova IA. Dilute nitride nanowire lasers based on a GaAs/GaNAs core/shell structure. Nano Lett 2017;17:1775-81. https://doi.org/10.1021/acs.nanolett.6b05097. http://pubs.acs.org/doi/abs/10.1021/acs.nanolett.6b05097.

[194] Balaghi L, Bussone G, Grifone R, Hübner R, Grenzer J, Ghorbani-Asl M, Krasheninnikov AV, Schneider H, Helm M, Dimakis E. Widely tunable GaAs bandgap via strain engineering in core/shell nanowires with large lattice mismatch. Nat Commun 2019;10. https://doi.org/10.1038/s41467-019-10654-7.

[195] Zhang Y, Davis G, Fonseka HA, Velichko A, Gustafsson A, Godde T, Saxena D, Aagesen M, Parkinson PW, Gott JA, Huo S, Sanchez AM, Mowbray DJ, Liu H. Highly strained III-V-V coaxial nanowire quantum wells with strong carrier confinement. ACS Nano 2019;13:5931-8. https://doi.org/10.1021/acsnano.9b01775. http://pubs.acs.org/doi/10.1021/acsnano.9b01775.

[196] Bissinger J, Ruhstorfer D, Stettner T, Koblmüller G, Finley JJ. Optimized waveguide coupling of an integrated III-V nanowire laser on silicon. J Appl Phys 2019;125:243102. https://doi.org/10.1063/1.5097405. http://aip.scitation.org/doi/10.1063/1.5097405.

[197] Ho J, Tatebayashi J, Sergent S, Fong CF, Iwamoto S, Arakawa Y. Low-threshold near-infrared GaAs-AlGaAs core-shell nanowire plasmon laser. ACS Photonics 2015;2:165-71. https://doi.org/10.1021/ph5003945. http://pubs.acs.org/doi/abs/10.1021/ph5003945.

[198] Mauthe S, Schmid H, Moselund KE, Trivino NV, Sousa M, Staudinger P, Baumgartner Y, Tiwari P, Stoferle T, Caimi D, Scherrer M. Monolithic integration of III-V microdisk lasers on silicon. In: International conference on optical MEMS and Nanophotonics, volume 2019-July. IEEE; 2019. p. 32-3. https://doi.org/10.1109/OMN.2019.8925128. https://ieeexplore.ieee.org/document/8925128/.

[199] Kojima A, Teshima K, Shirai Y, Miyasaka T. Organometal halide perovskites as visible-light sensitizers for photovoltaic cells. J Am Chem Soc 2009;131:6050-1. https://doi.org/10.1021/ja809598r. https://pubs.acs.org/doi/10.1021/ja809598r.

[200] Lee MM, Teuscher J, Miyasaka T, Murakami TN, Snaith HJ. Efficient hybrid solar cells based on meso-superstructured organometal halide perovskites. Science 2012;338:643-7. https://doi.org/10.1126/science.1228604. https://www.sciencemag.org/lookup/doi/10.1126/science.1228604.

[201] Zhao Y, Zhu K. Organic-inorganic hybrid lead halide perovskites for optoelectronic and electronic applications. Chem Soc Rev 2016;45:655-89. https://doi.org/10.1039/c4cs00458b. http://xlink.rsc.org/?DOI=C4CS00458B.

[202] Horváth E, Spina M, Szekrényes Z, Kamarás K, Gaal R, Gachet D, Forró L. Nanowires of Methylammonium Lead Iodide($CH_3NH_3PbI_3$) prepared by low temperature solution-mediated crystallization. Nano Lett 2014;14:6761-6. https://doi.org/10.1021/nl5020684. https://pubs.acs.org/doi/10.1021/nl5020684.

[203] Zhu H, Fu Y, Meng F, Wu X, Gong Z, Ding Q, Gustafsson MV, Trinh MT, Jin S, Zhu X-YY. Lead halide perovskite nanowire lasers with low lasing thresholds and high quality factors. Nat Mater 2015;14:636-42. https://doi.org/10.1038/nmat4271. http://www.nature.com/doifinder/10.1038/nmat4271. http://www.nature.com/articles/nmat4271.

[204] Xing J, Liu XF, Zhang Q, Ha ST, Yuan YW, Shen C, Sum TC, Xiong Q. Vapor phase synthesis of organometal halide perovskite nanowires for tunable room-temperature nanolasers. Nano Lett 2015;15:4571-7. https://doi.org/10.1021/acs.nanolett.5b01166. https://pubs.acs.org/doi/10.1021/acs.nanolett.5b01166.

[205] Zhang D, Yang Y, Bekenstein Y, Yu Y, Gibson NA, Wong AB, Eaton SW, Kornienko N, Kong Q, Lai M, Alivisatos AP, Leone SR, Yang P. Synthesis of composition tunable and highly luminescent cesium lead halide nanowires through anion-exchange reactions. J Am Chem Soc 2016;138:7236-9. https://doi.org/10.1021/jacs.6b03134. https://pubs.acs.org/doi/10.1021/jacs.6b03134.

[206] He X, Liu P, Wu S, Liao Q, Yao J, Fu H. Multi-color perovskite nanowire lasers through kinetically controlled solution growth followed by gas-phase halide exchange. J Mater Chem C 2017;5:12707-13. https://doi.org/10.1039/c7tc03939e. http://xlink.rsc.org/?DOI=C7TC03939E.

[207] Liu P, He X, Ren J, Liao Q, Yao J, Fu H. Organic-inorganic hybrid perovskite nanowire laser arrays. ACS Nano 2017;11:5766-73. https://doi.org/10.1021/acsnano.7b01351. https://pubs.acs.org/doi/10.1021/acsnano.7b01351.

[208] Wang X, Shoaib M, Wang X, Zhang X, He M, Luo Z, Zheng W, Li H, Yang T, Zhu X, Ma L, Pan A. High-quality in-plane aligned CsPbX3 perovskite nanowire lasers with composition-dependent strong exciton-photon coupling. ACS Nano 2018;12:6170-8. https://doi.org/10.1021/acsnano.8b02793. https://pubs.acs.org/doi/10.1021/acsnano.8b02793.

[209] Saba M, Cadelano M, Marongiu D, Chen F, Sarritzu V, Sestu N, Figus C, Aresti M, Piras R, Geddo Lehmann A, Cannas C, Musinu A, Quochi F, Mura A, Bongiovanni G. Correlated electron-hole plasma in organometal perovskites. Nat Commun 2014; 5: 5049. https://doi.org/10.1038/ncomms6049. http://www.nature.com/articles/ncomms6049.

[210] Du W, Zhang S, Shi J, Chen J, Wu Z, Mi Y, Liu Z, Li Y, Sui X, Wang R, Qiu X, Wu T, Xiao Y, Zhang Q, Liu X. Strong exciton-photon coupling and lasing behavior in all-inorganic CsPbBr$_3$ micro/nanowire fabry-pérot cavity. ACS Photonics 2018; 5: 2051-9. https://doi.org/10.1021/acsphotonics.7b01593. https://pubs.acs.org/doi/10.1021/acsphotonics.7b01593.

[211] Evans TJ, Schlaus A, Fu Y, Zhong X, Atallah TL, Spencer MS, Brus LE, Jin S, Zhu XY. Continuous-wave lasing in cesium lead bromide perovskite nanowires. Adv Opt Mater 2018; 6: 1700982. https://doi.org/10.1002/adom.201700982. http://doi.wiley.com/10.1002/adom.201700982.

[212] Schlaus AP, Spencer MS, Miyata K, Liu F, Wang X, Datta I, Lipson M, Pan A, Zhu XY. How lasing happens in CsPbBr$_3$ perovskite nanowires. Nat Commun 2019; 10: 265. https://doi.org/10.1038/s41467-018-07972-7. http://www.nature.com/articles/s41467-018-07972-7.

[213] Zhang N, Fan Y, Wang K, Gu Z, Wang Y, Ge L, Xiao S, Song Q. All-optical control of lead halide perovskite microlasers. Nat Commun 2019; 10: 1770. https://doi.org/10.1038/s41467-019-09876-6. http://www.nature.com/articles/s41467-019-09876-6.

[214] Chénais S, Forget S. Recent advances in solid-state organic lasers. Polymer International 2012; 61(3): 390-406. https://doi.org/10.1002/pi.3173. http://doi.wiley.com/10.1002/pi.3173.

[215] Baldo MA, Holmes RJ, Forrest SR. Prospects for electrically pumped organic lasers. Phys Rev B Condens Matter 2002; 66: 353211-3532116. https://doi.org/10.1103/PhysRevB.66.035321. https://link.aps.org/doi/10.1103/PhysRevB.66.035321.

[216] Yuan X, Saxena D, Caroff P, Wang F, Lockrey M, Mokkapati S, Tan HH, Jagadish C. Strong amplified spontaneous emission from high quality GaAs$_{1-x}$Sb$_x$ single quantum well nanowires. J Phys Chem C 2017; 121: 8636-44. https://doi.org/10.1021/acs.jpcc.7b00744. http://pubs.acs.org/doi/abs/10.1021/acs.jpcc.7b00744. https://pubs.acs.org/doi/10.1021/acs.jpcc.7b00744.

[217] Kempa TJ, Kim SK, Day RW, Park HG, Nocera DG, Lieber CM. Facet-selective growth on nanowires yields multicomponent nanostructures and photonic devices. J Am Chem Soc 2013; 135: 18354-7. https://doi.org/10.1021/ja411050r. https://pubs.acs.org/doi/10.1021/ja411050r.

[218] Wen CY, Reuter MC, Bruley J, Tersoff J, Kodambaka S, Stach EA, Ross FM. Formation of compositionally abrupt axial heterojunctions in silicon-germanium nanowires. Science 2009; 326: 1247-50. https://doi.org/10.1126/science.1178606. http://www.ncbi.nlm.nih.gov/pubmed/19965471.

[219] Dick KA, Bolinsson J, Borg BM, Johansson J. Controlling the abruptness of axial heterojunctions in III-V nanowires: beyond the reservoir effect. Nano Lett 2012; 12: 3200-6. https://doi.org/10.1021/nl301185x. https://pubs.acs.org/doi/10.1021/nl301185x.

[220] Claudon J, Bleuse J, Malik NS, Bazin M, Jaffrennou P, Gregersen N, Sauvan C, Lalanne P, Gérard J-M. A highly efficient single-photon source based on a quantum dot in a photonic nanowire. Nat Photonics 2010; 4: 174-7. https://doi.org/10.1038/nphoton.2009.287x. http://www.nature.com/articles/nphoton.2009.287x.

[221] Xu W-Z, Ren F-F, Jevtics D, Hurtado A, Li L, Gao Q, Ye J, Wang F, Guilhabert B, Fu L, Lu H, Zhang R, Tan HH, Dawson MD, Jagadish C. Vertically emitting indium phosphide nanowire lasers. Nano Lett 2018; 18: 3414-20. https://doi.org/10.1021/acs.nanolett.8b00334. http://pubs.acs.org/doi/10.1021/acs.nanolett.8b00334.

[222] Sergent S, Takiguchi M, Taniyama H, Shinya A, Kuramochi E, Notomi M. Design of nanowire-induced nanocavities in grooved 1D and 2D SiN photonic crystals for the ultraviolet and visible ranges. Opt Express 2016; 24: 26792. https://doi.org/10.1364/oe.24.026792. https://www.osapublishing.org/abstract.cfm?URI=oe-24-23-26792.

[223] Sergent S, Takiguchi M, Tsuchizawa T, Taniyama H, Kuramochi E, Notomi M. Nanomanipulating and tuning ultraviolet ZnO-nanowire-induced photonic crystal nanocavities. ACS Photonics 2017; 4: 1040-7. https://doi.org/10.1021/acsphotonics.7b00116.

[224] Zheludev NI, Prosvirnin SL, Papasimakis N, Fedotov VA. Lasing spaser. Nat Photonics 2008; 2: 351-4. https://doi.org/10.1038/nphoton.2008.82. http://www.nature.com/articles/nphoton.2008.82.

[225] Lu Y-J, Kim J, Chen H-Y, Wu C, Dabidian N, Sanders CE, Wang C-Y, Lu M-Y, Li B-H, Qiu X, Chang W-H, Chen L-J, Shvets G, Shih C-K, Gwo S. Plasmonic nanolaser using epitaxially grown silver film. Science 2012; 337: 450-3. https://doi.org/10.1126/science.1223504. http://www.sciencemag.org/cgi/doi/10.1126/science.1223504.

[226] Zhu T, Zhou Y, Lou Y, Ye H, Qiu M, Ruan Z, Fan S. Plasmonic computing of spatial differentiation. Nat Commun 2017; 8: 15391. https://doi.org/10.1038/ncomms15391. http://www.nature.com/articles/ncomms15391.

[227] Parkinson P, Alanis JA, Skalsky S, Zhang Y, Liu H, Lysevych M, Tan HH, Jagadish C. A needle in a needlestack: exploiting functional inhomogeneity for optimized nanowire lasing. In: Proceedings SPIE 11291, quantum dots, nanostructures, and quantum materials: growth, characterization, and modeling XVII; 2020. 112910K. https://doi.org/10.1117/12.2558405. https://www.spiedigitallibrary.org/conference-proceedings-of-spie/11291/2558405/A-need.

[228] Schmid H, Borg M, Moselund K, Gignac L, Breslin CM, Bruley J, Cutaia D, Riel H. Template-assisted selective epitaxy of III-V nanoscale devices for co-planar heterogeneous integration with Si. Appl Phys Lett 2015; 106: 233101. ht-

tps://doi.org/10.1063/1.4921962. http://aip.scitation.org/doi/10.1063/1.4921962.

[229] Bologna N, Wirths S, Francaviglia L, Campanini M, Schmid H, Theofylaktopoulos V, Moselund KE, Fontcuberta I Morral A, Erni R, Riel H, Rossell MD. Dopant-induced modifications of $Ga_xIn_{(1-x)}P$ nanowire-based p-n junctions monolithically integrated on Si(111). ACS Appl Mater Interfaces 2018;10:32588-96. https://doi.org/10.1021/acsami.8b10770.

[230] Wirths S, Mayer BF, Schmid H, Sousa M, Gooth J, Riel H, Moselund KE. Room-temperature lasing from monolithically integrated GaAs microdisks on silicon. ACS Nano 2018;12:2169-75. https://doi.org/10.1021/acsnano.7b07911. https://pubs.acs.org/doi/10.1021/acsnano.7b07911.

第13章

氮化物单光子源

Mark J. Holmes[1] 和 Rachel A. Oliver [2,*]

[1] 东京大学纳米量子信息电子研究所,日本东京
[2] 剑桥大学材料科学与冶金系,英国剑桥
* 通讯作者: rao28@cam.ac.uk

13.1 介绍

13.1.1 单光子源的概念

理想的单光子源是一种在每个激发触发脉冲中恰好产生一个光子的器件,即可以按需可靠地提供单光子。这种器件与更典型的氮化物发光器[例如发光二极管(LED)或激光二极管(LD)]有根本的不同。它不仅仅是这些不太深奥的器件的较暗和低效的版本。对于在脉冲模式下运行的 LED 或 LD,发光可以衰减,使得对于任何给定的激发脉冲,到达检测系统的最有可能的光子数将为零。然而,尽管在这些情况下,在激发之后只有一个光子到达检测系统的概率是有限的,但是有一个以上光子到达该检测器的概率也是有限的。另一方面,可以通过利用单个量子系统的发射来获得真正的单光子发射。这样的系统可能会从其基态激发到更高的激发态,然后弛豫,发射光子。弛豫后,系统不再处于激发态并且不能再发射另一个光子,直到提供另外一个激发触发[1]。在这种方案的理想技术实现中,每个触发脉冲都有一个光子到达检测系统,而多个光子事件的发生率为零。不同光源发射不同数量光子的概率如图 13.1 所示。相关的单量子物体包括气相中的原子或离子、某些荧光有机分子、类原子缺陷[最著名的是金刚石中的氮-空位(NV,nitrogen-vacancy)色心]和半导体量子点(可以通过化学合成方法在溶液中形成或通过气相外延生长)。

这样的光源在通用照明中起不到任何作用。然而,单光子源的潜在应用是多种多样的,

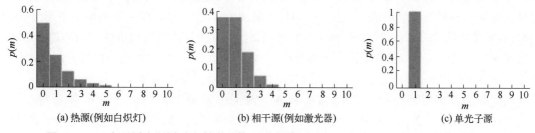

图 13.1 三个不同光源同时发射光子数 m 的概率 $p(m)$,每个光源平均发射一个光子。

包括弱吸收的测量（其中使用经典光源会使得测量灵敏度受光子噪声限制，即光子数量的波动）以及用于常规计算和密码学随机数的生成。然而，最令人兴奋的应用系列可能是量子通信和信息处理。使用单光子在光通信系统中携带信息，提供了一种可靠的测试数据通道窃听的方法。因此，通过使用单光子源，人们可以确保数字加密密钥的安全传输。此类量子密钥分发（QKD, quantum key distribution）方案已使用弱激光器脉冲进行了展示，但使用此类经典光源会损害密钥的安全性。高效的单光子源还可以实现线性光量子计算，这是一种具有潜在可扩展性的量子计算范例，使用全光架构，其中量子比特（量子位）用光子表达，并用反射镜和分束器操控。

13.1.2 单光子源的关键测量

作为光学器件的单光子源使用光学测量技术进行表征，也就是说，必须收集单光子发射（通常使用显微镜或相关系统的物镜），从其他波长的光谱污染中过滤出来，然后导向某个探测器。在本节中，我们将讨论用于表征单个光子发射器的测量和典型设置。单光子发射器可以通过光学方式［通过脉冲或连续波（CW）激光器］或电子方式（通过电子的直接注入，也可以连续或脉冲执行）激发到其发射就绪状态。在这里，我们不关心激发的确切性质，而是讨论连续激发和脉冲激发之间的一般差异。

由于给定的物镜将覆盖一定的数值孔径（通常为约 0.5），我们将无法收集器件发出的所有光子。然而，收集到的发光通常被引导至光谱仪，在光谱仪中使用衍射元件将其分散并聚焦到探测器（通常是电荷耦合器件）上。在此阶段，我们可以进行发射光谱的检查。对于固态单发射器，获得纯空间和光谱隔离的发射器在实验上具有挑战性。即使使用显微镜物镜从样品的小区域收集发光，仍然可能存在不同能量的各种发射（对应于不同的发光中心，以及材料体系中的不同带隙）。然而，来自单光子发射器的发射通常是光谱中的尖峰，对应于引起单光子发射的二能级跃迁的能量。光谱过滤可以用来切断能量与发射器不对应的光。这种过滤可以通过短通和长通滤波器的组合来执行，或者通过将光谱仪作为单色仪并引导光通过出射狭缝来执行。

在执行过滤并且发射器在光谱和空间上都隔离到足够的程度之后，最终可以确定发射的性质。由于典型光检测系统的光子数分辨特性较差，因此通常不使用单个探测器来确定测量的发光是否由单独发射的光子流组成。就目前的技术而言，表征单光子发射不像测量探测器上的发射强度那么简单。为了表征给定发射器的光子统计，必须测量二阶相关函数（强度自相关）

$$g^{(2)}(\tau) = \frac{\langle I(t+\tau)I(t) \rangle}{\langle I(t) \rangle^2}$$

其中，τ 是时间延迟；I 是发射强度。$g^{(2)}(\tau)$ 的测量是使用两个探测器（通常是光电倍增管、雪崩光电二极管或最近的超导纳米线探测器）和一个 50/50 分束器（半镀银镜），在汉伯里·布朗和特维斯首创的装置（也称为 HBT 装置）中进行的。来自探测器的电信号连接到时间-幅度转换器的启动和停止输入上，该转换器测量两个探测器检测事件之间的持续时间。该装置的示意图以及典型测量数据的示例见图 13.2。对于大的 τ 值，将相关性归一化，而表征发光的重点是时间延迟为零：$g^{(2)}(0)$。针对测量没有背景污染的纯单光子发射器的情况，以及使用具有非常高时间分辨率探测器的装置，两个探测器上的瞬时计数的数量将是零：$g^{(2)}(0)=0$（因为不能同时在两个探测器上检测到单个光子）。这与 $g^{(2)}(0)=1$ 的相干光（例如激光器发射）和 $g^{(2)}(0)>1$ 的热发光（例如太阳光）形成对比。测量 $g^{(2)}(0)$ 的实验可以在 CW 激发或脉冲激发的任一情况下执行。来自单光子发射器的 $g^{(2)}(0)$ 的 CW 测量通常会产生在 $\tau=0$ 处具有"凹陷"的数据，而脉冲激发测量则会产生一系列由激发脉冲之间的时间分隔的峰值，其中在 $\tau=0$ 处没有峰值。参见图 13.2 中对于两种情况的一些数据示例。

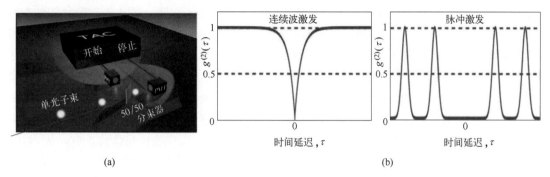

图 13.2 (a) 典型单光子检测 HBT 设置的示意图。(b) 来自单个光子源的理想化自相关数据，显示了连续波和脉冲激发条件下，光子统计中的反聚束（时间延迟为 0 时的抑制信号）。

如上所述，在没有任何污染发光的情况下单光子纯度提取在技术上具有挑战性。因此，实际上大多数单光子发射的实验验证都不会测量 $g^{(2)}(0)=0$。事实上，撞击 HBT 装置的光子对将产生 $g^{(2)}(0)=0.5$ 的测量值［可以证明[2]，$g^{(2)}(\tau)$ 对 n 个光子的福克（Fock）数状态的测量将得到 $g^{(2)}(0)=1-1/n$］。因此，$g^{(2)}(0)<0.5$ 的任何测量值实际上都足以证明单光子发射器的存在（具有一定程度的污染背景，会降低提取的单光子发射的纯度）。对于单光子发射器的实际应用，将要求 $g^{(2)}(0)$ 非常接近于零，事实上，最近的实验[3] 使用 InAs/InP 量子点产生的 $g^{(2)}(0)$ 值低至 4×10^{-4}。下一小节将概述理想单光子源的更多特性。

13.1.3 "理想"单光子源的基本特性

就其本质而言，单光子源不是明亮的光源。因此，实现高效发射器至关重要：每个光子都很重要！尽管单光子发射器的开发仍处于早期阶段（尤其是基于Ⅲ族氮化物的器件），但其重要特性是显而易见的。理想情况下，人们需要一个位点控制的结构，以便可以促进器件阵列以及与下游光子组件的耦合。发射器本身应该具有为 1 的内量子效率，发射高纯度的单光子［以 $g^{(2)}(0)=0$ 为特征］并发射到一个狭窄的立体角中，这样发射的光子可以被有效地收集，并耦合到一些额外的光学/光子电路。如果我们想象未来可能会使用此类发射器的某些环境（CPU、数据中心、生物系统内部、卫星），那么工作温度也会成为一个重要的问题。理想情况下，人们希望这些发射器能够在室温甚至更热的环境下工作，并且在这些环境条件下对热波动具有鲁棒性。最后，根据发射器的预期应用，发射的相干程度也是一个重要问题。对于某些应用，每个光子之间的不可区分性是必需的，这意味着每个光子具有完全相同的能量、相位和偏振。在这些条件下，可以实现双光子干涉，并实现更高级的量子信息处理应用。

13.2 量子点制备基本原理

典型的氮化物 LED 基于量子阱：一层窄带隙材料夹在两层较宽带隙材料之间，其中层厚只有几纳米，将载流子限制在层内，但允许它们在阱的平面内移动。在量子阱中，只有一个维度在几纳米尺度上；而在量子点中，所有三个维度都在激子玻尔半径大小的数量级，从而使得所有三个维度都有量子限制。这意味着窄带隙材料的空间范围在所有三个维度上应该都只有几纳米。实际中，量子点在其一个或多个空间维度上可能高达几十纳米，也仍然表现出量子特性，但事实依旧是制造量子点本质上是一个纳米加工问题。虽然现代半导体加工技术允许形成这些非常小尺寸的结构，但使用光刻来定义量子点通常会损坏材料，从而降低量子点的特性。因此，通常不是使用"自上而下"的光刻方法，而是使用自组装过程形成量子点，这种方法称为"自下而上"。自上而下和自下而上过程之间区别的一个简单类比是盆景树的生长。在自上而下的范式中，如果需要制作一棵非常小的树，那么可以从一棵大树的树干和一些木工工具开始；人们可以通过锯、凿、雕刻和沙子来生产出更小块的木头，形成非常小的树的形状。然而，为了让一棵功能齐全的微型树能够自然地自我组装，取一颗种子，设计树木的生长条件（例如，将树根限制在一个小花盆中），这该有多优雅！尽管如此，正如我们将要讨论的那样，自组装方法在量子点生长方面也存在一些缺点，而通过结合自上而下和自下而上的范式则提供了机会。

13.2.1 平面上的自组装

让我们考虑在不同衬底上薄膜外延生长的可用生长模式，其中薄膜材料的带隙比衬底材料低，这是形成量子阱或量子点所必需的。通常，衬底表面将呈阶梯状，撞击表面的原子可能会扩散到整个表面，并在阶梯边缘附着到表面上。阶梯边缘代表扩散原子的低能量点位，因为在阶梯边缘的原子可能比在平台中间的原子形成更多的键。当生长通过阶梯边缘的原子附着进行时，这被称为"台阶流生长"（图 13.3）。然而，如果阶梯边缘间隔太宽，或者温度太低，限制了表面上的扩散距离，那么撞击原子通常无法到达阶梯边缘。在这种情况下，生长可以通过在阶梯边缘形成单层岛来进行，这些岛生长并合并以形成光滑的阶梯表面，在进一步的岛形成之前，再次生长和合并（图 13.3）。这种生长模式称为"岛成核生长"，也

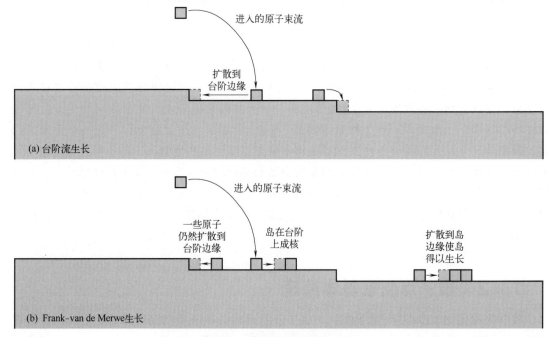

图 13.3 二维生长模式示意图。

称为"Frank-van der Merwe"(FvdM)生长[4]。FvdM 生长的结果是窄带隙材料的孤立 2D 岛可以在宽带隙衬底的表面或所生长的窄带隙薄膜的表面上形成。在用另一层宽带隙材料覆盖后,孤立的单层岛或在 FvdM 模式下生长的单层厚度量子阱的波动可以充当量子点。实际上,在 13.4 节中将讨论由于 GaN/AlN 量子阱中的单层厚度波动而形成的量子点的特性(这些结构有时被称为"界面波动量子点")。

然而,应该注意的是,这种量子点的形成可能难以监测和控制,尤其是在 MOVPE 中。在 MBE 中,反射高能电子衍射(RHEED,reflection high-energy electron diffraction)的使用提供了监测岛成核、生长和合并过程的方法:入射到表面上的电子束可能被表面台阶散射远离预期的衍射点。因此,对于没有单层岛的表面,台阶密度最低,RHEED 条纹的强度最高。然而,一旦岛成核并生长,台阶密度就会增加,从而导致散射并降低 RHEED 条纹的强度。随着岛开始合并,散射点位的数量减少,RHEED 条纹再次变亮。一旦 2D 岛完全合并形成光滑表面,循环将再次开始。因此,RHEED 光斑的强度会随时间振荡,因为岛成核、生长和合并的循环会重复[5]。

到目前为止,我们对生长模式的考虑忽略了应变对薄膜生长的影响。虽然对于某些材料组分,可以在衬底和异质外延层之间实现面内晶格常数的匹配,但在一般情况下,薄膜和衬底具有不同的晶格常数(最常见的是,较宽带隙的材料比窄带隙材料具有更大的面内晶格常数)。对于相干薄膜的生长(即,其中所有晶格平面在薄膜-衬底界面上都是连续的),薄膜的应变能将随着薄膜厚度的增加而增加,提供应力弛豫机制激活的驱动力。应变可以通过塑性弛豫来释放——即通过在薄膜衬底界面引入失配位错——但也可以通过弹性方式来释放。三维岛的形成代表了一种弹性应变释放机制,因为与连续的二维层不同(在连续二维层中,材料的任何给定区域因相邻材料的存在而被限制为符合下面衬底的晶格参数),三维岛中材料的周围有空间,它可以在其中弹性弛豫,从而释放薄膜中的一些应变[6],如图 13.4 所示。

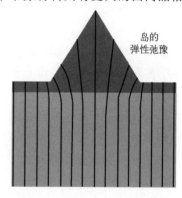

图 13.4 面内晶格参数较小的失配衬底(浅灰色)上,外延层(深灰色)生长过程中三维岛的弹性弛豫示意图。黑线表示晶格平面。

让我们简要地考虑一下薄膜生长的能量学。如图 13.5 所示,如果考虑衬底上晶格匹配的 2D 岛的生长,则必须考虑衬底表面能 γ_s 与薄膜表面相关的能量 γ_f 和薄膜-衬底界面能 γ_{fs} 之间的平衡。岛的生长移除了干净衬底表面的区域,取而代之的是等面积的薄膜-衬底界面和等面积的薄膜表面。如果 $\gamma_f + \gamma_{fs} < \gamma_s$,那么薄膜会润湿表面,均匀地覆盖它。如果 $\gamma_f + \gamma_{fs} > \gamma_s$,则将有去浸润和形成三维岛的趋势。即使在没有应变的情况下,这也会导致一种生长模式,在这种模式下,不会形成平坦的二维薄膜,并且材料会以多面三维岛的形式生长。这称为 Volmer-Weber(VW)生长。在 $\gamma_f + \gamma_{fs} < \gamma_s$ 的情况下,但在薄膜也受到应变的地方,薄膜最初会生长为二维层。然而,随着薄膜厚度的增加和应变能的增加,三维岛的形成将有一个驱动力。一旦这种驱动力足以

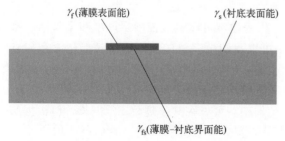

图 13.5 对在不同衬底上形成二维外延岛,表面和界面对能量贡献的示意图。

克服形成一个岛的能量成本，那么这些岛就会在二维层的顶部形成。二维层被称为"润湿层"，最初通过 FvdM 生长模式进行生长，随后形成相干应变岛，这种进行生长的整体生长模式被称为 Stranski-Krastanov（SK）生长。VW 和 SK 生长模式如图 13.6 所示。

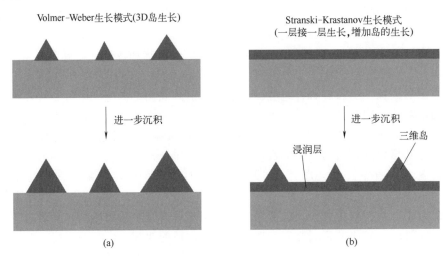

图 13.6 异质外延中主要三维岛生长模式及其随沉积时间演变的示意图：(a) VW 生长；(b) SK 生长。

形成一个新岛的净能量成本取决于岛形成时应变能的减少，由于岛上小平面的存在（岛的小平面将具有更大的面积和不同的单位面积能量）而导致总能量的增加，以及岛边缘存在的额外能量成本（这是岛的小平面相交的地方）。作为第一级近似值，应变能的变化将与岛的体积成比例（大致与其高度的立方 h^3 成正比），与小平面相关的能量粗略地表示为与 h^2 成比例，而边缘的能量将非常粗略地表示为与 h 成比例。因此，单个岛形成时能量的总体变化 E_{island} 可以表示如下：

$$E_{\text{island}} = ah^3 + bh^2 + ch + d$$

其中，a、b、c 和 d 是常数[7]。在某个特定的岛高度 h 处，此函数将有最小能量，这表明在 SK 生长模式下，自组装的岛阵列将具有一些优先的尺寸。(h 的相关值仅对于常数 $a\sim d$ 的某些值的集为正。) 对于在有限温度下生长的岛阵列，不可避免地存在尺寸分布，可以用函数 $f(h)$ 表示为

$$f(h) \propto e^{-E_{\text{island}}(h)/(k_B T)}$$

虽然这个非常简单的岛生长能量学模型是不完整的，甚至其他更复杂的版本[8] 也存在争议[9]，但自组装岛阵列可以显示出非常好的尺寸均匀性，这是一个常见的实验观察结果，从而使 SK 生长成为量子点生长的有利方法，因为通常可以通过控制层厚度和生长温度来实现对岛尺寸的良好控制。在参考文献 [8] 中可以找到更完整的关于岛生长能量学和探索预期平衡尺寸分布的理论，而其理论在氮化物上的具体应用则在参考文献 [7] 中进行了讨论。这些论文和其他资料[10] 讨论了更精细的问题，例如岛-岛相互作用对能量学的影响。

虽然这个简化的理论图提供了一个有用的框架，可以在其中理解 SK 生长，但根据第一性原理理论，与 E_{island} 变化和点高度关联的相关参数极难准确预测。它们可能取决于一系列生长条件，特别是生长环境的温度和化学计量。此外，该模型假设在生长过程中，系统将达到平衡状态，并忽略动力学限制。这里描述的平衡状态通常不是系统的真正平衡状态，因

为如果薄膜材料可溶于衬底，两者之间的真正平衡通常会看到薄膜的原子均匀分布在整个衬底的溶液中。虽然这在实践中不太可能发生，但通常会看到薄膜和衬底之间的一些相互扩散，并且扩散程度将随温度而变化。所有这些因素意味着在实践中实现量子点的SK生长，通常是通过反复试验来实现的：探索一系列生长条件并寻找三维成核的特征，这可以在MBE中使用RHEED原位监测（当三维岛在表面上成核时，RHEED光束透过它们，产生从条纹状到斑点状RHEED图案的转变）。另外也可以使用原子力显微镜等非原位技术来监测生长模式。

特别是在氮化物中，通过MBE已经实现了InGaN/GaN和GaN/AlN的SK生长[11]，并且有一些证据表明，此处呈现的平衡模型与厚度或温度发生变化时，我们所看到的量子点尺寸分布的趋势相关[7]。这种通过MBE生长的量子点通常会达到高的面密度（$>10^{11}\,cm^{-2}$）因此很难分离出用于光学表征的单一结构。这限制了这些系统中单光子发射的研究数量，尽管已经成功开发了使用MBE生长的量子点用于发射红色的InGaN/GaN单光子源[12]（见后述）。在MOVPE中，对于是否可以找到用于在GaN（0001）平面上生长InGaN时诱导SK生长的一组适当生长条件，目前还缺乏共识。在最早通过MOVPE生长InGaN量子点时，有人提出生长过程与SK模式有些相似[13]，但也注意到了一些不寻常的特征，后来的学者提供了证据表明不会发生SK生长[14]。这个问题还没有得到充分探讨，但有可能在MOVPE生长过程中氢的存在降低了（0001）InGaN表面的能量，使得三维生长不太有利。对于非极性a面上的生长，最近的研究表明SK模式或许可以在MOVPE中实现，但对生长的详细分析仍然不够充分，无法完全支持这一提议[15]。然而，对于MOVPE中的GaN/AlN生长，SK生长模式已经可靠地实现[16]。即使成功实现了SK生长，量子点结构的实现也需要宽带隙帽层的二次生长，并且必须注意确保帽层生长所需条件的任何变化不会导致损坏到量子点层。例如，参考文献[17]表明在MBE中，如果选择了不适当的生长条件，帽层的生长会导致三维点结构的完全破坏。

SK生长是成熟的砷化物材料体系中最流行的量子点生长方法，在该体系中，量子点单光子源已经取得了最大的成功。前面对这种生长模式的讨论也提供了一个有用的例子，说明了影响纳米结构全面形成的热力学因素（虽然现在将稍微不那么详细地讨论其他生长方法，但读者应该知道许多相同的考虑因素在起作用）。然而，即使在砷化物系统中，SK生长也有其局限性；例如，它只能在量子点和衬底之间存在足够的晶格失配时使用。在氮化物MOVPE中，可靠地实现SK生长的难度使得人们考虑了过多的替代方法。其中与单光子源最相关的是液滴外延，其改进版本已被广泛探索用于InGaN/GaN单光子源[18]。

在液滴外延中，纳米级金属液滴（例如，铟或镓）首先在衬底表面形成，然后与非金属（例如砷）或非金属的前体（例如氨作为氮前体）反应形成化合物半导体的纳米晶体。因此，生长工艺的发展有两个主要方面：控制纳米级金属液滴的形成和控制它们的结晶。在Ⅲ-Ⅴ族半导体表面沉积金属层时，生长通常以VW模式进行。实际上，液滴的密度和大小都可以通过改变生长温度来控制（尽管不是独立的），温度升高往往会促进形成密度较低的较大纳米结构。关于控制液滴外延形成纳米液滴的更多细节，可以在最近的一篇综述[19]中找到。在形成金属液滴之后，非金属元素束流使半导体纳米结构形成，可以是很多种形式，包括类似于在SK生长中形成的量子点、纳米环和双纳米环结构。在GaAs中，液滴也可用于通过将GaAs分解为Ga液滴来蚀刻掉下面的材料，从而产生纳米孔，这可用于在特定位置上模板化量子点的生长。

GaN[20]和InN[21]纳米结构都是使用类似于砷化物研究中流行的液滴外延方法生长的，但此类结构通常表现不出清晰的QD光学特征，并且在将这种方法应用于单光子源制造方面取得的进展很小。然而，在InGaN/GaN系统中，一种略有不同的液滴外延形式〔有时称为改良液滴外延或简称MDE（modified droplet epitaxy）〕已得到广泛探索，其中InGaN层通过MOVPE沉积（不是使用金属束流形成金属液滴），然后在不含活性氮的气氛中退火，从而使InGaN层部分分解并形成富铟金属液滴[22]。InGaN层没有完全被破坏，而是保持某种程度的损坏形式，在该层中出现穿透其整个厚度的大凹坑。金属液滴可以停留在InGaN薄膜的残留物上，或者直接停留在GaN表面的凹坑中。随后并不是通过活性氮来形成氮化物QD，液滴在GaN二次生长InGaN层期间与氨发生反应。由此产生的结构有些无序，其中一些QD位于InGaN量子阱上，其结构类似于在SK生长中形成的润湿层顶部的QD，而其他QD则产生于在SK生长中InGaN层凹坑形成的液滴中，完全被GaN包围并且不与量子阱结构接触。尽管如此，它也与针对GaAs描述的标准液滴外延方法有相似之处，包括在某些情况下形成纳米环结构[23]。

在InGaN/GaN系统中，或许是由于通过MOVPE（最流行的外延技术）难以在该系统中实现可靠的SK生长，人们也尝试了许多用于氮化物QD的其他自组装方法。这些方法包括各种对衬底表面进行预处理[24]或钝化[25]的方法，以及利用InGaN中的相分离现象[26]的方法。然而，对于单光子源，这些方法不如MDE或SK生长。

13.2.2 纳米棒的自组装

在砷化物和许多其他半导体中，自组装QD的另一种广泛使用的方法，是基于用来形成纳米棒的气相-液相-固相（VLS）机制。VLS机制最初是在20世纪60年代作为一种制造微米级单晶硅晶须的方法而开发的[27]。然而，研究人员花了将近30年的时间才开始认识到它在生长极细纳米线方面的潜力[28]。VLS机制在其原始前身的背景下有最直接的解释：使用金催化剂生长Si结构。通过考虑Au-Si相图（见图13.7），可以看到，当Au纳米颗粒在含Si气氛中被加热到共晶温度（363℃）以上时，有可能形成液体Ai-Si合金。如果液滴中的Si含量增加，Au中Si的溶液会变得过饱和，Si就会沉淀出来，通常是在液滴-衬底界面处，因为这会最大限度地减少表面/界面能的增加。随着更多的Si添加到液滴中，它会在现有的固-液界面处沉淀出来，因此Si纳米晶体会延伸，形成纳米线。这种机制使得纳米线直径受原始Au催化剂颗粒的尺寸控制，因此较小的催化剂颗粒产出较窄的线。

包括Co、Ni和Fe在内的一系列金属的纳米粒子可用于催化GaN纳米线生长[29]。然而，也有人提出了采用液态镓液滴的自催化机制的可能性[30]（其他Ⅲ-Ⅴ半导体纳米线也可以通过自催化方法生长）。这是无外来颗粒方法的一个例子，具有避免外来催化剂材料污染样品或生长系统的风险的优点。在氮化物中，这些方法实际上根本不需要涉及金属颗粒。例如有人提出，在MBE中，由于不同晶面上表面黏附系数的热力学驱动变化，可以形成GaN纳米线[31]。

一旦建立了纳米线结构的生长，就可以通过将使用的前体从纳米线棒所需的前体，快速切换到相关的较窄带隙材料所需的前体来形成QD，例如，在AlN纳米线的生长过程中，在短时间内将Al前体切换为Ga前体，以形成夹在两个AlN区之间的GaN区（见图13.8）。这种"轴向异质结构"就充当了量子点[32]。

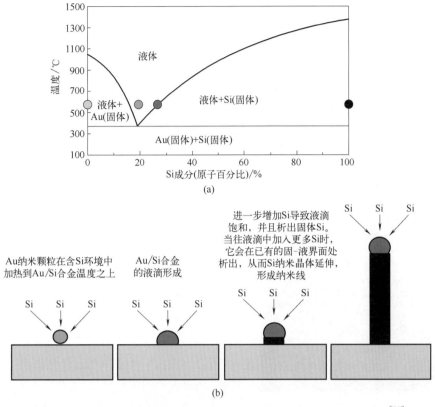

图 13.7 使用 Au 催化剂颗粒的 Si 纳米线的 VLS 生长。(a) Au-Si 相图[78]。各种组分都标有灰色圆圈,其阴影与示意图 (b) 中所示组分的材料相匹配。

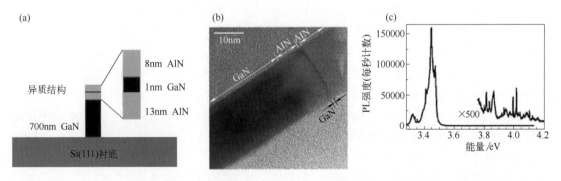

图 13.8 MBE 生长的氮化物纳米线中的轴向异质结构。(a) 结构示意图;(b) 充当量子点的单个 GaN 夹杂物的高分辨率 TEM 图像;(c) 微光致发光光谱,展示了在 5K 时一组此类结构的发射情况,由于量子限制,在比 GaN 纳米线分支更高的约 3.45eV 的发射能量下,观察到源自单个量子点的尖锐峰。经许可转载(改编)自参考文献 [32]。版权所有© 2008 美国化学学会。

13.2.3 量子点形成的光刻方法

与上述自组装纳米线的开发密切相关的另一种量子点制造方法,是使用选择区域外延(SAE, selective area epitaxy)技术,用于促进纳米线或其他相关微米或纳米结构的生长。在氮化物的 SAE 中,在预先生长的 GaN 模板上沉积或在蓝宝石等异质衬底上直接沉积介质层（通常是 SiO_2 或 Si_3N_4）。光刻技术用于在这些层中创建孔洞图案，然后该图案用作后续纳米线生长的掩模。必须仔细选择初始生长条件，以避免掩模材料上以及开口中的寄生生长。此后，需要倾向于垂直而不是横向生长的生长条件来形成纳米棒[33]。在 MOVPE 中，如果需要纳米棒，则必须特别仔细地选择生长条件，因为在大部分生长窗口内，倾向于形成六角金字塔结构而不是延伸的棒状结构。

然而，为了形成量子点，六角金字塔和铅笔状结构的纳米棒（棒在顶部变窄到一个点，通常呈六角金字塔形态）已被证明是有用的。由氮化物纳米棒或金字塔状结构组成的核可能完全二次生长出带隙较窄的氮化物壳，它会覆盖所有暴露的小平面。在此之上，可以生长宽带隙材料的外壳。在这种核心-壳形态中，窄带隙层的厚度和（合金沉积处的）成分将取决于核结构不同小平面的取向。此外，边缘和顶点表现出与平面区域不同的增长率和局部组成。这样做的一个结果是，核心-壳纳米棒可能具有在不同方向的小平面上以不同波长发光的量子阱[34]。此外，（通常情况下）当边缘或顶点导致生长速率或成分局域改变时，可能会形成量子线和量子点。图 13.9 说明了形成 InGaN/GaN 核心-壳结构的一种配置，其中金字塔或铅笔状纳米棒顶部的顶点区域富含铟，只要该顶点形成尖，就会形成量子点[35]。类似的量子点结构也可以在包含 AlGaN 和 GaN 的核心-壳异质结构的顶点处形成[36]。

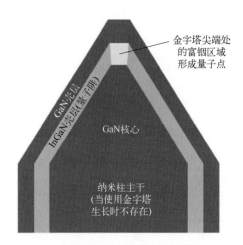

图 13.9 通过 SAE 生长的基于纳米棒或金字塔的核心-壳结构顶点处形成量子点的示意图。

这种在金字塔或纳米棒结构的顶点形成的量子点得到越来越广泛的研究。该方法有许多优点：量子点在明确定义的位置形成，通常具有相当低的密度，因此很容易定位。通过使用有利于半极性面形成的生长条件，可以在（0001）取向的 GaN 上相当直接地形成具有尖锐顶点的金字塔结构。由于量子点形成在顶点，因此不需要使用纳米级光刻。具有尖点的微米级金字塔结构可以成功地形成模板化量子点，并且掩模相关的图案化相当简单。

尽管存在上述缺点，也已有人尝试用直接光刻定义氮化物量子点，例如，使用电子束光刻在 InGaN/GaN 量子阱样品的表面上定义几纳米横向尺寸的结构，然后蚀刻形成包含隔离 InGaN 盘的纳米柱。虽然已有一些使用这种方法成功制造单光子源的报道[37]，但在蚀刻过程中对柱体表面的损坏仍然是一个问题，尽管氮化物的低表面复合速度会减轻其影响，使得其表面状态不如其他材料（例如Ⅲ族-砷化物）损伤那么严重。

13.3 用于单光子发射的量子点基本性质

13.3.1 三维限制的物理学

本质上，量子点是低电势能 $V(r)$ 的空间局部区域，其中可以限制电子电荷[38]。该限制在本质上是三维的，量子点的物理尺寸在几纳米的数量级，因此系统可以用量子力学来描述。因此，能量 E_i 以及限制在量子点的导带（CB）和价带（VB）中的电子和空穴的波函

数 $\psi_i(r)$ 原则上由薛定谔（Schrödinger）方程定义：

$$\frac{-\hbar^2}{2m}\nabla^2\psi_i(r)+V(r)\psi_i(r)=E_i\psi_i(r)$$

量子限制的三维性质使能量完全量子化，因此状态密度对应于一系列能量为 E_i 的 delta 函数，就像原子的那样。出于这个原因，量子点也被称为"人造原子"，并且量子点的发射光谱包含一系列与这些能级之间的跃迁相对应的尖锐光线（从 CB 中的电子到 VB 中的空穴）。如上面所定义，每一个能级的自旋都是双倍简并。然而，在大多数真实的量子点中，自旋态的简并通常会被一些各向异性所分开——导致产生发射光谱中的精细结构分裂（FSS，fine structure splitting）。

如果光学跃迁偶极矩是有限的，即跃迁服从选择规则并且不被禁止，则可以发生两个给定状态 $i\rightarrow j$ 之间的跃迁（也称为 CB 中的电子占据态 i 和 VB 中的空穴占据态 j 之间的复合）。当点被单个电子/空穴对占据时，跃迁通过发射能量为 $E_\gamma=E_i-E_j$ 的单个光子进行，能量要减去库仑相互作用（激子结合能）和自旋等任何其他扰动相关相互作用，这些都远小于 E_γ。在发射第二个光子之前，必须用另一个电子/空穴对重新填充量子点的能量状态。重新填充期间，这种发射的"死区时间"允许单个光子一个接一个地发射。

由于电荷的快速能量弛豫（通过发射光子），任何被限制在量子点中的电子（空穴）将很快弛豫到导带（价带）中的最低（最高）能级。因此，单光子发射跃迁过程通常发生在 CB 的最低能级和 VB 的最高能级之间。这种（非共振）激发、弛豫和复合的过程如图 13.10 所示。

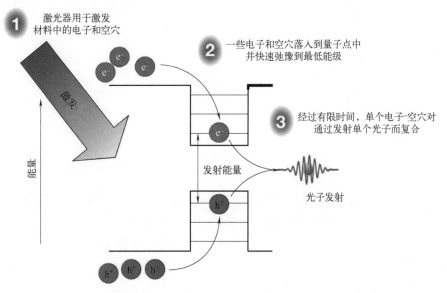

图 13.10　单光子发射主要过程的示意图。

重要的是要考虑超过一对电子/空穴占据量子点的情况。事实上，在更强的激发条件下，量子点的激子数量变成两个，可以形成双激子态（同一个点上有两个电子和两个空穴）。对于传统的双激子态，给定类型的两种电荷占据相同的能级（具有相反的自旋），但四个载流子之间的相互库仑和交换相互作用会扰动系统的总能量，因此双激子态的总能量通常不等于平均激子能量的两倍。能量差 ΔE_{XX} 被称为双激子结合能。整个系统的能级（包括激子态的 FSS）如图 13.11 所示。虽然有四种可能的方式从两对中选择一个电子和一个空穴，但只有两种组合具有有限跃迁矩阵元素（由于角动量守恒），因此只有两个激子能级（所谓的"亮激子"），如图所示。从图中可以看出，当双激子的组成电子/空穴对之一重新组合时（本身也是一个单光子发射过程），发射光子的能量不同于前面提到的激子发射能量。在第一个复合过程（双激子到激子状态转变）之后，量子点由单个激子占据，然后又能够复合以发射另一个单个光子。这种双激子-激子级联过程，使得发射两个能量差等于 ΔE_{XX} 的单独光子。由于量子点中的量子限制效应，ΔE_{XX} 可以是正的也可以是负的，这取决于相关电荷之间的各种相互作用。当试图为单光子发射目的而隔离单个跃迁时，点的发射光谱中存在额外的峰，可能会导致出现问题。为此，期望最好有一个大的双激子结合能，从而发射峰在能量上就能很好地分开，并且可以被过滤。然而，应该注意的是，在某些情况下，零双激子结合能可用于产生纠缠光子对[39]。

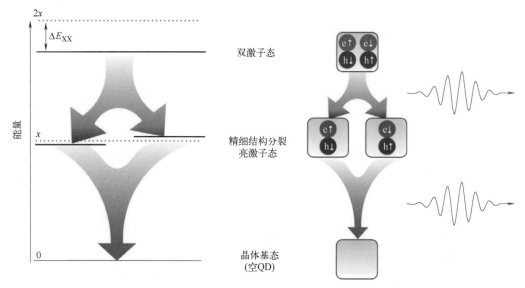

图 13.11 双激子态、精细结构分裂亮激子态和量子点晶体基态的能量图。从双激子态到晶体基态的级联可以通过两个激子态中的任何一个来产生。

13.3.2 Ⅲ族氮化物量子点的特殊性质和针对单光子发射的思考

虽然在最基本的层面上，任何材料的量子点都由相同的物理学来描述，但Ⅲ族氮化物量子点具有一些使其脱颖而出的特殊性质。一般来说，Ⅲ族氮化物材料体系最重要的特征之一是可用的带隙范围大。这些原则上允许实现可以在很宽的发射波长范围（从紫外线到红外线）内工作的发射器，而且制造如此高的限制势能允许即使在室温下也能进行电荷限制。这些影响将在下一节中进一步讨论。

Ⅲ族氮化物半导体最常形成纤锌矿晶体结构（空间群 $P6_3mc$），由于缺乏反转对称性，会在材料中产生压电性质。因此，Ⅲ族氮化物异质结构的固有特性是会显示出内建电场（由于具有不同晶格常数的材料的相干生长，系统中存在应变，因此极化电荷会在异质结构界面上累积）。Ⅲ族氮化物纳米结构（本质上由热电和压电部分组成）的内建电场约为 MeV·cm^{-1} 级别，电场方向沿晶体 c 轴（[0001] 方向）。这个电场引起了三个与Ⅲ族氮化物量子点的光学特性联系的相关效应：

① 强烈的能带弯曲，根据量子点大小（和/或相对于场的方向）显著改变发射能量。

② 电子-空穴波函数重叠显著减少，这是由于电场迫使电子和空穴沿相反的方向（产生

复合和相应的长发射寿命)。

③ 量子点中电子-空穴对的永久偶极矩的存在。

前两个效应相互关联,通常称为量子限制斯塔克效应。由此产生的发射能量和发射寿命都在很大程度上取决于实际的点尺寸。事实上,GaN 量子点的发射能量可以在 3.5～4.5eV 的范围内变化,具体取决于 QD 尺寸,载流子寿命跨越四个数量级,从几微秒到几百皮秒[40]。

为了说明能带弯曲和波函数分离,GaN/AlN QD 的基态电子和空穴密度函数 $|\psi_{e,h}(r)|^2$ 使用 8 波段 k·p 理论计算[41,42],如图 13.12 所示。为简单起见,在此计算中选择点的几何形状为六角形圆盘。电子和空穴在空间上是分开的,在电场的作用下被迫移动到量子点的相对两侧。

由此产生的永久偶极矩 μ(定义为 $\mu = q\langle\psi_h|r|\psi_h\rangle - q\langle\psi_e|r|\psi_e\rangle$)与点周围材料中的流动电荷和捕获电荷发生强烈相互作用,并且限制电子-空穴对的能量随时间而波动。这种发射能量的随机波动称为光谱扩散,并且是影响Ⅲ族氮化物量子点发射特性的稳定性的主要问题(有关此主题的进一步讨论,请参见 13.4 节)。

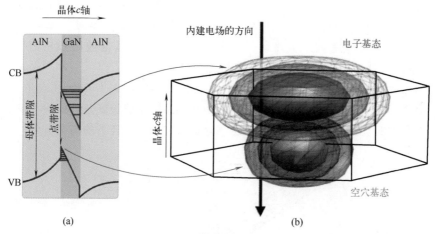

图 13.12 (a) Ⅲ族氮化物 QD 的能带结构,显示了由于电场引起的能带弯曲。(b) 计算出的该点基态电子(蓝色)和空穴(红色)的密度函数 $|\psi_{e,h}(r)|^2$。

13.4 氮化物量子点单光子源的优缺点

如上所述,Ⅲ族氮化物材料体系具有多种特性,使其成为产生单光子的有趣系统。在本节中,我们将简要介绍基于Ⅲ族氮化物量子点(QD)的单光子研究,并提供了当前最先进技术的指南,并将使用文献中的案例重点介绍材料体系的优缺点。

近年来,Ⅲ族氮化物量子点已证明可以作为单光子发射器工作,也可以在相对较高的温度下工作,但早期对Ⅲ族氮化物量子点光学特性的研究主要是在低温下进行的。实际上,第一个来自Ⅲ族氮化物量子点(在约 4K 的温度下)的单光子发射示例是在 2005 年[43]提出的,其中脉冲和 CW 激发都被用来激发通过 MOCVD 生长的 GaN QD。由于使用 GaN 作为 QD 材料,测得的发射是 355nm 波长范围内的紫外线。这项工作很快得到进一步研究,通过使用在 MOVPE 中采取 MDE 方法生长的 InGaN QD,将工作波长扩展到蓝光(435nm)[44]。这些结构结合了分布式布拉格反射器,以提高提取效率。经过这些初步研究,后续工作分为三个主要途径（虽然有些交叉），试图发掘Ⅲ族氮化物量子点的潜力：

① 利用材料带隙的范围来实现宽波长范围内的单光子发射。

② 利用强激子限制来实现在无需低温冷却的温度下的单光子发射。

③ 尝试通过控制内部电场的效应来实现更快发射和更高效的器件。

控制发射波长的主要方法是使用具有不同带隙的材料。实际上，该技术已用于前述通过从 GaN/AlGaN QD 改为 InGaN/GaN QD，将工作波长范围从 350nm 扩展到 435nm。使用具有更大铟含量的 InGaN/GaN QD，还可以进一步扩展到 600nm 的发射波长[12]。还应该注意的是，通过使用不同大小的量子点也可以获得相当程度的控制（由此电荷载流子波函数的曲率变化将导致不同的能量：较小的点以较高的能量发射，较大的点以较低的能量发射，而所有其他条件都相同）。例如，通过使用小的 GaN/AlGaN QD（高度为 1nm 量级），已经实现了波长约为 280nm 的紫外光发射[45]。

除了探索这一令人印象深刻的可用发射波长范围外，几个研究组最近还使用Ⅲ族氮化物量子点在室温条件下成功地产生了单光子。最近的研究表明，以红光（约 620nm）发射的 InGaN QD 可用于在高达 280K 的温度下发射单光子，而且这甚至是在通过使用 LED 结构直接注入电流的情况下[12]。最近对蓝光（波长 485nm）InGaN QD 的研究表明，单光子发射温度为 220K，这是热电冷却可以达到的温度。2006 年，GaN 基量子点也被用于在 200K 高温下的 350nm 紫外光波长的单光子发射[46]，再次说明也在热电冷却的工作范围内。此外，人们通过使用小的、低密度的、位点控制的纳米线量子点，2014 年在 300K[47]、2016 年在 350K[36] 实现了单光子发射。使用这种结构可以在高温下隔离和测量量子能级跃迁，即使在发射因与声子相互作用而热展宽时也是如此。图 13.13 显示了最近这些各种波长下的高温结果。

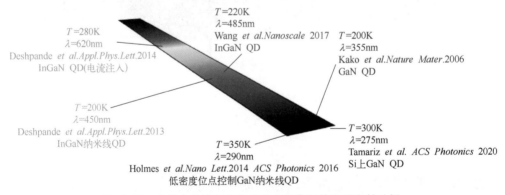

图 13.13　文献中Ⅲ族氮化物量子点的高温单光子发射示例。

除了Ⅲ族氮化物 QD 的强限制势能外，同样重要的是要注意对于某些点几何形状，可以观察到非常大的双激子结合能。实际上，文献中报道了大约 $-50 \sim +50$ meV 的 ΔE_{XX} 值。解释氮化物 QD 中 ΔE_{XX} 的大小和变化的确切理论超出了本章讨论范围，读者可以参考 Hönig 等人的工作[52] 来了解更多信息。Ⅲ族氮化物 QD 具有大的双激子结合能的可能范围，允许即使存在声子辅助谱线宽展宽的情况下，针对单个跃迁的发射进行光谱隔离。

通过探索使用非极性[53,79] 和半极性[54] 材料生长（非极性生长意味着生长轴垂直于极性 c 轴，而半极性生长意味着生长轴与半极性 c 轴成锐角）的点的制造，人们已经做出了相当大的努力来抑制Ⅲ族氮化物 QD 内部电场的影响。这样的量子点实际被证明具有较短的激子寿命，表明波函数分离受到抑制。其他研究人员已经试验了具有不太常见的闪锌矿晶体结构的氮化物量子点的生长[55,56]。闪锌矿结构是中心对称的，因此是非极性的，并且沿着某些晶体方向可以避免压电场。闪锌矿氮化物量子点也显示出其单光子发射寿命比以相同能量发射的典型极性纤锌矿量子点短一个数量级[58]。另一种成功抑制电场影响的方法，是使用沿极性晶轴有小延伸的量子点，迫使增加电子/空穴波函数重叠。这样的纳米线中生长的量子点，已显示出单光子发射寿命约为几百皮秒，但需要注意的是，发射是在波长低于300nm的紫外线光谱范围内[67]。最近的研究还表明，通过使用在附加生长层中形成的界面来提供抵消场，可以抑制Ⅲ族氮化物纳米结构中的内部电场[59]。

Ⅲ族氮化物量子点用于单光子发射的另一个优势在于发射的偏振。由于 QD 形状各向异性[35]、强 VB 混合效应[60] 和发射双峰的高能态数量受到抑制[52] 等效应，氮化物 QD 的发射可以显示出很强的线性偏振。使用 BB84 协议[61] 实现 QKD 需要在线性偏振单光子。然而，协议的正确实现需要在两个基体的正交状态中产生单光子。因此，线偏振本身是不充分的，还需要控制偏振轴。为此，一些研究人员一直致力于通过多种方式控制发射偏振，包括将 QD 定位在表现出整体各向异性受控的结构中，例如微金字塔状结构[62] 和纳米线[50,51]，以及通过蚀刻技术直接控制点的形状，以同时生成四个具有不同偏振的独立发射元件[63]。最近，人们还证明使用在非极性晶面中形成的 InGaN QD 也会产生沿晶体 m 轴的偏振单光子发射[48,49]，这种结构与旋转偏振元件相结合，也足以实现 BB84 QKD。

随着Ⅲ族氮化物材料体系变得越来越重要，生长技术也在不断改进，促进了前述单光子LED、位点控制纳米结构和单光子发射偏振控制的发展。然而，使用Ⅲ族氮化物 QD 进行单光子发射仍然存在一些缺点。一个特别的缺点是，虽然已经在紫外和可见光谱区域实现了发射，但尚未实现红外单光子发射。特别是，对于使用光纤的 QKD 系统的开发，需要电信波段的单光子发射。此外，由于材料体系中的高缺陷密度，以及Ⅲ族氮化物 QD 中典型的强激子永久偶极矩，来自这些结构的发射表现出很大程度的光谱扩散。这种扩散可以作用于长时间尺度[64,65]，从而观察到发射线随时间移动，也可以作用于快速时间尺度（比典型光谱仪可测量的速度更快），从而使测量的发射线宽展宽[66,67]。最近测得这些快速波动的时间尺度在 GaN QD 中为 10ns，在 InGaN QD 中约为 200ns[68,69]。在 GaN QD 的情况下，线宽展宽可以从几百 meV 到几 μeV 不等，具体取决于发射能量[66,70,71]。在任何一种情况下，发射能量的光谱不稳定性都会对产生无法区分的光子的可能性产生不利影响（因为每个发射的光子都有不同的频率）。最近，通过开发 GaN 界面波动量子点，已经在某种程度上克服了这一问题，据报道由于 QD 更清洁的环境，这种量子点可以抑制光谱扩散效应。事实上，使用此类 QD，人们已经观察到低于 100μeV 的线宽[72]。这些结构还表现出相对干净的发射光谱，产生了具有相对高纯度的单光子发射：$g^{(2)}(0) \approx 0.02$。

13.5 基于氮化物中缺陷的单光子源

最近，出现了一种将 QD 用于单光子发射器的新替代方案：利用缺陷发射。宽带隙半导体中的点缺陷，例如金刚石中的 NV 色心，长期以来一直就为人所知可充当二能级系统，并因此可作为单光子发射器[73]。然而，直到最近，这种现象还没有在 GaN 中观察到，这是一种人们对其点缺陷了解甚少的材料。然而 Berhane 等人[74] 成功地在蓝宝石和 SiC 上生长的一系列 GaN 样品中识别出了单光子发射体。这些初步研究展示了在 640～740nm 波长范围内的单光子发射。后来的研究[75] 确认了波长在 1085～1340nm 之间的红外发射器，可访问光纤通信的关键窗口之一。

这些新的基于缺陷的发射器具有一系列令人印象深刻的特性[76]。它们在室温下展现出发射,对于 IR 发射器的原始 $g^{(2)}(0)$ 值低至 0.05。它们也非常明亮,在室温下可实现超过 $700000 s^{-1}$ 的计数率。如此高的计数率具有为 QKD 提供高数据传输率的潜力。然而,应该注意的是,计数率并不是发射器的效率或发射率的绝对量度,而是取决于激发功率密度和发射过程的寿命。比较从缺陷发射器的时间分辨光致发光测量中提取的寿命,与来自 QD 的大致可比较的数据,表明缺陷的寿命与许多 c 面 QD 样品非常相似(大约一到几纳秒),并且比非极性 QD(纤锌矿和闪锌矿结构)或在纳米线顶点的 c 方向上具有小范围的 QD 更长。与许多氮化物 QD 一样,缺陷发射体表现出超过 90% 的高度线性偏振。虽然迄今为止研究的发射体数量远低于 QD 的情况,但可用数据表明存在一些沿 [1$\overline{1}$00] 方向的优先偏振。缺陷发射器与 QD 共有的一个不太有利的特性是光谱扩散的趋势,特别是在快速时间尺度下,会产生几 meV 的线宽。

要了解缺陷发射器光谱扩散的物理过程,则需要理解这些缺陷的实际结构性质。如果要确定性地设计此类发射器并将其整合到腔体结构或其他器件中,对其结构性质的理解也至关重要。参考文献 [74] 表明,发射器由封闭在立方夹杂物中的点缺陷组成,并且近带边缘阴极发光峰向较低闪锌矿带隙的峰值偏移,被认为可支撑这一论点。然而,这种峰值偏移可能会因其他原因而出现,而且目前还没有确定是立方夹杂物的直接证据,例如相关样品中任何位置的此类缺陷的 TEM 图像,或说明存在立方材料的 X 射线衍射数据。事实上,在高质量的六方 GaN 中很少观察到堆垛层错和立方夹杂物,并且由于发射器似乎在一系列 GaN 样品中相当普遍地出现,这让人们对这种结构模型产生了一些疑问。人们试图将这些发射器与更常见的缺陷(如位错)相关联,但也尚未进一步理解其来源[77]。这种理解是这个相当新的子领域接下来的关键,一旦实现,便有可能设计出基于缺陷的 GaN 器件,这些器件不仅可以与 GaN QD 单光子发射器竞争,而且可以与更传统的红光和红外发射的Ⅲ-Ⅴ族材料所设计的器件竞争。

13.6 展望

基于氮化物的单光子源具有许多优点,特别是可用的发射波长范围广、工作温度相对较高以及能够直接从自组装结构实现偏振发射。然而,如果它们要在 QKD 或其他应用中得到广泛使用,还有很多工作要做。尽管最近一些基于 QD 的器件已经开始克服这些限制,但纵观可及的光谱范围,大多数器件的单光子发射纯度差,而且通常还存在显著的光谱扩散。为了让单光子发射结构实现在实验室环境之外的应用,它不仅必须克服实验光致发光装置中的这些限制,而且在具有出色提取效率的电泵浦器件中,除了需要进一步开发迄今为止实现的直接单光子 LED,还要在高质量的腔体结构中允许电注入。

在发展更快的砷化物体系中,此类器件取得了显著进展,但在氮化物中,蚀刻材料的选择有限、p 型 GaN 的低电导率以及通常不太成熟的工艺协议,使得实现这些器件非常具有挑战性。尽管如此,国际上对量子技术日益增长的兴趣人们为人们继续研究这些迷人的器件提供了强大的动力。随着最近在氮化物缺陷中出现单光子发射,提供了自组装 QD 系统的替代方案,广泛的氮化物材料体系现在可以在从红外到紫外的非常宽的发射波长范围内进行单光子发射。

参 考 文 献

[1] Lounis B, Orrit M. Single-photon sources. Rep Prog Phys 2005;68(5):1129. https://doi.org/10.1088/0034-4885/68/5/R04.

[2] Buckley S, Rivoire K, Vuckovic J. Engineered quantum dot single-photon sources. Rep Prog Phys 2012;75(12):126503. https://doi.org/10.1088/0034-4885/75/12/126503.

[3] Miyazawa T, Takemoto K, Nambu Y, Miki S, Yamashita T, Terai H, et al. Single-photon emission at 1.5μm from an InAs/InP quantum dot with highly suppressed multi-photon emission probabilities. Appl Phys Lett 2016;109(13):132106-1-132106-4. https://doi.org/10.1063/1.4961888.

[4] Bauer E. Phänomenologische theorie der Kristallabscheidung an Oberflächen. Z Kristallogr 1958;110:372.

[5] Woodruff D, Delchar T. Modern techniques of surface science. 2nd ed. Cambridge, GBR: Cambridge University Press; 1994.

[6] Shchukin V, Ledentsov N, Bimberg D. Epitaxy of nanostructures. Berlin: Springer; 2011.

[7] Adelmann C, Daudin B, Oliver R, Briggs G, Rudd R. Nucleation and growth of GaN / AlN quantum dots. Phys Rev B 2004;70(12):125427. https://doi.org/10.1103/PhysRevB.70.125427.

[8] Williams R, Medeiros-Ribeiro G, Kamins T, Ohlberg D. Thermodynamics of the size and shape of nanocrystals:epitaxial Ge on Si(001). Annu Rev Phys Chem 2000;51(1):527-51. https://doi.org/10.1021/ar970236g.

[9] Ross F, Tersoff J, Tromp R. Coarsening of self-assembled Ge quantum dots on Si(001). Phys Rev Lett 1998;80(5):984-7. https://doi.org/10.1103/PhysRevLett.80.984.

[10] Rudd R, Briggs G, Sutton A, Medeiros-Ribeiro G, Williams R. Equilibrium model of bimodal distributions of epitaxial island growth. Phys Rev Lett 2003;90(14):146101. https://doi.org/10.1103/PhysRevLett.90.146101.

[11] Daudin B, Widmann F, Feuillet G, Samson Y, Arlery M, Rouviere J. Stranski-Krastanov growth mode during the molecular beam epitaxy of highly strained GaN. Phys Rev B 1997;56(12):R7069-72. https://doi.org/10.1103/PhysRevB.56.R7069.

[12] Deshpande S, Frost T, Hazari A, Bhattacharya P. Electrically pumped single-photon emission at room temperature from a single InGaN/GaN quantum dot. Appl Phys Lett 2014;105(14):141109. https://doi.org/10.1063/1.4897640.

[13] Tachibana K, Someya T, Arakawa Y. Nanometer-scale InGaN self-assembled quantum dots grown by metalorganic chemical vapor deposition. Appl Phys Lett 1999;74(3):383-5. https://doi.org/10.1063/1.123078.

[14] van der Laak NK, Oliver RA, Barnard JS, Cherns PD, Kappers MJ, Humphreys CJ. Towards a better understanding of nano-islands formed during atmospheric pressure MOVPE. Phys Status Solidi C 2006;3(6):1544-7. https://doi.org/10.1002/pssc.200565164.

[15] Griffiths J, Zhu T, Oehler F, Emery R, Fu W, Reid B, Taylor R, Kappers M, Humphreys C, Oliver R. Growth of non-polar (11-20) InGaN quantum dots by metal organic vapour phase epitaxy using a two temperature method. APL Mater 2014;2(12):126101. https://doi.org/10.1063/1.4904068.

[16] Simeonov D, Feltin E, Demangeot F, Pinquier C, Carlin J, Butté R, Frandon J, Grandjean N. Strain relaxation of AlN epilayers for Stranski-Krastanov GaN/AlN quantum dots grown by metal organic vapor phase epitaxy. J Cryst Growth 2007;299(2):254-8. https://doi.org/10.1016/j.jcrysgro.2006.12.005.

[17] Pretorius A, Yamaguchi T, Kübel C, Kröger R, Hommel D, Rosenauer A. TEM analyses of wurtzite InGaN islands grown by MOVPE and MBE. Phys Status Solidi C 2006;3(6):1679-82. https://doi.org/10.1002/pssc.200565333.

[18] Zhu T, Oliver R. Nitride quantum light sources. EPL (Europhys Lett) 2016;113(3):38001. https://doi.org/10.1209/0295-5075/113/38001.

[19] Wu J, Wang Z. Droplet epitaxy for advanced optoelectronic materials and devices. J Phys Appl Phys 2014;47(17):173001. https://doi.org/10.1088/0022-3727/47/17/173001.

[20] Kawasaki K, Yamazaki D, Kinoshita A, Hirayama H, Tsutsui K, Aoyagi Y. GaN quantum-dot formation by self-assembling droplet epitaxy and application to single-electron transistors. Appl Phys Lett 2001;79(14):2243-5. https://doi.org/10.1063/1.1405422.

[21] Kumar M, Roul B, Bhat TN, Rajpalke MK, Sinha N, Kalghatgi AT, Krupanidhi SB. Droplet epitaxy of InN quantum dots on Si(111) by RF plasma-assisted molecular beam epitaxy. Adv Sci Lett 2010;3(4):379-84. https://doi.org/10.1166/asl.2010.1163.

[22] Oliver RA, Briggs GAD, Kappers MJ, Humphreys CJ, Yasin S, Rice JH, Smith JD, Taylor RA. InGaN quantum dots grown by metalorganic vapor phase epitaxy employing a post-growth nitrogen anneal. Appl Phys Lett 2003;83(4):755. https://doi.org/10.1063/1.1595716.

[23] Springbett H, Griffiths J, Ren C, O'Hanlon T, Barnard J, Sahonta S, Zhu T, Oliver R. Structure and composition of non-polar (11-20) InGaN nanorings grown by modified droplet epitaxy (Phys. Status Solidi B 5/2016). Phys Status Solidi B 2016;253(5):793. https://doi.org/10.1002/pssb.201670530.

[24] Tanaka S, Suemune I, Ramvall P, Aoyagi Y. GaN quantum structures with fractional dimension-from quantum well to quantum dot. Phys Status Solidi B 1999;216(1):431-4. https://doi.org/10.1002/(SICI)1521-3951(199911)216:1<

431;:AID-PSSB431>3.0.CO;2-3.

[25] Chen Z, Lu D, Yuan H, Han P, Liu X, Li Y, Wang X, Lu Y, Wang Z. A new method to fabricate InGaN quantum dots by metalorganic chemical vapor deposition. J Cryst Growth 2002;235(1-4):188-94. https://doi.org/10.1016/S0022-0248(01)02091-7.

[26] Tessarek C, Figge S, Aschenbrenner T, Bley S, Rosenauer A, Seyfried M, Kalden J, Sebald K, Gutowski J, Hommel D. Strong phase separation of strained InxGa1-xN layers due to spinodal and binodal decomposition: formation of stable quantum dots. Phys Rev B 2011;83(11). https://doi.org/10.1103/PhysRevB.83.115316.

[27] Wagner R, Ellis W. Vapor-liquid-solid mechanism of single crystal growth. Appl Phys Lett 1964;4(5):89-90. https://doi.org/10.1063/1.1753975.

[28] Yazawa M, Koguchi M, Hiruma K. Heteroepitaxial ultrafine wire-like growth of InAs on GaAs substrates. Appl Phys Lett 1991;58(10):1080-2. https://doi.org/10.1063/1.104377.

[29] Chen C, Yeh C, Chen C, Yu M, Liu H, Wu J, Chen K, Chen L, Peng J, Chen Y. Catalytic growth and characterization of gallium nitride nanowires. J Am Chem Soc 2001;123(12):2791-8. https://doi.org/10.1021/ja0040518.

[30] Stach E, Pauzauskie P, Kuykendall T, Goldberger J, He R, Yang P. Watching GaN nanowires grow. Nano Lett 2003;3(6):867-9. http://dor.org/10.1021/nl034222h.

[31] Bertness K, Roshko A, Mansfield L, Harvey T, Sanford N. Mechanism for spontaneous growth of GaN nanowires with molecular beam epitaxy. J Cryst Growth 2008;310(13):3154-8. https://doi.org/10.1016/j.jcrysgro.2008.03.033.

[32] Renard J, Songmuang R, Bougerol C, Daudin B, Gayral B. Exciton and biexciton luminescence from single GaN/AlN quantum dots in nanowires. Nano Lett 2008;8(7):2092-6. http://pubs.acs.org/doi/abs/10.1021/nl0800873.

[33] Li S, Waag A. GaN based nanorods for solid state lighting. J Appl Phys 2012;111(7):071101. https://doi.org/10.1063/1.3694674.

[34] Le Boulbar E, Edwards P, Vajargah S, Griffiths I, Gîrgel I, Coulon P, Cherns D, Martin R, Humphreys C, Bowen C, Allsopp D, Shields P. Structural and optical emission uniformity of m-plane InGaN single quantum wells in core-shell nanorods. Cryst Growth Des 2016;16(4):1907-16. https://doi.org/10.1021/acs.cgd.5b01438.

[35] Hsu C-W, Lundskog A, Karlsson KF, Forsberg U, Janzén E, Holtz PO. Single excitons in InGaN quantum dots on GaN pyramid arrays. Nano Lett 2011;11(6):2415-8. https://doi.org/10.1021/nl200810v.

[36] Holmes M, Kako S, Choi K, Arita M, Arakawa Y. Single photons from a hot solid-state emitter at 350 K. ACS Photonics 2016;3:543. https://doi.org/10.1021/acsphotonics.6b00112.

[37] Zhang L, Teng C, Hill T, Lee L, Ku P, Deng H. Single photon emission from site-controlled InGaN/GaN quantum dots. Appl Phys Lett 2013;103(19):192114. https://doi.org/10.1063/1.4830000.

[38] Arakawa Y, Sakaki H. Multidimensional quantum well laser and temperature dependence of its threshold current. Appl Phys Lett 1982;40(11):939. https://doi.org/10.1063/1.92959.

[39] Tomić S, Pal J, Migliorato MA, Young RJ, Vukmirović N. Visible spectrum quantum light sources based on $In_xGa_{1-x}N$/GaN quantum dots. ACS Photonics 2015;2(7):958-63. https://doi.org/10.1021/acsphotonics.5b00159.

[40] Kako S, Miyamura M, Tachibana K, Hoshino K, Arakawa Y. Size-dependent radiative decay time of excitons in GaN/AlN self-assembled quantum dots. Appl Phys Lett 2003;83(5):984. https://doi.org/10.1063/1.1596382.

[41] Chuang SL, Chang CS. k-p method for strained wurtzite semiconductors. Phys Rev B 1996;4:2491.

[42] Andreev AD, O'Reilly EP. Theory of the electronic structure of GaN/AlN hexagonal quantum dots. Phys Rev B 2000;62(23):15851.

[43] Santori C, Götzinger S, Yamamoto Y, Kako S, Hoshino K, Arakawa Y. Photon correlation studies of single GaN quantum dots. Appl Phys Lett 2005;87(5):051916.

[44] Jarjour AF, Taylor RA, Oliver RA, Kappers MJ, Humphreys CJ, Tahraoui A. Cavityenhanced blue single-photon emission from a single InGaN / GaN quantum dot. Appl Phys Lett 2007;91(5):052101.

[45] Choi K, Kako S, Holmes M, Arita M, Arakawa Y. Strong exciton confinement in site-controlled GaN quantum dots embedded in nanowires. Appl Phys Lett 2013;103(17):171907. https://doi.org/10.1063/1.4826931.

[46] Kako S, Santori C, Hoshino K, Götzinger S, Yamamoto Y, Arakawa Y. A gallium nitride single-photon source operating at 200 K. Nat Mater 2006;5(11):887-92.

[47] Holmes M, Choi K, Kako S, Arita M, Arakawa Y. Room-temperature triggered single photon emission from a III-nitride site-controlled nanowire quantum dot. Nano Lett 2014;14(2):982-6.

[48] Wang T, Puchtler TJ, Patra SK, Zhu T, Jarman JC, Oliver RA, et al. Deterministic optical polarisation in nitride quantum dots at thermoelectrically cooled temperatures. Sci Rep 2017;1-9. https://doi.org/10.1038/s41598-017-12233-6.

[49] Wang T, Puchtler TJ, Zhu T, Jarman JC, Nuttall LP, Oliver RA, Taylor RA. Polarisation-controlled single photon emission at high temperatures from InGaN quantum dots. Nanoscale 2017;10:631-7.

[50] Deshpande S, Das A, Bhattacharya P. Blue single photon emission up to 200K from an InGaN quantum dot in AlGaN nanowire. Appl Phys Lett 2013;102(16):161114. https://doi.org/10.1063/1.4803441.

[51] Deshpande S, Heo J, Das A, Bhattacharya P. Electrically driven polarized single-photon emission from an InGaN quantum dot in a GaN nanowire. Nat Commun 2013;4:1675-8. https://doi.org/10.1038/ncomms2691.

[52] Hönig G, Callsen G, Schliwa A, Kalinowski S, Kindel C, Kako S, et al. Manifestation of unconventional biexciton states in quantum dots. Nat Commun 2014;5:5721. https://doi.org/10.1038/ncomms6721.

[53] Zhu T, Oehler F, Reid BPL, Emery RM, Taylor RA, Kappers MJ, Oliver RA. Nonpolar (11-20) InGaN quantum dots with short exciton lifetimes grown by metal-organic vapor phase epitaxy. Appl Phys Lett 2013;102(25):251905. https://doi.org/10.1063/1.4812345.

[54] Gačević Ž, Holmes M, Chernysheva E, Müller M, Torres-Pardo A, Veit P, et al. Emission of linearly polarized single photons from quantum dots contained in nonpolar, semipolar, and polar sections of pencil-like InGaN/GaN nanowires. ACS Photonics 2017;4(3):657-64. https://doi.org/10.1021/acsphotonics.6b01030.

[55] Daudin B. Polar and nonpolar GaN quantum dots. J Phys Condens Matter 2008;20(47):473201. https://doi.org/10.1088/0953-8984/20/47/473201.

[56] Martinez-Guerrero E, Adelmann C, Chabuel F, Simon J, Pelekanos NT, Mula G, et al. Self-assembled zinc blende GaN quantum dots grown by molecular-beam epitaxy. Appl Phys Lett 2000;77(6):809. https://doi.org/10.1063/1.1306633.

[57] Kako S, Holmes M, Sergent S, Bürger M, As DJ, Arakawa Y. Single-photon emission from cubic GaN quantum dots. Appl Phys Lett 2014;104(1):011101. https://doi.org/10.1063/1.4858966.

[58] Sergent S, Kako S, Büurger M, As DJ, Arakawa Y. Narrow spectral linewidth of single zinc-blende GaN/AlN self-assembled quantum dots. Appl Phys Lett 2013;103(15):151109. https://doi.org/10.1063/1.4824650.

[59] Hönig GMO, Westerkamp S, Hoffmann A, Callsen G. Shielding electrostatic fields in polar semiconductor nanostructures. Phys Rev Appl 2017;7(2):024004-12. https://doi.org/10.1103/PhysRevApplied.7.024004.

[60] Bardoux R, Guillet T, Gil B, Lefebvre P, Bretagnon T, Taliercio T, et al. Polarized emission from GaN/AlN quantum dots: single-dot spectroscopy and symmetry-based theory. Phys Rev B 2008;77(23):235315. https://doi.org/10.1103/PhysRevB.77.235315.

[61] Bennett CH, Brassard G. Quantum cryptography: public key distribution and coin tossing. In: Presented at the proc. of IEEE int. conf. on computers, systems and signal processing; 1984. p. 175-9.

[62] Lundskog A, Hsu C-W, Fredrik Karlsson K, Amloy S, Nilsson D, Forsberg U, et al. Direct generation of linearly polarized photon emission with designated orientations from site-controlled InGaN quantum dots. Light Sci Appl 2014;3(1):e139. https://doi.org/10.1038/lsa.2014.20.

[63] Teng C-H, Zhang L, Hill TA, Demory B, Deng H, Ku P-C. Elliptical quantum dots as on-demand single photons sources with deterministic polarization states. Appl Phys Lett 2015;107(19):191105. https://doi.org/10.1063/1.4935463.

[64] Rice JH, Robinson JW, Jarjour A, Taylor RA, Oliver RA, Briggs GAD, et al. Temporal variation in photoluminescence from single InGaN quantum dots. Appl Phys Lett 2004;84(20):4110. https://doi.org/10.1063/1.1753653.

[65] Bardoux R, Guillet T, Lefebvre P, Taliercio T, Bretagnon T, Rousset S, et al. Photoluminescence of single GaN / AlN hexagonal quantum dots on Si(111): spectral diffusion effects. Phys Rev B 2006;74(19):195319. https://doi.org/10.1103/PhysRevB.74.195319.

[66] Kindel C, Callsen G, Kako S, Kawano T, Oishi H, Honig G, et al. Spectral diffusion in nitride quantum dots: emission energy dependent linewidths broadening via giant built-in dipole moments. Phys Status Solidi Rapid Res Lett 2014;8(5):408-13. https://doi.org/10.1002/pssr.201409096.

[67] Holmes M, Kako S, Choi K, Arita M, Arakawa Y. Spectral diffusion and its influence on the emission linewidths of site-controlled GaN nanowire quantum dots. Phys Rev B 2015;92(11):115447. https://doi.org/10.1103/PhysRevB.92.115447.

[68] Gao K, Solovev I, Holmes M, Arita M, Arakawa Y. Nanosecond-scale spectral diffusion in the single photon emission of a GaN quantum dot. AIP Adv 2017;7(12):125216. https://doi.org/10.1063/1.4997117.

[69] Gao K, Holmes M, Arita M, Arakawa Y. Measurement of the emission lifetime of a GaN interface fluctuation quantum dot by power dependent single photon dynamics. Phys Status Solidi A 2018;215(9):1700630. https://doi.org/10.1002/pssa.201700630.

[70] Schmidt G, Berger C, Veit P, Metzner S, Bertram F, Bläsing J, et al. Direct evidence of single quantum dot emission from GaN islands formed at threading dislocations using nanoscale cathodoluminescence: a source of single photons in the ultraviolet. Appl Phys Lett 2015;106(25):252101. https://doi.org/10.1063/1.4922919.

[71] Demangeot F, Simeonov D, Dussaigne A, Butté R, Grandjean N. Homogeneous and inhomogeneous linewidth broadening of single polar GaN/AlN quantum dots. Phys Status Solidi 2009;6(S2):S598-601. https://doi.org/10.1002/pssc.200880971.

[72] Arita M, Le Roux F, Holmes M, Kako S, Arakawa Y. Ultraclean single photon emission from a GaN quantum dot. Nano Lett 2017;17(5):2902-7. https://doi.org/10.1021/acs.nanolett.7b00109.

[73] Kurtsiefer C, Mayer S, Zarda P, Weinfurter H. Stable solid-state source of single photons. Phys Rev Lett 2000;85(2):290-3. https://doi.org/10.1103/PhysRevLett.85.290.

[74] Berhane A, Jeong K, Bodrog Z, Fiedler S, Schröder T, Trivi ño N, Palacios T, Gali A, Toth M, Englund D, Aharonovich I. Bright room-temperature single-photon emission from defects in gallium nitride. Adv Mater 2017;29(12):1605092. https://doi.org/10.1002/adma.201605092.

[75] Zhou Y, Wang Z, Rasmita A, Kim S, Berhane A, Bodrog Z, Adamo G, Gali A, Aharonovich I, Gao W. Room temperature solid-state quantum emitters in the telecom range. Sci Adv 2018;4(3):eaar3580. https://doi.org/10.1126/sciadv.aar3580.

[76] Berhane A, Jeong K, Bradac C, Walsh M, Englund D, Toth M, Aharonovich I. Photophysics of GaN single-photon emitters in the visible spectral range. Phys Rev B 2018;97(16). https://doi.org/10.1103/PhysRevB.97.165202.

[77] Nguyen M, Zhu T, Kianini M, Massabuau F, Aharonovich I, Toth M, Oliver R, Bradac C. Effects of microstructure and growth conditions on quantum emitters in gallium nitride. APL Mater 2019;7:081106. https://doi.org/10.1063/1.5098794.
[78] Okamoto H, Massalski TB. The Au-Si (Gold-Silicon) system. Bull Alloy Phase Diagr 1983;4(2):190-8.
[79] Griffiths JT, Zhu T, Oehler F, Emery RM, Fu WY, Reid BPL, Taylor RA, Kappers MJ, Humphreys CJ, Oliver RA. Growth of non-polar (11-20) InGaN quantum dots by metal organic vapour phase epitaxy using a two temperature method. APL Materials 2014;2:126101. https://doi.org/10.1063/1.4904068

附录

中英文术语对照

1D,一维
1D drift-diffusion method,一维漂移-扩散法
1D spectral function,一维谱函数
1D sub-bands,一维子带
2D,二维
2D electron system(2DES),二维电子系统
2D photocurrent excitation spectroscopy,二维光电流激发光谱
3D,三维
3D topological insulators,三维拓扑绝缘体
Ⅲ-V growth approach,Ⅲ-V族生长方法
Ⅲ-nitride semiconductors,Ⅲ族氮化物半导体

A

Absorption noise,吸收噪声
Acoustoelectric current quantisation,声电流量子化
Aharonov-Bohm(AB)effect,阿哈罗诺夫-波姆效应
Amplified spontaneous emission,放大自发发射
Amplifier noise temperature,放大器噪声温度
Andreev bound states,安德烈夫束缚态
Angle resolved photoemission spectroscopy(ARPES),角分辨光电子能谱
Annihilation operator,湮灭算符
Anti-phase boundaries(APBs),反相畴界
Arbitrary nonlinear excitations,任意非线性激发
Array lasers,阵列激光器
Arsenides,砷化物
Asymmetric quantum interference device(SQUID),非对称量子干涉器件
Atmospheric absorption,大气吸收
Atomic point contacts(APCs),原子点接触
Auto-correlation,自相关
Auto-correlation noise measurements,自相关噪声测量
Average reservoir temperature,平均电子库温度

Axial quantum dot nanowire lasers,轴向量子点纳米线激光器

B

Backward scattering,后向散射
Ballistic nature,弹道性质
Ballistic transport,弹道输运
Band bending and wavefunction separation,能带弯曲和波函数分离
Band structure engineering,能带结构工程
Bi-exciton states,双激子态
Binomial probability distribution,二项式概率分布
Binomial statistics,二项式统计
Bloch's theory of sound waves,布洛赫声波理论
Bosonisation method,玻色化方法
Bottom-up growth,自下而上生长
Buffer layer,缓冲层

C

Capacitive interactions,电容相互作用
Capacitor charging experiment,电容充电实验
Carbon nanotubes(CNTs),碳纳米管
Carrier density variation,载流子密度变化
Cavity length,腔长
C-band QD lasers,C波段 QD 激光器
Chalcogenide,硫属化物
Charge fractionalisation,电荷分离
Charge neutrality point(CNP),电荷中性点
Charge sensors,电荷传感器
Charge stability diagram,电荷稳定性图
Charged transitions,带电跃迁
Chip-to-chip communication,芯片间通信
Chiral Luttinger liquid theory,手性卢廷格液体理论
Circular cutout,圆形切口

Cleaved-edge overgrowth(CEO),解理边再生长
Coherent optical control,相干光学控制
Coherent regime,相干区域
Cold atoms,冷原子
Commercial low noise amplifiers,商用低噪声放大器
Complementary metal oxide semiconductor(CMOS),互补金属氧化物半导体
Conductance,电导
Conductivity,电导率
Confinement factor,限制因子
Confinement potentials,限制势能
Contact geometries,接触几何形状
Coulomb blockade oscillations,库仑阻塞振荡
Coulomb blockade thermometer,库仑阻塞温度计
Coulomb drag,库仑阻力
Coulomb interaction,库仑相互作用
Coulomb oscillations,库仑振荡
Coupled rate equation analysis,耦合速率方程分析
Cross-correlation,互相关
Cross-section,横截面
Cryogenic amplification,低温放大
Cryogenic capacitor,低温电容器
Cryogenic microwave amplifiers,低温微波放大器
Current,电流
Current fluctuations,电流波动
Current heating technique,电流加热技术
Current noise spectral density,电流噪声频谱密度
Current operator,电流算符
Current plateaux,电流平台
Current-voltage(J-V)curves,电流-电压曲线
Cyclotron orbit,回旋加速轨道

D

DC shot noise,直流散粒噪声
De-coherence,退相干
Defect,缺陷
Dense wavelength division multiplexing(DWDM) systems,密集波分复用系统
Density of states engineering,态密度工程
Deviation,偏差
Device configuration,器件配置
Device designs,器件设计
Differential conductance,微分电导
Diffusive conductors,扩散导体
Diffusive metallic wires,扩散金属线
Diffusive system,扩散系统
Dimensionless,无量纲

Diode,二极管
Discreteness,离散性
Dispersion,色散
Double barriers,双势垒
Drift-diffusion analysis,漂移-扩散分析
Droplet epitaxy,液滴外延
Dynamic spin polarisation,动态自旋极化
Dynamic structure factor(DSF),动态结构因子

E

Edge channels,边缘沟道
Effective Hamiltonian,有效哈密顿量
Elastic relaxation,弹性弛豫
Electric dipole spin resonance(EDSR),电偶极子自旋共振
Electric power,电能
Electrical characteristics,电学特性
Electrical transport,电学输运
Electrochemical potential,电化学势
Electron(hole)charging device,电子(空穴)电荷器件
Electron and hole excitations,电子和空穴激发
Electron beam lithography,电子束光刻
Electron hole emission,电子空穴发射
Electron kinetic energy,电子动能
Electron quantum optics,电子量子光学
Electron relaxation models,电子弛豫模型
Electron spin resonance(ESR),电子自旋共振
Electron thermal conductance,电子热导
Electron transition rate,电子跃迁率
Electron transport,电子传输
Electron-electron interaction,电子-电子相互作用
Electron-hole pair spectrum,电子-空穴对光谱
Electronic Hong-Ou-Mandel experiments,电子洪-欧-曼德尔实验
Electrostatic confinement,静电限制
Electrostatic potential,静电势
Emission noise,发射噪声
Emission spectrum,发射光谱
Emission wavelength control,发射波长控制
Energy dispersion,能量分散
Energy filters,能量过滤器
Energy independent transmission,能量独立传输
Energy level diagram,能级图
Energy spectra,能谱
Energy spectroscopy,能量光谱
Energy splitting,能量分裂
Energy-phase relation,能-相关系

Entangled photon emission,纠缠光子发射
Entangled photon emission,纠缠光子发射
Entrance barrier,入口势垒
Equidistant energy-level spectrum,等距能级谱
Equilibrium energy band structures,平衡能带结构
Equilibrium probabilities,平衡概率
Equivalent circuit,等效电路
Evanescent mode transmissions,隐失模传输
Exchange gate,交换门
Exchange interaction strength,交换相互作用强度
Exchange repulsive interaction,交换排斥相互作用
Exchange-driven,交换驱动
Excitonic eigenstates,激子本征态
Excitonic gain,激子增益
External quantum efficiency(EQE),外量子效率

F

Fabrication,制造
Fabry-Pérot edge-emitting lasers,法布里-珀罗边发射激光器
Fabry-Pérot laser cavity,法布里-珀罗激光器腔体
Fano factor,法诺因子
Fermi energy,费米能量
Fermi liquid theory failure,费米液体理论失效
Fermi statistics,费米统计
Fermi-Dirac distribution,费米-狄拉克分布
Fermion operator,费米子算符
Fermionic statistics,费米子统计
Field-damping layer(FDL),场阻尼层
Filling factor,填充因子
Fine structure,精细结构
Fine structure splitting(FSS),精细结构分裂
Finite energy,有限能量
Finite frequency shot noise,有限频率散粒噪声
Finite temperature low frequency shot,有限温度低频发射
First principles theory,第一性原理理论
Formation,形成
Forward scattering,前向散射
Fourier transform infrared(FTIR) photocurrent spectroscopy,傅里叶变换红外光电流光谱
Fractional charges,分数电荷
Fractional quantum Hall effect(FQHE),分数量子霍尔效应
Frequency,频率
Full counting statistics(FCS),完整计数统计

G

GaAs/AlGaAs heterostructure,GaAs/AlGaAs 异质结构
Gain material,增益材料
Gate fidelity,门保真度
Gaussian energy distribution,高斯能量分布
General conductor,总电导
Gigahertz operation,千兆赫工作
Green's function,格林函数
Growth modes,生长模式

H

Hahn-echo sequence,哈恩回波序列
Half-integer QH effect,半整数量子霍尔效应
Hall conductivity,霍尔电导率
Hamiltonian,哈密顿量
Hanbury Brown and Twiss(HBT) experiment,汉伯里·布朗和特维斯实验
Hanbury Brown and Twiss effect,汉伯里·布朗和特维斯效应
Heat engine experiment,热机实验
Heat flux,热通量
Heat-to-work conversion,热-功转换
Heavy impurity model,重杂质模型
Heisenberg interaction,海森堡相互作用
Helical current,螺旋电流
Heteroepitaxial growth,异质外延生长
Heterostructures,异质结构
High electron mobility transistor(HEMT),高电子迁移率晶体管
High frequency effect,高频效应
High frequency quantum suppression,高频量子抑制
High frequency regime,高频区域
High frequency shot noise measurement,高频散粒噪声测量
High magnetic field range,高磁场范围
Higher-order mode,高阶模式
High-frequency regime,高频区域
High-performance QD lasers,高性能 QD 激光器
High-precision measurements,高精度测量
High-quality Ⅲ-Ⅴ/Si epitaxy,高质量 Ⅲ-Ⅴ/Si 外延
Hong-Ou-Mandel experiments,洪-欧-曼德尔实验
Hong-Ou-Mandel effect,洪-欧-曼德尔效应
Hot-electron wave packets,热电子波包
Hybrid approaches,混合方法
Hydrodynamic modes,流体力学模式

I

IBSC,中间带太阳能电池
Impedance transformation,阻抗变换
Incident photon excitation,入射光子激发
Incipient Wigner crystal,初始维格纳晶体
Indistinguishability test,不可区分性测试
Individual nanotubes,单纳米管
InGaAs QDs,InGaAs 量子点
Injector conductance,注入器电导
In-plane magnetic field,面内磁场
Intensity autocorrelation,强度自相关
Interaction energy,相互作用能
Interaction parameter,相互作用参数
Internal electric field,内建电场
Inter-reference patterns,相互参考模式
Intrinsic spontaneous emission rate,本征自发发射率
Inverse photoemission spectroscopy,逆光电子能谱
IR absorption edge fitting analysis,红外吸收边拟合分析
IR light power intensity spectrum,红外光功率强度谱
IR photocurrent spectra,红外光电流谱
I-V characteristics,I-V 特性

J

Johnson-Nyquist noise,约翰逊-奈奎斯特噪声
Johnson-Nyquist noise calibration,约翰逊-奈奎斯特噪声校准
Josephson effect,约瑟夫森效应

K

Kinetic energy,动能
Kondo effect,近藤效应
Kubo formula,久保公式

L

Landau level,朗道能级
Landauer formula,朗道尔公式
Laser centre wavelength,激光中心波长
Lasers,激光器
Lasing,激射
Lattice temperature dependence,晶格温度依赖性
Length dependence,长度依赖性
Leviton,悬浮子
Leviton excitation,悬浮子激发
Leviton single electron source(L-SES),悬浮子单电子源
Light current-voltage curve,光电流-电压曲线
Light emitting diodes(LEDs),发光二极管
Linear Dirac dispersion,线性狄拉克色散
Linear response,线性响应
Linear Tomonaga-Luttinger liquid(TLL)model,线性朝永-卢廷格液体模型
Linewidth enhancement factor,线宽增强因子
Lithographic approaches,光刻方法
Longitudinal resistance,纵向阻力
Long-period oscillations,长周期振荡
Lorentz force,洛伦兹力
Lorentzian function,洛伦兹函数
Lorentzian-shaped pulses,洛伦兹形脉冲
Lorenz ratio,洛伦茨比
Low frequency shot noise,低频散粒噪声
Low magnetic field range,低磁场范围
Low temperature IR photocurrent spectra,低温红外光电流光谱
Low temperature thermometers,低温温度计
Low-energy excitations,低能激发
Luttinger approach,卢廷格方法
Luttinger liquid parameter,卢廷格液体参数
Lyapunov exponent,李雅普诺夫指数

M

Mach-Zehnder interferometer,马赫-曾德尔干涉仪
Magnetic moment,磁矩
Magnetoconductance,磁导
Magnetotunnelling spectroscopy,磁隧穿谱
Many-body interactions,多体相互作用
Mesoscopic capacitor,介观电容器
Mesoscopic capacitor single electron source(MC-SES),介观电容器单电子源
Mesoscopic solid-state physics,介观固态物理学
Metal split-gate technique,金属分裂栅技术
Metrological triangle,计量三角
Micro-cavity lasers,微腔激光器
Micro-disk(MD)lasers,微盘激光器
Micro-ring lasers,微环激光器
Microwave radiation,微波辐射
Misfit dislocations(MDs),失配位错
Mobile impurity model,迁移杂质模型
Mode hierarchy,模式层次
Mode hierarchy model,模式层次模型
Mode-locked lasers(MLLs),锁模激光器
Molecular beam epitaxy(MBE)system,分子束外延系统
Momentum distribution function,动量分布函数

Momentum-dependent power law,动量相关幂律
Moore's law,摩尔定律
Mott relation,莫特关系
MOVPE,金属有机物气相外延
Multi-junction pumps,多结泵
Multi-junction single-electron pump,多结单电子泵
Multi-terminal heat engines,多端热机

N

Nanodevices,纳米器件
Nanorods,纳米棒
Nanoscale conductors,纳米级导体
Nanoscale laser cavity design,纳米级激光器腔体设计
Nanowire growth,纳米线生长
Nanowire transistor device,纳米线晶体管器件
National Institute of Standards and Technology (NIST),美国国家标准与技术研究院
Neutral transitions,中性跃迁
Nitride single photon sources,氮化物单光子源
Nitrides,氮化物
Noise,噪声
Noise measurement techniques,噪声测量技术
Noise power,噪声功率
Noise temperature,噪声温度
Nondegenerate energy levels,非简并能级
Nonequilibrium situation,非平衡情况
Non-Fermi liquids,非费米液体
Nonlinear carbon nanotubes(CNTs),非线性碳纳米管
Nonlinear Luttinger plasmons,非线性卢廷格等离激元
Nonlinear regime,非线性区域
Nonlinear Tomonaga-Luttinger liquid(TLL) approximation,非线性朝永-卢廷格液体近似
Non-linear transport,非线性传输
Non-magnetic fractional states,非磁性分数态
Nonradiative recombination,非辐射复合
Normal Fermi liquid,普通费米液体
Nyquist bandwidth,奈奎斯特带宽

O

O-band QD lasers,O波段QD激光器
Objective lens,物镜
Odd-peak splitting,奇峰分裂
Off-diagonal components,非对角元
On-chip photonics,片上光子器件
On-demand coherent single electron sources,按需相干单电子源
One-dimensional conductor,一维导体
One-dimensional electron system,一维电子系统
Onsager relation,昂萨格关系
Operational lifetime,工作寿命
Optical carrier generation rates,光生载流子产生率
Optical coupling,光耦合
Optical generation rates,光生成率
Optical properties,光学特性
Optical pumping,光泵浦
Optoelectronic nanodevices,光电纳米器件
Organic materials,有机材料
Oscillations,振荡
Output power,输出功率

P

Parallelism,并行性
Partially transmitting gates,部分传输门
Partition function,分区函数
Partition noise,分区噪声
Patterned Si substrates,图案化硅衬底
Pauli exclusion principle,泡利不相容原理
Pauli principle,泡利原理
Peltier coefficient,佩尔捷系数
Permanent dipole moment,永久偶极矩
Perovskites,钙钛矿
Perpendicular magnetic field,垂直磁场
Perturbation analysis,扰动分析
Perturbation theory,微扰理论
Phase gate,相位门
Photo-assisted quantum shot noise,光助量子散粒噪声
Photo-assisted shot noise(PASN),光助散粒噪声
Photocurrent enhancement,光电流增强
Photocurrent production,光电流产生
Photocurrent spectral maps,光电流光谱映射图
Photoemission matrix element,光电发射矩阵元
Photoemission spectroscopy,光电子能谱
Photon Bose-Einstein distribution,光子玻色-爱因斯坦分布
Photon collection efficiency,光子收集效率
Photon density,光子密度
Photon flux density,光子通量密度
Photonic crystal lasers,光子晶体激光器
Photonic integrated circuits(PICs),光子集成电路
Photons,光子
Physical size,物理尺寸
Planar surfaces,平面界面
Planar-micro-cavity LEDs,平面微腔 LED
Plasmon's lifetime,等离激元寿命

Plasmon,等离激元

Poissonian noise,泊松噪声

Polarisation,极化

Power factor,功率因数

Power-law behaviour,幂律行为

Projected distributions,预计分布

Propagation constant,传播常数

Pulsed experiments,脉冲实验

Pulsed nanowire laser systems,脉冲纳米线激光器系统

Pump errors,泵误差

Pump errors detection,泵误差检测

Q

QD distributed-feedback lasers,QD 分布式反馈激光器

QD mode-locked lasers,QD 锁模激光器

QD wavelength tunable lasers,QD 波长可调谐激光器

QPC,量子点接触

Quadratic energy level dependence,二次能级依赖性

Quadrature amplitude,正交振幅

Quantisation accuracy,量子化精度

Quantum billiard,量子台球

Quantum coherent conductors,量子相干导体

Quantum computation,量子计算

Quantum confined Stark effect,量子限制斯塔克效应

Quantum confinement,量子限制

Quantum detection,量子检测

Quantum dot(QD),量子点

Quantum dot fabrication,量子点制造

Quantum dot formation,量子点形成

Quantum dot lasers on silicon,硅上量子点激光器

Quantum dot-based based intermediate band solar cells(QD-IBSCs),基于量子点的中间带太阳能电池

Quantum Hall effect(QHE),量子霍尔效应

Quantum Hall state,量子霍尔态

Quantum information processing,量子信息处理

Quantum interference,量子干涉

Quantum key distribution(QKD),量子密钥分发

Quantum limit,量子极限

Quantum mechanical two-level system,量子力学二能级系统

Quantum metrological triangle,量子计量三角

Quantum point contacts(QPCs),量子点接触

Quantum scattering approach,量子散射法

Quantum shot noise,量子散粒噪声

Quantum state coherence and gate fidelity,量子态相干性和门保真度

Quantum state tomography(QST),量子态层析成像

Quantum suppression,量子抑制

Quantum tomography,量子层析成像

Quantum wells(QW),量子阱

Quasi one-dimensional electron gas carrier density,准一维电子气载流子密度

Quasi-particle charge,准粒子电荷

Qubit state,量子比特态

R

Radial quantum-well nanowire lasers,径向量子阱纳米线激光器

Rate equation model,速率方程模型

Reflection high-energy electron diffraction(RHEED),反射高能电子衍射

Refractive index,折射率

Relative intensity noise(RIN),相对强度噪声

Resistor,电阻器

Resonant gate,谐振门

Ring exchange,环交换

S

Sawtooth oscillations,锯齿波振荡

Scanning electron micrograph(SEM),扫描电子显微照片

Scattering matrix,散射矩阵

Scattering state,散射态

Schottky contacts,肖特基接触

Schottky noise,肖特基噪声

Selective area epitaxy(SAE)techniques,选择区域外延技术

Selective area growth,选择区域生长

Self-assembly,自组装

Semiconductor nanowire lasers,半导体纳米线激光器

Semiconductor quantum dots,半导体量子点

Sheet carrier density,面载流子密度

Shockley-Queisser limit,肖克利-奎伊瑟极限

Short-period oscillations,短周期振荡

Shot noise,散粒噪声

Shot noise measurement,散粒噪声测量

Shot noise thermometer,散粒噪声温度计

Si photonics,硅光子器件

Silicon,硅

Silicon qubit devices,硅量子比特器件

Silicon-on-insulator(SOI),绝缘体上硅

Single electron transport(SET),单电子传输

Single homogeneous gain material,单一均匀增益材料

Single mode QD edge-emitting lasers, 单模 QD 边发射激光器

Single photon detection HBT setup, 单光子检测 HBT 设置

Single photon emission, 单光子发射

Single photon emitter, 单光子发射器

Single photon sources, 单光子源

Single wall carbon nanotube(SWCN), 单壁碳纳米管

Single wall nanotube shot noise, 单壁纳米管散粒噪声

Single-electron emission, 单电子发射

Single-electron source, 单电子源

Single-particle excitations, 单粒子激发

Single-spin qubit, 单自旋量子比特

Singlet-triplet qubit, 单重态-三重态量子比特

SK growth, SK 生长

Source-drain bias, 源极-漏极偏压

Spectral density, 谱密度

Spectral filtering, 谱过滤

Spectral functions, 谱函数

Spectral threshold, 谱阈值

Spin degeneracy, 自旋简并

Spin manipulation, 自旋操纵

Spin readout, 自旋读出

Spin repulsion, 自旋排斥

Spin-charge separation, 自旋电荷分离

Spinful fermions, 自旋费米子

Spin-helical surface energy dispersion, 自旋-螺旋表面能色散

Spinless fermions, 无自旋费米子

Spinless scenario, 无自旋场景

Spinon and holons lifetime, 自旋子和空穴子寿命

Spin-orbit coupling(SOC), 自旋-轨道耦合

Spin-orbit interaction(SOI), 自旋-轨道相互作用

Spin-split peaks, 自旋分裂峰

Spin-to-charge conversion, 自旋-电荷转换

Split gate voltage, 分裂栅极电压

Spontaneous emission, 自发发射

Stark effect, 斯塔克效应

Stationary current, 稳定电流

Steady-state conditions, 稳态条件

Strain-balanced growth technique, 应变平衡生长技术

Strong backscattering regime(SB), 强后向散射机制

Sub-bandgap IR photons, 子带隙红外光子

Superconducting transport, 超导输运

Surface acoustic wave(SAW), 表面声波

SWNTs, 单壁碳纳米管

T

Temperature dependence, 温度依赖性

Thermal conductance, 热导

Thermal cracks, 热裂纹

Thermal noise, 热噪声

Thermoelectricity, 热电性

Thermopower, 热电势

Thin film growth, 薄膜生长

Threading dislocation density reduction, 穿透位错密度降低

Threading dislocations, 穿透位错

Three-dimensional, 三维

Three-junction pump, 三结泵

Threshold, 阈值

Threshold gain, 阈值增益

Threshold pump density, 阈值泵密度

THz radiation detection, 太赫兹辐射检测

Tight-binding model, 紧束缚模型

Time-domain measurements, 时域测量

Tomonaga-Luttinger liquid(TLL), 朝永-卢廷格液体

Top-down and a bottom-up process, 自上而下和自下而上工艺

Topological insulator nanoribbons(TINRs), 拓扑绝缘体纳米带

Topological transition, 拓扑转换

Total TLL Hamiltonian, 总 TLL 哈密顿量

Total voltage noise, 总电压噪声

Transmission electron microscope(TEM) images, 透射电子显微镜图像

Transport coefficients, 传输系数

Transverse electron focussing(TEF), 横向电子聚焦

Transverse modes, 横模

Tunable barrier quantum dot pump, 可调谐势垒量子点泵

Tuneable electroluminescent quantum dot light source, 可调谐电致发光量子点光源

Tunnel barriers, 隧道势垒

Tunnelling conductance, 隧穿电导

Tunnelling probability, 隧穿概率

Tunnelling rates, 隧穿速率

Two diode heterostructures, 双二极管异质结构

Two electron spins, 双电子自旋

Two-dimensional electron gas(2DEG), 二维电子气

Two-dimensional growth modes, 二维生长模式

Two-electron collision experiment, 双电子碰撞实验

Two-particle coincidence probability, 双粒子重合概率

Two-particle correlation and interference, 双粒子相关

与干涉

 Two-particle interference,双粒子干涉

 Two-qubit gate,双量子比特门

 Two-step photo-absorption(TSPA),两步光吸收

 Two-terminal system,两端系统

U

 Uncertainty relation,不确定性关系

 Universal linear relationship,通用线性关系

V

 Vapour-liquid-solid(VLS) growth,气相-液相-固相生长

 Variance,方差

 Voigt geometry g-factors,沃伊特几何 g 因子

 Voltage pulse,电压脉冲

W

 Wannier-Mott type exciton,瓦尼尔-莫特型激子

 Weak anti-localisation(WAL),弱反局域化

 Weakly confined 1D quantum wire,弱约束一维量子线

 Wide-gap fence structure,宽带隙栅栏结构

 Wide-gap material capping,宽带隙材料盖帽

 Wiedemann-Franz law,维德曼-弗兰兹定律

 Wigner function,维格纳函数

 Wigner lattice,维格纳晶格

 Wurtzite crystal structure,纤锌矿晶体结构

X

 X-ray scattering,X 射线散射

Z

 Zeeman effect,塞曼效应

 Zeeman energy split,塞曼能量分裂

 Zero frequency,零频率

 Zero frequency current fluctuations,零频电流波动

 Zero-bias anomaly(ZBA),零偏压反常

 Zigzag phase,之字形相

 Zinc oxide,氧化锌

 Zinc oxide nanowires,氧化锌纳米线